普通高等教育农业农村部"十三五"规划教材
全国高等农林院校"十三五"规划教材
全国高等农业院校优秀教材

牧草饲料作物栽培学 第二版

王建光 主编

中国农业出版社
北京

内容简介

全书共4篇14章。绪论阐述了牧草饲料作物生产的现状、趋势及在国民经济中的地位，同时就本学科历史变迁、研究进展、发展方向及研究方法、性质、任务、内容进行了概述；第一篇牧草饲料作物生物学基础，阐述了牧草饲料作物的起源、类型、分布及区划，同时就牧草饲料作物生长发育特点及规律和抗逆性进行了介绍，针对牧草饲料作物生产地农田小气候效应进行了分析；第二篇牧草饲料作物农艺学基础，首先阐述了土壤耕作的传统耕作制度及间混套作和复种的理论和优越性，然后阐述了牧草饲料作物饲草生产田和种子生产田的建植、管理和利用技术，以及牧草混播和草田轮作的理论与技术；第三篇牧草各论，对苜蓿、沙打旺、草木樨、毛苕子、柠条等豆科牧草，无芒雀麦、羊草、冰草、老芒麦、披碱草、苏丹草等禾本科牧草，以及聚合草、苦荬菜、木地肤等其他科牧草进行了专门介绍；第四篇饲料作物各论，对禾谷类、豆类、根茎瓜类、水生类等饲料作物也进行了专门介绍。本书可供草业科学专业及其相关专业师生使用，也可供草业、牧业、农业、林业、环保业、药材业方面的科研人员和生产第一线工作人员参考，同时对养殖户从事饲草饲料生产也具有技术指导作用。

第二版编审人员名单

主　编　王建光（内蒙古农业大学）
副主编　（按姓名拼音排序）
　　　　董宽虎（山西农业大学）
　　　　罗富成（云南农业大学）
　　　　张新全（四川农业大学）
参　编　（按姓名拼音排序）
　　　　邓　波（中国农业大学）
　　　　杜文华（甘肃农业大学）
　　　　段淳清（内蒙古农业大学）
　　　　李永强（山东农业大学）
　　　　刘　琳（四川农业大学）
　　　　隋晓青（新疆农业大学）
　　　　王俊杰（内蒙古农业大学）
　　　　魏臻武（扬州大学）
　　　　徐　军（内蒙古农业大学）
审　稿　陈宝书（甘肃农业大学）

第一版编审人员名单

主　编　陈宝书（甘肃农业大学）
副主编　王建光（内蒙古农业大学）
参　编　毕玉芬（甘肃农业大学）
　　　　　白小明（甘肃农业大学）
　　　　　杨国柱（青海大学农牧学院）
　　　　　段淳清（内蒙古农业大学）
审　稿　吴渠来（内蒙古农业大学）
　　　　　郭　博（甘肃农业大学）

第二版前言

"牧草饲料作物栽培学"是专为草业科学本科专业设立的一门核心专业课,是草业科学主要研究方向之一,也是草产业主要从事工作之一。回顾本课程教材发展历史,深感前辈们为本学科付出的智慧和做出开创性工作的艰辛,为永久纪念他们,特在本修订版中列出了1981年版《牧草及饲料作物栽培学》及其1990年修订版的编者们。《牧草饲料作物栽培学》已经出版10多年,使用期间发现了许多内容和编写体例上存在的问题,同时第一版教材存在的语言、文字、结构等不当之处及篇幅过多、琐碎等缺陷,也在教学中有所反映。近年来,随着国内外学者对牧草饲料作物栽培学科及其相关基础学科的深入研究,尤其在牧草饲料作物生产方面新技术、新方法和新理论的应用,使牧草饲料作物生产手段及栽培理论和技术有了长足进展,由此产生了本次修订。

本教材共分4篇14章,内容主要由总论和各论两大部分组成。总论阐述牧草饲料作物生物学和农艺学方面的理论和技术,各论广泛介绍了我国应用的豆科牧草、禾本科牧草、其他科牧草和各类型饲料作物。同时,为对学生在学习每章节内容时起到抛砖引玉和温故知新的作用,在每章前增加学习提要、章后增加思考题。

本教材绪论和第一章由王建光执笔,第二章由杜文华、刘琳、徐军执笔,第三章由王建光、李永强执笔,第四章由董宽虎、王建光执笔,第五章由王建光、徐军执笔,第六章由罗富成、王俊杰执笔,第七章由张新全、徐军执笔,第八章由董宽虎、魏臻武、王俊杰、邓波、徐军、李永强、刘琳、王建光执笔,第九章由张新全、王俊杰、杜文华、邓波、隋晓青、刘琳、徐军、李永强执笔,第十章由李永强执笔,第十一章由魏臻武执笔,第十二章由邓波执笔,第十三章由王俊杰执笔,第十四章由罗富成执笔,全书插图由段淳清绘制,封面彩图由内蒙古阿鲁科尔沁旗农牧业局那尼玛仁钦和高明文提供。初稿完成后,得到陈宝书前辈的精心审稿。本书受到农业农村部饲草栽培加工转化利用重点实验室和草地资源教育部重点实验室的资助,同时也得到有关单位及领导的大力支持和关照,在此一并表示

感谢。

在修订编写过程中，我们尽力准确表达基本概念，注重理论与生产实践的结合，广泛收集文献资料并结合精选新信息来反映本领域现代科学技术成就，通过吐故纳新力争提高教材质量。但是，由于我们水平有限，书中不妥之处在所难免，敬请读者提出宝贵意见。

王建光

2018年9月

第一版前言

"牧草饲料作物栽培学"是专为草业科学本科专业设立的一门核心专业课，是草业科学主要研究方向之一。20世纪50年代初，由我国草原与牧草科学奠基人王栋编著的《牧草学通论》和《牧草学各论》开创了我国牧草学科，随着1958年草原专业的创建和发展壮大，牧草科学有了日新月异的变化。1981年由农业出版社出版的我国第一部高等农业院校试用教材《牧草及饲料作物栽培学》，结束了草原科学没有专用栽培学教材的历史。1990年进行修订，作为高等农业院校统编教材由农业出版社正式出版。近年来，随着国内外学者对牧草栽培学科及其相关基础学科的深入研究，尤其在牧草生产方面新技术、新方法和新理论的应用，使牧草生产手段及栽培理论和技术有了长足进展。在此背景下，产生了《牧草饲料作物栽培学》的重编。全书共分4篇15章，主要内容由总论和各论两大部分组成。总论阐述牧草的分布区划、牧草的生长发育规律、牧草地的农田小气候、土壤耕作与耕作制、牧草地建植与管理技术、牧草混播、草田轮作及牧草种子的生产技术等牧草生物学和农艺学方面的理论和技术；各论广泛介绍了我国应用的豆科牧草、禾本科牧草、其他科牧草和各类饲料作物。本书供农业院校、师范院校、综合型大学的草学专业及其相关动物、饲料、植物、生态、治沙、林学、园林等专业使用，也可供草业、牧业、农业、林业、环保业方面的科研人员和生产第一线工作人员参考，同时对个体养殖户从事饲草饲料生产也具有技术指导作用。

本书绪论由陈宝书、王建光执笔，第二、六、八章由陈宝书执笔，第一、三、五、七章由王建光执笔，第四章由杨国柱执笔，第九、十章由陈宝书、王建光、白小明执笔，第十一章由王建光、白小明、毕玉芬执笔，第十二、十三章由毕玉芬、王建光执笔，第十四章由白小明、杨国柱执笔，第十五章由陈宝书、白小明执笔，全书插图由段淳清绘制。初稿完成后，得到吴渠来、郭博二位前辈的精心审稿，并提出许多宝贵意见，同时也得到有关单位及领导的大力支持和关照，在此一并表示感谢。

在编写过程中，虽然我们尽力准确表达基本概念，注重基础理论与生产实践相结合，努力收集文献资料来反映本学科现代科学技术成就，通过吐故纳新力争提高质量。但是，由于我们水平有限，时间仓促，书中不妥之处在所难免，敬请读者提出宝贵意见。

《牧草及饲料作物栽培学》
(第二版）修订者

(内蒙古农牧学院主编　农业出版社　1990)

内蒙古农牧学院　吴渠来　王比德
甘肃农业大学　　郭　博　金巨和
新疆八一农学院　罗　中

修订说明

　　本书是由内蒙古农牧学院（主编）、甘肃农业大学和新疆八一农学院三单位集体修订的。1986年，彭启乾同志在病重期间，还参加了本书修订大纲的草拟工作，他的部分手稿也在编写第一篇中得到应用。各篇修订人员的分工是：绪论，吴渠来；第一篇，王比德、吴渠来；第二篇，罗中、金巨和、吴渠来、王比德；第三篇，郭博、金巨和、吴渠来；第四篇，王比德；第五篇，吴渠来、罗中。

　　1981年出版的《牧草及饲料作物栽培学》是1979年编写的。随着科学和生产的发展，我们对原书内容进行了必要的删节、调整和补充，还根据各方面意见，增添了牧草生长发育生物学部分，充实了本书的理论基础。

　　在完成修订稿后，进行了集体审稿，又对全书稿做了整理和校对。在修订过程中，虽然主观上希望做到在原教材基础上扬长避短，吐故纳新，力争提高本书质量，但是，由于编者水平有限，书中不妥之处，欢迎读者予以指正。

　　在本书修订过程中，我们得到各方面的支持和帮助，特别是青海畜牧兽医学院刘亚田、宁夏农学院邵生荣、哲里木畜牧学院董瑞音等老师提了许多宝贵意见，特此表示谢意。

编　者
1988.2.29

《牧草及饲料作物栽培学》
（第一版）编写者

（内蒙古农牧学院主编　农业出版社　1981）

内蒙古农牧学院　　许令妊、彭启乾、吴渠来、张秀芬、王比德、西力布
甘肃农业大学　　　郭　博、陈宝书
新疆八一农学院　　朱懋顺、罗　中

目 录

第二版前言

第一版前言

绪论 ·· 1
    一、牧草饲料作物与国民经济的可持续发展 ·· 1
    二、国内外牧草饲料作物栽培现状和发展趋势 ·· 4
    三、牧草饲料作物栽培学的性质、任务和内容 ·· 6
    思考题 ·· 7

第一篇　牧草饲料作物生物学基础

第一章　牧草饲料作物的分布和区划 ··· 10

第一节　牧草饲料作物的分布 ··· 10
    一、起源 ··· 10
    二、适应性 ··· 12
    三、地理分布 ··· 13

第二节　牧草饲料作物的类型 ··· 13
    一、按分类系统划分 ··· 13
    二、按生育特性划分 ··· 14
    三、按分布区域划分 ··· 16

第三节　牧草饲料作物的区划 ··· 18
    一、意义和背景 ··· 18
    二、原则和依据 ··· 18
    三、方法和命名 ··· 18
    四、各分布区域概述 ··· 19

思考题 ·· 25

目 录

第二章 牧草饲料作物的生长发育和抗逆性 …… 26

第一节 生长发育的基本概念 …… 26
一、生长和发育 …… 26
二、生育期、生育时期和生长期 …… 28

第二节 牧草饲料作物各个器官的生长发育 …… 31
一、种子萌发 …… 31
二、根系生长发育 …… 34
三、幼苗生长发育 …… 35
四、枝条生长发育 …… 37
五、生殖器官分化 …… 41
六、种胚生长发育 …… 43

第三节 牧草饲料作物的抗逆性 …… 45
一、抗寒性和抗热性 …… 45
二、抗旱性和抗涝性 …… 49
三、抗盐性 …… 52

思考题 …… 55

第三章 牧草饲料作物生产地小气候 …… 56

第一节 自然效应 …… 56
一、光在植被中的传播 …… 56
二、热平衡状况 …… 58
三、水分平衡 …… 59
四、二氧化碳和风 …… 61

第二节 人工效应 …… 62
一、耕作效应 …… 62
二、密植效应 …… 62
三、间混套作效应 …… 63
四、灌溉效应 …… 63
五、防风效应 …… 64
六、覆膜效应 …… 65
七、化学效应 …… 65
八、防霜效应 …… 65

思考题 …… 66

第二篇　牧草饲料作物农艺学基础

第四章　土壤耕作与耕作制度 …… 68
第一节　土壤耕作的任务、作用和措施 …… 68
　　一、土壤耕作的任务和特点 …… 68
　　二、土壤耕作的作用 …… 69
　　三、土壤耕作措施 …… 70
第二节　耕作制度 …… 74
　　一、耕作制度在农业生产中的地位 …… 74
　　二、我国主要生态类型耕地及其耕作制度 …… 75
第三节　宜农荒地的土壤耕作 …… 76
　　一、资源和开发 …… 76
　　二、宜农荒地的土壤耕作 …… 78
第四节　间混套作和复种 …… 81
　　一、间混套作 …… 82
　　二、复种 …… 86
第五节　保护性耕作 …… 89
　　一、保护性耕作的概念 …… 89
　　二、保护性耕作的由来 …… 89
　　三、保护性耕作的技术原理 …… 90
　　四、保护性耕作的技术内容 …… 91
　　五、保护性耕作的关键技术 …… 92
　思考题 …… 97

第五章　饲草地建植和管理技术 …… 98
第一节　人工草地类型 …… 98
　　一、依据热量带划分 …… 98
　　二、依据利用年限划分 …… 99
　　三、依据牧草饲料作物种类和组合划分 …… 99
　　四、依据培育程度划分 …… 100
　　五、依据复合生产结构划分 …… 100
第二节　播种技术 …… 102
　　一、种和品种的选择 …… 102
　　二、播种材料及其准备 …… 103
　　三、常规播种 …… 109
　　四、保护播种 …… 113
　　五、几种特殊播种法 …… 114

目录

第三节　新建草地管护 ······· 115
一、围栏建设和保护 ······· 115
二、苗期管护 ······· 116
三、杂草防除 ······· 117
四、越冬管护 ······· 119
五、返青期管护 ······· 119

第四节　成熟草地管理 ······· 120
一、配方施肥 ······· 120
二、合理灌溉 ······· 122
三、利用技术 ······· 123
四、病虫草害防治 ······· 123
五、更新复壮技术 ······· 124
六、翻耕技术 ······· 124

第五节　牧草饲料作物生产的经济分析 ······· 125
一、牧草饲料作物生产的经济学原理 ······· 125
二、牧草饲料作物生产的经济要素分析 ······· 126
三、影响经济效益的因素 ······· 127
四、牧草饲料作物市场分析 ······· 129
五、整个农牧场经济效益分析及其关键性盈利潜力分析 ······· 130

思考题 ······· 131

第六章　牧草混播和草田轮作 ······· 132

第一节　牧草混播 ······· 132
一、混播理论 ······· 132
二、混播技术 ······· 135

第二节　草田轮作 ······· 140
一、轮作理论 ······· 140
二、轮作技术 ······· 145

思考题 ······· 151

第七章　牧草饲料作物种子生产 ······· 153

第一节　牧草饲料作物种子田的建植 ······· 153
一、草种繁殖气候区选择 ······· 153
二、保种隔离措施 ······· 154
三、种床准备 ······· 155
四、播种材料的准备 ······· 156
五、播种技术 ······· 157

第二节　牧草饲料作物种子田的管理 ······· 158
一、施肥 ······· 158

二、灌溉 ··· 159
　　三、人工辅助授粉 ·· 160
　　四、去杂去劣 ·· 161
　　五、植物生长调节剂的使用 ··· 161
第三节　牧草饲料作物种子的收获和贮藏 ··· 161
　　一、种子的收获 ·· 162
　　二、种子的干燥 ·· 167
　　三、种子的清选和贮藏 ··· 168
思考题 ·· 172

第三篇　牧草各论

第八章　豆科牧草 ··· 174
第一节　豆科牧草概述 ··· 174
　　一、资源与利用 ·· 174
　　二、植物学特征 ·· 174
　　三、生物学特性 ·· 176
　　四、经济价值 ··· 177
第二节　苜蓿属牧草 ·· 178
　　一、紫花苜蓿 ··· 178
　　二、黄花苜蓿 ··· 190
　　三、金花菜 ·· 192
第三节　三叶草属牧草 ··· 193
　　一、白三叶 ·· 193
　　二、红三叶 ·· 195
　　三、绛三叶 ·· 196
　　四、杂三叶 ·· 198
第四节　黄芪属牧草 ·· 199
　　一、沙打旺 ·· 199
　　二、草木樨状黄芪 ··· 201
　　三、紫云英 ·· 202
第五节　红豆草属牧草 ··· 204
　　一、红豆草 ·· 205
　　二、外高加索红豆草 ·· 210
　　三、沙地红豆草 ·· 210
第六节　小冠花 ·· 211
第七节　百脉根 ·· 214
第八节　扁蓿豆属牧草 ··· 216

目 录

　　一、扁蓿豆 216
　　二、胡卢巴 218
第九节　柱花草属牧草 219
　　一、柱花草 220
　　二、矮柱花草 221
　　三、圭亚那柱花草 222
第十节　大翼豆 224
第十一节　鸡眼草 226
第十二节　山蚂蝗属牧草 228
　　一、绿叶山蚂蝗 228
　　二、银叶山蚂蝗 229
第十三节　草木樨属牧草 230
　　一、白花草木樨 231
　　二、黄花草木樨 236
　　三、细齿草木樨 237
第十四节　野豌豆属牧草 238
　　一、箭筈豌豆 238
　　二、毛苕子 242
　　三、山野豌豆 245
第十五节　山黧豆属牧草 246
　　一、山黧豆 247
　　二、草原山黧豆 248
第十六节　黄花羽扇豆 248
第十七节　胡枝子属牧草 250
　　一、二色胡枝子 250
　　二、截叶胡枝子 251
　　三、达乌里胡枝子 253
　　四、细叶胡枝子 254
第十八节　岩黄芪属牧草 254
　　一、羊柴 255
　　二、花棒 257
　　三、山竹子 259
第十九节　锦鸡儿属牧草 260
　　一、柠条 261
　　二、中间锦鸡儿 262
　　三、小叶锦鸡儿 263
第二十节　银合欢 264
第二十一节　其他豆科牧草 267
　　一、紫穗槐 267

二、刺槐 ·· 270
　　三、木豆 ·· 272
　　四、葛藤 ·· 274
　　五、多花木蓝 ·· 275
　思考题 ·· 277

第九章　禾本科牧草 ·· 278
　第一节　禾本科牧草概述 ·· 278
　　一、资源与利用 ·· 278
　　二、植物学特征 ·· 278
　　三、生物学特性 ·· 279
　　四、经济价值 ··· 280
　第二节　雀麦属牧草 ·· 280
　　一、无芒雀麦 ··· 281
　　二、扁穗雀麦 ··· 284
　第三节　赖草属牧草 ·· 286
　　一、羊草 ·· 286
　　二、赖草 ·· 289
　第四节　冰草属牧草 ·· 290
　　一、冰草 ·· 291
　　二、蒙古冰草 ··· 294
　　三、沙生冰草 ··· 296
　　四、西伯利亚冰草 ·· 297
　第五节　草地早熟禾 ·· 298
　第六节　羊茅属牧草 ·· 300
　　一、苇状羊茅 ··· 301
　　二、草地羊茅 ··· 302
　　三、紫羊茅 ·· 303
　第七节　碱茅属牧草 ·· 305
　　一、碱茅 ·· 305
　　二、朝鲜碱茅 ··· 306
　第八节　猫尾草 ··· 307
　第九节　鸭茅 ·· 310
　第十节　披碱草属牧草 ··· 312
　　一、老芒麦 ·· 313
　　二、披碱草 ·· 316
　　三、肥披碱草 ··· 317
　　四、垂穗披碱草 ·· 318
　第十一节　黑麦草属牧草 ·· 319

目 录

    一、多年生黑麦草 ··· 319
    二、多花黑麦草 ··· 322
  第十二节　看麦娘属牧草 ·· 324
    一、大看麦娘 ··· 325
    二、苇状看麦娘 ··· 326
  第十三节　鹅观草属牧草 ·· 327
    一、弯穗鹅观草 ··· 328
    二、纤毛鹅观草 ··· 329
    三、青海鹅观草 ··· 330
  第十四节　䅟草属牧草 ·· 331
    一、䅟草 ·· 331
    二、球茎䅟草 ··· 332
  第十五节　偃麦草属牧草 ·· 333
    一、偃麦草 ·· 333
    二、中间偃麦草 ··· 335
  第十六节　大麦草属牧草 ·· 336
    一、短芒大麦草 ··· 336
    二、布顿大麦草 ··· 339
  第十七节　牛鞭草属牧草 ·· 340
    一、扁穗牛鞭草 ··· 340
    二、高牛鞭草 ··· 342
    三、牛鞭草 ·· 343
  第十八节　狗牙根 ·· 343
  第十九节　大米草 ·· 345
  第二十节　结缕草属牧草 ·· 347
    一、结缕草 ·· 347
    二、中华结缕草 ··· 349
    三、细叶结缕草 ··· 349
    四、马尼拉结缕草 ·· 350
    五、长穗结缕草 ··· 350
  第二十一节　狼尾草属牧草 ··· 351
    一、象草 ·· 351
    二、御谷 ·· 353
    三、杂交狼尾草 ··· 355
  第二十二节　雀稗属牧草 ·· 355
    一、毛花雀稗 ··· 355
    二、宽叶雀稗 ··· 356
  第二十三节　非洲狗尾草 ·· 358
  第二十四节　苏丹草 ··· 360

第二十五节　其他禾本科牧草 ………………………………………………………… 363
　　　一、高燕麦草 ……………………………………………………………………… 363
　　　二、新麦草 ………………………………………………………………………… 365
　　思考题 ………………………………………………………………………………… 366

第十章　其他科牧草 ……………………………………………………………………… 367

　　第一节　聚合草 ……………………………………………………………………… 367
　　第二节　串叶松香草 ………………………………………………………………… 371
　　第三节　苋菜 ………………………………………………………………………… 374
　　第四节　苦荬菜 ……………………………………………………………………… 375
　　第五节　菊苣 ………………………………………………………………………… 377
　　第六节　杂交酸模 …………………………………………………………………… 378
　　第七节　木地肤 ……………………………………………………………………… 381
　　第八节　驼绒藜 ……………………………………………………………………… 382
　　第九节　木薯 ………………………………………………………………………… 384
　　思考题 ………………………………………………………………………………… 386

第四篇　饲料作物各论

第十一章　禾谷类饲料作物 ……………………………………………………………… 388

　　第一节　玉米 ………………………………………………………………………… 388
　　第二节　燕麦 ………………………………………………………………………… 395
　　第三节　高粱 ………………………………………………………………………… 400
　　第四节　黑麦 ………………………………………………………………………… 404
　　第五节　小黑麦 ……………………………………………………………………… 405
　　第六节　大麦 ………………………………………………………………………… 407
　　第七节　谷子 ………………………………………………………………………… 410
　　第八节　荞麦 ………………………………………………………………………… 412
　　第九节　其他禾谷类饲料作物 ……………………………………………………… 414
　　　一、黍稷 …………………………………………………………………………… 414
　　　二、湖南稷子 ……………………………………………………………………… 415
　　　三、无芒稗 ………………………………………………………………………… 416
　　　四、龙爪稷 ………………………………………………………………………… 416
　　思考题 ………………………………………………………………………………… 416

第十二章　豆类饲料作物 ………………………………………………………………… 417

　　第一节　饲用大豆 …………………………………………………………………… 417
　　第二节　豌豆 ………………………………………………………………………… 421

第三节　蚕豆 424
　　第四节　鹰嘴豆 427
　　思考题 429

第十三章　根茎瓜类饲料作物 430

　　第一节　甜菜 430
　　第二节　胡萝卜 434
　　第三节　芜菁 437
　　第四节　甘蓝 441
　　第五节　菊芋 443
　　第六节　饲用南瓜 445
　　第七节　马铃薯 447
　　第八节　甘薯 452
　　思考题 453

第十四章　水生类饲料作物 454

　　第一节　水浮莲 454
　　第二节　水葫芦 455
　　第三节　水花生 457
　　第四节　绿萍 459
　　第五节　蕹菜 460
　　第六节　水竹叶 461
　　第七节　水芹菜 463
　　第八节　菰 464
　　思考题 466

附录　植物拉汉英名称对照表 467

主要参考文献 476

绪 论

学习提要

1. 掌握牧草饲料作物的内涵。
2. 理解牧草饲料作物对国民经济可持续发展的重要性。
3. 了解牧草饲料作物国内外生产现状及其发展趋势。

牧草（herbage），广义上泛指可用于饲喂家畜的草类植物，包括草本型、藤本型及小灌木、半灌木和灌木等各类型野生和栽培的植物；狭义上仅指可供栽培的饲用草本植物，尤指豆科牧草和禾本科牧草，这两科几乎囊括了所有栽培牧草，当然藜科、菊科及其他科也有，但种类极少。

饲料作物（forage crop），指栽培作为家畜饲用的作物，如玉米、高粱、燕麦、大豆、甜菜、胡萝卜、马铃薯、南瓜等各类作物。

实际上，牧草与饲料作物在概念上难以分清，我国因传统习惯而有此划分，美、欧及日本等国统称为饲用植物（forage plant），有时与农作物、油料作物、经济作物等一并归在作物（crop）中。

一、牧草饲料作物与国民经济的可持续发展

牧草饲料作物是从栽培植物中分化出来的一类特殊植物，早先用于饲喂家畜，继而用于改良农田，后来用于绿化和水土保持，这些功能的深化和发展也反映了牧草饲料作物与人类生存和发展的关系。牧草饲料作物的广泛精耕栽培既是社会进步发展的标志，也是现代科学技术的具体显现。下面将从牧草饲料作物涉及的畜牧业、农业和生态业三方面论述其在国民经济可持续发展中的作用。

（一）牧草饲料作物是发展现代畜牧业的物质基础

畜牧业是国民经济的重要组成部分，与国民经济的可持续发展密不可分。受人民生活质量追求和社会经济发展的作用，持续大幅度提高动物产品总量和增强畜牧业生产能力已经成为我国现代大农业发展的基本特征之一。

现代草地畜牧业的基本特征是食草家畜的集约化经营。在整个生产流程中，草料生产是基础，它限制和规定了畜牧业发展的规模和速度，也制约着草地畜牧业的集约化程度。尽管草料生产有天然草场、人工种草和农工副产品三个途径，但由于天然草场幅员辽阔，受自然条件和经营条件所限，加之整体退化和缩减趋势明显存在，为此难于在现代草地畜牧业的集约化经营中有较大改观；农工副产品是伴随农业和工业附带产出的饲用料，因受自身品质、生产条件和加工技术的限制，也难于在现代畜牧业中发挥多大作用；只有人工种植牧草饲料作物，由于选用了优良种和品种，采用了技术密集型规模化、标准化和高效化栽培措施，更充分地利用了气候资源、土地资源和生物资源，使得产投比高，不仅为养殖业提供高产优质

饲草料，而且能够显著提高现代草地畜牧业集约化经营水平。国内外的经验告诉我们，解决草畜矛盾的根本出路在于建立高产、稳产、优质的人工草地，发达国家实现畜牧业现代化无一不是建立在大力发展人工草地基础之上的。

因此，从中长远发展来看，解决饲草料需求的矛盾必将越来越多地依靠人工种植牧草饲料作物生产方面，这是解决我国由于人畜共粮而导致的饲料粮短缺问题的根本途径，在现代畜牧业的集约化草料生产经营中将起到主导作用。这种作用体现在以下几方面。

①为畜牧业提供高产优质的饲草饲料。
②为发挥优良畜种的生产性能提供物质保障。
③是现代畜牧业集约化经营的前提。
④是稳定畜牧业周年高效均衡发展的物质基础。

分析人工草地对畜牧业生产的推动力，表明人工草地占天然草地的比例每增加1%，草地动物生产水平就普遍增加4%，美国更达到10%（胡自治，1995）。周旭英（2008）采用全球生态系统初级生产量模型（即 Miami 模型）预测了2020年、2030年我国草地资源综合生产能力，到2020年中国草地资源的综合生产能力为生产干草39 600万～48 400万t，其中人工种草预计生产干草9 953万t，占草地综合生产能力的20%～25%；到2030年中国草地资源的综合生产能力为生产干草50 300万～59 300万t，其中人工种草预计生产干草20 193万t，占草地综合生产能力的34%～40%。为此她认为，要走出对草地资源生产能力无限的误区，未来中国草地畜牧业的发展主要靠人工种草。

（二）牧草绿肥是保障现代农业可持续发展的基础资源

农业是国民经济的基础，农业的可持续发展制约着国民经济的可持续发展，而农业的可持续发展又取决于农田地力的可持续利用。土壤是农作物的立地基础，人们从事农业生产，就是要充分利用土地获得高产、优质、高效益，而要达到"两高一优"，就要不断地保持和培肥地力，其核心是增加土壤有机质，这是保持农业持续增产的根本。增加土壤有机质的措施，除施用有机肥料和实行秸秆还田外，种植牧草，尤其是豆科牧草，因其天然的固氮作用和丰富的根量残留，可有效提高耕层土壤的有机质和养分含量，是公认培肥养地的积极高效途径。

回顾农业发展历史进程，早在农事产生初期，人类就开始了地力维持的探索。由早期的被迫弃田发展到主动地烧荒垦田，由烧荒垦田发展到作物种植与自生草地轮换的田草式轮作，由迁移耕地式的田草轮作发展到固定耕地式的分田休闲轮作制（史称三圃式），由分田休闲轮作制发展到中耕作物和牧草的主谷式轮作制（史称改良三圃式）。进入18世纪，发展成含有主栽禾谷类作物、饲用根茎类作物、豆科牧草和中耕作物的典型现代轮作制（史称诺尔弗克式），同时把养畜和农业结合进行，这种农牧并营的草田轮作制是现代农业的雏形。这时人们已经认识到，牧草利用其固有的生理生态特性和丰富的根量对遏制农田病虫害发生和增加土壤有机质有着巨大作用，同时通过养畜归还大量优质的有机质，这种维持和发展地力的作用是任何方法不可代替的。

不幸的是，正当这种生产方式推动农业稳定蓬勃发展的时候，现代工业生产的大量化肥和大量农药及其普遍应用冲淡了这种生产方式在农业中的应用，甚至有用化肥和农药取代种草作用的倾向。经过数十年高施化肥的推行，许多地方地力和产量趋于下降，原因是高施化肥造成土壤结构的破坏和土壤理化性质的恶化，最终不得不重新审视高施化肥的恶果。农药对土壤和环境的污染及其对人类的残留危害日益被人们普遍认识，这从近年来绿色食品被人们偏爱的事实中得到肯定。所有这些恶果迫使人们回过头来重新审视牧草和轮作在农业中的作用和地位，当然我们不能回到原有水平的轮作中去。

在现代农业中，应充分利用现代科技成果和现代工业给农业带来的先进生产水平，从而实现在低成本条件下获得高效益的集约化现代农业。但应处理和协调好各个生产环节的合理衔接及各种增产措施之间的矛盾，如农业与牧业在土地、劳力和资金投入分配上的矛盾，牧草绿肥与化肥和农药在地力维持和增产上的矛盾。如何在维持地力发展的条件下获得农业的低成本和高效益呢？种草是有效途径之一。历史的实践经验表明，引草入田，实行草田轮作和农牧并举是维持地力行之有效的重要手段，也是保障现代农业可持续发展的基础性重要举措。

（三）种草植树是实现生态系统良性循环的重要环节

人类生存环境的可持续发展依赖于周围空间生态系统的良性循环。这个系统由大气—植物—土壤三者组成，以双向方式进行物质循环流动。其中植物（如草地和森林）是最活跃的因子，利用叶子和根系从大气和土壤中吸收不利于人们生存的有害物质（如 CO_2、SO_2、CH_2O、C_6H_6 等），利用叶绿体的光合作用排出人类生命活动需要的 O_2，利用根系的固土蓄水作用保持水土，进而以其具有的调节气候、涵养水源、保持水土、防风固沙、净化空气、改良土壤、培育肥力、土地复垦的能力，改善、保持和稳定人们生境区域生态系统的良性循环。植被宛如一个巨大的空气恒温保湿器，在干旱干燥区的炎热气候下，通过植物叶片气孔的蒸腾吐水作用，显示出明显的降温增湿效果，同时降水时又可有效拦蓄降水，使空气环境处于人们颇感舒适的温湿环境。若乔灌草结合，因其在地上地下空间的合理配置及对环境资源的充分利用，使得这些功能发挥最佳；但在沙漠荒地、盐碱地、黄土沟壑地及极度干旱和寒冷的环境下，乔木和灌木一般不能正常生长，而草本植物因其强大的适应能力往往被作为先锋植物应用，这也是草本植物和草地在保护环境中最独特的生态意义。人工草地在群落的覆盖度、密度、高度和生物量等方面一般优于天然草地，因此在水土流失农牧区、严重退化草原区、撂荒地、矿区废弃地和矿渣地等植被恢复中有广泛的应用。

在封闭的自然状态下（无人类的不良影响），由大气—植物—土壤三者组成的生态系统是良性循环的。但当人为的干预，如人口剧增造成的环境污染，乱垦滥伐造成的水土流失，不合理利用造成的资源浪费，管理不当造成的人为破坏，使得系统中任何一个因子发生变异都会波及其他因子，导致系统紊乱。尽管这个系统具有自我调整和修复的能力，但超出其能力极限就会使系统向恶化发展，最终反过来危害人类的生存。例如，1998年夏季发生在我国历史上罕见的大洪灾，固然与降水量大和集中有关，但不可轻视的是与上游地区多年乱垦滥伐造成的水土流失和草原退化有很大关系。

治理水土流失过去有一种传统观点，认为植树造林就可以遏制和预防水土流失。实际上，林木因其庞大林冠和深根特点，在净化空气、阻滞径流和防风固土上确实起到了巨大作用，但因林间空隙裸地面积比例大和表土层根量少，造成地表层土壤不可避免地随降水径流而流失。晋西黄土高原研究结果（王治国等，2000）进一步验证了此种结论，在年均降水量 368.6mm、郁闭度 0.85~0.90、坡度为 27°的 $100m^2$ 面积上，地表径流量（surface runoff）

为裸地 0.296 7mm、油松林地 0.071 1mm、草地 0.053 4mm。为此，许多专家学者倡议采用林、灌、草三类植物结合在一起防治水土流失的方法，这是因为它们不仅在空间（冠高和冠幅）上表现出层次性，而且在根系分布（根深和根幅）上也表现出层次性，这种层次性结构远比单一种类植物表现出更强的固土性能和净化能力。因而，种草的固土保水作用被国家和地方的相关部门提到了议事日程，与植树并列用于防风固沙、水土保持和改造环境。事实上，国外发达国家早在 20 世纪 80 年代就注意到草本植物的环保作用，如欧洲通过减少牧草地和作物地来增加环保用人工草地，荷兰通过填海造陆建植环保型人工草地，英国赫尔利（Hurley）草地研究所于 1990 年更名为草地与环境研究所（IGE），这些事例无一不在说明草地与环境关系的重要性。

鉴此，我们有理由坚信，种草植树必将在治理和恢复环境中对实现生态系统的良性循环和可持续发展起到不可估量的作用，是 21 世纪我国草业建设和环境治理的重要内容。

二、国内外牧草饲料作物栽培现状和发展趋势

（一）历史

考古研究表明，人类的文明进步是在与其生存抗争中通过劳动得以实现的。距今 1 万年前，人类通过驯化使山羊、绵羊、猪、黄牛、马等野生食草动物变成可饲养的家畜，随着畜群数量的增加，天然牧草满足不了家畜的需求，频繁迁徙仍解决不了根本问题，人们不得不定居下来进行垦殖，学会栽种野生谷类植物，这意味着人们可以按照自己的意愿用一种特定的方式掌控家畜的生长，这就是最早的畜牧业。人们从熟食野果种子中知道了植物的食用性，通过广泛栽种野生植物，使小麦、水稻、糜、粟、黍等野生植物变成作物，以后人类逐渐改变了自己的食物构成，农业也就诞生了，从此人类走向了文明时代。有文字记载的是，我国公元前 126 年汉武帝时期，张骞出使西域（今伊朗一带），带回苜蓿种子在陕西关中种植，以饲养军马（司马迁，约公元前 100 年）；罗马人 Columella 在公元 50 年对欧洲利用种植牧草的方法生产干草的意义进行了表述（Pendergrass，1954）；约在公元 1400 年，英国人 Couper 就把种 2 年小麦和种 5 年牧草进行轮换，这可能是草田轮作的最早记载（Franklin，1953）；西班牙人于 15～16 世纪开始栽培牧草；红三叶是栽培较早的牧草，意大利于公元 1550 年栽培，欧洲西部晚一点，英国不迟于 1645 年，美国是 1747 年才开始栽培。

真正意义上的牧草饲料作物栽培始于 18 世纪的欧洲。当时欧洲农业生产出现低谷，耕地地力衰退造成农业急速减产。地力衰退的主因是作物连作掠夺减少了土壤中有机物质含量，次因是作物生产体制没有能力补充有机物质，再次因是畜牧业生产能力低不能返回足够的有机物质。为此，通过在农田中引种牧草饲料作物，大力推行草田轮作和发展畜牧业，农业出现转机，产量稳步增长，取得了显著效果，从而使这种生产制度在整个欧洲农业中迅速发展起来，进而推动种草业和畜牧业的蓬勃发展。

（二）现状

1. 国内 我国牧草饲料作物栽培历史虽然悠久，但一直以来面积不大、地区不广、种类单纯、产量不高。直到中华人民共和国成立之后，随着政局的稳定，经济的发展，学科理论的深入，科学技术的推广，尤其是 20 世纪 80 年代以来大规模防灾基地建设的发展，人工

种草逐步得到重视和全面发展。据农业部历年草地资源的不完全统计表明，全国人工种草面积1980年为60万hm²，1981年上升至86.67万hm²，1983年突破133.33万hm²，而且草地改良面积首次超过当年草场退化面积；1985年累积人工草地保留面积达到666.67万hm²，实现了国家"六五"计划指标；1987年达到933.33万hm²，当年新增166.67万hm²，全国建成万亩人工草地35处，建立飞播牧草示范点120多处；1993年统计，累计人工草地1 577.5万hm²，飞播草地180.3万hm²，改良草地1 276.5万hm²，保存围栏775.7万hm²；2006—2013年，我国人工草地面积徘徊在2 000万～2 300万hm²，究其原因与国家调整草产业由国家投资运行转向企业化投资运行有关，企业运行的结果是追求人工草地的生产能力而非面积。不过，根据国民经济中长期计划，未来我国人工草地面积至少要达到天然草地面积的10%以上，大体与资源条件相似的美国、俄罗斯相近。为此，周旭英（2008）预测到2020年人工草地面积有望达到3 000万hm²，到2030年最高可达6 000万hm²。

种草不仅在现代畜牧业中占有重要地位，而且在农业生产中也极具重要性。我国农区和半农半牧区因传统习惯的影响，一直对种草没有引起足够重视，这固然与人多地少和食用非食草畜禽的传统习惯有关，但也与对牧草在农田地力维持方面的作用了解不够有关。当前，我国农田地力下降已成为普遍现象，靠化肥和土壤的自调机能维持地力已越来越不能解决问题。因此，我们绝不能重蹈18世纪欧洲的覆辙，建议各地因地制宜，通过示范和宣传，把牧草引入农田，实行草田轮作和发展食草家畜，使农业走上健康的可持续发展道路。据《2015中国国土资源公报》显示，我国耕地面积为1.35亿hm²。一般每年粮食种植面积约为80%，经济作物约10%，绿肥不足5%。如实行草田轮作，将至少有20%～25%的面积种草，这将是一个巨大的畜牧业生产基地。

加强种草意识的另一个原因，是种草（包括植树）能有效遏制草原退化、黄土高原沙漠化、干旱半干旱区水土流失。据国家林业局2011年发布的《中国荒漠化和沙化状况公报》，至2009年年底，我国荒漠化土地面积为26 237万hm²，沙化土地面积为17 311万hm²。与2004年相比，5年间荒漠化土地面积净减少124.54万hm²，年均减少24.91万hm²；沙化土地面积净减少85.87万hm²，年均减少17.17万hm²。

2. 国外 纵观世界各国人工草地的发展情况，发展极不平衡，除历史原因外，尚与当地国民经济水平和国家经济实力有关。畜牧业发达的国家，人工草地占比大，草地的载畜能力和生产能力也高。

黄文惠（1982）按各国畜牧业发达程度及特点，归类为如下三种状况：第一种状况，包括荷兰、丹麦、英国、法国、德国、新西兰等国土面积比较小而经济比较发达的国家，人工草地占天然草地的比例达到50%以上，余下的天然草地也全部被划区围栏轮牧，每公顷草地可生产300～450个畜产品单位（每个畜产品单位相当于净增牛肉1kg），荷兰高达900个，畜牧业产值高出种植业产值1～8倍；第二种状况，包括美国、加拿大、苏联和澳大利亚等国土面积和草原面积都大且经济比较发达的国家，人工草地约占10%，天然草地围栏率也已达到80%以上，每公顷草地可生产20～75个畜产品单位，畜牧业产值相当于种植业产值的1/2左右或以上；第三种状况，包括蒙古、阿富汗、毛里塔尼亚、索马里、尼日尔、阿根廷、乌拉圭、博茨瓦纳等经济不发达国家，尽管是畜牧业国家，畜牧业产值远高于种植业产值，但经营极为粗放，生产能力普遍不高，人工草地也没有多少，每公顷草地可生产的畜产品单位不足1个，条件较好的阿根廷也不过10多个。

对比国外审视国内，我国的草原畜牧业还处于一个较为落后的发展阶段，尽管目前国民经济上取得高速发展，但相关省区发展极不平衡。为此，在草原畜牧业发展道路上，相关省区应依据自身状况和条件，借鉴国外经验，选择适宜自身发展的草原畜牧业经营模式和运行体制。不过，发展人工草地是未来草原畜牧业走向现代化的必经之路。这从测算人工草地生产能力（沈海华等，2016）上也可得到验证，2010年全国平均多年生人工草地为$5.0t/hm^2$，其中紫花苜蓿平均高达$11.5t/hm^2$，一年生人工草地为$21.7t/hm^2$，其中青贮玉米$20.7t/hm^2$，而同期平均天然草地仅为$1.8t/hm^2$，由此测算出人工草地生产能力是天然草地的$2.7\sim12.1$倍。

（三）发展趋势

各国的经验表明，要发展畜牧业，必须发展人工草地，这是解决畜草供需矛盾的主要环节。我国牧区冷季长达$6\sim7$个月，天然草场退化严重，草料普遍缺乏；农区及半农半牧区，尽管自然条件较好，但冬春缺草仍较严重；南方农区冬春掉膘也属常见现象。我国耕地普遍缺乏良好的轮作制度，地力下降已引起有关部门的关注，为此建立良性的草田轮作制度是维持农田地力的有效途径。环境污染、资源利用不当及沙化、荒漠化和盐碱化所引起的生态问题已成为影响我国国民经济可持续发展的基本问题，种草植树将是我国改善和治理环境的基本国策。因此，未来种草工作任重而道远，为完成这个艰巨任务，我们必须着手开展如下工作。

①驯化和培育适应于各种条件和用途的优良牧草饲料作物种和品种。
②建立稳固的草籽繁殖基地，提供合格的优质草籽。
③研制建立和利用人工草地的配套农艺技术及其草料的加工贮藏技术。
④大力推行高效的集约化草地畜牧业，促进现代畜牧业的发展。
⑤大力推行草田轮作制度，促进草地农业的高效持续发展。
⑥大力推行草灌乔立体防护制，促进生态环境的可持续发展。

三、牧草饲料作物栽培学的性质、任务和内容

（一）学科发展

牧草饲料作物栽培学是草学学科的一个主要组成部分。早在20世纪50年代初期，南京农业大学的王栋教授、河北农业大学的孙醒东教授及华中农业大学的叶培忠教授分别在各自学校开设了本学科课程，并培养了我国第一代草学研究生。同期相继发表了他们的专著，王栋1950年出版了《牧草学通论》（上下篇），1956年出版了《牧草学各论》；孙醒东1954年出版了《重要牧草栽培》，1955年与胡先骕共同出版了《国产牧草植物》；任继周等修订王栋原著并于1989年出版了《牧草学》，上述均为本学科的奠基著作。专门从栽培方面论述的牧草学课程，是在1958年内蒙古畜牧兽医学院（现为内蒙古农业大学）新创的我国第一个草原专业本科生中开设的。

（二）学科性质和任务

本学科性质属于植物性生产范畴，为第一性生产，是种植业的一个重要组成部分，不仅直接服务于畜牧业，而且广泛应用于农业和环境保护方面，是一门紧密联系生产实践的综合

性学科。其任务是运用现代生物科学及农业科学技术成就，揭示牧草饲料作物在各种丰产技术条件综合作用下生长发育的规律，从而为畜牧业生产提供高产、优质的牧草饲料。同时，使牧草饲料作物在农业生产和环境治理与保护中发挥最大作用。

（三）学科内容和理论基础

本学科内容包括：研究牧草饲料作物的资源状况及其开发利用途径，生长发育特性及其与环境条件和栽培条件的关系，土壤耕作、栽培措施和牧草特殊种植方法等农艺丰产技术，生产流程中各个环节的经营管理与降低成本和增产增效的关系，豆科牧草、禾本科牧草及其他各类饲料作物种和品种的生物学特性及其应用特性和价值。

本学科理论基础是牧草饲料作物生长发育特性及其对栽培条件反应的规律性和产量形成的规律性。在此基础上，尚需掌握植物学、植物分类学、植物生理学、植物生态学、土壤学、植物营养与肥料学、农业气象学、杂草与病虫害防治学、牧草饲料作物遗传育种学、牧草种子学、家畜饲养学、田间试验设计与数理统计分析等学科的理论和技术。

（四）研究方法和学习方法

牧草饲料作物栽培学独立成一门应用科学，不仅有其自身的理论知识，而且有其特有的实践技术，同时也有它自己的研究方法，如生物观察法、生长分析法、发育研究法、产量对比法、生长模拟模型法及优化栽培决策系统法。这些方法各自适应于不同的研究项目，在实践中常常结合进行，不可偏废。由于本学科是一门实践性很强的课程，因而要求学生在学习本课程时，不仅要刻苦努力学习本课程的理论知识，而且更重要的是多参与生产实践活动和科学研究活动，使自己尽快适应就业市场的需求，以真才实学的本领迎接这个高速发展社会的挑战。

思考题

1. 简述牧草和饲料作物的概念。
2. 简述发展牧草饲料作物与现代畜牧业的关系。
3. 现代农业的可持续发展为何离不开牧草饲料作物种植业？
4. 在生态环境保护和治理中多年生牧草有什么作用？
5. 分析我国牧草饲料作物生产现状和发展趋势。

第一篇 牧草饲料作物生物学基础

第一章　牧草饲料作物的分布和区划

学习提要

1. 了解牧草饲料作物的起源、分布及其适应性。
2. 掌握牧草饲料作物的分类体系及主要类型的特点和代表种。
3. 理解牧草饲料作物区划的原则、依据、方法及各个栽培区和亚区的命名。

第一节　牧草饲料作物的分布

一、起　源

栽培牧草（cultivated herbage）属于广义上的作物范畴，也是从野生植物（wild plants）中经过长期引种驯化选育出来的。地球上现有可利用的植物 2 500～3 000 种，目前栽培的作物（crop）仅为 2 300 余种，其中食用作物 900 余种，经济作物 1 000 余种，栽培牧草（含绿肥）400 余种。

（一）作物起源概述

最早研究作物起源的是瑞士植物学家德·康多尔（De Candolle），他于 1883 年出版了《栽培植物的起源》，对 477 种作物的起源进行了研究，并断定一个物种丰富的地区未必是它的起源中心。1926 年，苏联植物学家 H. N. 瓦维洛夫出版了《栽培植物的起源中心》，1935 年在其新著的《育种的植物地理学基础》中对过去的理论做了进一步的完善，明确地把世界重要的栽培植物划分为 8 个独立的起源中心和 3 个副中心，这是关于作物起源学说的经典理论，已得到科学界公认。后来，许多科学家在此基础上又陆续进行了补充和完善，1975 年由瑞典的泽文和苏联的茹可夫斯基（П. М. Жуковский）共著的《栽培植物及其变异中心检索》把作物的起源中心扩大为 12 个，即中国-日本中心、中南半岛-印度尼西亚中心、澳大利亚中心、印度斯坦中心、中亚细亚中心、近东中心、地中海中心、非洲中心、欧洲-西伯利亚中心、南美洲中心、中美洲-墨西哥中心和北美洲中心。

（二）牧草起源简况

栽培牧草最早用于饲喂家畜，后又从这些牧草中分出豆科牧草用于农田肥地，故在近代牧草栽培中，豆科牧草较禾本科牧草有了更大发展。例如，最早栽培紫花苜蓿仅作为军马的草料，但后来又扩大用于农田肥地、水土保持和环境美化。实际上，真正作为畜牧业生产的牧草栽培也不过数百年历史，禾本科牧草的栽培历史更为短暂，因而栽培牧草的野生种质资源有着巨大的贮备，尚需牧草研究者和生产者发掘开发。美国学者 J. R. Harlan（1981）对目前欧洲、非洲和美洲地区利用的栽培牧草进行了较广泛的收集和整理，并就它们的起源发表了自己的见解。他认为栽培牧草在欧洲、非洲和美洲地区有如下4个起源中心。

1. 欧洲（不包括地中海气候带）中心　起源于该中心的牧草有多花黑麦草、多年生黑麦草、白三叶、红三叶、紫花苜蓿、白花草木樨、鸡脚草、高羊茅、猫尾草、羽扇豆、百脉根、红豆草，以及无芒雀麦、鸭茅、冰草、狗牙根、毛苕子等。虽然这些牧草中有部分或大部分并不是真正的欧洲当地种，但由于早在新石器时代（距今6 000～7 000年前）就已散布在欧洲，故有充分的时间可以驯化，使其能够适应温带地区夏季连绵阴雨的气候环境。

2. 地中海盆地和近东（冬霜地带）中心　该地区冬季温暖多雨，夏季气候干燥，是地三叶、埃及三叶、波斯三叶、绛三叶、蜗牛苜蓿、刺荚苜蓿、羽扇豆和野豌豆等一年生豆科牧草及紫花苜蓿、白花草木樨、红豆草、白三叶、冰草、无芒雀麦、狗牙根、鸡脚草等多年生牧草的起源中心。

3. 非洲萨瓦纳（热带干草原）中心　该地区是大黍、象草、珍珠粟、俯仰马唐、盖氏虎尾草、狗牙根、狗尾草、纤毛蒺藜草、臂形草等热带禾本科牧草的起源中心。另外，像罗顿豆、扁豆、威蒂大豆、肯尼亚三叶草、有爪豇豆等极耐铝和其他金属的豆科牧草，在污染区有很大利用潜力。

4. 热带美洲中心　该地区豆科牧草占绝对优势，柱花草属、矩瓣豆属、大翼豆属、山蚂蝗属、毛蔓豆属、合欢草属、合萌属、银合欢属、落花生属和菜豆属等属的种类资源非常丰富，因而是热带豆科牧草的起源中心。此外，巴哈雀稗、毛花雀麦和扁穗雀麦等禾本科牧草也有分布。

尚感遗憾的是，在这个牧草起源中心分类中没有考虑中国这个最大作物起源中心，甚至连整个亚洲和大洋洲地区都没有考虑。

自1949年中华人民共和国成立以来，我国在牧草饲料作物种质资源的发掘和整理上做了大量工作，1984年农牧渔业部畜牧总局委托中国农业科学院草原研究所整理修订出版了《全国牧草、饲料作物品种资源名录》，从3 199份永久编号材料中整理出26科，159属，425种，1 983个品种的牧草饲料作物。1990年在中国农业科学院草原研究所（呼和浩特）建成我国第一座牧草基因库，已收集保存7科，129属，420种，3 142份牧草种质材料（徐柱，2004）。根据历年全国草原资源普查资料，查明在被子植物中可被家畜饲用的野生牧草有177科，1 391属，6 262种（包括亚种、变种和变型）。自1998年至2006年年底，在农业部全国畜牧兽医总站畜禽牧草种质资源保存利用中心牵头下，依托中国农业科学院草原研究所牧草种质资源中期库和中国热带农业科学院牧草种质资源中期库，联结不同气候生态区域、行政区划及技术力量组成10个协作组，收集整理9 593份材料，其中栽培牧草有15科，73属，144种，848份材料（南莉莉等，2010）。许多种类在改良退化草地和治理盐碱荒地及发展干旱半干旱区人工草地畜牧业中起到了巨大作用。如北方的羊草、无芒雀麦、蒙古冰草、沙生冰草、老芒麦、披碱草、垂穗披碱草、碱茅、野大麦、扁蓿豆、黄花苜蓿、羊柴、蒙古岩黄芪、木岩黄芪、柠条、中间锦鸡儿、二色胡枝子、驼绒藜、华北驼绒藜、木地肤等均已成为重要的栽培牧草，南方的圆果雀稗、扁穗牛鞭草、鹅观草、狼尾草、链荚豆、葛藤、紫云英、金花菜、广布野豌豆、绢毛胡枝子、多花木蓝等均已作为牧草或绿肥而知名。上述牧草均原产于我国，即使是引进的紫花苜蓿在我国也已有2 000多年的栽培历史，早已成为我国各地栽培的当家草种。

二、适 应 性

栽培牧草饲料作物的适应性是在长期自然选择和人工选择下为适应相应环境条件而形成的一种特有性状。无论是驯化野生种，还是引进其他地方的优良种，由于引种地环境条件与其原生活环境条件在气候、土壤、生物三类因子方面存在差异，所以在引种地环境条件的长期作用下，尤其在人为有意识、有目标选择下，其在形态结构及生理、生化和生态特性方面发生改变，形成众多变异有机体，也称品系（strain）；那些能适应的变异有机体被保留下来，不能适应的变异有机体自行消亡或人为淘汰，那些被保留下来的变异有机体的适应性又在经常变化的环境条件中不断得到发展和完善，并在外部形态和内部结构及生理生态习性上反映出来，这样就形成一个新的类型，也称品种（variety），这个品种就具有了在引种地栽培的适应性。

对于一个牧草种，其栽培种（cultivar）与野生种（wild species）在适应性和性状方面存在如下差异：

1. 株体及各器官变大 整个株型变高变粗，尤其在叶子大小和数量及分枝数量和枝条长度上更显著，这对于提高牧草产量和质量非常重要。一般在花器上也有变化，主要在生殖枝数目、穗长、穗粒数、结实率和籽粒大小等产籽性能上有所提高。

2. 可利用部分营养成分的含量变大 牧草饲料作物主要体现在茎叶中蛋白质含量及其氨基酸组成和含量均有所提高，维生素、胡萝卜素及钙、磷含量也有所提高。

3. 生育期和成熟期变得整齐集中 野生种发育缓慢，成熟期极不一致，而人为有意识的选择已使栽培种成熟期变得相对集中以便于采收生产。

4. 种子休眠性减弱或休眠期缩短 野生种的种子休眠性一般很强，种子寿命达数10年，甚至上百年、上千年，以便于繁衍其种类。而栽培种因生产的需要，要求种子发芽快而整齐，因此在驯化选育过程中，人为地缩短了休眠期或破除了休眠性，提高了发芽率。

5. 防护功能减退 野生种的机械保护组织特别发达，一般株体具有纤毛或乳汁，种子具有长芒或表面为皱褶，这些性状有利于繁衍后代和适应苛刻的生存条件。而栽培种因生存条件的改善，这些性状因长期不用而逐渐自行废退。

6. 自行传播繁衍的功能退化 野生种为便于传播扩散，各自有其固有的传播方式，野生麦类成熟时穗轴断裂，分裂成一个个带芒的小穗而随风传播；野生豆类成熟时荚果爆裂，弹出的种子随风飘移。所有这些共同的特点就是落粒性强，种子小，易飘移。反过来看，这些特点不利于草籽采收和生产。为此，在驯化选育时有意识除去这些不良性状，使自行传播繁衍的功能逐渐退化。

7. 对环境条件的适应范围变窄 野生种为其种的延续，经长期的自然选择有比较宽的适应区域。但栽培种自引入引种地后，经长期的自然和人为选择仅具有当地环境特性的适应性，在综合抗逆性上远不如野生种。

以上事例表明，栽培牧草饲料作物在一定生态环境条件下，由于自然选择和人为引种、扩种、选择等活动的作用及品种本身的适应性能，形成了具有相似特征特性的牧草饲料作物类别和品种类型，此称为品种生态型（variety ecotype）。品种生态型的分化与不同地理条件的温度、日照、土壤、水分等生态因子及人为的耕作制度、栽培方法、饲用习惯等因子相适应。不同品种类型的牧草饲料作物所适应的环境条件不同，了解并掌握这种适应特性才能创造条件，充分发挥品种类型的生产潜力，获取高额产量。

三、地理分布

栽培牧草饲料作物的地理分布源自其野生种原产地，以此为轴心，经人工引种驯化和栽培利用呈辐射状向四周扩散，其辐射范围与其引种栽培历史的长短、自身适应环境的能力及对土壤适应的广域性有密切关系，当然也与社会经济条件、生产技术水平、人们的习惯和社会需求有关。

就栽培牧草饲料作物单个物种的全球分布而言，引种栽培成功的地区与原产地有着近似的气候特征，生产上称此为农业气候同源地区或同源气候（allied climatic province）。此主要取决于冬季最低温度和年降水量，但二者对牧草饲料作物的分布有时并不一致。Hartley（1950）的研究表明，禾本科䅟股颖族在全球的分布，集中于冬季中期月平均温度10℃以下的北半球地区，包括美国、欧洲和亚洲中北部，由此表明冬季温度对䅟股颖族牧草的分布起着决定性作用。而年降水量及季节分布对其分布影响不大，植被类型的分布与其分布也没有关联，只有在这些植被类型本身反映了受温度控制的影响时才有关联。燕麦族、画眉草族及羊茅族的牧草饲料作物分布与䅟股颖族牧草分布一样，也是受冬季温度的控制。但黍族牧草饲料作物的分布主要受年降水量的影响，同时温度也有一定作用，这也就是黍族牧草饲料作物在高温、多雨地区生长极为旺盛的缘故。因此，牧草饲料作物分布与地区气候因子有直接关系，在这些气候因子中，温度一般较降水量更为重要，冬季中期的月均温在某种程度上更有关键的意义。

就栽培牧草饲料作物单个物种的地域分布来看，温度、降水、土壤、光照等自然条件及栽培条件和社会需求在综合影响着其地理分布。例如，苜蓿尽管分布于世界各地，能适应广泛的气候和土壤条件，但在我国主要分布在黄河流域及其以北地区的14个省份，在北纬35°～43°，这个地区的年降水量为500～800mm，平均气温5～12℃，≥0℃的积温为3 000～5 000℃，土壤为中性或微碱性，生长季日照时数为2 200～3 600h。在降水量较少的西北和内蒙古西部地区，许多灌区也都有苜蓿种植。

总体来看，牧草饲料作物物种的地理分布尚无充足资料，也无更好的研究方法，至今没有系统的资料反映其物种在全球的自然分布和栽培分布。重要牧草饲料作物的地理分布将在各论中介绍，这里不再多叙。

第二节 牧草饲料作物的类型

栽培牧草饲料作物的类型可按不同分类方法进行划分，归纳目前生产上利用的牧草饲料作物，大致有如下几种分类方法。

一、按分类系统划分

这一分类方法是依据瑞典植物学家林耐（Carl von Linné，1707—1778）确立的双名法植物分类系统而进行的一种划分，栽培牧草饲料作物可划分为如下三类。

(一) 豆科牧草饲料作物

豆科是栽培生产中最重要的一类牧草饲料作物，其特有的固氮性能和改土效果使其早在远古时期就被应用于农业生产中。尽管豆科种类不及禾本科多，但因大多数豆科牧草富含氮素和钙质而在农牧业生产中占据重要地位。目前生产上应用最多的豆科牧草饲料作物有紫花苜蓿、杂种苜蓿、白花草木樨、沙打旺、红豆草、白三叶、红三叶、毛苕子、箭筈豌豆、小冠花、紫云英、大豆、山蚂蝗、鹰嘴豆、柠条、羊柴、胡枝子、紫穗槐等。

(二) 禾本科牧草饲料作物

禾本科种类繁多，占栽培牧草饲料作物总数的 70% 以上，是建立放牧刈草兼用人工草地和改良天然草地的主要牧草饲料作物。目前利用较多的禾本科牧草饲料作物有无芒雀麦、披碱草、老芒麦、冰草、羊草、多年生黑麦草、苇状羊茅、鸭茅、碱茅、小糠草、象草、御谷、燕麦、苏丹草、玉米、高粱、黍、粟、谷等，作为草坪绿化利用的牧草还有草地早熟禾、紫羊茅、硬羊茅、匍匐翦股颖、多年生黑麦草、高羊茅（即苇状羊茅）等。

(三) 其他科牧草饲料作物

其他科牧草饲料作物指不属于豆科和禾本科的牧草饲料作物，无论种类数量上，还是栽培面积上，都不如豆科牧草饲料作物和禾本科牧草饲料作物。但某些种在农牧业生产上仍很重要，如菊科的苦荬菜和串叶松香草，苋科的千穗谷和籽粒苋，紫草科的聚合草，蓼科的酸模，藜科的饲用甜菜、驼绒藜和木地肤，伞形科的胡萝卜，十字花科的芜菁，等等。

二、按生育特性划分

在生产中，为便于利用，根据牧草饲料作物生长发育中在形态、生长习性和利用特性上的差异，划分了许多类型。

(一) 依据寿命

依据牧草饲料作物寿命和发育速度的不同可分为如下三类。

1. 一年生牧草饲料作物 这类草的生长年限只有 1 年，即在 1 年内完成全部生活周期。北方寒冷地区一般春季播种，夏秋开花结实，随后枯死；北方较温暖地区或南方地区，秋季播种出苗，冬季休眠，春夏开花结实，随后枯死。此类牧草饲料作物播后生长快，发育迅速，短期内生产大量饲草。如毛苕子、普通苕子、山蚂蝗、紫云英、多花黑麦草、苏丹草、燕麦、玉米、苦荬菜等。

2. 二年生牧草饲料作物 这类草的生长年限为 2 年，春夏播当年仅进行营养生长，可生产较多饲草，第 2 年返青后迅速生长，并开花结实，随后枯死。如白花草木樨、黄花草木樨、甜菜、胡萝卜等。

3. 多年生牧草 这类草生长年限在 2 年以上，一般第 2 年就能开花结实，一次播种可多年利用，其显著特点是根量远高于一年、二年生牧草饲料作物，牧草多数属于此类，是农牧业生产的主体。依据其利用年限又可分为如下两种。

(1) 短期多年生牧草 此类草寿命 4~6 年，第 2、3 年可形成高产，第 4 年之后显著衰退减产。如沙打旺、红豆草、红三叶、白三叶、老芒麦、披碱草、多年生黑麦草、苇状羊茅、鸭茅、猫尾草等。

(2) 长期多年生牧草　此类草寿命多达10年以上，第3年进入高产，可维持4～6年高产，个别可维持到生长第8年左右高产。如苜蓿、草莓三叶草、山野豌豆、胡枝子、羊柴、柠条及无芒雀麦、羊草、冰草、小糠草、看麦娘、碱茅等。

(二) 依据再生性

依据牧草地上枝条生长特点和再生枝发生部位不同可分为如下三类。

1. 放牧型牧草　这类牧草地上部茎叶发生于茎基部节上，或从地下根茎及匍匐茎上发生，且株丛低矮密生，叶丛一般在30cm范围内，仅能放牧利用，不适宜刈割，多为下繁草。如碱茅、草地早熟禾、紫羊茅等。

2. 刈割型牧草　这类牧草地上部的生长增高是靠枝条顶端的生长点延长实现的，或者是从地上各层位枝条叶腋处的芽新生出再生枝，故而放牧或低刈后因顶端生长点和多数再生芽被去掉而再生不良，一般不适于放牧或过频过低刈割。这类牧草株高1m左右或以上，全株各层位都生长叶子，多为上繁草。如沙打旺、红豆草、白花草木樨、黄花草木樨、苏丹草等。

3. 牧刈兼用型牧草　这类牧草地上部的生长增高是靠每一个枝条节间的伸长实现的，或者是从地下的根茎节、分蘖节、根颈处新生出再生枝，因而此类草放牧或低刈后仍能继续生长，具有极强的耐牧性和耐刈性。如垂穗披碱草、老芒麦、无芒雀麦、羊草、紫花苜蓿、白三叶等。

(三) 依据分蘖性

依据牧草分蘖形成侧枝的方式不同，可把牧草分为如下七类。

1. 根茎型禾本科牧草　此类牧草在其地下5～20cm处有水平横走根茎，由此根茎的顶端和节处向上新生出穿出地表的枝条，每个这样的枝条又可产生自己的根茎，依次类推，随着生长年限的延长，在耕作层形成密集的根茎网。该类草的显著特点是具有很强的营养繁殖能力，侵占性极强，几年即可连片成群形成稠密植被，但不形成草皮。如羊草、无芒雀麦、偃麦草等。

2. 疏丛型禾本科牧草　此类牧草由地表下1～5cm的分蘖节上产生的枝条与母枝成锐角展开，形成一个较为疏松的草丛，每年新生枝条发生在株丛边缘，故而株丛中央常为枯死残余物。如老芒麦、披碱草、垂穗披碱草、猫尾草、鸡脚草、草地羊茅、大麦草、蒙古冰草等。

3. 根茎-疏丛型禾本科牧草　此类牧草由地表下2～3cm处的分蘖节形成短根茎，由此向上新生出枝条，每个枝条又以同样方式进行分蘖，久而久之形成以短根茎相连接的疏丛型草皮，既耐放牧，又耐践踏，也适于作草坪。如紫羊茅、看麦娘等。

4. 密丛型禾本科牧草　此类牧草的分蘖节位于地表上面，节间很短，由节上生长出的枝条彼此紧贴，几乎垂直于土表向上生长，因而形成稠密株丛，随生长年限延长株丛直径增大，老株丛形成草丘。该类草特点是耐涝害和耐放牧。如羊茅、针茅、芨芨草等。

5. 根蘖型豆科牧草　此类牧草主根粗短，入土深不达1m，在土表5～30cm处生有众多横走水平根蘖，由此向上新生出枝条。如黄花苜蓿、小冠花、山野豌豆、鹰嘴紫云英、羊柴等。

6. 轴根型豆科牧草 此类牧草主根粗壮，入土深达 2m 或更深，与地中茎相连处明显膨大（称为根颈），其上有再生新芽，由此芽以斜角向上新生出枝条，每个枝条叶腋处又有芽并可新生出枝条，由这二处萌发的枝条同时存在，但比例因牧草不同而有差异。大多数豆科牧草以根颈处发生枝条为多，如苜蓿、白三叶、红三叶、扁蓿豆、柠条、细枝岩黄芪等；仅白花草木樨、红豆草、沙打旺、百脉根等的枝条以发生在叶腋处为多。

7. 匍匐型牧草 此类牧草在地上有从茎基部分蘖节产生的横走斜生茎称为匍匐茎（stolon），在此匍匐茎顶端和节处可新生出枝条，此枝条又可产生自己的匍匐茎和根系形成子株丛。随着生长年限的延长，一代又一代延续生长，一方面形成向周边扩繁的密集地毯状草层，另一方面导致在土表形成由往年枯枝累积成的枯草层，为此要给予密切关注，通过早春焚烧减轻对返青期生长的影响。在禾本科牧草中，该类草有时还具有地下横走根状茎称为根茎（rhizome），其营养繁殖能力比单纯根茎型禾本科牧草还强，不仅侵占性强，而且耐牧性和耐践踏性极强，非常适于作草坪用，如草地早熟禾、匍匐翦股颖、结缕草、狗牙根。此外，豆科的三叶草也有匍匐茎。

（四）依据茎叶发育状况

依据植株上枝条和叶着生部位和发育层次的不同，可把牧草分为如下三类。

1. 上繁草 此类牧草株高一般在 60～100cm 或以上，株丛多由生殖枝和长营养枝组成，叶子和枝条多分布在株体 1/3 以上部位，株型为倒锥形。该类草特点是适于刈割利用，如羊草、无芒雀麦、老芒麦、披碱草、多年生黑麦草、苇状羊茅、猫尾草、苏丹草、苜蓿、红豆草、草木樨、沙打旺等。

2. 下繁草 此类牧草株高一般不超过 50cm，生殖枝和长营养枝不多，株丛组成以短营养枝为主，叶子和枝条多集中于株体下部，距地面 7cm 以内的茎叶质量占整个株丛质量的 40% 以上，因而该类草适于放牧利用。如草地早熟禾、紫羊茅、小糠草、狗牙根、白三叶、地三叶、草莓三叶草等。

3. 莲座状草 此类牧草没有茎生叶或茎生叶很少，株丛以根出叶形成叶簇状，整个植株低矮，产量较低，如聚合草等。

（五）依据株型

牧草由于茎的生长习性不同而造成株型状态有异，依此将其分为如下三类。

1. 直立型牧草 此种牧草主茎垂直于地面生长，整个株型呈直立状，大多数牧草属于此类。如苜蓿、草木樨、红豆草、羊草、老芒麦等。

2. 斜生型牧草 此种牧草由根颈处产生的枝条穿出地面后，先贴地生长一段后再向上直立生长。如沙打旺、扁蓿豆、白三叶、狗牙根、结缕草等。

3. 缠绕型牧草 此种牧草主茎退化变成卷须或缠绕状茎，需依附在其他直立物上才能向上良好地生长。如毛苕子、草藤等。

三、按分布区域划分

牧草饲料作物的分布具有明显的地理区域性，这是由气候条件限制了其适应性造成的。

目前，常见的类型划分有如下两种方法。

（一）依据地球气候带

地球陆地表面按接收太阳能热量的不同分为热带、温带和寒带3个气候带，其中寒带因处于北极圈和南极圈之内而几乎没有什么植物能够生长，所以牧草饲料作物仅在温带和热带分布。

1. 温带牧草饲料作物　温带牧草饲料作物分布在北半球和南半球极圈至回归线之间的地带，该地带气候特点表现出明显的季节性，夏季炎热多雨，冬季寒冷低湿，春秋多风干燥，复杂的气候变化孕育了丰富的牧草饲料作物种质资源。目前生产上利用的牧草饲料作物大多数属于此类，如豆科的苜蓿属、黄芪属、岩黄芪属、红豆草属、三叶草属、草木樨属、野豌豆属、锦鸡儿属、胡枝子属及禾本科的黑麦草属、雀麦属、赖草属、披碱草属、冰草属、偃麦草属、鹅观草属、鸭茅属、早熟禾属、羊茅属等属中的牧草种。

2. 热带牧草饲料作物　热带牧草饲料作物分布在赤道两侧北回归线和南回归线之间的地带，该地带冬夏昼夜时间相差不大，全年气温变化不明显，降水多而均匀，蕴藏了大量的牧草饲料作物资源。如禾本科中的画眉草属、虎尾草属、狼尾草属、雀稗属、蜀黍属、野黍属、高粱属、马唐属、地毯草属及豆科的豇豆属、扁豆属、大豆属、菜豆属、落花生属、柱花草属、山蚂蝗属、合欢草属、银合欢属等属中的牧草种。有些种已跨过热带，成为温带广泛应用的牧草饲料作物，如苏丹草、玉米、高粱、大豆、豇豆等。

（二）依据区域气候特点

根据我国区域气候特点和地理分布特点，将牧草分为冷地型、暖地型及过渡带型三类。这种划分方法在草坪上得到广泛的实际应用，与国外对牧草的划分结果比较相近。

1. 冷地型牧草饲料作物　此类最适生长温度为15～24℃，主要分布在我国黄河以北地区。其特点是能适应相当冷的冬季低温，但耐高温能力差，常在炎夏出现休眠现象，多数原产于北欧和亚洲地区。由于我国牧业基地多在北方，故大多数牧草饲料作物属于此类。如苜蓿、白三叶、沙打旺、红豆草、白花草木樨、毛苕子、普通苕子、柠条、羊柴、胡枝子及无芒雀麦、羊草、老芒麦、披碱草、冰草、多年生黑麦草、苇状羊茅、碱茅、紫羊茅、草地早熟禾、燕麦等。

2. 暖地型牧草饲料作物　此类最适生长温度为27～32℃，主要分布在我国长江以南地区。其特点是能适应夏季的高温，但耐低温能力差，在南方冬季最低温时出现休眠，而在北方冬季却不能自然越冬。这类牧草饲料作物多数原产于热带和亚热带地区，只有少数种能结实，因而大部分种以营养繁殖为主。如狗牙根、结缕草、野牛草、地毯草、假俭草、画眉草、非洲狗尾草、巴哈雀稗及紫云英、红三叶、柱花草、大翼豆、银合欢等。

3. 过渡带型牧草饲料作物　此类分布于黄河以南、长江以北地区，对温度的适应范围比较广，包括了冷地型中耐热性强的种类，也包括了暖地型中耐寒性强的种类。如多年生黑麦草、苇状羊茅、苜蓿、白三叶及结缕草、野牛草、红三叶等。

第三节 牧草饲料作物的区划

一、意义和背景

牧草饲料作物区划是指根据生态环境、农业经济、技术条件及畜牧业对牧草饲料作物的需求而进行的牧草饲料作物栽培区域性规划。这是科学种植牧草饲料作物的前提，对引种栽培建立人工草地具有直接指导作用，对草业生产和发展畜牧业具有重要的指导意义。

我国牧草饲料作物种植业在20世纪80年代之后有了迅速发展，但在快速发展的同时也出现了许多不利于生产发展的现象。例如，各地种草业进展不平衡，同畜牧业生产的衔接不够紧密，缺乏统一规划；在自然条件相同或近似的地区之间，对引种选育等试验研究存在着重复现象；生产上草种繁殖和购销存在脱节现象，甚至因盲目引种栽培而导致失败等。为此，1984年农牧渔业部畜牧总局开展了"全国主要多年生栽培草种区划研究"的重点项目，经3年全国350多个科研、教学、生产单位1 128人的工作，完成了《中国多年生栽培草种区划》(洪绂曾等，1989)。进入21世纪，随着我国栽培牧草饲料作物种植区域的长足发展，中国农业科学院农业自然资源与农业区划研究所辛晓平课题组在收集整理2001—2011年农业部全国畜牧总站及各地公布的栽培牧草饲料作物种植数据基础上，利用实地调查、模型模拟及专家修订相结合的方法，在全国范围内开展了主要栽培牧草饲料作物适宜性区划研究，经过12年（2003—2014）持续研究，完成了《中国主要栽培牧草适宜性区划》(辛晓平等，2015)。

二、原则和依据

(一) 区划原则

牧草饲料作物区划所遵循的原则主要有如下四项。
①在同一栽培区内从事牧草饲料作物栽培的自然条件与经济条件要有共同性。
②在同一栽培区内牧草饲料作物的生产特点与草种的发展方向要有类似性。
③牧草饲料作物栽培的主要障碍因素和重大技术改造措施与建设途径要有相对一致性。
④牧草饲料作物区划时要保持县（旗）级行政区域的完整性。

(二) 区划依据

在制订栽培牧草饲料作物适宜性区划及考虑草种布局时应执行如下依据。
①以居于全国的自然地理位置、地形地貌、土壤类型、草地类型和自然气候带为主要区划依据。
②一级区划以区域自然条件、生态经济功能及生产发展方向作为区划基本依据。
③二级区划以区域海拔、地形地貌、土壤类型及"当家"草种的生物学特性、生产条件和利用方式等作为主要划分依据。

三、方法和命名

牧草饲料作物区划的命名方法，综合《中国多年生栽培草种区划》(洪绂曾等，1989)和《中国主要栽培牧草适宜性区划》(辛晓平等，2015)的研究成果，一级区划采用地理方位加地形地貌特征的双重命名法来确定各个牧草饲料作物栽培区的名称;二级区划采用地理方位加地形地貌特征再加"当家"草种的三重命名法来确定各个牧草饲料作物栽培亚区的名称,其中草种数量以不超出5个为宜,按保留面积和重要性排序。为此,根据栽培牧草饲料作物区划的原则、依据及命名方法将全国划分为9个一级牧草饲料作物栽培区和42个牧草饲料作物栽培亚区。

四、各分布区域概述

(一) 东北牧草饲料作物栽培区

东北牧草饲料作物栽培区包括黑龙江、吉林和辽宁三省全境,总面积77万km^2,地处北半球中纬度地带,属温带湿润半湿润大陆季风气候。本区气候特点是冬季严寒多雪,夏季高温多雨。全年平均气温-2.0~10.2℃,极端温差达80℃,≥10℃积温1 400~3 500℃,无霜期100~180d;年降水量400~1 000mm或局部更高,依据水分条件从东部山区到西部平原可分为湿润、半湿润和半干旱3个地区。平原区地带性土壤多为黑钙土和栗钙土,土质多富含有机质和腐殖质,但非地带性盐碱土发育充分,遍布全区。

该区是我国重要的商品粮生产基地,主栽玉米和大豆,近年来水稻和马铃薯的种植面积也在不断增加。国内著名的松嫩草原是我国重要的畜牧业生产基地,孕育了著名的滨州牛、东北细毛羊和中国美利奴羊等。

截止到2011年年底,人工草地保留面积约67万hm^2,以羊草和苜蓿最多,其次是沙打旺、胡枝子、无芒雀麦、冰草和碱茅,可以种植的牧草饲料作物还有披碱草、老芒麦、猫尾草、野豌豆、山野豌豆、广布野豌豆、箭筈豌豆、红三叶、羽扇豆、山蕲豆、扁蓿豆、普通苕子、野大麦等。羊草有东北羊草及吉生系列羊草等品种,苜蓿有公农系列苜蓿及肇东苜蓿等品种。

本区分如下7个牧草饲料作物栽培亚区。
①大兴安岭羊草、披碱草、野豌豆、苜蓿、沙打旺亚区。
②小兴安岭羊草、苜蓿、无芒雀麦、老芒麦、广布野豌豆亚区。
③东部山地苜蓿、胡枝子、无芒雀麦、猫尾草、三叶草亚区。
④三江平原苜蓿、无芒雀麦、碱茅、山野豌豆、羽扇豆亚区。
⑤松嫩平原羊草、苜蓿、沙打旺、碱茅、披碱草亚区。
⑥松辽平原羊草、苜蓿、无芒雀麦、冰草、碱茅亚区。
⑦辽西低山丘陵地沙打旺、羊草、苜蓿、胡枝子、碱茅亚区。

(二) 内蒙古牧草饲料作物栽培区

内蒙古牧草饲料作物栽培区包括内蒙古全境,总面积118万km^2,地处我国正北方,跨越东北、华北、西北,属温带大陆性季风气候。本区冬季多风寒冷漫长,夏季炎热短促凉爽干燥,日温差大,生长季短,降水集中于夏季,雨热同期,日照充足。全年平均气温0~8℃,≥10℃积温为1 800~4 000℃,无霜期80~150d,从东北寒冷至西南温热的纬度地带性气温变化相当明显;年降水量50~450mm,年蒸发量相当于年降水量的5~10倍,由东北湿润向西南干旱的经度地带性降水量变化非常显著,形成界线分明的湿润、半湿润、半干旱、干旱4个地区。这种水热纵横交织、相互作用的结果，形成了内蒙古从东北至西南特有的森林、草原、荒漠三大地貌自然景观。土壤类型分布具有清晰的带状分异现象，是我国土壤类型最为丰富的省份之一，但以栗钙土和灰钙土居多。

该区种植业发展历史悠久，尤以河套灌区农业最为驰名，但因灌溉条件普遍缺乏，产量普遍不高，农作物主要有小麦、荞麦、莜麦、大麦、玉米、水稻、高粱、粟、黍、稷、马铃薯、大豆、蚕豆、豌豆、绿豆、豇豆、小豆、油菜、胡麻、向日葵、蓖麻、大麻、芝麻、花生、甜菜等。闻名中外的呼伦贝尔草原、科尔沁草原、锡林郭勒草原、乌兰察布草原、乌拉特草原、鄂尔多斯草原构成了内蒙古大草原，这是我国最大最重要的畜牧业生产基地，天然草地近8 000万 hm²，著名的三河马、三河牛、草原红牛、乌珠穆沁牛、乌珠穆沁马、滩羊、沙毛山羊及内蒙古细毛羊均孕育于这里，这里同时也是我国最主要的骆驼基地。

截止到2011年年底，全区人工草地保留面积292万 hm²，占全国的24.73%，其中多年生牧草110.5万 hm²，饲用灌木61.1万 hm²，一年生牧草（含青贮玉米）120.4万 hm²。适宜种植的牧草饲料作物有紫花苜蓿、杂花苜蓿、黄花苜蓿、沙打旺、羊草、赖草、无芒雀麦、老芒麦、披碱草、垂穗披碱草、冰草、沙生冰草、蒙古冰草、杂种冰草、大麦草、新麦草、星星草、扁蓿豆、柠条锦鸡儿、中间锦鸡儿、花棒、羊柴、细枝岩黄芪、山竹岩黄芪、蒙古岩黄芪、驼绒藜、木地肤、胡枝子、达乌里胡枝子、白花草木樨、草木樨状黄芪、细齿黄芪、梭梭、沙拐枣、芜菁、箭筈豌豆、毛苕子、沙蒿、白蒿、芨芨草及青贮玉米、燕麦、苏丹草、高丹草、谷子、青莜麦等。内蒙古自主选育的草品种已达30多个，其中草原系列苜蓿品种及抗旱能力很强的敖汉苜蓿和准格尔苜蓿已有广泛的应用。

本区分如下5个牧草饲料作物栽培亚区。

①大兴安岭岭北黄花苜蓿、杂花苜蓿、无芒雀麦、羊草、杂种冰草亚区。
②东部西辽河嫩江流域平原丘陵地苜蓿、沙打旺、羊草、冰草、老芒麦亚区。
③中北部高原羊草、无芒雀麦、黄花苜蓿、杂花苜蓿、沙打旺亚区。
④中西部黄河流域高原丘陵地苜蓿、沙打旺、草木樨状黄芪、胡枝子、柠条亚区。
⑤西北部干旱荒漠区梭梭、沙拐枣、花棒、小叶锦鸡儿、驼绒藜亚区。

（三）西北牧草饲料作物栽培区

西北牧草饲料作物栽培区包括新疆全境及甘肃武威市以西、宁夏吴忠市以北的区域，位于我国第二级高原地貌台阶，深入内陆，地处欧亚大陆中心，属温带大陆性干旱、半干旱气候。本区地形复杂，多为山脉、盆地、高原相间，导致气候复杂多变，冬季严寒漫长，夏季炎热短促，春秋季温差变化极大，地域性小气候明显。其中天山以北的北疆属中温带气候，天山以南的南疆属暖温带气候，甘肃武威市以西的河西走廊平原由东南向西北温度和水分双重递减，宁夏吴忠市以北属平原温带半干旱区。该区年平均气温0~14℃，≥10℃积温3 000~4 000℃，无霜期160~220d；年降水量高原多为145~200mm，山地多为400mm或以上，盆地中心区不足100mm，缺水是本区的主要特征，土壤为非地带性土壤，多为盐土及灰钙土和棕钙土，但在山地垂直分带明显。

该区种植业发展地域性明显，新疆棉花产业已遍布全区，声誉极高，小麦、玉米、水稻已成为主要三大农作物，此外还有谷子、高粱、大麦等各种杂粮作物；甘肃河西走廊主产小麦、马铃薯和玉米，还有大麦、青稞、燕麦、糜子、谷子、高粱、大豆、蚕豆、豌豆及棉花、胡麻、油菜、甜菜、烟草、药用植物等；宁夏北部平原区多为灌溉农业，盛产小麦、水稻和玉米，此外还有马铃薯、苜蓿、亚麻、甜菜、枸杞及甘草等。该区牧业发达，历史悠久，是我国仅次于内蒙古的第二大牧区，孕育有著名的新疆细毛羊、三北羔皮羊、福海大尾羊、塔城牛、伊犁马、巴里坤马及众多的绵羊、山羊、驴、骡、牦牛、骆驼、猪等。

2001—2011年，该区每年人工种草面积不断增加，其中新疆每年种植面积以20万～200万 hm^2 的速度增加，主栽牧草为多年生的苜蓿、红豆草、沙打旺、无芒雀麦、披碱草、垂穗披碱草、冰草、鸭茅、猫尾草、沙蒿及一年生的青饲玉米、青贮玉米、草木樨、苏丹草、大麦、燕麦、箭筈豌豆，还有灌木型牧草沙枣、木地肤、驼绒藜、沙拐枣、伊犁绢蒿、柽柳等；甘肃全省每年种植面积以100万～150万 hm^2 的速度增加，主栽牧草为多年生的苜蓿、三叶草、沙打旺、红豆草、柠条、细枝岩黄芪、多年生黑麦草、披碱草、老芒麦、无芒雀麦、猫尾草、草地早熟禾、芨芨草及一年生的青贮玉米、青饲玉米、苏丹草、草木樨、箭筈豌豆、毛苕子、燕麦、谷子，还有柠条锦鸡儿、细枝岩黄芪；宁夏全区每年种植面积以13万～20万 hm^2 的速度增加，主栽牧草为苜蓿，品种有国内的新疆大叶苜蓿、陕北苜蓿、陇东苜蓿、宁苜1号苜蓿及国外的金皇后、威龙、朝阳、苜蓿王、阿尔冈金、WL系列苜蓿，重要的有沙打旺、红豆草、小冠花、冰草、沙蒿及一年生的青饲玉米、青贮玉米、燕麦、谷子、糜子、稗子、高丹草、苏丹草、高粱，灌木型牧草有锦鸡儿属牧草和岩黄芪属等。

本区分如下4个牧草饲料作物栽培亚区。
①北疆高山盆地苜蓿、红豆草、无芒雀麦、鸭茅、木地肤亚区。
②南疆高山盆地苜蓿、红豆草、沙打旺、沙蒿、沙拐枣亚区。
③河西走廊山地平原苜蓿、红豆草、垂穗披碱草、老芒麦、柠条锦鸡儿亚区。
④宁中北山平原苜蓿、红豆草、冰草、垂穗披碱草、沙打旺亚区。

（四）青藏高原牧草饲料作物栽培区

青藏高原牧草饲料作物栽培区包括西藏、青海大部（除东部黄土高原外）、甘肃甘南、四川西北部，是我国地势最高、气温最低的牧草饲料作物栽培区，平均海拔4 000m以上，属寒冷半干旱的高原大陆性气候。本区地形总体上西北高东南低，水热条件也从西北向东南递增，由此形成了气候、土壤、植被等自然要素和农牧业生产要素相对应的明显地带性过渡，植被类型依序为荒漠、草甸、草原、灌丛、森林。该区气候特点寒冷干燥，日照强而充足；冬长夏短，无霜期短，平均30d；日温差大，1月（最寒冷）可达13～23℃，7月（最暖）为9～16℃，年均温-6～12℃，1月月均温-18.2～3.6℃，7月月均温5～21℃；高原主体年降水量200～600mm，雨热同期；风大，平均大于3m/s。土壤呈垂直-水平分布"叠加性"的高原地带性特征，多为草甸土和草原土，无耕种土。

该区牧业历史悠久，以饲养藏羊和牦牛为主，还有山羊、马、骆驼、黄羊、藏猪、驴、骡及少量的驼峰牛和水牛。种植业仅在藏南雅鲁藏布江河谷、东部高原边缘地带和北部的柴达木盆地有少量分布，作物有青稞、大麦、小麦、油菜、蚕豆、豌豆、马铃薯及少量的水稻、大豆等。牧草饲料作物栽培历史较短，自20世纪60年代以来，尤其是2001年之后，先后种植过燕麦、蒉根（属芜菁之一种）、垂穗披碱草、老芒麦、多叶老芒麦、短芒老芒麦、无芒雀麦、冷地早熟禾、草地早熟禾、扁茎早熟禾、中华羊茅、紫羊茅、糙毛鹅观草、星星草，人工草地面积也已达到数十万公顷。此外，河谷地带和盆地也可以安排种植耐寒的扁蓿豆、白三叶、红豆草、紫花苜蓿、杂花苜蓿、沙打旺、草木樨、箭筈豌豆、毛苕子、豌豆、聚合草、鸭茅、小花碱茅、多年生黑麦草、多花黑麦草、高丹草、饲用玉米、饲用高粱。就品种而言，老芒麦适宜品种有青牧1号老芒麦和川草系列老芒麦，燕麦有青燕1号燕麦和青引系列燕麦。

本区可分为如下5个牧草饲料作物栽培亚区。

①藏南高原河谷紫花苜蓿、红豆草、无芒雀麦、燕麦、莞根亚区。
②藏东川西河谷山地老芒麦、无芒雀麦、冰草、苜蓿、红豆草、三叶草亚区。
③藏北青南垂穗披碱草、老芒麦、草地早熟禾、中华羊茅、燕麦亚区。
④环湖甘南老芒麦、垂穗披碱草、燕麦、箭筈豌豆、莞根亚区。
⑤柴达木盆地紫花苜蓿、沙打旺亚区。

（五）黄土高原牧草饲料作物栽培区

黄土高原牧草饲料作物栽培区位于我国的中北部，西起青海日月山，东至太行山，南达秦岭、伏牛山，北抵长城，包括山西全境、河南西部、陕西中北部、甘肃中东部、宁夏南部、青海东部，属于我国第二级地貌台阶，海拔为1 000～1 500m，总面积约50万 km^2。本区气候特点属季风性大陆气候，冬无严寒，夏无酷热，光热条件较好，受地形影响形成许多特殊小气候。年均温4～14℃，≥10℃积温为3 000～4 400℃，无霜期120～250d；年降水量240～750mm，水热条件由南到北渐差，因水位低致使干旱成为农牧业生产的主要限制因子。土质多为几十米乃至几百米深的黄绵土，土粒细小，质地疏松，团粒结构少，肥力低，加之植被稀疏，遇雨水极易塌陷，故而水土流失非常严重，由此也形成黄土高原特有的且十分破碎的塬、梁、峁、沟壑等地貌；而汾河谷地和渭河谷地却是该区重要农业区，多为黑垆土，具有良好的团粒结构和肥力条件。

该区历史上为农牧结合地区，种植业比较发达，农作物主要有小麦、玉米、高粱、谷子、糜子、大豆、水稻、油菜、甘薯、马铃薯、蚕豆、荞麦、莜麦、大麦、甜菜、亚麻、芝麻等；牧业也很发达，著名的畜种有秦川牛、晋南牛、早胜牛、关中马、关中驴、庆阳驴、佳米驴、晋南驴、关中奶山羊、同羊、滩羊、静宁鸡等。种草历史也相当悠久，苜蓿引入我国最早就在这里种植，已有2 000多年。目前，种草不仅为畜牧业提供高产优质饲草料，而且对防治黄土高原水土流失也具有极大作用。主要种植的牧草有紫花苜蓿、沙打旺、红豆草、小冠花、无芒雀麦，适宜种植的牧草还有苇状羊茅、鸭茅、冰草、羊草、老芒麦、湖南稷子、白沙蒿、白花草木樨、柠条锦鸡儿、中间锦鸡儿、小叶锦鸡儿、羊柴、草木樨状黄芪等。

该区可分为如下5个牧草饲料作物栽培亚区。

①晋东豫西丘陵山地紫花苜蓿、沙打旺、小冠花、无芒雀麦、苇状羊茅亚区。
②汾渭河谷地紫花苜蓿、红豆草、小冠花、无芒雀麦、鸭茅亚区。
③晋陕甘宁高原丘陵沟壑地紫花苜蓿、沙打旺、红豆草、锦鸡儿、冰草亚区。
④陇中黄土丘陵沟壑地紫花苜蓿、沙打旺、红豆草、冰草、猫尾草亚区。
⑤海东河谷山地老芒麦、垂穗披碱草、无芒雀麦、杂花苜蓿、红豆草亚区。

（六）华北牧草饲料作物栽培区

华北牧草饲料作物栽培区包括北京、天津、河北、山东及河南大部，总面积约53.87

万km²，平原和山地各占一半，平原海拔多不足50m。本区除河北坝上地区属于中温带外，其余地区都属于暖温带半湿润大陆季风气候，日照充足，平原地区可二年三熟到一年二熟。年均温4～16℃，≥10℃积温为3 200～4 500℃，无霜期110～240d；年降水量400～900mm，降水不稳定，易形成春旱夏涝。平原土壤多为冲积潮土，已熟化为耕地，低地和洼地多为内陆盐渍土；山前平原及低山丘陵多为褐土，属地带性土壤；河北坝上高原土壤多为栗钙土和灰色森林土，山地为棕壤土。

该区农业历史悠久，是我国重要的粮棉油产区及畜禽生产基地，孕育出著名的鲁西黄牛、冀南黄牛、中国荷斯坦奶牛、德州驴、大小尾寒羊、青山羊、白山羊、太行山羊、深州猪、定州猪、北京黑猪、北京鸭、五龙鸭、北京油鸡、寿光鸡等。主要农作物为小麦和玉米，还有高粱、谷子、甘薯、马铃薯、豆类、水稻、莜麦、大麦，经济作物有棉花、花生、烟叶及糖用甜菜和麻类。

截止到2011年年底，该区人工草地保留面积113万hm²，其中多年生牧草占79.9%，而紫花苜蓿种植面积最大，高达56.2万hm²；一年生牧草和饲料作物中，青饲玉米和青贮玉米面积最大，高达19.1万hm²。相继种植成功的牧草饲料作物有豆科的沙打旺、白花草木樨、细齿草木樨、三叶草、百脉根、小冠花、山野豌豆、刺槐，禾本科的无芒雀麦、披碱草、长穗冰草、苇状羊茅、多年生黑麦草、鸭茅、野大麦、苏丹草、高丹草、冬牧70黑麦、墨西哥玉米、饲用高粱，其他科的葛藤、菊苣、籽粒苋等。

该区分为如下5个牧草饲料作物栽培亚区。

①北部西部高原山地无芒雀麦、苇状羊茅、杂花苜蓿、沙打旺、葛藤亚区。
②华北平原紫花苜蓿、沙打旺、无芒雀麦、苇状羊茅、苏丹草亚区。
③黄淮平原紫花苜蓿、沙打旺、草木樨、苇状羊茅、高丹草亚区。
④鲁中南山地丘陵沙打旺、紫花苜蓿、小冠花、苇状羊茅、饲用高粱亚区。
⑤胶东低山丘陵紫花苜蓿、红三叶、百脉根、多年生黑麦草、鸭茅亚区。

（七）长江中下游牧草饲料作物栽培区

长江中下游牧草饲料作物栽培区位于我国中东部，沿长江自西向东至出口，包括湖北、湖南、安徽、江西、江苏、浙江和上海，总面积92.37万km²。本区属暖温带和亚热带过渡区，兼有北方气候和南方气候特征，四季分明，呈现冬夏季长、春秋季短的规律，冬冷夏热，生长季温暖湿润，水热资源丰富。年均温13～21℃，≥10℃积温为4 000～6 500℃，无霜期230～330d；年降水量800～2 000mm，由西北向东南递增。土壤类型由水平地带性分布和垂直地带性分布共同作用形成，山地土壤多为黄壤土和黄棕壤土，低山丘陵多为黄棕壤土，岗地为黄褐土，平原湖区多为冲积土。

该区农业生产水平位居全国之首，主产水稻和小麦，其次是粮饲兼用玉米和马铃薯，还有豆类、花生、芝麻和棉花。同时也是我国重要的商品猪、禽、蛋生产基地，水牛和黄牛是本区主要畜种。

截止到2011年年底，该区人工草地保留面积85.8万hm²，引草入田已越来越多地进入农田轮作制度中，这是农区发展草业的主要方式。种植的草种以多年生黑麦草、多花黑麦草、白三叶、紫花苜蓿、青饲玉米和青贮玉米为多，其次有杂交狼尾草、鸭茅、红三叶、苇状羊茅、无芒雀麦、雀稗、苏丹草、高丹草、紫云英、菊苣，还有零星种植的串叶松香草、多花木蓝、胡枝子、野豌豆、冬牧 70 黑麦、象草、杂交狼尾草、大麦、毛苕子、箭筈豌豆、燕麦、小黑麦、聚合草、饲用甘蓝、苦荬菜等，适宜种植的还有鹅观草、蚕豆、豌豆、百脉根、芜菁、胡萝卜、巴哈雀稗、毛花雀稗、扁穗雀麦、杂三叶、胡枝子、野葛、决明、南苜蓿、菊苣、籽粒苋、蕹菜、印度豇豆。

本区可分为如下 3 个牧草饲料作物栽培亚区。

①中高山地多年生黑麦草、鸭茅、苇状羊茅、白三叶、红三叶亚区。

②中低山丘陵地鸭茅、苇状羊茅、牛鞭草、狗牙根、白三叶亚区。

③冲积平原及沿海滩涂丘陵地鸭茅、苇状羊茅、狼尾草、象草、多花木蓝亚区。

（八）西南牧草饲料作物栽培区

西南牧草饲料作物栽培区包括贵州、云南、重庆、四川大部（除西北高原）、甘肃陇南部、陕西秦巴山地，地貌以山地和高原为主，其中山地约占总土地面积的 90%。本区地处暖温带向北亚热带过渡地带，气候特点属亚热带湿润季风气候，年均温 10~20℃，≥10℃ 积温为 4 300~5 000℃，无霜期 250~320d，冬季气候温和，年降水量 1 000~1 300mm 或以上。土质多为紫色土、黄壤、红壤等。该区耕地大部分为坡耕地和梯田，土地垦殖率高，以旱作坡地为主，耕地质量差，肥力低，多呈酸性；但四川盆地例外，土壤为紫褐土，质地适中，富含磷、钾，中性或偏碱，是我国最重要的产粮基地之一。粮食作物以水稻、玉米、小麦、薯类为主，油料作物以油菜和花生为主，经济作物以烤烟和茶叶为主，其他还有蚕桑、柑橘、油桐、白蜡、花椒、竹类、油茶、乌桕、漆树、核桃、银杏、板栗等。该区是我国最主要的商品猪生产基地，此外山羊、水牛、马的养殖数量也居全国各牧草栽培区之首，著名的四川荣昌猪、贵州黔南黑猪、贵州盘江黄牛、云南永平黑山羊也都孕育于此区。

该区种草以往主要是作为短期绿肥用于农区培肥地力中与粮食作物进行轮作，有时作为青饲料与农作物和经济作物进行间混套作。自 20 世纪 80 年代以来，开展了很多引种筛选优良牧草饲料作物、栽培技术模式、牧草饲料作物利用方式等方面的研究和示范推广，陆续种植了紫云英、红三叶、白三叶、紫花苜蓿、光叶紫花苕、燕麦、多花黑麦草、多年生黑麦草、苇状羊茅、鸭茅、扁穗雀麦、扁穗牛鞭草、杂交臂形草、杂交狼尾草、非洲狗尾草、皇草、圆草芦、高丹草、饲用甜高粱、聚合草、菊苣、串叶松香草、芜菁、甘蓝等。

该区可分为如下 4 个牧草饲料作物栽培亚区。

①四川盆地丘陵平原白三叶、黑麦草、扁穗牛鞭草、苇状羊茅、鸭茅亚区。

②云贵高原白三叶、红三叶、苜蓿、黑麦草、圆芦草亚区。

③秦巴山地白三叶、红三叶、黑麦草、鸭茅、苜蓿亚区。

④滇南热带河谷象草、柱花草、银合欢、白三叶、黑麦草亚区。

（九）华南牧草饲料作物栽培区

华南牧草饲料作物栽培区包括广西、广东、海南、福建和台湾，地形复杂，形成北高南低的台阶式地形，总面积 60.76 万 km^2，其中丘陵面积最大，其次是山地和平原。本区气候属中亚热带、南亚热带和热带海洋性气候，大部分地区呈现出长夏无冬和温热多雨的气候特点，因而水热条件极为丰富。年均温 17~25℃，≥10℃ 积温 5 500~6 500℃，年降水量 1 100~2 200mm。土壤类型随纬度呈地带性分布，由北向南依次为红壤、赤红壤、砖红壤、偏酸，pH 为 4.5～5.5，普遍氮低磷缺，且有机质分解快而不易积累。该区农业生产比较发达，可一年二熟或三熟，农作物主要有水稻、玉米、大豆、木薯、花生等，经济作物有甘蔗、蚕桑、橡胶、剑麻、胡椒、咖啡、椰子等。畜牧业主要以猪、家禽、牛、羊为主，以传统家庭养殖方式为主。

该区的人工草地来源于畜牧区人工种植及农牧交错区的退耕还草和退蔗还草，规模都不大，发展历史也不长，主要是在20世纪80年代以后进行了很多工作，开展了许多引种筛选优良牧草饲料作物、栽培技术模式、牧草饲料作物利用方式等方面的研究和示范推广，尤其在牧草混播的草种组合、混播模式和混播利用方面取得了长足发展。已经陆续种植了卡松古鲁狗尾草、大翼豆、格拉姆柱花草、柱花草、银合欢、绿叶山蚂蝗、银叶山蚂蝗、巴哈雀稗、宽叶雀稗、小花毛花雀稗、棕籽雀稗、矮象草、桂牧1号杂交象草、桂闽引象草、杂交狼尾草、热引4号王草、圆叶舞草、臂形草、非洲狗尾草、纳洛克狗尾草、盖氏虎尾草、坚尼草、青绿黍、合萌、银合欢、圆叶决明、羽叶决明、大结豆、大豆、山毛豆、拉巴豆、罗顿豆、任豆、俯仰马唐、爪哇葛藤、白三叶、红三叶、埃及三叶草、紫花苜蓿、紫云英、鸭茅、多花黑麦草、苏丹草、燕麦、青饲玉米等。

本区可分为如下4个牧草饲料作物栽培亚区。
①桂粤闽南部丘陵象草、王草、狗尾草、雀稗、山毛豆亚区。
②桂粤闽北部山地雀稗、狗尾草、象草、狼尾草、银合欢亚区。
③海南象草、狼尾草、雀稗、狗尾草、柱花草亚区。
④台湾狼尾草、雀稗、狗尾草、坚尼草、银合欢亚区。

思考题

1. 分析形成牧草饲料作物起源中心的条件。
2. 分析影响牧草饲料作物物种地理分布的因素。
3. 牧草饲料作物栽培种与其野生种在性状上有何差异？
4. 分析长期多年生牧草与短期多年生牧草在利用上各自的优缺点。
5. 牧草饲料作物依其分蘖特性不同可划分出哪些类型？试述各自特点及代表种。
6. 试述牧草饲料作物区划的原则及命名方法。

第二章　牧草饲料作物的生长发育和抗逆性

学习提要

1. 理解生长和发育的概念及其关系。
2. 掌握影响生长发育的内外因素。
3. 理解生长期、生育期、生育时期的概念及其彼此间关系。
4. 熟悉豆科牧草和禾本科牧草的生育时期进程及其生长发育规律。
5. 了解牧草饲料作物生长发育期间对不良环境因子的抗性。

第一节　生长发育的基本概念

牧草饲料作物一生所经历的生命活动周期称为个体发育。牧草饲料作物的个体发育是从卵细胞受精形成结合子开始的，结合子细胞经多次有丝分裂形成胚。胚具有明显分化的各种组织，有子叶、胚根、胚轴和胚芽。胚的形成是个体发育的第一阶段，这个阶段是在母株上完成的。

牧草饲料作物从播种出苗开始，经开花结籽到种子成熟是牧草饲料作物的一个生命周期。从种子萌发开始，根和茎的幼体细胞旺盛分裂，叶片、节和节间原始体依次形成，逐渐建立起一个具有根、茎、叶3种营养功能的有机体。当环境条件适宜时开始花芽分化、开花、结籽，直至成熟，这一周期适宜于以种子或果实为播种材料和收获对象的所有牧草饲料作物。而以营养器官为播种材料或收获对象的马铃薯、狗牙根和聚合草等牧草饲料作物，其生物学的生命周期有别于前述生命周期。

一、生长和发育

牧草饲料作物在自然界里不断进行着新陈代谢，致使其体内贮存了较多物质和能量，在此基础上牧草饲料作物个体得以发展。在个体发展过程中，牧草饲料作物植株体积和质量的数量变化以及体内生理生化的机能变化无时不在发生。因此，新陈代谢是牧草饲料作物生长和发育的动力，生长和发育又是新陈代谢的综合表现。牧草饲料作物在整个生活过程中不仅与其周围环境有着密切关系，同时受其本身新陈代谢产物——激素的影响。这些都通过牧草饲料作物的生长和发育反映出来。

牧草饲料作物种类不同，生长发育状况不同，即使同一牧草饲料作物品种，在不同阶段其生长发育状况也不同，因而调节生长发育是十分重要而复杂的问题。如欲通过调节生长发育达到牧草饲料作物增产和提质的目的，就必须对生长发育进行深入细致的了解和分析。

（一）生长

生长（growth）是指细胞通过分裂、增大和分生的过程，在体积、质量和数量上的不可逆增加，导致植株整体或部分器官的长大。生长是植物体内各种生理过程综合协调的结果，是同化外界物质和能量的过程，也是植物走向成熟的过程。大多数高等植物的生长依赖分生组织的活动，因此生长局限于发生细胞分裂的分生组织以及附近扩展的区域。生长是牧草饲料作物产量形成的基础，控制产量必须控制生长。

在牧草饲料作物群体、个体和器官的生长过程中，都是以大小、质量、数量及其时间的变化为特征。生长和时间的关系可分为线性和非线性两种。生长曲线就是描述非线性关系的生长过程。植物生长曲线受生育阶段、群体数量、环境条件，以及群体内不同竞争状态的影响，可能有不同生长曲线，但最基本的有丁形和S形两种生长曲线。

1. 丁形生长曲线 在营养、空间和环境不受限制的条件下，牧草饲料作物生长速度不变时所形成的曲线为丁形生长曲线。丁形生长曲线的方程：

$$N_t = N_0 e^{rt}$$

式中，N_0 为初始状态的种群生长量；N_t 为经 t 时间以后的生长量；e 为自然对数的底；r 为净增长。

当 $r=0$ 时，种群生长量不变；当 $r>0$ 时，种群数量不断增加；当 $r<0$ 时，种群生长量下降。

当 $r<0$ 时，还可用来描述牧草饲料作物种群或器官的衰老和死亡，或者残体在土壤中的分解和腐化，其方程式为：

$$N_t = N_0 e^{-rt}$$

式中，N_0 为初始状态的种群生长量；N_t 为经 t 时间以后的生长量；e 为自然对数的底；r 为净增长。

2. S形生长曲线 牧草饲料作物群体或器官丁形生长到一定阶段后，由于群体密度受环境条件（水、肥、光、温）的限制，使丁形曲线受环境阻力而变缓，形成S形曲线。在自然条件下，环境资源与空间总是有限的，在有限环境条件下，能够达到的最大群体密度，称为环境的最大容纳量，以 K 表示。如果这种限制不是群体增长到 K 值时立即出现的，则牧草饲料作物就会形成S形生长曲线。S形生长曲线可用逻辑斯蒂（Logistic）方程式表示：

$$dN/dt = rN[(K-N)/K]$$

式中，dN/dt 为瞬时增长率；N 为种群数量；t 为时间；r 为增长率；K 为环境容纳量。

由上式可以看出，当 N 很小时，式中 $(K-N)/K$ 接近于1，这时种群近于指数增长；随着 N 的增加，到接近 K 值时，$(K-N)/K$ 就由1趋向于0，生长速度变慢，不再呈指数增长。通常S形曲线中指数增长发生转变的拐点为 $K/2$，即在 $K/2$ 以后形成S形增长。因此逻辑斯蒂方程说明，S形曲线的瞬间增长率等于种群的最大可能增长乘以最大可能增长的实现程度。S形曲线的积分式为：

$$N = K/[1+e^{(a-rt)}]$$

式中，N 为种群数量；e 为自然对数；K 为环境容量；r 为曲线的斜率；a 为截距；t 为时间。

生长曲线在牧草饲料作物生长发育的研究中应用较广。从宏观讲，一个地区一块草地的牧草饲料作物产量因受自然因素、栽培水平、社会经济条件以及田间群体空间的限制，在一定阶段总是有其最大饱和产量（K），因此在 $K/2$ 之前（中低产水平），往往产量上升较快，效率较高。而在 $K/2$ 以后，由于受各种条件限制，产量增长速度变慢，能投效率降低，最后呈 S 形增长。此外，草地中牧草饲料作物群体动态和个体干物质积累过程、灌浆过程、叶面积增长过程等，几乎均呈 S 形增长。由于牧草饲料作物生长过程的复杂性和多变性，实际生长曲线与 S 形曲线常有一定程度偏离，有时某一个生长期可能消失或特别突出，曲线有时平缓，有时陡峭，这些变异很大程度上取决于牧草饲料作物的发育状况。

（二）发育

发育（development）是指植物在生长过程中，建立在细胞、组织和器官分化基础上的内在生理和外部形态的变化。广义的发育包括个体、器官、组织和细胞水平上发生的变化，如种子的发芽、枝条的形成、花蕾的出现、花序的形成、性细胞出现、受精过程、胚及其他器官的形成等。狭义的发育特指茎端的分生组织由叶原基转为花原基的过程，即生殖生长的出现。

生殖器官的发育是决定牧草饲料作物种子产量高低和品质好坏的关键。一般牧草饲料作物花芽分化开始较早，生殖器官发育可分为花芽分化期和开花结籽期。具体到某一牧草饲料作物的生殖生长，又分为若干生育时期。各个时期出现的迟早长短因品种及生态条件的不同而异。以收获种子和果实为目的的牧草饲料作物，花芽（包括穗）分化早，数量多，花器官发育健全，能正常授粉受精，籽粒饱满，这是高产优质的前提。以收获干草为目的的牧草饲料作物，花芽分化慢，生殖生长慢而弱，营养体收获部分发达。

（三）生长和发育的关系

生长和发育分别体现牧草饲料作物个体中量和质的变化。在个体生活史中，生长和发育是交织在一起而不能截然分开的过程，发育的同时生长也在进行，发育也总是包含着生长，一般是生长在先，发育在后。但经常交叉重叠，有时彼此促进，有时互为消长。但也不能将二者混为一谈，没有生长，就没有发育，没有发育也不会有进一步的生长，生长和发育是交替进行的。

生长是量的积累，发育是质的转变，生长的方式取决于发育的质变。如牧草饲料作物在某些发育阶段以前，只能进行营养生长。而当完成发育的质变以后，则由营养生长转向生殖生长。因此，生长是发育的基础，没有良好的营养生长，就没有良好的生殖生长。诸如种子的萌发，叶片的长大，茎秆的伸长增粗，根的伸展，以及分化更多的叶片、侧根和分蘖分枝等，都为生殖器官提供物质基础。

生长和发育之间存在着不一致性。因外界条件不同，可以出现生长快发育也快、生长快而发育慢、生长慢而发育快、生长慢发育也慢等 4 种情况。

二、生育期、生育时期和生长期

了解各牧草饲料作物种或品种在每个地区的生长发育状况，如生育期长短和发育快慢等，对牧草饲料作物引种、育种、良种繁育、茬口安排、品种布局，确定适宜的收获时期，以及因地制宜地采取相应的栽培技术措施来调节牧草饲料作物生长发育，获得高产优质饲草料具有重要意义。

（一）生育期

1. 概念　生育期（grown period）是指从播种出苗或返青开始，经过分蘖分枝、抽穗现蕾、开花结籽至新种子完全成熟所经历的总天数。

2. 影响因素 影响牧草饲料作物生育期长短的因素主要有本身的遗传特性、所处环境条件和田间栽培条件。

从遗传特性上看，牧草饲料作物种类不同，生育期长短各异，如在呼和浩特（彭启乾，1984）生长第2年的短芒披碱草、垂穗披碱草、麦滨草、老芒麦、披碱草、肥披碱草和青穗披碱草的生育期分别为97d、106d、113d、114d、122d、128d和131d；同一种牧草饲料作物生育期长短因品种而不同，有早、中、晚熟之分，彼此间相差也在半月左右；多年生牧草从生长第2年开始，生育期随着生长年限的推移而逐渐缩短，如红豆草在甘肃（陈宝书，1992）生长第2年的生育期为98d，第3年为92d。

从环境条件上看，牧草饲料作物生育期的长短受种植地区纬度、经度、海拔和地形等因素综合作用而形成的环境条件影响，其中光照和温度所起的作用最大。我国存在明显的地理规律性：同一种牧草饲料作物的开花期从南向北逐渐推迟，纬度每升高1°，平均春季推迟3~5d，夏季推迟1~2d；由西向东开花期也逐渐推迟，内陆地区早，近海地区迟，春季差异大，夏季差异小；海拔高度每升高100m，开花期推迟1~2d，由春季到夏季推迟天数的差异逐渐减少。

从栽培条件上看，在土壤肥沃或施氮肥充足的土壤上种植牧草饲料作物时，由于土壤碳氮比低，水分适宜，茎叶常常生长过旺，造成徒长，成熟延迟，生育期延长；如果土壤贫瘠，缺少氮素，遇到高温干旱时会引起牧草饲料作物早衰，致使生育期缩短。

3. 生育期与产量 从单株产量上看，由于早熟品种生长发育时间短，光合产物积累少，产量必然低于晚熟品种。从单位面积产量上看，在相同的种植密度下，由于早熟品种单株产量低，总产量必然也低于晚熟品种。不过，从合理密植上看，早熟品种因株矮冠幅小，可容的田间密度高于晚熟品种，为此二者单位面积产量对比如何尚待进一步研究。早熟品种和晚熟品种生育期长短的差别主要是在营养生长期上，而不是在生殖生长期上，早熟品种、晚熟品种自穗分化到籽粒成熟这一阶段的生育天数并无多大差异。

（二）生育时期

生育时期（growing stages）是指牧草饲料作物在生长季进行生长发育过程中，根据其外部形态特征的变化而划分的几个生育阶段，过去称物候期（phenophase）。不同种类牧草饲料作物生育时期的划分方法和名称有所差异，现将常用的禾本科和豆科牧草饲料作物的生育时期介绍如下。

1. 禾本科牧草饲料作物的生育时期

（1）出苗期（返青期） 指播种当年种子萌发后的幼芽露出地面的时期。越年生、二年生和多年生禾本科牧草越冬后早春越冬芽萌发长出绿叶的时期称返青期。

（2）分蘖期 指植株主茎基部第1分蘖节长出分蘖的时期。

（3）拔节期 指植株主茎基部第1分蘖节开始伸长且露出地面1~2cm的时期。有时观察不到，需要用手指由基部向上摸测或剥开鞘叶证实。

（4）孕穗期 植株的剑（旗）叶完全露出叶鞘，花序包裹在剑叶叶鞘中尚未显露出来，茎秆中上部呈纺锤形。

（5）抽穗期 幼穗（花序）从茎秆顶部叶鞘露出，但未授粉。

（6）开花期　穗中部小穗内颖和外颖张开，花丝伸出护颖外，花药成熟散粉，具有受精能力。

（7）成熟期　雌蕊受精后，胚和胚乳开始发育，进行营养物质转化和积累的过程称成熟。根据种子成熟状态，成熟期又可细分为3个时期。

①乳熟期：籽粒已形成并接近正常大小，淡绿色，籽粒内含物为乳白色液体，含水量为50%左右。

②蜡熟期：籽粒颜色接近正常，内含物为粉质状，硬度较小，易被指甲划破，腹沟尚带绿色，含水量减少到25%～30%。茎秆除上部2～3节外，其余全部呈黄色。

③完熟期：茎秆变黄，穗中部小穗的籽粒已接近本种或本品种所固有的形状、大小、颜色和硬度。

2. 豆科牧草饲料作物的生育时期

（1）出苗期（返青期）　指播种当年种子萌发，子叶露出地表（子叶出土型）或真叶伸出地表（子叶留土型）的时期。越年生、二年生和多年生豆科牧草越冬后早春越冬芽萌发长出绿叶的时期为返青期。

（2）分枝期　指植株主茎基部第一侧芽伸长成枝且有小叶展开的时期。

（3）现蕾期　指植株上部叶腋开始出现花蕾的时期。

（4）开花期　指植株上花朵的旗瓣和翼瓣张开的时期。

（5）结荚期　指植株上有花朵萎谢后，挑开花瓣能见到绿色幼荚的时期。

（6）成熟期　植株上荚果脱绿变色（黄、褐、紫、黑等色），籽粒呈现本种（品种）所固有的形状、大小、色泽和硬度，用手压荚果有裂荚声，摇动植株有响声。

生育时期中每一个生育阶段都是一个持续进行的过程，为简便记载，通常表达某个生育阶段到达的日期是以田间植株总数的50%植株达到该生育阶段特征时的日期为准。计算各生育阶段长短时，应从田间植株发生这个生育阶段特征的日期开始，至最后植株发生该特征结束为止。为了更详细和有实际意义记载，还可将有些生育阶段划分为始期和盛期，一般以田间植株数有20%植株到达该生育阶段特征的日期为始期，有80%植株到达该生育阶段特征的日期为盛期，从始期之日开始至盛期之日结束的天数也可记载为该生育阶段的时长。实际上，在一块牧草饲料作物地群丛中，由于个体植株间的生育时期差异，即使同一种牧草饲料作物，其相邻两个生育阶段常常也会前后交错发生和共存一段时间。

（三）生长期

1. 概念　生长期（growing period）是指牧草饲料作物从播种出苗或返青之日开始，经过一系列生长发育，或刈割、放牧、采种等利用后再生长发育，随着秋季气温下降，地上部茎叶由绿转黄，直至停止生长茎叶完全枯黄之日止所经历的总天数。有些一年生牧草饲料作物果实成熟后整株枯黄停止生长，其生长期天数与生育期天数一致，为此把这种生长期专门称为气候生长期。绝大多数牧草，尤其多年生牧草，果实成熟后，茎叶仍然保持绿色，继续生长发育，直至秋季降温后才发生枯黄停止生长，为此把果实成熟后至茎叶枯黄停止生长这一段天数称为果后营养期，其生长期天数实为生育期天数与果后营养期天数之和。

2. 影响因素　牧草饲料作物生长期因牧草种类和品种而异，并受环境条件的综合作用。光、热、水等气候条件，以及农业技术措施均能引起生长期变化。在高寒的青藏高原地区，草地早熟禾一般4月中旬返青，6～7月抽穗开花，9月种子成熟，生育期为104～110d，但生长期约200d。在温带的吉林省地区，春播或夏播弯穗鹅观草播种当年仅能形成基生叶丛，而不能抽穗结籽，霜冻后地上部枯死，生长期为96～132d；生长2年以上的弯穗鹅观草一般3月底或4月初返青，6月中旬开花，6月底或7月初种子成熟，10月上、中旬地上部枯死，生育期为95～106d，生长期为199～208d。在北亚热带的湖南和安徽地区，春播时其实生苗难以越夏；秋播时多在8～11月中旬播种，翌年4月中旬抽穗，5月初种子成熟，6月初地上部枯死，生育期为145～236d，生长期达266d。如果统计生长2年以上弯穗鹅观草8月底或9月初返青状况，其生育期为245d，生长期为275d。同一牧草饲料作物品种在不同无霜期地区栽培，其生长期也有较大差异。水分过多，能延缓营养生长期，生长后期则易贪青晚熟。通过分析某一地区的气候生长期和不同草种或品种组合所需生长期条件，便于选取适当的草种和品种搭配，以及选择适宜的种植制度。

第二节　牧草饲料作物各个器官的生长发育

一、种子萌发

种子萌发（seed germination）是牧草饲料作物生命周期的起点，是生命活动最旺盛的一个时期。在成熟后收获并风干的牧草饲料作物种子遇到适宜的水分、温度和氧气时，种胚便由相对静止状态恢复为生理代谢旺盛状态，并长成幼苗，这个过程称为种子萌发。

（一）牧草饲料作物种子的特点

1. 种子细小　除少量一年生牧草饲料作物（如玉米、黑麦、小黑麦、苏丹草、大豆、箭筈豌豆、山黧豆和羽扇豆等）及个别多年生牧草（如红豆草）外，绝大多数牧草饲料作物种子的体量细小，千粒重不足5g，多为0.5～3.0g。有的禾本科牧草带有稃及芒（如无芒雀麦、老芒麦），有的豆科牧草带有荚皮（如草木樨、红豆草、胡枝子），很多种子扁平，播种时影响其流动且易被风吹走，容易造成播种不均匀。

2. 贮藏营养物质较少　牧草饲料作物种子的子叶和胚乳是贮藏营养物质的主要部分，种子越小，子叶和胚乳的占比越小，贮藏的营养物质量越低，反之亦然。如紫花苜蓿子叶占种子总质量的55%，种皮占31%，胚占14%，而黄花羽扇豆分别为71%、27%和2%。

3. 营养物质消耗多　由于多年生牧草种子萌发缓慢，发芽持续时间长，因而需要消耗更多营养物质，由此体量细小的牧草饲料作物种子萌发后所留下的供幼根和幼芽继续生长的营养物质就更少了。种子萌发后，一般小粒种子（如红三叶）营养物质损失量占种子质量的1/2，中粒种子（如箭筈豌豆）损失1/3，大粒种子（如刀豆）仅损失1/5。

因此，播种牧草饲料作物时，对土壤条件（土壤细碎度、平整度、含水量）及播种技术（播种深度、覆土厚度、镇压强度）要求较为严格。

（二）种子萌发的条件

种子萌发所需条件有内因条件和外因条件之说。内因条件是指种子必须有生活力且破除休眠，外因条件是指温度、水分、氧气及光、暗和二氧化碳等其他因子。牧草饲料作物种子生活力与其采种年限和贮藏条件有关，禾本科牧草较短，一般也就3～5年，豆科牧草可达

10年或更长；种子休眠原因很多，需要播种前采取相应技术措施进行破除。当内因条件具备后，种子是否萌发就要看如下外因条件。

1. 适宜的温度 温度是种子萌发的基本条件，要求有一定的温度范围，这与萌发过程中生化反应需要酶的作用，而酶的活性对温度有一定要求有关。因此种子萌发对温度的要求表现出最低、最适和最高三个基点温度。最低温度和最高温度分别指种子能够发芽的最低和最高温度界限，最适温度是种子能迅速萌发并达到最高发芽百分率的温度。牧草种类不同，种子发芽温度三基点略有不同（表2-1）。

表2-1 重要栽培牧草饲料作物种子萌发温度三基点

（引自内蒙古农牧学院，1990）

豆科牧草三基点温度（℃）				禾本科牧草三基点温度（℃）			
种类	最低	最适	最高	种类	最低	最适	最高
紫花苜蓿	0~4.8	31~37	37~44	羊草	5~6	25~30	35~37
红豆草	2~4	20~25	32~35	无芒雀麦	5~6	25~30	35~37
三叶草	2~4	20~25	32~35	黑麦草	2~4	20~30	35~37
黄花苜蓿	0~5	15~30	35~37	猫尾草	5~6	25~30	35~37
箭筈豌豆	2~4	20~25	32~35	苏丹草	8~10	28~30	40~50
紫云英	1~2	15~30	39~40	燕麦	0~4.7	25~31	31~37
大豆	10~12	15~30	40	玉米	4.8~10.5	37~44	44~50

一般来说，牧草饲料作物种子在15~30℃范围内均可良好发芽，其中最适发芽温度为禾本科牧草较豆科牧草高、暖地型草较冷地型草高，在昼夜温度交替性变化条件下发芽比温室恒温条件下更好。为此，选择合适播种时间是决定人工草地建植成功的首要关键技术。

2. 足够的水分 水分是种子萌发的必要条件，发芽需要足够的水分，至少要满足种子先吸胀后萌动所需要的吸水量。通常把种子发出芽时的质量与吸胀前风干种子质量的差值称为种子萌发吸水量，该吸水量占风干种子质量的百分比，称为种子萌发吸水率。因牧草饲料作物种类及其种子表面附属物（禾本科牧草的颖、稃、芒，豆科牧草的荚皮）的不同，种子的萌发吸水率也有很大差异（表2-2）。

表2-2 重要栽培牧草饲料作物种子萌发的吸水率

（引自陈宝书，2001）

豆科牧草		禾本科牧草	
种类	吸水率（%）	种类	吸水率（%）
紫花苜蓿	53.7	无芒雀麦	150.0
红三叶	143.3	鸭茅	110.0
白三叶	102.0	剪股颖	80.0
杂三叶	90.0	小糠草	80.0
绛三叶	117.0	猫尾草	77.0
红豆草	118.0	牛尾草	124.0
白花草木樨	126.0	多年生黑麦草	113.0

(续)

豆科牧草		禾本科牧草	
种类	吸水率（%）	种类	吸水率（%）
山黧豆	103.0	紫羊茅	159.0
箭筈豌豆	97.3	草地早熟禾	124.0
毛苕子	84.8	草地看麦娘	170.0
鹰嘴豆	75.7	高燕麦草	160.0
黄花羽扇豆	163.0	苏丹草	87.6
白花羽扇豆	118.0	燕麦	59.8
饲用蚕豆	157.0	黑麦	57.5
紫花豌豆	105.8	大麦	48.2
豌豆	186.0	玉米	39.8
大豆	107.0	粟	25.0

种子萌发吸水率不仅因牧草种类不同而异，还与种子内部化学成分、种子表面状况、种皮透水性、外界水分状况和温度有很大关系。一般来说，蛋白质含量高的种子需水量大，淀粉含量高的种子需水量中等，脂肪含量高的种子需水量较小。

3. 充足的氧气 种子萌发时，一切生理活动都需要能量，而能量来自于呼吸作用。种子萌发时，呼吸作用特别旺盛，需要大量氧气；且一些酶的活动，某些生化过程的进行及激素的合成和变化也需氧气。通常，大气中的氧气浓度（约21%）能充分满足种子萌发时对氧气的需求，但若氧气浓度低于5%时，则多数牧草饲料作物种子不能萌发。

4. 其他外界条件 绝大多数牧草饲料作物种子在给予合适的温度、水分和氧气时就可以萌发生芽，但有个别种类的种子却需要如下条件才能萌发。

（1）光照或黑暗 少数牧草饲料作物种子属于光敏感种子，一种是在光照条件下发芽，如冰草属、䇹股颖属、早熟禾属、雀麦属和星星草属的种子；另一种是在黑暗条件下发芽，如籽粒苋、黍和落芒草等种子。一般认为，光照对牧草饲料作物种子发芽的影响与种子内光敏素有关，也有人认为光照对种子萌发的促进或抑制可能通过对细胞膜状况与功能的影响而起作用。

（2）二氧化碳 大气中二氧化碳浓度为0.03%，对发芽无影响。只有当二氧化碳浓度相当高时，才会使胚部细胞麻痹，严重抑制发芽；受到高浓度二氧化碳抑制发芽的种子，在氧气分压正常的空气中通过一段恢复期，即可正常萌发生长。

（三）种子的萌发过程

牧草饲料作物种子的萌发过程大致可分为如下三个阶段。

1. 吸胀 当风干种子接触水分时，其种子内的亲水性物质开始吸收水分子，初期吸水较快，以后逐渐减弱至处于动态平衡，使种子体积迅速增大，此过程称为吸胀。吸胀的结果是使种皮变软或破裂，种皮的通透性增加，种胚得到水分和氧气。吸胀是一种物理过程，而不是生理过程。

2. 萌动 随着吸胀过程的结束，种胚细胞内的原生质由凝胶状态转变为溶胶状态，各种酶开始活化,进行生化生理活动,细胞的呼吸和代谢作用急剧增强,并迅速伸长和分裂,这时种子的吸水量又迅速增加,种子内贮存的营养物质开始大量消耗,种胚内的胚轴开始进入伸长增粗生长过程,此过程称为萌动。萌动的结果是使胚轴的生物学下端胚根和生物学上端胚芽先后突破种皮而陆续伸出。萌动属于生理过程。

3. 发芽 伴随着胚轴进一步的伸长生长和体积增大,突破种孔的胚根生长等长于种子长度时形成幼根,突破种孔的胚芽生长达到种子长度一半时形成幼芽,此过程称为发芽。发芽的结果是使幼芽进一步生长,突破土表长成幼苗,待长出3片真叶(三叶期)时开始进行光合作用,意味着该生命个体异养阶段结束,自养阶段开始;同时使幼根长出侧根,发育成根系。

最终,地上幼苗分化发育成茎、叶、花、果实和种子,与地下根系共同形成一个完整植株个体。

二、根系生长发育

(一) 幼根发育的特点

与一年生牧草饲料作物相比,多年生牧草的根系发育具有以下特点。

1. 根系庞大 一般多年生栽培牧草生活第4~5年根量达到最大,其地下生物量至少接近或高出地上生物量,个别牧草高达1.5~2.0倍。

2. 根系入土较深 无论豆科还是禾本科,多年生牧草的根系入土均比一年生牧草饲料作物深。一般,一年生禾本科根系入土深度大多在1m以内,一年生豆科牧草也只有1.0~1.5m,而多年生牧草根系入土深度可达1.5~2.0m,尤其是豆科牧草更长,生长3年以上的红豆草的主根入土深度可达4m以上。

3. 根系累积持续生长 多年生栽培牧草根系生物量随草地年龄的增加而累积增长。

(二) 根系寿命

牧草饲料作物根系寿命的长短在其生活中具有重要意义。如果根系寿命长,说明能够长期从土壤中吸收水分和养分,从而保证牧草饲料作物能够在较长时期内提供高额而稳定的草产量。

一年生或越年生牧草饲料作物的根系,随着地上部的分蘖分枝、开花、结籽完成一个生活周期后,伴随着整株死亡而结束寿命。而多年生牧草的根系,生长一个生活周期后并不死亡,除侧根伴随着冬季地上部死亡而有部分死亡外,整个根系会随着每年的返青芽生长进入每年的生活周期中,直至整个植株完成其生活大周期。

(三) 影响根系生长发育的因素

牧草饲料作物根系的生长除受生物学特性的影响外,还受外界环境条件的影响。在这些环境因素中,土壤水分、温度、养分、光照以及刈牧等是重要因素。

土壤水分对牧草饲料作物根系发育影响极大,不仅影响根系数量及其分布,而且也影响 T/R 值(即地上部生物量与根系生物量之比)。土壤水分充足,地上部生长发育好,T/R 值增大;但在土壤水分轻度不足时,地上部发育受到的影响远较地下部根系大,某种程度上甚至有助于促进根系生长,导致 T/R 值变小;只有在土壤极度干旱时,根系生长才会受到明显影响，甚至死亡。

土壤温度对牧草饲料作物根系生长具有重要意义。与正常温度相比，低温下生长的牧草饲料作物根系数量少，呈白色，透明而不分枝或很少分枝，侧枝多散生于近根端；高温下生长的根系容易早熟，有时变黑、扭曲、生瘤，根系短而粗，温度过高时可能死亡。一般草地早熟禾根系适宜生长的土壤温度为15℃，小糠草和看麦娘为30℃，鸭茅为26~32℃，无芒雀麦和草地羊茅为13~21℃，猫尾草为17~21℃。

土壤养分状况对牧草饲料作物根系发育的影响是最直接的。营养丰富而全面时，根系生长旺盛，地上部生长良好，根深叶茂；土壤瘠薄和营养缺乏时，根系发育不良，地上部生长较差。通常，磷和钾能刺激根系生长，缺乏时根系生长受到抑制；微量元素铜、锌、钴，尤其是钼和硼对根系生长有良好作用。

光照以光照度和光照时间长短影响根系生长发育。实际上，此种影响是通过控制地上部茎叶光合作用能力及其光合产物量而间接影响根系的生长发育，一般根质量、体积、根幅、根颈粗细和主根入土深度随日照时数延长而增加，尤以根质量、根幅和主根深度最为明显。遮阳对牧草饲料作物生长极为不利，根和分蘖节受影响程度远较地上部茎叶严重，但这种影响对于耐阴性强的牧草饲料作物来说显示不出来。

刈割或放牧会使地上部茎叶部分或全部损失，不但不能制造营养物质，新枝条的再生反而要消耗根、根茎（根颈）及分蘖节中贮藏的营养物质，由此影响根系的生长发育。

三、幼苗生长发育

（一）豆科牧草饲料作物的幼苗发育

豆科牧草饲料作物出苗方式有子叶出土型和子叶留土型两种。多年生豆科牧草的子叶多数是出土的（图2-1），如苜蓿属、三叶草属、红豆草属、草木樨属、黄芪属牧草，其下胚轴（初生根与子叶节之间的胚轴部分）延长并形成一个弓形伸出土壤。当弓形到达土壤表面暴露于阳光下时展直，子叶张开，开始进行光合作用，在此以前幼苗一直依靠贮存在子叶和胚乳中的能量生长发育。出土后，子叶可保留在幼嫩的上胚轴上，通常可保持3~4周光合营养功能，此后在子叶和一、二个低位叶的叶腋中发育形成根颈。在苜蓿和三叶草中第一片真叶是单叶，以后的叶均为典型三出

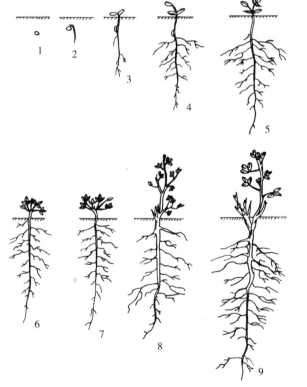

图2-1 苜蓿种子萌发时子叶出土发育成幼苗特点
1. 种子吸水膨胀　2. 胚根伸长　3. 子叶出土
4. 第一片真叶（单叶）形成　5. 第二片真叶（三出复叶）形成
6. 莲座叶丛　7. 分枝期　8. 根颈株丛期　9. 根颈分裂

复叶；而百脉根第一片真叶即为三出复叶。

一年生或越年生豆科牧草饲料作物的子叶多数是留土的（图2-2），如箭筈豌豆、毛苕子和山蚂蝗，其下胚轴并不伸长，上胚轴形成一个弓形且胚芽伸出土面。这种方式可能不像下胚轴弓形出土萌发的豆科牧草那样有利于突破土壤，但是如果遇到幼苗被切割或霜打时，对于恢复再生可能有好处。原因是子叶留土型豆科牧草饲料作物有一个或几个具腋芽的地中茎节，具有分生组织和能量来源（子叶），可用于再生。而在同样遇到幼苗被切割或霜打时，子叶出土的豆科牧草，既没有地中茎节芽，也没有能量来源，极易丧失生命。

出苗后6~8周期间，子叶出土型豆科牧草开始吸液生长，与子叶相连的第一茎节逐渐进入土表以下，此现象是由于下胚轴和上部的初生根细胞侧向生长引起的，使其变粗变短。这种收缩生长使白三叶第一茎节和正在发育的根颈位于土表以下约0.5cm处，红三叶和百脉根位于1cm处，苜蓿约2cm处，草木樨可达4cm深。这些牧草的抗寒性与其根颈入土深度呈正相关，原因是根颈入土深度较深，其春季的返青芽可受到很好保护。紫花苜蓿从根颈长出的每一个枝条均能发育形成几个短节间，每一个节都有一个腋芽，当地上部茎节芽因刈割去掉后，这些由根颈长出的枝条茎节芽就成为下一次再生的部位。而百脉根在夏季不容易从根颈再生枝条茎节芽，而是利用地上部的腋芽，对于此类牧草刈割时就不能过低，否则影响再生。

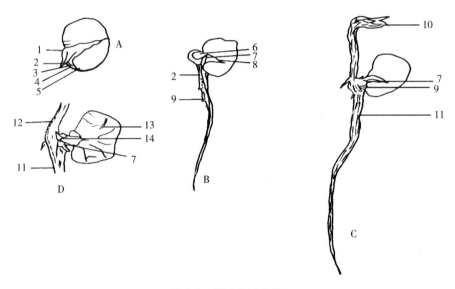

图2-2 蚕豆种子萌发
A. 胚根伸出期　B. 胚芽伸出期　C. 胚根胚芽伸长期　D. 幼根幼芽形成期
1. 胚根外侧　2. 胚根　3. 胚根里侧　4. 珠孔　5. 种脐　6. 胚芽　7. 子叶柄　8. 种皮
9. 侧根　10. 上胚轴　11. 幼根　12. 幼芽　13. 萎谢的子叶　14. 子叶轴
(李维汉，1985；段淳清改绘)

（二）禾本科牧草饲料作物的幼苗发育

所有禾本科牧草饲料作物种子萌发成幼苗的方式都属于子叶留土型。种子发芽后，子叶留在土壤中，种胚生物学上端的上胚轴向上伸长推动幼芽出土，包裹着幼芽的胚芽鞘在出土过程中起保护作用。由胚根突破种皮形成的幼根称为种子根，此后在种子根上产生侧根形成初生根。无论种子根还是初生根都属于临时根，它们在幼苗形成植株过程中伴随着第二节到第六节各节发生新根和新蘖而逐渐退化直至消失，由茎节产生的根称为不定根，也称次生根，属于永久根，此后随着生长年限延长形成庞大的须根系，其特点是没有明显的主根和侧根。

四、枝条生长发育

（一）阶段发育理论

1. 理论要点 阶段发育理论（theory of phasic development）是由苏联学者李森科（Трофим Денисович Лысенко）（1898—1976）在20世纪30年代提出的，基本内容包括：①生长和发育是植物的两个不同生命现象，彼此独立又互动共存；②种子植物的个体发育过程包括几个独立的循序进行阶段，由一个发育阶段过渡到另一个发育阶段的标志是植物对外界环境条件的要求突然改变，是一个由量变到质变的过程，发育的阶段性是植物与其生活条件统一的表现，是系统发育在个体发育上的反映；③植物的各发育阶段是有顺序且不可逆的，它所发生的阶段性质变仅局限于生长锥的分生组织内，这些变化只能通过细胞分裂传递给子细胞；④要通过个别发育阶段，需要有一定的综合外界条件，而不是个别因子，但是在自然条件下，往往是某一个或某一些因子起主导作用。

例如，冬性禾本科牧草饲料作物的个体发育至少有春化和光照2个阶段，也有可能还有其他未被确定的阶段。

春化阶段（thermostage）：秋播越冬作物，在苗期必须经过一定时间的低温条件才能正常抽穗，这个时期称为春化阶段。如果不经过这个阶段，直接在春夏高温条件下播种，虽有充足的热量和光照，也不能正常抽穗开花。春化阶段是一、二年生种子植物个体发育的第一阶段，秋冬播种的冬性作物，如黑麦和小黑麦，春化特性较为明显。1932年李森科又指出，在冬、春性两个类型之间，又存在许多中间过渡类型，这些中间类型在某一区域可能表现为春性类型，而在另一区域又表现为冬性类型，即双性类型。

光照阶段（photophase）：植物通过春化阶段后，还要通过一个感应光照的时期，才能开花结籽。在光照阶段中不同植物要求光照时间长短不同。大麦和小黑麦等通过春化阶段后在连续光照下，可以大大加速抽穗、开花和结籽。与此相反，棉花、谷子等要求短光照或较长时间的连续黑暗后，才能进行开花结籽。前者称为长日照植物，后者称为短日照植物。此外，其他国家学者还对同一作物的不同生态型品种对光照的反应进行了研究，如水稻本是短日照作物，但早稻对光照不敏感，即使北移到长日照下，也能正常开花结籽，而晚稻对光照反应敏感，只有在短日照下才能开花结籽。

2. 实践意义 阶段发育反映了植物在个体发育各个阶段对外界条件的要求。在牧草饲料作物栽培方面，围绕高产目标合理控制生长发育进程，分段制订管理措施，可起到增产促进作用。此外，冬性牧草饲料作物适期播种的温度指标与安全越冬的苗龄指标的确定，可以调节促进二年生和多年生牧草的生长发育过程使其实现当年采种，马铃薯夏播防止种薯退化的技术，甜菜的当年抽薹技术，所有这些措施都是阶段发育理论在生产实践中的具体应用。

（二）禾本科牧草饲料作物的阶段发育

1. 发生时期 多年生禾本科牧草的春化阶段是在三叶期或分蘖期通过的，而不是在萌动的种子中通过的，这是由于经过光合作用牧草才能积累春化阶段所需要的营养物质。如将多年生牧草种子置于0～4℃或2～6℃持续10～20d，不能加速其发育，只能加强其初期生长。

2. 发生部位　由于多年生禾本科牧草依靠分蘖来增加枝条数量，而阶段发育却是在茎的生长点内进行的。因此，分蘖所产生的所有枝条，都要单独通过各自的春化阶段和光照阶段。

3. 枝条类型　由于枝条形成的时间和生长过程中所处的环境条件不同，它们在阶段发育上也不同，由此形成含有各类枝条的禾本科牧草株丛，这就使得其枝条在形态学和生物学上的意义有所不同。度过春化阶段和光照阶段的枝条可发育成生殖枝，能够进行开花结籽；度过春化阶段而未度过光照阶段的枝条可发育成隐蔽生殖枝，能够进行抽穗开花而不能结籽；未度过春化阶段的枝条仅能发育成营养枝，而不能进行抽穗开花，依据营养枝发育时间长短又可分为长营养枝和短营养枝。从人工草地利用的目的来看，各类枝条具有不同的生产价值。以短营养枝植株为主构成的草地，株型低矮而叶量丰富，适于放牧利用，建立人工放牧场；以生殖枝及隐蔽生殖枝植株为主构成的草地，株型高大且繁茂，适于刈割利用，建立人工割草场；以长营养枝植株为主构成的草地，适于刈割和放牧兼用，可用于建植刈割放牧兼用草地。

4. 禾本科牧草类型　由于禾本科牧草通过春化阶段所要求的温度及持续时间不同，而有春性、冬性及双性禾本科牧草之分。由于它们在通过春化阶段所要求的条件不同，因此其特性也不同，草丛中各类枝条的组成也不同。

春性禾本科牧草通过春化阶段所需要持续的时间比较短，要求的温度不太低。一般在播种当年即可形成能够开花结籽的生殖枝。因此，春性禾本科牧草的成年草丛以生殖枝和短营养枝为主。当生殖枝生长时，短营养枝由于营养不足而暂时停止生长，当生殖枝刈割或被家畜采食后，营养物质转向短营养枝，使其继续生长，形成第二次生殖枝或长营养枝，这就使得春性禾本科牧草在一年内可多次刈割。

冬性禾本科牧草通过春化阶段所需持续的时间比较长，要求的温度也比较低。因此，春播当年不能形成生殖枝，而只有第2年，甚至第3年才能形成生殖枝。播种当年及以后各年春季分蘖所形成的枝条，均不能通过春化阶段，而始终处于暂时营养枝的状态，并一直保持到生长期结束。夏秋季分蘖所形成的枝条，在冬季条件下完成春化阶段，第2年即可长成生殖枝并抽穗、开花和结籽。因此，成年冬性禾本科牧草的株丛主要由长的生殖枝构成，生殖枝数目的多少取决于上一年夏秋季分蘖时期的生活条件。水肥充足则分蘖多，第2年产生的生殖枝多，反之则较少。冬性禾本科牧草刈割利用时，一次收获才能获得较高产量，如果分批次刈割，则产量较低，或者不能形成适于刈割的再生草，只能形成短的营养枝。

双性禾本科牧草不论春播还是秋播均能正常结籽。春季播种的禾本科牧草到了夏季前半期，其外形像春性作物，可是秋季播种的却像冬性作物。由于这类草具有双重发育类型的习性，所以称为双性草。双性草的优越性在于它可以在春秋两季播种，但在秋季播种受寒害后，可在同块地上进行春季补种。春季和秋季相互交替对双性草的生活力和产量有良好的影响。与春性草相比，双性草在秋季生长速度减缓，并使植株变成平卧状态，干物质比例比春性大，植株颜色较深，不具备春性草的一些特性（如在秋播时强烈阻碍形成生殖器官，减慢生长强度使株丛变成平卧形式），使它能正常越冬。属于双性发育类型的多年生禾本科牧草有高燕麦草、猫尾草、根茎冰草等。这些多年生牧草在无保护播种条件下，播种当年均能开花结籽；在生长第 2 年、第 3 年及其他各年，初夏进行第一次刈割后，仍能在当年产生第二次开花。同时在耐寒性上，这类多年生禾本科牧草不低于冬性禾本科牧草。

（三）豆科牧草饲料作物的阶段发育

多年生豆科牧草的阶段发育和枝条形成与一年生豆科作物相似。冬性豆科牧草春播时，播种当年不能形成高大的茎，而多数处于叶簇状态，越冬后才能开花结籽。生活多年的冬性豆科牧草，春季形成的枝条也是当年不开花结籽，第 2 年才形成生殖枝。冬性豆科牧草的抗寒性比春性豆科牧草强，但生长第 1 年发育缓慢，如同冬性禾本科牧草一样，一年只能刈割一次。

春性豆科牧草春播当年即可开花结籽，并且在无霜期长的地区，第一次刈割后的再生草亦能开花结籽，因此其再生能力强，在一年内可以刈割多次。

双性豆科牧草的枝条发育情况与双性禾本科牧草相似，春播时播种当年只有少量枝条能开花结籽，而大多数枝条均处于短营养枝状态（如紫花苜蓿、红三叶等）。

（四）牧草的分蘖和分枝

1. 禾本科牧草的分蘖 禾本科牧草出苗后，当长出 3～4 片叶时，即可自母株的地表或地下茎节、根颈、根蘖上形成分蘖，这种现象称为分蘖（tillering）。分蘖时新生枝条在叶鞘之内者称为鞘内蘖，而枝条穿破叶鞘生长者称为鞘外蘖。鞘内蘖往往紧贴母枝向上生长，形成稠密的株丛，此分蘖类型称为密丛型禾本科牧草；鞘外蘖往往开始时沿水平方向生长，然后再向上斜生长，此分蘖类型称为根茎型；也有鞘外蘖与母枝以锐角斜向上生长，形成疏松的株丛，此分蘖类型称为疏丛型禾本科牧草；此外，也有禾本科牧草在同一株丛中发育形成两种类型的枝条，如根茎-疏丛型禾本科牧草（图 2-3）。

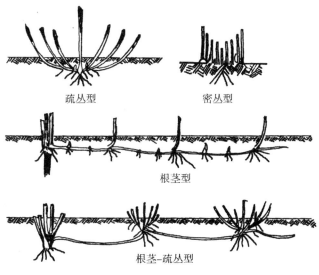

图 2-3 禾本科牧草分蘖类型

第一篇　牧草饲料作物生物学基础

禾本科牧草出苗长出 3～4 片叶时，由主茎露出地表的第一个节就是可以分蘖的节，紧贴其下还有许多节间很短的分蘖节，在每个分蘖节上形成一个幼嫩、白色透明、呈三角形的新芽，它被包裹于叶鞘内，由它分蘖形成新的枝条。由于新芽位于叶鞘基部，能抵御外界不良因素影响，并可得到光合作用所制造的营养物质。因此，芽与母茎是不可分割的。由芽形成的枝条露出叶鞘后，尚未形成自己的根系，这时该幼龄的枝条如芽一样，其生长所需营养物质还依靠母枝供给，是一个非独立的枝条。只有新生枝条长出 2～3 片叶后才开始生根，此时母枝叶鞘被推向一边，或居于新枝的下面，有时很快地枯萎而成为纤维状鞘残体，残留于新枝条基部。分蘖枝的新根系形成，可以从土壤中吸收水分和养分，同时新枝条生出的叶也能进行光合作用，制造养分。到这个时候，分蘖的结果是已成为一个可独立生活的子株，不过它与母株的联系并未中断。

在禾本科牧草第一个节上形成分蘖不久，第二个节上也依着上述程序产生第二个分蘖，依此从主茎上陆续生出许多侧生分蘖枝，凡从主茎上形成的分蘖均称为一级分蘖。当一级分蘖长出 2～3 个叶片时，同样也可形成新的分蘖，并按上述程序产生二级分蘖，以此类推逐级形成各级分蘖，由此逐渐形成繁茂的株丛（图 2-4）。

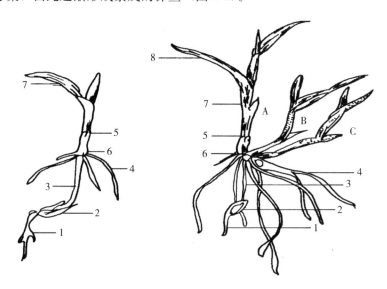

图 2-4　禾本科牧草分蘖
A. 主枝　B. 一级分蘖　C. 二级分蘖
1. 初生根　2. 颖果残体　3. 第一个节间　4. 次生根　5. 胚芽鞘　6. 分蘖节　7. 第一片叶　8. 第二片叶

分蘖在禾本科牧草生活中具有重要意义。因为每个枝条都能形成根系，具有促进牧草利用营养物质的作用；有利于牧草扩大营养面积，加强其占据地面的能力；分蘖能够形成较多饲草物质，间接促进禾本科牧草个体的营养繁殖。

禾本科牧草分蘖一般集中在夏秋季和春季两个时期。夏秋分蘖是伴随着开花进行的分蘖过程，分蘖新枝和开花结籽同期进行，一直延续到低温来临；第 2 年春季出现第二次分蘖，这次分蘖一直持续到开花期来临。这两个分蘖期所形成的枝条，数量和质量都不同。夏秋时期形成的枝条，是在已达到开花结籽的成年生殖母枝上发育的，不仅有强大根系能提供充足营养，而且分蘖时间长，面临的短日照也有利于分蘖芽和新枝条的发育，因此夏秋分蘖生长旺盛，数量多而强壮；而春季分蘖所形成的枝条，则是在幼年的营养枝上发生的，先天性营养不足，且分蘖时间短促，为此春季分蘖数量少而细弱。

在春季分蘖和夏秋分蘖期之间，有一个间歇期，这是由于光合作用产物转向形成生长较快的主枝，从而侧芽的形成放慢。但也有一些禾本科牧草能在整个生长期不间断地分蘖，如草地早熟禾、紫羊茅等下繁草，这与其通常形成较少的生殖枝条有关。

2. 豆科牧草的分枝 豆科牧草在三叶期后，在茎的基部与根系的联结处形成肥厚膨大的部分，称为根颈（root collar）。豆科牧草的侧枝芽即发生于根颈上，根颈随着植株年龄的增长而逐渐深入土中，以抵御不良外界条件，对越冬特别有益，而且常常被撕裂成几部分。

豆科牧草的枝条与禾本科牧草枝条形成有所不同：一是豆科牧草的枝条均着生于根颈处，二是所有侧枝，除根蘖型及匍匐茎型外，都不能形成自己的根系。

根蘖型豆科牧草如黄花苜蓿、山野豌豆和蒙古岩黄芪等，其枝条一部分由根颈处产生，尚有大部分由根蘖处长出。根蘖处向上形成地上部枝条，向下生出根系，形成疏散的草丛。

匍匐茎型豆科牧草如白三叶和地三叶等，在根颈处形成水平于地面横生的蔓生茎，茎的节上可形成新的叶簇和不定根（图2-5）。它们具有强烈的营养繁殖能力，是良好的放牧型牧草。

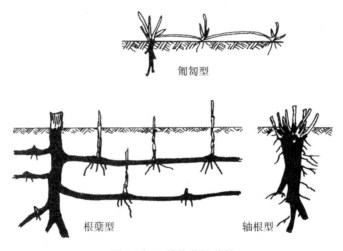

图2-5 豆科牧草的分枝

豆科牧草产生分枝，由春季开始一直延续至秋季。由于豆科牧草的更新芽暴露在土表或接近土表，易受冻害，为此豆科牧草一生中最后一次刈割利用不宜过晚，以便形成越冬前覆盖地面的新枝，并在根中贮备足够的可塑性营养物质，以增强其越冬能力；而禾本科牧草的分蘖节多处于地下，并为发育不全的叶和枯死的残余物所覆盖，因而抗寒性极强。

五、生殖器官分化

（一）多年生牧草生殖器官发生的阶段及其特点

多年生牧草生殖器官的发生及形成的各个阶段，与一年生牧草饲料作物有许多共同之处，基本一点都是在枝条生长锥上发生的阶段变化基础上进行的。不同的是，它具有多年生特性。多年生牧草的生命是由每年形成的许多枝条组成，更新芽形成的枝条是其株丛基本结构单位。多年生牧草任何器官的形成是有一定阶段和时期的，通常用物候期和器官发生阶段作标志。

(二) 禾本科牧草生殖器官的分化

禾本科牧草生殖器官的分化也称为幼穗分化,是从二叶一心期开始的,其基本过程如图 2-6 所示。

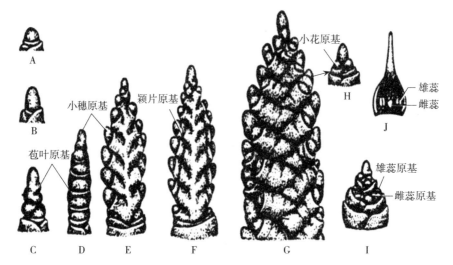

图 2-6　禾本科牧草幼穗的分化过程
A. 生长锥未伸长期　B. 生长锥伸长期　C. 苞叶原基分化期(单棱期)　D. 小穗原基分化期开始(二棱期)
E. 小穗原基分化期末期　F. 颖片原基分化期　G. 小花原基分化期　H. 一枚小穗(正面图)
I. 雄蕊原基分化期(每一个小花有3枚雄蕊原基)　J. 雌蕊原基形成期

1. 苞叶原基分化期(单棱期)　在生长锥伸长的同时,在生长锥基部两侧,自下而上出现一系列环状突起——苞叶原基,每两苞叶原基之间即为穗轴节片。

2. 小穗原基分化期(二棱期)　从幼穗中部开始,以向基和向顶方式在苞叶原基的叶腋处分化出小穗原基,小穗原基隆起,并与苞叶原基构成二棱。此后,小穗原基继续增大,而苞叶原基由于生长受抑制,在幼穗发育过程中逐渐消失。

3. 颖片原基分化期　随着小穗原基增大,在穗中部最先形成的小穗原基基部两侧,各分化出一线裂片突起,为颖片原基,以后发育成护颖。而裂片中间的组织分化形成小穗轴及各小花。

4. 小花原基分化期　在最先分化的小穗中,靠下位颖片原基两侧分化出第一小花的外颖片原基,紧接着上位护颖原基内侧分化出第二小花的外颖片原基。这时,小穗原基上部两侧凹下,第一、二小花原基明显可见。在一个小穗上,小花原基由下而上呈向顶式出现,在整个幼穗上,则从穗中部开始,以向顶和向基的次序发育。

5. 雄雌蕊原基分化形成期　在外颖内侧的组织上,同时分化出内颖片原基和雄雌蕊原基。从侧面看,初形成的内颖原基为一顶端略尖的突起,与外颖片原基相对,球形突起的雄蕊原基位于内外颖原基之间,雄蕊原基之间为雌蕊原基。

6. 药隔分化期　雄蕊原基体积进一步增大,分化形成花药和花丝,雌蕊原基顶端也凹陷,逐渐分化出两枚柱头原基,并继续生长,形成羽状柱头。最后出现浆片原基。

至此,禾本科牧草生殖器官的分化完成,雄雌蕊进一步发育成熟,开始授粉。

(三）豆科牧草生殖器官的分化

豆科牧草进行营养生长时，茎尖最幼的腋芽原基常出现于从顶端数第三叶原基的叶腋处，第一和第二叶原基的叶腋处不会出现腋芽原基。豆科牧草从营养生长向生殖生长转变的第一个形态上的变化，是在茎尖顶端数第一叶原基的叶腋处出现类似于腋芽原基的花序原基，与叶原基构成形态上的"双峰结构"。对应的生育时期是现蕾期。以白三叶为例，豆科牧草生殖器官的分化过程如下。

1. 苞叶原基的分化 第一叶原基叶腋处的花序原基分化后，细胞迅速分裂，形成一半球状突起，突起继续增大，并超过茎尖端，形成一个近轴一侧稍平的圆锥体，圆锥体基部的苞叶原基开始分化，最终发育成苞片，保护内侧花蕾。

2. 小花原基的分化 圆锥体花序原基基部的远轴一侧开始由苞叶原基包被的小花原基的分化，形成小突起。随着花序原基的伸长和加宽，花序原基两侧和近轴一侧的小花原基也开始分化。小花原基分化的顺序是从基部向顶端，直至整个花序原基被小花原基布满。

3. 萼片原基的分化 在小花原基分化的同时，花萼开始分化。首先在花托基部出现一环状突起，最初萼片连在一起，呈合萼状，之后各萼片原基分离，先在远轴方出现一萼片，并逐渐被两侧出现的两萼片包被，近轴方两萼片最后出现，形成两侧对称的花萼。在花萼发育过程中，基部连生部分和先端分离部分同时生长，开始时，远轴方萼片生长快于近轴方萼片，之后近轴方萼片生长速度加快。当花器官发育成熟时，近轴方比远轴方长1mm。

4. 雄蕊原基的分化 当近轴方萼片出现时，花序原基基部靠近远轴方萼片内侧第一小花原基上的第一个雄蕊原基以小突起的形式出现，随后另两个雄蕊原基出现于第一个雄蕊原基两侧，之后，近轴方萼片内侧也出现两个雄蕊原基。至此，5个雄蕊原基在萼片内侧形成一轮。在第一轮的两个近轴方雄蕊原基发育的同时，第二轮5个雄蕊原基在第一轮5个雄蕊原基之间相继出现，顺序与第一轮相同（从远轴方到近轴方），雄蕊原基很快分化出花药和花丝。小花发育后期，除第二轮近轴方的1个雄蕊外，其余9个雄蕊原基基部联合成管状，并在近轴一方分开。

5. 花瓣原基的分化 花瓣原基较雄蕊原基出现略晚。在第二轮雄蕊原基出现之前，首先两个龙骨瓣形成，接着是两个翼瓣，最后是旗瓣。

6. 雌蕊原基的发育 在花轴（花序的主轴）的顶端出现一半球形的心皮，心皮之上靠近轴方一侧有一浅的凹陷部分，随着心皮组织环绕凹陷部分的生长和伸长，形成由突出边缘围绕的空腔结构。最终边缘缝合，卷合在一起形成子房腔。压合部位形成腹缝线，腹缝线上形成胎座。当比心皮长到0.8～1.0mm时，顶端伸长形成一短而钝圆的长柱，其顶端加宽形成柱头。

至此，豆科牧草生殖器官的分化完成，雌雄蕊进一步发育成熟，开始授粉。

六、种胚生长发育

（一）受精作用

雌、雄性细胞，即卵细胞和精细胞互相融合，形成合子的过程，称为受精。

从授粉到受精所需时间，因植物种类和气候条件不同而有很大差异，大多数牧草饲料作物在正常情况下需历时 12~48h。

受精作用是雌雄配子的结合，即两个性细胞相互同化的过程，这是新陈代谢的一种特殊方式，两个性细胞的关系，不是同化与被同化的关系，而是处于同等地位，携带两个亲本的遗传物质参与新细胞（合子）形成，标志着一个新植物有机体的开始。由于新个体兼有双亲的遗传性，对外界生活条件更具广泛适应性，这就是通过有性过程提高后代生命力的原因。如果双亲的遗传基因存在一定程度的差异，则其后代，特别是杂种第一代，将表现出显著的杂种优势。

（二）种子发育的一般过程

种子的形成发育过程是指从卵细胞受精成为合子开始，直到种子成熟所经历的一系列过程。合子形成后，通过短期休眠，进行细胞分裂分化，在形态和生理上发生一系列错综复杂的变化，才发育成种子。种子的发育是牧草饲料作物有机体个体发育的最初阶段，其可塑性最强，这一阶段的好坏不仅和种子本身的播种品质有密切关系，同时也影响下一代生长发育，并有可能使种性发生不同程度的变化。从农业生产角度看，种子形成和发育时期是保证牧草饲料作物能得到良好生长发育条件，争取丰产的最后时期，并且也为以后继续丰产和优质奠定基础。

种子发育过程主要有以下几个方面。

1. 胚的发育 胚是种子的主要部分，为植物体的雏形。在正常情况下，胚由胚囊中的卵细胞通过有性过程发育而成。卵细胞经过受精形成合子后，通过短期休眠，横裂成两个细胞，靠近珠孔的一个称柄细胞，另一个称为原胚细胞。柄细胞经过几次分裂，形成一系列细胞，称为胚柄，胚柄的基部常形成一个较大的基细胞，将胚固定在胚囊上，同时由于胚柄的延长，将胚推向胚囊中部，以利于胚的发育。胚柄另一端的原胚细胞，经过多次细胞分裂，形成一团细胞，称为原胚。原胚的形状与大小因植物种类而异，多数呈球体形或圆柱状纺锤形。原胚继续进行细胞分裂与分化，逐渐形成一个具有子叶、胚芽、胚轴和胚根的完整胚。

2. 胚乳的发育 胚囊中的极核或次生细胞受精后，随即进行迅速分裂，形成大量核，排列在胚囊内部，此后各个核之间同时发生隔膜，形成很多薄壁细胞，称为胚乳母细胞。这些细胞不经过休眠状态继续分裂，发育成胚乳，此发育方式称为核型胚乳，常见于单子叶植物和双子叶植物纲中的大多数离瓣花植物；另一种发育方式称为细胞型胚乳，即由受精后的极核或次生细胞直接分裂，形成大量的胚乳细胞，这一方式常见于双子叶植物纲的合瓣花植物。

有些牧草饲料作物种子的胚乳在胚发育前期，即逐渐被胚所吸收，使营养物质向子叶转移，结果胚乳消失，而胚特别发达，形成无胚乳的种子，如大豆的种子。

3. 种皮的发育 胚珠周围的珠被，在种子发育过程中有时被胚吸收掉一部分，有时全被吸收，使部分或全部发生质变，经过分裂，形成多层细胞，有的表皮下面形成角质层，有的细胞木质化，具有很强的保护作用，如苜蓿和沙打旺种子的种皮。原来在胚珠末端的珠孔，形成种孔或发芽孔，胚珠基部的胚柄发育成种柄。种子成熟干燥从种柄上脱落后，在种皮上留下一个疤疱，即为种脐；但禾谷类的颖果，在种子外面还包有果皮，所以称为果脐。

第三节 牧草饲料作物的抗逆性

一、抗寒性和抗热性

牧草饲料作物生长发育对温度的反应有三基点：最低温度、最适温度和最高温度。低于最低温度，植株将会受到寒害，包括冷害和冻害；超过最高温度，植株就会遭受热害。

（一）冷害和抗冷性

许多热带和亚热带牧草饲料作物生长发育过程中不能忍受冰点（0℃）以上低温，此低温对植株的危害称为冷害，而植物对冰点以上低温胁迫的抵抗和忍耐能力称为抗冷性。

1. 冷害的类型　根据牧草饲料作物对冷害的反应速度，可将冷害分为直接伤害和间接伤害两类。

（1）直接伤害　指冰点以上低温直接破坏原生质体结构的伤害。受直接伤害的牧草饲料作物通常在低温胁迫后几小时，至多在1d之内即出现伤斑。

（2）间接伤害　指冰点以上低温引起牧草饲料作物代谢失调而造成的伤害。受间接伤害的植株在低温后一段时间内表观形态仍正常，至少在5～6d后才出现组织柔软和发生萎蔫等现象。

2. 冷害引起的生理变化　冷害对牧草饲料作物的影响不仅表现在叶片萎蔫、变褐、干枯、果皮变色等外部形态上，更重要的是细胞生理代谢发生的变化。

（1）膜透性增加　在低温下，膜的选择透性减弱，膜内大量溶质外渗。具体反映在牧草饲料作物浸出液的电导率增加。

（2）原生质流动减慢或停止　将冷害敏感型牧草饲料作物的叶柄表皮毛在10℃下放置1～2min后，原生质流动变得缓慢或完全停止；而将冷害不敏感型牧草饲料作物置于0℃时原生质仍有流动。

（3）水分代谢失调　植株受冰点以上低温危害后，吸水能力和蒸腾速率明显下降，根系吸水能力下降幅度更显著。寒潮过后，牧草饲料作物叶片和枝条往往干枯，甚至发生器官脱落。这些都是由水分代谢失调引起的。

（4）光合作用减弱　受低温危害后，牧草饲料作物体内蛋白质合成量低于降解量，叶绿体分解加速，叶绿素含量下降，酶活性受到影响，使光合速率明显降低。

（5）呼吸速率大起大落　牧草饲料作物受到冷害时，呼吸速率会比正常高，这是一种保护作用，因为呼吸速率上升时放出的热量多，对抵抗寒冷有利。但低温时间过长时，呼吸速率便大大降低，这是因为原生质停止流动，氧供应不足，无氧呼吸的强度增大。

（6）有机物分解占优势　植株受冷害后，有机物水解大于合成，不仅蛋白质分解加剧，游离氨基酸的数量和种类增多，而且多种生物大分子均减少。冷害后植株还积累许多对细胞有毒害作用的乙醛、乙醇、酚和α-酮酸等产物。

3. 提高牧草饲料作物抗冷性的措施

（1）低温锻炼　许多牧草饲料作物如果预先给予适当低温锻炼，之后可抗御更低温度。经过低温锻炼的植株，其细胞膜的不饱和脂肪酸含量增加，相变温度降低，膜透性稳定，细胞内NADPH（还原型烟酰胺腺嘌呤二核苷酸磷酸）与NADP（烟酰胺腺嘌呤二核苷酸磷酸）的比值和 ATP 含量增高，这些都有利于增强牧草饲料作物的抗冷性。

（2）化学诱导　细胞分裂素、脱落酸和一些植物生长调节剂及其他化学试剂可提高牧草饲料作物的抗冷性。如 2,4-滴和 KCl 溶液进行叶面喷施具有保护牧草饲料作物不受低温危害的效应。用 PP_{333}、抗坏血酸和油菜素内酯等于苗期进行喷施或浸种，具有提高牧草饲料作物幼苗抗冷性的作用。

（3）合理施肥　增加肥料中磷、钾的比例能明显提高牧草饲料作物抗冷性。

（二）冻害和抗冻性

1. 冻害的概念　冰点以下低温对牧草饲料作物的危害称为冻害。牧草饲料作物对冰点以下低温胁迫的抵抗与忍耐能力称为抗冻性。发生冻害的温度因牧草饲料作物种类、生育时期、生理状态、组织器官及其经受低温的时间长短而有很大差异。小黑麦、黑麦、燕麦等一般可忍耐 -12～-7℃的严寒；牧草饲料作物种子的抗冻性较强，在短时期内可经受 -100℃以下冷冻而仍保持其发芽能力；某些牧草饲料作物的愈伤组织在液氮下，即在 -196℃低温下保存 4 个月之后仍有活性。

一般情况下，剧烈的降温和升温，以及连续冷冻，对牧草饲料作物的伤害较大；缓慢降温与升温解冻对牧草饲料作物的伤害较小。牧草饲料作物受冻害时，叶片就像烫伤一样，细胞失去膨压，组织柔软，叶色变褐，最终干枯死亡。

冻害主要是冰晶的伤害。植物组织结冰可分为胞外结冰和胞内结冰两种形式。

（1）胞外结冰　胞外结冰又称为胞间结冰，是指在温度下降时，细胞间隙和细胞壁附近的水分凝结成冰。随之而来的是细胞间隙的蒸汽压降低，周围细胞的水分便向细胞间隙方向移动，扩大冰晶的体积。

（2）胞内结冰　胞内结冰是指温度迅速下降，除了胞间结冰外，细胞内的水分也冻结。一般先在原生质内结冰，而后在液泡内结冰。

2. 牧草饲料作物对冻害的适应性　牧草饲料作物在长期进化过程中形成了对冻害适应的多种方式。如一年生牧草饲料作物能以干燥种子的形式越冬；大多数多年生牧草越冬时地上部死亡，以隐藏于土壤中的延存器官（如根颈、根茎、地中茎、鳞茎、块茎等）越冬；大多数木本植物或冬性作物除了在形态上形成或加强保护组织（如芽鳞片、木栓层等）外，或者以落叶覆盖来抗冻外，还会在生理生化上发生改变来增强抗冻性。

牧草饲料作物对冻害的抗性是逐步形成的。在冬季来临之前，随着气温逐渐降低，牧草饲料作物体内发生一系列适应低温的结构和代谢变化，抗冻性逐渐提高。这种由低温诱导抗冻性逐渐提高的过程称为抗寒锻炼。如冬小麦在夏季 20℃时，只能抗 -3℃低温，秋季 15℃时能抗 -10℃低温，入冬后经 0℃以下抗寒锻炼后，能抗 -20℃低温，春天温度上升变暖时，抗冻能力又下降。

经过抗寒锻炼，牧草饲料作物细胞的膜结构会发生变化，如抗冻性强的小黑麦叶细胞质膜经入冬前的低温诱导会发生内陷折叠。这样，可增加质膜的表面积，一方面可加快水分从液泡排向胞外的速度，另一方面也避免或减轻细胞内外结冰和融冻对质膜的伤害。

在冬季来临之前，牧草饲料作物接受到各种信号，主要是光信号（日照变短）和温信号（气温下降），就会在生理生化上产生一系列适应性变化。主要表现在以下几个方面。

（1）植株含水量下降　随着温度下降，植株含水量逐渐减少，特别是自由水与束缚水的相对比值减小。由于束缚水不易结冰和蒸腾，所以总含水量减少，束缚水含量相对增多，有利于牧草饲料作物抗冻性的增强。

（2）呼吸减弱　牧草饲料作物的呼吸速率随着温度的下降而逐渐减弱，许多牧草饲料作物在冬季的呼吸速率仅为生长期中正常呼吸速率的0.5%。细胞呼吸弱，糖类消耗减少，有利于碳含量的积累和贮备，有助于增强冬季抗冻性。

（3）激素变化　随着秋季日照变短、气温降低，牧草饲料作物体内激素最显著的变化是生长素与赤霉素含量减少，脱落酸含量增高，进而促使细胞分裂生长停止，芽体休眠。

（4）保护物质增多　温度下降时，牧草饲料作物体内淀粉水解，可溶性糖含量增加，细胞液浓度增高，冰点降低，这样可减轻细胞脱水，保护原生质胶体不致遇冷凝固。越冬期间，脂类化合物集中在细胞质表层，使水分不易透过，代谢降低，细胞内不易结冰，亦能防止原生质过度脱水。

（5）低温诱导蛋白形成　低温胁迫下拟南芥（Arabidopsis thaliana）体内产生的抗冻蛋白（AFP）能够降低原生质冰点，抑制结晶，减少冻融过程对类囊体膜的伤害。秋末低温诱导促使牧草饲料作物种子成熟过程中的胚胎发育晚期还能形成更多蛋白，这些蛋白多数是高度亲水且在沸水中稳定的可溶性蛋白，有利于植株在冷冻时忍受脱水胁迫，减少细胞冰冻失水。

3. 提高牧草饲料作物抗冻性的措施

（1）抗寒锻炼　经抗寒锻炼后，牧草饲料作物含水量降低，尤其束缚水与自由水相对比值升高，膜不饱和脂肪酸增多，脱落酸增多，可溶性糖和保护物质积累明显，这些生理生化变化都使牧草饲料作物抗冻能力显著提高。应当指出，牧草饲料作物经抗寒锻炼后能够提高适应低温能力是受遗传特性控制的，适应低温的能力不可能无限提高，苜蓿无论怎样锻炼也不可能像小黑麦一样抗冻。

（2）化学调控　一些植物生长调节物质可以提高牧草饲料作物的抗冻性。如用矮壮素处理小黑麦，可以提高其抗冻性。

（3）农业措施　早春适时播种，或温室育苗再移栽技术，或地膜覆盖播种技术，以及苗期的培土、控肥、通气、苗壮、防止徒长等措施，均有助于增强幼苗耐冷抗冻性；地冻前进行冬灌及冬季的熏烟、施用厩肥、敷设覆盖物，以及早春焚烧等措施，可以抵御冬季强寒流袭击和早春返青苗的御寒能力。

（三）热害和抗热性

1. 热害及其表现

（1）牧草饲料作物对高温的反应　由高温引起牧草饲料作物的伤害称为热害。牧草饲料作物对高温胁迫的抵抗与忍耐能力称为抗热性。因为不同牧草对高温的忍耐程度有很大差异，所有热害的温度很难定量化。根据对温度的反应，可将牧草饲料作物分为如下几类。

①喜冷性牧草饲料作物：指正常生长温度为5~20℃，当温度高于20℃时即受伤害的牧草饲料作物。

②中温性牧草饲料作物：指正常生长温度为10~30℃，超过35℃就会受到伤害的牧草饲料作物。

③喜温性牧草饲料作物：指正常生长温度为15~40℃，超过45℃受伤害的牧草饲料作

物，如陆生高等植物及某些隐花植物。但蓝藻、绿藻等低等植物属于极度喜温植物，当温度为 65～100℃时才受害。

发生热害的温度与作用时间有关，在受害高温中，温度越高，致伤害的作用时间就越短；反之，温度不很高，就需要更长作用时间才能致伤害。

（2）高温对牧草饲料作物的危害　牧草饲料作物受热害后各器官会出现各种症状，例如叶片和花瓣首先出现烫伤状水渍，随后变色、坏死；花药失水干枯，造成雄性不育；花序和子房萎缩、脱落。高温对牧草饲料作物的伤害是复杂、多方面的，归纳起来可分为直接伤害与间接伤害两个方面。

①直接伤害：指高温直接破坏原生质体结构引起的伤害。直接伤害在短期内（几秒到几十秒）就出现热害症状，并可从受热部位向非受热部位传递蔓延。造成直接伤害的原因为蛋白质变性和膜结构破坏。

②间接伤害：指高温引起细胞失水，并导致代谢异常，使牧草饲料作物逐渐受害。间接伤害的发展过程缓慢，受害程度随高温持续时间延长和温度增高而加剧，随后出现如下症状。

代谢性饥饿：光合作用的最适温度一般都低于呼吸作用的最适温度，呼吸速率和光合速率相等时的温度，称为温度补偿点。高于温度补偿点的温度必定会危害牧草饲料作物。当牧草饲料作物处于温度补偿点以上时，消耗大于合成，就会发生代谢性饥饿，时间一长，会使植株衰亡。

有毒物质积累：高温使氧气的溶解度减小，抑制牧草饲料作物有氧呼吸，同时积累无氧呼吸所产生的有毒物质，如乙醇、乙醛等。如果提高高温时的氧分压，则可显著减轻热害。氨毒也是高温的常见现象。高温抑制含氮化合物合成，促进蛋白质降解，使体内氨过度积累而毒害细胞。

生理活性物质缺乏：高温时某些生化过程发生障碍，使得牧草饲料作物生长所必需的活性物质（如维生素、核苷酸、激素）不足，从而造成牧草饲料作物生长不良或伤害。

蛋白质合成下降：高温一方面使细胞产生自溶的水解酶类，或使溶解酶体破裂释放出水解酶使蛋白质分解；另一方面破坏氧化磷酸化的偶联，使其丧失为蛋白质生物合成提供能量的能力。此外，高温还破坏核糖体和核酸的生物活性，从根本上降低蛋白质的合成能力。

2. 牧草抗热性的生理基础

（1）内部因素　牧草饲料作物抗热能力与其内在因素有关。

①生长习性：不同生长习性牧草饲料作物的耐热性不同。一般来说，生长在干燥炎热环境下的牧草饲料作物的耐热性高于生长在潮湿冷凉环境下的牧草饲料作物。例如，C_4植物起源于热带或亚热带地区，其耐热性一般高于C_3植物。C_4植物光合最适温度为 40～45℃，也高于C_3植物（20～25℃）。因此，C_4植物温度补偿点高，45℃高温下仍有净光合生产，而C_3植物温度补偿点低，当温度升高到 30℃以上时有些植物已无净光合生产。

②生育时期与部位：牧草饲料作物在不同生育时期以及不同部位，其耐热性也有差异。功能叶的耐热性大于嫩叶，更大于衰老叶。种子在休眠时耐热性最强，随着吸水膨胀，耐热性下降。果实越趋于成熟，耐热性越强。

③蛋白质性质：耐热性强的牧草饲料作物的代谢特点是构成原生质的蛋白质热稳定性高。蛋白质的热稳定性主要取决于化学键的牢固程度与键能大小。凡是疏水键和二硫键多的

蛋白质，其抗热性就强，这种蛋白质在较高温度下不会发生不可逆变性与凝聚。同时，耐热牧草饲料作物体内合成蛋白质的速度很快，可以及时补偿因热害造成的蛋白质损耗。高温预处理会诱导牧草饲料作物形成热击蛋白。热击蛋白有稳定细胞膜结构与保护线粒体的功能，所以热击蛋白的种类与数量可以作为牧草饲料作物抗热性的生化指标。

④有机酸代谢：牧草饲料作物的抗热性与有机酸代谢强度有关。当把苹果酸和柠檬酸等引入植物体，或提高植物体内有机酸含量时，其氨含量减少，酰胺剧增，热害症状就会减轻。这表明，有机酸和氨结合生成酰胺可解除氨毒。在沙地中生长的牧草饲料作物之所以抗热性强，原因之一是它具有旺盛的有机酸代谢。因此，牧草饲料作物也可以通过增加有机酸来提高耐热性。

(2) 外部条件　牧草饲料作物受高温伤害与外界因素也有关。

①季节变化：干旱环境下生长的藓类，夏季高温时耐热性强，冬天低温时耐热性弱。

②环境湿度：湿度高时细胞含水量高，植株或器官的抗热性降低。

③矿质营养：氮素过多时，牧草饲料作物的耐热性减弱。

3. 提高牧草饲料作物抗热性的途径

(1) 高温锻炼　将牧草饲料作物组织培养材料进行高温锻炼，能提高其耐热性。将萌动种子放在适当高温下预处理一定时间后播种，可以提高其抗热性。

(2) 化学制剂处理　牧草饲料作物叶面喷施 $CaCl_2$、$ZnSO_4$ 和 KH_2PO_4 等可增强生物膜的热稳定性，此外叶面喷施生长素和激动素等生理活性物质也能够减轻热害。

(3) 加强栽培管理　改善栽培措施可有效预防或减轻高温对牧草饲料作物的伤害。如合理灌溉，提高小气候湿度，促进蒸腾作用；合理密植，通风透光；采用高秆与矮秆、耐热与不耐热牧草饲料作物间作套种；高温季节少施氮肥等。

二、抗旱性和抗涝性

(一) 旱害和抗旱性

陆生植物最易遭受的环境胁迫是缺水。当牧草饲料作物耗水量大于吸水量时，就会发生水分亏缺，过度水分亏缺的现象称为干旱。旱害是指土壤水分缺乏或大气湿度过低对牧草饲料作物造成的危害。牧草饲料作物对干旱胁迫的抵抗与忍耐能力称为抗旱性。中国西北、华北地区干旱缺水是影响农牧业生产的重要因子，南方各省虽然雨量充沛，但由于各月雨量分布不均，也有旱害发生。

根据引起牧草饲料作物发生水分亏缺的原因，将干旱分为下述三种类型。

1. 大气干旱　指空气过度干燥，湿度过低，引起牧草饲料作物蒸腾过强，根系吸水不能补偿失水，从而使牧草饲料作物发生水分亏缺的现象。

2. 土壤干旱　指土壤中没有或只有少量有效水，使牧草饲料作物水分亏缺引起永久萎蔫的现象。

3. 生理干旱　指由于土温过低、土壤溶液浓度过高或积累有毒物质等原因，根系吸水困难引起的牧草饲料作物植株体水分亏缺的现象。

大气干旱如果持续时间较长，必然导致土壤干旱。在自然条件下，干旱常伴随高温，干热风就是高温和干旱同时对农作物形成危害的典型例子。

(二) 牧草饲料作物抗旱的形态和生理特征

1. 旱生牧草饲料作物的类型 根据牧草饲料作物对干旱的适应能力和抵抗方式，大体有下述两种类型。

(1) 御旱型牧草饲料作物 这类牧草饲料作物有一系列防止水分散失的结构和代谢功能，或用膨大根系来维持正常吸水。景天科酸代谢植物（如仙人掌）夜间气孔开放，固定CO_2，白天气孔则关闭，防止过多蒸腾失水。一些沙漠植物具有很强的吸水器官，其根冠比为30～50，一株小灌木的根系就可布满850m^3的土壤。

(2) 耐旱型牧草饲料作物 这些牧草饲料作物具有细胞体积小、渗透势低和束缚水含量高等特点，可忍耐干旱逆境。牧草饲料作物的耐旱能力主要表现在其对细胞渗透势的调节能力。干旱时，细胞可通过增加溶质来改变其渗透势，从而避免脱水。苔藓、地衣、成熟种子耐旱能力特别强。

2. 抗旱牧草饲料作物的一般特征

(1) 形态结构特征 抗旱性强的牧草饲料作物根系发达，伸入土层较深，能更有效地利用土壤水分，因此根冠比可作为选择抗旱品种的形态指标。叶片细胞体积小或体积与表面积的比值小，有利于减少细胞吸水膨胀或失水收缩时产生的机械伤害。具有维管束发达、叶脉致密、单位面积气孔多而小、角质化程度高等结构的牧草饲料作物能减少水分散失，有利于水分输送和贮存。有的牧草饲料作物品种干旱时叶片卷成筒状，以减少蒸腾损失。

(2) 生理生化特征 抗旱性强的牧草饲料作物通常细胞渗透势较低，吸水和保水能力强；原生质具较高的亲水性、黏性与弹性，既能抵抗过度脱水又能减轻脱水时造成的机械损伤，缺水时正常代谢受到的影响小，合成反应仍占优势，水解酶类变化不大，减少生物大分子的破坏，保持原生质稳定，生命活动正常；干旱时根系迅速合成脱落酸并输送到叶片使气孔关闭，复水后脱落酸迅速恢复到正常水平。

另外，脯氨酸、甜菜碱等渗透调节物质积累变化也是衡量牧草饲料作物抗旱能力大小的重要特征。

气孔调节是陆生牧草饲料作物在适应干旱环境过程中逐步形成的气孔开闭运动调节机制，牧草饲料作物通过气孔的开闭来适应干旱等逆境。因为气孔调节对外界环境因子的变化非常敏感，调节幅度也较大，可由持续开放到持续关闭，而且不同牧草饲料作物的气孔运动形式多种多样，所以这种机制对牧草饲料作物控制失水极为有利，在牧草饲料作物的抗旱性中具有重要作用。气孔的保卫细胞可作为防御水分胁迫的第一道防线，它可以通过调节气孔的孔径来防止不必要的水分蒸腾，同时还保持较高的光合速率。

水合补偿点是指净光合作用为零时牧草饲料作物的含水量。水合补偿点低的牧草饲料作物抗旱能力较强。如高粱的水合补偿点低于玉米，在同样的水势下，当玉米萎蔫停止光合作用时，高粱仍可维持25%的光合作用，这是高粱比玉米抗旱性强的原因之一。

干旱逆境蛋白或水分胁迫蛋白的诱导形成往往可增强牧草饲料作物的抗旱性。这些蛋白大多数是高度亲水的，能增强原生质的水合度，起到抗脱水的作用。在拟南芥中，发现水分亏缺时能诱导质膜上水通道蛋白基因的表达，水通道蛋白可帮助水分在受干旱胁迫的组织中流动，并可在浇水时促使细胞膨压快速恢复。

3. 提高牧草饲料作物抗旱性的途径 选育抗旱品种是提高牧草饲料作物抗旱性的根本

途径，也可通过以下措施来提高牧草饲料作物抗旱性。

(1) 抗旱锻炼　让牧草饲料作物处于致死量以下的干旱条件中，使之经受干旱锻炼，可提高其对干旱的适应能力。在生产上有许多抗旱锻炼的方法，如玉米、大麦等广泛采用在苗期适当控制水分，抑制生长，以锻炼其适应干旱的能力，这称为蹲苗，蹲苗处理对牧草饲料作物起促下（促进根系）控上（抑制地上部）的作用；另外，播种前采用双芽法对牧草饲料作物种子进行抗旱锻炼，即先用一定量水分把种子湿润，每次加水后，经一定时间吸收，再风干到原来质量，如此反复干湿交替，而后播种，这种锻炼可以使萌动幼苗改变其代谢方式，提高其抗旱性。经抗旱锻炼的植株根系发达，叶片保水能力强，叶绿素含量高，干物质积累多，渗透调节能力强。

(2) 化学诱导　用化学试剂处理牧草饲料作物种子或植株，可产生诱导作用，提高其抗旱性。如用 0.25% $CaCl_2$ 溶液浸种 20h，或用 0.05% $ZnSO_4$ 叶面喷施都有提高牧草饲料作物抗旱性的效果。

(3) 矿质营养　合理施肥可提高牧草饲料作物抗旱性。磷、钾肥能促进根系生长，提高保水能力。氮素过多对牧草饲料作物抗旱不利，枝叶徒长的牧草饲料作物蒸腾失水增多，易受旱害。一些微量元素也有助于提高牧草饲料作物的抗旱性，硼能提高牧草饲料作物的保水能力、增加糖分含量，还可以提高有机物运输能力，使蔗糖迅速流向生殖器官；铜能显著改善糖与蛋白质代谢，土壤缺水时效果更明显。

(4) 生长延缓剂与抗蒸腾剂的使用　脱落酸可使气孔关闭，减少蒸腾失水。矮壮素和比久等能增加细胞保水能力。合理使用抗蒸腾剂也可降低牧草饲料作物蒸腾失水。

(5) 发展节水、集水旱作农业　旱作农业是指不依赖于灌溉的农业技术，其主要措施包括：收集保存雨水备用；不同根区交替灌水；以肥调水，提高水分利用效率；地膜覆盖保墒；掌握作物需水规律，合理用水等。

(三) 涝害和抗涝性

水分过多对牧草饲料作物的危害称为涝害。牧草饲料作物对积水或土壤过湿的抵抗与忍耐能力称为抗涝性。

1. 湿害和涝害的概念　涝害一般有两层含义，即湿害和涝害。

(1) 湿害　由于土壤过湿，水分处于饱和状态，土壤含水量超过了田间最大持水量，根系生长在沼泽化泥浆中，这种涝害称为湿害。湿害虽不是典型涝害，但本质与涝害大体相同。

(2) 涝害　典型涝害是指地面积水，淹没了全部或部分植株，使牧草饲料作物受害。在低洼湿地、沼泽地、河边以及发生洪水或暴雨之后，常有涝害发生。涝害会使牧草饲料作物生长不良，甚至死亡。

2. 水分过多对牧草饲料作物的危害　水分过多对牧草饲料作物的危害，并不在于水分本身，因为牧草饲料作物在营养液中也能生存。核心问题是液相缺氧给牧草饲料作物形态、生长和代谢带来的一系列不良影响。

(1) 代谢紊乱　涝害缺氧主要限制有氧呼吸，促进无氧呼吸。如涝害时豌豆内 CO_2 含量达 11%，强烈抑制线粒体活性。菜豆淹水 20h 就会产生大量无氧呼吸产物（如乙醇、乳酸等），使代谢紊乱。涝害使光合作用显著减弱，这与阻碍 CO_2 吸收及同化物运输受抑制有关。许多牧草饲料作物被淹时，与有氧呼吸相关的苹果酸脱氢酶活性降低，而与无氧呼吸相关的乙醇脱氢酶和乳酸脱氢酶活性升高，所以乙醇脱氢酶和乳酸脱氢酶活性可以作为牧草饲料作物涝害的指标。乳酸积累导致细胞酸中毒也是涝害的重要原因。

（2）营养失调　涝害缺氧使土壤中好气性细菌（如氨化细菌、硝化细菌等）的正常生长活动受抑制，影响矿物质供应。相反，土壤厌气性细菌（如丁酸细菌等）活跃，增加土壤溶液酸度，降低其氧化还原势，使土壤内形成大量有害还原性物质（如 H_2S、Fe^{2+}、Mn^{2+} 等），一些元素（如 Mn、Zn、Fe）也易被还原流失，引起植株营养缺乏。同时，无氧呼吸还使 ATP 合成减少，根系缺乏能量，影响矿物质正常吸收。

（3）乙烯增加　淹水条件下牧草饲料作物体内乙烯含量增加。例如涝害时，美国梧桐的乙烯含量提高 10 倍。高浓度乙烯引起梧桐叶片卷曲、偏向生长、茎膨大加粗、根系生长减慢、花瓣褪色和器官脱落等。

（4）生长受抑　涝害缺氧使根系与地上部生长均受到阻碍，降低牧草饲料作物生物量。玉米在淹水 24h 后干物质降低 57%。受涝牧草饲料作物生长矮小，叶黄化，根尖变黑，叶柄偏向生长。淹水对牧草饲料作物种子萌发的抑制作用尤为明显。

3. 牧草饲料作物的抗涝性　不同牧草饲料作物抗涝能力有别。同一牧草饲料作物不同生育时期抗涝程度不同。水稻从幼穗形成期到孕穗中期最易受涝害危害，其次是开花期，其他生育时期受涝害较轻。牧草饲料作物抗涝性强弱取决于对缺氧适应能力的大小。

（1）形态结构特征　发达的通气系统是牧草饲料作物抗涝性的最明显形态特征。很多牧草饲料作物可以通过细胞间空隙把地上部吸收的 O_2 输送到根部或缺 O_2 部位，发达的通气系统可增强牧草饲料作物对缺氧的耐受力。据推算，水生牧草饲料作物的细胞间隙约占植株总体积的 70%，而陆生牧草饲料作物只占 20%。

（2）生理生化特征　提高抗缺氧能力是牧草饲料作物抗涝性的最主要生理表现。缺氧所引起的无氧呼吸使体内积累有毒物质，耐缺氧的生化机理就是要消除有毒物质，或对有毒物质产生忍耐力。某些牧草饲料作物水淹时刺激糖酵解途径，使得磷酸戊糖途径占优势，这样可消除有毒物质积累。有的牧草饲料作物缺乏苹果酸酶，抑制由苹果酸形成的丙酮酸，从而防止乙醇积累。有一些耐湿牧草饲料作物则通过提高乙醇脱氢酶活性以减少乙醇积累。

水淹缺氧可引起牧草饲料作物基因表达的变化，使蛋白合成受阻，新合成的厌氧应激蛋白（anaerobic stress protein，ASP）中有一些是糖酵解酶或与糖代谢有关的酶，这些酶含量和活性的增加可改善细胞能量状况并调节碳代谢，以避免有毒物质形成和积累，对提高抗缺氧环境是有利的。在玉米、水稻、高粱、大麦和大豆中均有 ASP 存在。

4. 提高牧草饲料作物抗涝性的途径　防止洪涝发生的根本途径是兴修水利，当然加强田间管理和栽培措施也能避免或减轻涝害。如在种植区周边开深沟设置排水沟，以降低地表水位；采用高畦栽培及时排涝，结合洗苗；增施肥料，增强牧草饲料作物长势以增强抗涝能力。另外，低氧预处理也可提高植株对涝害缺氧的耐受能力。

三、抗 盐 性

（一）盐害和抗盐性

土壤中可溶性盐过多对牧草饲料作物造成的危害称为盐害。牧草饲料作物对盐分胁迫的抵抗与忍耐能力称为抗盐性。在气候干燥、地势低洼、地下水位高的地区，水分蒸发会把地下盐分带到土壤表层（耕作层），这样易造成土壤盐分过多。海滨地区因土壤蒸发或者咸水灌溉、海水倒灌等因素，可使土壤表层的盐分升高到1％以上。盐的种类决定土壤性质，当土壤中的盐类以碳酸钠和碳酸氢钠为主时，土壤称为碱土，当以氯化钠和硫酸钠等为主时，则称为盐土。因盐土和碱土常混合在一起，即盐土中含有一定量碱土，故习惯上把这种土壤称为盐碱土。

盐分过多使土壤水势下降，严重阻碍牧草饲料作物生长发育，这已成为制约盐碱地区牧草饲料作物产量的重要因素。全球有各种盐渍土约 $950\times10^6 hm^2$，占全球陆地面积的10％，广泛分布于100多个国家和地区。我国盐碱土主要分布于北方和沿海地区，约 $20\times10^6 hm^2$，另外还有盐化土壤 $7\times10^6 hm^2$。因此提高牧草饲料作物的抗盐性，对利用盐碱土发展农业生产具有重要意义。

牧草饲料作物受到盐胁迫时会发生危害，主要表现在以下几个方面。

1. 渗透胁迫 由于高浓度盐分降低土壤水势，使牧草饲料作物不能吸水，甚至使体内水分外渗，因而盐害通常表现为生理干旱。许多牧草饲料作物在土壤含盐量为0.20％～0.25％时出现吸水困难，含盐量高于0.40％时，植株易外渗脱水，植株矮小，叶色暗绿。在大气湿度较低的情况下，随蒸腾加强，盐害更为严重。

2. 离子失调 离子胁迫是盐害的重要原因。盐碱土中 Na^+、Cl^-、Mg^{2+}、SO_4^{2-} 等含量过高，会引起 K^+、HPO_4^{2-} 或 NO_3^- 等离子缺乏。Na^+ 浓度过高时，牧草饲料作物对 K^+ 和 Mg^{2+} 的吸收减少，同时也易发生磷和 Ca^{2+} 缺乏症；Cl^- 和 SO_4^{2-} 过多时，则抑制 HPO_4^{2-} 的吸收。牧草饲料作物对离子的不平衡吸收，不仅使牧草饲料作物发生营养失调、生长受抑，还会对牧草饲料作物产生单盐毒害。

3. 膜透性改变 当外界盐浓度增大时，往往细胞膜的功能改变，细胞内电解质外渗率加大。将大豆子叶切片放入浓度为20～200mmol/L 的 NaCl 溶液中发现，渗漏率大致与盐浓度成正比，主要是因为NaCl 浓度的增高造成了牧草饲料作物细胞膜渗漏的增加。

4. 氧化胁迫和代谢紊乱 盐胁迫下牧草饲料作物光能利用和碳同化受抑，使光合链中电子传递给 O_2 的概率增大，促进了 H_2O_2 和 O_2^- 的产生，引起氧化胁迫，导致一系列代谢失调，结果使光合作用减弱、呼吸作用不稳、蛋白质合成受阻、有毒物质累积。

（二）抗盐性的生理基础

根据牧草饲料作物的耐盐能力，可将牧草饲料作物分为盐生、非盐生和淡土三种类型。盐生牧草饲料作物是盐渍生境中的天然牧草饲料作物类群，一定浓度 NaCl 促进其生长，可生长的盐度范围为1.5％～2.0％，如碱蓬、海蓬子等。这类牧草饲料作物在形态上常表现为肉质化，吸收的盐分主要积累在叶肉细胞的液泡中，通过在细胞质中合成有机溶质来维持与液泡的渗透平衡。绝大多数牧草饲料作物属淡土牧草饲料作物，对盐渍敏感，其耐盐范围为0.2％～0.8％。其中对盐渍特别敏感的牧草饲料作物称为盐敏感牧草饲料作物，如大豆、玉米等，10～50mmol/L 的 NaCl 就严重抑制其生长。有的牧草饲料作物能耐受较高的盐浓度，称为耐盐牧草饲料作物，如大麦和甜菜等。

牧草饲料作物对盐渍环境的适应机理主要有下述几个方面。

1. 御盐性 有的牧草饲料作物虽然生长在盐渍环境中，但体内盐分含量不高，因而可避免盐分过多对牧草饲料作物的危害，这种对盐渍环境的适应能力称为牧草饲料作物的御盐性。它可通过被动拒盐、主动排盐和稀释盐来避免盐害。

(1) 拒盐　拒盐牧草饲料作物对某些盐离子的渗透性很小，在一定浓度盐分范围内，根本不吸收或很少吸收盐分。也有些牧草饲料作物拒盐只发生在局部组织，如输导组织拒盐，使根部吸收的盐分只积累在根细胞的液泡内，不向地上部转运。

(2) 排盐　排盐也称为泌盐，指牧草饲料作物将吸收的盐分通过盐腺和盐囊泡主动排泄到茎叶表面，而后被雨水冲刷脱落，防止过多盐分在体内积累。盐腺是一个依靠ATP供能的离子泵，主动分泌盐分。玉米、高粱等牧草饲料作物都有排盐作用。

(3) 稀盐　指通过吸收水分或加快生长速率来稀释细胞内盐分浓度。

2. 耐盐性　牧草饲料作物在盐分胁迫下，通过生理代谢反应来适应或抵抗进入细胞的盐分危害。牧草饲料作物有多种耐盐方式。

(1) 耐渗透胁迫　牧草饲料作物通过细胞的渗透调节以适应由盐渍产生的水分逆境，其主要机理是盐分在细胞内进行区域化分配，即细胞内离子的区域化作用，盐分在液泡中积累可降低其对其他功能细胞器的伤害。牧草饲料作物也可通过合成可溶性糖、甜菜碱和脯氨酸等渗透物质来降低细胞渗透势和水势，从而防止细胞脱水。

(2) 营养元素平衡　有些牧草饲料作物在盐渍中能增加对K^+的吸收，有的蓝藻、绿藻能随Na^+供应量的增加而加大对N的吸收，所以它们在盐胁迫下能较好地保持营养元素平衡。

(3) 代谢稳定性　某些牧草饲料作物在较高盐浓度中仍能保持酶活性的稳定，维持正常代谢。

(4) 与盐结合　牧草饲料作物通过代谢产物与盐类结合，减少游离的盐碱离子对原生质的破坏作用。细胞中的清蛋白可提高亲水胶体对盐类凝固作用的抵抗力，从而避免原生质受电解质影响而凝固。

3. SOS信号转导途径抗盐　过量Na^+对牧草饲料作物有毒，但可通过限制Na^+吸收、增加Na^+外排，以保证K^+吸收，以维持细胞质较低的Na^+/K^+比值，提高耐盐性。随着对盐胁迫下牧草饲料作物维持离子平衡的机制进行了深入研究，发现牧草饲料作物细胞膜中有多种高亲和K^+转运体、非选择性阳离子通道及盐超敏感（SOS）信号系统，由这些载体、通道和信号系统来控制K^+、Na^+等离子进出细胞，维持细胞的离子平衡。

(三) 提高牧草饲料作物抗盐性的途径

1. 培育抗盐品种　这是提高牧草饲料作物抗盐性的根本途径。在培养基中添加NaCl，可获得耐盐的适应细胞，适应细胞中含有多种盐胁迫蛋白，以增强抗盐性。

2. 抗盐锻炼　抗盐锻炼是指将种子按盐浓度分梯度进行一定时间浸泡处理，提高其抗盐能力的过程。例如，棉花种子播前可分别浸在0.3%、0.6%和1.2%的NaCl溶液中，分别浸泡12h；玉米种子可用3% NaCl浸种1h，这些处理均可显著增强植株的耐盐性。

3. 使用生长调节剂　用生长调节剂处理牧草饲料作物植株，如喷施IAA或用IAA浸种，可促进牧草饲料作物生长和吸水能力，提高抗盐性。

4. 改造盐碱土　通过合理灌溉、泡田洗盐、增施有机肥、种植耐盐碱牧草饲料作物（田菁、紫穗槐、向日葵、甜菜等）等方法改造盐碱土。

思考题

1. 辨析生长与发育、生育期与生育时期、气候生长期与牧草生长期、开花与受精、分蘖与拔节的概念区别。
2. 种子萌发的内外因条件及其进程是什么？
3. 子叶出土幼苗和子叶留土幼苗的区别是什么？
4. 禾本科牧草和豆科牧草的分蘖分枝类型有哪些？
5. 禾本科牧草饲料作物和豆科牧草饲料作物的生育时期有哪些？如何识别？
6. 影响牧草饲料作物生育期长短的因素有哪些？
7. N、P、K 肥对牧草饲料作物生长发育的影响是什么？
8. 牧草饲料作物的抗逆性包括哪些内容？如何提高牧草饲料作物的抗逆性？

第三章　牧草饲料作物生产地小气候

学习提要

1. 了解光、温度、水分、CO_2、风等自然因子对牧草饲料作物生产地小气候形成的作用、效应和原理。

2. 理解牧草饲料作物栽培中各项人工措施对牧草饲料作物生产地小气候产生效应的原理和作用机制。

气候泛指由于天文学因子和物理-地理学因子共同作用而形成的地域性天气状况，主要取决于其地理位置。按气候控制范围不同，把气候分成大气候、中气候、小气候和植物气候四种类型，其中大气候是指大陆、海洋或其大部构成的大范围地理区域性气候；中气候是指在同一地理景观内，由城市、大片森林、湖泊等构成的较大地区性气候；小气候是指在地段不大范围内，由地形、植被、土壤状况、人工湖河、建筑物等地方性因子作用，在地表形成的空气层和土壤层的气候；植物气候是指在一定气候类型的植被范围内，由植物地上部分和地下部分的植物群体整层气候条件分布特点而制约形成的气候。牧草饲料作物生产地小气候讨论的是与牧草饲料作物生长发育有关的小气候和植物气候，借以了解牧草饲料作物生产地群丛中光照、热量、水分、风和二氧化碳等因子的自然变化规律和人工调节效应。

第一节　自然效应

一、光在植被中的传播

（一）光的特性

1. 光谱组成　到达地表的太阳辐射波长范围为 290～2 600nm，较短波长（290nm 以下）辐射被大气圈上层臭氧和大气氧所吸收，长波（2 600nm 以上）辐射则被空气中含有的水气和二氧化碳所截获。图 3-1 为太阳辐射形成的连续光谱。

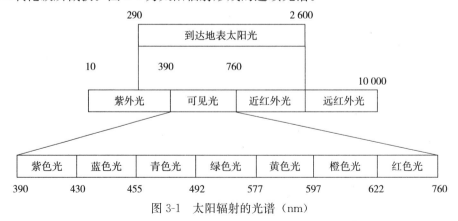

图 3-1　太阳辐射的光谱（nm）

人所看到的可见光谱区波长为 390~760nm，植物叶绿素能够进行光合有效辐射（PAR）的波长范围为 390~710nm，邻接短波一端称为紫外线（UV），长波一端称为红外线（IR）。尽管植物生活在日光的全光谱下，但不同光质对植物的作用是不同的（孙儒泳等，2002）。太阳入射能的 50% 分布在可见光谱区，在此光谱区各波段内，各种色素是支配植物光谱响应的主要因素，其中叶绿素所起的作用最为重要。叶绿素能够吸收的能量主要在蓝色光（430~455nm）和红色光（622~760nm）两个谱带内，但在绿色光（492~577nm）谱带内及其附近，因吸收作用较小形成一个反射峰，这也是许多植物看起来是绿色的缘故。

2. 辐射能量 世界气象组织（WMO）1981 年公布的太阳光垂直辐射到地球外层平面上的能量，即太阳常数值（solar constant）是每秒（1 367±7）W/m²。

光能利用率（efficiency of photosynthesis）一般是指单位土地面积上，农作物通过光合作用所产生的有机物中所含的能量与这块土地所接受的太阳能的比值。理论上可达 6.0%~8.0%，而实际生产中一般仅为 0.5%~1.0%，目前最大也就是达到 2.0%。具体见图 3-2。

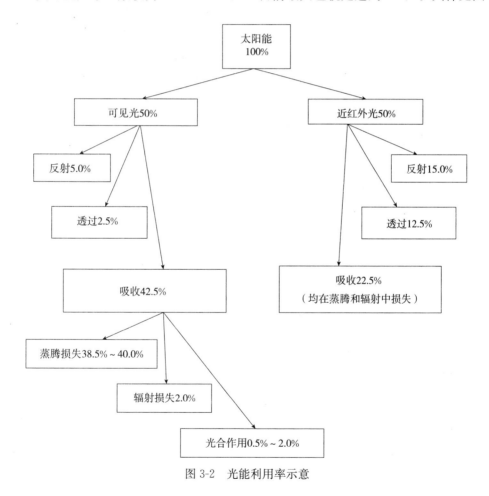

图 3-2 光能利用率示意

（二）光对植物的作用规律

1. 个体作用 太阳辐射对活体植物植株的作用可分为热效应、光合效应和光形态发生效应三种。热效应是指被植株吸收的太阳辐射有 70% 以上转化为热，用作植株蒸腾及植株与周围空气进行对流热交换的能量,这些交换决定了叶片和植株其他部位的温度;光合效应是指被植株吸收的太阳辐射中约 28% 的能量用作光合作用和贮存在高能有机化合物中;光形态发生效应是指在植株生长发育过程中,太阳辐射对植株器官的发生和形成起着一种类似调节器和控制器的重要作用,尽管所需能量不大,但却非常重要。

2. 群体作用 太阳辐射对植物群丛的作用效果取决于入射辐射的条件、地面的光学性质及植物群丛的光学性质和植物群丛结构。入射辐射的条件包括从太阳视面以平行光线穿过地球大气层到达植物群丛的直接辐射,以及在大气中散射并从天空所有方向到达植物群丛的散射辐射;地面的光学性质包括地面的植被密度及雪被状况等影响光反射的因子;植物群丛的光学性质包括植物种类、叶片结构、叶龄、叶色、叶片厚度等因子;植物群丛结构包括群丛冠层结构、植株在地面上的分布、叶片大小和方位、叶片数量及叶片空间分布和相互遮阳情况等。

通常情况下,植物群丛接受太阳辐射的最活跃部位是在群丛高度的 2/3 处,此称为辐射的作用面或下垫面,在此处辐射的吸收和放出及水分的蒸发和热量的交换不断进行,实际上这种作用经常涉及作用面之下一定深度,导致该层温度有规律地发生年变化和日变化,为此把作用面之下全部能够吸收入射辐射的层称为作用层或活动层,其厚度因作用面的性质和入射辐射波长而异,植物群丛高大的厚于低矮的,密度稀疏的厚于稠密的;短波厚于长波;短波情况下一般土壤不足 1cm,而雪被达数十厘米。

二、热平衡状况

(一)温度分布规律

1. 植株温度 植物植株茎叶的体温受日照和风速的影响很大,与日照强度成正比,与风速成反比。白天植株体温高于周围气温,夜晚则低。一般中午叶温可比气温高出 10℃ 以上,夜晚则低 1~2℃。了解叶温及其与气温的温差对防寒和越冬极其重要。

2. 群丛气温 植物群丛中的温度分布状况主要取决于入射辐射和湍流(指无规则的空气流体运动,也称乱流)交换状况,同时与群丛类型和密度有关。对于窄叶类植物(如禾本科牧草饲料作物),播种后伴随出苗生长及株高和地面覆盖度(或密度)的不断增加,群丛气温也不断发生变化,其垂直分布特点是最高温出现在群丛高度 2/3 处,这里不仅辐射热量多,而且湍流弱,蒸腾也小,并由此向上、向下递减,幅度与群丛高度和密度呈正相关。

3. 耕层土温 尽管犁底层土壤温度因牧草饲料作物根系入土深而对其生长仍有作用,但作用最大的是耕作层土壤温度,其日变化和年变化将影响牧草饲料作物的生长发育和越冬。耕层土温主要受太阳辐射制约,但土壤质地、土壤湿度、土表状况和地形对土温仍有重要作用。一般而言,沙质土因孔隙度大而导温率高于壤土和黏土,富含有机质的土因色黑而吸热多,湿度大的土壤因蒸发而失热降温,土表有覆盖物因减少吸热可有效控制日温变化(如夏季覆盖苇帘可降低土温,冬季覆盖积雪或冬灌冻水可保温防寒),向阳坡土温高于阴坡且日温差大。

(二)辐射平衡和热量平衡

1. 辐射平衡 习惯上把作用面吸收的辐射能与支出(反射)的辐射能的差值称作辐射平衡。不同类型植物由于其群体结构和生态特点不同,使得它们各自因反射特征和活动面温度有异而造成辐射状况不同，并造成牧草饲料作物生产地小气候条件存在差异。

总的来看，牧草饲料作物地辐射平衡的走势在白天呈递减型，即由植被上部向下部递减；夜晚为递增型，即由植被上部向下部递增。在较密的牧草饲料作物群丛中，上层冠丛对下层冠丛的覆盖使得群丛下层的辐射能与大气的交流被隔离，导致辐射平衡接近于零。植物叶面积的垂直分布性致使群丛吸收辐射平衡具有分层吸收的特点，即群丛中某一层次所吸收的辐射平衡等于该层上表面与底面辐射平衡之差。这也就是群丛中温度垂直分布具有上下部低、中间高或上部低、中下部高特点的原因。当群丛密度大时，各层吸收的辐射平衡以中间最多，温度垂直分布就有中间高、上下部低的现象；当群丛密度不很密或太阳辐射强度很高时，光辐射会大部分深入群丛底层，此时群丛中部和地面吸收辐射平衡最多，造成中下部温度最高，上部却低。为此，群丛对辐射交换有削弱作用，在白天可引起降低温度的作用，夜晚通过减少有效辐射而起到保持温度的作用，这就是牧草饲料作物生产地温度变化比较缓慢的缘故。

2. 热量平衡 牧草饲料作物生产地活动层（作用面）的热量平衡（R）取决于活动面与大气之间的湍流交换热量（P）、生产地的土壤蒸发和植物蒸腾的总蒸发热量或冬季凝结获得的热量（LE）及土壤与活动面之间的交换热量（Q_S），其牧草饲料作物生产地活动层的热平衡方程式为：

$$R = P + LE + Q_S$$

该式中各分量之间的相互关系在个别地段小气候形成过程中有着特别重要的意义，关于LE，蒸发耗热越大，则进入土壤与空气交换中的热量越少，使土壤和空气增温更趋缓和，导致温度梯度变小；反之，蒸发耗热越小，进入土壤与空气交换中的热量就越多，结果使得土壤和空气强烈增温，导致温度梯度变大。关于P和Q_S，在R和LE一定的条件下，白天从地面流入土壤中的热量越多，则流入空气的热量就越少，导致空气增温缓慢；夜晚由土壤内流入地面的热量越多，则由空气中流向地面补充辐射损失的热量就越少，导致空气降温越缓慢。

对于沙地或十分干旱的地块，作用面蒸发量小的可忽略不计（即$LE=0$），此时作用面所获得的辐射热量全部消耗在与土壤空气间的湍流交换上，结果导致作用面之上空气的强烈变性；对于湿润的地块，蒸发是热量交换的一个主要过程，因蒸发耗热而降低土表温度，土壤与空气之间的湍流交换也随之减小。通常，白天的辐射平衡为正值（即$R>0$），此时地面与空气之间的热交换量及土壤中的热交换量皆背离地面而去，造成空气温度向上递减，土壤温度向下递减。由于热量平衡要求各分量的数值必须保持相对平衡，所以R的绝对值越大，其他分量总和也相应增大，使得空气和土壤的增温和降温变得迅速，导致温度垂直变化也大。

三、水分平衡

（一）降水和蒸发

1. 水源分布 水源包括了占地球表面71%的海洋及内陆水域和地下水。海洋是地球上主要的蓄水库，容纳了地球97%以上的水分（近$1.4×10^{18}$ t），但因富含Na^+、Mg^{2+}、Cl^-、SO_4^{2-}及含盐量高达35g/L而不能被植物直接利用；另有约2%的水以冰形式贮存在两极的冰盖及冰川的冰雪中；只有约0.6%的水以地下水方式在大陆上存在，其中仅有1%靠近地表能被植物根系吸收利用,其余的都在数百米深处;以云、雾、水蒸气悬浮于陆地和海洋上空的水分在地球贮水总量中不超过 0.001%,但其在旱作雨养农业中具有极其重要的作用。

2. 水分循环和平衡 贮存在海洋、陆地、大气和植被中的水分及其相互转化构成的水循环,总是处于复杂的动态平衡状态中。一般而言,从海洋表面蒸发的水分多于降下来的水分,多余的水蒸气被携带到陆地上;从陆地上蒸发的水分常低于降下来的水分。每年由海洋提供给陆地的水量约为 4×10^{13} t,而相同数量的水每年又通过河流流回海洋。来自海洋的水分占 40%,余下部分由陆地表面蒸发尤其是植物蒸腾作用所提供,土壤表面的蒸发量平均占地球总蒸发量的 5%~20%。因此,水分循环是地球上最重要的物质循环,它包含了地球上最重要的能量周转,很大一部分太阳辐射能被地球表面吸收以后用来蒸发水分,只有当降水把大气中的水分归还给地面之后才结束这部分循环。

3. 降水指标体系 降水与地域农牧业生产有着密切的关系,但降水等级划分国际上尚无统一指标体系。比较公认的指标是把平均年降水量在 250mm 以下的地区称为干旱区,该地区不能从事旱作(雨养)农业,只能发展牧业和灌溉农业;平均年降水量 250~500mm 的地区称为半干旱地区,可以从事旱作农业,尤其在 350~500mm 的地区更为可靠;平均年降水量 500~750mm 的地区称为半湿润地区,是优先发展农业的最佳地区;平均年降水量 750mm 以上的地区称为湿润地区,涝害是该地区农业生产的最大问题。

(二) 植物体内的水分平衡

1. 植株吸水 水是植物从土壤中吸收水分、养分的重要动力,虽然植株体整个表面都能吸水,但植物利用的水分悬浮存在于孔隙直径在 $60\mu m$ 以下的毛细管中,即称毛管悬着水。毛管悬着水达到饱和时的土壤含水量称为田间持水量(field moisture capacity),此为土壤可利用的土壤有效水上限。当土壤中的水分少的足以使植株吸收利用不到水分而出现永久萎蔫时,这时的土壤含水量称为萎蔫系数(wilting coefficient),此为土壤有效水下限。实际上,出现萎蔫是由于植物根系(根毛)的吸水能力不及土壤颗粒的持水能力,即根系细胞的水势高于土粒水势,生产上通常认为植物根系(根毛)的水势为 1 500kPa。过低土温因影响细胞原生质透性和根系生长而制约植株吸水速度,冷地型植物可在土温 0~5℃时继续吸水,而暖地型植物在低于 5℃ 土温时即停止了吸水。

2. 植株失水 植株失水有蒸腾和吐水两种方式,吐水因量小而在植物水分平衡中意义不大,故失水通常仅指蒸腾失水。植株蒸腾以部位不同分为气孔蒸腾和角质层蒸腾两种,前者速度取决于气孔开口大小,而气孔的开闭及大小受水分控制系统和二氧化碳控制系统制约。强光下供水充足时,二氧化碳控制系统占优势而抵制气孔关闭,但当水分严重亏缺后,水分控制系统上升为主导因子而引起气孔缩小或关闭,以减少蒸腾失水维持体内水分平衡。一旦关闭气孔,角质层蒸腾就决定了植株的失水速度,其蒸腾量占总蒸腾量的百分比可用来衡量气孔关闭的效果,一般具柔软叶子的植物为 10%~33%,而硬叶植物为 3%~5%。

3. 植株体内的水分平衡 植株体内的水分平衡取决于其吸水速度与失水速度之差。短期的水分亏缺会刺激植株体内各种水分调节机制恢复水分平衡,如缺水使气孔开度变小,通过控制蒸腾失水速度来恢复维持原有水分平衡,这种平衡是在频繁的动态变化中得以完成的。但在干旱期间,植株体内的水分平衡长期属于负值,一直积累至下次降水时为止,其平衡（成活）能否坚持到下次降水，则要看干旱持续时间的长短和它的抗旱能力。就植物对其体内水分平衡的反应机制来看，将植物分为水分稳定型和水分不稳定型两类。前者特点是气孔对缺水很敏感，根系分布广且吸水效率高，贮水器官发达（如根部、茎的木质部和皮层及叶子），此类植物多为阴性植物、肉质植物和乔木，它们在整个一天中的水分平衡基本上接近于零；后者特点是失水量大，细胞液浓度明显加大，原生质能忍受水势的快速且幅度大的波动，此类植物多为广水性、阳性植物。

（三）牧草饲料作物生产地水分状况

1. 蒸发 牧草饲料作物生产地总蒸发量分为土壤蒸发量和植物蒸腾量两项支出，两者比例与牧草饲料作物种类、株丛密度和覆盖度有关。苗期因叶面积指数低而以土壤蒸发为主，生长盛期随着叶面积指数增加植物蒸腾在加剧，同时因株丛覆盖而减少了土壤蒸发，导致植物蒸腾占据主导地位。此外，地面蒸发量与空气相对湿度呈负相关，与土壤湿度和风速呈正相关。

2. 近地面空气湿度 牧草饲料作物生产地近地面空气湿度主要取决于空气温度和牧草饲料作物生产地总蒸发量。生长植物的地面因风速受阻湍流交换减弱，再加上植物蒸腾吐水，导致近地面空气湿度总要比裸地大一些，而且由地面向上递减，这种递减幅度随株高和覆盖度的增加而缩小。

3. 土壤湿度 牧草饲料作物生产地的土壤湿度，因植被的覆盖及植株表面形成的露、霜和截留降水，一般要高于休闲裸地。土壤湿度与近地面空气湿度密切相关，有着相同的制约因子。

四、二氧化碳和风

（一）二氧化碳

1. 分布 大气中二氧化碳（CO_2）的含量平均为0.03%，近地面因矿物质燃料的燃烧、动植物的呼吸、海洋与土壤中有机质和碳酸盐的分解而造成CO_2水平分布上的极不平衡，一般城市远高于农村和山区。牧草饲料作物生产地CO_2的垂直分布与植物叶层分布特点极为相关，通常叶面积系数最大处的CO_2浓度最低，由此向上向下递增；牧草饲料作物生产地CO_2的年度变化和日变化规律与植物光合作用强度的变化规律呈负相关，光合作用越强，CO_2浓度越低，即夏季高于冬季，中午高于早晚。此外，牧草饲料作物生产地CO_2的浓度与通风也密切相关，通风可促使大气与牧草饲料作物生产地进行不断交换，以维持牧草饲料作物生产地中CO_2的平衡状况。

2. 利用 CO_2是植物进行光合作用、制造有机物质的主要原料之一。牧草饲料作物生产地的CO_2主要靠大气和土壤通过湍流输送获得，一般太阳光能越强，植物光合作用就越旺盛，被吸收的CO_2就越多，造成大气与牧草饲料作物生产地间的CO_2浓度差（梯度）越大，导致大气向牧草饲料作物生产地输送的CO_2通量越多。

（二）风

1. 风速差异 牧草饲料作物生产地的风速因受植物阻拦和摩擦而被大大减弱，一般低于裸地，减弱作用随植物株高和密度的增加而增强，随风速的增大而减小。

2. 风的分布 牧草饲料作物生产地的风速的变化有垂直和水平两个方向。垂直方向的分布规律与植物株高和叶层分布特点有关，通常中部因枝条多和叶子集中，导致减弱风速效果最强，故此处风速最低；而上部和下部因茎叶稀少，风速相对大些，尤以上部越向上越剧烈。水平方向的分布规律与牧草饲料作物种类、密度和生长期有关，总的风速趋势是由边行向里不断递减，这是造成植物生长产生边行优势的主要原因之一。

第二节 人工效应

一、耕作效应

牧草饲料作物的生长发育与其环境小气候条件的好坏直接相关，尽管牧草饲料作物生产地小气候受其周围环境条件的制约，但掌握了小气候原理及其变化规律之后，因地制宜人为地采用适当措施，可有效改善牧草饲料作物生产地小气候环境因子（如光照、温度、水分、CO_2、风等），使其趋于有利于牧草饲料作物良好的生长发育。大田作物在这方面有很多经验和成就，牧草饲料作物栽培方面应用不多，尚待研究和借鉴使用。

1. 垄作 垄作是在整地时将耕作层筑起垄台和垄沟，而后在垄台上种植作物，这是北方湿润寒冷地区常见的一种栽培方式。垄作的主要效应是增温，这是因为其地面呈波浪形起伏状，地表面积比平作增加了 25%～30%，从而增大了太阳辐射的接纳量，导致白天垄上温度比平作高 2～3℃，而夜晚因散热面积大比平作温度低，结果增大了土壤日温差，这样有利于植物生长发育。此外，垄作还有降低土壤湿度和提高光照度的效应，0～20cm 耕作层土壤湿度平均比平作降低 0.8%～3.0%，植株上、中、下部光照度比平作分别提高43.0%、50%、27.5%。

2. 浅锄深耕 牧草饲料作物苗期的中耕浅锄尽管以除杂草为目的，但在疏松过程中由于降低了导热率和增加了吸收率，使得土温白天增加，夜晚降低，从而加大了土壤日温差。一般浅锄（4～6cm）可提高土层 5cm 处温度 0.5～0.8℃。深耕同浅锄一样，也具有增温作用，其增温效果持续时间很长，可体现在全年各个时期，而且这种作用随深耕的下延而增大。

3. 镇压 镇压的结果是使土壤结构紧密，影响可达 10cm。由于导热率和吸热率增大，土壤温度状况发生变化，高温时段镇压能降低温度，低温时段镇压能提高温度，对夏季防热、冬季御寒有着积极作用。另外，土壤紧密使毛细管作用增强，引起下层水分上升，导致上层毛细管持水量增加，反映到上层土壤湿度增大。

4. 免耕留茬 免耕留茬是在保留前茬作物的情况下，不耕翻，在其间种植后茬作物的方式，这是现代农艺技术兴起的一种栽培方法。保留残茬可减小风力，减弱能量交换，减少地面热量损失，平缓田间气温变化，阻留积雪，这些作用对防御低温有着积极作用，其作用效果随茬的增高而增强。另外，免耕留茬显然比耕翻减少水分蒸发，从而有效保留了土壤水分，在旱区栽培中有极其重要的意义。

二、密植效应

1. 密植与小气候因子 合理密植是提高单位面积产量的重要措施之一，其原因在于为牧草饲料作物造就了特殊的田间小气候，使小气候得到最充分利用。但过度密植会使牧草饲料作物生产地小气候恶化，诸如削弱光照度，通风状况变劣，降低日间温度，降低土壤湿度，增加近地面空气湿度，从而使牧草饲料作物生产地小气候条件变得不利于植物生长发育。

2. 合理密植与种植方式 密植是否合理取决于植物种类和种植方式，其指标用田间株丛密度即单位面积内植物株丛数表示。当然，合理的田间密度首先取决于植物种类，此与植物株高、株型、叶形、冠幅和根幅有关。但当密度一定时，密度效果取决于种植方式，适当加大行距，缩小株距，调节植物群体在田间的分布状况，可改善田间小气候条件，达到充分利用当地气候资源的效果。

三、间混套作效应

1. 增产理论 间混套作又称间作套种，指在前作物未收获前在其行间种植后作物的方式，属密植范畴，形式多种多样。与单一作物种植相比，采用高秆作物与矮秆作物间混套作，不仅叶子层次多，加大了叶面积，增强了光合效率，而且延长了生长季中光合的有效时间，更充分利用了光能资源。矮秆作物生长的地方，可成为高秆作物通风透光的走廊，光线通过这一走廊直射到高秆作物的中下部，同时由于矮秆作物的叶面反射，田间漫射光也大大增加，从而发挥田间植物群体较多利用光能的效益。间混套作除改善田间小气候外，实际上也尽量扩大了边际效应，争取了更多光照和通风条件，使得作物形成更高产量。

2. 效应分析 间混套作的效应是通过合理布局田间作物，达到改善田间通风透光条件，形成有利于作物群体生长发育的外界环境，最终达到生产目的。其种植方式主要有两茬间混套作和三茬间混套作。例如，在北方小麦生产区，两茬间混套作的第一茬为前一年秋分左右播种的冬小麦（当年6月中、下旬收），第二茬为当年5月中、下旬在麦垄上套播的玉米（9月中、下旬收）或其他作物；如果在麦收后复种或移栽第三茬作物（高粱、玉米、谷子、豆类等），则连同前两茬即为三茬间混套作。总之，每年生长季都有两种作物共生，因作物所处生育期及生态特点不同，造成对光、热、水、气条件的要求也不一致，从而在田间形成一种既互相促进又互相制约的特殊小气候。这种小气候除在光照和通风条件上得到改善外，尚有不利条件形成，如前茬小麦对中茬玉米苗期的遮阳降低了玉米带中的地温、气温和湿度，因而适当加大玉米带宽对保证玉米生长是非常必要的。

四、灌溉效应

1. 旱区灌溉 在干旱和半干旱地区，牧草饲料作物生产地小气候具有昼夜气温变化剧烈、降水稀少、空气干燥等特点。灌溉可使土壤变湿，热容量显著增大，蒸发到空气中的水汽大大增多，由于蒸发吸收了潜热，从而使土壤温度和近地面空气温度的昼夜变化趋于缓和，尤以地温下降明显。作用效果因植物种类、季节、灌溉前后降水情况而异。

2. 冬灌 冬灌是指土壤出现夜冻昼融时的灌水方式，一方面确保水分下渗到整个根系层利于蓄水，另一方面紧接着的地冻结冰利于保水而不至于蒸发失水。冬灌可明显增加地温和近地面气温，在冬季有保温防寒作用。这种作用距灌溉期越远，离地面越高，作用效果就越弱。此外，灌溉方法、灌溉量、灌溉时间等对灌溉效应的大小和持续时间长短也都有直接影响。

3. 喷灌 喷灌是一种节水增产的灌溉方式，对改善农田小气候有明显效应。夏季喷灌可增加近地面空气湿度，给作物造成凉爽湿润小气候环境；春季和晚秋霜冻前进行喷灌可阻止近地面气温的急剧下降，达到保温防霜效果。

4. 渗灌 渗灌是使水通过埋在地下的瓦管，由下而上慢慢浸润土壤，这是一种借助土壤毛细管作用把水供给植物利用的灌溉方式。优越之处在于它比地面灌溉大大减少了土壤板结和出现裂缝的概率，比喷灌降低土温效果更明显。渗灌后的土壤蒸发量小，保水能力强，持续时间长，且土表疏松结构的土壤不致被破坏。据实测，在其他条件相同的情况下，渗灌增产效果高于喷灌、滴灌和地面灌。

五、防风效应

在多风地区，土表水分丢失最多，且表层土壤易于疏松，细土粒随风飘走，大土粒散落表层，从而造成地表沙化。沙化结果导致农田养分枯竭，不能生长作物，变成荒芜之地。即使没有沙化，多风尤其大风对作物生长也有不利影响，如空气干燥，作物倒伏等。因而采取防风措施对农田作物生产有积极作用，对改善农田小气候有非常重要的意义。

1. 林带 林带是通过在农田周围植树造林、营造林网来实现防风的，也称防护林。林带结构以上稠下疏、孔隙度为30%的透风林效果最好，林带宽度以9～28m为宜，带距为林高30倍，常为200～300m。就防风效果看，林带迎风前林高3倍处，可降低风速20%～30%；气流穿过林带后，风速降低效果逐渐减小，可达林高15倍以上；风向越垂直于林带，风速降低效果越强，垂直风在林后5倍于林高处风速降低可达70%。林带除有降低风速的效果外，还能减弱湍流交换，此对减少林带后面的土壤蒸发，保持冬季积雪，防止表层土壤吹失均具有重要作用；林带的水文效应也十分明显，表现在对地表径流的截留作用以及对降水量和降水分配的重要影响；林带的其他小气候效应体现在，对冷空气的阻碍作用，林网内空气湿度的增加，以及防止空气污染、净化环境、隔音减噪等方面。此外，林带网络的增产作用十分显著，平均达20%～30%，尤其林后5～10倍林高处，增产可达40%。这种增产效果与林带网络的形状、大小及林带高度有关。长方形优于正方形，长宽比以8∶1或4∶1为宜，即宽为200～300m，长为800～2 400m。林带高度越高，因影响范围越大，增产效应越显著。

2. 风障 风障是指用秸秆、柳枝、苇席、石块、土墙等材料围建而成的一种农田防护设施。风障效应主要体现在防风和增温上，距风障越近，减风效果越好，增温效果越明显。一般认为，减风有效范围在迎风面风障高2～3倍处至背风面15～20倍处，在背风面5～6倍处可降低风速50%；离地面10cm处气温，风障内比风障外增温达1～3℃，阴天低些，晴天高些，表层土温增加更多。风障多用于育苗栽培上，北方因南北风多，应在育苗地南、北两面设置风障，每隔20～30m处设一障腰可明显提高防风效果，在东西两侧设置风障对加强防风也有好处。

3. 绿篱 绿篱是通过种植多年生灌木植物，如小叶锦鸡儿、沙棘、榆树等营造而成的。这是在农田新兴起的一种生物防护措施，多用于流动或半流动沙丘地段，对防止沙化、固土保水起到积极作用。其对小气候的改善效应与风障相近，但在防止沙化方面的作用远大于风障。

六、覆膜效应

地膜覆盖栽培是利用厚度 0.01mm 或以上的聚乙烯塑料薄膜，于播种前或播种后覆盖在农田上，利用其透光性好、导热性差和不透性等特性，改善农田小气候条件，达到增产保质的一种栽培方式。它对农田小气候的效应主要反映在如下方面。

1. 增温 地膜透光性好，再加上不透气性阻隔了土壤中热量的散发，从而有效地贮存了太阳辐射能，导致土壤温度普遍升高。早春覆膜比露地表土日平均温度提高 2~4℃，结果增加了有效积温，加速了作物生长发育，促进了早熟。

2. 保湿 地膜不透水和不透气，抑制了土壤水分的蒸发，同时因土壤上下层温度的差异，使土壤水分自下而上运行集结，这样起到了保墒提墒的作用，导致耕作层土壤水分充足而稳定。

3. 其他 地膜覆盖除有增温保湿的效应外，还可改善土壤的物理性状，表现在土壤固相减少 3%~5%，气相增加 3%~4%，液相增加 1%~2%，硬度明显降低，孔隙度也有所增加，整个土壤质地疏松，土壤的水、肥、气、热诸因素均处于协调良好状态，这样的农田小气候条件非常有利于作物的生长发育。

七、化学效应

1. 保墒增温剂 这是由几种化学原料在高温条件下，经机械充分搅拌而成一种膏状物。用水稀释溶解后喷洒在平整苗床上，待 3~4h 后在土壤表面形成一种很均匀的薄膜。其功能主要是抑制土壤水分蒸发，减少蒸发率 8% 以上，达到保墒目的。同时，它的增温效果也非常明显，可使日平均土壤温度提高 4~6℃，白天高达 6~10℃，夜晚最低增温 1~2℃。此外，还有抑病压盐的作用。

2. 石油助长剂 此为一种石油（原油）提炼后的产物，液态、无毒，具可湿性。不同植物要求浓度不同，按规定浓度要求配好石油助长剂溶液后，用喷雾器喷洒在植株上，在株体表面很快形成一层薄膜，使植株蒸腾减少，叶片含水量增加，从而减轻或避免干热风的危害。

八、防霜效应

霜冻是指植物表面温度因周围气温下降而迅速降低到使其受害的现象。依天气条件分析霜冻原因，可将霜冻分为平流霜冻和辐射霜冻两种。平流霜冻是指由冷空气沿着地面平流所产生的寒潮引起降温而造成的霜冻害，冷空气在冬季和春季常由西伯利亚和蒙古袭来，此类霜冻常发生在我国北方；辐射霜冻是指在寒冷无风的夜晚，由地面和植物体向天空辐射热量，促使空气温度迅速下降至冰点以下时，一部分水汽在植株体上凝结成白色的霜所形成的危害（称白霜），有时因水汽过少不能结白霜也能发生危害（称黑霜），此类霜冻常发生在长江流域以南地方。霜冻对牧草饲料作物的危害尽管不像农作物那样严重，但对牧草饲料作物生长发育仍有影响。通过适时播种、灌溉、施肥、密植、间混套作、免耕留茬、镇压及营造防护林和风障等方法，都可以起到防霜作用。下面仅对未论及的方法做一些介绍。

1. 熏烟 利用柴草、烟幕剂和烟幕弹制造烟雾，可截留自地面向空气的热辐射，增加近地面气温，使水汽在烟粒上凝结释放出潜热，由此通过增温防霜达到减轻辐射霜冻危害的效果。此法防霜效果好坏取决于烟堆密度、布局和点火时间。一般，烟堆要摆在上风口，同时备好几份烟堆物质，以便风向改变时随时设置新的烟堆；点火时间应以观测到地温、草温、气温及植物的霜冻指标确定，通常掌握在霜冻天气（风力 0~1 级，无云或少云）情况下，高于霜冻气象指标以上 2℃时进行为宜。

2. 燃烧　利用燃料燃烧给低层空气补充热量，加热产生的垂直气流引起空气混合，同时发出的烟起到人造云作用，从而降低有效辐射，达到增温防霜作用。此法因燃料费用高而仅用于果园或其他高效经济作物中。

3. 覆盖　利用黑色塑料、牛皮纸等材料在辐射霜冻发生前夕覆盖地面，借以隔离与外界空气交换，使土壤吸收的热量得以保存，从而达到保温防霜的效果。此法在霜冻持续时间较长或霜冻很强时特别有效，但在强平流霜冻时应注意大风对覆盖物的破坏。

思考题

1. 何谓小气候？多年生牧草生产地小气候、饲料作物生产地小气候和农作物生产地小气候三者的异同点有哪些？
2. 何谓光合有效辐射？在牧草饲料作物栽培过程中有何指导意义？
3. 耕作的主要措施及其对牧草饲料作物生长的影响有哪些？

第二篇 牧草饲料作物农艺学基础

第四章 土壤耕作与耕作制度

学习提要

1. 了解土壤耕作的任务、作用及措施。
2. 熟悉耕作制度的类型及其形成特点。
3. 理解宜农荒地的垦殖技术。
4. 掌握间混套作及复种的概念和实施技术。
5. 理解保护性耕作的关键技术。

土壤耕作（soil tillage）与耕作制度（farming system）是牧草饲料作物栽培学研究的重要内容之一，也是牧草饲料作物生产中基本和经常性的田间作业措施。

第一节 土壤耕作的任务、作用和措施

土壤耕作就是通过农机具的机械力量作用于土壤，调整耕作层和地面状况，以调节土壤水分、养分、空气和温度这土壤肥力四要素的关系，为牧草饲料作物播种、出苗和生长发育提供适宜土壤环境的农业技术措施。土壤耕作的实质是通过农机具的物理机械作用创造一个良好的耕层构造和适宜的孔隙度比例，以调节土壤水分存在状况，协调土壤肥力各因素间的矛盾，为形成高产土壤奠定基础。土壤耕作的目的就是通过调节和改良土壤的力学性质，以利于牧草饲料作物根系的生长，促进土壤肥力恢复和提高。

一、土壤耕作的任务和特点

土壤耕作是农业生产活动的一项不可缺少的措施，是调节土壤、牧草饲料作物和环境三者相互关系的重要手段，也是把用地和养地有机地结合起来的纽带。土壤耕作在牧草饲料作物栽培中具有重要作用。

（一）土壤耕作的任务

1. 调整耕层三相比，创造适宜的耕层构造 耕层（又称熟土层）是指农业耕作经常作用的土层，也是牧草饲料作物根系分布的主要层次，通常厚15～25cm。耕层构造是指耕层内各个层次中矿物质、有机质与总孔隙之间，以及总孔隙中毛管孔隙与非毛管孔隙之间的比例关系。它是由各层次中的固相、液相和气相的比例所决定的，对协调土壤中水分、养分、空气和温度等因素具有重要作用。土壤耕作的中心任务是调节并创造良好的耕层结构，即适宜的三相比例，从而协调土壤水分、养分、空气和温度状况，以满足牧草饲料作物的要求。

2. 创造深厚的耕层与适宜的播床 一般而言，对于同一种牧草饲料作物，根深则根多，不仅植株健壮，产量亦会很高；相反，根浅则根少，而且植株弱小，产量也不会高。土壤疏松，耕层深厚，土壤水分和养分供应充足，都有促进根系生长、增大根冠比的作用。根系分

布越深，吸收水分、养分的范围越广，越有利于地上部生长发育。在播种前，土壤耕作的任务是精细整地，为牧草饲料作物的播种和种子萌芽出苗创造适宜的土壤环境。一般要求播种区内地面平整，土壤松碎，无大土块，表层土上虚下实，使种子播在稳实而不再下沉的土层中，种子上面又能盖上一层松碎的覆盖层，促进毛管水不断流向种子处。整平地面可以使播种床深浅一致，保证出苗整齐均匀。小粒种子（如苜蓿、三叶草、草地早熟禾等）对种床土壤细碎要求更为严格，而大粒种子（如玉米、大豆、燕麦等）则可稍粗糙点。

3. 翻埋残茬、肥料和杂草　作物收获后，田间常留有一定数量的残茬落叶、茎秆等，为了便于播种，需要通过犁耕将它们翻入土中，并通过耙地、旋耕等措施的搅拌作业，将肥料与土壤混合，使土肥相融。同时，犁耕作业通过深埋表土层及其附着物，可直接杀死残留在表层土壤中的诸如杂草残株、杂草种子及害虫卵和某些病菌，从而减少这些附着物的危害，这也是土壤耕作的主要作用之一。

总之，土壤耕作就是为牧草饲料作物的出苗和生长创造一个松、净、平、暖、肥的土壤环境。

（二）土壤耕作的特点

在种植业中，土壤耕作是根据生产需要进行的，一般要完成某项或几项耕作任务。土壤耕作与其他农业技术措施不同之处在于，仅仅通过机械作用直接改变土壤物理性状的手段而间接地调节了土壤肥力，这不同于灌溉和施肥措施，因为土壤耕作并没有向土壤中直接添加任何有形物质。土壤耕作作业必须要与其他农业技术和措施充分地结合起来并配套实施，才能从根本上改善牧草饲料作物生长的土壤和环境条件，全面发挥耕作措施的增产效果。此外，在牧草饲料作物生长发育过程中，土壤耕层及表面状况会受到各种因素影响而恶化，致使耕作效果不能持久。因此，土壤耕作是田间经常性、持续配套作业措施的总称。耕作也是农业生产中耗费劳力和时间最多的措施之一，调查表明，农业生产劳动量中约有60%用于各种土壤耕作。因此，研究采取适宜的土壤耕作技术，对减少劳动量、节约能源、提高耕作效益具有重要的意义。

二、土壤耕作的作用

土壤耕作的各项任务是通过不同的耕作措施来完成的，各种耕作措施需要采用相应的农机具和方法，因而对土壤的影响程度和作用也各不相同。土壤耕作的机械作用主要表现为以下几点。

（一）松碎土壤

松碎土壤就是将耕作层的土壤破碎成疏松有结构的状态，以增加土壤孔隙，增强土壤通透性。在牧草饲料作物种植过程中，由于各方面的作用，使土壤逐渐下沉，耕层变紧，总孔隙减少，大孔隙所占比例降低，土壤容重加大。特别是机具和车辆轮胎的碾轧，对耕层土壤的压实效应更为严重，使土壤通气不良，影响好气性微生物活动和养分的分解，也影响牧草饲料作物根系下扎和活动。所以，根据各地不同的气候、土壤条件和不同牧草饲料作物的要求，以及耕层土壤的紧实状况，每隔一定时期，需要进行土壤耕作，用犁铧、耙齿、松土铲等将耕层切割破碎，使之疏松而多孔隙，以增强土壤通透性，这是土壤耕作的主要作用之一。

（二）翻转耕层

通过犁耕将耕作层上下翻转，改变土层的位置，改善耕层理化及生物学性状，翻埋肥料、残茬、秸秆和绿肥，调整耕层养分的垂直分布，培肥地力。同时可有效地消灭杂草和病虫害，消除土壤有毒物质。

（三）混拌土壤

采用有壁犁和旋耕犁耕地，以及圆盘耙或钉齿耙耙地，都可以混拌土壤，将肥料均匀地分布在耕层中，使土肥相融，成为一体，改善土壤的养分状况。并可使肥土和瘦土混合，使耕层形成均匀一致的营养环境。

（四）平整地面

通过耙地、耱（耢）地和镇压等措施，可以整平地面，减少土壤水分的蒸发，以利于保墒。地面平整，便于播种机作业，提高播种质量，使播种深度一致，下种量均匀，从而使种子发芽出苗整齐，达到苗齐苗壮，为牧草饲料作物生长发育打下良好的基础。地面平整，使毛管作用遭到破坏，防止水分蒸发损失，有利于土壤保墒，对盐碱土有防止返盐的效果。

（五）压紧土壤

在某些生产条件下，土壤经过耕作或自然调节，造成土壤过于疏松，甚至垡块架空，耕层中出现大孔洞。在这种过松的情况下，就要采取镇压的措施，将耕层土壤压紧，使大孔隙减小，增加毛管孔隙，抑制气态水散失，减少水分蒸发。还可以使耕层以下的土壤水分通过毛管孔隙上升，起到保墒、提墒和接墒的作用，从而改善土壤水分状态。播种后镇压还可使种子与土壤紧密接触，有利于提高播种质量，促进种子吸水萌发和扎根生长。各种镇压器和石碾等农具有压土的作用。

（六）开沟培垄、挖坑堆土、打埂做畦

在高纬度和高海拔地区，气候冷凉，积温较低，开沟培垄可以增加土壤与大气的接触面，增加太阳的辐射面，多接收热量，提高地温，有利于牧草饲料作物的生长发育，提早成熟。在多雨高温地区开沟培垄做高畦，其目的主要是为了排水，增强土壤通透性，促进土壤微生物的活动和植物根系的生长。水浇地上打埂做畦，便于平整地面，有利于浇水。风沙严重地区挖沟做垄，可以挡风积沙，减轻风蚀。

上述各种不同土壤耕作措施对土壤的作用，可以概括为三个基本方面，即调节耕层土壤的松紧度、调节耕层的表面状态、调节耕层内部土壤的位置，从而达到调节耕层土壤的水、肥、气、热状况，为牧草饲料作物创造适宜的土壤环境。

三、土壤耕作措施

土壤耕作措施主要包括犁耕、深松耕、旋耕、浅耕灭茬、耙耱、中耕、镇压、开沟、做畦、起垄等项目。根据这些措施对土壤的作用范围和影响程度的不同，可将其划分为基本耕

作和表土耕作两大类型。

(一) 基本耕作措施

基本耕作（basic tillage）又称初级耕作（primary tillage）措施，是指入土较深、作用较强、能显著改变耕层物理性状、后效较长的一类土壤耕作措施。根据作业特点和所使用农机具的性能，土壤基本耕作措施还可划分为犁翻、深松耕和旋耕三种。

1. 犁耕（ploughing） 俗称耕地、犁地或翻耕。犁耕是对土壤中的各种性状起着最大影响和作用的田间作业方式。通常是由动力牵引着各种铧式犁完成的。犁耕对土壤具有切、翻、松、碎和混的多种作用，并能一次综合完成疏松耕层、翻埋残茬、拌混肥料及消灭病、虫、草害等多项任务。因此，犁耕是土壤耕作中最基本和最重要的一项措施。

（1）犁耕的作用　犁耕对土壤的主要作用：①疏松耕层，破碎土壤。②加深耕作层，促进根系深扎。③恢复土壤结构，促进土壤熟化。④翻埋肥料，纳蓄降水。⑤消灭残茬和病虫害。

（2）犁耕时期　犁耕是对土壤的全面作业，只有在牧草饲料作物收获后至后茬牧草饲料作物播种前的土壤宜耕期内进行，具体有伏耕、秋耕和春耕三种类型。我国北方地区伏耕、秋耕比春耕更能接纳、积蓄降水，减少地表径流，对贮墒防旱有显著作用。伏耕、秋耕比春耕能有充分时间熟化耕层，改善土壤物理性状，并能有时间通过浅耙诱发表土中的部分杂草种子萌发，便于更有效灭杀田间杂草。盐碱地伏耕能利用雨水洗盐，抑制盐分上升，加速洗盐效果。总之，就北方地区的气候条件及生产条件而言，伏耕优于秋耕，早秋耕优于晚秋耕，秋耕优于春耕。春耕的效果差主要是由于犁耕使土壤水分大量蒸发损失，严重影响春播的全苗效果和苗期植株生长能力。

我国南方犁耕多在秋、冬季进行，利用干耕晒垡、冻融交替，以加速土壤的熟化过程，又不致影响春播适时整地。播种前的耕作宜浅，以利整地播种。

（3）犁耕深度　合适的犁耕深度是提高耕地质量、发挥翻耕作用的一项重要技术。犁地深，耕层厚，土层松软，通气性好，有利于有机质矿化和贮水保墒。但是在某些条件下，如在多风、高温、干旱地区或季节，深耕会加剧水分丢失；犁耕过深易将底层的还原性物质和生土翻到耕层上部，未经熟化，对幼苗生长不利。因此，犁耕的适宜深度应根据牧草饲料作物、土壤条件和气候特点而定。一般情况下，土层深厚，表土和底土的质地一致，有犁底层存在或黏质土、盐碱土等，犁耕可深些；而土层较薄，沙质土、心土层较薄或有石砾的土壤不宜深耕。旱作地耕深可在 20～30cm；种植直根系牧草饲料作物的土壤可比种植须根系牧草饲料作物的土壤增加耕深 10～20cm，耕作过深或过浅都不利于增产。

2. 深松耕（subsoil tillage） 是以无壁犁、凿形铲或深松铲对耕层进行全面的或间隔的深位松土，不翻转土层。耕深可达 25～30cm，最深为 50cm。深松耕的耕作特点主要有以下几点。

（1）分层深松，不乱土层　一般根据土壤种类和松土深度在联合耕作机上安装若干层深松铲，在作业时对土壤松土有深有浅，深度适宜、层次分明、位置不变，保持生土在下熟土在上的秩序，不乱耕层，减少土壤水分损失。

（2）耕种结合，耕管结合　机械化配套作业的深松耕法具有耕种结合、耕管结合的显著特点。深松后表土粗糙度较高，有利于接纳雨水。

(3) 间隔深松，虚与实并存　这是深松耕法的主要特点之一。间隔深松造成了田间左右横向虚实并存的局面，能够充分调节耕层中的水、肥、气、热状况，同时具有贮水提墒、调节旱涝的作用。

(4) 方法多样，机动灵活　深松耕具有作业时间灵活，不受土壤墒情、作物生长期等因素限制，时间选择余地较大。深松耕既适合平作，也适合垄作；既适应单一作物耕作，也适宜于间混套作和复种。至于深松耕采用与否，田间深松方法，以及间隔配置、分层部位深度与宽度等具体方案都可根据作物、土壤、地势、前茬和气候等条件灵活选择与运用。

深松耕的不足之处是翻埋肥料、残茬和杂草的作用效果差，地面比较粗糙等。深松耕需要与浅耕灭茬、中耕除草、耙地等表土耕作措施相配合，并且还应与相隔3～5年深翻一次等耕作措施相结合，才能充分发挥优势。

3. 旋耕（rotary tillage）　运用旋耕机进行旋耕作业，既能松土，又能碎土，地面也相当平整，集犁、耙、平三次作业于一体。旋耕多用于农时紧迫的多熟制地区和农田土壤水分含量高、难于犁耕作业的地区。旋耕作业碎土能力极强，可使土壤表层保持细碎、松软和平整的状态，对消除田间杂草、破除土壤板结都具有良好效果，这种优势是其他耕作措施所不具备的。不过，在过干或过湿的土壤上，旋耕作业阻力大，易损坏机械部件。为此，在适宜土壤含水量条件下，才能进行旋耕作业，可把地表大量的有机肥、化肥、绿肥等有机和无机物质与土壤充分混合在一起；旋耕作业在改善土壤物理特性，保持向牧草饲料作物输送水肥的均衡性方面都具有良好的作用，土层的混合可提高耕层内生物的活动能力和繁殖水平，从而提高土壤供肥力，增加牧草饲料作物产量。临播前旋耕，深度不能超过播种深度，否则因土壤过松，不能保证播种质量，也不利于出苗。旋耕机按其机械耕作性能可耕深16～18cm，故应列为基本耕作措施范畴。但在实际运用中常只耕深10～12cm。从生产实践看，多年连续单纯旋耕，易导致耕层变浅、理化性状变劣，故旋耕应与犁耕轮换应用。

（二）表土耕作措施

表土耕作（surface tillage），又称次级耕作（secondary tillage），是在基本耕作基础上采用的入土较浅，作用强度较小，旨在破碎土块、平整土地、消灭杂草，为牧草饲料作物创造良好的播种出苗和生产条件的一类土壤耕作措施。表土耕作深度一般不超过10cm。

1. 耙地（harrowing）　是犁耕后、播前、播后出苗前、幼苗期采用的一类表土耕作措施，深度一般5cm左右，不同场合采用的目的不同，工具也因之而异。耙地的主要作用是疏松表土、平整地面、破碎坷垃、消灭杂草、混合土肥并可局部轻微压实土壤等。耙地有利于促进土壤蓄水保墒和牧草饲料作物出苗与生长。耙地的方法有横耙、顺耙、对角耙等。耙地要求在适宜时期内进行，以确保质量和效果。圆盘耙应用较广，可用于收获后浅耕灭茬，也用于水旱田犁耕后破碎垡块或坷垃，耙深5～6cm。钉齿耙作用小于圆盘耙，但它常用于播后出苗前耙地，破除板结，保蓄耕层土壤水分。在华北地区有顶凌耙地和耙麦的习惯，就是指在早春土壤还没完全解冻时，利用午间土壤表层5cm左右融化的有利时机对土地或冬麦田进行浅耙，以防止蒸发，达到保蓄土壤水分的措施。振动耙主要用于犁耕或深松耕后整地，质量好于圆盘耙；缺口耙入土较深，可达12～14cm，常用缺口耙代替犁耕。

2. 耢地（dragging） 又称为耢地、盖地。耢地通常用木板、铁板或柳条编织的耢，这是在田间进行的一种耙地之后的平土碎土作业，一般作用于表土，深度为3cm。耢子除联结耙后外，也有联结播种机之后，起碎土、覆土、轻压、封闭播种沟及防止透风跑墒等作用。耢地多用于半干旱地区旱作地上，也常用在干旱地区灌溉地上，而多雨地区或土壤潮湿时不能采用。耢地一般在播前进行，具有平整地表、耢实土壤、破碎土块、坚实土壤等作用，有利于保墒和播种。

3. 镇压（packing） 是以重力作用于土壤，达到破碎土块、压紧耕层、平整地面和提墒的目的。一般镇压器的作用深度为3~4cm，重型镇压器可达9~10cm。镇压器种类很多，简单的有木磙、石磙等，大型的有机引V形镇压器、环形式网形镇压器等。较为理想的是网形镇压器，它既能压实耕层，又能使地面呈疏松状态，减轻水分蒸发，达到保墒目的。镇压主要应用于半干旱地区旱作地上，也常应用于半湿润地区播种季节遇到干旱时。在旱作区或干旱季节，播种后进行镇压作业是抗旱耕作技术的重要环节。播后镇压使种子与土壤紧密接触有利于萌发和出苗，并可减少土壤水分的散失，具有保墒和提墒的双重效果。播种前如遇土块过多，则播前镇压便于精确掌握播深，保证质量。

4. 中耕（cultivate） 是在农田休闲期或作物生长发育期间进行的表土耕作措施，主要作用是保墒和除杂草，当然也有调节根层土壤水、热、气、养状况的作用。中耕的工具有机引中耕机和畜力牵引的耘锄，以及人力操作的手锄和大锄，这几种工具各有作用和功能，应根据作物、土壤和生产条件来选用。中耕必须坚持不伤苗、不埋苗和不损根的原则。中耕的时间、深度和方法一般要根据根系生长、杂草长势和土壤水分状态来决定，通常每年需3~4次，中耕深度应遵循"浅、深、浅"的原则，即"头遍浅，二遍深，三遍不伤根"。在旱作地上实行中耕作业，能使土壤表层疏松，松土层下形成封闭层，切断土壤毛管孔隙，减少封闭层下土壤水分蒸发，达到保墒目的；如在降雨前中耕，可减少地面径流，增加土壤蓄水量。在湿润地区或水分过多的地上，中耕作业还有蒸散水分的作用。中耕还可以调节地温，尤其在气温高于地温时，能起到提高地温的作用。中耕松土不仅改善了土壤水分、温度和空气状况，而且也改善了土壤养分状况。消灭杂草是中耕的重要任务，牧草饲料作物生长发育期间进行中耕作业，可以铲除行间杂草，减轻杂草的危害。

5. 起垄（ridging） 可增厚耕作层，利于作物地下部分生长发育，也利于防风排涝、防止表土板结、改善土壤通气性、压埋杂草等。我国东北地区与各地山区盛行垄作，目的是为了排水，提高局部地温，山区垄作主要是为了保持水土。我国南方在排水不良的浸水田上实行垄作栽培，起到了一定的增产效果。起垄是垄作的一项主要作业，用犁开沟培土而成。垄宽50~70cm不等，视当地耕作习惯、种植的作物及工具而定。有先起垄后播种、边起垄边播种及先播种后起垄等做法。起垄的方向为南北向，以有利于通风透光为宜。坡地则应与等高线平行起垄。

6. 做畦（bedding） 常在灌溉区实行，一般在土地平整后，由人工或机具修筑畦埂，从四面围成一块块畦田，通常称平畦。把种子直接播入畦田内，由畦埂缺口处引水灌畦，北方灌区多采用这种种植方式。在南方降水量大的地区需进行排水，其耕作常采用高畦作业，就是指在土地平整后，按一定规格，人工或机械挖造畦沟，将土添在两侧畦面上，按此作业就构成畦面和畦沟相间分布的一块块畦田。由于畦面高，在多雨季节，雨水会从畦沟被迅速排走不会使畦面积水。一般要求沟沟相通便于排水。

第二节 耕作制度

耕作制度（cropping system）是指在农业生产中，为了农田持续高效生产所采用的全部农业技术措施体系。它主要包括种植制度、土壤耕作制度、施肥制度等环节。耕作制度就是为了获得一个地区或生产单位牧草饲料作物全面持续增产所采用的一整套用地与养地相结合的综合技术体系。耕作制度在农业发展中既有技术指导作用，又能为农业生产决策服务，是集技术与管理于一体的综合体系。在农业资源日趋紧张的情况下，建立合理的耕作制度，可以综合利用自然资源和社会资源，实现农业的可持续发展。

一、耕作制度在农业生产中的地位

合理的耕作制度在农业技术上和农业经济上都有不可忽视的重要意义。

首先，合理的耕作制度是一套综合性的维持农田持续高效生产及其环境的农业技术措施，涉及面很广，影响也深远。它不仅涉及农作物种植业本身的问题，也直接或间接地涉及林、牧、副、渔各业的发展问题。就它本身来说，先要有一个合理的种植结构与布局。这就涉及如何处理好粮食作物、工业原料作物、牧草饲料作物、养地作物等关系，实质上也反映了国家、集体和个人三者之间的关系能否摆好的问题。有了合理的作物布局，如果不把它进一步落实到生产单位的地块上还是不行的。既要扎扎实实落实到地块上，又要合理地组织耕地，根据不同的地形、地势、土质、水源等条件，有计划地合理部署轮作区，实行科学的轮作制度。只有这样才能进一步处理好各种作物之间的关系，使它们各得其所，相互促进，有利于全面实现优质高效生产，有利于把土地用养结合起来。科学的轮作制度能否顺利实施，达到预期的结果，还需要依靠相应的土壤耕作制、施肥制等土壤管理措施紧密配合，从技术上、物质上加以保证。

其次，耕作制度在农业生产上的重要性还在于它是安排各项作业计划和劳动组织的基础。只有把合理的耕作制度安排好，其他如施肥计划、灌水计划、农机作业计划、劳力安排计划等才好制订，才能有计划按比例地发展农业生产，解决作物争地、争水、争肥、争季节、争劳力等矛盾。否则，往往打乱生产秩序，造成劳力紧张，生产处于被动局面。耕作制度，从大范围上讲，是涉及环境（地域性、季节性）与生物（农作物、林、畜、渔及土壤微生物）的管理学理论，但其着重点是研究种植业的结构和布局，以及农作物实现全面稳产和高产所采取的用地和养地相结合的技术（也包括经济在内）体系。由于种植业必须为畜牧业提供饲料，为副业、工业提供原料，所以列入用地规划也是重要且必须的。只有改变单一粮食经营，建立以农林牧副渔相结合为前提的耕作制度，才可以创造出最佳的农业生态环境和获得最佳的经济效益。在这样的基础上所建立起来的耕作制度，才是科学的耕作制度。在耕作制度中，种植业决定了一个地区或一个生产单位的作物种类、品种、播种面积比例和种植方式，以及规划空间（地区、地段）上的部署和布局，时间（年内各季节间或年际间）上的熟制和轮作，使种植业生产规范化和制度化，也有利于因地制宜、因地种植和挖掘生产潜力。为调节和维护土壤肥力与作物群体之间供求关系，耕作制度还应有相应配合种植制度的土壤耕作、土壤培肥、灌溉排水、植物保护和农田管理等方面内容，保证用地和养地相协调，作物持续稳产高产，土地永续利用。

再者，一个生产单位建立了科学耕作制度，还可使各种作物的栽培技术规范化和统筹化，缓和争地、争肥、争农时的矛盾，做到统筹兼顾和合理安排，以期每种作物、每块土地都能获得较好的产量，获得较高的经济效益。

二、我国主要生态类型耕地及其耕作制度

耕作制度也称农作制度，指耕作土地栽种作物的总的方式。耕作制度包括种植制度和养地制度两个内容，以种植制度为中心，养地制度为基础。不同生态类型耕地的耕作制度各有特点。

（一）灌溉地耕作制度

灌溉地包括水田和可灌溉的耕地，主要分布于黄淮海平原、江淮平原、长江中下游平原、黄河中下游平原、东北三江平原等江河流域地区，以及地处干旱或半干旱区域而地下水资源丰富的内陆灌溉区，这些地区一般都是国家重要的粮、棉、油和其他经济作物的基地。种植作物以小麦、玉米、水稻三大农作物为主，经济作物以棉花和油菜为主，一年二熟或二年三熟制。目前种植结构上逐步由粮、经二元结构向粮、经、饲三元结构发展，苜蓿、饲用玉米、黑麦草等牧草饲料作物在农田中的种植面积逐年扩大，为了提高产量和品质，灌溉成为一项关键栽培技术措施。适时深耕细耙，加强水、肥、土壤管理，实现用养结合目标，能使土壤稳定、均匀、足量、持续地满足饲草对养分的要求。

（二）旱作地耕作制度（即旱作地农业）

旱作地是指经常遭受干旱威胁、生产不稳、产量不高的非灌溉地。我国旱作地面积占全部耕地面积的 3/4，主要分布于长城沿线、内蒙古东部、华北北部、黄土高原和江南广大红壤地区。华北地区旱作农田约有 $180 \times 10^6 \text{hm}^2$，其种植制度的特点是选择耐旱的作物或品种，选择适宜的播种期，中心任务是使土壤更多地接纳雨水，蓄水保墒供作物利用，为此这种制度也称为雨养农业制度。长城以北沿线的耕作制度为一年一熟制，多在 3～5 年间有 1 年休闲，有时引种绿肥牧草实行草田轮作，以种植耐旱抗风的作物为主，主要有春小麦、马铃薯、谷子、大豆、玉米和青稞，还有蚕豆、豌豆、芝麻、向日葵、油菜等。长城以南的耕作制度为一年二熟或二年三熟的种植制度，多采用带状间混套作抗御不良环境，作物以玉米、棉花、冬小麦、高粱、花生、烟草为主。

北方绝大多数地区旱作地土壤耕作制度，采用伏秋深耕蓄墒、耕后耙糖保墒、播种时提墒、穴播用墒、抗旱播种等旱作地农业技术。20 世纪 80 年代迅速发展起来的地膜覆盖技术在旱作地农业上有广泛的应用，如晋中地区推广的蓄水覆盖丰产沟栽培模式，极大地推广了地膜覆盖栽培技术。地膜覆盖的耕作措施主要是覆膜前的精细整地、施足底肥、蓄足底墒。

（三）盐碱地耕作制度

盐碱地指那些盐分含量高、pH 大于 9、难以生长植物的土壤。我国盐碱化土地约为 $99 \times 10^6 \text{hm}^2$，主要分布于北方干旱、半干旱地区，一般盐、旱、涝并发多灾。华北盐碱地区作物布局的规律一般是水浇地小麦，旱作地棉、粟，洼地水稻、高粱，高地玉米、薯类。种植制度以一年一熟和二年三熟为主。东北、西北、华北地区盐碱地，通过灌溉洗盐种植水

稻，实施水旱轮作改良土壤；河北、黑龙江盐碱地，通过种植苜蓿，达到治理盐碱改良土壤和生产饲草发展养畜的双赢成效。改土、培肥、改良生态环境是盐碱地养地制度的主要目的，需采用与水利工程、生物、物理、化学措施相结合的综合治理措施。耕作上，秋季深翻耕对积蓄降水、淋盐碱、风化土壤都是有力的措施；春天耙糖保墒，可阻止返盐，有利于作物出苗保苗。种植上，实施粮草轮作倒茬，可改良土壤、培肥地力。

（四）沙地耕作制度

沙地是指土壤含沙粒在60%以上、黏粒很少的农田。我国沙土地分布广，以华北区和黄土高原区面积最大。耕作措施应以防风固沙、保土蓄水、改良沙性、提高地力为中心。种植作物主要是花生、谷子、棉花、薯类、豆类等，北方地区多二年三熟、一年二熟；南方有一年二熟、三熟等各种形式。沙土地秋收后一般不耕翻，留茬过冬以防春季风蚀。近年来，在垂直风向种植防护林带，或在农田的宽行作物中间种桑、柳、刺槐、紫穗槐等，这些措施也有防风固沙之效。种植沙打旺、苜蓿等豆科牧草，可改土培肥地力，同时对发展畜牧业有一定作用。

（五）山地耕作制度

我国丘陵山地多，通称"七山二水一分田"。地形地势起伏大，气候、土壤、植被的垂直地带性差异明显，种植作物也呈相应的立体结构布局。以海拔高度从低到高来看，北方的作物分布规律大致是：棉花—玉米—草地—荒地；南方的作物分布规律大致是：双季稻三熟制—双季稻+果树—单季稻+麦（油菜）—亚热带作物（茶、竹、油菜）—常绿阔叶林—落叶阔叶林—草地。种植豆科牧草和绿肥，沟施有机肥和化肥，都是山地培肥的重要措施。山地的土壤耕作，主要是通过改变小地形，减少水土流失，为作物创造适宜的耕作层；缓坡地采用的等高耕作技术，坡地采用的梯田技术，都是山地水土保持耕作措施的基础。另外，水平沟种植、沟垄种植、残茬覆盖、秸秆覆盖、地膜覆盖、青草覆盖、少耕免耕等水土保持措施，在全国各地都有不同程度的应用。

第三节 宜农荒地的土壤耕作

宜农荒地（agricultural land）是指气温、土壤和水文等自然条件适宜种植农作物、牧草饲料作物或经济林果，但目前尚未开垦利用（称生荒地）或者曾经垦殖但现已弃耕的土地（称熟荒地）。这些荒地经过一定年限的合理土壤耕作可以转变为农业耕地，是大农业用地的后备资源。随着我国经济的快速发展和产业结构调整，城市扩张和农业人口缩减导致现有耕地被占用的数量剧增，为了保障数量庞大的国民人口对食物和农副产品原料的需求，除了提高土地单位生产力外，适度、合理地开垦一定面积的宜农荒地作为耕地补充是必要且可行的战略举措。

一、资源和开发

（一）资源

据梁书民（2011年）估算，中国现有宜农荒地10 547万 hm^2，其中中北地区（包括内蒙古、甘肃和宁夏3省份）4 340万hm²、新疆1 862万hm²、华北地区（包括河北、山西、河南、山东、陕西、北京和天津7省份）1 170万hm²、东北地区（包括辽宁、吉林和黑龙江3省份）938万hm²、青藏地区（包括青海和西藏2省份）920万hm²、西南地区（包括四川、重庆、云南和贵州4省份）845万hm²、华南地区（包括广东、广西、海南、福建及台湾和香港、澳门7省份）361万hm²、华中地区（包括江苏、浙江、安徽、江西、湖北、湖南、上海7省份）111万hm²。实际上，各地宜农荒地因抵御干旱的能力和承担干旱风险的强度有很大不同，垦殖率最高不超过60%，为此经估测全国可开垦荒地面积也不过2 366万hm²，其中北地区605万hm²、东北地区440万hm²、西南地区394万hm²、青藏地区275万hm²、新疆252万hm²、其他地区都不足200万hm²。由此，结合地域自然气候、地貌特征、人文社会历史和经济现状，中北区、东北区、西南区和新疆等地区是未来我国发展垦殖事业的主要区域，其中东北区和西南区的气候湿润度和降水条件尚好，而中北区和新疆面临的气候干燥少雨且多风，开垦后承载着更大的水土流失和沙化风险。因此，宜农荒地的开垦面临的最大问题是缺水，以及由干旱和多风引起的水土流失和沙化，如何尽快建植稳定持久的人工植被是解决这一问题的关键，而多年生牧草因其极强的适应能力和强大的根系生长能力，往往是宜农荒地开垦的先锋植物。

习惯上，按照宜农荒地所处的自然状态，可将其划分为如下4种类型。

1. 荒草地 荒草地的主要特征是树木郁闭度小于10%，土壤表面密生杂草，如果生长的杂草以芦苇为主，通常又称为芦苇荒地。荒草地大多数情况下被作为天然草场利用，具有宜牧宜农性特点，可以直接开垦。

2. 盐碱地 盐碱地的主要特征是土壤表面有程度不同的盐碱成分聚集，通常只生长耐盐植物。盐碱含量高的土壤，表面覆盖着盐壳层。

3. 沼泽地 沼泽地的主要特征是土壤常年浸泡在积水之中，地势低洼，排水不畅，通常生长着较茂盛的湿生植被，表土的有机质趋向泥炭化而形成泥炭层，下层土壤的矿物质潜育化形成潜育层。

4. 沙荒地 沙荒地的主要特征是在风大、多风侵蚀下形成沙性母质上发育的土壤，表面被流沙覆盖，松而不黏，易被风搬运和堆积，形成风沙土质的沙荒地，植被覆盖稀疏，处在干旱、半干旱大陆性气候之下。

（二）开发

1. 综合考察资源 对宜农荒地开展综合考察时，其项目和内容应包括农业自然资源和条件。重点是气候、土壤、水资源、地形、植被等现状及社会经济和生产条件等领域。其中劳力和土地利用的现状，以及交通、通信等基础设施状况是考察和掌握的必需内容。考察完成后要对宜农荒地等农业自然资源和社会生产条件进行系统与综合评价，提出开发项目建议。

2. 开展可行性研究 在开发项目建议被采纳后应组织有关人员开展可行性研究，实际上就是对项目进行具体的可操作性实施方案的研究。首先要对项目的开发地点、规模、投资、实施办法和环境影响进行说明和评价，并对项目建成后的投入产出效果进行效益分析，不断完善项目内容，反复优化方案，撰写出可行性研究初报告，再进行反复论证、修改，最终形成本项目的可行性研究报告。待论证通过后按有关程序上报相关部门。制订可行性方案的原则是项目的确立必须以突出经济效益为主，兼顾社会和生态效益相统一、近期利益与长远利益相结合，国家需要和本地实际相一致。可行性方案的论证过程不仅是肯定或否定方案的一种程序，也是不断完善和优化实施措施，实现最佳投资效益的筛选研究。

3. 制订规划与组织实施　在可行性方案被批准立项后，要及时制订土地利用、水利建设、生活设施、交通建设等分项规划，进而汇总形成宜农荒地开发建设总体规划。具体内容包括农牧林果蔬渔业生产用地布局、土地垦殖方案及其耕作制、农田水利设施建设、农业机械购置、田间道路布局和居民生活设施建设等。总体规划方案批准后，按设计组织人力、物力、财力，全面展开各项工作，分批、分期逐步落实规划方案。根据各项规划方案制订具体实施细则，建立健全管理和施工中的各项制度，严格执行工程质量标准，向管理要效益，做到组织协调有序，各项建设有条不紊地运行，按期完工，早日投入生产。

二、宜农荒地的土壤耕作

（一）垦殖区的工程措施和耕前准备

大规模宜农荒地开发，要严格按照总体规划进行农田基础设施建设。

在干旱和半干旱地区，首要的建设任务应放在农田水利灌溉设施上，建好水利枢纽和干、支、斗、农渠体系以保证土壤灌溉条件。根据农田建设规划的要求，对宜农荒地开展实地测量，以每 $15\sim20hm^2$ 长方形块的土地作为一个农田单位，条田规格为宽 $300\sim350m$，长 $500\sim600m$，条田四周要设置农田防护林网。在每个农田单位内，测量出土方挖、填工程量并制订出具体的施工方案，移高垫低，填沟平壑，实现土地平整农田标准化，为大规模机械化农业生产创造条件。同时应按总体规划进行农田排灌渠系、道路、林草地等生产和生活设施的同步建设，实现山、水、林、田、路综合配套，既要突出生产又要兼顾生活的开发方针。此外，在开展工作之前，对有些荒地要进行清除灌木、枯枝和杂草等障碍物的工作，主要采用烧荒的方法，既可提高清障效率，降低用工成本，也可增加土壤中的养分。烧荒前，要认真做好组织和领导工作，预先建设好防火隔离带；烧荒时，准确掌握风向和风力等气象条件，严防火灾事故的发生。

（二）荒地的常规土壤耕作措施

1. 耕前地面作业　宜农荒地经过工程措施改造后，其地面仍有局部起伏的小地形状况，犁耕作业前要进行土地平整工作，挖高补底，整平地表，为犁、耙、耱、灌溉、排水等作业实现机械化创造良好条件。对于有多年生恶性杂草的荒地，应多次反复叶面喷施灭生性传导型化学除草剂（如草甘膦），以根除杂草，免除后患。

2. 耙地或浅耕　宜农荒地土层坚硬，有些还夹有树根、草根和石块等杂物，极易损坏农机具并增加机具作业阻力。因此，必须在犁耕前采用重型圆盘耙进行耙地作业，也可用小型无壁犁先进行一次浅耕浅翻作业，以达到为后续作业减轻阻力，降低耗损并切断草根等目的。在荒地作业中，无论是耙地还是浅耕都需要在大动力机引下开展。浅耕作业也可采用由一个主犁和一个副犁组成的复式犁，进行浅耕深翻一体化流水式作业，复式犁前的副犁先浅翻地表，随后在大动力的机引下，主犁也一次性完成了对土壤的深犁耕任务。一般浅翻或耙地深度要求在 $8\sim15cm$。对于草根分布浅、根量少的地块，耙一遍即可达到切断根系、疏松地表的要求；而对草根层深厚、根量密集的地块，可以采用交叉耙地的方法进行两次作业，以达到切碎草根、疏松地表的目的；对于无草根层的荒地，可采用浅翻作业，疏松地表。

3. 深犁作业 对于宜农荒地而言，深犁耕土壤不仅是最关键的耕作措施，而且对荒地加快熟化、保证垦殖质量、促进早日利用等都具有很大作用。选择适宜的深犁期，确定合理的犁耕深度对改善土壤性状、加快土壤风化和促进土壤熟化速度具有特殊效果。三伏天深犁土壤，由于气温高有利于土壤有机质的快速分解，促进土壤中有效养分和速效养分的增加。对盐碱荒地来讲，三伏天深犁土壤后对灌水洗盐和排盐的效果最佳，气温下降后各种盐分的溶解度将会大幅降低。伏深犁后，无论准备在当年或翌年春季播种都具备了掌握充足时间的主动权。荒地犁耕深度，一般要求宜深不宜浅，以不低于20cm为宜，最好能达到30~40cm。伏犁应深些，春犁可浅些。

4. 犁后耙糖和镇压 当在春季对荒地进行犁耕作业时，要随犁耕同步进行耙糖和镇压结合的田间作业措施，可达到破碎土垡、减少土坷垃、防止风吹跑墒的目的，对确保播种质量，为作物种子萌发和出苗生长创造条件。如要对荒地采用伏深犁时，应充分翻垡和曝晒立垡，可以加速土壤风化和熟化进程，秋季播种前夕再对土壤进行耙糖和镇压相结合的配套作业，这样可充分提高播种质量，减轻杂草的危害。一般田间耙地作业由大动力机引重型圆盘耙来完成，糖地作业由机引长条状木板或铁板来完成，镇压作业由机引圆筒形镇压器来完成。现代化大型农场的犁、耙、糖、镇压等作业，往往采用流水线机械化一次性完成；普通农户的犁、耙、糖、镇压等作业，通常用小型机引农机具分项完成；在山区的坡地梯田上，不能用机引车作业的情况下，只有用传统的由畜力牵引小型农具来完成。耙、糖和镇压作业的方向一般要求与犁耕方向一致，称为顺耙、顺糖和顺向镇压。通常不在荒地上采用横向耙、糖和镇压作业，横向作业易使垡片返回原位，降低了犁耕效果。

（三）特殊荒地的土壤耕作和利用

1. 盐碱荒地的开垦 首要的任务是建设灌溉和排盐碱的两套渠道系统，并且还要严格控制垦区地下水位，以便为灌水洗盐、排盐降低土壤含盐量提供必需的工程措施和手段。建设灌溉系统主要在于合理布置干、支、斗、农、毛各级渠道，修建各项灌溉与引水配套工程。建立排盐系统是指合理修建和布置各级排碱渠道，能够把盐碱水从田间一直排到低洼盐碱湖中的工程措施。降低垦区地下水位可采用地面渠道和挖地下竖井相结合的方法，做到井渠结合，既用一套井进行灌溉，也可利用另一套井进行排盐碱。井灌井排结合，既可灌水淋盐、排盐，又能降低地下水位，防止土壤次生碱渍化。总之，先通过工程措施洗盐、淋盐和排盐，使盐碱荒地土壤含盐量降低到作物能正常生长水平之下，此时才标志着盐碱荒地具有了可利用价值。开垦后的盐碱地利用初期，应该以种植水稻或耐盐牧草饲料作物及农作物为主，可以充分发挥进一步降低土壤含盐量，改良土壤的作用。采用生物治盐措施，在开垦后的盐碱地中种植耐盐植物、泌盐植物和绿肥作物，并在地块四周种植农田防护林，可达到减少地面蒸发、防止地表返盐、促进土壤脱盐、提高土壤肥力等目的。采用深翻耕和耙地松土，不仅可打破黏土滞水层、减少土壤蒸发、平整土地和提高灌水质量，而且结合增施有机肥和移土换土等农业技术措施，可以综合改良盐碱地土壤。除上述方法和措施外，开垦后盐碱地土壤的耕作和田间作业程序与荒地的常规土壤耕作措施一致。

2. 草荒地的开垦 一般草荒地都属于植被覆盖度大、郁闭度高的一类。这类荒地地面草丛茂盛，地下根系分布密集，有些根系甚至絮结成密如网状的地下草皮。因此，清除杂草和地下根系及根茎是草荒地开垦的主要任务之一。开垦的程序是首先要清除石块、垃圾、树桩等障碍物，并用灭生性、传导型化学除草剂根绝恶性的多年生杂草（如白羊草、赖草、糙隐子草、蟋蟀草、针茅、芦苇等），如仅是一年生杂草则通过烧毁或浅翻可达到灭除效果；然后用机具平整地面，之后再使用复式犁深翻耕20~40cm；接着用弹簧耙反复耙地，目的是耙起并收集草根。在土质薄、地表疏松、含盐低、草丛稀疏的荒地上开垦时，翻耕深度宜浅，也可用圆盘耙深切土壤以替代翻耕作业，接着耱地平整地面，之后即可播种。荒地开垦中应注意的是，站在保护环境的战略高度，必须把防止因土壤水蚀和风蚀而引起的土壤沙化和生态环境恶化问题摆在头等重要位置，凡是预测到垦殖后有可能破坏生态环境的土地就不能将其列入宜农荒地进行开发。

3. 沼泽地的改良与利用 排除积水、降低地下水位是改良沼泽地的首要措施。修建各级排水渠网对低洼的沼泽地进行工程改造，把积水排干进而降低地下水位使之达到标准以下，这是对沼泽地进行开发利用和改良的基础工程和基本建设项目。由于泥炭的透水性不强，要求沼泽地中修建的排水沟系统之间的间距小；规格为顺水沟间距30~80m，横向沟间距60~120m；积水愈多，沟距愈小。地下水位应降到距地表1m以下。在排水之后，由于泥炭的干缩容重增加，上层泥炭对下层的压力加大，使沼泽土表会向下沉陷，通常达0.3~1.5m，个别情况下可达3m左右。为此，在进行沼泽地改良设计和施工时，必须有相应对策。沼泽地通过工程措施改造达到农地标准后，应进行合理耕作，为泥炭的加速分解创造条件。最好先用旋耕机对沼泽地进行旋耕作业，使泥炭层强化粉碎，地面疏松平整；然后再用铧犁深翻土壤，加快有机质分解转化为有效养分的速度，增加土壤肥力。一般改良后的沼泽地，最初阶段应先种植多年生牧草，通过增加田间植株密度以抑制和控制杂草发生，同时起到改良土壤和培肥地力的作用；其后可以旱作种植农作物或经济作物。因沼泽土壤普遍缺乏磷、钾，故改良后种植作物时应多施磷、钾肥料。由于沼泽地一般多为酸性环境，在利用初期为中和酸性土壤，可结合基肥（人粪尿、厩肥）施入一定量的磷灰石粉、碱性炉渣、生石灰和草木灰等碱性肥料，在降低土壤酸性的同时，也为作物提供了磷、钾养料。为了调节土壤温度，在沼泽土上覆盖一层沙质或黏性壤土，可改善和提高沼泽土壤的肥力。

4. 沙荒地的改良和利用

（1）植树造林 植树造林是沙荒地防风固沙的根本措施，其基本形式是建植大规模防护林体系，主要包括防风林带、农田林网、固沙林片和四旁林线。防风林带是指在多风的风口处成行连片种植高大乔木建植形成狭长的林带，主要起降低风速及减轻风沙侵害的作用；农田林网又称护田林网，是指在沙荒地农田四周按一定规格营建纵横双向的主副林带，每带2~4行交错种植，主林带与当地主要风向垂直，这样由主副林带在农田中构成的网络，可保护农田和草场不受风沙之害；固沙林片是指在小块平沙地或沙丘区营造的树林，在沙丘迎风坡下部栽灌木以固定住沙丘不被风吹移，在沙丘背风坡前营造乔木林以阻挡流沙前移；四旁林线是指在村旁、道旁、房旁和渠旁进行成行种植的林线。

（2）种植灌木带 在沙丘种植沙棘、沙柳、柠条和蒙古岩黄芪等多种灌木林带，不但可有效地防风固沙和涵养水土，而且灌木的嫩枝、树叶还可作为草食家畜良好的饲料，枯枝还可解决农牧区的部分燃料来源问题。沙荒地常用柠条和沙柳建植成灌木林带。柠条带建植技术，播量7.5kg/hm²，带距8~10m，带宽1.0m，每带2行，行距50cm，带内穴播，株距30cm，播种深度5~7cm，成活率达到50%左右就可形成经久不衰的风障，每隔2~3年砍去枯枝促发新芽，可以达到更新目的。沙柳带建植技术，通常采用移植和扦插法，带距8~

10m，带宽 3.0m，每带 2 行，行距 150cm，带内穴播，穴距 150cm，穴深 60~70cm，每穴 4~6 条，每年春季移栽，宜成活，成活率 30%左右就可起到沙障作用，每 3 年平茬 1 次可促进再生旺盛，沙柳在强流沙丘上营造防风灌木林带，效果最好。在沙荒地采用封沙育草措施，封育期间严禁放牧和割柴打草，可使被破坏的植被自然恢复，增加地表覆盖度，有明显防风固沙作用。

（3）引水拉沙、引洪淤灌　引水拉沙是利用引水的冲击力把沙丘拉平，是变沙丘为良田的重要措施。在有充足水源的地方，先修建引水渠，后引水拉平沙丘，施足基肥，细致平整，培养地力，再合理种植物。引洪淤灌是指在有洪水季节或有河流灌溉的地区，可引洪放淤，这是改良沙荒地行之有效的方法。引洪放淤时要抬高水渠进水口，以免被淤沙堵塞渠道。每次放淤泥厚度在 8~15cm，注意边灌边排，留泥排水。每年可引洪放淤若干次，逐年加厚淤泥层，改变土壤结构，提高肥力，此后可种植适宜作物。

（4）设置沙障　是指把柴草、枝条、卵石、泥土等材料平铺在沙面上，或是在风沙经过的路线上为阻止流沙前进而在沙面上设置的直立障碍物，前者称为平铺式沙障，后者称为直立式沙障。平铺式沙障可起到围固表面沙层达到风起沙静的目的，而直立式沙障对于阻挡风沙积聚和固定流沙具有良好的作用。风沙的危害主要是由于大风席卷沙土形成风沙流，侵袭沿途目标，造成沙打和沙埋。

（5）种植沙生牧草饲料作物　营造农区防护林和灌木林体系，以及搭建沙障，其主要作用是防风固沙，同时也为种植沙生牧草饲料作物创造了基础条件。但要完全固沙固土，彻底改变沙区脆弱的生态环境，只有在沙障下、林网间种植沙生多年生牧草，如沙生冰草、花棒、羊柴、柠条、沙柳等，形成乔灌草立体配置，集林、网、片、带、线、点结合的沙区绿色屏障，才可以形成防风固沙的天然长城，才是治理、改良和利用沙荒地的根本措施。

（6）农业措施　当沙荒地的沙土被初步固定后，就要进行合理利用。首先是选择抗风沙性强的作物进行种植，最抗风沙的作物有大麻、麦类等，较耐风沙的作物有马铃薯、谷子、荞麦等，最不耐风沙的作物有瓜类、蔬菜、棉花、胡麻、豆类等；其次是合理播种，作物苗期抗沙害能力最弱，为了避开风沙季节，应选择那些播种期灵活、生育期较短的作物，一般农田可利用早春化冻、地表湿润不易起沙时及时早播，应适当增加播种量和播深，条播应与主风向垂直，禾本科作物可采用交叉播种方法，尽量增加地表覆盖，减轻风蚀，这样有助于种子萌发和幼苗生长；最后是合理耕作，深耕可使上沙下土掺混，犁翻后通常免去耙耱和镇压等作业环节，使地面有一定数量和大小不等的土块，以减轻风蚀和有利于保墒，翻后犁沟或垄台宜垂直于主风向，有利于抗风蚀，增加有机肥施入量或种植绿肥，可达到促进土壤团粒结构的形成，改善土壤理化性质，增强沙土的保肥、保水和抗风蚀能力，提高土壤的综合肥力。

第四节　间混套作和复种

间混套作和复种是研究种植业中作物在时间和空间上对自然资源的利用程度及其布局和分布特征的一种理论和技术。间混套作的各种牧草饲料作物，在形态特征和生长习性上各不相同，它们种在一起在生态条件的利用方面有着互补与竞争的关系。合理的间混套作表现为互补为主，否则会激化它们之间的矛盾。因此，分析和运用作物之间的关系，对于合理选配作物组合和发挥技术措施的调节作用具有指导意义。

一、间混套作

(一) 间混套作及其相关概念

1. 单作 (sole cropping) 是在一块地上一年或一季只种一种作物的种植方式,又称清种,华北称平作。为单一作物群体,生长进程一致,便于播种、管理与收获时机械化作业。作物生长中只有单株之间的竞争,而无种间的竞争和互补。

2. 间作 (row intercropping) 是指在同一块地上成行或带状(若干行)间隔种植两种或两种以上(通常为两种)生育时期相近(亦有不相近者)的作物。如2行玉米间作4行大豆等。间作因为成行或成带状种植,可以实行分别管理,特别是带状间作,较便于机械化或半机械化作业,与分行间作相比能够提高劳动生产率。以林(果)业为主,间作牧草饲料作物,称为林(果)草间作。间作与单作不同,间作是不同作物在田间构成人工复合群体,个体之间既有种内关系,又有种间关系。间作时,不论间作的作物有几种,皆不增加复种面积,间作的作物播种期、收获期相同或不相同,但作物共处期长,其中,至少有一种作物的共处期超过其全生育期的一半,间作是集约利用空间的种植方式。

3. 混作 (mixed intercropping) 是在同一块地上不分行种植两种或两种以上(通常为两种)生育时期相近的作物。主作物一般成行种植,副作物则可能不规则(满天星)或规则地(串带)分布于主作物行内。间作与混作在实质上是相同的,都是两种或两种以上生育时期相近的作物在田间构成的复合群体,是集约利用空间的种植方式,也不增加复种面积。但混种一般在田间无规则分布,可同时撒播,或在同行内混合,或间隔混合播种,或一种植物成行种植另一种植物撒播于其行内或行间。混作的作物相距很近或在田间分布不规则,不便分别管理,并且要求混种的作物的生态适应性要比较一致。在生产上有时还把间作和混作结合起来,如大豆、玉米间作,在玉米株间又混种小豆,这就是间混作。

4. 套作 (relay intercropping) 也称套种,是在前作物生育后期或收获之前,于其行间播种或移植另一种作物,在田间两种作物既有构成复合群体共同生长的时期,又有两种作物分别单独生长的时期,充分利用空间,是提高土地和光能利用率的一种措施。如于小麦生长后期每隔3~4行小麦播种1行玉米。对比单作,它不仅能阶段性地充分利用空间,更重要的是能延长后作物对生长季节的利用,提高复种指数,提高年总产量,是一种集约利用时间的种植方式。套作与间作都有作物共处期,但也有所不同。作物共处期较短,每种作物的共处期都不超过其全生育期的一半时,为套作;只要有一种作物超出,则为间作。

(二) 间混套作的效益原理

1. 充分利用时空,增加光合产物 在间混套作的复合群体中,不同类型牧草饲料作物的高矮、株型、叶形、需光特性、生育期等各不相同,把它们合理地搭配在一起,在空间上分布比较合理,就有可能充分利用空间。

(1) 透光,能充分、经济地利用光能 间混套作的高位作物一般为株高、窄叶或上冲叶的玉米、高粱等,而矮位作物一般为株矮、阔叶或水平叶的豆类等。这种群体结构趋向于伞状结构,有利于分层受光,变平面采光为立体采光。当太阳高度角小时,辐射的最大吸收由上层垂直叶所确保,而在太阳高度角增大的时候,下层的水平叶对太阳辐射的吸收起了重要的作用。同时可将强光分散成中等光，提高了光能的利用率。在生产上，喜光作物与耐阴作物的搭配，或者 C_4 作物与 C_3 作物的搭配，都能达到异质互补和充分利用光照的效能。

(2) 通风，能改善 CO_2 的供应　单作时，由于组成群体的个体在株高、叶形和叶片的空间伸展位置基本一致，导致通风透光条件较差，往往限制了光合作用的进行。而采用高、矮作物进行间混套作，矮位作物的非生长带空间成了高位作物通风透光的走廊，有利于空气的流通，加速了能量的交流。此外，复合群体内，不同作物的群体受热不匀，也促进湍流交换的加速，间、套作显著地改善了株层内 CO_2 的供应状况。

(3) 时间上的互补作用　各种作物的时间生态位不同，都有自己一定的生育期。在单作的情况下，只有前作收获后，才能种植后一种作物。而套作可将秋播作物和春播作物，秋春播作物和夏播作物，甚至多年生与一年生作物，在不同季节里巧妙搭配，在前茬作物生长的后期套种后茬作物，在一年内一熟有余、二熟或三熟生育期不足的地区，解决前后茬作物争季节的矛盾，实现一年多熟，充分利用一年之中的不同季节。时间上的充分利用，避免了土地和生长季节的浪费，意味着挖掘了自然资源和社会资源，有利于作物产量的提高。

(4) 地下养分和水分的互补　间混套作地下因素的互补，表现为营养异质性效应，即利用作物营养功能的差异，正确组配作物所起到的增产、增收作用。如豆科与禾本科作物间混套作后，在地下根系分布方面，豆科作物的直根系入土深根系强大，主要吸收土壤深层的养料和水分；禾本科作物的须根系入土较浅，主要吸收和利用土壤耕层中上部的水分和养料。根系地下分层分布立体配置的特点扩大了对土壤中水分和养料的吸收范围和吸收利用总量，对土壤中各种养分的吸收和利用相互协调互补。间、套作的株丛，从地下根系中吸收的大量矿质养料源源不断地向地上茎叶组织中输送，充分满足了植物有机体的自我构筑和生长发育需要，地面由茎叶构成的庞大的绿色器官完成了较单作更多的光合产物的合成。

2. 增大边际优势，增加主作产量　间混套作时，作物高矮搭配或存在走廊空带，使得作物边行植株生态条件优于内行植株，由此而表现出来的特有产量效益称为边际效应。高位作物边行植株由于所处高位的优势，通风条件好，根系竞争能力强，吸收范围大，生长状况及产量优于内行植株，表现为边际优势或称正边际效应；同时，矮位作物边行植株由于受到高位作物的不利影响，则表现为边际劣势或称负边际效应。间混套作中把高、低和生长期各不相同的作物种植在一起后，增加了边行效应，改变了作物群体在地面上的分布层次。高矮秆作物交错分布，使矮秆作物的上方空间成为高秆作物通风透光的走廊，改善了生长条件。同时也有利于矮秆作物对漫射光线的吸收和利用，这样就提高了株丛群体的光合效率。据研究（北京农业大学，1981），在产量 3 750 kg/hm² 水平的小麦套作玉米田中，用塑料膜将小麦与玉米的根系隔开，隔根的小麦边行植株比内行植株增产 28.4%，不隔根的比内行植株增产 61.3%，即在增产的 61.3% 中，由于土、肥、水等地下因素引起边行植株增产为 32.9%，由于地上光照、CO_2 等因素增产为 28.4%。边际优势的大小和范围除与不同作物甚至同一作物的不同品种有关，还与地力水平、种植密度有关。总之，间混套作中边际优势和边际劣势同时存在，应在间混套作的生产实践中采取相应措施，尽量发挥边际优势，减轻边际劣势，以提高作物总产量。

3. 促进用地养地相结合，增强作物抗逆力　间混套作不仅充分利用了地力，在一定条件下还具有一定程度的养地功能，使用地养地有机地结合起来。豆科作物与禾本科作物进行间混套作，由于豆科作物的根瘤菌可固定大气中的氮素，不断向植株补充氮肥，改善禾本科的氮素营养供给。据测定（北京农业大学，1981），玉米间作大豆，土壤养分中硝态氮的含量比玉米单作高 3.19mg/kg。间混套作由于把不同根系类型的牧草饲料作物种植在同一块地里，会给各个层位的土壤残留更多的根系，补充土壤有机质的效果非常明显，一般根量增加幅度较单播高 25%～90%。不同的牧草饲料作物抗御自然灾害的能力各异，有的耐旱，有的耐涝，有的抗雹，有的抗风，有的抗病，有的抗虫，把这些性能不同的作物进行合理的间混套作和复种，可以提高农田的综合抗逆力。

（三）间混套作的技术要点

间混套作虽在农业生产中已得到广泛的应用，但在群体的互补和竞争的关系中，如果处理不当，互补削弱，竞争激化，结果适得其反。如何选择好搭配作物，配置好田间结构，协调好群体矛盾，成为间混套作技术特点的主要内容。

1. 作物互补搭配　栽培作物之间存在着相似性和差异性，在形态特征方面表现了大小、高低、形状和颜色等的异同；在生育特性方面表现了生育的快慢和迟早、需水需肥的多少和先后、需光的强弱和需光时间的长短以及对温度要求的高低。这些方面大体相似或差异很大，这是事物矛盾的共性和个性在生物中的表现。根据这些方面的差异，合理选择和搭配作物及其品种，是间混套作的关键技术之一。

（1）生态适应性的选配　在间混套作复合群体中，根据高斯竞争排斥原理，必须选择生态位有差异性的作物及其品种。具体来说，就是在生产中应根据生态适应性来选择作物及其品种进行合理搭配。要求间混套作的作物对环境条件的适应性在共处期间要大体相同，否则，它们根本就不可能生长在一起。

（2）特征特性对应互补　即所选择作物的植株特征和生育特性，在有关的部分或方面相互补充。例如，植株高度要高低搭配，株型要紧凑与松散对应，叶片要大小尖圆互补，根系要深浅密疏结合，生育期要长短前后交错。正如农民群众总结的"一高一矮、一肥一瘦、一圆一尖、一深一浅、一早一晚、一多一少、一阴一阳"。间混套作的作物在特征特性上要对应互补，这样才能充分利用空间和时间，利用光、热、水、肥、气等资源，增加生物产量和经济产量。植株的高矮搭配使群体结构由单层变为多层，更为充分地利用自然资源，并且带状间混套作因高低秆作物相间，形成多路"通道"，便于空气流通交换，调节田间温度和湿度。株型和叶片在空间的互补，主要是增加群体密度和叶面积。增加光合面积，再配合其他条件，有利于光合产物的形成。叶片大小和形状互补的应用，在混作和隔行间作中的意义更大，根系深浅和疏密的结合，使土壤单位体积内的根量增多，提高作物对土壤水分和养料的吸收能力，促进生物产量增加，并且作物收获后，遗留给土壤较多的有机物质，改善土壤结构、理化性能和营养状况，对于作物的持续增产也有好处。作物生长期的长短前后交错，不管是生长期靠前的和靠后的老少搭配起来，或是生长期长的和短的间混套作起来，都能充分利用时间，可以进一步发挥生长期作物的增产潜力，在一年时间里增加作物产量。多和少指作物对水肥的需求量，要求把耗水肥多和少的作物相互搭配。阴阳指作物对光照度的需要程度，要求将喜光作物和耐阴作物搭配种植。

2. 田间结构的配置　作物群体在田间的组合、空间分布及其相互关系构成作物的田间结构。间混套作的田间结构属于复合群体结构，既有垂直结构又有水平结构。垂直结构是群体在田间的垂直分布，是植物群落的成层现象在田间的表现，层次的多少由作物种类所决定。一般间混套作的作物种类不多，因而垂直结构也比较简单。水平结构是作物群体在田间的横向排列，由于作物是用根系吸收一定范围内的水分和养料，所以水平结构就显得非常复杂和尤其重要，对于作物的生长发育和产量形成具有十分重要的意义。作物的密度、顺序、带宽、幅宽、间距、行数、行距和株距等要素构成了作物的水平结构。配置好田间结构是间混套作技术非常重要的工作，也是其成败的关键。

(1) 密度 提高种植密度，增加叶面积指数，尤其是光照叶面积指数，是间混套作增产的中心环节。确定密度的原则，基本上是不减少或稍减少主作物密度，或两种间作的作物密度比单作时都减少，但总密度却是增加的。套作则要求两种作物的密度和产量皆高于每种作物单作时的产量，或者其中之一因减小密度，而保证另一种作物的密度，增产补偿有余。当高秆作物和矮秆作物间混套作时，高秆作物或主作物一般都应适当加大密度，以充分利用矮秆作物为高秆作物改善了的通风透光条件，发挥密度的增产潜力，一般其密度与单作基本相同。

(2) 幅宽 指的是间混套作中每种作物两边行相距的宽度，只有作物呈带状间混套作时，才有幅宽可言。幅宽直接关系着各作物的面积和产量，如果幅宽过窄，虽然对生长旺盛的高秆作物有利，却对不耐阴的矮秆作物不利，如果幅宽过大，对高秆作物增产不一定明显，幅宽应在不影响播种任务和适合现有农机具的前提下，根据作物的边际效应来确定。

(3) 行数和行株距 作物在间混套作时的幅宽大体确定后，再进一步调整各作物的行数和行株距，行数可用行比来表示，即各作物行数的实际数相比，如 2 行玉米间作 2 行大豆，其行比为 2∶2，6 行小麦与 2 行棉花套作，其行比为 6∶2，行距和株距实际上是密度问题，配合得好坏对于各作物的产量和品质关系很大。间混套作作物的行数也要根据边际效应来确定，不同作物其边际效应不仅表现为边际优势或劣势，影响着幅宽，还涉及行数的多寡。不同作物组合，边际效应范围和影响行数都不相同，为了发挥边际优势并减缓劣势，在确定行数时，一般高秆作物不可多于或矮秆作物不少于边际效应所影响行数的 2 倍。在实际运用时，根据具体情况可以增减，但要与现有机械配合起来。行株距的大小，本着确定单作密度的原则，掌握高秆作物比单作时适当小些，矮秆作物比单作时适当大些，以充分利用光热条件。

(4) 间距 是指相邻两作物边行的距离，一般比较靠近，甚至枝叶根部也都可能接触交叉，成为种间争夺生活条件最激烈的地方。间距过大则减少作物行数，浪费土地；过小则加剧作物间矛盾。在水肥条件不足的情况下，两边行矛盾激化，甚至达到你死我活的地步。在光照条件差或都达到旺盛生长期时，互相争光，严重影响处于低层的作物生长发育和产量。各种组合的间混套作的间距，在生产中一般都容易过小，很少过大。在充分利用土地的前提下，主要照顾到低层作物，以不影响其生长发育为原则。具体确定间距时，一般可根据两作物行距一半之和进行调整。在肥水光照充足的情况下，可适当窄些；相反在差的情况下可宽些，以保证作物的正常生长。

(5) 带宽 是指间混套作的各种作物顺序种植一遍所占地面的宽度。包括各个作物的幅宽和间距。一方面幅宽、间距、行数和行距都是在带宽以内进行调整的；另一方面它又将田块划分成若干条带，也就是间混套作的最基本单元，每个条带配合得合适与否，整个田块，甚至采用这种方式的所有田块都要受到全面的影响。基本单元合理，整体结构才能协调。因此，在相当程度上，带宽对于田间结构具有决定性的意义。确定间混套作的带宽，涉及许多因素，一般可根据作物品种特性、土壤肥力，以及农机具来确定。喜光的高秆作物占种植计划的比例大而矮秆作物又不甚耐阴，两者都需要大的幅宽时，采用宽带种植；喜光的高秆作物比例小且矮秆作物又耐阴时，可以窄带种植。株型高大的作物或肥力低的土地，行距和间距都大，带宽要加宽；反之，则缩小。此外，机械化程度高的地区一般采用宽带状间混套作，中型农机具作业带宽要宽一些，小型农机具作业可窄些。

3. 田间管理技术　根据间混套作的效应原理，要发挥复合群体的互补优势，必须造成时间、空间和营养等方面的生态位分离，在间混套作技术上，常运用以下措施来实现。

（1）适时播种　为了保证全苗，间混套作的播种时期与单作相比，更具有特殊的意义。它不仅影响一种作物的产量和品质，还影响间混套作的所有作物，尤其影响后作的产量。套作时，套种过早或前一作物迟播晚熟，会延长共生期，抑制后一作物苗期生长；套种过晚，增产效果也不会明显。因此，要着重掌握适宜的套种时期。间作时，更需要考虑不同间作作物的适宜播种期，使它们的各生长阶段都能处在适宜的时期。秋播作物的播种期比单作要求更加严格，特别是前作成熟过晚，要采取促进早熟的措施，不得已晚播时，要加强冬前管理，保全苗促壮苗。

（2）水肥管理　间混套作的作物由于竞争，往往生长缓慢，因此需要加强管理促进生长发育。在间混套作的田间，因为增加了植株密度，容易水肥不足，应加强追肥和灌水。

（3）防治病虫　间混套作可以减少一些病虫害，也可增添或加重某些病虫害，对所发生的病虫害，要对症下药，以防为主，防治结合。

（4）早熟早收　间混套作的作物生长在一起，低位作物受高位作物的遮盖和竞争，光、热、水、肥、气条件均差，生长缓慢，迟发晚熟。多熟间混套作，更需要争取时间，力争在霜冻以前成熟，所以早熟早收的措施是非常重要的。

二、复　种

复种是中国普遍的农业种植制度，对保障国家粮食安全和促进农村经济发展十分必要。丁明军等（2015）分析了1999—2013年中国耕地复种指数的时空变化过程。结果表明，中国耕地复种指数从北到南逐渐增加，其中种植制度上43.48%的耕地实行一年一熟，56.39%的耕地实行一年二熟，仅有0.13%的耕地实行一年三熟。

（一）复种及其相关的概念

1. 复种（sequential cropping）　是指在同一田地上，一年内或一个生长季内接连种植二茬或二茬以上作物的种植方式。复种方法有多种，可在前茬作物收获后直接播种后茬作物，也可在前茬作物收获前将后茬作物套种在前茬作物的行间，这两种复种方法在全国应用普遍。此外，还可以采用移栽、再生等方法实现复种。

通常用复种指数（cropping index）来表示和评价各地作物种植对土地的利用程度，以此判断土地利用率的高低。复种指数就是一个地区全年总收获面积占耕地面积的百分率。公式为：

耕地复种指数＝［全年作物总收获面积（hm^2）/耕地面积（hm^2）］×100%

复种指数为100%时，表示土地没有闲置；小于100%时，表示尚有休闲或撂荒的土地；大于100%时，表示有一定的复种土地。

2. 休闲（fallow） 是指耕地在可种作物的季节只耕不种或不耕不种的方式。在农业生产中耕地进行休闲，其目的主要是使耕地短暂休息，减少水分、养分的消耗，并蓄积雨水，消灭杂草，促进土壤潜在养分转化，为以后作物创造良好的土壤条件。在休闲期间，自然生长的植物还田，有助于培肥地力。休闲的不利方面是不能将光、热、水、土等自然资源转化为作物产品，易加剧水土流失，加快土壤潜在肥力的矿质化，对土壤有机质积累不利。

3. 撂荒（shifting cultivation） 是指荒地开垦种植几年后，较长时期弃而不种，待地力恢复时再行开垦种植的一种土地利用方式。生产实践中，当休闲年限在两年或两年以上并占到整个轮作周期的 2/3 以上时，即称为撂荒。

（二）复种的基本条件

1. 热量条件 是决定能否复种的首要条件。其中，积温、生长期和界限温度是复种的决定因素。

（1）积温 复种所要求的积温，不仅是复种方式中各作物本身所需积温（喜温作物以≥10℃计算，喜凉作物以≥0℃计算）的相加，应在此基础上有所增减。如前作物收获后再复种后作物，应加上农耗期的积温；套作则应减去前后茬作物共生期间一种作物的积温；如果采取育苗移栽，应减去作物移栽前的积温。一般情况下≥10℃积温在 2 500~3 600℃，只能复种早熟青饲料作物，或套作早熟作物；在 3 600~4 000℃，可一年二熟，但要选择生育期短的早熟作物或者采用套作或育苗移栽方法；在 4 000~5 000℃，则可进行多种作物的一年二熟；在 5 000~6 500℃，可一年三熟；≥6 500℃可一年三熟至四熟。不同作物和品种对温度的需要量也各不相同。如同属早熟型玉米需要≥10℃的积温是 2 250℃左右，而马铃薯仅为 1 000℃。马铃薯不同类型品种之间对有效积温的需要量也有较大差异，早熟型品种需≥10℃的积温为 1 000℃，而中、晚熟品种所需的积温分别为 1 400℃和 1 800℃。

（2）生长期 作物从播种、出苗到成熟，需要一定的生长期。生长期常用大于 0℃、10℃的天数表示。一般大于 10℃天数少于 180d 的地区多为一年一熟，复种极少，只能套作或接茬复种生长期极短的作物；180~250d 范围内，可实行一年二熟；250d 以上的可实行一年三熟。

（3）界限温度 是指作物各生育时期（包括播种、发芽、开花、灌浆及成熟等）的起点温度，以及生育关键时期的下限温度或作物停止生长的温度等。如冬天的最低温度能否保证冬作物的安全越冬，一般冬季最低温度 -22~-20℃的地区为种植冬小麦的北界；夏天要种植喜温作物，夏季的温度要满足喜温作物抽穗开花的需要，一般最热月平均 18℃为喜温作物的下限。

2. 水分条件 在热量条件能满足复种的地区，能否进行复种，主要取决于水分条件。影响复种的水分条件主要有降水量、降水分布规律、地下水资源、蒸腾量、农田基本建设等。从降水量看，我国一般年降水量不足 600mm 的地区，相应的热量可实行一年二熟，但水分不能满足二熟要求，复种时要进行灌溉；年降水量不足 800mm 的地区，有灌溉条件才能播种水稻；年降水量大于 800mm 的地区，如秦岭淮河以南以及长江以北，可以有较大面积的稻麦二熟；种植双季稻或三熟制则要求降水量大于 1 000mm。在无灌溉设施的旱作农区，年降水低于 300mm 的地方，不能复种。降水量在 400mm 以上和有灌溉条件的地方，如"三北"地区，可结合本地实际逐步增加复种面积，提高土地利用率。降水的季节性分布，对复种的作物组成及其成功率有重要影响。

3. 地力与肥力条件　在光、热、水条件具备的情况下，地力水平往往成为复种产量高低的主要限制因素。提高复种指数，需要增施肥料，才能保证复种高产增收；肥料少，地力不足，往往出现两茬不如一茬的现象。给土壤及时施用各种有机肥料和化学肥料，调节土壤肥力是满足复种作物对养分需要的主要措施，犁耕前施入 $30t/hm^2$ 有机肥，在作物生育期内分批追施氮肥 $1.0\sim1.2t/hm^2$，可增产 15%～40%。

4. 生产条件与效益　复种主要是从时间上充分利用光热和地力的措施，需要在作物收获、播种的大忙季节，短时间内及时并保质保量地完成前茬作物收获及后茬作物播种和田间管理工作。所以，有无充足的劳力和机械化条件也是事关复种成败的一个重要问题。复种中劳力、时间和机械的投入量和劳动密集程度远远高于单种。据测算，复种用工量是单种的 2～3 倍。为了提高劳动生产率，降低劳动强度，在复种生产的耕耙、播种、收获、病虫害防治等环节引入各种农机具，实行机械化作业是我国实现农业现代化的必然要求。

（三）复种技术

复种后，作物种植由一年一季改为一年多季，在季节、茬口、劳力、资金投入等方面出现许多新的矛盾，需要采取相应的栽培技术措施加以解决。

1. 选择适宜的作物组合　这是复种能否成功在技术上要解决的第一个问题。为了确定适宜的作物组合，首先要根据当地的自然条件确定当地的熟制，然后根据熟制与所处地区热量和水、肥条件的矛盾以及对自然条件的适应程度确定作物组合。例如在华北地区实行一年二熟，当热量资源较紧张时，采用短生长期的谷子与小麦组合就比小麦与玉米组合稳产。具体考虑如下：

（1）充分利用休闲季节增种一季作物　如南方利用冬闲田种植小麦、大麦、油菜、黑麦草等作物；华北、西北以小麦为主的地区，小麦收后有 70～100d 的夏闲季节可供复种开发利用。

（2）利用短生育期作物替代长生育期作物　甘肃、宁夏灌区的油料作物胡麻（油用亚麻）生育期长（120d），产量不高，改种生育期短的小油菜，能与小麦、谷子、糜子、马铃薯等作物复种。

（3）种植一些填闲作物　如短生育期的饲料作物紫云英、黑麦草等。

2. 品种搭配技术　选择适宜的品种，这是在作物组合确定后，进一步协调复种与热量条件紧张矛盾的重要措施。一般说来，生育期长的品种比生育期短的增产潜力大。但在复种情况下，不能仅考虑一季作物的高产，必须从全年高产、整个复种方式全面增产着想，使前、后茬作物的生长季节彼此协调。实践证明，选择适期生长的品种与超过季节允许生长范围的品种相比可以增产。

3. 争时技术　在生长期一定的条件下，实施复种后必然导致不同作物对生长期占据之间的矛盾，为了保证复种的作物能够正常成熟，应协调好不同作物争夺生育季节的矛盾，并充分利用生长期。复种必须采取如下相应的争时技术。

（1）育苗移栽　是在劳力充足、水肥条件较好地区的重要争时技术。它是将作物集中育苗，苗期后移栽到大田去的一种争时方法。作物在苗期集中生长，避免了不同作物复种后生长期不足之间的矛盾。随着复种指数的提高，移栽技术将有更大的发展。

(2) 套作 是我国南、北方提高复种指数,解决前、后茬作物季节矛盾的一种有效技术,普遍采用的方法是在冬作物行间套作各种粮食作物和经济作物。华北地区在≥10℃的积温为3 600~4 200℃的地方,一年一熟热量条件有余,二熟热量条件紧张,小麦收后直接复种玉米产量不高也不稳,而采用套作可以明显提高产量效益。

(3) 地膜覆盖 也起到一定的争时作用。通过地膜覆盖可以提高地温,抑制水分蒸发,促进作物快生早熟。

4. 抢时播种,促早熟 华北地区麦后免耕直接播种后茬作物,南方水稻田收稻后直接在板田上撒播油菜籽再进行开沟做畦,这些技术都是抢时播种的典型事例。随着免耕和少耕的发展,将会进一步促进新的复种方式的产生。新技术的应用和推广,也有助于进一步解决复种中争季节的矛盾。

第五节 保护性耕作

保护性耕作(conservation tillage)已成为目前世界上应用最广、效果最好的一项旱作农业技术,因此越来越受到世界各国的关注。保护性耕作技术被称为"一场农业耕作制度的革命",是一项对农田实行免耕少耕,并用农作物秸秆残茬覆盖地面的先进农业耕作技术,目前主要应用于干旱、半干旱地区旱作农作物生产及牧草饲料作物的种植中,具有减少土壤风蚀、水蚀和培肥地力,以及抑制农田扬尘、降低农业生产成本、增加农民收入等功效。

一、保护性耕作的概念

综合国内外研究现状,迄今为止,对于保护性耕作的技术概念依然没有形成比较一致的定义。高旺盛(2007)总结分析了美国对保护性耕作定义的阶段性:第一阶段是20世纪60年代,将保护性耕作定义为少耕,通过减少耕作次数和留茬来减少土壤风蚀。第二阶段是20世纪70年代,美国水土保持局对保护性耕作进行了补充和修正,将保护性耕作定义为不翻耕表层土壤,并且保持农田表层有一定残茬覆盖的耕作方式,并且将不翻表层土壤的免耕、带状间作和残茬覆盖等耕作方式划入保护性耕作范畴。第三阶段是20世纪80年代,把保护性耕作定义为一种作物收获后至少有30%残茬覆盖物保留在农田表层,最终达到防治土壤水蚀的耕作方式和种植方式。前两个阶段都已经涉及作物残茬覆盖,但都没有明确残茬覆盖量的问题,只有第三阶段明确了30%残茬覆盖量。全球气候、土壤类型多样,种植制度变化大,保护性耕作技术类型繁多,美国对保护性耕作定义也难以概括全貌。

刘巽浩(2008)定义保护性耕作为有利于维持保土保水并改善土地生产力的耕种措施。龚振平、马春梅(2013)定义保护性耕作为以水土保持为中心,保持适量的地表覆盖物,尽量减少土壤耕作,并用秸秆覆盖地表,减少风蚀和水蚀,提高土壤肥力和抗旱能力的一项先进农业耕作技术。

二、保护性耕作的由来

保护性耕作起源于美国。美国是最早研究沙漠化防治与保护性耕作的国家,起因于20世纪30年代震惊世界的黑风暴事件。19世纪中叶,美国拉开了西部大开发的序幕,鼓励大面积开荒种地,饲养牲畜,机械化翻耕土地。这些举措加快了土地开发,获得了几十年不错的收成。但由于过度耕作、放牧等掠夺式经营，草原植被严重破坏，农田肥力日趋衰竭，作物产量逐年下降。随着气候干旱，大风天气到来，终于导致了一场毁灭性的黑风暴灾难。大风横扫中部大平原，到处风沙蔽日，尘埃滚滚。风暴过后，大地被吹走10~30cm厚的表土。仅1935年美国就毁掉300万hm^2耕地，冬小麦减产510万t。此后，美国便成立了土壤保持局，对各种保水保土的方法进行了大量研究。1937年美国俄亥俄州的农民试验发现，在保证播种质量和有效除草条件下，免耕能够获得相同的作物产量。经过20多年试验研究，20世纪60年代美国开始推广免耕法，80年代成为美国主流耕作技术，1995年更名为保护性耕作法。目前保护性耕作面积占耕地面积60%以上的国家主要在北美洲（美国、加拿大等）、南美洲（巴西、阿根廷、巴拉圭等）和大洋洲（澳大利亚等），欧洲保护性耕作面积占15%左右。亚洲、非洲和苏联国家保护性耕作面积相对较少（高焕文等，2008）。

我国干旱、半干旱地区的总面积约占国土总面积的52.5%，主要分布在北方，以旱作农业为主。现有的犁耕模式加上大量的开垦荒山草地和施用化肥农药，造成水土流失的加重、风沙灾害的频繁发生和生态环境的恶化。其中风蚀沙化则是北方旱作区更为突出的问题，为了抗旱增产、节本增收、保护生态环境、实现农业可持续发展目标，我国从20世纪60年代就已开展了保护性耕作的单项技术和农艺措施的试验研究，直到90年代，取得了抗旱增产的效果，但还没有看到其环保功能。1992年，在农业部的支持下，中国农业大学高焕文教授领导的试验小组与山西省农机局合作，经过9年的系统试验研究，完成了保护性耕作在我国的适应性研究，回答了"保护性耕作在我国是否可行"的问题，为保护性耕作在我国的推广应用奠定了坚实的理论基础。

三、保护性耕作的技术原理

保护性耕作技术的基本原理可以归纳"三少两高"，即少动土、少裸露、少污染、高保蓄、高效益（高旺盛，2007）。

(一)"少动土"原理

"少动土"原理主要是通过少耕或免耕等技术尽量减少土壤扰动，达到减少土壤侵蚀和增加作物产量的效果。高旺盛在内蒙古武川县的试验研究结果表明，与传统秋耕裸地相比，留茬免耕的保护性耕作可以明显减轻农田土壤的风蚀效果，风蚀量减少了66.67%。此外，不同区域研究证实，保护性耕作可以增加耕层较大粒径非水稳定性大团聚体，维持良好的孔隙状态，改善土壤结构，提高土壤质量。黄国勤等（2015）在江西双季稻田进行了连续8年稻田保护性耕作试验，实行稻田保护性耕作处理的土壤容重低于传统耕作3.6%~5.6%，总孔隙度和毛管孔隙度分别高出传统耕作1.6%~17.4%、2.4%~16.7%。与传统耕作相比，保护性耕作显著提高了土壤有机质（2.9%~10.0%）、有效磷（4.8%~31.6%）、速效钾（9.7%~25.7%）的含量。

(二)"少裸露"原理

"少裸露"原理主要是通过秸秆覆盖、绿色覆盖等地表覆盖技术实现地表少裸露，以减少土壤侵蚀以及提高土地产出效益。在华北平原小麦和玉米高产农区进行的试验结果表明，秸秆覆盖对土壤蒸发的抑制率3年平均为58%，多年平均增产4.35%，水分利用效率平均提高12.26%，耗水系数平均降低9.75%。

（三）"少污染"原理

"少污染"原理是指对牧草饲料作物生产地通过合理的作物搭配、耕层土壤改造、水肥调控等配套技术，实现对温室气体排放、土壤污染等不利因素的控制。研究证明保护性耕作措施能显著增加表层土壤总有机碳、稳态碳和碳库管理指数，实现"碳汇"功能，改善农田生态环境。实施保护性耕作对土壤碳贮存量影响不大，但耕作措施改变了农田土壤碳组分，特别是颗粒性有机碳，从而影响到作物的吸收利用，进一步影响了作物产量和土壤生产力（张海林等，2009）。Kahlon等（2013）对22年的耕作试验研究得出，0~20cm免耕土壤全碳含量较犁耕增加约30%，且随着秸秆覆盖量的增加而增加。许多研究表明，在大多数干旱半干旱区种植系统中，相对于犁耕措施，免耕可以提高表层土壤全氮含量（薛建福等，2013）。

（四）"高保蓄"原理

"高保蓄"原理是通过对土壤少耕或免耕并结合地表覆盖及配套保水技术的综合运用，可以改善耕层土壤持水性能，增加土壤有效水，达到保水效果。华北平原试验表明，在0~30cm土层中，犁耕、旋耕和免耕3个处理的平均有效水含量分别为0.098%、0.117%和0.124%，旋耕和免耕明显高于犁耕；在小麦/玉米二熟制农田中，免耕调节了土壤中大小孔隙的比例，提高了土壤的有效水含量；在170cm土体中，免耕处理土体蓄水量最高。

（五）"高效益"原理

"高效益"原理主要是对土壤通过保护性耕作核心技术和相关配套技术的综合运用，实现保护性耕作条件下的耕地最大效益产出。黄国勤等（2015）在江西双季稻田进行了连续8年稻田保护性耕作处理，平均产量高于传统耕作4.46%~8.79%，保护性耕作各处理的有效穗数、每穗粒数和结实率均高于对照。

四、保护性耕作的技术内容

保护性耕作的基本技术包括免耕与少耕技术、秸秆与表土处理技术、免耕播种技术、杂草病虫害控制技术四项内容。

（一）免耕与少耕技术

免耕是指除播种外对土壤不进行任何耕作的耕作制，少耕是指对土壤不进行犁耕的含有深松耕和表土耕作的耕作制。在保护性耕作实施初期，土壤的自我疏松能力还不强，深松耕作业也有必要。根据情况，一般2~3年深松耕一次，直到土壤具备自我疏松能力，可以不再深松耕。但有些土壤，可能一直需要定期松动。深松耕作业是在地表有秸秆覆盖的情况下进行的，要求深松机有较强的防堵能力。

（二）秸秆与表土处理技术

秸秆与表土处理技术包括秸秆粉碎、浅松耕、耙地等作业，以解决秸秆分布不匀或地表不平、不疏松等问题。收获后秸秆和残茬留在地表做覆盖物,是减少水土流失、抑制扬沙的关键。

(三) 免耕播种技术

免耕播种技术是在秸秆覆盖地表后直接进行开沟、施肥、播种和覆土镇压的技术。与传统耕作不同,保护性耕作的种子和肥料要播施到有秸秆覆盖的地里,有些还是免耕地,所以必须使用特殊的免耕施肥播种机,有无合适的免耕施肥播种机是能否采用保护性耕作的关键。该机要有很好的防堵性能和入土性能,以及能大量施肥、深施肥和覆土镇压功能。

(四) 杂草病虫害控制技术

杂草病虫害控制技术是在取消犁耕的情况下,控制杂草和病虫害的技术,包括喷施化学药剂、机械除草、人工除草,以及轮作、秸秆覆盖等措施。实施保护性耕作后,一般会导致土壤环境发生变化,主要是杂草虫病害的增加。因此,能否成功地控制杂草虫病害,往往成为保护性耕作成败的关键。我国北方旱区由于低温和干旱,总体上杂草和病虫危害不会太严重,但仍然需要实时观察,发现问题及时处理。

五、保护性耕作的关键技术

保护性耕作与传统耕作的最大差别在于,取消了铧式犁翻耕,地面保留大量的秸秆残茬作为覆盖物,并在秸秆覆盖地上采用免耕播种或少耕播种,实现保水、保土和保肥目的,降低了作业成本,增加了粮食产量。多年研究和推广保护性耕作技术的实践证明,实施保护性耕作必须采用机械化的技术手段,才能保证各项作业的质量,进而保证保护性耕作技术效益的发挥。因此,保护性耕作亦被称为机械化保护性耕作,具体技术如下。

(一) 秸秆覆盖技术

农作物秸秆数量大、分布广,是农业生产的副产品,也是重要的生物资源。我国每年生产的7亿多t秸秆中含氮350多万t、磷80多万t、钾约800万t,氮、磷、钾的含量超过我国目前化肥施用量的1/4。秸秆中还有大量的有机质和微量元素,是无机化肥所不具备的。保护性耕作技术本身要求用秸秆覆盖地表,实现保水、保土、保肥,因此,推广实施保护性耕作技术是解决秸秆综合利用的有效途径。

前茬作物收获后,保留前茬作物根茬和秸秆予以覆盖地表,是保护性耕作技术的特征之一。但保留多少、如何保留、保留下来的秸秆残茬要不要处理、如何处理等一系列问题就成为保护性耕作技术实施中必须解决的问题。

1. 秸秆残茬的覆盖形式 秸秆残茬覆盖有多种形式。按覆盖量的多少可分为全量覆盖、部分覆盖和留茬覆盖3种。按覆盖秸秆在田间的状态可分为立秆覆盖、倒秆覆盖和粉碎覆盖3种。

2. 秸秆残茬覆盖方式的选择 首先是秸秆覆盖量的选择,通常秸秆残茬覆盖量越多,保水、保土、保肥的效果越好。这是因为秸秆残茬覆盖量越多,雨水径流越少,蒸发量越低,秸秆腐烂后增加土壤有机质越多。但覆盖的秸秆过多,对土壤通气性也有一定的影响。因此,需要根据各地的具体情况,选择适合当地条件的秸秆覆盖量。然后是秸秆和残茬覆盖形式的选择，立秆覆盖、倒秆覆盖和粉碎覆盖3种覆盖形式中，以粉碎覆盖的效果最好，倒秆覆盖的效果次之，立秆覆盖的效果最差。因为秸秆覆盖的目的是在地表与大气之间形成一个由秸秆残茬组成的隔离层，达到减少蒸发等效果。粉碎并将碎秆均匀地覆盖地表，能减少地表的裸露，因而保水、保土、保肥的效果最好。

3. 秸秆粉碎处理 对于留茬和秸秆覆盖量较大且未在收获同时完成粉碎的，一般应通过粉碎机粉碎，保证较好的覆盖效果，并为后续作业创造良好的条件。秸秆粉碎依作物种类、覆盖量及所用播种机类型的不同而有不同要求。一般应注意如下事项。

①小麦收获时，若联合收割机上带有秸秆粉碎抛撒装置，割茬应控制在10cm左右。这样，除需要对停车卸粮等出现的成堆碎秆人工辅助挑开均匀铺撒外，不需要对覆盖秸秆进行其他处理即可休闲、播种。

②若采用不带粉碎抛撒装置的联合收割机收获小麦时，因有后续的秸秆粉碎作业，可考虑适当提高割茬高度，以减少联合收割机的喂入量，提高收获效率。

③夏休闲且需要进行秸秆粉碎时，可待第一场雨后、杂草长到10cm左右时再进行粉碎作业。这样，一是可避开夏收大忙季节；二是秸秆经过一段时间的风干，含水量低，韧性变差，粉碎效果好；三是可同时完成一次除草，即在秸秆粉碎的同时，将杂草一并粉碎，可减少一次休闲期除草作业。

（二）表土处理技术

表土处理是指在前茬作物收获后至后茬作物播种前用圆盘耙、弹齿耙、浅松机等机械对表层10cm以内的土壤进行浅松耕和耙耱作业。开展旱作地保护性耕作研究较早、水平较高的美国、澳大利亚、加拿大等国的实践表明，适当的地表处理是保证保护性耕作充分发挥效益的重要作业环节。如美国在取消了锥式犁后，研究开发了不同的种床制备机，加拿大的部分优秀农场也在保护性耕作实施中采用了地表作业代替除草剂除草，以减少药物残留、提高粮食品质和降低作业成本。我国的旱作地保护性耕作研究也说明，在我国地块小、拖拉机功率小、施肥量大、作业行距小、免耕施肥播种质量不易达到较高水平及我国农民历来具有精耕细作传统的现实情况下，必要的地表处理对保护性耕作在我国的推广实施具有更大的现实意义。目前，可供选择的地表处理工艺有耙耱地、浅松耕和浅旋耕等。

1. 耙耱地 可选用圆盘耙或弹齿耙进行，适用于多种作物秸秆覆盖地的地表处理。耙耱地作业的主要作用是将粉碎后的秸秆部分混入土中，防止在冬休闲期大风将粉碎后的秸秆刮走或集堆，有利于秸秆覆盖状态的保持。另外，耙耱地还有平整地表、灭除杂草等作用。

2. 浅松耕 是利用具有表土疏松、除草等功能的松土铲，从地表下5~8cm处通过，表层土壤和秸秆从浅松铲表面流过，并经过镇压轮或镇压辊镇压，获得平整细碎的种床，实现平地、除草、碎土等功能。

3. 浅旋耕 是利用旋耕机对地表（5cm左右）进行耕作的作业，是目前不少推广保护性耕作的地区选择的处理工艺。对平整地表、粉碎并将秸秆与土壤混合、除草等有很好的效果。

（三）免耕施肥播种技术

1. 技术要点 免耕（no-tillage）又称零耕、化学中耕、直接下种和无犁中耕，是指作物播前不用犁、耙整理土地，直接在残茬地上播种并伴随施肥，且播后作物生育期间也不用农具进行土壤管理的耕作方法。其作业技术要点如下。

（1）破茬开沟技术　少动土、少跑墒是保护性耕作的基本要求。免耕施肥播种时，地表有秸秆残茬覆盖，并且土壤紧实，要求有良好的破茬开沟技术，这是实现免耕播种的关键技术之一。目前，保护性耕作技术实施中所采用的破茬开沟技术主要有以下几种。①移动式破茬开沟技术：目前主要应用窄形尖角型开沟器破茬开沟，为锐角开沟，优点是入土能力强、扰动土壤少、消耗动力小，易于实现较深的破茬开沟。一般开沟深度为10cm左右，可以实现肥下、种上的分层施播。②滚动式破茬开沟技术：主要有滑刀式和圆盘刀式两种，应用较多的是圆盘刀式破茬开沟，其原理是利用各种圆盘（缺口式、波纹式、平面式、凹面式等）以一定的正压力沿地表滚动，切开根茬和土壤，实现播种、施肥等。③动力驱动式破茬开沟技术：其原理是利用拖拉机的动力输出轴，驱动安装在播种机开沟器前方的旋转轴，通过安装在旋转轴上的旋耕刀、缺口圆盘等旋转入土破茬，目前应用较多的是旋耕刀破茬技术。

（2）防堵技术　保护性耕作时地表有大量的秸秆残茬覆盖，播种时常常会在开沟器上缠绕和在开沟器间堆积造成堵塞。堵塞后，播种作业无法正常进行，播种质量无法保证。因此，防堵技术是免耕播种中的重要环节，必须予以高度重视。目前应用的防堵技术主要有以下几种。①圆盘滚动式开沟装置防堵技术：圆盘滚动式开沟器具有良好的防堵性能，但由于圆盘开沟器需要较大的正压力，使得播种机质量偏大和种肥分施能力差，故不适合于我国目前的保护性耕作技术使用。但从防堵效果看，圆盘滚动式开沟技术优于移动式开沟技术。②秸秆粉碎和加大开沟器间距防堵技术：造成秸秆堵塞的原因主要是缠绕和堆积。缠绕是指秸秆或杂草在开沟器经过时，挂在开沟器铲柄上或刀轴上，影响播种作业质量；堆积是指在开沟器经过时，秸秆和杂草积聚在开沟器前方，当两个开沟器前的秸秆和杂草积聚为一堆时，必然会造成堵塞。防止缠绕和堆积的技术是在播种前进行秸秆粉碎，覆盖的长秸秆越少，缠绕的可能性越小。实际上，即使在开沟器铲柄上有部分秸秆缠绕，如果开沟器间距足够大，也会在播种机前进中受到一侧较大的牵阻力而脱落，不会造成堵塞。如果开沟器间距小，即使只有少量秸秆缠绕，两个开沟器上的秸秆也很容易连接在一起造成秸秆堆积，必然会发生堵塞。所以，加大开沟器间距使秸秆有足够的通过空间，是防止堵塞的有效措施。③非动力式防堵技术（又称被动式防堵技术）：在行距较大的宽行播种机上，为增强防堵能力，加装非动力式防堵装置是有效的防堵技术与措施。常用的防堵装置有开沟器前加装的分草板、分草圆盘（一般为凹面圆盘）。播种作业时，分草板或分草圆盘将种植行上经过粉碎的秸秆推到两边，减少开沟器铲柄与秸秆的接触，实现防堵；也有的是在开沟器前加装八字形布置的分草轮齿，播种作业中，利用轮齿将播种行上的秸秆向侧后方拨开，实现防堵。④动力驱动式防堵技术（又称主动式防堵技术）：这类动力驱动式破茬开沟技术，是利用拖拉机动力驱动安装在开沟器前的防堵装置，通过对秸秆进行粉碎、抛撒等作用实现防堵。⑤带状粉碎式防堵技术：即在播种开沟器前安装粉碎直刀，利用动力驱动高速旋转，将开沟器前方的秸秆粉碎，并利用高速旋转的动能，使粉碎后的秸秆沿保护粉碎装置的抛撒弧板抛到开沟器后方，实现防堵。前述三种防堵技术结构简单，有一定的防堵效果，适合于粉碎后秸秆量较大条件下的玉米播种。第五种技术防堵效果好，由于没有旋耕刀对土壤的扰动，因而更符合保护性耕作技术的要求。

（3）种、肥分施技术　免耕时施肥是把基肥和种肥一次性施入土壤中，因而施肥量大，为防止烧芽苗，必须分施肥料和种子，且要求种、肥间隔一定的距离。种、肥分施有侧位分施和垂直分施（化肥施在种子正下方）两种。侧位分施是用两套开沟装置，一套开沟播种，旁边另一套开沟把化肥深施在种子侧下方。其优点是种、肥不同沟，种子深度容易控制；但缺点要开两个沟，势必增加地表的破碎程度，对土壤扰动也大，而且相邻的两套开沟器也容易增加堵塞的可能性。垂直分施仅开一次深达10cm左右的沟，肥料位于底层，种子位于上层，有一定间隔距离。其优点是对地表的破坏相对较小，播种机在秸秆覆盖地上的通过性较好；但其缺点是靠深施肥后的自然回复土间隔肥料、种子，因此间距不可能完全一致，易造成播种深度的不好掌控，而且开沟深也将显著增加播种阻力。种、肥分施不管是侧位分施还是垂直分施，根据我国北方目前农业生产中的施肥量，一般应确保种、肥间距在4～6cm。

(4) 覆土镇压技术　免耕播种时，由于土壤较坚实，开沟时易出现较大的土块，土壤质地相对贫瘠、含水量不合适时更易出现。这种土块一是影响播种深度的均匀性；二是易出现架空，即种子与土壤接触不实。这两种情况都会影响种子的出苗和正常生长。因此，实施保护性耕作时对覆土镇压要求较高，一方面要求将较大的土块压碎，另一方面要求对播种行上的土壤进行适当的压密。目前免耕播种后的镇压均采用较大的镇压轮，利用镇压轮的自重对土块进行压碎和对播种行上的覆土进行压密。也有的在镇压轮上加装加压弹簧，适当将播种机机架的质量转移到镇压轮上，保证镇压效果。

2. 注意事项　包括种子和肥料两方面。一方面要求在播种前选择适应当地生产条件的良种，良种包含品种优良和品质优良二层含义，这是确保收成的前提条件；另一方面要求因地制宜，实施配方施肥和均衡施肥，这是获得高产的保障条件。

（四）深松耕技术

深松耕技术是利用深松铲疏松土壤并加深耕层而不翻转土壤的一项作业，非常适合于旱作地耕作制，是一项基本的少耕作业。其作用包括：在实行保护性耕作初期，间隔1～2年后深松（每次不在同一部位深松），可以有效打破以往多年翻耕形成的犁底层，达到加深耕层的目的；深松后形成虚实并存的土壤结构，调节了土壤三相比，改善了耕层土壤结构，有利于土壤气体的交换、好气性微生物的活化和矿物质的分解，从而达到培肥地力的目的；深松耕后增大了土壤粗糙度，在雨季减少了降水径流和土壤水蚀，提高了土壤蓄水抗旱的能力；深松耕作业可以消除由于收获、喷药、播种等机械进地作业造成的土壤压实。深松耕技术要点如下。

1. 作业机械　目前我国农业生产中所用的深松机主要有单柱式（包括凿式和铲式）、倒梯形全方位式等，都可用于保护性耕作地的深松耕作业。但深松耕作业耗能大，需要大中型拖拉机牵引。更需注意的是，保护性耕作地地表有大量的秸秆残茬覆盖，故必须考虑深松机在田间的通过性，此取决于地表秸秆覆盖量的多少、秸秆的粉碎程度、杂草的种类及其多少、深松机上相邻两工作部件间距及其与机架形成的秸秆通过空间等。一般秸秆覆盖量越大，通过性越差；秸秆粉碎越细，通过性越好；杂草尤其是匍匐型杂草越多，缠绕深松铲柱造成堵塞的可能性越大；深松机相邻两工作部件之间的间距越大、机架越高，秸秆通过的空间越大，则堵塞的可能性越小。

2. 作业深度　根据具体情况选择深松耕作业深度。深松耕作业耗功的大小与深松耕深度密切相关，如仅为打破犁底层而进行深松耕，可在深松耕前进行测定，根据犁底层的深度位置决定深松耕作业深度。多年来，一般以小型拖拉机或畜力进行传统翻耕作业的，耕作深度不超过 20cm，深松耕深度选择到 25cm 即可。

3. 作业时间 深松耕后蓄纳更多水分的条件是有相对较多的降水。因此，一般应把深松耕作业安排在雨季前夕进行。

（五）除草技术

保护性耕作由于取消了铧式犁翻耕处理杂草的手段，杂草较一般传统的多。同时，保护性耕作地地表有秸秆覆盖，给化学除草、机械除草或人工除草都带来一定困难。但是，实施保护性耕作后，由于对土壤的扰动少，杂草种子一般聚集在地表 3～5cm，萌发比较集中，容易集中灭除；而翻耕地的杂草种子分布在 0～20cm 土层内，萌发分散，需通过多次除草才有效。

喷施农药是除草、灭虫、灭菌、调节农作物生长的有效途径，一直以来是农业生产技术的重要组成部分。利用农药进行化学除草对地面的扰动最少，对覆盖物的破坏最小，是保护性耕作理想的除草方式。当然，化学除草也存在对农作物及环境的污染问题，经常使用将增加杂草的抗药性。目前正在积极研究高效、广谱、低污染除草剂和以植物原料为基础的无污染有机除草剂。

保护性耕作田杂草多，除草任务大，除使用除草剂进行化学除草外，利用机械或人工除草也不失为一种良好的措施。目前，从消费者对食品安全的要求更高以及降低粮食生产成本的角度考虑，保护性耕作研究的趋势是研究和应用少用除草剂的措施，其中最有效的就是机械除草。

（六）拌种

病虫害是影响农作物正常生长的重要原因。在播种时应用农药拌种处理种子，以最少的农药剂量使种子带毒，具有诱饵杀虫、防菌作用。不少病虫害的危害程度为苗期大于生长期，故农药拌种结合播种同时作业是防治地下害虫、病菌的有效措施，而且经济、安全、操作简便。农药拌种的选择原则如下。

1. 针对性 根据当地病虫害的发生特点、种类、对农药的敏感性等性质有针对性地选择农药品种。

2. 持效性 从作物播种出苗到生长期，病虫危害时间长，杀虫、灭菌的农药效力应尽可能长一些。一般虫害对作物幼苗的危害大，为此药剂作用的有效期应与播种到苗期的害虫活动危害期相一致，才能取得较好的效果。

3. 综合性 在选择拌种用药时，在药剂允许混用的条件下，尽可能考虑用综合性药剂，一次用药能兼治多种病虫，有时也可以增加一些植物生长促进剂。

4. 安全性 用药拌种要考虑环境友好型和低残留性。选用拌种农药时，不能对土壤环境、水源环境等造成危害，也不应在生产的粮食产品中有残留。

（七）田间管理

田间管理是指作物播种后到收获时维持作物正常生长的所有作业，包括查苗、补苗、间苗、定苗、除草、中耕、追肥、补水灌溉、病虫害防治、生长调节等内容。重视田间管理是我国农业生产精耕细作的优良传统。在保护性耕作技术实施中，仍然应当保持并发扬田间管理的精髓，根据不同作物及其不同生育期的特点选择相应的田间管理作业内容，并应结合保护性耕作的技术特点，做好田间管理工作。

❓ 思考题

1. 土壤耕作有哪些作用？
2. 基本耕作和表土耕作各包括哪些内容？如何应用？
3. 各类型耕地的耕作措施是什么？
4. 宜农荒地的垦殖程序及其耕作的关键技术是什么？
5. 简述间混套作的效益原理及技术要点。
6. 复种的基本条件是什么？
7. 保护性耕作及其技术原理和关键技术是什么？

第五章　饲草地建植和管理技术

学习提要

1. 了解各种饲草地的特点及其建植条件。
2. 掌握建植饲草地的程序及其取得成功的关键性技术。
3. 熟悉饲草地获得优质高产的田间管理技术措施。
4. 理解牧草饲料作物生产的经济学原理及其效益分析。

第一节　人工草地类型

一、依据热量带划分

（一）温带人工草地

温带人工草地是指在温带地区建植的人工草地。从光合作用同化CO_2的途径看，多数温带禾本科牧草饲料作物与豆科牧草饲料作物一样，均属于C_3植物，由于有相似的习性，故而能混播建植草地。依据地域热量不同可分为以下两种。

1. 寒温带人工草地　指在北温带地区建植的人工草地。该地区≥10℃的积温多数在3 000℃以内，一般不超过3 500℃，主要分布在东北、西北及沿内蒙古高原到青藏高原和川北一线地区，这是我国天然草原的主要分布区，孕育着丰富的牧草饲料作物资源，是发展规模化人工草地的重要地区。

2. 暖温带人工草地　指在南温带地区建植的人工草地。该地区≥10℃的积温为3 500～4 500℃，主要分布在黄河流域一带的平原及其毗邻丘陵地区，包括中原、关中、华北等地区，这是我国的主要粮食生产基地，在农田中发展轮作草地和在山区发展草山草坡畜牧业大有可为。

（二）热带人工草地

热带人工草地是指在热带地区建植的人工草地。由于热带禾本科牧草饲料作物属于C_4同化途径，故而难以与C_3途径的豆科牧草饲料作物混播，所以这里的人工草地仅为单播草地。依据地域热量不同可分为以下两种。

1. 亚热带人工草地　指在北热带和中热带地区建植的人工草地。该地区≥10℃的积温为4 500～5 500℃，主要分布在长江中下游一带的多山地区，包括江苏、江西、安徽、浙江、湖南、湖北、云南、贵州等省份，这是我国主要的水稻产区，发展草、渔、牧业大有前景。

2. 极热带人工草地　指在邻近赤道的南热带地区建植的人工草地。该地区≥10℃的积温为5 500℃以上，主要分布在广东、广西、福建、台湾、海南等省份，适宜栽培热带牧草饲料作物。

二、依据利用年限划分

（一）季节人工草地

这种草地由速生的一年生或短年生草类建成，仅利用一个生长季或生长季中的某一段时间，多用于零散闲地或在农田中套作和复种。特点是生长快，利用期短，种一次仅利用一茬，有时不收草直接翻耕作绿肥。可利用的草种有毛苕子、箭筈豌豆、草木樨、小冠花、紫云英、苏丹草、燕麦、大麦、谷子、青莜麦、青玉米等。

（二）短期人工草地

这种草地由生长较快的二年生或多年生牧草建成，利用年限2～4年，常用于草田轮作或饲料轮作中。除生产饲草外，还有养地作用。可利用的草种有草木樨、苜蓿、沙打旺、红豆草、三叶草、老芒麦、披碱草、多年生黑麦草、苇状羊茅等。

（三）长期人工草地

这种草地由长寿命的多年生牧草建成，利用年限至少达6～7年，常用于建立畜牧业干草生产基地。可利用的草种有苜蓿、山野豌豆、冰草、小糠草、碱茅、看麦娘等。

（四）永久人工草地

这种草地由自身繁衍能力特强的一类牧草建成。例如，羊草、无芒雀麦以强烈的根茎繁殖方式进行繁衍，胡枝子、小叶锦鸡儿、柠条、羊柴、花棒、梭梭、驼绒藜等以茎的强烈木质化和根颈的极强萌生力延续其寿命。该草地多是在退化或沙化的天然草地上进行犁耕后建植的。

三、依据牧草饲料作物种类和组合划分

（一）豆科草地

豆科草地是指由豆科牧草饲料作物建植的人工草地。该草地由于富含氮素和氨基酸，成为畜牧场不可缺少的草料供应基地，苜蓿、三叶草等人工草地更是如此，其中苜蓿干草生产基地是目前商品化饲草业的主要支柱产业。在干旱、半干旱区，沙打旺和红豆草因其显著的抗旱性而在建植人工草地中得到更多的应用。在农区和半农半牧区，由毛苕子、箭筈豌豆、紫云英、草木樨、苜蓿等建植的豆科草地作为轮作的一个重要组成部分也得到广泛的应用。

（二）禾本科草地

禾本科草地是指由禾本科牧草饲料作物建植的人工草地。在湿润和半湿润的寒温带地区，可用羊草和无芒雀麦建植人工草地；在干旱和半干旱地区，可用老芒麦、披碱草、冰草等建植人工草地。这类草地是人工草地的主要形式之一，一般适于大面积建植，既可以作割草地，又可以作放牧地。

（三）混播草地

混播草地是指由豆科牧草饲料作物和禾本科牧草饲料作物混播建植的人工草地。这类草地兼有豆科草地和禾本科草地的优点，表现为产量高而稳定，草质优而营养全面，是建植人工草地的最佳方式和发展方向，尤其适于养殖场就地建植自产自用型人工草地。如苜蓿和无芒雀麦混播草地，苜蓿和披碱草混播草地等。

（四）灌木草地

灌木草地是指由灌木型牧草建植的人工草地。这是在干旱地区流动沙丘和半流动沙丘上建植的一种人工草地，由于气候条件和栽培条件恶劣，一般的草本牧草饲料作物难以建成，用灌木型牧草易于建植。这类草地除可提供叶子和嫩枝作为饲草外，主要是作为防风固沙的屏障来用的。常用的草种有胡枝子、柠条、小叶锦鸡儿、羊柴、花棒、驼绒藜、木地肤、梭梭、沙拐枣等。

四、依据培育程度划分

（一）半人工草地

半人工草地是指在退化的天然草地上经过人为地科学处理后，在保持原有植被不变的情况下，通过采取技术措施提高生产力的一种草地。根据采取的措施不同又可分为以下两种。

1. 改良草地　指采用重耙、疏伐或围栏封育等更新复壮措施后所发育成的草地。

2. 补播草地　指通过补播原草地牧草种子或其他优良牧草种子，草地密度增加而提高生产力的草地。

（二）人工草地

人工草地是指将退化草地或荒地开垦后，选择优良牧草饲料作物进行播种并采用科学管理方法进行合理经营利用的草地。集约化经营是其发展方向。

（三）饲料基地

这是在城郊附近专为养殖场建立的一种高度集约化管理的草料田，主要生产青饲料、青贮原料和精饲料。所应用的草种多为各类饲料作物及一、二年生豆科牧草饲料作物和速生的多年生豆科牧草，是保障养殖场周年均衡供应饲草料和稳定发展的基础。

五、依据复合生产结构划分

（一）饲用草地

饲用草地是指以生产饲草料为主要任务的草地。根据利用方式不同可分为以下三种。

1. 放牧草地　指以放牧方式利用的草地。此种草地株丛低矮、耐践踏，有很强的耐牧性。如用紫羊茅、草地早熟禾、碱茅等建植的草地。

2. 刈割草地　指以刈割方式利用的草地。此种草地株丛较高，再生性强，适合于刈割利用。如用苜蓿、沙打旺、老芒麦、披碱草等建植的草地。

3. 牧刈兼用草地 这种草地株丛较高,再生性好,耐践踏,既能刈割,又能放牧。一般先刈割后放牧,交错利用,有时仅在生长季结束时进行放牧。如用苜蓿、无芒雀麦、羊草等建植的草地。

(二) 农田草地

农田草地是指在农区和半农半牧区农田中建植的草地。依据草地应用方式不同可分为以下三种。

1. 轮作草地 指在作物轮作中建植的短期草地,利用年限2~4年,以养地肥田为主要任务,生产饲草料属于次要。一般第1~2年刈割利用,第3~4年放牧利用,以提高有机物质的还原率。

2. 绿肥草地 指在农田中专门建植用于肥田的草地,一般选用速生的豆科牧草饲料作物,待生长1~2月后直接全部翻入土壤进行肥田。如内蒙古中西部后山地区采用小麦间混套作毛苕子,河套地区采用小麦复种毛苕子,二者均利用麦收后剩余的生长季时间建植绿肥草地,生长季结束时进行犁耕肥田。

3. 填闲草地 指在农区或半农半牧区,农民利用房前屋后、田埂路旁、零散闲地等处播种牧草饲料作物而建植的草地,可用于生产饲草料,以发展家庭畜牧业。

(三) 生态草地

生态草地指建植专门用于环境保护和治理的草地,这类草地既可以刈割利用,又可以放牧利用,可用于发展畜牧业。依据作用不同可分为以下四种。

1. 固土护坡草地 在一些坡地上,如公路和铁路的路基、水库和河流的堤坝等处,由于雨水冲刷而极易滑坡,通过种植牧草,借助牧草发达根系对土壤颗粒的絮结而得以固定土粒,这种为护坡固土而建立的草地就称为固土护坡草地。可选用的草种有无芒雀麦、冰草、小叶锦鸡儿、沙棘等。

2. 防风固沙草地 在干旱、少雨、多风的沙质土壤或沙地上,由于植被稀疏而极容易导致沙化,为此选用抗风沙的牧草建植草地,可有效减缓沙化速度,随着草地植被覆盖度的增加而达到最终治沙目标。可选用的草种有沙打旺、胡枝子、柠条、羊柴、花棒、驼绒藜、红柳、梭梭、沙拐枣等。

3. 水土保持草地 在土质疏松、雨水集中而量大,易形成地表径流的地方,如黄土高原地区,就容易造成地面沃土随地表水径流而流失,因而选用根系发达的牧草建植草地,可预防和治理水土流失。可选用的草种有沙打旺、红豆草、小叶锦鸡儿、无芒雀麦、老芒麦、披碱草、冰草等。

4. 盐碱治理草地 在盐碱性土壤上,大多数作物生长不良,因而从牧草饲料作物中选择耐盐碱的草种建植草地,既能治理盐碱地,又能生产饲草料发展畜牧业,从而有效利用土地资源。可选择的草种有白花草木樨、苜蓿、碱茅、披碱草、无芒雀麦、苏丹草等。

(四) 绿化草地

绿化草地是指专门建植用于美化人们生活、工作、娱乐等场所的草地,有时也称绿地,但以称"草坪(turf)"最为普遍。这类草地既有美化环境的作用,又有保护环境和提供饲草料的作用。依据用途又可分为以下三种。

1. 运动场草坪 这是专门建植在运动场上的草地，其作用是既能减少运动员的损伤，又能给观众创造良好的视觉效果，并能保护场地环境。可选用的草种有匍匐翦股颖、草地早熟禾、结缕草、狗牙根等。

2. 景观型草坪 这是专门建植在广场、街心、街道、立交桥、公园、机关、学校、医院等场所的草地，主要作用是装饰美化环境，同时也有保护环境的作用。可选用的草种有草地早熟禾、紫羊茅、高羊茅、多年生黑麦草、野牛草、地毯草、狗牙根、薹草、白三叶等。

3. 实用型草坪 这是在公路两旁、飞机场、停车场、旅游区等处建植的草地，除有美化、保护环境的作用外，还有各自场所的实际作用。可选用的草种有高羊茅、多年生黑麦草、野牛草、无芒雀麦、矮型冰草等。

第二节 播种技术

一、种和品种的选择

建植人工草地，首先要确定草种。由于牧草饲料作物资源十分丰富，种类极其繁多，因而在实际操作中应遵循如下原则。

（一）适应当地气候条件和栽培条件

任何一种牧草饲料作物对气候条件都有一定的适应范围，这是由其基因特性所决定的。

在众多气候因子中，温度是第一位的，它决定多年生牧草能否安全越冬，这是建植人工草地成败的首要因子。牧草能否安全越冬取决于两个因素，一个是冬季极端低温出现的强度及其持续时间的长短对根部休眠芽（根颈、分蘖节）的危害，直接起作用的温度是耕作层 5cm 土温，因而当冬季有积雪，尤其很厚时对减缓冻害是极有好处的，冬季加覆盖物或进行冬灌也可起到类似的作用；另一个是早春返青初期异常低温出现的强度及其持续时间的长短对萌动返青芽的危害，当早春气温上升时，休眠芽开始萌动解眠，并处于非常活跃时期，此时对低温特别敏感，一旦再降温就会造成危害，许多牧草越冬能力差就是由于这个原因。所以，大面积建植人工草地时，应选用在当地已经栽培的或引种试验成功的优良草种。

降水量是第二位因子，它决定牧草饲料作物的栽培方式和生产能力。起作用的不是年降水量的多少，而是生长季的降水量及其分布的均匀性。一般年降水量不足 300mm 的地区，必须有灌溉条件才能建植人工草地；年降水量 300～600mm 的地区，尽管也可旱作（无灌溉条件）建植人工草地，但产量不稳，属于雨养草业，为此要想建植高产稳产优质人工草地还是有灌溉条件为好；年降水量 600mm 以上的地区，可采用旱作的方法建植人工草地；年降水量 800mm 以上的地区，则要考虑排水防涝问题。由于牧草饲料作物的耐旱性不同，所以选用牧草饲料作物时应依据当地降水条件和栽培条件进行选择。不过，抗旱性越强的牧草饲料作物，往往草质越差，产量越低，因而选用草种时要正确处理好这个矛盾，使得在正常生长情况下获得既优质又高产的饲草料。

土壤对于建植人工草地不是十分重要的，这主要是因为大多数牧草饲料作物对土壤都有较宽的适应范围。但在盐碱地、酸性土壤、沙质地、黏性土壤上建植人工草地，则需要一方面有针对性地改造或改良这些土壤，另一方面选择能够抵抗这些不利因子的草种。当然，疏松、土层厚、团粒多、肥沃的中性壤土等良质土壤条件对保障人工草地的高产仍具有非常重要的作用，因此为建植高产优质饲草基地要对这些良质土壤条件足够重视。

（二）符合建植人工草地的目的和要求

牧草饲料作物因其生物学特性和生产性能的不同，所产生的效能也有所不同，因而建植人工草地时应根据其建植目的和要求选用合适的草种。

建植人工草地的目的主要有生产饲草料、养地肥田和环境保护三个方面。在每个方面，由于建植条件和需要的不同又有各自具体的要求。例如，以生产饲草料为主要目的的人工草地，所选用的牧草饲料作物在可能的条件下要尽可能高产优质。在这个前提下，由于需要年限的不同而要求选用短寿命牧草饲料作物或长寿命牧草，由于浇水条件不同而要求选用旱作型牧草饲料作物或灌溉型牧草饲料作物，由于利用方式不同而要求选用刈割型牧草或放牧型牧草，由于家畜缺乏营养而要求选用高蛋白的豆科牧草饲料作物。再如，以养地肥田为主要目的的人工草地，所选用的草种应能在短期内还原更多的有机物质，若一季肥田以选用叶多枝茂的绿肥牧草饲料作物为宜，若以轮作方式养地肥田则选用根系发达的短年生牧草饲料作物为宜。因此，选用草种时应符合建植人工草地的目的和要求，以便充分发挥各自牧草饲料作物的应用效能。

（三）选择适应性强和应用效能高的优良牧草饲料作物种和品种

尽管牧草饲料作物资源十分丰富，但应用较多和广泛的草种也不过数十种，多数仍处于野生状态或正在引种驯化中，品种资源也开发不多，仅有苜蓿、三叶草、沙打旺、红豆草、毛苕子、羊草、无芒雀麦、老芒麦、披碱草、冰草、多年生黑麦草、玉米、燕麦等个别种进行了品种选育和开发应用。

二、播种材料及其准备

播种材料，泛指可用于建植人工草地的各种播种材料，包括豆科牧草饲料作物的种子和荚果，禾本科牧草饲料作物的颖果和小穗，其他饲料作物的块茎和块根等材料，生产中统称为种子，但应与植物学上的种子概念分清。当牧草饲料作物种或品种确定后，为保证出苗效果，播前应把好播种材料的品质关，并应根据各种牧草饲料作物播种材料的特点采取相应的预处理，使播后达到苗早、苗齐、苗全、苗壮，这是牧草饲料作物栽培成功和获得高产的前提条件。

（一）品质要求

高品质的播种材料应具备如下条件。

1. 纯净度高　种子的纯净度包括纯度和净度两个概念。纯度是指本种或本品种种子在供试种子数量中所占的百分比，它反映了播种材料中混杂其他种或品种的程度，也显示了播种材料的真实性。净度是指除去混杂物后本种或本品种种子在播种材料质量中所占的百分比，它反映了播种材料中含有废种子、生物杂质和非生物杂质等混杂物的程度。

纯净度差的播种材料，一方面降低种子品质，提高播种成本；另一方面会影响播种效果，如纯度差的播种材料必定会杂草发生率高，这将影响所种牧草饲料作物的生长发育，严重时会造成被杂草完全覆盖的危险。再如净度差的播种材料，除混入泥土、沙石、枯枝外，还容易混入病核、虫卵等有害物，不但影响出苗效果，而且会增加种子播量，甚至引起病虫泛滥。

2. 籽粒饱满匀称 这是指种子成熟的发育程度和整齐性。一般成熟的种子饱满，粒级也高，千粒重也大，发芽力和生长势也强。当然，除要求种子发育要完全成熟外，也要求种子成熟度必须整齐一致。否则，因种子成熟不完全和不整齐而导致的种子发芽力不强或不一致，都将造成出苗少和不整齐，将进一步影响草地的生产能力。

种子粒级的大小通常用千粒重这个指标衡量，千粒重是指1 000粒自然干燥（简称气干）的种子的质量，单位用"g"表示。一般情况下，粒级越小的种子，胚所占的比例就越大，相对地所含贮藏营养物质的数量就越少，由于营养不足而不能满足出苗和苗期生长需要，导致不能顶土出苗或发生苗弱苗小的现象，进而影响牧草饲料作物的生长发育和产量收成。

3. 生活力强 种子的生活力是指种子的发芽力，即在一定水、温条件下，种子能够萌发长出健壮幼苗并发育成正常植株的能力。常用发芽率和发芽势表示。发芽率是指可萌发的种子数占供试种子数的百分比，它反映了供试种子中有生命能力种子的多少，实践中常把休眠种子比例的50％计入发芽率中，但必须分别注明，以供播种时参考或确定是否采取破除休眠处理。发芽势是指规定时间内已发芽的种子数占供试种子数的百分比，它反映了种子萌发的集中程度和整齐性，一般规定时间为3～5d，个别牧草饲料作物可延长至7～10d。另外，生产中常用种用价值这样一个概念评定播种材料的有效性，它是指播种材料中能够发芽的种子所占的质量百分比，其计算公式为：

$$播种材料的种用价值＝净度（％）×发芽率（％）$$

例如，某牧草饲料作物的净度为90％，发芽率为80％，则其种用价值为72％，意指1kg播种材料中可利用的有效部分为720g，另280g为无效部分，这个指标对评定种子价格的高低有直接作用。

4. 无病虫害 优质播种材料要求绝对没有病虫害，播前必须到有关部门检验播种材料携带病、虫的情况。对携带病、虫的播种材料，应进行彻底的灭菌灭虫处理后才能播种，否则应烧毁。因为携带有病、虫的播种材料，一旦播于田间后，会迅速蔓延和扩散，不仅导致品质下降和产量降低，而且会延续多年，需花费很大的人力、物力、财力才能彻底消灭。所以，播前对播种材料进行病虫害检验，对保障人工草地的有效建植至关重要。

5. 含水量低 种子含水量的高低对播种材料的贮藏、运输和贸易有重要作用，同时也影响种子的萌发能力和寿命。高水分的种子在贮藏中容易发霉变质，不仅影响种子的生活力，严重时种子会丧失活性，而且会加重运输负担，有时也会成为贸易障碍。一般要求豆科牧草饲料作物种子的含水量为12％～14％，禾本科牧草饲料作物种子的含水量为11％～12％。

（二）种子预处理

为提高播种质量和效果，通常对种子休眠率高和净度差的种子在播前采取相应的处理，对豆科牧草饲料作物，播前结合种子包衣技术进行根瘤菌接种。下述技术措施均为种子预处理。

1. 破除休眠 种子休眠是指在给予种子适宜的水、温、气、光等发芽条件后仍不能萌发的现象，这在牧草饲料作物中非常普遍。豆科牧草饲料作物的种子休眠是由于种皮结构致密和具有角质层而致使种皮不透水造成的，此类称为硬实种子；禾本科牧草饲料作物的种子休眠是由于种胚不成熟造成的，尚待一段时间完成后熟后才能发芽，此类称为后熟种子。

（1）硬实种子　对于硬实种子，通过破坏种皮结构可有效破除休眠，提高种子发芽率。方法有以下三种。

①机械性处理：一种是利用除去谷子皮壳的老式碾米机进行碾磨，以擦破种皮起毛但不致破碎为原则，可使种皮产生裂纹而导致水分进入，发芽率可成倍提高。另一种是利用强高压迫使种皮产生裂缝而使水分进入，也可显著提高发芽率，不过需要注意的是，不同牧草饲料作物因其种皮特性不同，所要求的高压强度和处理时间是不一样的。

②温水处理：对浸种水温进行变温和高温处理都可使种皮膨胀软化，进而产生微裂，使水分进入导致发芽。变温方法是先将种子置于不烫手的温水中浸泡一昼夜，然后捞出在阳光下曝晒，夜间移到阴凉处并浇水保湿，如此经 2～3d 后种子便吸水膨胀，此时可趁墒播种，但此法仅适应于较湿润的土壤上。高温处理效果与草种及水的温度和浸种时长有关，不同牧草饲料作物要求有不同的水温，而且敏感的程度也不一样，如苜蓿用 50～60℃ 热水浸种 0.5h 即可明显提高发芽率，而蒙古岩黄芪用 78℃ 热水浸种至冷却 72h 后发芽率才明显提高。注意同一草种高温处理随着水温升高浸种时间应缩短。

③化学处理：利用无机酸、盐、碱等化学物能够腐蚀种皮和改善通透性，促进萌发，从而提高发芽率。徐本美等（1985）用 98% 浓硫酸处理当年收获的二色胡枝子 5min，可使种子发芽率由 12% 提高到 87%。王彦荣等（1988）用 95% 浓硫酸处理当年收获的多变小冠花，可使种子发芽率由 37% 提高到 81%。

（2）后熟种子　对于后熟种子，通过加速后熟发育过程，缩短休眠期，达到促进萌发的作用。常用的方法有以下三种。

①晒种处理：方法是先将种子堆成 5～7cm 的厚度，然后在晴天的阳光下曝晒 4～6d，并每天翻动 3～4 次，阴天及夜间收回室内。这种方法是利用太阳的热能促进种子后熟，从而使种子提早萌发。

②热温处理：对萌发环境中的气温通过适度加温和变温都有助于促进种子提早完成后熟。加热的温度以 30～40℃ 为宜，超过 50℃ 则可能造成伤害，尤其在高湿状态下的高温会造成更大的伤害。加温的方法有很多，如室内生火炉、烧土炕等土法，若利用大型电热干燥箱等设备则可更好地控制作用温度和时间。变温处理是在一昼夜内交替先用低温后用高温促使种子萌发的方法，一般低温为 8～10℃，处理时间 16～17h；高温为 30～32℃，处理时间 7～8h。

③沙藏处理：用稍湿的沙埋藏草芦、甜茅等湿生禾本科牧草种子可显著提高发芽率，埋藏的时间视种类不同以 1～2 个月为宜。沙藏依温度不同又可分冷藏（1～4℃）和热藏（12～14℃）两种，一般热藏效果高于冷藏。

2. 清选去杂　对于杂质多、净度低的播种材料应在播前采取必要的清选措施，许多豆科牧草饲料作物的播种材料常含有荚壳，禾本科牧草饲料作物常含有长芒、长绵毛、稃片、颖壳和穗轴等附属物，这些影响播种质量的混杂物应在播前尽可能去掉。清选的方法很多，可依据杂物特点采用相应的方法，有与种子大小和形状不同的杂质可采用过筛方法，有与种子密度不同的杂质可采用风选和水漂方法，有附属物的种子必须采用破碎附属物的方法清除掉。清选机械种类很多，应根据含有混杂物的特点选用相应有效的清选机具。

长芒和长绵毛是危害播种质量最大的杂物。由于这两个混杂物常把种子缠绕在一起，致使播种材料成团块状而不易流动下落，造成播种不匀，因而播前应除去。方法是将种子铺于晒场上，厚度5～7cm，用环形镇压器进行压切，然后过筛去除。当然，也可选用去芒机，常见的是锤式去芒机，这种机具由锤击脱芒、筛离分选和通风排出三部分构成。除去芒外，还可除去长绵毛、稃片、颖壳、穗轴等。

3. 包衣拌种 是指将根瘤菌、肥料、灭菌剂、灭虫剂等有效物，利用黏合剂和干燥剂涂黏在种子表面的丸衣化技术。

（1）作用 该技术初创于20世纪40年代，经过数十年的改进和完善，现已成为许多国家作物和牧草饲料作物栽培技术规程中的一项基本作业，并已在种子贸易中形成商品化。经包衣处理的牧草饲料作物种子，播种后能在土壤中建立一个细微的适于萌发的环境；对携带芒或长绵毛的禾本科牧草饲料作物种子，包衣过程中可使芒和毛脱落或与种子丸成颗粒状，同时加大种子的质量，从而提高流动性便于播种；对于豆科牧草饲料作物种子，利用包衣可接种根瘤菌，能有效提高固氮效率；利用包衣技术也可把肥料、灭菌剂、灭虫剂等与种子丸衣化，从而提高播种质量和促进牧草饲料作物生长发育，这是一项非常有效的增产措施。

（2）材料 包衣过程是通过包衣机械实现的，类似于制药厂糖衣药粒的机械，国产包衣机为内喷式滚筒包衣机。制作包衣种子的材料包括黏合剂、干燥剂和有效剂三部分。黏合剂常用的材料有阿拉伯树胶、羧甲基纤维素钠、木薯粉、胶水等和其他有黏性的水溶性材料；干燥剂可选用碳酸钙、磷酸盐岩或白云石（碳酸镁）等细粉材料；有效剂包括根瘤菌剂、肥料、灭菌剂、灭虫剂四类。这些可单独包衣，也可混合包衣，有时是每类中的数个性质不同的材料进行混合包衣，但要注意它们之间的排斥性和相克性，如氮肥不能与根瘤菌剂混合包衣，某些能杀死根瘤菌的灭菌剂和灭虫剂也不能与根瘤菌剂混合包衣，同时要注意这些化学物之间是否会发生化学反应而降低药效。

（3）方法 包衣方法是先将已配制好的黏合剂倒入根瘤菌剂中（禾本科牧草饲料作物无需这一步）充分混合，然后利用包衣机将混合液喷在需包衣的种子上，边喷边滚动搅拌，直至使种子表面均匀涂上混合液，此后立即喷入细粉状的干燥剂及肥料、灭菌剂和灭虫剂等材料，并迅速而平稳地混合，直到有初步包衣的种子均匀分散开为止。包衣能否成功关键在于混入黏合剂的比例及其混合时间，黏合剂过多易使种子结块，过少起不到包衣作用；混合时间过长会造成混合液堆积而导致碎裂和剥落，过短达不到均匀包衣。合格的包衣种子，表面应是干燥而坚固的，能抵抗适度的压力和碰撞，在贮存和搬运时不致使包衣脱落。包衣种子视有效剂材料不同，其有效性是有期限的，原则上要尽早播种，注意播种时应视包衣敷料的质量而重新调整播种量。我国目前使用的包衣配方是由中国农业科学院土壤肥料研究所宁国赞等研制的（表5-1）。

表5-1 豆科牧草饲料作物种子根瘤菌接种包衣配方

接种方法	配方用量（kg）					
	种子用量	菌剂用量	钙镁磷肥	羧甲基纤维素钠	水	钼酸铵
手工	1 000	100	300	4.0～6.4*	100～160	3
机械	1 000	100	300	3.0**	150	3

* 包衣时使用的羧甲基纤维素钠溶液的浓度为4%

** 包衣时使用的羧甲基纤维素钠溶液的浓度为2%

4. 其他拌种　除包衣这种需要机械完成的先进方法外，我国人民在生产实践中创造了许多简单易行而有效的拌种方法。有如下五种。

（1）盐水淘除　用1∶10盐水或1∶4过磷酸钙溶液可有效淘除苜蓿种子中的菌核和籽蜂，用1∶5盐水可有效淘除苜蓿种子中的麦角菌核。

（2）药物浸种　用1％石灰水溶液浸种可有效防除豆科牧草饲料作物的叶斑病及禾本科牧草饲料作物的根瘤病、赤霉病、秆黑穗病、散黑穗病等，用50倍福尔马林液可防治苜蓿的轮纹病，200倍福尔马林液浸种1h可防治玉米的干瘤病。

（3）药粉拌种　菲醌是常用的灭菌粉剂，按种子质量的6.5％拌种可防治苜蓿等豆科牧草饲料作物的轮纹病，按0.5％～0.8％拌种可防治三叶草的花霉病，按0.3％拌种可防治禾本科牧草饲料作物的秆黑粉病。其他还有福美双、菱锈灵、肿37等，用种子质量0.3％～0.4％的福美双拌种可有效防治各种牧草饲料作物的散黑穗病，用50％可湿性菱锈灵按种子质量的0.7％拌种，或者用20％肿37按种子质量的0.5％拌种可防治苏丹草和高粱的坚黑穗病。

（4）温水浸种　用50℃温水浸种10min可防治豆科牧草饲料作物的叶斑病及红豆草的黑瘤病，用45℃温水浸种3h可防治禾本科牧草饲料作物的散黑穗病。

（5）化肥拌种　尽管氮、磷、钾也可拌种，但常用硼、钼、锰、锌、铜等微量元素拌种，这些元素应根据土壤中微量元素含量情况及牧草饲料作物种类和生长特点酌情使用，如豆科牧草饲料作物接种栽培中可拌种钼，这对提高根瘤菌固氮作用非常有效。

（三）根瘤菌接种

根瘤菌接种是指播前将特定根瘤菌菌种转嫁到与其有共生关系的豆科牧草饲料作物种子上的方法，包衣技术就是根瘤菌接种的一项先进方法。根瘤菌（rhizobium）是指寄生在豆科牧草饲料作物根部根瘤中能够固定大气中游离氮素的一类微生物。它只有与豆科牧草饲料作物发生共生关系时才能固氮，当豆科牧草饲料作物开花后它便随着根瘤的解体而自行散落于土壤中失去固氮能力，然后它便重新寻找侵染对象，一旦侵染成功便可重新开始固氮。

1. 必要性　豆科牧草饲料作物并不是天生就能固氮的，在建植人工草地中能否发挥固氮作用的关键在于土壤中是否有能够与其共生的根瘤菌菌种，以及这种根瘤菌的数量和菌系特性，尤其是侵染能力和固氮能力这些特性。宁国赞（1987）在全国各地的普遍调查发现，新建的人工草地一般自然结瘤率很低，三叶草播种当年和第2年几乎没有发现有效的根瘤，沙打旺播后第2年仅有20％的自然结瘤率，蒙古岩黄芪播后第2年的自然结瘤率也不过33％，而且具有效根瘤的比例仅占调查植株数的2％，对苜蓿、百脉根、锦鸡儿、柱花草等牧草饲料作物的调查也显示出类似的结果。为此，播前通过根瘤菌接种的方式补充一定数量的某一豆科牧草饲料作物所需要的专门根瘤菌优良菌种，是防止豆科牧草饲料作物缺氮、促进生长、增进品质和提高产量的一项必不可少的措施。

因而，在建植人工草地中对豆科牧草饲料作物进行根瘤菌接种势在必行，尤其在下列情况下更为必要：①新垦土地；②首次种植这种豆科牧草饲料作物；③同一种豆科牧草饲料作物隔4～5年后再次种植于同一块土地上；④当原来不利于根瘤菌生存的不良环境条件（如盐碱地、酸性土、干旱、涝害、贫瘠、不良结构土壤等）得到改善后需再次种植时。

2. 接种原则　根瘤菌与豆科牧草饲料作物间的共生关系是非常专一的，即一定的根瘤菌菌种只能接种一定的豆科牧草饲料作物种,这种对应的共生关系称为互接种族,因而接种时应遵循这一原则。所谓互接种族,是指同一种族内的豆科牧草饲料作物可以互相利用其根瘤菌侵染对方形成根瘤,而不同种族的豆科牧草饲料作物间则互相接种无效。现已查明,根瘤菌类群可划分为如下8个互接种族。

①苜蓿族:可侵染苜蓿属、草木樨属、胡卢巴属的牧草。

②三叶族:仅侵染三叶草属的若干种牧草。

③豌豆族:可侵染豌豆属、野豌豆属、山黧豆属、兵豆属的牧草饲料作物。

④菜豆族:可侵染菜豆属的一部分种,如四季豆、红花菜豆、窄叶菜豆、绿豆等。

⑤羽扇豆族:可侵染羽扇豆属和鸟足豆属的牧草。

⑥大豆族:可侵染大豆属的各个种和品种。

⑦豇豆族:可侵染豇豆属、胡枝子属、猪屎豆属、葛藤属、链荚豆属、刺桐属、花生属、合欢属、木兰属等属的牧草饲料作物。

⑧其他族:包括上述任何族均不适合的一些小族,各自仅包含1~2种牧草饲料作物,如百脉根族、槐族、田菁族、红豆草族、鹰嘴豆族、紫穗槐族等。

应该指出,上述互接种族的界限并不是绝对的。有研究表明,三叶草族的专一性最强,它仅限于三叶草属,尤其埃及三叶草与其他三叶草根瘤菌菌株都难以形成根瘤。苜蓿族也是一个专一性比较强的族,其中条裂苜蓿和金花菜的根瘤菌菌株不能侵染其他种,而其他种的根瘤菌菌株也不能侵染这两个种。相反,也有许多研究证实,羽扇豆、大豆、豇豆根瘤菌种族间能相互接种结瘤,豌豆与三叶草根瘤菌种族间也能相互接种结瘤,为此人们对此分类提出质疑。但至今没有一个比较完善的分类系统得到公认,因而本书仍将引用这个分类系统,这是因为该系统仍是目前生产上广泛应用的一个依据。

3. 接种条件 根瘤菌接种是一项增产措施,但效果取决于根瘤菌菌种的品性,因而选育出适合各种豆科牧草饲料作物的优良菌种是接种的首要条件。从接种效果看,首先,进行根瘤菌接种时所用的根瘤菌菌种,最好是从其自身植株上分离出来的侵染力强和固氮能力强的优良菌种或菌系,种内品种间接种效果要差一些,种间接种效果更差,属间接种几乎无效。其次,要保证根瘤菌生长发育所需要的良好土壤条件。这些条件包括以下几方面。

(1) 适宜的土壤湿度 过干、过湿均会影响牧草饲料作物的结瘤数量和根瘤的寿命,适宜的土壤湿度应保持在田间持水量的60%~80%。

(2) 通气性好 根瘤菌呼吸过程中所需要的氧气含量以土壤气体中含氧量15%~20%为宜。

(3) 酸碱度适宜 大多数根瘤菌适合生长于中性或微碱性土壤上,可适应的pH为5.0~8.0。过酸的土壤需用石灰改良后才能播种。

(4) 无机氮含量适量 在一定条件下少量化合态氮能促进根瘤的形成,而且也不影响固氮的活性。但当纯氮含量达到37.5~45.0kg/hm^{2}时,则会阻碍根瘤的形成和固氮作用。

(5) 适当施用微肥 有利于根瘤菌侵染和生长的微肥有磷、钾、钙、镁、硼等,铁、钼因是固氮酶的成分也不可缺少,钒、钴也有良好作用。但是,锰、铝、锌、铜对根瘤菌一般是有害的。

4. 接种方法 先进的方法应该是用商用菌剂进行接种,但在我国还未形成商品化的情况下,自制菌株接种仍得到普遍的应用。

(1) 商用菌剂接种　1895年商用根瘤菌菌剂的问世推动了根瘤菌接种技术在全球的应用。商用菌剂是由专门的研究人员针对某种牧草饲料作物种或品种选育出来的高效优良菌种，再经生产厂家繁殖并用泥炭、蛭石等载体制成可保存菌种一定时间的菌剂进行出售的商品。播前只需按照使用说明规定的用量制成菌液，然后喷洒在种子上并充分搅拌，直到使每粒种子都能均匀地粘上菌液后，便可立即播种。一般对于小粒牧草饲料作物种子（如苜蓿、三叶草、沙打旺等），要求接种量为每粒种子至少1 000个以上根瘤菌，对于大粒种子（如毛苕子、箭筈豌豆、红豆草、柠条、羊柴、大豆等）则要求每粒至少接种10万～100万个根瘤菌。此法简便、经济而有效，非常适合非专业人员使用。有时生产厂家或销售者根据用户订货需求，利用自身具备包衣机的条件，直接把菌剂和种子混合制成根瘤菌接种的包衣种子，这样既方便了用户，又为生产厂家或销售者提供了创利的途径。还有一种是由泥炭颗粒和数十亿合适的根瘤菌混合制成的，称为Vitrogin的新产品接种剂得到广泛的应用，这是一种接种土壤而非种子的菌剂，其方法是在播种时均匀地施入土壤中。

(2) 自制菌株接种　此法是在播种牧草饲料作物前，先从别处种植这种牧草饲料作物的植株上分离自制出菌株，然后再接种进行播种的方法。依据接种剂不同又可分为以下两种。

①干瘤法：在豆科牧草饲料作物开花盛期，选择健壮植株，将其根部轻轻掘起，用水洗净，切掉茎叶，把根置于避风阴暗、凉爽、不易受日光照射的地方，使其慢慢阴干，将干根弄碎制成菌剂，干根用量为40～75株/hm^2；也可用干根重1.5～3.0倍的清水，在20～35℃的条件下经常搅拌，促其繁殖，经10～15d后便可用来接种进行播种。

②鲜瘤法：用0.25kg晒干的菜园土或河塘泥，加一酒杯草木灰，拌匀后盛入大碗中并盖好，然后蒸0.5～1.0h，待其冷却后，将选好的根瘤30个或干根30株捣碎，用少量冷开水或冷米汤拌成菌液，与蒸过的土壤拌匀，如土壤太黏，可加适量细沙以调节其疏松度，然后置于20～25℃温室中保持3～5d，每天略加冷开水翻拌即可制成菌剂，用量为750g/hm^2。

5. 接种效果　根瘤菌接种豆科牧草饲料作物的效果主要体现在结瘤率、根瘤数量和质量及牧草饲料作物生产性能上。一般情况下，牧草饲料作物植株根部的自然结瘤率高的也不过50%，低的也就10%～20%，以前从未种过此种牧草饲料作物的土壤几乎不结瘤；凡是有效接种过根瘤菌的牧草饲料作物，基本上所有植株都有根瘤，结瘤率几乎100%，每个植株的根瘤数高达10多个，植株的含氮量几乎翻番，增产幅度高达一倍。

6. 注意事项　根瘤菌是一种微生物，具有微生物所共有的怕光、怕化学物等特性，因而接种时应给予特别注意。

(1) 避光　无论接种时，还是接种后的种子，都不能在阳光下暴露数小时，否则根瘤菌会被紫外线杀死。所以拌种时，宜在阴暗、温度不高且不太干燥的地方进行，拌种后要尽快播种和覆土。

(2) 忌化学物　用化学药品灭过病菌的种子，在进行根瘤菌接种时应随拌随播，因根瘤菌接触化学药品超过0.5h就被杀死的可能。或者，先将根瘤菌与麦麸、锯末或其他惰性物质混合后撒在土壤内再进行播种。

(3) 忌化肥　已接种过的种子不能与生石灰或高浓度化肥接触。一般来说，不致伤害种子萌发的化肥浓度也不致伤害根瘤菌。

三、常规播种

由于牧草饲料作物生物学特性各异，应用条件和利用方式不同，因而播种技术也不同，此在各论中有详述。下面仅就牧草饲料作物在播种方面的一些共性问题进行介绍。

(一) 播种方式

播种方式指种子在土壤中的布局方式。

1. 牧草的播种方式 牧草单播的方式有如下几种，视牧草种类、土壤条件、气候条件和栽培条件而酌情采用。

(1) 条播 这是牧草栽培中普遍应用的一种基本方式，尤其机械播种多属此种方式。它是按一定行距一行或多行同时开沟、播种、覆土一次性完成的方式。此法有行距无株距，设定行距应以便于田间管理和能否获得高产优质为依据，同时要考虑利用目的和栽培条件。一般收草为15～30cm，收籽为45～60cm，个别灌木型牧草可达100cm；在湿润地区或有灌溉条件的干旱地区，行距可取下限，采用密条播方式。

(2) 撒播 这是一种把种子尽可能均匀地撒在土壤表面并轻耙覆土的播种方法。该法无行距和株距，因而播种能否均匀是关键。为此，撒播前应先将整好的地用镇压器压实，撒上种子后轻耙并再镇压，目的是保证种床紧实，以控制播种深度。撒播适于在降水量较充足的地区进行，但播前必须清除杂草，因为此法不像条播那样能在苗期进行中耕除草。目前采用的大面积飞机播种牧草就是撒播的一种方式，它是利用夏季降水或冬季降雪自然把飞播种子埋入土壤里。就播种效果而言，只要整地精细，播种量和播种深度合适，撒播并不比条播差。

(3) 带肥播种 这是一种与播种同时进行、把肥料条施在种子下4～6cm处的播种方式。此法是使牧草根系直接扎入肥区，便于苗期迅速生长，结果既能提高幼苗成活率，又能防止杂草滋生。常用肥料为磷肥，尤其对豆科牧草更重要，这样不仅促进牧草生长，还降低土壤对磷素的固定，从而提高磷肥利用率。当然，根据土壤供应其他元素的能力，还可施入氮、钾及其他微肥。

(4) 犁沟播种 这是一种开宽沟，把种子条播进沟底湿润土层的抗旱播种方式。此法适于在干旱或半干旱地区进行，通过机具、畜力或人工开底宽5～10cm、深5～10cm的沟，躲过干土层，使种子落入湿土层中便于萌发，同时便于接纳雨水，这样有利于保苗和促进生长。待当年收割或生长季结束后，再用耙覆土耙平，可起到防寒作用，从而提高牧草当年的越冬能力，此在高寒地区也具有特别重要的意义。

2. 饲料作物的播种方式 饲料作物多为株高叶大的一年生植物，以条播和点播常见，栽培中常有间苗、中耕、培土等作业，因而一般不采用撒播。

(1) 宽行条播 适于要求营养面积大的，幼苗易受杂草危害的中耕作物，如青刈玉米、青贮玉米、高粱、谷子、甜菜等。行距因作物而异，一般为30～100cm，但多用50～60cm。

(2) 窄行条播 适于麦类作物，行距7.5～15cm，常用的是12～15cm。

(3) 宽幅播种 也称宽幅撒播，播幅12～15cm，带与带之间的距离为45cm，适于机播谷子和麦类。

(4) 宽窄行（大小垄）播种 是宽行和窄行相间结合播种的方法，与长带状条播相似，只是行宽些，适于密度小的作物，如玉米、高粱等。这种播种可大大增加密度，但其缺点是田间管理不方便。

(5) 点播（穴播） 是指在行上、行间或垄上按一定株距开穴点播2～5粒种子的方式。

此法具有行距和株距，是最节省种子的播种方式，优点是出苗容易，间苗方便，但缺点是播种费工，主要用于籽用玉米和马铃薯播种。

（二）播种方法

当播种材料和播种方式确定之后，则具体的播种程序应考虑下列几方面。

1. 场地选择 对于新建人工草地，在选择场地时应考虑这样一些因素：第一，地势平坦开阔，便于大型机械作业；第二，土壤质地良好，避免在砾石、多沙质的场地上建植；第三，选择隐域性水分条件较好的地段，坡地上以北坡中段偏下为宜，但要注意雨季洪水流经的坡段，以免洪水冲毁人工草地；第四，最好离畜舍近些，便于刈割、转运和贮藏。

2. 种床准备 上虚下实而平整的种床，对控制播种深度和保证种子萌发出苗及其苗期的生长发育具有特别重要的作用。为此，播前必须要对土壤进行深耕灭茬、耙地碎土、耱地平整和镇压紧实等一系列作业，最好耕翻前先施入充足基肥（农家肥 15t/hm² 以上），并在播种时结合施用适量种肥（有效氮 75~150kg/hm²，有效磷 60~120kg/hm²），出苗效果会更好。对于新垦土地，除上述措施之外，应把防除杂草作为主要任务，最好在整地过程中通过机械方法和化学方法的结合使用彻底消灭杂草，这是建植人工草地成败的关键所在。同时，对于地势不平整地段，适当采取挖方和填方处理，使场地平坦适于机械作业，对建立永久性人工草地事半功倍。

3. 播种时期 确定播种时期主要取决于气温、土壤墒情、牧草饲料作物性状及其利用目的，以及田间杂草发生规律和危害程度等因素。其中温度是第一位的，早春土壤解冻后，只要表土层温度达到种子萌发所需要的最低温度时就可以播种；但在实践中，必须要兼顾土壤墒情，否则墒情差也难以萌发生芽。因此，一旦土壤中的水温条件合适时，原则上是任何时候都能够播种的。不过，对于多年生牧草，由于要考虑能否越冬，所以就产生了最晚播种时期问题，播种过晚因苗小而不能安全越冬。在内蒙古地区，豆科牧草最晚不超过 7 月中、下旬播种，禾本科牧草最晚不超过 8 月下旬播种；在甘肃中部干旱地区，紫花苜蓿和红豆草于 7 月中、下旬麦收后播种几乎不能越冬；在新疆地区，由于冬季多有积雪，故秋播也能安全越冬，但南疆不迟于 10 月上旬，北疆天山北麓不迟于 9 月中旬。

在早春至最晚播种时期内，虽然能够播种，但兼顾到出苗率、苗期生长、生产性能和越冬状况及杂草发生情况，应综合考虑各种情况下的最适播种时期。在湿润或有灌溉条件的地方，苗期能耐频繁低温变化的冬性牧草（如毛苕子、紫花苜蓿等）和饲料作物（如大麦、燕麦等），在寒温带地区以早春至仲春（3 月上旬至 4 月中旬）当日均温达到 0~5℃时播种为宜，在暖温带地区以秋季当日均温达 12~16℃时播种为宜。不过，豆科牧草幼苗因不耐冬季低温而适于春夏播，禾本科牧草幼苗因不耐春夏干旱而适于夏末秋初播。喜温的春性牧草（如箭筈豌豆、胡枝子等）和饲料作物（如玉米、高粱等），以晚春（4 月下旬至 5 月上旬）当日均温达到 10~15℃时播种为宜。在干旱或半干旱地区旱作时，多年生牧草以夏季（6 月中、下旬）播种为宜，其优点一是临近雨季且气温高，可满足种子萌发及苗期生长对水热的需求，二是夏播前有充足的灭草时间，因而此时播种出苗全，苗期生长旺盛，杂草危害小。

种子萌发要求有足够的水分，一般豆科牧草饲料作物的萌发吸水量为其种子本身质量的一倍以上，禾本科牧草饲料作物为其种子本身质量的 90% 左右。因而二者萌发对土壤最适含水量的要求也不一样，豆科牧草饲料作物要求为田间持水量的 40%~80%，而禾本科牧草饲料作物要求为20%~60%。除考虑土壤墒情之外,还应考虑当地杂草和病虫害发生的规律,尽量在发生少、危害轻的时候进行播种。

4. 播种深度 播种深度兼有开沟深度和覆土厚度两层含义,其中覆土厚度对于小粒牧草饲料作物更具有实际意义。开沟深度视播种当时土壤墒情而异,原则上在干土层之下;覆土厚度视牧草饲料作物种类及其种子萌发能力和顶土能力而异,一般小粒种子(如苜蓿、沙打旺、草木樨、草地早熟禾等)为1~2cm,中粒种子(如红豆草、毛苕子、无芒雀麦、老芒麦等)为3~4cm。总之,小粒种子的牧草饲料作物以覆土薄为宜,否则会因子叶或幼芽不能突破土壤而闷死。此外,开沟深度与土壤质地也有关系,轻质土壤可深些,黏重土壤要浅些,例如玉米等大粒种子饲料作物的开沟深度在轻质土壤上为4~5cm,在黏重土壤上为2~3cm,而谷子等小粒种子饲料作物的开沟深度应再浅些。

5. 播种量 适量播种,合理密植,是保障牧草饲料作物高产优质的重要条件。适宜的播种量取决于牧草饲料作物的生物学特性、栽培条件、土壤条件和气候条件及播种材料的种用价值等方面。牧草饲料作物的生物学特性主要指其对养分吸收利用的状况及株高、冠幅和根幅等因素,这些因素决定了牧草饲料作物在田间的合理密度,由此可推断出该牧草饲料作物的理论播种量,即

理论播种量(kg/hm^2)=田间合理密度(株/hm^2)×千粒重(g/1 000粒)÷10^3

这个算式是在保证一粒种子萌发成长为一棵植株的条件下获得的,实际上这是不可能的。在种子萌发成长为正常植株的过程中,成倍的种子因自身能力和自然条件而不能顶土露出,或出土不能成苗,或成苗不能成株,造成中途夭折。一般情况下,多年生牧草的出苗率不超过1/2,而且在这1/2出苗中,播种当年幼苗成活率仅有1/2。因而为保证有足够的田间密度,要考虑一个保苗系数。这个系数与牧草种类、种子大小、栽培条件、土壤条件和气候条件有关,一般为3.0~9.0,高的甚至达10.0以上,饲料作物一般为1.5~5.0。由此可推断出该牧草饲料作物的经验播种量(表5-2),即

经验播种量(kg/hm^2)=保苗系数×田间合理密度(株/hm^2)×千粒重(g/1 000粒)÷10^3

综合各类因素确定了经验播量后,还应根据播种材料的净度和发芽率(即种用价值)进行调整,最终确定出该牧草饲料作物的实际播种量,即

实际播种量(kg/hm^2)=[保苗系数×田间合理密度(株/hm^2)×千粒重(g/1 000粒)÷10^3]/[净度(%)×发芽率(%)]

在生产实践中,从成本角度考虑应尽量做到精量播种,但在实际操作中为避免播后出现苗稀的麻烦,人们往往倾向于超量播种。超量播种既能减少杂草侵害,又能增加牧草饲料作物播种当年的产量和收益。

表5-2 主要栽培牧草饲料作物经验播种量

草种名称	播种量(kg/hm^2)	草种名称	播种量(kg/hm^2)	草种名称	播种量(kg/hm^2)	草种名称	播种量(kg/hm^2)
紫花苜蓿	7.5~18.0	山蚂蝗	150.0~180.0	纤毛鹅观草	15.0~30.0	玉米	60.0~105.0
金花菜(带荚)	75.0~90.0	小冠花	4.5~7.5	鸭茅	7.5~15.0	高粱	30.0~45.0
沙打旺	3.75~7.50	百脉根	6.0~12.0	黑麦草	15.0~22.5	谷子	15.0~22.5
紫云英	37.5~60.0	柱花草	1.5~3.0	多花黑麦草	1.1~22.5	燕麦	150.0~225.0

(续)

草种名称	播种量 （kg/hm²）	草种名称	播种量 （kg/hm²）	草种名称	播种量 （kg/hm²）	草种名称	播种量 （kg/hm²）
红三叶	9.0~15.0	羊草	60.0~75.0	猫尾草	7.5~11.3	大麦	150.0~225.0
白三叶	3.75~7.50	老芒麦	22.5~30.0	看麦娘	22.5~30.0	饲用大豆	60.0~75.0
红豆草	45.0~90.0	无芒雀麦	22.5~30.0	草芦	22.5~30.0	豌豆	105.0~150.0
草木樨	15.0~18.0	披碱草	22.5~30.0	短芒大麦草	7.5~15.0	蚕豆	225.0~300.0
羊柴	30.0~45.0	苇状羊茅	22.5~30.0	布顿大麦草	11.3~15.0	甜菜	22.5~30.0
柠条	10.5~15.0	羊茅	30.0~45.0	草地早熟禾	9.0~15.0	胡萝卜	7.5~15.0
箭筈豌豆	60.0~75.0	冰草	15.0~18.0	碱茅	7.5~10.5	苦荬菜	7.5~12.0
毛苕子	45.0~60.0	偃麦草	22.5~30.0	鸡眼草	7.5~15.0	苏丹草	22.5~37.5

6. 镇压 在干旱和半干旱地区，尤其是轻质土壤上建植人工草地，播前镇压是为创造上虚下实的种床和控制播深提供条件，而播后镇压对于促进种子萌发和苗全苗壮具有特别重要的作用，即使在湿润地区或有灌溉条件的地方，播后镇压也具有非常重要的作用。这是因为牧草饲料作物的播种深度一般都较浅，播后不镇压，容易使表土层因疏松而很快散失水分，导致种子处于干土层而不能萌发。镇压能促使种子与土壤紧密接触，从而有助于种子萌发，同时可减少土壤水分蒸发。在较黏重质地的土壤上，应注意掌握镇压器的压强，以免因镇压过重而造成种子不能顶土出苗，否则以不镇压为宜。

四、保护播种

（一）基本情况

1. 概念 保护播种是指多年生牧草在一年生作物保护下进行播种的方式。一般情况下，多年生牧草苗期生长缓慢，持续时间长，不仅长时间的裸地容易造成水土流失，而且也容易给杂草造成滋生机会，严重时杂草会危害牧草，从而导致建植失败。种植多年生牧草时，伴播被称为保护作物的一年生速生作物，既可以抑制杂草生长，达到保护牧草正常生长的目的，又可以防止水土流失，同时也可弥补牧草播种当年效益低的缺陷。但在保护作物生长中期和后期，因牧草生长加速，有可能保护作物与其争光、争水和争肥，从而影响牧草生长，进而影响产量和品质，为此要及时消除此种影响。

2. 适用范围 实施保护播种是有条件的，这就是在水、肥条件不成为限制生产的因子时才可以采用保护播种。因此，这种方法多用于湿润地区或有灌溉条件的地方建植人工草地，一般在农田轮作草地中，或是在饲料轮作制中多采用保护播种。农田中采用的间混套作牧草方式，即在主栽作物播种同时或生长后期在其行间播种多年生牧草的方式，实际上就是牧草保护播种的一种变型。此外，是否采用保护播种还应考虑所种牧草对保护作物的忍受能力。冬性牧草因播种当年仅能形成一些莲座叶或短的营养枝条，不产生高大的营养枝条和生殖枝条，故而能较好地忍受保护作物与其在光、水、肥等方面的竞争。而春-冬性牧草播种当年就产生长营养枝条和生殖枝条，并能开花结实，若实施保护播种则会严重影响枝条的发育和生长，因而这类牧草对保护作物的忍受性就差。不过，只要严格掌握播种技术，做到精细管理，这些问题是可以避免的。

3. 保护作物的选择 确定保护作物是实施保护播种成败的关键。保护作物应具有这样一些特点，一是分蘖要少，以防止对牧草的遮阳；二是成熟要早，以缩短与牧草的共生期；三是初期发育要慢，以减少对牧草的竞争。常用的保护作物有小麦、大麦、燕麦、豌豆等，干旱地区选用糜子、谷子作苜蓿的保护作物比小麦效果好，新疆普遍用玉米、高粱、大豆作为牧草的保护作物。

（二）实施方法

1. 播种方法 主要以间行条播常见，即在种植牧草的行间播种保护作物。牧草播种行距不变，以其单播行距规定为准，如确定牧草播种行距为 30cm，则牧草与保护作物的行间距为 15cm。此法因可控制各自播种深度，且易于田间管理，故在保护播种中盛行。而同行条播因不便控制各自播种深度，所以应用不多。

2. 播种时间 为减少保护作物对牧草的竞争，比牧草提前播种保护作物 10~15d 是有好处的。但因费工麻烦，实践中多采用同时播种，这样也便于保证播种质量。

3. 播种量 牧草的播种量一般不变，同单播一样。但保护作物的播种量却要减少，一般相当于其单播量的 50%~75%，目的是减少保护作物对牧草的竞争。控制保护作物播种量的另一种变型方法是隔行播种保护作物，这样可减少与牧草的竞争。

4. 田间管理 原则上保护作物应在生长季结束前一个月收获完毕，以便牧草在越冬前有一段生长时间，能够储蓄足够的碳水化合物过冬，此对牧草越冬和翌年返青特别重要。一般情况下，收获保护作物后应立即除去草地上的秸秆和残茬，以减少病害传播。但在多风干燥的内蒙古和东北的一些地方，不仅不能除茬，反而要留茬高一些，以便于冬季积雪，这样有利于牧草越冬和建立良好的草丛。

（三）注意事项

1. 及时收割 实施保护播种应随时注意观察，若保护作物有严重遮阳和影响牧草生长情况时，应及时采取部分或全部割掉保护作物的方法消除这种危害。放牧也具有类似的作用，但要注意防止家畜对牧草幼苗的采食。

2. 加强管理 限制保护播种的应用，主要是保护作物与牧草在光、水、肥等生存因子上发生竞争的缘故。通过选种和播种技术来调节牧草与保护作物叶子间的重叠，例如豆科牧草与禾本科保护作物组合，禾本科牧草与豆科保护作物组合，由此可减少这种影响；通过灌溉、施肥及精耕细作，可以充分满足它们各自的营养需求，以减少彼此间的竞争影响。

五、几种特殊播种法

（一）盐碱地种植

在盐碱地建植人工草地，难点不仅是种子萌发受盐碱因子影响，而且发芽后至出苗一直受到盐胁迫的影响，出苗率较低，苗期正常生长困难，很难达到苗壮和苗全的目的，为此盐碱地建植人工草地成败的关键是保苗。因为牧草饲料作物幼苗是其一生中最不耐盐碱的阶段，所以选择适宜的播种时期和种植方法，使幼苗躲过高盐碱时期和高盐碱土层是可以安全保苗的。一般，土壤中盐碱是随水分的蒸发而由下向上运行的，其特点是越往上越高，到地表最高；一年中雨季是最低时期，而春季是最高时期。因而在雨季，选择耐盐碱的牧草饲料作物，如碱茅、披碱草、羊草、白花草木樨、玉米、苏丹草、甜菜、葵花等，采用开沟法（沟深至少10cm）播种在沟底，保苗是有希望的。

（二）护坡种植

在坡度较大的地段上种草，除非有喷灌，一般在雨季播种，应沿等高线开平台播种，类似于梯田形式，或是直接沿等高线开沟埋种子种植。注意所选草种应为抗旱性强的牧草，如沙棘、沙打旺、小叶锦鸡儿、冰草、披碱草等。

（三）沙丘地种植

在流动沙丘或半流动沙丘上，用秸秆设置带网状沙障，在雨季采用穴播方式把种子播在网眼中，3年成株之后通过冬季平茬刈割促进分枝生长，强化固沙性能。一般应选用沙生灌木，如羊柴、花棒、柠条、沙蒿、梭梭、沙拐枣等。

（四）飞机播种

在飞机播种地段，先进行地面处理，用火烧或喷洒灭生性除草剂的办法消除地面原有残留植被，再用圆盘耙切割疏松地面。然后选择播种时期，北方为6月中、下旬至7月上旬，南方为7～8月，最好播后有连绵小雨。不过，并非任何草种都能飞机播种成功，应选择自然覆土性好，易于扎根萌芽的草种，如沙打旺、羊柴等。

（五）地膜覆盖栽培

在种植喜温类饲料作物时，如玉米、高粱等，为提早播种，常在播前或播后用塑料薄膜覆盖播种行的方法促进种子萌发和幼苗生长。这种方法的关键性栽培技术是及时破口放苗。此法优点是增温保墒，并能有效控制杂草的危害。

第三节　新建草地管护

多年生牧草栽培与饲料作物栽培的不同之处在于，前者种一次可多年利用且可年内多茬利用，而后者种一次仅能利用一年或一茬，而且多年生牧草在日常管理中远较饲料作物管理粗放。但是，用多年生牧草建植人工草地并非易事，在某种程度上，可以说其抓苗比作物抓苗还难、栽培管理还要精细。因此，建植长期人工草地关键是抓苗，也就是说建植当年的围栏保护、苗期管护、杂草防除、越冬管护和翌年返青期管护等环节必须要搞好。

一、围栏建设和保护

人工草地与农田不一样，由于所种牧草饲料作物极易引诱畜禽啃食，尤其是幼苗和返青芽，所以在有散养畜禽的地方建植人工草地时，建设防护设施非常必要。所用材料依当地条件和投资情况可选用下列一种。

（一）石砌围墙

石砌围墙是在多石地方，就地取材，利用当地石头垒砌而成的围墙。此法造价低，是我国 20 世纪 70 年代内蒙古地区草原建设中普遍应用的一种方式，当时也称"草库伦"。

（二）土筑围墙

土筑围墙是在黏质土壤或下湿草地，就地取土或用草皮垒垛而成的围墙。这是沿用过去造土坯房屋所用的一种方法，尽管造价低，但比较费工费时，也容易被雨水冲刷损毁。

（三）刺丝围栏

刺丝围栏是用刺丝和水泥立桩构造而成的一种类似于围墙的围栏。此法建造快，可重复利用。但一次性投入大，且易被大家畜破坏，尽管如此，此法仍是目前建植人工草地主要应用的方式。

（四）电网围栏

电网围栏是在刺丝围栏的基础上，采用低压通电方式建成的一种网围栏，其围栏保护效果明显优于刺丝围栏，减少了大家畜对围栏的碰撞破坏。此法电源常用风力发电，充分利用草原上的风力资源，这是一种先进的草原围栏建设方式。

二、苗期管护

（一）破除土表板结

破除土表板结是播后至出苗前必须关注的一项措施，此时土表板结易使萌发的种子无力突破地表，致使幼芽在密闭的土层中耗竭枯死，此对于子叶出土的豆科牧草饲料作物及小粒的禾本科牧草饲料作物尤为严重。形成土表板结的原因一是播后下雨，特别是大雨之后更易使土表板结；二是播后未出苗前进行灌溉，也容易使土表板结；三是在低洼的地段上，当表土层水分蒸发后也极易板结。出现板结后，应立即用短齿耙或有短齿的圆形镇压器破除，使用这种镇压器可刺破板结层且不翻动表土层，不会造成幼苗损伤，因而效果较好。有灌溉条件的地方，也可采用轻度灌溉破除板结，同时也有助于幼苗出土和生长。

（二）间苗与定苗

间苗与定苗是高秆饲料作物（如玉米、高粱、谷子等）所采取的一项措施，目的是通过去弱留壮的"间苗"措施，达到控制田间密度，做到合理密植的"定苗"目的，以保证每棵植株都有足够的光合（地上）空间和营养（地下）空间，从而获得饲料作物的高产优质。否则，播种量远远大于合理密植所需苗数，使得田间密度过稠，植株不分强弱都在利用有限的水肥资源，同时彼此间因遮阳和竞争而影响生长，导致产量下降、品质变劣，尤其对籽实产量影响更大。为此，间苗和定苗是饲料作物栽培中增进品质、提高产量的有效措施，作业时应遵循如下原则。

①在保证合理密植所规定的株数基础上，去弱留强过程中应做到计划留苗，数量足够。

②第一次间苗应在第一片真叶出现时进行，过晚则浪费土壤养分和水分。

③定苗（即最后一次间苗）不得晚于 6 片叶子，进行间苗和定苗时，最好结合规定密度和株距进行。

④对缺苗地方，应及时移栽或补种，要注意在土壤水分条件较好时进行，否则应浇水。

间苗有人工和机械两种方法，有时二者结合进行。一般先用中耕机以与播种行垂直方向中耕一次，然后人工进行第二次间苗，此后即可定苗。采用精量播种法，如玉米覆膜栽培中的点播精量播种，则无需进行间苗，只进行一次定苗即可。

（三）中耕与培土

中耕是在苗期进行的一项作业，目的是疏松土壤，增高地温，减少蒸发，灭除杂草。一般应根据牧草饲料作物种类、土壤情况及杂草发生情况掌握中耕时间和次数。第一次中耕应在定苗前进行，宜浅，一般为3～5cm；第二次中耕在定苗后进行，宜深，一般为6～7cm，目的是促使次生根深扎；第三次中耕在拔节前进行，也要深些；第四次中耕在拔节后进行，应浅些。中耕最好与施肥、灌溉结合进行，这样既可节省劳力，又可提高肥效和水分利用效率。对于盐碱地，中耕次数可多些；对于黏质土壤，雨后应及时中耕。

培土就是将行间的土垄在植株根部的一项措施。这是高秆饲料作物所采取的防倒伏措施，同时还有防旱、排涝、抑制分蘖和增加产量的效果。进行培土，应严格掌握土壤墒情，尤其对块根块茎类饲料作物更应注意，过干易使干土吸湿根部水分，造成植株失水受害；过湿易使土壤结块，也不利于植株生长。第一次培土应在现蕾前结合中耕进行，第二次应在封垄前完成。马铃薯一般要多次培土，以促进匍匐枝和块茎生长。

三、杂草防除

由于牧草饲料作物苗期生长慢，持续时间长，极易受杂草的危害，抓苗如何在很大程度上取决于杂草防除的效果，因而防除杂草是建植人工草地成败的关键。

（一）农艺方法

农艺方法指通过采取农田耕作和其他人工方法达到消灭杂草的农艺技术措施。

1. 预防措施 在建植人工草地过程中，杂草有很大概率在人们不注意的情况下混进来，因而加强预防意识应在建植、管理和生产的整个流程中给予关注。

（1）播种 播种的过程往往是播种材料最容易混入杂草种子的一个环节，尤其是本地未有的新种恶性杂草，如菟丝子、毒麦、野燕麦、速生草、豚草等，应在播前种子检验过程中排除出去，或在清选种子时剔除。

（2）施肥 许多杂草种子随草料进入家畜消化道后仍保持发芽力，有时还能提高发芽率，因而施肥中必须施用充分腐熟的粪肥或堆肥，以杜绝杂草传播和蔓延，同时对提高土壤肥力也有好处。

（3）漫灌 有些杂草种子散落在灌溉渠中，随水会漂浮蔓延，因而在渠中设置收集网可清除水中杂草种子。

（4）其他 对地埂、渠道及非耕地上的杂草应及时铲除，而且必须在杂草开花结实前除去。

2. 种植技术 合理安排和运用种植制度是防治杂草最有效、最经济的技术措施。例如，合理的轮作，合理的保护播种，合理的混播组合，合理的密植，合理的窄行播种，适当的超量播种，所有这些措施不仅可有效防治杂草，还可充分利用地力资源达到高产。

3. 耕作手段 采用合理的土壤耕作措施，不仅改善土壤耕层的理化性质，为牧草饲料作物的生长发育创造良好的土壤条件，还能直接根除杂草的幼苗、植株和地下繁殖器官。例如，秋犁的深耕除草，早春的表土耕作诱发杂草再施以二次耕作除草，播前的浅耙除草，苗期的中耕除草等。

（二）化学方法

化学除草以其省工和高效的优点得到普遍的应用，但其对土壤的污染及对家畜的二次污染也不容忽视。在使用过程中，应根据各种除草剂的使用说明掌握它们的施用对象、施用时期、施用方法、施用剂量及其安全注意事项等。根据除草剂施用时期和施用特点不同可分为如下两种。

1. 萌发前除草剂 指仅能在牧草饲料作物种子萌发出苗以前施用的除草剂。该类除草剂一般不具有选择性，对所有植物都有毒杀作用，药效持续时期长，因而只能在牧草饲料作物播前或种子萌发出苗前施用。根据杂草吸收药剂的部位和施用方法不同可分为如下两种。

（1）土壤处理萌发前除草剂　这是一类以杂草幼芽和根部吸收为主的除草剂，适于将药剂喷洒在土壤表层进行土壤处理，一般在牧草饲料作物播种前或播种后出苗前施用。方法是将粉剂除草剂与细潮土（或沙、肥料）拌混均匀后撒施或将颗粒剂直接撒施，或者是用塑料薄膜覆盖地面将药剂制成烟雾熏蒸土壤。这种方法对牧草饲料作物比较安全，残效期也较长，为保证作用效果，可保持一定的土壤湿度，并有良好的耕作质量。属于此类的除草剂有西玛津、阿特拉津（莠去净）、扑草净、甲草胺、氟乐灵、敌草隆、莎草隆、敌草胺等。

（2）茎叶处理萌发前除草剂　这是一类以杂草绿色茎叶吸收为主的除草剂，遇土壤药效被降解，适于将药剂以水汽雾状喷洒于杂草茎叶表面上进行茎叶处理。此法除草效果与雾点大小和药液浓度密切相关，同时也与影响杂草生长的气温和光照有关。根据药剂被杂草吸收后能否在体内移动又可分为如下两种。

①传导型萌发前除草剂：这类药剂被杂草茎叶吸收后可在体内移动传导，从而遍布包括根系在内的整个植株，达到一定剂量后即可全株死亡，不再复活，因而这类除草剂适合于灭除多年生（宿根类）杂草，尤其是根茎性杂草。属于此类的除草剂有草甘膦、丁草胺、西草净、吡氟氯禾灵等。

②触杀型萌发前除草剂：这类药剂被杂草茎叶吸收后不能移动，只能杀死被杂草接触到的部位，因而主要用于防除由种子繁殖的一年生杂草。属于此类的除草剂有乙草胺、乙氧氟草醚、噁草酮、异丙甲草胺等。

2. 萌发后除草剂 指用于牧草饲料作物播种出苗后的除草剂。该类除草剂具有选择性，药效持续时间短，依据牧草饲料作物在形态、生化、生理等方面与杂草的不同而有选择地杀死牧草饲料作物之外的杂草。根据此类除草剂所应用的牧草饲料作物生产地不同可分为如下两种。

（1）豆科牧草饲料作物生产地萌发后除草剂　这是在豆科牧草饲料作物地中应用的一种能杀死窄叶型杂草的除草剂，包括禾本科、莎草科等科的杂草。此类除草剂有茅草枯、灭草猛、草威胺、喹禾灵、吡氟禾草灵、烯禾啶等。

（2）禾本科牧草饲料作物生产地萌发后除草剂　这是在禾本科牧草饲料作物地中应用的一种能杀死阔叶型杂草的除草剂，包括豆科、菊科、蓼科、藜科等科的杂草。此类除草剂有

2,4-滴、二甲四氯钠盐、苯达松、苯磺隆、阔叶散等。

四、越冬管护

多年生牧草播种当年生长状况如何与其抵抗冬季寒冷的能力有密切关系，而且生长期间和越冬前后的合理管理对提高牧草越冬率也具有非常重要的意义，这与以后年份牧草的有效利用直接相关。

（一）生长期间

播种当年苗全后，应尽量在有限的栽培条件下促进其成株生长发育，以便使其根部有足够的贮藏性营养物质越冬利用。多年生牧草冬季休眠靠贮藏性营养物质维持其生命活动，早春返青也要靠它。这些营养物质主要是糖类，其次是脂肪和蛋白质。它们的数量取决于前一年越冬前秋季积累贮藏性营养物质的多少，而这又取决于秋季光合时间的长短和光合能力的强弱。因此，为保证越冬前有足够的贮藏性营养物质，播种当年是否刈割或放牧利用则要看牧草生长状况。即使能够利用，最后一次利用也应在当地初霜期来临前一个月左右结束，同时要求留茬至少在10cm以上，或者每隔一段距离留1m宽的未刈割植株，目的是保证植株在越冬前有充足的光合时间和光合面积，以积累更多的贮藏性营养物质和便于积雪保温。只有做到这些，牧草才能够安全越冬，翌年返青才可能早些，以后年份的收成才有保障，这是许多学者通过研究根、根颈贮藏性营养物质积累动态规律而得到的一致性结论。

（二）越冬前后

为保证多年生牧草播种当年能够安全越冬，冬前追施草木灰有助于减轻冻害，这是因为草木灰呈黑色，具很强的吸热力，且含有的大量钾可被牧草利用，施用量以750～1 500kg/hm²为宜。此外，冬前施用马粪7.5～15.0t/hm²，也有助于牧草安全越冬。

冬灌有助于保温防寒，对越冬也有好处。但要注意冬灌时间，位于浅土层的须根系禾本科牧草以秋末冬初期间地面呈现"夜冻昼融"时为宜，而入土深的直根系豆科牧草则要比禾本科牧草早3～5d为好。此外，在仲冬期间通过燃烧、熏蒸、施用化学保温剂及加盖覆盖物等措施也均有利于防寒越冬。

越冬期间，通过设置雪障、筑雪埂、压雪等措施有助于更多地积存降雪，雪被可使土温不致剧烈变化，从而保护牧草不受冻害。

五、返青期管护

大多数多年生牧草的真正利用是从第2年开始的，播种当年的栽培和管理着重于保苗和越冬，因生长慢当年几乎没有多少收益，尤其夏播牧草更为如此。所以，第2年返青期间的管护状况直接影响牧草的生长发育和以后年份的产量收成。

（一）返青前期

北方地区一般在3月上、中旬返青，返青前应注意防止冰壳的形成及冻拔，原因是冰壳下的牧草返青芽会由于缺氧而易窒息死亡，或因冰壳导热性强而使牧草返青芽受冻害，或者产生冻拔使分蘖节、根颈和根系受到机械损伤。为此，出现冰壳时应使用镇压器破坏冰壳，或在冰壳上撒施草木灰以加速冰壳融化，从而减轻冻害和冻拔的危害。

返青前夕，在牧草返青芽还未露出时，焚烧上年留下的枯枝残茬，既增加土壤钾肥含量，又可通过提高地温促进牧草提早返青，一般可使返青提前1~2周，从而使牧草生长期延长，产量增加。

（二）返青期间

多年生牧草返青芽萌动露出后，生长速度加快，此时对水肥比较敏感，因而通过灌溉和施肥满足牧草返青的需求，但要注意返青期间土壤墒情较好时则不必灌溉，以免通气不良影响返青期生长。返青期间禁牧对保护返青芽及其生长特别重要，应加强围栏管护。

第四节 成熟草地管理

多年生牧草播种当年经过一系列抓苗、保苗、生长等各阶段的管护和越冬前后的管护，以及翌年返青期间的管护，使得牧草在田间有足够的密度，这就意味着人工草地的建成进入了创效益阶段，它也是人工草地进入成熟阶段的标志。成熟牧草地的效益如何与其经营管理的水平和合理性密切相关。

一、配方施肥

配方施肥是一种科学的平衡施肥法，它是根据牧草饲料作物形成一定数量的经济产量所需要的养分量、土壤的供肥能力、肥料的利用率及肥料的回报率计算出来的一种施肥方法。其计算公式为：

某肥料元素施用量（kg/hm²）＝[计划产量所需该元素量（kg/hm²）－土壤供应该元素量（kg/hm²）]／[肥料中该元素含量（％）×肥料的利用率（％）]

理论上讲，植物生长发育所需必需营养元素都可按此公式计算出来，并可以按各种肥料所含各种元素的量组合，然后进行配方施肥。但在实践中，一般施用的无机肥料主要是氮、磷、钾三种元素，而其他元素则以微肥方式进行叶面喷施或在施用有机肥时给予补充。因而生产中所说的配方施肥仅指氮、磷、钾三元素的按比例施用。

由牧草饲料作物产量带走的肥料元素量可通过分析干草中的百分含量得出（表5-3）。

表5-3 主要栽培牧草干草中营养元素含量

豆科牧草	含氮量（％）	含磷量（％）	禾本科牧草	含氮量（％）	含磷量（％）
紫花苜蓿（现蕾）*	2.72	0.22	羊草（抽穗）**	2.05	0.30
沙打旺（开花）*	2.29	0.14	无芒雀麦（抽穗）*	2.04	0.31
红豆草（开花）**	2.13	0.21	老芒麦（抽穗）*	1.78	0.25
白三叶（营养）*	2.59	0.25	披碱草（抽穗）*	1.47	0.19
小冠花（盛花）**	2.93	0.20	多年生黑麦草（抽穗）*	1.46	0.22
白花草木樨（分枝）*	2.33	0.12	冰草（抽穗）*	2.16	0.30

(续)

豆科牧草	含氮量（%）	含磷量（%）	禾本科牧草	含氮量（%）	含磷量（%）
毛苕子（盛花）**	2.15	0.23	苇状羊茅（抽穗）**	2.04	0.19
柠条（开花）*	3.54	0.33	草地早熟禾（开花）**	1.07	0.17

* 引自中国农业科学院草原研究所，1990

** 引自中国饲用植物志编辑委员会，1987，1989

表中所有数据已经统一折算为干草含水量17%的氮、磷含量，其换算式：干草（含水量17%）中的养分含量=占绝对干物质的养分含量（%）×83%

土壤的供肥能力比较难于确定，涉及的因素也很多，一般采用如下公式估算：

土壤供应某元素量（kg/hm²）=无肥区产量（kg/hm²）×牧草饲料作物产量中该元素的含量（%）

肥料利用率因其肥料种类、土壤、气候条件及农业耕作技术水平而有很大差异，表5-4为一般情况下各种肥料的当年利用率。

表5-4 各种肥料当年利用率

肥料种类	利用率（%）	肥料种类	利用率（%）	肥料种类	利用率（%）
圈肥	20～30	豆科绿肥	20～30	尿素	60
堆肥	25～30	氨水	30～50	过磷酸钙	10～25
人粪尿	40～60	碳酸氢铵	30～55	磷矿粉	10
草木灰	30～40	硫酸铵	70	硫酸钾	50
炕土	30～40	硝酸铵	65	氯化钾	50

氮肥施用因牧草饲料作物种类而异。豆科牧草饲料作物由于自身具有固氮能力，基本上能满足自身氮素的需要，所以在施肥中仅考虑磷、钾配比，但也不可忽视苗期根瘤菌未形成之前氮肥作为种肥的补给方式。禾本科牧草饲料作物因没有固氮能力，施肥中需要综合考虑氮、磷、钾的配比，尤其是氮肥的增产作用更为显著。禾本科牧草饲料作物干草中的含氮量一般为2%～3%，随着产量的增加，氮肥施用量也应增加。在混播草地中，禾本科牧草饲料作物仅能从豆科牧草饲料作物那里获得一些氮素，因而经常施用氮肥可维持禾本科牧草饲料作物应有的比例。

磷肥对豆科牧草饲料作物的增产作用非常显著，对禾本科牧草饲料作物也有重要作用，尤其在混播草地中对产量和品质都有显著作用。但磷肥的作用效果取决于磷肥的利用率，所以掌握磷肥施用方法和施用时期对提高利用率特别重要。

钾肥对豆科牧草饲料作物的增产作用远大于禾本科牧草饲料作物，因而在混播草地中施用钾肥可维持豆科牧草应有的株丛比例。钾在土壤中容易被淋溶，所以在潮湿多雨地区应采取分期少量施肥的方法，以尽量减少流失。

施肥效果在很大程度上取决于施肥时间，一是牧草饲料作物生长发育期间对肥料最敏感的时期和最旺盛需要的时期，二是在这种时候土壤供应肥料的能力，如果出现差额则施肥效果显著。一般牧草饲料作物分蘖（分枝）期和拔节（抽茎）期是对养分最敏感的时期，抽穗

（现蕾）期和每次刈割后是生长旺盛期，也是对养分的最大效率期；对于收籽牧草饲料作物则应注意攻秆肥、攻穗肥和攻粒肥的施用。一般情况下，追施氮、磷、钾的比例，豆科牧草饲料作物为 0：1：（2～3），禾本科牧草饲料作物为（4～5）：1：2。不过，应在每年冬季和早春施用一定数量的有机肥，此对于长期稳定人工草地的高产具有极其重要的作用。有时秋季给豆科牧草施用磷肥，可明显增强抗寒能力。在重黏土壤上一般不施钾，但在沙质或壤质土壤上应适当追施钾肥，以分期施用效果较好。研究表明，开花期按 1.5kg/hm^2 硼用量施用 0.10%～0.25% 的硼砂溶液可增加授粉率和结实率。

有意识地在人工草地上组织放牧，例如秋末、冬季或每次刈割后，通过遗留在草地上的粪便可以返还土壤一定数量的有机肥料，这对于维持土壤地力和减轻施肥压力有积极的作用。

二、合理灌溉

在干旱和半干旱地区建植人工草地，设置灌溉系统是非常必要的。即使在湿润地区，设置补充性灌溉系统，对弥补生长季降水少或降水不均匀导致牧草饲料作物生长期间所需水分的不足，也具有十分重要的作用。这是因为牧草饲料作物生长发育过程中对水分的需求比农作物还要迫切、还要多，牧草饲料作物的蒸腾系数一般为 500～800，而农作物仅为 200～400。因此，建植高效益集约化人工草地或饲料基地，建立灌溉系统是基础。

合理灌溉的前提是充分利用水资源，以最少的水量获得最高的牧草饲料作物产量。这就需要建立有效的灌溉系统，制订相应合理的灌溉方法和灌溉定额。

灌溉系统有漫灌和喷灌两种基本方式。漫灌是一种古老方式，水渗漏损失大，但对深根性豆科牧草饲料作物仍有一定作用，目前有被喷灌取代的趋势。喷灌是一种先进方式，需要较多的一次性投资，有固定式、移动式和自动式三种类型。固定式喷灌系统由埋藏在地下、遍布整个草地、依喷水半径确定出水口间距的许多喷头组成，适于用在面积不大的长期草地上，如在庭院草坪上；移动式喷灌系统是由一组以出水井口为圆中心点、外延具走轮的长旋转臂并附带许多间距一定的喷头构成的指针式喷灌系统，一套可控制 20～40hm^2 的草地，适于用在各种类型的草地上，投资相对比较小，是目前建植人工草地的主要喷灌方式；自动式喷灌系统是由固定式和移动式结合构成的一种由电脑自动控制何时灌溉、每次喷灌的时间、每次的灌水量等的技术性操作程序系统，这是现代最先进的喷灌系统，也是把理论上的合理灌溉落实到实践中的一种尝试。

灌溉时期因牧草饲料作物的生长发育特性、气候状况和土壤条件而定。返青时期视土壤墒情应注意浇水，禾本科牧草饲料作物从分蘖到开花，豆科牧草饲料作物从孕蕾到开花，都需要大量的水分用于生长，因而这段时间是牧草饲料作物灌溉最大效率期。此外，每次刈割后为促进再生，也应及时灌溉，这在盐碱地上还有压盐碱的作用。对于玉米等谷类饲料作物，拔节前尽量不浇水，以利蹲苗，拔节期后才开始灌溉。一般豆科牧草饲料作物对灌溉的反应比禾本科牧草饲料作物敏感，但禾本科牧草饲料作物只有在土壤含水量接近田间持水量时才能获得最高产量。通常，施肥后结合灌水，对提高肥效有显著作用。

灌溉定额是指单位面积草地在生长期间各次灌水量的总和。每次灌水量是根据牧草饲料作物该生长阶段需水量与土壤耕层供水量的差额得出的，或者根据该生长阶段耕层土壤水分蒸发量与降水量之差得出的。一般情况下，牧草饲料作物生产地每年的灌溉定额约为

3 750m³/hm²,而每次灌水量 1 200m³/hm²,一般每年 2～4 次或更多,即返青期间的视情灌溉、地冻前夕的必需冬灌,以及每次刈割后的追肥结合灌溉。

三、利用技术

多年生牧草一般具有良好的再生性,在水肥条件较好时,且在合理利用的前提下,一个生长季可利用多次,利用方式有刈割和放牧两种。

(一) 刈割

这是人工草地主要的利用方式,技术上应掌握如下几方面内容。

1. 一年中首次刈割的时期 确定首次刈割的时期应以单位面积可消化营养物质达到最高为标志,既要考虑产草量,又要考虑纤维素含量对适口性的影响,同时要考虑对再生性的影响。一般豆科牧草以现蕾至开花初期刈割为宜,个别像沙打旺应在孕蕾前刈割为宜,禾本科牧草以抽穗至开花期刈割为宜。过晚刈割,牧草木质化程度急增,导致适口性显著下降,而且也会影响牧草的再生性。在水肥条件较好、一年可刈割多次的草地上,比适宜刈割期稍微提前一些,对促进再生极为有利。

2. 刈割高度 每次刈割的留茬高度取决于牧草的再生部位。禾本科牧草的再生枝发生于茎基部分蘖节或地下根茎节,所以留茬比较低,一般为 5cm。而豆科牧草的再生枝发生于根颈和叶腋芽二处,以根颈处再生为主的牧草(如苜蓿、白三叶、红三叶、沙打旺等)则可低些,留茬 5cm 左右为宜;以叶腋芽处再生为主的牧草(如草木樨、红豆草等)必须留茬要高,一般为 10～15cm 或以上,至少要保证留茬有 2～3 个再生芽。

3. 刈割次数与频率 此取决于牧草再生特性、土壤肥力、气候条件和栽培条件。在生长季长的地方,只要水肥条件跟上,对于再生性强的牧草,一般可刈割多次,南方一年可达 4～6 次,北方至少也能有 2 次。据研究,牧草前后两次刈割应至少间隔 6～7 周,以保证牧草有足够的再生恢复和休养生息的时间。

4. 一年中最后一次刈割的时间和高度 不管刈割几次,每年的最后一次刈割必须在当地初霜来临前一个月结束,而且留茬应比平时至少高出 50% 以上,以留茬 10～15cm 或以上为宜,以保证有足够的光合时间和光合面积积累越冬用贮藏性营养物质,这是保障多年生牧草安全越冬应遵循的原则。

(二) 放牧

建植人工草地多数以刈割利用为主,但在生长季结束之后的秋末和冬季进行放牧,或是在刈割利用不便的地块进行放牧,通过返还粪便对维持地力和促进牧草生长仍具有积极的作用。生长季期间的放牧利用,应根据载畜能力实行科学的划区轮牧,以减少浪费,提高草地利用效率。每年返青期间的禁牧是非常有必要的,这对维持草地生机特别重要。

四、病虫草害防治

牧草饲料作物在生长发育过程中,由于气候条件和草地状况的变化,如空气湿度过大,气温较高的情况下容易发生病虫害,草地植被稀疏的情况下容易发生杂草危害。一旦病虫草害泛滥,则防治需要投入极大的人力、财力和物力,即使这样有时也不一定能取得理想效果。因而，防治病虫草害，应以预防为主，尽量不要给其以滋生和蔓延的机会。即使发生，也应消灭在萌芽状态中。

首先，应选择能抗当地病虫的种或品种，并在播前对播种材料和土壤做好检验工作，必要时可进行种子清选和土壤消毒等处理；然后，通过轮作、间混套作及改良土壤和改进田间管理等一系列耕作措施，不断地改变环境，使病虫草害没有合适的生存环境和寄主；一旦有病虫草害发生，可以利用其天敌控制其种群数量，但最有效、最直接的办法是刈割，可明显减轻其危害。在病虫草害大规模暴发或大面积危害等不得已的情况下，可以采用化学防治。

化学防治是利用有毒的化学物质预防或直接消灭病虫草害，其优点是作用快、效果好、使用简便，不受地区和季节限制，可大面积施用，并可机械化作业。不过，化学防治容易造成的环境污染及其对人畜的直接危害和二次污染，这是不可忽视的。为此，应选用高效、低毒、有选择性和残效期短的化学药品。关于各种除草剂、灭菌剂和杀虫剂的具体使用方法和技术参见所购药剂使用说明。

五、更新复壮技术

人工草地在利用多年后，由于多年生牧草根系的大量絮结蓄存，表土层通气不良，影响牧草的生长，或者连年从收获物中掠夺土壤养分而致使土壤地力下降，从而导致产量下降，草丛密度下降。出现这种"自我衰退"现象，应及时采取更新复壮措施。

（一）变更利用方式

对于因地力下降而导致的衰退，应及时把刈割利用变更为放牧利用，通过家畜粪便返还土壤有机质，以提高地力，促进牧草生长。有条件最好结合施肥灌溉，复壮效果更好。即使没有灌溉条件，尽可能在冬季和早春施用有机肥，对恢复草地生产能力仍有一定作用。

（二）重耙疏伐

对于因根系蓄积造成的通气不良而导致的衰退，应用重型圆盘耙对草地进行切割疏伐，以破坏紧密根系层，疏松耕层土壤结构，恢复通气性能，从而达到更新复壮草地和提高草地生产力的目的。

（三）补播

对于退化后植被变稀的草地，通常杂草侵入较多，应首先用化学除草剂灭除杂草，然后用圆盘耙疏松地面，再用原草地牧草种或品种进行补播或选用优质高产且抗性强的牧草进行补播，以增加草地株丛密度，提高草地生产能力。

六、翻耕技术

人工草地的利用年限依利用目的和生产能力而定。轮作草地以改良土壤为主要目的，在大田轮作中2~4年即可起到作用，在饲料轮作中因兼有饲草料生产可延至4~8年。永久性人工草地尽管利用年限很长，但若普遍出现退化，且有1/3以上退化严重，甚至出现采取更新复壮措施也无法改良的情况，应该彻底翻耕改种其他饲料作物或牧草。

（一）翻耕时间

翻耕的目的是既能翻压残留根、茎、叶，又能使有机质完全分解并保存在土壤中。为此，在水热条件较好的地区，以秋季翻耕效果最好；而在夏季不甚炎热、降水也不多的干旱半干旱地区，以夏季雨季前夕翻耕效果最好，这样既可更多接纳蓄存雨水，又可有充足时间晒垡熟化土壤。例如，内蒙古地区以 7 月中、下旬翻耕为宜，此时水热同季，利于分解，且有利于第 2 年春播。

（二）翻耕方法

多年生牧草大部分根系集中在 10~20cm 土层中，且数量巨大，一次翻耕过深翻不动，过浅因垡片扣不严而不易翻压残留根、茎、叶，也容易造成有机质损失。因此，翻耕老牧草地应分两步施行，第一步先浅翻 6~8cm，目的是切断根颈或分蘖节；第二步深翻 20cm 以下，目的是使大部分残留根、茎、叶深埋于嫌气土壤环境中便于分解。翻耕时最好采用复式犁，效果更好。饲料作物生产地，因根系浅而量少，采用一次深翻耕即可达到目的。

第五节　牧草饲料作物生产的经济分析

牧草饲料作物栽培的整个过程几乎等同于牧草饲料作物生产流程，作为草原畜牧业的基础生产环节，其经济效益评价在 20 世纪 60 年代及以前历来以其最后产品——畜产品产值作为评估依据。由此牧草饲料作物一直未能作为商品而直接进入市场流通，自从 Heady（1962）强调了相对有利条件的经济原则及企业之间的竞争、互补和独立关系，尤其是 Jacobs（1973）针对牧草饲料作物作为一种商品提出一些经济概念和分析方法之后，牧草饲料作物生产经济学才逐渐被人们提了出来。目前，牧草饲料作物生产作为一个独立产业，在国内外已形成一定规模的商品市场。据《中国草业统计 2012》公布，2012 年全国保留种草面积 1 981.2 万 hm^2，同比 2011 年增加 1.5%，增加 30.2 万 hm^2。据海关统计（王明利，2013），2012 年苜蓿干草出口量 3 004.07t，进口量 460 243.77t；苜蓿种子出口量 372.62t，进口量 797.87t；苜蓿草粉草颗粒出口量 9 215.74t，进口量 2 473.58t。本节参照农业和畜牧业经济学理论，综合现有资料，就牧草饲料作物生产经济学进行如下概述。

一、牧草饲料作物生产的经济学原理

牧草饲料作物生产作为一个独立的过程，从开始的生产资料（如种子、肥料、土地等）投入，再运用科学技术手段（如耕作、种植、经营管理等），创造出产品（如青草、干草、青贮饲料等），到最后想方设法使这些产品进入市场，或者自用转化成更高一级产品（畜产品），从而在市场流通中实现自己的价值。因此，牧草饲料作物生产经济学属于农业经济学范畴，具有农业经济规律的一般特点和性质，也服从于农业经济学的一般原理。

与牧草饲料作物生产经济学相关的两个基本理论是生产力与报酬之间的生产函数理论和边际产量理论。生产函数理论是指产品数量（y）与资源投入数量（x）之间的一元三次方程关系（相当于数理统计中的相关分析），即

$$y = f(x) = a + bx + cx^2 + dx^3 \qquad (a > 0, d < 0 \text{ 且 } d \neq 0, a、b、c、d \text{ 为系数})$$

典型的生产函数图形呈 S 形。但当投入与产出的效率衡定时，则函数关系呈直线相关，即产品数量随投入数量的增加而成比例增加，如草地生产力衡定时，牧草饲料作物产量随草地面积的增大而成比例增多。

在草地生产力水平较低阶段，即当投入的某项资源是提高产出的最大限制因子时，则产品数量随该资源投入数量的增加而呈几何级递增，如禾本科牧草饲料作物生产地肥料平衡中氮肥最缺、量最少时，开始阶段的牧草饲料作物产量随追施氮肥量的增加而越来越高，这就是生产函数的递增规律，也称最小量限制因子规律。但当投入到一定数量时，该资源已不是投入资源中影响产出的最大限制因子，其数量也不是投入资源中的最小量，它的作用已被另一数量最小的资源因子所取代，这时其产品数量随该资源投入数量的增加而递减，如禾本科牧草饲料作物在高土壤肥力状态下追施氮肥，其增产幅度越来越小，甚至到一定程度时表现出毒害作用，此时表现为减产，这就是生产函数的递减规律，它具有极普遍的现实意义。

边际产量理论是指单位投入资源量所能获得的最高产出量，此具有成本核算的效益分析含义，其数学表达式为生产函数的一次导数，即

$$y = f'(x) = b + 2cx + 3dx^2$$

由此式可求出某种资源的最适宜投入量，也即最大效率投入量，这对于指导生产非常重要。

生产函数中的资源有很多，依据它与产品数量间的函数关系可分为固定投入和可变投入两部分。牧草饲料作物生产中的固定投入主要是指自然资源，包括降水量、热量、土地面积及畜种等相对不可变资源；可变投入是指直接影响产品数量的因子，如施肥量及其费用、播种量及其费用、灌水量及其费用、防治病虫草害的药品量及其费用等人为可影响的因子。因而，提高固定投入的经济效益，关键在于充分发挥各个资源的效能；提高可变投入经济效益的关键，却在于确定合理的投入量及其比例。

二、牧草饲料作物生产的经济要素分析

牧草饲料作物生产中的经济要素即构成牧草饲料作物产品数量的经济要素，由三部分内容构成：一是生产资料报酬（C），即由消耗掉的生产资料转化过来的产品数量；二是劳动报酬（V），即由必要劳动创造出的产品数量；三是剩余产品（M），即由剩余劳动创造出的产品数量。由此三部分内容的组合可构成成本（$C+V$）、净产值（$V+M$）、盈利（M）及产值（$C+V+M$）这样一些经济概念，它们各自占土地、劳动和资金等投入资源的百分比率［即（产出/投入）×100%］就构成了牧草饲料作物生产经济学的指标体系（表 5-5）。

表 5-5 牧草饲料作物生产经济学指标体系

产出项目	投入项目（%）			
	土地	劳动	资金	
			占用	消耗
产值（$C+V+M$）	土地生产率	劳动生产率	资金产品率	成本产品率
净产值（$V+M$）	土地净产率	劳动净产率	资金净产率	成本净产率
盈利（M）	土地盈利率	劳动盈利率	资金盈利率	成本盈利率

上述三项投入资源在我国的情况是：劳动资源相当丰富，土地资源十分有限，资金和物资则比较缺乏。因此，从总体上看土地生产率在评定牧草饲料作物生产效果中居主导地位，它集中反映了劳动和资金等可变资源的利用效率，以及土地资源的潜在生产能力。但在集约化牧草饲料作物生产中，由于土地面积已经确定，土地和气候等固定资源也已确定，所以经常探讨的是劳动和资金等可变资源投入的效率问题。其中劳动资源中技术资源因子起决定作用，这是统筹所有资源合理利用和充分发挥效能的关键。但是，没有资金资源的投入，在当今商品流通经济社会中实现牧草饲料作物生产的高效率经济是不可能的，尤其是必要的生产资料消耗和使用，以及必要的流动资金投入对推动牧草饲料作物生产的高效率、高收益运转不可缺少。例如，土地的深耕细作，肥料的大量施用，优良优质种子的采购，高效除草剂、灭菌剂和杀虫剂的施用，先进的灌排设施，包括播种、耕作、收获利用及饲草料加工贮藏等作业在内所需要的机械设备，以及牧草饲料作物在市场商品流通中所必需的支撑资金投入（如品牌注册、商业广告、产品包装、推销等）。

上面只是分析了牧草饲料作物生产流程作为一个独立的经济实体所涉及的经济指标体系。实际上目前我国多数情况下，牧草饲料作物生产仅是畜牧业生产中的一个环节，其价值并未在市场上体现，而是通过畜牧业的产值间接实现的。在这方面，牧草饲料作物生产与饲料的工业化生产（配合饲料、预混料、添加剂等）相差特别悬殊。因而从事牧草饲料作物生产的研究人员和生产者，应强化商品意识，多了解和学习市场经济的理论知识，将其应用于牧草饲料作物生产。不过，好在牧草饲料作物生产中的产品已经有以干草、草粉、草颗粒及种子等方式作为商品进入市场中的先例，相信在不久的将来牧草饲料作物也会形成品牌进入市场，实现其商品价值。

这里需要特别提醒的是，牧草饲料作物生产不仅有其直接的经济产值，而且对土壤地力的维持和改良，对水土流失的治理和环境的保护都具有巨大的作用，这一点应引起社会的普遍关注。

三、影响经济效益的因素

就牧草饲料作物生产中影响经济效益的因素来看，大致可从如下三类指标组中的具体指标得到反映。

（一）土地生产率指标组

土地生产率是指土地面积与牧草饲料作物产品产量或产值间的关系，具体的基本指标有如下四种。

1. 单位土地面积经济产量　单纯的经济产量指标不能反映产品的使用价值，例如在相同经营状态下比较两种牧草饲料作物的经济产量时，用产草量就不能正确反映二者的优劣，应用单位土地面积生产的可消化营养物质产量或可消化蛋白质产量表示较客观，它能反映牧草饲料作物直接的有效使用价值。其公式为：

牧草饲料作物经济产量（kg/hm^2）=［产草量（kg）×干草中可消化营养物质含量或可消化蛋白质含量（％）］/土地面积（hm^2）

2. 土地生产率　牧草饲料作物产品实际包含茎、叶、种子等种类，因各产品使用价值不同，所以商品价值也不同，即使同一使用价值的产品也因质量不同而产生不同商品价值。

因此，比较牧草饲料作物产品在不同地区、不同年份、不同产品、不同草种时，有必要用产值指标统一反映土地生产率。但要注意单位产品价格的可比性，不同地区比较要用单一价格计算，不同年度比较要用不变价格计算。其公式为：

$$土地生产率（元/hm^2）＝各种牧草饲料作物产品的产值总和（元）/土地面积（hm^2）$$

3. 土地净产率 是指排除了转移过来的生产资料价值的影响，用于说明劳动利用单位土地资源所新创造的价值。其公式为：

$$土地净产率（元/hm^2）＝［产品产值（元）－消耗生产资料的价值（元）］/土地面积（hm^2）$$

4. 土地盈利率 是指排除了物化劳动转移部分和补偿必要劳动的劳动报酬部分的影响，用于反映劳动利用土地转移所创造的纯收入，是一项经常用于评价牧草饲料作物生产经济效益的指标。其公式为：

$$土地盈利率（元/hm^2）＝［产品产值（元）－生产成本（元）］/土地面积（hm^2）$$

（二）劳动生产率指标组

劳动生产率是指投入活劳动消耗与其所创造的产品数量或产值间的关系，具体指标有如下三种。

1. 劳动生产率 是指单位人工日活劳动消耗所创造的产品产量或产值，反映了劳动力生产水平和效率。其公式为：

$$劳动生产率（kg或元/人工日）＝产品产量（kg）或产值（元）/消耗的活劳动（人工日）$$

2. 劳动净产率 是指排除了物化劳动转移过来的价值对牧草饲料作物生产的影响，它反映了活劳动所新创造的价值。该指标在企业核算经济效益中具有极重要的意义。其公式为：

$$劳动净产率（元/人工日）＝［产品产值（元）－消耗生产资料的价值（元）］/消耗的活劳动（人工日）$$

3. 劳动盈利率 是指排除了成本转移过来的价值的影响，反映了单位活劳动所创造的盈利。其公式为：

$$劳动盈利率（元/人工日）＝［产品产值（元）－生产成本（元）］/消耗的活劳动（人工日）$$

（三）资金产品率指标组

资金使用率是指资金投入与产品产值间的效益关系，常用的具体指标有如下六种。

1. 资金产品率 是指每投入100元资金所生产的产品产值，根据占用资金性质的不同又可分固定资金产品率和流动资金产品率两种。其基本公式为：

$$固定资金产品率＝\{［产品产值（元）－生产成本（元）］/占用固定资金总额（元）\}×100\%$$

$$流动资金产品率＝\{［产品产值（元）－生产成本（元）］/占用流动资金总额（元）\}×100\%$$

2. 资金盈利率 是指补偿了全部资金消耗后所得到的产品产值占投入资金的百分比，扣除税金和利息后就是利润率，这是市场经济的最终目的。其公式为：

$$资金盈利率＝\{［产品产值（元）－生产成本（元）］/投入资金总额（元）\}×100\%$$

$$投资利润率＝\{［产品产值（元）－生产成本（元）－税金（元）－利息（元）］/投入资金总额（元）\}×100\%$$

3. 投资回收期　这是生产过程中从事基建投资所期望的回收年限,实际上是投资平均年盈利率的倒数。此在生产中经常运用。其公式为:

投资回收期(年)＝基建投入生产成本总额(元)/年均产品产值(元/年)

4. 单位产品成本率　这是指单位产品消耗的成本费用,包括总单位产品成本和年均单位产品成本,反映了活劳动消耗和物化劳动消耗的经济效益。其公式为:

总单位产品成本(元/t)＝总投入生产成本(元)/累计干草总产量(t)

年均单位产品成本(元/kg)＝年均投入生产成本(元/hm^2)/年均产草量(kg/hm^2)

5. 边际产量　是指实施某项作业追加单位资金或资源所增加的牧草饲料作物产量,此在评价作业效益和寻找最佳补充投资中非常有用。其公式为:

边际产量(kg/元)＝产品产量的增量(kg)/追加资金量(元)

6. 成本盈利率　是指排除了产值中的成本成分,因而突出反映了资金消耗对盈利的比例关系,扣除税金和利息后的成本利润率更是企业所关注的核心项目。相关公式为:

成本盈利率＝{[产品产值(元)－产品成本(元)]/产品成本(元)}×100%

成本利润率＝{[产品产值(元)－产品成本(元)－税金(元)－利息(元)]/产品成本(元)}×100%

四、牧草饲料作物市场分析

牧草饲料作物生产经济学需要对牧草饲料作物产品市场进行估价,牧草饲料作物产品市场是从食草家畜的畜产品市场派生出来的,因而牧草饲料作物产品市场受畜产品市场的制约。

我国由于传统饮食习惯的差异,猪肉一直占据主要位置,而牛、羊等食草家畜占比不大,因而牧草饲料作物产品市场一直没有形成。随着人们生活水平的提高,人们对自己的饮食结构要求越来越苛刻,猪肉的高脂肪和高胆固醇已越来越被人们关注,从而促使人们开始改变自己的饮食结构,提高了对牛、羊肉及奶制品的需求,这种状况已在近年来愈加明显。我国草食畜牧业长期以来,依赖天然草地放牧饲养,但随着人们对牛、羊肉及奶制品的认可和日益旺盛的需求,原来农区、半农半牧区的舍饲散养方式及牧区家庭放牧方式的生产方式已经远远满足不了市场对畜产品数量和质量的需求,近年来正逐步向舍饲半舍饲、规模化、集约化、现代化养殖业转变。农业部于2013年出台了《全国牛羊肉生产发展规划(2013—2020年)》,预测全国牛羊肉产量到2015年为1 162万t,年均增长率为2.8%,但据农业部公告2015年牛羊肉实际产量为1 141万t,实际年均增长率为2.1%,比预测少0.7%;预测到2020年全国牛羊肉产量为1 304万t,年均增长率为2.3%。尽管目前食草家畜在人们的饮食结构中占比有限,但由于我国市场需求基数大,所以牧草饲料作物产品市场绝对数量还是很大的,相信在不久的将来牧草饲料作物产品市场会越来越壮大,并在畜牧业生产中乃至国民经济中占到应有的份额。

纵观20世纪80年代以来世界牧草饲料作物产品贸易的发展,1980年的贸易量178万t和贸易额2亿美元,1988年的贸易量255万t和贸易额3亿美元,2007年的贸易量605万t和贸易额13亿美元,2012年的贸易量978万t和贸易额29亿美元。以苜蓿干草贸易为例,全球1980年贸易量为60.71万t,2000年达到238.35万t,2007年降为69.04万t,2012年回升达到808.00万t,分别占当年草产品贸易量的34.14%、32.23%、11.41%、

82.56%;1980年贸易额仅为121.44美元/t,1996年上升到206.71美元/t,2000年降为116.78美元/t,2007年回升到271.03美元/t,2012年继续上升为305.00美元/t。归纳国际市场上草产品的经贸特点,在如下方面显示出明显的地域性。一是出口国家主要集中在北美洲、大洋洲和欧洲,依序为美国、澳大利亚、西班牙、加拿大、意大利、法国等草地资源丰富的畜牧业发达国家,进口国家主要集中在亚洲的日本、韩国、巴勒斯坦、中国、阿拉伯联合酋长国等草地资源贫乏的畜牧业欠发达国家;二是出口价格上,发达国家远高于发展中国家,且发达国家的草产品质量也很高;三是尽管发达国家在草产品贸易规模上仍占主导,但发展中国家的贸易规模正在扩大。

五、整个农牧场经济效益分析及其关键性盈利潜力分析

对于一个农牧场经济实体企业,它在生产过程中需要对生产、消费、分配利用和交换四个基本活动进行详细的记录和调研,从中找出具有普遍性的规律,以指导生产实际,或是为管理者、经营者、生产者提供决策参考,以实现最高总利润。在考虑农牧场总利润时,无非是对实现总利润过程中的所有环节进行分解审视,从资源投入、技术运用、成本与效益核算中得出局部利润,同时顾及前后环节的彼此衔接及技术应用的持续效应,为最终实现最高总利润积累条件。表5-6反映了我国2010—2013年连续4年苜蓿生产效益分析(王明利,2013)。

表 5-6 苜蓿生产效益分析

年份	产品成本						产品产值		
	种子费 (元/hm²)	人工费 (元/hm²)	肥料费 (元/hm²)	水电费 (元/hm²)	机械费 (元/hm²)	其他费用 (元/hm²)	干草产量 (kg/hm²)	干草价格 (元/kg)	纯收益 (元/hm²)
2010	528.15	946.05	829.20	557.70	974.70	116.70	10 343.70	1.46	11 149.30
2011	456.60	1 166.55	1 290.15	960.75	1 542.60	1 159.35	11 051.10	1.66	11 768.83
2012	696.15	2 758.20	1 109.25	2 546.85	1 723.65	130.20	11 173.95	1.82	11 372.29
2013	815.25	1 742.70	1 297.50	841.95	1 426.65	528.45	11 625.30	1.68	12 878.00

注:所有产品成本及单位产量和价格均为以种植面积为权重所求的均值;其他费用包括了土地地租和农药等费用

就牧草饲料作物生产及其各个环节与总利润的关系而言,单位面积草地利润的增加并不意味着全场总利润的增加。这是因为,如果草地利润是通过提高载畜量而获得的,那么增加的固定成本(如增盖畜舍和挤奶室,增加劳力,购买家畜等)可能超过总利润的增值;如果草地利润是通过提高草地产草量而获得的,那么投入的资金数量(如增施肥料,增设灌溉系统,购买除草剂、灭菌剂和杀虫剂等)可能比总利润增值的数量还多。

因此,预算全场总利润时,应把增加固定成本和追投资金的报酬计算在内,做到通盘考虑。例如,在一个农牧场中,扩大了禾谷类饲料地的面积,就应把扩大的那部分面积的报酬计算在内。有时,有些因子的变化可能会造成连锁的恶性或良性影响,比如减少牧草饲料作物或禾谷类轮作草地的面积,则有可能也要减少冬小麦的播种面积,在多熟地区同时延长了禾谷类作物的管理时间,增加了施肥和喷洒农药的成本,进一步有可能降低产量,从而影响到总利润。

为此,对牧草饲料作物生产的各个环节进行细致谨慎地通盘考虑和研究,以及准确掌握

牧草饲料作物生产与市场系统的关系，是恰当进行经济预测和发现盈利潜力的关键。牧草饲料作物产品市场系统的成分包括这样一些因素，牧草饲料作物生长与生产能力的预算，家畜采食与产品生产性能的估算，确定或计划全部成本和收益项目。把这些因素统一结合进农牧场生产预算中，并对各种生产和销售方式分别编制预算，然后选择适宜的经济指标，从中比较决策出利润潜力最大的牧草饲料作物生产销售制度。

思考题

1. 多年生牧草与饲料作物在人工草地建植、管理和利用上的异同点是什么？
2. 豆科牧草与禾本科牧草在人工草地建植、管理和利用上的异同点是什么？
3. 建植高产优质商品化干草生产基地的工序及其技术要点是什么？
4. 保护播种的实施条件及其技术要点是什么？
5. 更新复壮退化草地的技术措施是什么？
6. 老牧草地弃用的依据及其翻耕技术是什么？
7. 请通过调研，针对某个人工草地进行牧草饲料作物生产的经济要素构成及其效益分析。

第六章　牧草混播和草田轮作

学习提要

1. 理解牧草混播的理论并掌握豆科牧草与禾本科牧草混播的实施技术。
2. 理解轮作倒茬的理论并了解草田轮作的实施技术。

第一节　牧草混播

一、混播理论

（一）牧草混播的概念

牧草混播（mixed sowing）广义上泛指在同一块田地上，同期混合撒播或条播种植两种或两种（品种）以上牧草饲料作物的种植方式；狭义上仅指豆科牧草与禾本科牧草间行条播的种植方式。栽培牧草饲料作物除一些植株特别高大、生长迅速的牧草饲料作物，如杂交狼尾草、高丹草等适合单种外，大多数都可以进行混播，该项技术对建立稳定持久的高产人工草地具有非常重要的意义。

建立混播人工草地的目的，就是要持续稳定地获得优良饲草的高额产量。达到这一目的要解决两个方面的可持续稳定，一个是人工草地的生产稳定性，另一个是植被群落的生态稳定性。前者要求混播草地田间年年要有足够的植株总密度及组合中各种群合理的植株密度比，以及促进混播中各牧草高效生长发育的栽培技术措施，这是确保饲草高产和优质的基本要素，只有这样，才能使混播草地的生产稳定性可持续；后者要求混播草地群落内各种群生态位交错互补，尽可能减少同位竞争，通过这种方式各种群协调共存向正向演替发展，由此使得混播草地的生态稳定性可持续。二者关系，既有兼容性，又有排斥性，更多情况下是排斥性，如何控制排斥性，利用好兼容性，是混播组合搭配及其栽培技术实施的关键内容。

（二）牧草混播的原理

不同牧草种（品种）的生物学、生理学、生态学和营养代谢特点各异，由此组成的草地植物群落在地上空间和地下空间中、在垂直方向和水平方向上分布有不同的自然结构特征。从生产角度讲，人工草地植物群落的理想结构应具有最大限度地发挥光合潜力的功能，或者说最大限度地利用水分、光照、养分等生活条件的功能。要做到这一点，一方面要使植被在水平方向上最大限度地扩展和占有空间，另一方面还应使其在垂直方向上形成尽可能多的层次和占有尽可能大的空间。由于混播可按照人的意志十分精准地增加草地混播牧草的密度和改变牧草的种类及比例，因而它在改善草地植物群落结构方面的作用和效率是其他方法难以替代的。

1. 生态学原理　生态位（ecological niche）理论是牧草混播能否取得成功必须要遵循的基本理论，其内涵是指一个稳定的群落内每个种群各自占据自己独处的时空位置及其附带的机能性状，彼此互不干扰，平衡共存，甚至互为有利，这是群落稳定性得以持续的根本原因。混播草地是在人为控制下建立的复合群落，草地内光、温、水、肥、O_2、CO_2 等生态因子在时空分布上的差异形成了多维生态位，由此构成草地群落生态系统，持久良性平衡的生态系统中各种群在群落的空间、时间、资源的利用方面，以及各种群间相互作用的可能类型方面，都趋向于相互补充而非直接竞争，否则竞争的结果只能择其一。刘敏等（2016）对单播和混播情况下豆科牧草和禾本科牧草产量、竞争能力、营养价值等进行了研究，表明牧草混播中无论豆科牧草还是禾本科牧草均受益，不仅牧草产量有明显提高，而且粗蛋白含量增加、粗纤维含量下降、营养价值有所提高。

2. 生物学原理 牧草的幼苗活力、生长特性、生长速度、发育快慢、生长发育强度、再生方式、生长年限、高产年份等生物学性状，尤其是这些性状表现在种间及种内品种间的差异是混播牧草组合时必须考虑的重要因素。例如，发芽出苗慢的牧草与发芽出苗快的牧草搭配，生长发育慢的牧草与生长发育快的牧草搭配，再生慢的牧草与再生快的牧草搭配，长期多年生牧草与短期多年生牧草搭配，不仅延长生长季利用时间，而且延长草地利用年限。在南方，冬性牧草与春性牧草搭配，耐寒性强的牧草与喜炎热气候的耐热牧草搭配，各自对四季的反应可互补，使得生长季节互补，不同时间段都有牧草达到旺长期，结果四季可获得多而均衡的饲草。

3. 形态学互补原理 不同牧草因其在株型、叶形、根系类型等形态学特征上的差异，使得混播草地各营养器官显现出在地上和地下空间中的成层分布，对地上光能和地下水肥这些环境资源远较单播草地有更强更多的利用，这是牧草混播增产的根本原因。例如，豆科牧草叶片阔形而平展且分布位置较高，禾本科牧草叶片长条形而斜生且分布位置较低，二者组合形成的叶片空间排列，不仅增加光合总面积，而且有助于对光线的拦截和利用；豆科牧草根系为直根系而入土深但根幅小，禾本科牧草为须根系而入土浅但根幅大，二者组合形成的根系空间排列，可充分利用土壤中的养分和水分；上繁草与下繁草组合，结合它们各自的耐阴性和对光的喜好，喜光的上繁草可充分利用上部的强光，耐阴的下繁草却能利用下部的弱光；缠绕型或叶片顶端有卷须的牧草与直立型牧草组合，前者借助后者缠绕向上，可相伴生长。

4. 营养学互补原理 豆科牧草和禾本科牧草的营养生理特点不同。豆科牧草从土壤中吸收较多的钙、磷、镁，禾本科牧草吸收较多的硅和氮，二者组合后减轻了对土壤中同质矿物营养元素的竞争，使土壤中各种养分得以充分利用；同时，豆科牧草自有的根瘤菌能固定大气中的游离氮素，除供本身生长发育需要外，还可为禾本科牧草提供部分氮源。通常，豆科牧草固氮量的 25% 通过地上、地下组织的分解转移到禾本科牧草中；并且从植物组织上淋溶到土壤中的氮素，以及以气态散发的氮素，都会被禾本科牧草连续再吸收或通过其菌根接触直接吸收而得到利用；此外，禾本科牧草对固氮产物的利用，可以刺激和促使豆科牧草的固氮作用增强。

（三）牧草混播的优越性

牧草的品质、产量及其利用情况是衡量种草效益的重要指标。单播牧草在播种、田间管理、收获等一系列田间作业中便于机械化的应用，草地管理也单一方便，在精耕细作、集约化经营下也能获得高产，因而为世界上多数国家和地区所采用。但是牧草单播，无论是冬性还是春性牧草，甚至同类别的牧草，对时间和土地的利用均不充分，其时空资源和环境资源均有一定浪费。牧草混播，尤其是科学、合理的混播组合，能充分利用时空资源、气候资源和环境资源，从而获得持续的优质高产。其优越性主要表现在以下几方面。

1. 产量高而稳定 牧草混播组合搭配恰当，不仅单位面积光合能力增强，生长季及水、肥、气、热和土地资源利用充分，而且增强对干旱、寒冷、盐碱、杂草及病虫害等不利条件的综合抵抗能力，从而减轻自然灾害的损失，延长草地利用年限，造成年内各茬产量、总产量和年际总产量高而稳定。通常情况下，牧草混播的干草产量比单播高15%左右（张学洲等，2012）。紫花苜蓿和无芒雀麦不同混播比例的研究表明，将20%无芒雀麦与80%紫花苜蓿混播组合，其产草量分别是单播苜蓿的1.28倍，单播无芒雀麦1.05倍（陈积山等，2013）。

2. 草质好且营养全面 豆科牧草富含蛋白质，而禾本科牧草富含碳水化合物，二者组合混播混收，饲草营养成分均匀平衡且全面，适口性更好，减少了浪费，提高了饲草的利用率。此外，反刍家畜在富含可溶性蛋白质和皂素的单播豆科牧草地上放牧，若采食时间过长或采食量过多，极易引起臌胀病（bloat），而豆科牧草与禾本科牧草混播则可有效避免臌胀病的发生。一般情况下，禾本科牧草与豆科牧草混播，较单播禾本科牧草能显著增产提质，但与单播豆科牧草相比，增产效果、提质幅度尚不能一概而论，尤其对于单播高产豆科牧草而言（王建光，2012）。

3. 易于收获调制贮藏 匍匐或缠绕性牧草与直立性牧草混种可防止倒伏，便于收获，有利于调制干草和青贮。在调制干草时最为困难的一为茎叶干燥不均匀，二为富含养分的叶片容易脱落，影响干草品质。禾本科牧草茎叶含水较少，水分散失较均匀，干燥速度快，叶片亦较难脱落，调制干草快而容易；而豆科牧草含水较多，且茎叶所含水分差异较大，为茎而延长干燥时间，则叶片常因失水过多而脱落，导致养分损失而干草品质降低。因此，豆科牧草与禾本科牧草混播收获的混合牧草，干燥时间短，易于调制成干草，损失也显著减少。另外，豆科牧草富含蛋白质、水分，含糖较少，单独青贮时不易成功，但与含糖类较多的禾本科牧草混播混贮，可不加任何处理，直接制成优质的青贮饲料。

4. 减轻杂草病虫的危害 混播草地萌发出苗快，茎叶繁茂，草层稠密，有效抑制了杂草的竞争力，尤其是在混播牧草封垄后覆盖度增大的情况下，明显缩减了杂草的发生空间。通常，禾本科牧草抗病虫害的能力较豆科牧草强，加之牧草的化感作用（allelopathy），即株体分泌的某些物质可抑制邻近他种牧草病虫害的传播和流行，使得豆禾混播草地发生病虫害的概率大大降低。此外，混播牧草增加了叶片层次，改善了草层结构，使得田间小气候发生变化，从而改变了病虫害发生的环境，使一些病虫害难于发生，或因天敌增多而使虫害减轻。另外，有些牧草在受到虫害攻击时，释放出挥发性的茉莉酮，这一气味能使临近牧草在昆虫咬食它们之前便启动了自身防御系统，从而抵制侵害。总之，由几种协调互利的牧草组成的混播群落中，抗病虫草种与感病虫草种镶嵌分布，其中的抗病虫草种对病害虫传播起隔离（障碍）作用，可有效抑制病虫害的传播。

5. 改善土壤结构和肥力 豆科牧草与禾本科牧草混播，前者直根系与后者须根系的结合能显著增加耕作层单位土壤体积内的根量，大量根系生长期间的穿透分割作用及其枯死后的遗留残存，以及豆科牧草对Ca元素的偏好吸收，不仅极大增加土壤中的有机质和腐殖质，还为土壤团粒结构的形成积累了丰富基质，由此可以明显改善土壤结构；豆科牧草的固氮作用，禾本科牧草对磷、硫等元素的偏好吸收，大量根系有机质的遗存，以及因土壤结构的改善而增强的保水保肥能力,都使得混播草地土壤肥力得到明显提高。

二、混播技术

牧草混播的关键技术是混播成员的选择。首先要掌握当地可供选择的牧草种类及其品种的资源现状,了解各种或品种牧草的生物学特性、形态学特征、生理生态习性和饲用性能,以及栽培、田间管理和利用等方面的技术要求,然后才能抉择混播的组合草种及其比例,同时也为制订与此配套的混播技术方案奠定了必要基础。当然,大规模的混播草地建立,尤其是引进草种或品种,最好是建立在试验模拟基础上所获得的信息加以修正后再实施更为可靠。

(一)混播成员的选择依据

混播草地追求的是可持续生态稳定条件下的牧草高产优质的持久性,因此混播组合的成员间是否协调共存、是否共赢发展是人工建立混播草地成败的关键,所以在设计时就要考虑混播成员的选择与搭配问题。具体依据如下。

1. 根据牧草类别选择 栽培牧草多出自豆科和禾本科,因各自性状差异可分别归类为豆类草和禾类草,一般称为豆科牧草和禾本科牧草。历史经验表明,豆科牧草与禾本科牧草混播建立的人工草地有很好的协调性和共赢性。牧草类别的选择有以下发展趋势:一是苜蓿在混播牧草中的地位和应用逐步提高;二是当混播草地中寿命较短的豆科牧草产量下降时,施用大量氮肥,可明显提高禾本科牧草在草丛组分中的比例,致使草地产量因施氮而提高,品质变好,草地利用年限也得以延长;三是采用禾本科牧草及豆科牧草各2~3种混播。

2. 根据牧草的生态适应性选择 牧草的生态适应性(ecological adaptation)是指牧草正常生长发育所要求的光、热、水、O_2、CO_2等气候条件,以及土壤的质地、结构、酸碱性、养分状况等土壤条件,还有对杂草、病虫害的抵御能力,所有这些要素的综合适应阈值范围能力,这种能力是由牧草的遗传性所决定的。一方面阈值范围越大越宽,牧草的生态适应性就越强,适应的地理范围就越广,推广应用前景也就越大;另一方面针对一个特定地区,牧草的生态适应性越强,表明其生长发育需求的自然条件与当地自然条件相吻合的程度就越高,则生产力也就越大。选入混播的成员,不仅自身对当地自然条件的生态适应性要强,而且彼此间的协调性、兼容性、互补性更要好,只有做到这一点,才能确保实现混播草地生态稳定性和生产稳定性的一致性。从施肥、管理方面采取措施,对于提高牧草产量和品质固然十分重要,但是也不可忽视选择优良的牧草种及品种在这方面所起的更为重要的作用。

3. 根据混播草地利用年限选择 长期利用型混播草地利用年限一般为7~10年或以上,多用于放牧草地或刈牧兼用草地或生态草地,所选牧草应以长寿命根茎型或匍匐茎型或丛生型下繁型禾本科牧草为主,伴生长寿命上繁型豆科牧草,兼混生长快的短寿命多年生豆科牧草和禾本科牧草,以解决混播草地中长期利用与近期利用相兼顾的问题;中期利用型混播草地利用年限一般为3~6年,多用于刈割草地或饲料轮作中,所选牧草以优质高产苜蓿为主,伴生中长寿命和短寿命优质高产上繁型禾本科牧草,以解决牧草尽可能持久的高产优质;短期利用型混播草地利用年限仅为1~2年,多用于大田轮作中,所选牧草主要是一、二年生的疏丛型上繁禾本科牧草和轴根型上繁豆科牧草,能在混播第1、2年内形成高产。

4. 根据混播草地利用方式选择 混播草地有刈割、放牧和刈牧兼用三种利用方式。其中刈割型混播草地适宜于选用株型直立、高大、上繁型豆科牧草和禾本科牧草,如苜蓿与无芒雀麦混播、红豆草与冰草混播、箭筈豌豆或毛苕子或草木樨与燕麦混播等形式,还有燕麦草、苇状羊茅、柱花草可供选用;放牧型混播草地适宜于选用株型匍匐斜生、低矮、下繁型禾本科牧草,伴以下繁型或上繁型豆科牧草,可供选用的禾本科牧草有无芒雀麦、草地早熟禾、狗牙根、狼尾草、羊茅等,豆科牧草有三叶草、扁蓿豆、沙打旺等;刈牧兼用型混播草地可选用上述禾本科牧草和豆科牧草进行组合,也可选用疏丛型牧草如鸡脚草、苇状羊茅、虎尾草等。

5. 根据混播成员间的协调性选择 种间协调性是指群落内各种植物生长发育期间彼此相互协调作用和相互包容共存的总体效应,具体到混播草地是以群落生态稳定性和混播增产效能2项指标作为衡量标准。适应性和侵占性相似的牧草种(品种),一般易产生良好的协调性,易形成稳定的混播群落。如白三叶与鸭茅、箭筈豌豆与燕麦表现出良好的种间协调性,大黍草与柱花草、距瓣豆、大翼豆等豆科牧草也有良好的协调性,紫花苜蓿与鸭茅的种间协调性和生产力俱佳。但红三叶与鸭茅、紫花苜蓿与猫尾草的种间协调性很差,原因是混播3年后,红三叶和猫尾草从混播草地中消失。牧草的分蘖类型也影响协调性,一般根茎型禾本科牧草与疏丛型禾本科牧草难以协调,而疏丛型禾本科牧草与匍匐型豆科牧草混播协调性好(如鸭茅与白三叶),疏丛型禾本科牧草与直立的豆科牧草协调性好(如扁穗冰草和红豆草)。

6. 根据饲养家畜种类和方式选择 家畜种类不同,对营养的需要也有所不同,如泌乳牛需要蛋白质及矿物质含量高的牧草,而育成牛和肉用牛则需要糖类含量高的牧草;饲养方式不同,选择牧草种类也不同,舍饲时要求选用适于刈割的牧草种类,放牧时为了饲养全部放牧家畜,需要引入可供刈割或放牧使用的牧草种类。

(二)混播牧草的组合比例

混播牧草的组合比例是一个比较复杂的问题。首先应把禾本科牧草和豆科牧草各归为一类,再研究其比例。确定混播牧草的豆禾组合比例,主要应注意下列几个方面。

1. 利用年限 豆科牧草寿命一般较短,若草地利用年限长,豆科牧草衰退后地面裸露,杂草滋生。所以,长期利用的草地,特别是放牧利用的长期草地,豆科牧草的比例宜低;短期利用的草地,其比例可高些(表6-1)。

表6-1 根据利用年限确定混播成员的组合比例(%)

利用年限	在混播中的比例		在禾本科牧草中的比例	
	豆科牧草	禾本科牧草	根茎型和根茎-疏丛型	疏丛型
短期草地(1~2年)	85~65	15~35	0	100
中期草地(3~6年)	60~40	40~60	10~25	90~75
长期草地(7~10年或以上)	30~10	70~90	50~75	50~25

2. 利用方式 混播牧草的利用方式不同,各类牧草的组合比例也不同。刈割型草地应以上繁草为主,放牧型草地则以下繁草为主(表6-2)。

表 6-2　根据利用方式确定混播成员的组合比例（%）

利用方式	在混播中的比例	
	上繁草	下繁草
刈割利用	100～90	0～10
刈牧兼用	70～50	30～50
放牧利用	30～20	70～80

3. 成员类别　在混播牧草中，依据各种牧草所起的作用及其在混播草地中的功能重要性，分为建群牧草和伴生牧草两大类。其中建群牧草应能充分适应当地的自然条件、满足混播草地的利用目的、能够持久优质高产、便于被饲养家畜食用，而这些机能建群牧草有时候不可能同时具备，这就需要伴生牧草补充不足；选择伴生牧草时，不仅要考虑混播草地建植初期和中后期生长发育快慢的平衡性及控制杂草病虫产生危害的可能性，还要兼顾考虑确保各季饲草均衡和全年饲草总量，要满足青饲料周年均衡供应，要维持家畜营养平衡。

4. 混播种数　混播牧草种数与草地优质高产不存在必然关联，但与草地生态稳定性和生产稳定性有一定相关性。原因是种类多有助于群落结构趋于多维生态位，有助于混播牧草对时空资源、环境资源和社会资源的充分利用。但种类太多，增加了群落结构的复杂性，也使得种间竞争的可能性更不易控制，结果极有可能造成混播的优越性得不到显现。因此，混播种数要适量。一般情况下，利用 1～2 年的短期混播草地，由 2 个生态型、2～3 种牧草组成；利用 3～6 年的中期混播草地，由 2～3 个生态型、3～4 种牧草组成；利用 7～10 年或更长的长期混播草地，由 3～4 个生态型、4～6 种牧草组成。

5. 气候条件　一般在较温暖湿润的气候条件下，豆科牧草的比例可大些；而在寒冷干旱的气候条件下，禾本科牧草的比例应大些，或者豆科牧草和禾本科牧草比例相当。

（三）播种要求

1. 播种量

（1）按单播量计算　该方法是预先确定每一种牧草在混播牧草中的比例，然后按下列公式计算混播牧草中每一种牧草（或品种）的播种量。

$$X = (H \times T) / D$$

式中，X 为每一混播成员的播种量（kg/hm^2），H 为该种牧草种子实际用价为 100% 时的单播量（kg/hm^2）；T 为该种牧草在混播中所占比例（%）；D 为该种牧草种子的实际用价（即该草种的纯净度×发芽率，%）。

考虑到各混播成员生长期内彼此的竞争，对竞争性弱的牧草实际播种量可根据草地利用年限的长短增加 25%～50%，乃至 100%。

（2）根据营养面积计算　该方法是按 $1cm^2$ 面积上播种 1 粒牧草种子，$1hm^2$ 土地上需播种 1 亿粒种子，再按每粒牧草种子所需营养面积等，按下列公式计算每种牧草的播种量。

$$X = 100 \times (P \times T) / (M \times D)$$

式中，X 为每一混播成员的播种量（kg/hm^2）；P 为该牧草种子的千粒重（g）；T 为该种牧草在混播中所占比例（%）；M 为该牧草每粒种子所需的营养面积（cm^2）；D 为该牧草种子的实际用价（即该草种的纯净度×发芽率，%）。

依据每一草种（品种）所需营养面积计算播种量，是正确而精确的方法。但这种方法必须有当地混播组合中各牧草每粒种子所需的营养面积指标，如鸭茅 $8cm^2$、猫尾草 $4cm^2$、燕麦草 $8cm^2$、红三叶 $10cm^2$、白三叶 $6cm^2$ 等。由于这些指标目前很不齐全，某一种牧草在混播牧草中所占比例有待确定，因此该法的应用尚受到限制。

2. 播种时期 混播牧草的播种时期主要根据其生物学特性和栽培地区的水热条件、杂草发生情况及其利用的目的确定。混播各草种多以同时播种为好，这样便于机械化作业；分别播种，既不利于机械化作业，后期播种作业也容易伤害前期播种牧草的作业行及其出苗植株。为此，禾本科牧草和豆科牧草应为冬季或春季同时播种；在干旱或半干旱地区进行旱作时，以夏季雨季前夕实施同时播种效果更好。对于不得不分别播种的混播组合，如有些豆科牧草出苗快、苗期生长旺盛，与苗期生长弱的禾本科牧草混播明显抑制其生长，甚至造成禾本科牧草抓苗难的窘况，在此情况下只能秋播禾本科牧草后再在第 2 年春播豆科牧草。

3. 播种方法

（1）同行条播 是将各种（品种）牧草种子混合后播在同一行内的方式，行距为 10～15cm。要求所播各草种的种子在形状、大小、千粒重等方面相近，否则难于实现下种顺畅和混播均匀，也难于控制播种量和播种深度，严重的话造成缺苗断垄。

（2）间行条播 是将不同种（品种）牧草的种子相间条播的方式，分间行窄条播和间行宽条播两种模式，前者行距约 15cm，后者行距约 30cm。也可采用宽窄行并用间行条播，在窄行中播种耐阴或竞争力强的牧草，而在宽行内播种喜光或竞争力弱的牧草。豆科牧草与禾本科牧草混播多采用间行条播，易于实施机械播种，便于控制各自的播种量和播种深度，有助于减少两者在建植期间的竞争。由此间行条播效果优于同行条播，既可提高豆科牧草和禾本科牧草间相容性，维持较高群落稳定性，又可提高牧草产量和品质，使豆科牧草和禾本科牧草混播草地的生产性能得到进一步增加（祁军等，2016）。

（3）交叉播种 是先将一个种或几个种牧草的种子按同一方向条播，然后再将另一个或几个种牧草的种子与前者呈垂直方向条播的方式，也称十字网状播种法。分批播种时可采用此法。一般把种子形状相似或大小接近的草种安排在同一方向条播，可同行条播也可间行条播。

（4）撒播 是将各混播成员混合后一次性撒播或分批实施撒播的方式，有人工方法或机械方法，也有飞机撒播方法。播前要将土壤犁、耙、耱、镇压一遍，播后立即再用圆盘耙轻耙一遍以进行覆土，然后再进行一遍镇压。

4. 播种深度 包括开沟深度和覆土厚度两方面含义，通常强调的播种深度实际是指覆土厚度，而开沟深度是在旱作播种时才有实际意义。覆土厚度取决于种子大小，千粒重 1g 以内的牧草覆土厚度不超出 1cm，千粒重 1～3g 的牧草覆土厚度约为 2cm，千粒重 3～10g 的牧草覆土厚度约为 3cm，千粒重 10g 以上的牧草覆土厚度为 3～5cm。间行条播可分别采用各自适宜的覆土厚度，同行条播则采用最浅牧草的覆土厚度。

（四）混播草地的利用管理

混播草地的生产性能主要与各成员草种（品种）本身的生产能力及其共存时的协调性有关，而这些效能的发挥又受混播草地所处气候条件和土壤条件的影响，尤其是混播草地的栽培技术、水肥供给能力、利用方法等田间管理条件的影响。豆科牧草和禾本科牧草混播草地建成后表现出的优质、高产、稳定等性能主要基于混播组合良好的基础,但随着年限的推移,混播草地组分比例发生劣变,其进程沿着豆科牧草比例减少期、禾本科牧草为主体的禾本科牧草期、禾本科牧草衰退期和杂草侵入期四个时期退化衰变。因此,混播草地建成后维持良好的草种组成的关键就在于如何维持豆科牧草比例,如果从草地建成之初就注意维持足够的豆科牧草株丛,那么就可以防止草种组成的变化。

1. 施肥 合理的施肥是混播草地获得高产优质的重要保障,刈割利用型混播草地更为如此。不同种类的肥料及其施肥元素的搭配和施用水平对混播草地产生的影响不同,普遍认为豆科牧草很难同禾本科牧草竞争营养,除氮元素以外的其他元素不足首先导致豆科牧草生长受阻。土壤低氮时,施入除氮以外的其他元素(如磷、钾)将导致豆科牧草占优势;土壤高氮时,施入除氮以外的其他元素将导致禾本科牧草占优势。施肥对混播草地植物组分产生的影响远较草地放牧利用产生的影响大,只有在土壤肥力较低情况下,放牧利用时家畜排泄的粪便才能引起植物组分的变化。分析施肥对混播草地饲草营养价值的作用,施肥的作用要大于灌溉的作用,氮肥的作用要大于磷肥的作用;氮、磷施肥组合中,随施氮量增加,混播牧草营养价值也相应有所提高(王建光,2012)。

2. 灌溉 合理的灌溉是混播草地获得高产优质的必要条件,灌溉时期、灌溉量和灌溉频率对混播草地的植被组分也有影响。不同种类牧草对灌溉时期、灌溉量和灌溉频率的适宜性和敏感性很不同,豆科牧草在这方面比禾本科牧草要求更强更高。除了萌发出苗对水分敏感属于关键期外,豆科牧草的分枝期和现蕾期及禾本科牧草的分蘖期、孕穗期和抽穗期都属于灌溉关键期,通过控制灌溉关键期可以实现对混播草地植被组分的调控;豆科牧草因直根系入土深,较须根系入土浅的禾本科牧草需水多,灌溉量不足时对禾本科牧草有利而对豆科牧草不利,只有确保足够的灌溉量才能有利于发挥豆科牧草的优势,频繁灌溉有利于豆科牧草,适度干旱有利于禾本科牧草。结合施肥进行灌溉,施肥才有效果,混播牧草增产优质效果才更佳。有研究(王建光,2012)表明,苜蓿和老芒麦混播草地总产量主要由灌溉、施肥及其水肥耦合效应三者起作用,其中苜蓿增产由灌溉做出的贡献大,老芒麦增产由施肥做出的贡献较多。分析灌溉对牧草营养价值的效应,适度灌溉(达到田间持水量的60%~80%)有助于牧草营养价值增加,丰足灌溉(达到田间持水量的80%以上)由于干草含水量过高而降低其营养成分含量,干旱(田间持水量的60%以下)因严重影响牧草生理机能和生长发育而导致其牧草营养价值大幅度下降。

3. 利用制度 放牧和刈割是混播草地两种基本的利用方式。科学的放牧制度,是让家畜吃掉足够的牧草,而不使草地自然更新性能受到损害,并保持牧草旺盛长势。简言之,放牧利用时放牧强度应适当,不让牧草高度超过15cm或低于5cm,采用分区轮牧可以实现这一目标。牧草过高,茎叶老化,降低适口性和营养价值,同时郁闭的高草容易使牧草病虫害发生和蔓延;牧草过低,易使植株的再生能力受到伤害。合理的刈割制度包括安排适宜的刈割时期和刈割(留茬)高度,不仅使混播草地高产优质,而且使草地不丧失再生的性能。适宜的刈割时期,豆科牧草为现蕾至初花期,禾本科牧草为抽穗期至初花期,混播草地以二者兼容为宜,否则以初花期先到者为准。刈割高度因牧草种类而有很大差异,多数牧草的适宜刈割高度为5~8cm,个别牧草为20cm左右,如草木樨属、柱花草属的牧草。无论放牧还是刈割,过频和过低都同样会影响混播草地的植被组分,原因是豆科牧草的再生机能远不如禾本科牧草强,在过度的利用强度下受伤害的首先是豆科牧草,为此建植长效混播草地考虑的利用制度重在顾及豆科牧草。由于放牧利用时排泄的粪尿能给草地自然带来有机肥料，同时家畜的自由采食行为对因丛生枝条造成的过于疏松草地土壤也有适度镇压的作用，因此在刈割草地中适时放牧也有助于混播草地的更新复壮，尤其对豆科牧草的复壮作用更为重要。

4. 杂草病虫害防治　生长良好的混播草地，杂草及病虫害难以侵入。但在缺肥、干旱、不合理利用下，混播草地退化、生长力减弱、密度降低、出现秃斑，这些情况会导致杂草丛生，病虫也更容易侵害。杂草防除应重点放在播种前整地过程中，此时无论是物理方法（浅耙诱导杂草种子发芽法、犁翻掩埋法、焚烧法）还是化学方法（土壤熏闷杂草种子法、灭生性传导型除草剂喷施恶性杂草法），既容易实施，又效果好、费用低。混播草地建成之后，一旦有杂草出现很难根除，市场上的选择性除草剂只能除杀阔叶类杂草或窄叶类杂草，而对于豆科牧草和禾本科牧草混播草地上的杂草无能为力；采用低牧或低刈，可以灭杀生长点高位的杂草，然后施以水肥能帮助生长点低位、再生能力强的栽培牧草恢复生长机能，在草地上重新占据优势。混播草地中发生病害的情况不多见，而虫害时有发生，如蝗虫、金龟子、地老虎及某些鳞翅目的幼虫，尤其在初春和秋雨连绵的季节更要密切注意动态，虫龄越小，喷药效果越好。

5. 混播草地的补播　是指在已退化严重的混播草地上，不破坏或少破坏原有植被的情况下，补播原先混播草种的方法，是对原有混播草地进行修补和完善以及提高生产能力的一种措施。

（1）草种选择　所选用的草种一般应与原有植被草种相同，或至少有其中某几个相同的草种，有时也可以增加补播另外的草种。当混播草地利用年限较长后，往往草地植被组分中减少了豆科牧草，此种情况下可补播原有豆科草种或增补新豆科草种。

（2）补播技术　首先进行种子处理，包括去芒、清选去杂和破除休眠，在有条件的情况下对豆科牧草进行根瘤菌接种效果更好。然后确定播种时期和播种量，春季墒情好或有灌溉条件时以土壤解冻后至牧草返青初期补播为宜，否则以夏季雨季前夕补播为宜，对需要进行低温破除种子休眠的牧草也可以秋末冬初地冻前夕进行寄籽补播；补播各牧草种子量以不低于原混播量及其比例为宜，甚至可以适度增加补播量，以确保补播草地有足够密度。再就是进行地面处理，方法是浅耙松土，创造疏松种床，便于下种覆土；亦可进行重牧或重刈，以削弱原混播植被的竞争，确保补播牧草的生长；在水热条件好时不进行地面处理，直接进行地表补播也不失为一种可行方法。最后是补播方法，通常采用撒播方法，有人工撒播、机械撒播和飞机撒播等；撒播后，可驱赶牛羊进行放牧，利用畜蹄践踏，趁墒覆土镇压；很少用条播方法，因条播开沟会损伤原有植被株丛。

第二节　草田轮作

一、轮作理论

（一）轮作的概念

在作物栽培过程中，按照作物的特性及其对土壤和后茬作物的影响，在同一地块上，依次周而复始地轮换种植不同类型作物的种植制度，称为轮作（rotation）。在轮作地块上，轮换种植的各种作物依据茬口特性排成的先后顺序，称为轮作方式。在一个轮作体系中，各种作物在一个轮作地块上全部种植一遍所需经历的年数，称为轮作周期。严格的轮作要求轮作周期所需年数与参与轮作的作物数和地块数相同。轮作的目的是增进和维持地力，最大限度地节约资源，提高产量，这是现代可持续农业的核心内容。从广义上讲，轮作既有时间上的轮换种植，又有空间上的轮换布局，安排轮作时应充分考虑自然资源和土地资源状况，结合土地规划、劳力和资金投入情况，使有限的资源在有限的投入条件下得到最大程度的合理利用和可持续发展。我国农民习惯上提及的倒茬或换茬，也属轮作范畴，只不过是不定期和不规则的轮作，这是我国农民长期从事农业生产所创造和积累的丰富经验。

在一年一熟地区，轮作中的作物只有年份间的轮换。如内蒙古高原地区的四年轮作制（表6-3）和东北地区的三年轮作制（表6-4）就体现了这种轮作方式的时间性和空间性及其关系。

表6-3　内蒙古高原地区四年轮作周期

轮作区	第1年	第2年	第3年	第4年
第一区	绿肥牧草	小麦	莜麦	荞麦
第二区	小麦	莜麦	荞麦	绿肥牧草
第三区	莜麦	荞麦	绿肥牧草	小麦
第四区	荞麦	绿肥牧草	小麦	莜麦

表6-4　东北地区三年轮作周期

轮作区	第1年	第2年	第3年
第一区	春小麦	玉米	大豆
第二区	玉米	大豆	春小麦
第三区	大豆	春小麦	玉米

在一年多熟地区，轮作由不同复种方式组成，即每年在同一块地上种植两茬不同作物，称为复种轮作。如华南地区的轮作就体现了复种轮作的特征（表6-5）。

表6-5　华南地区三年复种轮作周期

轮作区	第1年	第2年	第3年
第一区	绿肥—双季稻	油菜—双季稻	大小麦—双季稻
第二区	油菜—双季稻	大小麦—双季稻	绿肥—双季稻
第三区	大小麦—双季稻	绿肥—双季稻	油菜—双季稻

与轮作相反，在同一地块上，连续重复种植同一种作物，称为连作，也称重茬。连作因地力下降和病虫草害加剧而导致减产，甚至存在连作障碍。但多数作物能够不同程度地耐一定年限的连作，故在轮作中仍可安排短期的连作。

在大田轮作中，有计划地安排一些牧草饲料作物，尤其是可固氮的豆科牧草饲料作物，增加土壤氮素及残留大量根茬增加土壤有机质，并可收获饲草发展养殖业，养畜得到的粪便回施到农田增加土壤养分，这种轮作方式称为草田轮作（grass field rotation）。这是真正意义上的轮作，是现代轮作制度发展的最佳模式，也是农业可持续发展的有效途径。

农业的可持续发展在于永续利用土地，由于作物生产夺取了土壤养分以及雨水侵蚀淋溶，使土壤养分流失而不可避免地造成地力减退，增进地力的根本途径是增加有机质和改良土壤理化性质。轮作就是将不同生理、生态特性的作物进行轮种，通过土壤微生物的作用积累氮素，通过秸秆还田增加土壤有机质，既可维持地力，又可增加地力。

据日本学者泽村氏（1949）研究，旱作农田维持地力有四种方式：①依靠自然的地力维持；②旱田单独的地力维持；③从经营内部的其他地块补充有机质；④依靠化肥补充营养要素。这四种方式与农业的发展阶段相适应。在早期烧荒垦田时代，地力维持仅依靠自然地力，是最粗放的土地利用阶段；后来发展到有休闲在内的短期轮作，地力维持可以说是自然地力和旱田地力的复合；发展到使用农家有机肥时代，并在轮作中用种植绿肥替代休闲，则地力维持依靠旱田地力和补充有机质；发展到化肥农业时代，可以说地力维持是补充有机质和化肥的复合；现代农业观点认为，地力维持应是旱田地力、补充有机质和补充化肥的有机复合。

（二）轮作制度的产生和发展

早在公元前11世纪至公元前7世纪（西周至春秋）时期，我国的农业进入了熟荒制时期，就已出现新垦的农田种植3年后弃而撂荒，靠自然恢复地力，待地力恢复后再行种植；到公元前5世纪至公元前3世纪（战国）时期，出现了铁制原始犁和农田灌溉等农事，使作物种植由原来的撂荒养地改为短期的休闲养地，形成了我国早期的休闲轮作制度，如目前仍在沿用的青藏高原地区的休闲→豌豆→青稞→春小麦的休闲轮作制及内蒙古农垦区的休闲→春小麦→燕麦的轮作制；从公元前2世纪（汉代）起，不仅施用有机肥，而且充分利用豆科绿肥作物压青的方式代替了休闲，实现了作物连续种植的多样化轮作模式，如淮河流域的绿肥＋水稻→小麦＋水稻→冬闲＋水稻的粮肥轮作模式，东北、西北等地的大豆→高粱→粟谷、豌豆→冬小麦→冬小麦、蚕豆→玉米→小麦→甘薯等粮豆轮作模式，河南、湖北、福建等地的小麦＋绿豆→小麦＋谷子→春烟、蚕豆＋芝麻→小麦/棉等粮豆经轮作模式，陕西的多年生苜蓿→冬小麦的粮草轮作模式。

传统的轮作倒茬对轮作周期的要求并不很严格，作物轮作的顺序也不是固定不变的，轮作倒茬具有较大的灵活性，还没有形成时空兼有的定区式轮作方式。随着生产条件的不断改善和耕作制度的集约化发展，轮作倒茬的技术和理论不断得到充实和完善。自贾思勰的《齐民要术》开始，我国对轮作作物的茬口关系进行了大量的研究，并从理论上总结出有些作物（如葵、蔓菁等）可以重茬，有些作物（如谷子等）不能重茬，重茬病虫、杂草严重，故必须轮作，并且提出豆科作物是谷类作物的良好前茬。此后徐光启的《农政全书》中记有"若高仰之地，平时种蓝、种豆者，易种薯，有数倍之获"及"凡高仰田，可棉可稻者，种棉两年，翻稻一年，即草根腐烂，生气肥厚，虫螟不生，多不过三年，过则生虫"，表明合理安排前后作，能显著提高作物产量，有利于消灭杂草和病虫害，明确了某些作物连作的时间及对水旱轮作的认识，标志着定型轮作制的出现。王象晋的《群芳谱》中指出，轮作倒茬中种苜蓿，可使土壤耕作层加深，提高土壤有机质和养分的含量，表明合理的轮作组合能够提高土壤肥力。

中华人民共和国成立初期，我国推行的是苏联"定区式"轮作模式，其做法是规定轮作区数目与轮作周期年数相等，有比较严格的作物轮作顺序，同时进行时间上和空间上的轮换，这种轮作模式的计划性很强，但灵活性差。到20世纪60～70年代，随着全球人口剧增,粮食短缺日趋明显,导致传统轮作体系中谷类作物比例增大,豆科牧草饲料作物和根菜类中耕作物比例减少,连作制也普遍得到应用。与此同时,农药、化肥工业的迅猛扩张,不仅使农业生产成本上升,能耗巨大,能源短缺加剧,而且原本由豆科牧草饲料作物和农家肥完成的土壤养分补充,改由大量施用化肥来取代,由轮作机制完成的病虫、杂草防治,也被土壤消毒和农药所代替。这种农作制度的改变,导致了近代轮作体系的破坏,随之产生了土壤板结和理化性质变劣,农产品产量下降和质量得不到保证,环境污染和对人类健康的危害,以及长期的连作使得地力逐年下降。直到20世纪80年代中期,美国注意到了化肥工业和农药滥用的种种弊端,率先提出了发展可持续农业,并得到了全球性的响应,成为世界农业发展的大趋势。

美国可持续农业发展的核心是改进农作物和农作制度体系。其中很重要的是注重农业资源维护和生态环境保护策略的制订与技术开发应用,努力减少化肥、农药、添加剂等化工产品的投入,使资源得到有序利用,农产品质量标准提高,土壤肥力和生态环境不断改善,实现经济和社会的协调统一,并把建立科学的作物轮作制作为可持续农业的一项核心内容。我国在农业产业结构调整战略中,也及时将"粮-经"二元种植结构调整为"粮-经-饲"三元种植结构,以适应可持续农业发展的需要。由此可见,传统的轮作制度在经历了近代农作制度的不利影响后,得到了社会的重新评价和认可,但这并不意味着要重复原有的轮作,也不是对化肥、农药的施用和连作的短期利用给予简单的否定,而是要探讨和认识轮作在现代农业中的地位及其深层次的原理和技术,更好地发挥轮作在可持续农业中的作用。轮作不是现代农业的唯一内容,但它是其他农作制度所不能替代的,不论是水田,还是旱田,实施轮作都是必要的。

(三)轮作的原理

轮作的基本原理在于利用不同作物自身所具有的生长发育特性和生理生态特性及其对土壤、环境的适应能力和改造能力,将其进行有机的组合和排序,使它们的各种特性相互补充,相互促进,从而达到维持地力,减轻病虫草害,实现作物持续高产的目的。

1. 有机质的自我生产和平衡　土壤有机质平衡是地力得以维持的重要标志,栽培作物是土壤有机质的主要生产者,不同作物残留在土壤里的有机质数量差别较大。合理的轮作,其自身内部生产的有机质占主体,并且不同茬口间的有机质还田量可以相互补充,再通过轮作体系外的有机质辅助,可以使土壤有机质在较高的水平上维持平衡。轮作中,禾本科作物是有机质的主要生产者,同时它通过对土壤养分和土壤微生物的调节作用维持和增进地力;豆科作物除具有禾本科作物的作用外,其固氮补充氮素的量也是非常可观的。轮作这种自我生产、平衡有机物质的作用和改善土壤环境的机能是不可替代的。

2. 土壤的熟化与更新　连作和滥施化肥会促使土壤退化,导致地力减退和产量下降,轮作能够有效地防止土壤退化和更新退化土壤。在轮作中安排根菜类作物和深根性作物,不但能起到类似于深耕的作用,而且根系残留物分布于深处,对深层土壤熟化有促进作用;轮作中的豆科牧草饲料作物,通过固氮积累氮素,同时激化土壤微生物的活性,多年积累的大量根系残留在土壤各个层次中,丰富了土壤有机质含量,使土壤得到更新。

3. 土壤养分的有效化　土壤中的养分能否被作物吸收利用,与养分形态、活性和分布位置有关。由于轮作中组织了不同类型的作物,它们在养分吸收特性、改善土壤理化性质、激化微生物活性及其根系活性和分布等方面表现不同，因而在轮作期间使土壤养分的有效性得到了充分调节，大大提高了对土壤养分的利用率，从而增强了土壤养分的有效化。这种有效化随着轮作中前、后茬作物间远缘性的增大而增强，因而在轮作中应遵循前、后茬作物互为远缘的原则。

4. 病虫草害的自然消亡　病虫草害的泛滥取决于它们的伴生寄主及其相应的土壤和空间环境。一般病菌、害虫和杂草都有其各自的寄主植物，随着寄主植物利用年限的延长而迅速以对数增长方式繁殖；由于氮素是它们繁殖的最好营养源，所以在氮素含量高的土壤中更为严重。通过轮作，不断更换不同类型的寄主作物，使其土壤和空间的环境条件不断发生变化，迫使这些有害生物失去大量繁殖的生存条件，从而在轮作中自然消亡。轮作中安排禾本科作物，就有提高土壤有机质中碳氮比，降低氮素含量，达到控制病虫草害的作用。

5. 经营过程中的统筹兼顾　合理的轮作是结合土地整体规划，从土地利用、轮作和地力维持三者关系上寻求土地的最大利用率。轮作过程中，充分考虑劳力和机具在劳动季节中的均衡分配，以及地力再生产中所需要的有机质（堆肥、厩肥、秸秆等）供应，能使经营稳定、灾害减轻和抗逆性增强，并能稳定作物的持续高产。大久保隆弘（1973）在日本火山灰土壤多肥水平条件下进行的试验表明（表6-6），作物高产必须在轮作条件下才能获得。

表6-6　作物产量与栽培技术的关系

产量阶段	作物产量（t/hm²）			栽培技术要素		
	大豆	马铃薯	玉米	大豆	马铃薯	玉米
低产阶段	≤2.7	≤36.0	≤6.1	连作	连作	连作
中产阶段	2.7～2.9	36.0～37.3	6.1～6.5	轮作，标准肥	连作，多施磷	轮作，标准肥
高产阶段	2.9～3.2	37.3～40.0	6.5～7.0	轮作，多施磷	轮作，堆肥	轮作，多施磷
极限阶段	≥3.2	≥40.0	≥7.0	轮作，堆肥	轮作，多施磷	轮作，堆肥，多施磷

（四）轮作的作用

轮作倒茬不仅在我国传统的作物生产体系中占有重要位置，在当今全球普遍接受的可持续农业中也占有核心地位。轮作的作用主要表现在以下几个方面。

1. 调养地力　在轮作中安排一定年限的豆科作物、绿肥或多年生牧草等，通过生物固氮可有效增加或补充土壤中氮素养料，通过改善土壤团粒结构、理化性状和微生物状态可有效调养地力，最终达到提高产量的目的。

2. 减轻病虫草害　农田病虫草害的发生往往需要有对应性很强的寄主植物条件及其附带的生境条件，且这些条件持续的时间越久越有蔓延爆发的机会，这也就是连作年限越长越可能发生大的病虫草害的缘故。轮作中不仅有作物间（如麦麦、谷谷、麦谷等轮作）和作物类型间（如豆禾、草田、粮油、粮蔬、蔬果等轮作）的轮换倒茬，还有耕作制度（如一熟制与二熟制或三熟制间轮作及间混套作和复种制间轮作）和栽培方式（如水旱间轮作）的轮换倒茬。把这些轮作倒茬方式合理安排好，那些寄主条件尚未形成或是形成初期即因寄主植物的有意更换而遭到破坏，致使病原菌、虫卵和杂草种子及其衍生物因发育条件和生长条件的不适而自行衰败消亡，由此轮作倒茬成为我国传统农业防治病虫和农田杂草的一项基本措施。

3. 充分利用资源 在安排轮作时，不仅考虑当季当年和年际间作物的合理安排，同时应考虑气候资源、土壤资源和时空资源的高效利用，而且应统筹兼顾土地、资金、人力、机具等资源的有效配置，尽可能减少能源消耗及对化肥、农药、除草剂的依赖，从而降低生产成本并提高劳动生产率，最终建立能提高产品的产量和质量的长效轮作机制。

4. 实现农牧业并举 实行轮作，尤其在农区和半农半牧区实行草田轮作，不仅通过引草入田能维持和提高地力，发展长效农业，为农业提供高产优质农产品，还可获得高产优质的牧草及精饲料、青绿饲草料和青贮饲料，发展养殖畜牧业，产生的大量有机厩肥回到农田继续推动农业的发展，从而达到农牧业并举共赢。根据市场需求，因地制宜地安排多种作物轮作，变传统的"粮-经"二元种植业结构为"粮-饲-经"三元种植业结构，可形成多样化的种植结构，既有利于发挥轮作倒茬的肥地养地作用，更有利于适应市场需求，促进多种经营的发展。

二、轮作技术

（一）各类作物的茬口特性

茬口特性是指各类作物在轮作次序中所表现出来的对前茬作物种植利用后遗留的茬地性状的要求及其自身种植利用后遗留的茬地性状对后茬作物的影响。这些性状特性体现在土壤性能、肥力水平、土壤养分状况、季节气候适应性、病虫草害潜伏隐患状态等方面，表现出多样化的茬口特性，由此确定了各种作物在轮作倒茬次序中的排列地位。

1. 牧草 包括多年生的豆科牧草和禾本科牧草及一、二年生豆科牧草饲料作物，在轮作体制中主要作用是生产作为饲草的茎叶，其次才是养地和肥地。多年生牧草在轮作中的利用年限通常为3~5年，因而残留根量极多，豆科牧草根深且能固氮，禾本科牧草虽根浅但须根量大、密集且幅宽，根系分泌许多酸性物质，可溶解难溶的磷酸盐，活化土壤中的钾、钙等营养元素，为此多年生牧草茬口特性总体为土壤团粒性结构好、土壤熟化层深且效果好、有机质含量高、养分及速效养分含量也较高，豆科牧草较禾本科牧草茬口性状更好，是大多数粮食作物和经济作物的良好前作，如小麦、玉米、高粱、甜菜、棉花和马铃薯等。一、二年生豆科牧草饲料作物在轮作中的利用年限多为1年，偶尔有2年，茬口特性与多年生豆科牧草相似，只是因生长年限短，其茬口性能远不如多年生豆科牧草强，也不如多年生禾本科牧草，但可作为禾谷类作物和一些经济作物的良好前作，如水稻、小麦、玉米、高粱、胡萝卜和棉花等。种植多年生牧草时，其本身对前作没有特别要求。

2. 绿肥作物 包括一、二年生豆科牧草及一年生豆类饲料作物，如紫云英、小冠花、箭筈豌豆、毛苕子、草木樨和蚕豆等，在轮作体制中主要作用就是压青肥地。绿肥作物在轮作中的利用年限仅为1年，此类作物共生固氮能力较强，翻耕时连同茎叶和根一起翻压，使土壤中有机质和氮素含量丰富，并能迅速转化成作物可以利用的养分，根系分泌许多酸性物质，可溶解磷酸盐，活化土壤中的钾、钙等营养元素，土壤中速效养分含量较高。茬口特性相当于多年生牧草，尽管肥效不如牧草持续时间长，但养分的速效性高于多年生牧草，后作应种植需要氮素较多的粮蔬作物或经济作物，如玉米、小麦和水稻等，不宜安排忌高氮作物。自身种植时，对前茬作物没有多少要求。

3. 豆类作物 包括大豆、豌豆、蚕豆、绿豆、花生等作物，在轮作体制中主要作用就是生产作为豆制品原材料的果实。这类作物能固定土壤中丰富的氮素，利用落叶增加土壤中易于分解的有机质,可抑制杂草发生。因此,豆类在轮作中有养地肥地作用,但恢复地力很有限,总之也是许多禾谷类作物和经济作物的良好前作,如水稻、玉米、高粱、小麦、谷子和棉花等。豆类因易引起土壤病虫害,尤其是线虫病的发生,故不宜连作,但大豆能耐短期连作,蚕豆次之,豌豆最不耐连作。豆类作物与禾谷类作物和禾本科牧草轮作可有效控制病虫害及寄生杂草的危害。

4. 禾谷类作物 包括小麦、大麦、水稻、玉米、高粱、糜谷、荞麦及燕麦、苏丹草等,在轮作体制中主要作用就是生产作为粮食和精饲料的果实。这类作物生物产量远高于其他类作物,生物还田率高,除根和残茬还田外,提倡收获果实籽粒后的秸秆经粉碎后就地还田,当然这些秸秆运出田间可作为饲草或垫圈草,最后以厩肥的形式还田。此类作物茬口特性是富含碳氮比较高的有机质,有效养分释放慢,能维持很长时间地力;可抑制真菌类病害,抗病虫害能力强;根系浅,数量多,在生长期间需要较多的氮、磷,较耐连作;要求前作无杂草,有充足水肥,且播前整地精细,通常安排在豆类作物、绿肥作物、中耕作物、多年生牧草或休闲地之后种植。其中,小麦较耐连作,但以不超过3年为宜,北方一年一熟地区,常在麦收后复种一茬短期绿肥,以增进地力和延长连作期;玉米和高粱是典型中耕作物,茬口杂草少,适于安排各类作物,较耐连作,需氮肥多;糜谷茬口地力差,杂草多,不能连作,只能安排在麦类作物之后种植,其后茬应安排豆类、多年生牧草、绿肥等养地作物;苏丹草和燕麦属饲料作物,在大田轮作中多安排在春作物之后,在饲料轮作中多安排在多年生牧草耕翻后的第2年之后,由于苏丹草根系吸收水肥能力强,消耗氮素多,其后作只能安排瓜类、根茎类作物或养地作物,或者休闲。

5. 块根块茎及叶菜类作物 包括芜菁、甜菜、马铃薯、甘薯、萝卜、胡萝卜、甘薯、甘蓝、莴苣、南瓜等,在轮作体制中主要作用就是生产作为粮食和蔬菜的叶、根或茎。这类作物耗水量较低,土壤水分含量较高;对钾的需求量较大,吸收钾的数量是氮的2倍,土壤钾含量较低的地区可能会导致缺钾;苗期需要多次中耕培土,能起到松土除草作用;收获时需要深挖,能起到深耕作用。其茬口特性为土壤疏松、清洁、速效肥多,但还原的有机质少,不能满足后茬作物的需要;后作可安排能还原大量有机质的多年生牧草或禾谷类作物;在高氮肥栽培中会影响其产品的品质,故其前作不宜为豆科作物,应以禾谷类作物为宜;由于病虫害较多,连作会严重减产。

6. 休闲(fallow) 是指在轮作体制中安排一个生长季不种植任何作物,但仍通过系统的土壤耕作作业以达到清除杂草、蓄水保墒和增加土壤中有效养分的方式。休闲是轮作中一种特殊类型的茬口,其茬口性能良好,是许多作物的好茬口,适于安排种植谷类作物和经济作物。不过,现代农业观点认为,休闲制不符合轮作体系中对土地的高效率利用,有浪费资源之嫌,应提倡种植绿肥作物,采用种青压青的方法,或者种植多年生牧草,发展养殖业的方法改革休闲制。

7. 连作(continuous cropping) 是指在轮作体制中连续种植同一种作物数茬的方式。在生产实际中,通常不提倡连作,但在复杂的轮作中总会不可避免地有一定时期的连作,对充分利用资源条件,实现高产、稳产也是非常必要的。因而有必要了解各类作物的耐连作程度,不能连作的作物有马铃薯、烟草、蚕豆、豌豆、西瓜、苦荬菜、甜菜、谷子、大麻、胡麻和多年生牧草等;能耐2~3茬连作的作物有小麦、大麦、黑麦、燕麦、玉米、高粱、棉花、大豆、油菜等;较耐长期连作的作物有水稻、甘蔗等。连作的茬口特性表现为伴生性的病虫草害易于发生、蔓延和泛滥，土壤营养元素偏耗较大。因此，安排后作时应注意有利于防治病虫草害和调节土壤营养平衡。

（二）轮作类型

轮作的类型多种多样，依据轮作体系在生产中担负的主要任务不同，可将轮作分为大田轮作、饲料轮作和蔬菜轮作三个基本类型。

1. 大田轮作（field rotation system） 是指以生产粮食作物和工业原料作物为主要任务的轮作。在大田轮作中，又可根据作物组成不同分为粮食作物轮作、粮经轮作、草田轮作等多种类型。这里着重对草田轮作进行介绍。

草田轮作（grass and crop rotation system）是一类在粮经作物为主体的轮作体系中加入短年生牧草成分的轮作方式。通常农作物的种植比例大，种植年限也长。种植牧草的目的是在调养恢复地力的同时，为畜牧业提供一定数量的优质饲草料和季节放牧地，达到土地的用、养结合，养地和养畜并举，这是草田轮作的核心任务，也是可持续农业中调整种植业结构的理想模式。草田轮作中牧草的种植年限，一般为2~4年，作绿肥用的牧草仅种植1年。下面是不同地区草田轮作的几种模式。

黑龙江的4年（或2年）制草田轮作模式：小麦→玉米+草木樨→大豆（或小麦）→玉米+草木樨。

山西的5年制草田轮作模式：油料作物→绿肥牧草→大秋作物→绿肥牧草→大秋作物。

内蒙古东部的8年制草田轮作模式：糜子→紫花苜蓿→紫花苜蓿→紫花苜蓿→紫花苜蓿→玉米→玉米→玉米。

新疆北部地区的8年制草田轮作模式：冬小麦套作苜蓿→苜蓿→苜蓿→玉米→小麦→小麦→玉米→油菜+夏季绿肥。

东北友谊农场的8年制草田轮作模式：冬小麦套种多年生牧草→多年生牧草→多年生牧草→春小麦→糖用甜菜间作向日葵→春小麦（秋耕休闲）→冬黑麦→春谷类作物（秋耕休闲）。

新疆天山北麓的10年制草田轮作模式：冬小麦→紫花苜蓿→紫花苜蓿→紫花苜蓿→棉花→棉花→玉米→甜菜→青贮玉米→冬小麦。

2. 饲料轮作 是指以生产青贮饲料、干草、青草和放牧牧草为主要任务的轮作，也称草料轮作。目的是满足畜牧业生产全年对饲草、饲料的均衡需要，这是饲料基地必有的基本轮作。依据家畜种类、饲养方式和经营性质等情况的不同，又可将饲料轮作分为如下两种类型。

（1）近场轮作 一般安排在畜牧场附近，以生产那些不便于运输的多汁饲料为主。有时还包括幼畜、孕畜、种畜、老弱家畜等就近放牧所需要的人工草地。有时为满足幼畜和产奶畜的需求，在轮作中安排蔬菜生产也是必要的。根据饲养方式又可分为以下两种。

①完全舍饲方式下的近场轮作：这种轮作要求将草料全部收割后，运回畜舍饲喂家畜。种植的饲料作物以生长快、产量高、品质好的多汁性根茎和叶菜类饲料作物及青贮作物为主，如甜菜、胡萝卜、饲用瓜类、马铃薯、青刈玉米、青贮玉米、青刈燕麦等；牧草以一、二年生速生优质牧草为主，如黑麦草、苏丹草、毛苕子、箭筈豌豆、草木樨等；精饲料有玉米、燕麦、大麦、豌豆等。例如，适于猪和奶牛的舍饲近场9年制轮作模式：谷子套种苜

蓿→苜蓿（收割调制干草）→苜蓿（放牧或青刈）→饲用瓜类→甜菜→青贮玉米→马铃薯→大麦套种绿肥→青贮玉米。适于种畜或幼畜的舍饲近场 6 年制轮作模式：燕麦混（间）作箭筈豌豆或毛苕子→冬大麦或黑麦→芜菁或箭筈豌豆或毛苕子→青刈玉米→箭筈豌豆或毛苕子→胡萝卜。

②半舍饲方式下的近场轮作：这类轮作除一部分草料需刈割后运回畜舍外，还有一定数量的放牧和刈牧兼用人工草地，这种方式的轮作年限较长。例如，适于奶牛或种畜的半舍饲近场 8 年制轮作模式：燕麦或大麦套种多年生混播牧草→混播牧草（刈割）→混播牧草（刈割）→混播牧草（放牧）→混播牧草（放牧）→青贮玉米→甜菜→胡萝卜或马铃薯。在近场轮作之外，可单独加一块地种植菊芋或聚合草，由于它们生长年限特长，翻耕后又不易清除干净，故不便纳入轮作体系中。

(2) 远场轮作　是一种为成年家畜放牧而设置的放牧地饲料轮作。其主要目的是解决放牧草场不足和饲草料平衡供应问题，保证畜牧业生产有一定面积的放牧场和割草场。因此，常安排在距畜牧场较远的地方，轮作中也不安排多汁饲料。由于种植牧草的年限很长，土壤中富含氮素，故可短期（1~2 年）种植需氮较多的禾谷类作物或其他经济作物。例如，远场 9 年制轮作模式：燕麦或大麦或谷子套种多年生牧草（混播）→多年生牧草（2 年，刈割）→多年生牧草（4 年，放牧）→麦类作物（2 年）。

(三) 草田轮作的设计与生产计划的编制

1. 基本原则　草田轮作设计和生产计划编制是否合理，对于生产单位的资源和土地的利用、地力的维持和发掘、生产的稳定和高效都具有极其重要的影响。在设计草田轮作方案和编制生产计划时，应遵循如下原则。

(1) 追踪目标市场，注重经济效益　在市场经济条件下，任何一个种植方案都必须围绕市场需求和满足生产需要来设计和制订。选择轮作作物时，应在因地制宜、合理配置资源的基础上，重点选择目标市场和相关生产需求明确及经济效益稳定的作物和牧草饲料作物种类，合理安排各类作物的种植比例和产量指标，做到产品有市场，效益有保障。

(2) 维持地力稳定，保障持续发展　合理安排轮作中各种作物的排列次序，对维持地力稳定和生产持续发展非常重要。原则上应使每种作物都有较好的前茬，并使前作为后作创造良好的肥力条件和耕作条件。只要有利于地力稳定和持续增产增效，轮作中可以种植牧草饲料作物、绿肥或其他类作物，可以合理施肥或运用间混套作等农业技术措施。

(3) 明确生产目标，力求简便易行　在设计轮作组合时，应根据当地自然条件和区域经济特点，明确主栽作物种类和种植比例，保证主栽作物的专业化、规模化生产，以提高生产效率和市场竞争力。依据主栽作物的生产计划及其生物学特征和生态学特性选定轮作组分，以有利于主栽作物的生产为原则。当然，主栽作物不一定只有一种，但也不宜过多。同时，设计轮作组合时，应力求简单化，可操作性要强，避免执行过程中出现难以解决的问题。

2. 方法步骤　草田轮作设计与生产计划编制是一项技术性很强的工作，要使其具有科学性，必须按一定步骤和方法进行。

(1) 收集资料，深入研究　通过查阅文献资料、走访调查和实地考察等方式搜集掌握基础资料。对当地气温、降水、土壤等自然条件，耕地、水利、劳力、农机具等生产条件，农业、牧业、蔬菜业、果林业及其他产业的结构、生产和市场状况，以及种植业的优势、当年生产任务、近期发展目标和中长期发展方向等资料进行全面的搜集和分析研究。

（2）合理安排，科学布局　依据搜集掌握的情况，明确主栽作物，确定参与轮作的作物种类及其种植比例和时空布局。根据前面的基本原则，围绕主栽作物，合理编排轮作作物和时空顺序，应做到因地制宜，扬长避短，最大限度地提高劳动生产率，获取最高效益。在考虑作物种类时，应保证有相当比例的可大量生产有机质的禾谷类作物，至少3～4年内应插播一季根茎、叶菜类作物，并保证有一定比例的能养地的绿肥或豆类饲料作物，尤以牧草饲料作物效果更好。比较合理的轮作，其基本组成和排序的构型应该是：豆类饲料作物或牧草饲料作物→禾谷类作物→块根块茎或瓜菜类作物。

（3）划分轮作区，确定轮作次序　首先按生产任务的属性确定轮作类型，依据轮作类型把主要作物配置在相适应的土地上，然后再配置其他次要作物。按土壤种类和耕地性质划分轮作区，并配置相适应的作物，将每个区的面积及其栽种的作物进行编号登记。为便于管理，轮作数目尽量少些，轮作区面积也不可过大。在配置作物时，凡是要求多工、多肥、运输量大的作物，应尽量安排在居民点附近的地段。

（4）确定作物轮作比例和轮作周期　先根据生产任务和作物布局规划，结合各种作物在相应土地上的生产能力，确定出主要作物和次要作物各自应占有的比例。主要作物比例不能过大，否则重茬过多，尤其对不耐连作的作物更应注意。为了发展养畜业、增进地力、防治病虫草害和提高产量等，在轮作中可安排种植多年生牧草、绿肥和豆类作物，也可把复种及间混套纳入轮作计划。为便于组织轮作，应使每年中各种作物的播种面积相近，同一轮作中各种作物的面积比相当或互为倍数。一般，大田轮作年限以3～4年为宜，草田轮作5～7年，草料轮作8年以上。

（5）确定轮作次序，制作轮作周期表　在确定轮作次序时，应尽量考虑亲缘关系的远缘性，使没有共同土壤病虫草害的作物互为前后作，力求避免相互感染；同时也要考虑茬口养分的互补性，养分夺取量多的作物应与少的作物搭配，有机质归还多的作物应与少的作物搭配，以求彼此间的相容和互利；另外应从资源分配和利用上考虑，使需要劳力多的作物与少的作物搭配，使各种机具在忙闲利用上彼此错开等。依据轮作区数和轮作年限制订出轮作周期表。

（6）编写轮作计划设计书　在完成上述各项工作后，应编写轮作计划设计书作为备案资料和执行文件。内容包括生产单位的基本情况、经营状况、生产任务和措施，轮作中各种作物及多年生牧草的种类、播种面积和预计产量，轮作区面积、数目、组成、排序、周期表和轮作区分布图，以及种子、肥料、农药、水、电、机具和劳动力使用计划及经济效益估算等。同时，还应制订出与轮作计划相适应的土壤耕作、施肥、良种繁育等项制度，以保证轮作计划的顺利执行和完成。

（四）草田轮作制度中的饲草料供应体系

在草田轮作中，不管出于何种目的的轮作，都程度不同地安排有饲草料生产，其规模与饲养家畜种类和数量有关。如何做到周年均衡稳定地供应饲草料，就需要在轮作制中建立一个合理而高效的饲草料轮供体系。

1. 编制饲草料供需计划　饲草料供需计划的编制是牧业生产单位每年（分日历年度和牧业年度2种）年末制订下年度生产任务的一项主要工作，由于牧业生产对象是家畜，其生产流程始终处于动态变化中，而草料是为其服务的，所以饲草料的供需计划应随着饲养对象的变化而变化。

(1) 需求计划　家畜的日粮组成从大类上分，包括精饲料（高能量高蛋白饲料）、粗饲料（粗纤维含量大于18%的饲料）和青饲料（含水量大于50%的饲料）三类，由于家畜种类、性别、年龄和生产状态的不同，其对日粮的营养需求和采食能力表现不同，导致日粮中三类饲草料的比例和采食量也各有异。因此在编制饲草料需求计划时，首先应依据家畜种类、性别、年龄和生产方式（泌乳、育肥、妊娠等）确定畜群类别及其在全年、各季、各月、各旬的周转状态和饲养量；然后根据各类畜群日粮的饲养标准和饲料定额，计算出精饲料、粗饲料和青饲料等各类饲草料在各旬、各月、各季及全年的需求量。

(2) 供应计划　根据需求计划，结合饲养方式、自身生产能力及现有存贮量，组织制订各旬、各月、各季及全年的供应计划。在编制供应计划时，首先确定现有的饲草料来源途径能够提供的饲草料种类、数量和时期，有割草地和放牧地时应估算出其年度内产草量和载畜量及其发生时期，将所有能够采收到的各类饲草料按收获时期和收获量登记入表；然后对比各时期需求情况和供应情况，即可明了各个时期各种饲料的余缺状况，不足部分则在轮作中纳入专用饲草料供应基地，或者采用间混套作及复种做出安排，或者列入采购补充计划。更科学的办法是根据家畜饲养标准推算出各个时期对饲草料能量、蛋白质、必需氨基酸、各种维生素及矿物质的需求量，从而依据各种牧草饲料作物的营养含量和生产量及其生长发育特性，确定出应纳入轮作体系中的牧草饲料作物种类及其栽培面积。

(3) 供需平衡　尽管畜群具有年度周转的动态特性，但在饲草料需求上却没有反映出太大的季节性差异，而饲草料生产却有显著的季节不平衡性。因而在编制供需计划和制订种植计划时应充分考虑这个特殊性，并采用技术手段给予调整和平衡。在调整各时期饲草料供需平衡时，首先应利用草田轮作技术，充分运用间混套作及复种技术，做到饲草料供需在全年和各时期营养上和数量上的基本平衡；其次利用饲草料加工贮藏技术，如玉米青贮、秸秆氨化、青干草调制等技术，解决饲草料供需的季节不平衡；然后在生长季草料质优量多时，利用幼畜当年快速育肥出栏的技术大力发展季节畜牧业，这样既可解决畜草间生产性能上的季节不平衡，又可增加草田轮作的总效益；最后为预防不可预见性事件，通常要求在饲草料总需要量基础上增加精饲料5%、粗饲料10%、青饲料15%的零风险安全贮备量。

2. 制订牧草饲料作物种植方案　依据当地气候条件和栽培条件，结合轮作技术的要求和饲草料供需平衡中尚缺草料情况，制订种植方案。

(1) 依据自然条件和饲养特点选择拟种植牧草饲料作物种类　要求所选择的牧草饲料作物种类，首先应能够适应当地的气候条件、土壤条件和栽培条件，最好在当地有栽培历史，新引进的种应在试验之后依据表现再考虑是否选用；其次能够在轮作中与其他作物搭配使用，既符合轮作技术要求，又能进行间混套作或复种；最后能够满足家畜的采食特性和营养需求，在生产性能上既具有高产优质的特点，又具有易于加工贮藏的特点。在一般草料生产中，苜蓿和玉米是首选种类。苜蓿适应性强，易于栽培，产量大，营养价值高，适口性好，容易调制成干草，是家畜抓膘高产不可缺少的主要草种；玉米属高产精饲料作物，也是最主要、最优良的青贮饲料作物，一年四季均可供应青贮饲料，是青饲料轮供中主要的平衡饲料。

（2）依据生产条件合理安排种植计划　在安排牧草饲料作物种植时，首先应确定主栽牧草饲料作物的种植面积和土地位置，使其充分发挥生产性能，这是建立稳固草料基地的必要措施；然后根据各种伴种牧草饲料作物的农艺性状和各时期草料供需情况确定出各自的种植面积，通过启用零散闲地，调节播期和利用期，选用不同成熟期品种，以及采用间混套作和复种技术，使布局更合理，利用更科学。对种植面积不足的牧草饲料作物，另行辟地种植并纳入轮作体系中。在确定各牧草饲料作物种植面积时，必须要系统地分析其单产的历史资料，否则计算出的种植面积不准确会影响草料的供需平衡，进而将导致牧业生产的紊乱。

3. 组织实施青饲料轮供方案　在家畜日粮组成中，青饲料与精饲料和粗饲料相比对家畜生长发育及其生产性能有着特别重要的作用，而且是唯一可以单独组成日粮的饲料。所以，在草料供应中如何保证周年均衡地供应青绿多汁饲料（即青饲料轮供制），就成为在草田轮作制度中建立草料供应体系的核心内容。组织实施青饲料轮供应采取如下相应措施。

（1）确定主栽青饲料作物，合理安排种植　要求主栽青饲料作物具有高产、优质、多次收、供期长，便于机械化生产，适合某种家畜的良好适口性等特点。为保证有蛋白质饲草料和能量饲草料，在主栽青饲料作物中应注意选用豆科牧草和薯类作物，其他不具再生性的短期速生作物可作为辅栽青饲料作物。主栽青饲料作物与辅栽青饲料作物的种植面积比一般为4∶1。青贮饲料作物和根茎瓜类饲料作物常作为一熟地区的主栽青饲料作物，这些作物收获后易于调制和贮藏，可用来调节全年青饲料供需平衡。通过调节播期和选择不同物候型青饲料作物，错开利用时期，保证全年持续供应。

（2）合理搭配种类，不断更换良种　在青饲料轮供的日粮组合中，应根据家畜的饲养标准和采食特点注意日粮中混饲成员的搭配，尽量多种类搭配，并要有计划地更换种类或良种，使家畜口味不断有新的刺激，以经常保持家畜有旺盛的食欲。

（3）坚持轮作，灵活运用　轮作是地力维持和发展的根本保障，因而坚持轮作对整个种植业具有特别重要的意义。在总的轮作体系中，根据青饲料轮供的需要，适当安排短期的连作及间混套作和复种，以及其他农艺措施是十分必要的。

（4）克服困难，革新技术　通过分期分批播种达到分期轮牧和收割利用，通过选择种植再生性强的青饲料作物达到分期轮收和多次刈割，通过育苗移栽达到延长生长期和增加产量，所有这些措施都程度不同地减轻了青饲料轮供的"旺余淡缺"现象。

（5）种、采、贮配套　青饲料轮供组织得再好，也很难避免意外情况发生。所以在鲜草生产旺季应将多余的青饲料全部青贮或挖窖贮藏，做到种、采、贮配套，以避免浪费损失，并供应生产淡季的青饲料需要。

思考题

1. 牧草混播的优越性及其增产原理是什么？
2. 豆科牧草和禾本科牧草混播的实施技术及其注意事项是什么？
3. 用混播技术改良大面积退化草地时如何进行撒播作业才能保证播种质量？
4. 实施轮作倒茬的理论基础及其现实意义是什么？
5. 引草入田在当今农区变二元为三元种植业结构中的作用和意义是什么？

6. 各类作物的茬口特性及其在轮作中的排序地位是什么？

7. 草田轮作的实施技术及其注意事项是什么？

8. 请在调研当地情况的基础上，模拟编制一个 400hm^2 土地 1 000 头奶牛养殖场全年饲草料供需计划及其 6~8 年草田轮作制方案和全年青饲料轮供种植方案。

第七章　牧草饲料作物种子生产

学习提要

1. 熟悉牧草饲料作物种子田建植技术及田间管理技术。
2. 理解种子的成熟与收获技术。
3. 了解种子干燥原理及其方法和技术。
4. 了解种子清选原理及其方法和技术。
5. 掌握种子的寿命与贮藏条件。

牧草饲料作物种子既是牧草饲料作物的繁殖器官，也是牧草饲料作物种质资源的离体保存器官，是牧草饲料作物种质资源向生产力转化的具体体现者。牧草饲料作物种子生产是对牧草饲料作物种质资源有重点的扩繁、开发和利用，是牧草饲料作物种质资源向生产力转化的关键，也是草业生产的基本生产资料。目前，我国牧草饲料作物种质资源保藏、育种、种子生产、推广应用各部门间协作运行体系很不完善，牧草饲料作物良种繁育体系和种子综合标准体系也不健全，导致牧草饲料作物种子产业存在突出问题，不仅数量少、质量差、种子混杂、经营不规范，而且良种选育与生产销售和市场需求严重脱节，这也是至今国内牧草饲料作物种子市场仍然由国外进口草种占据半壁江山的主要原因。为了加速农牧区建植人工草地，提高牧草饲料作物产量和质量，促进农区进行草田轮作，使农业进入良性循环，达到整治国土、治理生态、防止水土流失、美化城镇、减少污染的目的，均需大量专用牧草饲料作物种子，牧草饲料作物种子的需求市场前景远大。因此，建立标准化、规模化牧草饲料作物种子生产基地，对促进我国牧草饲料作物种子的产业化和商品化具有极其重要的现实意义。

第一节　牧草饲料作物种子田的建植

一、草种繁殖气候区选择

牧草饲料作物种子生产不同于饲草料生产，其种子成熟和饱满对气候条件有很苛刻的要求，既要土壤条件和栽培条件好，更重要的还要气候条件必须相适应，不仅要求返青（播种）出苗至种子完熟期间有充足的生长期和有效积温，以确保种子足够成熟，还要求返青（播种）时应有适当的降水和一定的气温，其后营养生长时不很严酷的低温条件，尤其是开花成熟时的适温、少雨、多日照和微风天气，既利于充分进行光合作用，又利于促进营养生长向生殖生长过渡、光合产物向花器和种胚传输积累，以确保种子足够饱满。因此，针对不同的牧草饲料作物选择与其相适应的气候区建立其种子生产基地，显得极为重要，这是保证种子生产成功的首要条件。正因为如此，美国俄勒冈州威拉未特河谷这一比较狭小的地域才成为世界最大的温性牧草种子生产地。

种子生产气候区（地域）的选择，对牧草饲料作物栽培品种、繁殖方式和繁殖系数将会产生影响，主要表现在品种的遗传稳定性、品种的异交率和传粉受精能力等方面。通常，牧草饲料作物鲜草生产量高的气候区，种子繁殖率较低，如我国亚热带气候区的山区，适宜多年生牧草生长，但种子产量很低，而江苏北部滨海区种子产量较高；再如，箭筈豌豆在全国各地均能栽种，但以甘肃、青海等内陆干燥气候区产种量最高。因此，应进行草种生产区域化，以草种特性定种子繁育和生产区域，使每个草种的种子生产基地集中在那些气候条件最适宜的地区，这就需要主管部门全国一盘棋做出顶层草种繁育生产区划布局设计。

二、保种隔离措施

对于异花授粉和常异花授粉牧草饲料作物，种子在繁殖过程中，易产生天然杂交，引起生物学混杂，使一些品种丧失其原来的优良特性，从而导致产量下降，品质低劣。因此，在牧草饲料作物种子生产中，要特别加强隔离工作，防止互相传粉。隔离除人工套袋之外，还可采用空间隔离、时间隔离、高秆作物屏障隔离和自然屏障隔离等，其中空间隔离应用最普通。具体方法的选用应坚持安全、合理、高效的原则，结合各地实际情况灵活掌握。

（一）空间隔离

空间隔离是指通过空间距离将亲本繁殖区与其他品种隔开，防止其他牧草饲料作物花粉传入。关于不同品种间隔离的距离，首先考虑的因素是种子级别和地块大小。例如，经济合作与发展组织（OECD）规定，狗尾草、南非鹳草的种子若作为育繁田用种时，种子地大于 $2hm^2$ 时隔离距离为 100m，种子地小于 $2hm^2$ 时隔离距离为 200m；若作为生产田用种时，相应为 50m 和 100m；若繁殖亲本材料种子，则应选择距离可能传粉源几千米远、有隔离条件的农场。实际上各国审定商品种子要求的隔离距离各不相同，为 50～1 500m。澳大利亚昆士兰牧草饲料作物种子审定规定，盖氏须芒草和无芒虎尾草，生产一般审定种子的最小隔离距离为 100m，生产基础种子时则为 200m；对大黍来讲，为防止机械混杂，与其他大黍品种的隔离距离为 5m。加拿大规定，种子地面积大于 $2hm^2$，最小隔离距离可以缩短 50％，除去边行也可以减少隔离距离。其次考虑的因素是牧草饲料作物开花授粉方式与特点，一般自花授粉牧草饲料作物要求的隔离距离较小，异花授粉及常异花授粉牧草饲料作物要求的隔离距离要大，单纯靠花药开裂力量和借风力传粉的牧草饲料作物要求的隔离距离较小，借昆虫传粉的牧草饲料作物要求的隔离距离要大。如虫媒花的紫花苜蓿、红三叶、红豆草等豆科牧草，其空间隔离距离应为 1 000～1 200m；风媒禾本科牧草饲料作物的传粉程度与植株高度、花粉传播距离、花粉活力及花粉的存活率有关。显然，大气紊流及方向影响传粉程度。防风带及自然地物等物理屏障能提供一定的保护，需要考虑牧草饲料作物所处的自然地理位置与可能的传粉源的相互关系。风媒花牧草饲料作物如无芒雀麦、披碱草、羊茅、老芒麦等，空间隔离距离可在 400～500m；两个或两个以上不易天然杂交的品种繁殖时，各品种间也要有适当的空间隔离，间隔距离为 25～30m。此外，在隔离区种植与相邻繁殖品种易于区分的牧草饲料作物，可增强隔离效果，以防止机械混杂。在生产实践中，为防止机械混杂，种子成熟收获时常将其边行剔除不作种用，因此，种子田块不宜过窄，否则机械混杂的可能性增大。

（二）时间隔离

在空间隔离条件不具备，生育期又可满足要求的条件下，可通过调节播种期使亲本的花期与其周围同类牧草饲料作物种子生产田的花期错开，从而避免外来花粉混入。隔离时间的长短主要由花期长短决定。一般自花授粉牧草饲料作物相差10~25d，异花授粉和常异花授粉牧草饲料作物相差20~30d。如果需要繁殖同一种类牧草饲料作物的不同品种，除分期播种外还可采用同期播种，开花前只留某品种开花，其余品种刈割的办法，避免花期相遇，以达到保种隔离的目的。多年生牧草在生长期每年均保留一收种品种，花前刈割其他品种，在品种较多、播种面积较小的情况下该法较为适用。

（三）屏障隔离

在牧草饲料作物种子生产田四周一定范围内，通过种植玉米、高粱、苏丹草、御谷、千穗谷等高秆饲料作物（或牧草）作为屏障，可以起到隔离作用，使隔离距离缩短至50~100m，这种方法的关键是高秆饲料作物要提前播种，以保证在制种田花期到来时有足够的高度，才能控制外来花粉，达到安全隔离的目的。此外，有些地方可利用山沟、建筑、果园、江河、树林等自然体作为屏障进行隔离，防止其他花粉的混入，特别对种子生产中面积小而隔离相对困难的原种隔离繁殖尤为适用。

三、种床准备

当牧草饲料作物种子生产区域依据气候条件确定后，隔离措施也充分考虑后，则土地选择和种床准备就成为种子生产基地建立的首要工作内容。

（一）土地选择

用作生产牧草饲料作物种子的地块，应该是地势开阔、通风、光照充足、土地平整、土层深厚、排灌方便、肥力适中、杂草较少及病、虫、鼠、雀等的危害较轻，以及便于隔离、交通方便、相对集中连片的地块。对于豆科牧草饲料作物还应注意最好布置于邻近防护林、灌丛及水库旁，以利昆虫传粉。在边缘地带，就某一具体品种而言，地块坐落的方向可能成为制约因素，如在南半球亚热带地区，在北坡种植热带牧草饲料作物效果较好。确定牧草饲料作物种子生产田面积，应考虑往年牧草饲料作物种子经营量和市场需求等因素，尽可能保持合理的规模，原因是牧草饲料作物种子的可利用寿命有限，豆科牧草种子寿命长些，也不过5~8年，禾本科牧草才3~5年。

（二）耕作措施

牧草饲料作物种子田耕作措施的关键是抓好深耕和保墒等环节。北方地区伏天（7月中旬至8月下旬）耕作，宜早不宜晚，宜深不宜浅，耕深以45cm为宜，耕后延缓耙耱，待雨季即将结束时再进行浅耙轻耱。目的是多接纳雨水，多晒垡土壤，加速土壤熟化，改善土壤结构，增强土壤通透性，促进根系深扎，增加耕层根量，强化吸收能力，促进植株健壮生长，使种子品质有保障、产量能提高。若不得不秋季（9月上旬之后）耕作，则宜早不宜晚，宜浅不宜深，耕后紧随浅耙重耱，因雨季结束，应尽可能减少水分蒸发，有灌溉条件的地方进行冬灌对翌年播种效果更好。对于翌年春播种子田，应做好春季整地保墒工作，当地表刚化冻时就需顶凌浅耙地，切断土表毛细管，耙碎大土块，防止水分蒸发。如播前土壤含水量过低，需浅耙后镇压，防止跑墒，便于控制播种深度。也可在播前用不带犁壁的犁浅犁一遍，深 6~10cm，然后浅耙轻耱后再行播种。春播前整地以疏松表土和平整地面为主，浅耙可用轻型钉齿耙，耙深不宜超过播种深度。为控制播种深度，播前可适度镇压或轻耱。

四、播种材料的准备

用于牧草饲料作物种子田的种子必须是原种或良种，严禁使用混杂退化的劣质种子。因此，播种材料准备的好坏决定种子生产田的建植成败。

（一）种和品种选择

确定了种子生产田的地理区域，也就意味着草种或品种的确定，因为所选草种的生物学特性及其种子繁育特性和生态特性对生境条件的要求一定与该地气候条件相适应。如果是当地乡土草种或品种，则可直接用来进行种子繁殖生产。否则，应首先进行小区引种试种，通过品比试验和生产试验，掌握其在当地建立种子繁育生产基地的可能性及其配套的栽培技术体系。引种的一般规律是，采用纬度相近而经度不同的东西地区之间引种，比采用经度相近而纬度不同的南北地区之间引种较易成功；同纬度高海拔地区和平原地区引种不易成功，而纬度低的高海拔地区与纬度高的平原地区相互引种成功的可能性较大。

当然，在一个特定地区建立种子繁育生产田，则要依据当地气候条件及其栽培条件、田间管理条件和种子收获贮藏条件，选择能够繁育生产的草种或品种。不管是否引种，都要注意所选草种的生态特性一定与当地气候条件相适应。例如，干旱地区宜选耐干旱的草种，如沙打旺、草木樨、红豆草、冰草等；寒冷地区宜选耐低温的草种，如披碱草、无芒雀麦、扁蓿豆、黄花苜蓿等；盐碱地区宜选用耐盐草种，如碱茅、野黑麦等；红壤丘陵地区宜选用耐高温、耐酸性土壤的草种，如柱花草、雀稗、银合欢等。此外，在某一草种中有早熟、中熟、晚熟等品种之分，可根据当地无霜期长短，因地制宜地选择品种。另外，草种中有抗虫害和抗病害之分，在病虫危害严重地区应选用抗病性和抗虫性强的种和品种进行繁殖。总之，种子生产者可从大量草种和品种中选择适应当地条件及不同生产体系的牧草饲料作物种和品种。

（二）播种材料品质

用于牧草饲料作物种子田的种子必须是原种或良种，严禁使用混杂退化的劣质种子。播种材料的品质包括品种优良和种子优质两方面内容，前者是指品种具备综合性状优良的遗传特性，包括生产性能、适应性、抗逆性、成熟性、营养成分等，是育种家选育的结果；后者是指播种材料的质量要优，包括纯度、净度、发芽势、发芽率、生活力、含水率、千粒重、饱满度、健康状况等指标。优质种子是品种优良特性得以实现的保证，故播种材料质量评定主要是从如下方面进行评定。

1. 纯度评定　是以田间和室内两次纯度检验结果为依据，不管两次检验结果是否一致，均以纯度低的为准。若田间纯度检验过低，达不到国家分级标准的最低指标时，应严格去杂，经检验合格后方可作种用，否则不能作种用；若室内纯度检验低于国家分级标准的最低指标时，则不能作种用。对杂交品种的纯度进行评定时，除查看亲本纯度及制种田隔离条件是否符合制种要求外，还应保证田间杂株（穗）率在分级指标内。

2. 净度评定　反映播种材料中混入的杂质种类及其混杂程度，可根据净度测定结果确定种子清选方法和处理措施。种子含杂质过多，其净度达不到国家种子质量分级标准的最低指标时，可清选加工，提高其净度。如样品中含检疫性杂草种子，应及时报检疫部门，就地销毁或转为它用。

3. 发芽率评定　凡已通过休眠和硬实处理，但发芽率仍很低，达不到国家种子质量分级标准最低指标的种子，不宜作种用；对未通过休眠和未进行硬实处理的种子，首先进行预处理或硬实处理，此后通过检测发芽率来判断种子品质的好坏。有时也可用种子生活力的测定结果评定种子播种品质，但其结果不如发芽率检测结果更能反映田间出苗率。

4. 千粒重评定　是衡量种子饱满程度的一项重要指标，同一品种不同批次种子，千粒重高、顶土力强的种子播后苗齐、苗壮；反之，千粒重低、顶土力弱的种子，播后缺苗或苗弱。因此，同一品种应选用千粒重高的种子作种用。

5. 种子含水率评定　适宜的种子含水率应低于当地条件下种子贮藏的安全水分临界值或低于牧草饲料作物种子分级标准所规定的种子含水量，此对其安全贮藏具有决定作用。

6. 健康度评定　是反映种子病虫感染情况的一个指标，优良种子的条件之一是无病虫感染，对感染检疫性病虫害的种子应彻底销毁，以防传播。对本地区已有的病虫害，如种子感染病虫较为严重时，也不能作种用。

总之，应准备和选用品种真实、纯净度高、发芽力（生活力）高、含水率适宜、千粒重高、健康无病虫感染、不含其他植物种子和有害杂草种子的播种材料作种用，这才是生产上理想的优质播种材料。

五、播种技术

（一）播种方法

一般情况下，种子田采用单播，如播种当年即能收获到种子的牧草饲料作物，再如尽管生活第 2 年才能获得较高种子产量的短寿命多年生牧草，只有这样才能确保生产的种子质优量高。但在一些国家和地区，也有将种用多年生牧草播种在保护作物之下，此种情况要求保护作物一定要采用早熟、矮秆和不倒伏的品种，并在收获之后，能及时加强田间管理，否则保护作物对牧草的生长有一定影响，造成种子产量下降、品质降低。

单播采用条播，由于种子生产的单株植物比饲草生产的单株植物要求有更多更大的生长空间，所以前者的田间密度远较后者的田间密度小，为此前者行距宜宽，后者行距宜窄。种子田多采用宽行条播，密丛型禾本科牧草以 30～40cm 为宜，疏丛型或根茎匍匐型禾本科牧草及豆科牧草以 40～60cm 为宜，有资料认为苇状羊茅以 90cm 为宜，而株型高大牧草饲料作物（玉米、苏丹草等）以 60cm×60cm 和 60cm×80cm 的株行距进行品字形穴播。宽行条播可使种子田阳光充足、通风良好、单株营养面积大；在肥沃的土壤上，能促使植株形成大量的生殖枝，增加繁殖系数；同时便于田间管理，延长种子田的生产年限。

（二）播种量

同一种牧草饲料作物，收种田的播种量往往比收草田少，宽行播种时播种量更少。许多研究表明，宽行低播种量对单位面积生殖枝数、种子千粒重、种子产量等方面没有不良影响；相反，窄行高播种量却产生不良影响，主要表现在叶色变黄、单位面积上生殖枝数目减少。各种牧草饲料作物种子田的播种量见表 7-1。

表 7-1　牧草饲料作物种子田的播种量

名　称	播种量（kg/hm²） 窄行条播	播种量（kg/hm²） 宽行条播	名　称	播种量（kg/hm²） 窄行条播	播种量（kg/hm²） 宽行条播
紫花苜蓿	6.0	4.5	无芒雀麦	22.5	15.0
白花草木樨	12.0	9.0	冰草	15.0	10.5
黄花草木樨	12.0	9.0	羊草	37.5	30.0
红豆草	27.0	22.5	披碱草	22.5	15.0
沙打旺	4.5	3.0	老芒麦	22.5	15.0
红三叶	6.0	4.5	鸭茅	15.0	7.5
白三叶	4.5	3.0	草地羊茅	7.5	4.5
百脉根	6.0	4.5	紫羊茅	4.5	3.0
多变小冠花	4.5	3.0	黑麦草	7.5	4.5
大翼豆	4.0	3.0	野大麦	12.0	7.5
矮柱花草	30.0	22.5	猫尾草	7.5	4.5
蒙古岩黄芪（去荚）	30.0	22.5	看麦娘	12.0	7.5
柠条锦鸡儿	9.0	7.5	䅟草	12.0	7.5
紫云英	30.0	22.5	草地早熟禾	4.5	3.0
野豌豆	45.0	30.0	苏丹草	22.5	15.0
毛苕子	37.5	30.0	狗尾草	7.5	4.5
山黧豆	45.0	30.0	燕麦	120.0	75.0

注：窄行条播行距为 7.5~15.0cm，宽行条播行距为 30~80cm

第二节　牧草饲料作物种子田的管理

牧草饲料作物种子田的管理是指从牧草饲料作物播种（或返青）后到种子成熟收获前的整个生长期间采用的一系列田间农业技术措施，包括间苗、补苗、定苗、中耕、施肥、灌溉、人工辅助授粉、去杂去劣、施用生长调节剂、防治病虫草害及抵御各种自然灾害等。田间管理的目的在于最充分地利用环境中对牧草饲料作物生长发育有利的因素，避免不利因素，协调植株营养生长和生殖生长的关系，保证合理的群体密度等，以便促进植株正常生长发育和适期成熟，以便最终提高种子产量、改进种子品质和降低生产成本。现就有别于牧草饲料作物生产的几项重要技术措施介绍如下。

一、施　肥

施肥是在牧草饲料作物生长发育过程中，调节土壤肥力，保证牧草饲料作物种子稳产、高产、优质的主要措施。氮、磷、钾的生物学意义在于，氮肥主要促进营养生长，但也是生殖生长中不可或缺的要素，对促进生殖枝条的生长及更多小穗小花的形成有重要作用；磷肥对花器官形成及正常花粉发育、子房发育和种胚发育都具有决定作用；钾肥在整个生长发育时期都有促进碳水化合物形成和运转的作用,对提高光合作用效率、促使茎秆坚韧、防止倒伏都有重要作用。种子生产与饲草生产由于目标物不同,在生长发育期间的施肥策略有很大不同。当然,不同类型牧草饲料作物,由于自身生物学特性的差异,在施肥策略上也有不同。因此,根据牧草饲料作物种类、土壤肥力、肥料种类、气候特点和产量水平制订施肥策略及技术措施。多年生牧草种子产量的高低取决于单位面积上的生殖枝数目、小穗数和小花数,以及结实率和种子千粒重,这些要素的好坏与养分和水分的适时供应与否密切相关。农业生产上总结出的"攻蘖、攻秆、攻穗和攻粒"经验,基本上适用于多年生牧草的种子生产,也明确了施肥策略及应用这些技术措施的目的。

在播种前整地期间施入的有机肥作为牧草饲料作物种子生产的基础肥料(简称基肥)是必不可少的,也是维持地力可持续的根本,且施肥数量越多越好,但要注意施肥前必须进行腐熟处理,以免成为病虫草害潜在发生源。随播种同时施用的种肥,应以缓效性的碳铵或二铵为主;且仅对萌发快、苗期生长快的牧草饲料作物适宜,施肥量也不宜太多;而对本性就是苗期生长缓慢的多数多年生牧草而言,尤其在潜在杂草多的情况下,以不施用种肥为好,以免反而刺激杂草生长。生长发育期间分别在禾本科牧草的分蘖、拔节、孕穗、抽穗和开花期或豆科牧草的分枝、现蕾和开花期追施的肥料,其肥料种类和施肥量取决于牧草种类和生长习性。

禾本科牧草饲料作物是喜氮植物,尤其在营养生长阶段要有足够的氮肥,营养生长末期至生殖生长开始时及以后则要注意磷、钾肥的施用,最好依据土壤养分状况及牧草饲料作物生育期间需肥特点进行氮、磷、钾配方施肥。分蘖枝条数量的多少与种子产量密切相关,禾本科牧草有春季分蘖和夏秋分蘖两个时期。对于冬性禾本科牧草,由于夏秋分蘖的枝条要到翌年春夏时期才能抽穗开花,因此夏秋追肥以氮为主,且数量可适当增加,在一定范围内与种子产量成正比。而春季追肥,因分蘖枝条当年夏季就能抽穗开花,则除追施氮肥外,磷、钾肥亦应适当增加,以促进穗器官的分化。对于春性禾本科牧草,春施氮肥数量应较冬性禾本科牧草高。在肥料充足时,可在拔节期和剑叶出现期两次施肥,但应本着前重后轻的原则;当肥料不足时,可在拔节时一次施用。牧草饲料作物在开花灌浆时期,要求施用适宜磷、钾肥和充足水分,也可追施少量氮肥,但不宜过多,否则易引起徒长,延误成熟,造成减产。在无霜期较短的地区,追施时期应适当提前,拔节期和孕穗时的追肥量也要控制,以防止贪青晚熟,这样既能促进前期生长,提高分蘖成穗率,促进枝条早发壮生,为穗大粒多奠定基础。未追施分蘖肥的,不仅要早追重施拔节期肥,还要在孕穗至抽穗期酌量追肥,以确保增粒提质效果。

豆科牧草饲料作物可利用自身根瘤菌固定的氮素,故通过施肥对氮素的补充量较禾本科牧草少。但豆科牧草种子生产中对磷、钾肥的需要量远较禾本科牧草饲料作物多,追肥磷、钾肥主要在现蕾至开花期,而氮肥仅在苗期至分枝期适量施用一些即可。

微量元素肥料对牧草饲料作物种子生产具有特殊作用,一般在盛花期追施,多采用叶面喷施方法。如钼、硼、锰、铁、钙可提高豆科牧草饲料作物种子产量,铜、镁、锌可提高禾本科牧草饲料作物种子产量。

二、灌　溉

灌溉是确保牧草饲料作物种子田高产稳产的重要保障措施。灌溉时间应依据牧草饲料作物生育时期及其生长发育过程中受旱害的可能性来定。禾本科牧草应重视分蘖期、拔节期和抽穗期灌水，豆科牧草应重视分枝期、现蕾期灌水，最好结合追肥进行效果更好；初花期有意识地保持土壤和近地面空气适当干燥，对花芽分化和花序发育非常有利，但在初花期过后应通过适当灌溉满足种胚发育的需要；同时还应重视灌浆期灌水，促进籽粒形成，加速灌浆速度，提高千粒重。

灌溉量应根据牧草饲料作物各生育期需水量及气候干燥度和土壤含水量而定。苗期植株小，耗水量少，但最不抗旱，对旱害非常敏感；禾本科牧草饲料作物从拔节到抽穗，豆科牧草饲料作物从分枝到现蕾，随着牧草饲料作物生长日益旺盛，耗水量急剧增加，尤其在抽穗或现蕾前后，茎叶迅速生长，叶面积达最大值，日耗水量达到最大，此时灌溉量应最多；除初花期有意识地控制一段时间干燥外，此后仍应灌溉，但必须适量，以免徒长倒伏。土壤含水量不仅受土壤蒸发量的影响，还受植物蒸腾失水量的影响。随着植株的长大，密度和覆盖度增加，土壤蒸发量减少，而植物蒸腾失水量增多；气候愈干燥，土壤水分蒸发量愈多，需要补充的灌溉水也就愈多。

灌溉有地面漫灌、喷灌和滴灌等方法。从节水角度看，滴灌最好，喷灌其次，漫灌最耗水；从投资角度看，次序恰相反。因此，牧草饲料作物种子田采用何种灌溉方式，应依据当地经济状况选定，但建议选择喷灌方式为好。喷灌由于水滴小，较易控制土壤湿润程度，不产生地面径流和深层渗漏，比地面灌溉节水30%～60%，并有防止土壤冲刷，减少土、肥流失，避免土壤次生盐渍化以及防止土壤板结，调节小气候，减少干热风危害等作用。

三、人工辅助授粉

牧草饲料作物多为异花授粉植物或常异花授粉植物，授粉过程中因客观原因而导致授粉率不高，这是导致其种子产量低的主要原因。因此，采用人工辅助授粉技术措施，是提高花粉利用率、授粉率和结实率，以及提高种子产量和品质的有效方法。

禾本科牧草饲料作物为风媒花植物，在自然授粉情况下，结实率多数在30%～70%的范围内，遇到无风天气时结实率更低。风媒花植物的人工辅助授粉方法简便易行，在禾本科牧草饲料作物开花时用人工或机具于田间的两侧，拉一绳索或线网从草丛上部掠过，往返几次即可；或者，空摇农药喷雾器或小型直升机低空飞行，通过吹出的风促使植株摆动相互碰撞也可。人工授粉必须在盛花期及一日中大量开花的时间进行。对于具有顶端小穗首先开花、然后下延、基部小穗最后开花的圆锥花序禾本科牧草饲料作物，应分别在花序上部大量开花时及下部花序大量开花时各进行一次；对具有花序上部1/3处首先开花、然后向上下延伸的穗状花序禾本科牧草饲料作物，可在大量开花时进行一次或两次授粉，两次间隔的时间一般为3～4d。采用人工辅助授粉，种子增产至少可达10%以上。

豆科牧草饲料作物为虫媒花植物，借助昆虫授粉，故种子田周围有无昆虫及其数量就决定了其授粉率高低。授粉昆虫有蜜蜂、黄蜂、黄斑蜂、碱蜂、地蜂、木蜂、熊蜂、丸花蜂、切叶蜂、原木蜂等种类，有些是野生的，有些是人工饲养的，它们共同传粉，只不过传粉能力各不同，此与花的结构、色彩、香味及花期天气状况有关。例如，紫花苜蓿的花结构不利于蜜粉传粉，原因是紫花苜蓿龙骨瓣将花柱包裹很紧，昆虫授粉者需要有一定的压力压迫龙骨瓣，使花柱与雄蕊从龙骨瓣中弹出，弹出后再不恢复到原来的位置，这种花只允许一次授粉,已授粉的与未授粉的花很容易分开,蜜蜂由于个体小而轻,较难使龙骨瓣与花柱分开,因而授粉效果就不及体大而重的丸花蜂,实际上切叶蜂对紫花苜蓿也有很好的传粉效果;再如,蜜蜂传粉红三叶、百脉根、毛野豌豆效果很好,黄蜂对红三叶的授粉也有特别效果;晴朗、风速小、气温24~28℃、蜜源距离短时最适于授粉昆虫的活动。昆虫的传粉条件,一般要求虫口密度不低于2~3只/m^2,风速不大于1.38m/s,蜜源距离不超过3km。如果豆科牧草饲料作物种子田周边有足够的人工养殖蜂巢,种子产量比自然状态下野蜂传粉至少增加30%以上,甚至翻番。

四、去杂去劣

在牧草饲料作物生育期间,于牧草饲料作物品种特征和特性表现最充分、最明显的时期,在种子田中进行设点取样鉴定,主要检验种子真实性和种子的品种纯度,同时检验异物混杂程度,以及杂草、病虫害感染率和生长状况等。根据检验结果,确定该种子田块是否可以留种,并提出去杂去劣的具体要求,提高种子的纯净度。

为了做好去杂去劣工作,应在苗期、开花期和成熟期进行田间检验。苗期检验在牧草饲料作物齐苗后进行,多数牧草饲料作物在苗期种和品种间差异不甚明显,仅能大致了解品种混杂情况。开花期种和品种的特征、特性已比较明显,是纯度检验的有利时期,有些牧草饲料作物种的某些特性错过这一时期便无法鉴定。如花色,白花草木樨开白花,黄花草木樨开黄花,很容易鉴别,花后则难以区分。牧草饲料作物种子成熟后收获前这一时期种和品种特征、特性表现最为明显,是去杂去劣的关键时期,根据穗部特征、植株高矮、成熟迟早进行检查,凡杂劣植株一律拔起运出田外。

五、植物生长调节剂的使用

种子田牧草饲料作物在生长发育过程中,难免会出现各种影响种子产量的原因,有时候针对所出现的原因施用一些植物生长调节剂,往往可明显增加种子的产量。例如,禾本科牧草饲料作物容易出现倒伏现象,对无芒雀麦、鸭茅、猫尾草等施用矮壮素(CCC),可缩短节间长度,减轻倒伏,从而提高种子产量;对高羊茅、紫羊茅、多年生黑麦草等施用生长延缓剂氯丁唑(PP333)可抑制节间生长,增加抗倒伏能力,减少种子败育,增加花序上的结实数,使种子产量显著提高;在多年生黑麦草小穗分化期施1~2kg/hm^2氯丁唑,可使种子产量增加50%~100%;对草地早熟禾秋施0.22kg/hm^2氯丁唑,使种子产量增加75%。再如,豆科牧草饲料作物种子生产田中,对白三叶施氯丁唑可增加花序数,增加成熟花序的比例,增加种子产量;对白三叶施生长调节剂可抑制其营养生长,但花梗长度不缩短,从而减少了叶的遮阳,为传粉创造了良好条件,而且有利于种子成熟和收获。此外,施用生长调节剂还可使牧草饲料作物成熟期趋于一致,减少种子成熟不一致,并减少种子脱落的损失。但在不同年份之间和不同土壤状况下,植物生长调节剂的处理效果也并不完全相同,这在一定程度上影响了植物生长调节剂的推广应用。

第三节 牧草饲料作物种子的收获和贮藏

种子田收获是种子生产的最终目的,是重要的农业技术环节,它对种子的数量和质量有较大的影响。收获后的种子应及时干燥并入库,此对于种子质量的保全和安全贮藏具有重要意义。

一、种子的收获

(一) 种子田采种年限

多年生牧草由于播种当年生长发育缓慢,常不能形成产量,或者种子的产量很低。为了不影响以后多年生牧草的生长和收成,一般播种当年不采收种子,仅进行刈割,从第2年开始即可进行采种,直至种子产量和品质下降为止,这样种子田牧草采种年限以二年生牧草为生活第2年、短寿命牧草为第2~3年、中寿命牧草为第2~4年、长寿命牧草为第2~5年。在生产上,当从一般栽培牧草地或混播牧草地上采收牧草种子时,依多年生牧草可利用年限不同,一般仅采种1次,最多2次,以免影响其青、干草产量。

(二) 种子田收获时间

收获的季节性很强,为了丰产丰收,必须按时进行。许多牧草饲料作物的结实率很高,但用一般的收获方法收获的种子数量较少,主要原因有花序形成持续期长、每一花序种子成熟不均匀、种子落粒性强和植株倒伏等。因此,种子田对收获期要求很严,工作量又大,过早过晚对其产量和品质都有一定影响。收获过早,因大多数籽粒尚未成熟,干物质积累未完成,不仅会降低粒重及蛋白质和脂肪的含量,而且由于成熟不好,活力低,青粒和秕粒较多,清选脱粒也较困难;收获过晚,尤其在天气干旱的情况下,早成熟的种子已经都落粒。确定种子适宜收获时间需要考虑两个问题,即能获得高额产量和品质优良的种子,但要注意尽可能地减少收获不当所造成的损失。收获时的种子落粒损失程度及其品质,受牧草饲料作物种和品种、地块肥力差异、成熟时的天气条件、收获时间及其方式等一系列因素所决定。因此,收获期的种子产量乃是一个不稳定的生物构型,呈现出单个种子因成熟而质量增加,同时又不排除因落粒而引起的产量下降的可能,为此应把昼夜种子落粒损失量与其增重量相等的那个时期看作确实可行的收获期。草种成熟时,要根据种子的成熟状况、产量、品质、天气及收获所用机具来判断收获种子的最佳时期。

1. 根据种子成熟度 为了正确地确定牧草饲料作物种子的适时收获期,必须做好牧草饲料作物种子成熟期的鉴定。种子成熟期可细分为乳熟期、蜡熟期和完熟期。乳熟期时种子呈绿色,含白色乳状物质,种子易弄破,种子干燥后轻而不饱满,发芽率及种子产量均低;蜡熟期时种子呈蜡质状,果实的上部呈紫色或灰色,但部分种子仍保持浅绿色的斑点,种子容易用指甲划破;完熟期时种子具有该品种固有的大小、硬度和颜色,其千粒重、发芽率和种子产量均高,是种子收获的适宜时期。当用联合收获机收获时,一般可在完熟期进行,而用镰刀人工收割或割草机收获时,可在蜡熟期收刈。收获成熟度判断不准,耽误了种子收割,会因落粒而减产。应该指出,花序上种子的成熟顺序与其小花开花顺序一致,先开花的先成熟,往往先成熟的种子,养分获得充足,粒大而饱满,质量也是最好的,但也是最容易落粒的。例如,禾本科牧草饲料作物花序上部的种子较花序下部的种子成熟早且千粒重大,种子饱满(表7-2);豆科牧草饲料作物花序则为下部种子较上部种子成熟早且千粒重大,如红豆草花序下部种子的千粒重为22.6g,上部种子仅为19.1g,中部种子居中为22.3g。

表 7-2 不同花序部位的种子千粒重

(引自陈宝书，2001)

种 类	种子千粒重（g）		
	花序上部	花序中部	花序下部
猫尾草（生长第1年）	0.40	0.38	0.35
牛尾草（生长第2年）	2.38	2.24	2.03
高燕麦草	3.20	2.80	2.64

为此，花期越短的牧草饲料作物，种子成熟越集中，越容易控制落粒，越容易做到丰产又丰收；相反，花期持续时间长的牧草饲料作物，由于同一植株上不同枝条间的小花、同一枝条上不同花序间的小花、同一花序上不同部位的小花，因授粉发育阶段是相互重叠的，造成种子成熟早晚不一，高度参差不齐，早成熟的还未等待后面种子成熟就有可能落粒，如收获不及时或收获方法不当会造成很大损失。到完熟期时收获，鸭茅落粒损失为 127.3kg/hm^2，猫尾草为 110.7kg/hm^2，红豆草至少为 267kg/hm^2。因此，及时收获是减少种子产量损失的最好方法，通常种子田有 2/3 的种子达到蜡熟期时即可采种。

2. 根据种子含水量 种子落粒与种子含水量密切相关，为此种子含水量也是确定禾本科牧草饲料作物种子成熟收获的一个主要指标。一般情况下，当种子含水量降至 35%～55%（取决于牧草饲料作物种类，如鸭茅种子含水量为 40%～43%、猫尾草种子含水量为 35%～40%）时就开始落粒，而且随着含水量的降低其发芽率也几乎不再提高，在此期间大多数禾本科牧草饲料作物种子每日水分的下降数量（或干物质量的增加）也几乎相当，平均为 1.5%～4.0%（取决于牧草饲料作物种和品种），由此即可确定最适收获期，此方法在种子生产实践中应用最广。种子含水量的高低与收获方法有关，如鸭茅采用分段随熟随割方法，当种子含水量为 40% 时，种子产量最高，采用联合收割机两期收割方法，含水量为 35% 时产量最高；猫尾草采用分段随熟随割方法，则最适收割始期是种子含水量为 35%～40%，而用联合收割机两期收割则种子含水量为 30%～35%；对于大多数禾本科牧草饲料作物来说，当种子含水量降到 45% 时便可收割。种子含水量测定应在开花结束 10d 后开始，每 2d 取样一次进行测定或用红外线水分测定仪于田间直接测定。

3. 根据种子品质 除种子产量外，种子品质也是确定收割开始日期的重要指标。种子大小和饱满度可反映种子品质，通常用千粒重作为评价指标，同一种（品种）不同批次采集的种子，千粒重愈大，籽粒就愈大而饱满，预示着播种后顶土力强、抓苗好、出苗整齐，有增产潜力。但千粒重是指种子在自然气候条件下含水量不再变化且已恒定时（气干条件下）的质量。例如，在鸭茅种子含水量为 50%～55% 时，种子千粒重不超过 0.79～0.94g，当含水量降低为 45% 时，种子千粒重稳定平衡到 1.19～1.25g，且不再随含水量降低而变化；猫尾草种子在含水量为 44%～50% 时，千粒重为 0.33～0.40g，种子含水量降低到 40% 时，千粒重稳定到 0.44～0.48g，且不再变化。由此说明当千粒重达到其特征值时，可着手收获。为此，种子田开花结实接近蜡熟期时，定期采集种子测定千粒重，当接近千粒重特征值并基本稳定时即可收获。

4. 根据种子糖分和干物质含量 种子成熟包括形态成熟和生理成熟二层含义，前者指种子外观、大小、颜色、硬度等特征达到成熟种子的状态，后者指种胚完成生理生化代谢上的成熟且能够发芽的成熟种子,二者相辅相成交错进行,有些牧草饲料作物种子虽已达到了形态成熟但仍未完成生理成熟,由此后者比前者更具有实际意义。而生理成熟与种子中的糖分和干物质含量等生化特征密切相关,因此也可作为确定牧草饲料作物种子适宜收获期的指标。一般从牧草饲料作物盛花期后7d开始,每隔3~4d采样分析种子中的糖分和干物质含量,同时测定种子发芽率,直到种子糖分含量降低到占种子干物质重的4%~5%、干物质含量增加到占风干种子重的65%、种子发芽率增加到60%~80%的那个时机作为牧草饲料作物种子生理成熟的指标。依据此法,多年生黑麦草种子可在盛花期后26~30d收获,小糠草在盛花期后24d收获。

5. 根据禾本科牧草饲料作物花序和茎秆上部的颜色 禾本科牧草饲料作物种子成熟与花序和茎秆上部的颜色变化(由绿变黄或变褐)有很大关联,依此确定禾本科牧草饲料作物种子田适宜收获期是一种简便可行的方法。具体方法是将禾本科牧草饲料作物花序和茎秆上部的颜色由绿变黄再转褐对应为1、3、5级成熟度指数,2和4级为中间色过渡级成熟度指数。据此,当用简单机具分段方式收获时,适宜收获期草地羊茅成熟度指数为3.5~4.0,多年生黑麦草为2.5~3.5,一年生黑麦草为3.0~3.5,紫羊茅为4.0~4.5;当直接用联合收割机收获时,则各草种的成熟度指数相应为4.0~4.8、3.0~4.5、4.0~4.5、4.5~5.0。

6. 根据豆科牧草饲料作物的荚果、种子和茎顶部的色泽 豆科牧草饲料作物种子成熟与荚果、种子和茎顶部的色泽有很大关联,依此确定豆科牧草饲料作物种子田适宜收获期是一种简便可行的方法。例如,紫花苜蓿种子田用联合收割机收获的适宜时期是3/5的荚果开始变成黑褐色,此时种子具有光亮的黄色光泽;用简单机具分段式收获的适宜时期是2/5的荚果变为黑褐色,此时75%的种子颜色变成黄色。再如红三叶种子田用联合收割机收获的适宜时期应是4/5头状花序为黑褐色,此时种子应呈纯黄色;用简单机具分段式收获的适宜时期是头状花序的3/4为黑褐色、1/5为褐色,此时种子应呈八成红色。

总体来说,根据植株的形态特征,即茎叶、果实、种子的颜色及形态成熟度判定种子适宜收割期,方法简便易行,但比较主观,需要具备确切鉴定牧草饲料作物状态的丰富经验;依据种子的生理特性,即种子糖含量、干物质含量、含水量、千粒重及生理成熟度确定种子适宜收割期,方法精准可靠,但耗时不能在现场进行,需要采样带回实验室通过专门测试化验分析设备才能进行。因此,在实践中应根据自身条件因地制宜,若结合进行更为客观真实。

(三)种子收获的方法与技术

1. 收获种子的机具 收获种子的机具有联合收获机、简易收割机和人工镰刀刈割三种。

联合收获机将刈割、秸秆扎捆及脱粒、干燥、清选、运输、堆垛和入库等收获作业工序一体化完成,特点是机械化程度高、速度快和损失少,节省了劳动力。作业时具体技术要领为,刈割高度调到花序位置之下,常为20~40cm,这样可减少收获时过多刈割茎叶的困难,降低种子湿度和减少杂草的混入,刈后残茬可供放牧或再次刈割作为青草或晾晒调制成干草,留下的秸秆和草糠也应及时收集运走作粗饲料;收获种子时,应在无雾、无露水且晴朗而干燥的天气状态下进行,这样种子易于脱落,减少收获时损失;作业时的行进速度不应超过1.2km/h,过快容易导致损失成倍增加。

简易收割机仅是用机具刈割放倒,然后用机具或人工捡拾打捆并装车运回到水泥地面的晾晒场上,待干燥后,进行脱粒、清选、堆垛和入库,其特点是机具简便,用小型拖拉机牵引割草机即可，由于收获速度慢，种子的损失量很大，比联合收获机损失种子量高1.5倍。作业时具体技术要领为，比联合收获机收割的时间要早一些，最好在清晨有雾时进行，可明显减少种子的损失量；割倒后应立即搂集并捆成草束，尽快从田间运走，不应在种子田摊晒和堆垛，以免造成损失和影响再生；如用改装后的谷物收获机收割，则应采用分段收获法，即把种子田分成数段，用割晒机收割牧草饲料作物，条铺于留茬地上，经几天晾晒，待种子成熟后，再用带捡拾器的谷物联合收获机完成捡拾、脱粒、分离和清选等作业；在天气不良使种子达不到规定的标准指标时，以及在牧草饲料作物稀疏而混杂的小块地和专门的种子地生产上可将分段收获法和联合收获法结合起来使用，即在收获初期用分段收获法，而在收获中期或后期用联合收获法，以充分发挥机器的效率，取得较好的效果。

人工镰刀刈割与简易收割机的收获工序一样，只是人工用镰刀刈割作业而已，自然工作效率更为低下。具体方法是用手将种子拍打于容器内或用镰刀将植株齐地面割下，运至晒场晾晒数日后，用拖拉机牵引轻型镇压器或石磙碾压脱粒，数量少时用连枷敲打脱粒。种子田面积不大时，也可用镰刀将穗子割下晒干后脱粒，豆科牧草饲料作物还可手工采摘其荚果，对脱落在地面上的种子可用扫帚扫起或用吸种机收集。

2. 采种技术 牧草饲料作物种子田的收获量与采种技术关联很大。

（1）采种茬次 收获种子是第一茬收获还是第二茬收获，取决于牧草的种类和生长季节的长短。多年生禾本科牧草及多数豆科牧草的种子，应该在第一茬时采收种子，特别是一些冬性或长寿命的下繁牧草更不容许种子田第一茬刈作青草、干草或放牧，否则在这种利用方式下将导致第二茬植株生殖枝数减少，从而降低种子产量。豆科牧草中的紫花苜蓿和红三叶，可在第二茬时采收种子，这是因为第二茬植株再生时不致徒长，可发育正常，同时由于牧草开花结实处于夏秋季，天气条件较好，日照较短，有利于结实，且不易受虫害的危害，这样可以获得产量较高、品质较好的种子；不过要求该地区无霜期应不少于180d，第二茬采种时间和第一茬刈割时间的间隔生育期天数不应少于90~120d，因为种子产量与第一茬刈割的时间关系极大，第一次刈割以现蕾期较好或提前，最迟不应晚于始花期，否则会影响后茬牧草种子产量。

（2）熟化处理 是指很多豆科牧草饲料作物种子成熟时，植株仍处于绿色状态进行生长，为防止徒长倒伏及晚成熟的种子因收获太早而未成熟，在用联合收获机收获种子之前喷洒熟化剂进行枯叶、熟化种子处理，以提高种子收获量的技术措施。熟化剂是一些接触性的除草剂，有利谷隆、松拉膜克松、敌草快、氰氨化钙等化学制剂。在稠密草层下，飞机喷洒利谷隆的用量为3kg/hm²，配成2 250L水溶液；在中等密度草丛下，其用量为1.5kg/hm²，配成1 125L水溶液。处理苜蓿的敌草快药量平均为3~4L/hm²，三叶草为3~5L/hm²，在使用吸潮剂（西散特Citoywett）混合处理时，敌草快药量降低10%~15%。处理羽扇豆植株氰氨化钙的药量是剂量15%的溶液喷洒400L/hm²，结果不仅加速了种子的老化，使收获期提早了12d，而且种子含水量经处理后的7d从48.5%下降至19.0%，而未经处理的对照区从48.5%下降至25.3%，12d后下降的情况相应为16.0%及22.4%，17d后相应为15.3%及20.6%，种子的饱满度、产量、千粒重及发芽率均高于对照区。在喷洒时，药量应尽可能喷洒均匀，特别是当草丛较密时，应采用压力较大的喷雾机具并加大药量；天气越差，所需药量越多；地面喷雾作业比飞机喷洒作业消耗的药量多。

（3）收获方法 种子收获时损失的多少与收获方法有很大关系。用联合收获机收获时，由于用时短，一般损失较少。而简易收割机，尤其是人工收割，则因耗时长极易落粒而造成不丰产。关于各种牧草饲料作物在不同方法收获下的适宜收获时期，以及该时期植株、穗及荚果的特征和落粒的情况，如表 7-3 所示。

表 7-3　牧草饲料作物种子收获适宜期及种子脱落性

（引自陈宝书，2001）

种　类	用联合收获机收获时	用简易机具分段收获时	种子脱粒性
羊草	完熟期，花序呈黄褐色，长营养枝灰绿色	蜡熟期，花序黄色，枝条灰绿色	较易
披碱草	完熟期，花序上部及中部叶绿色，下部叶发黄	蜡熟期，花序紫色	易，1~2d 内
垂穗披碱草	完熟期，花序呈黄色或灰色，基部叶绿色，秆黄色	蜡熟至完熟始期，花序褐色，秆淡黄色	易，及时收获
老芒麦	完熟期	蜡熟期	极易
冰草	完熟始期，植株除茎生叶外均呈黄色或黄褐色	蜡熟期，穗和秆黄色	较易
野大麦草	蜡熟期，上部小穗变黄，其他呈淡紫色	蜡熟期，穗深紫色带黄色，秆黄色	较易
猫尾草	完熟期，30%~40% 的花序上部开始脱落	蜡熟至完熟始期，种子不脱落，但种子与穗脱离	成熟后极易
无芒雀麦	完熟期，花序变形散开，种子坚硬，长营养枝绿色	蜡熟期，种子坚硬，紧压花序时部分种子脱落	不易
多年生黑麦草	种子蜡熟，主穗轴绿色，打击花序时种子脱落强烈	种子部分蜡熟，当打击花序时，上部种子脱落	易，1~2d 内
草地羊茅	种子蜡熟末至完熟始期，花序上部分的种子开始脱落	蜡熟初，种子不脱落	极易
鸭茅	完熟期，下中部叶片黄色，花序呈黄褐色	蜡熟期，中上部叶片尚为绿色时	成熟后易
䅟草	蜡熟期，外貌黄色具绿色斑纹，可看到有种子脱落	蜡熟初，淡绿且微黄色斑点，紧压花序时种子脱落	极易
草地早熟禾	完熟期，成熟时小穗在花序上卷成团，外貌淡灰色	蜡熟期，种子脱落较难，大田外貌淡褐色	易
苏丹草	主茎圆锥花序成熟时，花序及茎干燥；呈黄褐色	主茎圆锥花序大部分成熟或蜡熟	较易
扁穗雀麦	完熟期，生殖枝花序变黄色，茎生叶及营养枝绿色	蜡熟期，花序黄色	极易
紫花苜蓿	90%~95% 的荚果变成褐色	70%~80% 的荚果变成褐色	不易
黄花苜蓿	60%~75% 的荚果变成褐色	40%~50% 的荚果变成褐色	不易
红豆草	70%~75% 的荚果变褐色	50%~60% 的荚果变褐色	不易
草木樨	植株下部荚果变成褐色或黑色时	植株下部荚果中种子蜡熟或完熟	极易
白三叶	总状花序变褐色，种子坚硬，正常黄色及紫色	70%~80% 的总状花序呈褐色	易
箭筈豌豆	75%~85% 的豆荚成熟后	60%~70% 的豆荚成熟后	较易
白花山黧豆	大多数豆荚呈黄色时收获	中下部豆荚变成黄色时	较易

（四）种子田的收后管理

牧草饲料作物种子田收获后应立即清除残茬，以除去对分蘖节和芽的遮阳，从而增加分蘖分枝数，加速枝条生长，确保第2年种子产量；行间中耕，既松土通气，又除去杂草，有助于萌发新枝条及枝条生长；收后立即焚烧残茬，可防锈病、麦角病、线虫和杂草。

二、种子的干燥

种子收获后、贮藏前，降低其含水量以保证种子在贮藏期间品质不变的技术措施称为种子干燥。种子含水量的高低对种子寿命、品质及安全贮藏都有很大影响。刚收获的种子含水量高，若不及时干燥，会很快霉烂、变质，发芽率降低。同时干燥可加速种子后熟，杀死有害微生物和害虫。因此，种子干燥是生产优质种子及贮存种子必不可少的措施。刚收获后的种子必须立即进行干燥处理，使其含水量降到规定的标准。

（一）种子干燥的原理

种子是一个具吸湿性和散湿性的凝胶。当空气中湿度较高，且其水蒸气压力超过种子内部含水量的蒸汽压时，种子就从空气中吸收水分。反之，当空气中的湿度较低时，所产生的蒸汽压低于种子内水分所产生的蒸汽压，种子就开始向空气中蒸散水分。显然，不管用何种干燥方法，只有当种子水汽压超过空气中的水汽压时，种子才能进行失水，才能达到干燥种子的目的。而且，这种水分蒸汽压的差异愈大，种子的干燥速度愈快。

种子的干燥有两个基本过程：种子内部的水分以气态或液态的形式沿毛细管扩散到种子表面，再由表面蒸发到干燥介质中去。当扩散速度大于蒸发速度时，蒸发速度的快慢对干燥过程起着控制作用。反之，当蒸发速度大于扩散速度时，扩散速度的大小对于干燥过程起着控制作用。合理的干燥工艺应该是使内部扩散速度等于外部蒸发速度。

影响种子干燥快慢的环境因素有空气温度、空气湿度和空气流通速度，温度高、湿度低、流通速度快时可加速种子的干燥速度。此外，种子干燥速度还与种子本身代谢作用的强度、热容量、导热率、种子化学成分和结构及种子的形态、大小等自身性质有关。因此，迅速排出种子中的游离水而又不影响种子品质是种子干燥的基本原则。

（二）种子干燥的方法

种子干燥有两种方法，分别是自然干燥法和人工干燥法。

1. 自然干燥法 是指收割后，将带穗枝条捆成草束，将种子留在植株上利用日光晒干、风干、阴干等方法来降低种子的含水量。在干燥草束中的种子时，为了加快其干燥速度和不致产生霉烂，可将草束垛成人字形，架晒于晒场上。如不在草束中干燥时，可将其均匀摊开在晒场上，厚度为5~10cm，在阳光下进行干燥，每日翻动数次，加速其干燥过程。在条件许可时，可将带穗草束架于木质或铁丝长架及幕式架上进行干燥。牧草饲料作物干燥至一定时间，即可进行脱粒。种子的湿度仍较高时，应进行曝晒或摊晾，以达到贮藏所要求的含水量。用联合收获机收获时，种子的湿度往往较高，应立即进行晒晾，晾晒场地以水泥晒场较好，因其场面结实，地下毛细管水不易上升，场面温度升高较快。在晒场上晾晒的种子应摊成波浪式，其水分蒸发面大，干燥效果较平摊式好。摊晒的种子，一般小粒种子厚度不超过5cm，中粒种子不超过10cm，大粒种子厚度不宜超过15cm。摊晒时要勤翻动，使其上下层曝晒均匀，加快种子干燥速度。在晒场附近没有场房时应搭上棚舍，以备夜间或下雨时堆放种子，第二天或雨后再行摊晒。

2. 人工干燥法　是指收割脱粒后,采用通风干燥、干燥剂干燥或加热干燥等措施将种子进行快速干燥的方法。

(1) 通风干燥法　其原理是用鼓风机把种子扩散在空气中的水分及时用风吹走,使空气流通速度加快和湿度下降,造成种子水汽压超过空气中的水汽压,迫使种子加快干燥。风速越大,干燥的速度越快,但也应适度,避免把种子吹走。

(2) 干燥剂干燥法　是一种在密封条件下把干燥剂和种子放在一起的干燥方法。该法不需要提高温度,更不需要通风,非常安全,而且能把种子的含水率降到很低的水平。干燥剂有液体和固体两种,液体干燥剂有氯化锂,固体干燥剂有氧化硅胶、生石灰、氯化钙等。

(3) 加热干燥法　其原理是先把空气加热,由热空气把热量传递给种子,使种子内部的水分不断向外扩散,并通过种皮蒸发出去,从而达到干燥种子的目的。该法干燥速度快,工作效率高,不受自然气候条件的限制。但操作技术要求严格,稍有不慎就会因温度过高而使种子丧失生活力。依据传热方式的不同,可细分为对流干燥法、辐射干燥法、传导干燥法、微波干燥法等;依据加热的机器不同,可细分为滚筒式干燥机法、成批循环式干燥机法、塔式干燥机法等。必须注意的是,无论用何种干燥机或干燥方式,种子的进出机温度应保持在 30~40℃ 以内。如果种子含水量较高时,最好进行两次干燥,并采取温度先低后高的原则,使种子不致因干燥而丧失生命和降低品质。对于带有芒、髯毛等流动性差的草种,应在干燥前进行去芒处理。

三、种子的清选和贮藏

在收获种子过程中,难免有土块、沙石、秸秆、粪便等杂质,无种胚、破损、压碎、压扁或已发过芽等丧失生命的废种子,以及其他品种和植物种的杂草种子,常常混入采收的种子中,杂质和废种子影响种子的净度,杂草种子影响种子的纯度,为提高种子的种用品质,有利于种子安全贮藏,必须在种子入库保藏之前进行仔细的清选。

(一) 种子清选

种子的清选是应用空气动力学原理,依据种子与混杂物在粒大小、粒形、密度、弹性、表面特征、导磁性、色泽等方面的差异进行分离除杂和分级筛选。常用的清选方法有如下几种。

1. 风选　是利用种子与混杂物之间存在着密度差异和悬浮速度的差异,借助气流除杂或分级的方法。按照气流的运动方向,风选形式可分为垂直气流风选、水平气流风选和倾斜气流风选三种。垂直气流风选是利用种子与混杂物间悬浮速度的差异,选取一定的气流速度,使二者在垂直方向上运行出现差异,从而将二者分离。水平气流风选是利用种子与混杂物间具有不同飞行系数特征(不同物质在水平气流中有不同的空气动力学性质)的原理将其分离。倾斜气流风选也是利用种子与混杂物有不同飞行系数特征,通过倾斜吹风使二者被气流带动的距离出现差异而将其分开。一般在同样条件下,种子在倾斜气流中的飞行系数大于在水平气流中的飞行系数,因此采用倾斜气流风选要比水平气流风选分离效果好。同理,收获的同一草种的种子,由于个体间大小和密度的差异,依据风选原理和方法也可分离出千粒重等级不同的种子。生产上常用到的典型风选设备,有振动筛吸风装置、XXF_2-100 型吸风分离器、FL-14 型谷壳分离器、KXF 糖蜜分离器。

2. 筛选 是利用种子、混杂物彼此间在个体大小三维（长、宽、厚）上和形状（圆形、椭圆形、长椭圆形、柱形、方形、卵形、卵圆形等）上的差别，借助筛孔大小和形状分离出杂质或将种子进行分级的方法。种子经筛选后，凡是留在筛面上而未过孔的部分称为筛上物，穿过筛孔的部分称为筛下物，通过一层筛面，可以得到两部分。在筛选过程中，如要达到除杂或分级的目的，必须具备三个条件，一是筛下物必须与筛面接触而被过滤，二是筛孔形状和大小必须合理，三是保证目标种子与筛面之间具有适宜的相对运动速度。筛面有栅筛面、冲孔筛面和编织网筛面等多种。筛孔的形状有圆形、方形、长形、三角形等。筛孔的大小是限定种子过筛的尺度，因此应按照被筛种子粒度的大小来确定。生产上常见的筛选机有SG 高速振动筛、SM 平面回抖筛、GCP63×3-1 型选糙平转筛、GCP100×3（R80）型选糙平转筛、圆筒初清筛等。也有仅利用种子与混杂物间的长度差异进行分离的，常用的长度分离设备为碟片精选机。

3. 密度清选 是依据种子与混杂物间在密度、容重、摩擦系数及悬浮速度等物理性质的不同，利用它们在界面（水或气）中运动轨迹的差异而自动分离或分级达到清选。根据所用介质的不同，密度清选可分为干式和湿式两类。湿式是以水为介质，利用不同物质间的密度和在水中沉降速度的差异进行清选。干式是以空气为介质，利用不同物质间的密度、表面摩擦系数及悬浮速度的不同，借助一定运动形式的工作面进行清选。凡是破损、发霉、虫蛀、皱秕种子及沙粒和土块，大小、形状、表面特征与目标种子相似的混杂物，若其密度差异大可用干式密度清选法分离；若密度较小，则利用湿式密度清选法分离，效果会更好一些。生产上常用的比重清选机有 QSZ 型比重去石机、风动分选机、鄂 GCI100×3 型重力谷糙分离机、PS-120 型袋孔振动谷糙分离机。

4. 表面特征清选 依据种子与混杂物表面特征的差异进行清选，常用设备有倾斜布面清洗机和磁性分离机。倾斜布面分离机是将待清选种子从设在倾斜布面中央的进料口喂入，圆形或表面光滑的种子可以从布面滑下或落下，表面粗糙或表型不规则的种子及杂物因摩擦阻力大于其重力在布面上的分量，所以会随倾斜布面向上运动而上升，从而达到分离目的。所用布面常用粗帆布、亚麻布、绒布或橡胶塑料等制成。分离强度可通过喂入量、布面转动速度和倾斜角来调节，这些都需要通过特定种子进行试验来确定。磁性分离机是依据磁力清除种子中混有磁性金属杂质的设备，当物料通过磁场时，由于种子为非导磁性物质，在磁场内能自由通过，而磁性金属杂质则被磁化，同磁场的异性磁极相互吸引而与种子分开。

以上所介绍的清选设备，都是利用种子与混杂物间存在一种主要特性差异而进行清选分离的。目前，国内外正在发展由两种或两种以上不同原理的工作机构组合而成的组合清选设备，如筛选去石组合机、碟片滚筒组合机、筛选滚筒组合机、分级去石组合机等。其特点是结构紧凑、总占地面积小，种子清选次数和分级提升次数可相应减少，操作管理也比较集中，充分发挥了一机多用的作用。

（二）种子贮藏

种子贮藏是种子生产的末端环节，从开始贮藏到再次播种需要经历较长一段贮藏时期。一方面由于农业生产极强的季节性和茬口与品种安排的规律性，另一方面由于市场营销的不确定性，生产者一般都要将清选干燥好的待售种子贮藏一定时期。贮藏的目的是确保种子在整个贮藏期间保持其收获与干燥后所具有的原有品性，即应保持其使用价值，特别是种子的发芽势、发芽率和种子活力，并防止机械混杂，保持品种纯度和净度，防止霉变及虫、鼠、雀等的危害。不仅种子生产单位涉及贮藏，种子销售和应用单位也都会存在时间不确定的贮藏。因此，贮藏的正确与否及贮藏条件的好坏，都关系到种子的品质和使用价值。通过适当贮藏，有效地控制和降低各种生物因素的生命活动，削弱外界环境条件的不良影响，从而达到安全贮藏的目的。

1. 种子寿命与贮藏 种子从生理成熟到生活力自然丧失的生活年限称为种子寿命。种子寿命既受种子本身的遗传基因控制，又与种子成熟度、饱满度、机械损伤程度有关。仅就种子在仓储期间的寿命而言，其长短受内外因素的制约，内因包括牧草饲料作物种类、品种、种子的形态构造、化学成分、硬实率、含水量、成熟度、生理休眠状况和生活力等，外因包括仓库构造、密封程度、通气条件、隔热程度，以及仓内的湿度、温度、氧气，其中以种子含水量及仓内温度和湿度对种子仓储寿命的影响最大。仓储期间种子含水量的多寡与入库前种子含水量和仓内湿度有关。一般情况下，入库前种子含水量高于14%，能使种子寿命缩短，甚至发生霉变等意外；低于13%则比较安全；能稳定在6%～8%，则各种不利因素的影响几乎均可排除，最为安全；但种子含水量也不宜过低，低于4%～5%对种子造成损害。不过，在仓内空气相对湿度高出70%的情况下，已经过干燥、低含水量的种子会从空气中吸附水分致使种子含水量再次提高，由此可见空气中相对湿度的高低对于种子含水量复增与否有很大影响。牧草饲料作物种类不同吸湿性各异，豆科牧草饲料作物的吸湿性高于禾本科牧草饲料作物，在豆科牧草饲料作物中尤以红三叶及黄花苜蓿为最高；在禾本科牧草饲料作物中则以无芒雀麦、羊茅及草地早熟禾较突出。产生这种差别与种子中蛋白质含量及种子颖片等外覆物的大小及状况有关。种子在高温高湿条件下生命活动旺盛，呼吸作用增强，消耗更多的热能和水分，使种子寿命变短，严重时能引起霉变和病虫害，使种子完全丧失生活力。在可控的低温低湿条件下，种子生命活动极微弱，热量和水分消耗很少，寿命可大为延长，能比在一般条件下延长数倍至数十倍。因此，仓储期间的温度和湿度是影响贮藏寿命的重要外界因素，控制贮藏温度和湿度可以人为地延长或缩短种子寿命。

关于牧草饲料作物种子寿命的长短，长期以来国内外进行了很多研究，主要结论如下。

①所有豆科及禾本科牧草饲料作物，经一定贮藏年限后，其发芽率均有不同程度的降低，其降低的情况视种类不同而异。

②一年生牧草饲料作物，无论豆科或禾本科，均有较长的寿命，保存8～10年，尚具有较高的发芽率，有相当的利用价值。

③豆科牧草的种子寿命较长，其中紫花苜蓿寿命最长，保存10多年仍具有种用价值。在豆科牧草饲料作物中，无论野生种或栽培种，凡硬实率较高者，种子寿命较长，但红豆草和红三叶的寿命较短，其种用价值为4～5年。

④多年生禾本科牧草的种子寿命不及多年生豆科牧草，8～10年后发芽率均有明显的下降，其中寿命最短的为高牛尾草，其次为无芒雀麦、苇状羊茅、冰草等。此外，球形草种和小粒草种子不易受损，寿命较长，如苏丹草等。

2. 牧草饲料作物种子的贮藏方法 根据贮藏设施和技术特点，可将种子贮藏分为常规贮藏和低温贮藏两种基本类型。

（1）常规贮藏 是指在自然条件下不加任何降温降湿措施的室内贮藏方法。包括袋装贮藏和堆放贮藏两种方法。

袋装贮藏是指将种子装入纺织纤维制成的袋（如麻袋）中，然后码垛堆于库内贮藏。此法适应于同一仓库存放多个品种，不易造成机械混杂。堆垛方式有多种，可依仓库条件、贮藏目的、种子品种、入库季节和气温高低等情况灵活运用。主要方式有实垛法、通风垛法、非字形及半非字形垛法等。无论袋装种子采用何种堆垛方式，为了管理和检查的方便，堆垛时应距离墙壁0.5m，垛与垛之间留有0.6m宽的操作道（实垛贮满例外）。有条件的仓库，还应将种子放在距地面15cm以上的垫板上堆贮，防止地潮。垛高和垛宽依种子干燥程度及种子状况而定。含水量较高的种子，垛宜窄，便于通风散湿散热；含水量低的种子堆垛可适当加宽。堆垛方向应与库房的门窗平行。如门窗是南北对开，堆垛方向则应从南到北，这样便于管理。打开门时，利于空气流通。

堆放贮藏是指在种子数量大、仓容不足或缺乏包装材料及用具时，大多采用散装堆放贮藏种子的方式。此法适宜存放充分干燥、净度高的种子。

（2）低温贮藏　低温贮藏是将种子置于一定低温条件下贮藏，这一温度必须达到抑制微生物及害虫的活动，显著地减弱种子的呼吸强度，延长种子寿命，是一种较为理想的种子贮藏方法。低温贮藏的技术是如何获得低温和保持低温，取得低温的方法有自然低温和人工机械制冷两种。

自然低温贮藏种子可采用冬季低温贮藏和地下贮藏两种方法。冬季低温贮藏主要利用种子导热性能差的特点和冬季寒冷的空气。冬季低温使种子温度降低到一定的程度。如气温在0～15℃，种子温度-5～-2℃，趁冷将种子入库，密封隔热，这种方法对保持低温、防止种子霉变及虫害有良好的效果，如内蒙古常在寒冷季节将安全含水量以下的种子冻至-10℃以下，趁冷将种子入圆仓或其他仓库，上面盖上塑料薄膜，然后用含水量低于0.4%的干沙子或草木灰盖压，其作用是隔热密封，此法可使种子中心温度常年保持10℃左右，达到长期安全贮藏的目的。地下贮藏是指根据地下水位的高低，地下仓可以采用全地下或半地下等多种形式，有温度低而稳定、密封性能好、防虫效果好、不占地面等优点。地下仓在建筑上主要把握排水、防潮和壳顶三关，此三关是密切关联的。如对地下水和土壤渗水都要有排水系统，地面上也要把地面径流引开，减少对地下仓的渗透；仓库的仓壁要用沥青油毡或聚苯乙烯防潮；壳顶采用球形壳顶等。

人工机械制冷低温贮藏种子是利用现代科学技术，人工制冷可自行调节低温强度。目前，主要用于种质资源的长期保存。如美国于1995年建立的种质资源库，共10个贮藏室，每个室36m²，贮藏温度为4℃，其中3个贮藏室可降温至-12.2℃，相对湿度32%，库容为18万个种子罐，每罐为0.47L。以后美国相继建立了200多处种质资源库。日本于1965年建立了国家种质资源库，自动控制库内温湿度，中期库63m²，温度-10℃±1℃；相对湿度为（30%～50%）±7%。1977年又修建了全自动化的低温种质资源库，可贮藏6万份材料，贮藏温度为-20～-15℃。我国从20世纪80年代开始，在北京相继建立了2座国家种质资源库。Ⅰ号库贮藏净面积为325m²，分大小两间。小间面积为111m²，温度为10℃；大间面积为214m²，温度为0℃。Ⅱ号库的种质贮藏区由2个长期库、4个可调库、2个缓冲间和东西2个机房组成。2个长期库的净面积为307m²，温度为-18℃±2℃，相对湿度为57%以下，可容纳55万份种质材料，贮藏年限一般为50年，有的可达200年。

3. 种子贮藏期间的管理　种子在贮藏期间应多加管理，其任务是保持或降低种子含水量和温度，控制种子及种子堆内害虫及微生物的生命活动，注意防除鼠害。因此，在种子贮藏期间应认真做好防潮隔湿工作，合理通风。同时要定期对种子质量的变化和安全条件的维持状况进行检测，温度、湿度、发芽率、病虫害的变化是种子贮藏安全的重要指标，也是检测工作的主要内容。

思考题

1. 牧草饲料作物种子田与牧草饲料作物饲草料生产地在建植管理技术上的差异是什么？
2. 牧草饲料作物种子的成熟度与落粒性的相关性是什么？
3. 确定牧草饲料作物种子适宜收获期的要素是什么？
4. 牧草饲料作物种子的干燥技术是什么？
5. 牧草饲料作物种子的清选技术是什么？
6. 贮藏条件与种子寿命的关系是什么？
7. 豆科牧草种子与禾本科牧草种子在贮藏寿命上的差异是什么？

第三篇 牧草各论

第八章　豆科牧草

学习提要

1. 了解豆科牧草全球资源状况及其独有的植物学特征和经济价值。
2. 熟悉中国栽培的主要豆科牧草生物学特性、应用区域及其饲用价值。
3. 读者依据自己当地生产实际，有选择地学习掌握重要豆科牧草的栽培技术及其利用技术。

第一节　豆科牧草概述

一、资源与利用

豆科（Leguminosae）是有花植物第三大科，全世界约有727属，19 325种（Lewis等，2005）。中国目前约有169属1 518种（朱相云，2004）。豆科植物原产热带，现已遍布世界各地。豆科牧草是栽培牧草中最重要的一类。豆科牧草的应用历史可以追溯到6 000多年以前，由于其所具有的重要特性，早在远古时期就应用于农业生产中。

豆科牧草（legumes）种类虽不如禾本科牧草多，但在农牧业生产中具有举足轻重的地位。世界一些发达国家在种植业中非常重视对豆科牧草的利用，豆科牧草人工草地面积及豆科牧草与禾本科牧草混播人工草地面积合计占总人工草地播种面积的20%～30%。如美国农用土地中，有70%用于种植牧草，其中豆科牧草占比相当大。豆科牧草不仅在农牧业生产中占有重要地位，在生态环境建设及其综合利用等方面还具有重要利用价值。

在世界一些农业发达国家的种植业结构中，豆科作物占25%～33%，如美国占27%、印度占29%、苏联占25%。不过也有例外，澳大利亚农业不发达，但在有限的农业耕地上豆科作物竟占50%以上。我国农业耕地特别紧张，豆科作物仅占约18%。纵观全球，首蓿、三叶草、草木樨、百脉根、胡枝子和山蚂豆等具有世界意义的豆科牧草的栽培面积逐年扩大，草产量也有较大幅度提高。特别是在放牧混播草地中，多以豆科牧草与禾本科牧草混播为主，而豆科牧草中则以白三叶的利用率最高，其次为红三叶、首蓿等。

二、植物学特征

1. 根　大多数豆科牧草的根系为轴根型，主根粗壮，入土深达2m或更深。根与地上部相连处的膨大部位称为根颈，位于近土表处，其上有新生芽，多数新生枝条从根颈处发生，如紫花苜蓿、扁蓿豆等。有些豆科牧草则很少从根颈处发生新生芽，主要是在每个枝条的叶腋处产生新枝条，如草木樨、沙打旺等。还有部分豆科牧草的根系为根蘖型，其主根粗短，入土深1m左右，在5～30cm土层内有许多水平横走根蘖，其上可形成新的根蘖芽，并向上发育成新的地上枝条，如黄花苜蓿、小冠花、鹰嘴紫云英等。

豆科牧草的根系上常生有根瘤，其着生部位、形态、大小、数量因不同牧草种类及生育时期而不同。根系的生长发育受栽培环境条件影响较大。一般在干旱及地下水位较低的地区，根生长较深；而在地下水位较高且有灌溉条件的地区，豆科牧草的根系生长较浅。

2. 茎 草本类豆科牧草的茎大多为草质；灌木类豆科牧草新生嫩茎为草质，随生长而逐渐木质化。一般圆形或有棱角近似方形，表面光滑或有毛，茎中空或充实。常见豆科牧草茎的生长形态有4种。

（1）直立型 其主茎垂直地面向上生长而分枝则沿与主茎成锐角的方向向上生长，如草木樨、红豆草等。茎的顶芽位于近冠层顶部的茎尖，当顶芽因刈割或放牧去掉后，植株则从低节叶腋芽或根颈上再生。

（2）匍匐型 由根颈处生出匍匐状枝条，贴近地表生长，在匍匐茎的节上向下生长根，向上形成新植株或形成花梗，新植株再以同样的方式向四周生长蔓延。如白三叶，茎的顶芽位于冠层较低部位，长的叶柄使叶片伸长形成上部的冠层，轻牧则大部分叶片和叶柄被采食，若重牧或刈割去掉顶芽，植株则会在每一叶腋处再生。

（3）攀援型 茎较柔弱，其复叶的顶端叶片退化成卷须而攀附于周围的直立植物或其他物体上，攀援生长可达 2.0～2.5m，在无支持物时则匍匐地面，不仅抑制附近植物的生长发育，而且本身生长也受到影响。如毛苕子、山野豌豆等。

（4）无茎莲座型 没有明显的茎秆，叶直接着生于根颈处或生于花梗上，形成莲座状叶丛。这类植物低矮，产草量低，且易受其他植物抑制。如中亚紫云英（*Astragalus huchtarmensis* L.）、硬毛棘豆（*Oxytropis hirta* Bunge）等。

茎枝生长过程中会分化出两种不同功能的枝条，一种是无花序的营养枝，另一种是具有花序的生殖枝。茎枝的不同部位生长速度不同，上部快下部慢，基部只增粗而很少增长。

3. 叶 豆科牧草为双子叶植物，种子萌发出土时，有些牧草子叶出土，子叶出土后3～4周内保持营养功能，以后子叶则和1～2个低位叶的叶腋发育营养芽形成根颈，如紫花苜蓿、扁蓿豆等，有的子叶留土，如毛苕子、豌豆等。第一片真叶，一般为单叶单生，成株叶多为复叶（羽状复叶和三出复叶），稀为单叶，通常互生，少对生。典型叶由叶柄、叶片和托叶三部分组成。如紫花苜蓿为羽状三出复叶，主叶柄长1～7cm，托叶披针形；红豆草为奇数羽状复叶，叶柄长13cm左右，托叶为锐角三角形。叶片大小因品种、栽培条件、植株上的不同位置及不同生育时期而有很大差异。

4. 花及花序 豆科牧草的花一般由苞片、花萼、花冠、雄蕊和雌蕊组成。苞片位于每朵小花叶柄的基部。花萼通常5枚，结合或分离，如苜蓿的花萼钟状，萼齿分裂，窄披针形。花冠为蝶形，位于花萼之内，花瓣数为5，稀退化为少数，常分离而不相等。花冠由旗瓣、翼瓣和龙骨瓣组成，其中旗瓣大而开展，一般颜色鲜艳，便于吸引昆虫；两侧有2个大小相等的翼瓣，通常昆虫停立其上吸蜜采粉；2个龙骨瓣下方联合，形似鸡胸，将雌雄蕊包裹在内，防止雨水或有害昆虫侵袭。雄蕊10个，仅少数豆科植物合生成管状，而多为二体雄蕊即9个雄蕊的花丝下方合生在一起成管状，上方花丝分离，而对着旗瓣的1枚雄蕊离生，形成一缺口，这种结构有利于昆虫深入到蜜腺基部。花序腋生或顶生，通常为总状花序，有的密集成头形，还有1～3朵或单生于叶腋的（如箭筈豌豆）。

5. 果实和种子 豆科牧草的果实为荚果，沿背腹两缝线开裂，每荚1粒或多粒种子；荚果形状多样，有螺旋形（紫花苜蓿）、长卵形（白三叶）、念珠状（花棒）。种子成熟时通常没有胚乳，养分贮藏在两片子叶中。许多豆科牧草种子存在硬实现象，由于种皮的不透水性，限制了这些种子的吸胀和萌发。一般野生豆科牧草种子硬实率高，而栽培种类硬实率相对较低。鉴定和识别豆科牧草种子的主要指标有大小、形状、颜色等形态特征。

三、生物学特性

1. 对水分的要求 牧草生长发育过程中所需的水分，主要直接从土壤中吸收。因此，土壤含水量多少对牧草生长发育及肥力发挥起着重要作用。

牧草在不同生长发育时期对水分的要求不同。生长前期，耗水强度不大，但要求有一个较高的土壤水分条件。如果前期缺水，会影响全苗、壮苗和分枝能力。生长中期随着植株增高，叶面积增大和气温升高，耗水量相应增加，缺水会抑制生长和小花的分化，造成减产。

豆科牧草生殖器官形成时对水分需求最为敏感，这一时期称为牧草的水分临界期，此时缺水会严重影响结实率和种子产量。在牧草生长前期和后期，土壤水分控制在田间持水量的65%~70%较为适宜，在营养生长和生殖生长并进阶段，土壤水分应控制在田间持水量的70%~95%。不同牧草由于本身生长特性不同，其需水量不同，例如在同等栽培条件下，生物学产量大体相同时，多数豆科牧草对水分的要求比禾本科牧草高。不同豆科牧草及同一牧草的不同生长发育时期对水分的反应也不尽相同，如豆科牧草中苜蓿、红三叶等需水多，而扁蓿豆、沙打旺、羊柴、柠条锦鸡儿等需水较少；生长旺盛时期需水多，而种子成熟时期需水少。

2. 对土壤空气的要求 CO_2是牧草光合作用的主要原料，空气中CO_2的正常浓度约为0.032%。一般随CO_2浓度升高，植物叶片内外CO_2浓度的差异增大，可以使CO_2扩散速度加快，从而加快光合速率。但CO_2浓度过高可导致叶片气孔关闭，对光合作用又会产生不利影响。不同植物对空气中CO_2浓度增加的反应也不一样。研究证明，CO_2浓度由0.035%增加到0.1%，大豆幼苗的净光合同化率可提高34%，干物质量增加72%；相反，玉米则相应地减少11%和13%。

在牧草的生命活动中，除光合作用外，还需进行呼吸作用。土壤中O_2浓度低于5%将影响土壤微生物的正常生命活动，限制牧草根系及根瘤生长，妨碍牧草根系对水分和养分的吸收。因此，生产中一方面要保证牧草光合作用对CO_2的需求，另一方面还要通过正确的栽培管理措施，提高土壤透气性，增加土壤中O_2浓度，以满足牧草正常生长发育需要。

豆科牧草生长发育过程中，有两个时期对土壤通气特别敏感，第一个是春季，此时根颈萌发第一批分枝；第二个是夏末，此时在根颈处形成未来嫩枝的新芽。比较而言，春季更为敏感。

3. 对温度的要求 大多数豆科牧草均属于冷季型牧草，如紫花苜蓿、红豆草等，其生长的适宜温度为20~25℃，各生育时期要求的温度均较高。这类牧草一般适宜于晚春和夏季播种。柱花草及大翼豆等暖季型牧草，一般生长适宜温度为25~30℃，在10~20℃时生长缓慢，当气温降至-2.5℃时便死亡。冷季型牧草在高温条件下生长缓慢，开花也早，这也正是冷季型牧草（紫花苜蓿、三叶草等）在炎热夏季产量下降的原因之一。而热带牧草却能较好地适应高温潮湿气候条件，且具有较高的生产能力。

4. 对光照的要求 多数豆科牧草是喜光植物。豆科牧草对光照度较禾本科牧草敏感。在弱光下红三叶、紫花苜蓿和百脉根生产干物质的数量依次为红三叶＞紫花苜蓿＞百脉根。光照度影响牧草同化作用和生长发育。温带和热带豆科牧草在光照度达15 000~25 000lx时出现光饱和。光照强则干物质积累量高；光强变弱时，牧草产量及种子产量均会降低。生产上通过栽培管理措施以保持最适叶面积,以截留最多的光入射能,使牧草饲料作物生产达到最大效率。

5. 对养分的要求 各种牧草对土壤酸碱度有一定要求。多数牧草适宜在中性土壤生长。可以在酸性土壤生长的牧草有白三叶、紫云英、百脉根等；能够忍耐轻度盐碱的牧草有草木樨、沙打旺等。

土壤营养状况对牧草生长发育有重要影响。虽然大多数豆科牧草较耐贫瘠土壤,但若要保证丰产,仍需肥沃土壤。牧草生长发育及不同生育时期对土壤养分的需求各有特点。豆科牧草生长发育对磷肥较敏感,土壤缺磷则会使牧草产量及抗性降低；在豆科与禾本科牧草混播草地土壤缺磷时,群落中豆科牧草比例急剧下降。

四、经济价值

1. 饲用价值 饲草料是发展畜牧业的物质基础,而豆科牧草是家畜重要的蛋白质饲草料,蛋白质含量是衡量饲草料品质最为重要的一个指标。目前,中国牲畜饲草料主要来源于天然草场、农副产品（秸秆、麸皮等）和人工草地。天然草地由于受地理位置、年份及季节变化影响,其草产量及品质极不稳定,在一些地区靠天养畜易发生家畜"夏饱、秋肥、冬瘦、春亡"的现象,主要是冬春饲草料不足和饲草料品质差所造成的。农副产品主要是作物秸秆,其质量远不如牧草,在冬春季节饲草料不足的情况下,仅能满足家畜的维持需要。在中国西北地区通过人工栽培牧草,特别是利用紫花苜蓿、沙打旺、红豆草等豆科牧草建立人工草地或改良天然草地,使草产量提高 2~5 倍,个别者更高,同时使粗蛋白质产量比当地天然草地高出 10 倍以上,不仅解决了牲畜冬春草料不足的问题,而且可根据牲畜营养需要,保证饲草料平衡供应。大力种植豆科牧草是平衡饲草料中蛋白质不足的最为廉价的方法,也是发展节粮型养殖业的必由之路。豆科牧草干物质中蛋白质占 14%~19%,含有各种必需的氨基酸,同时富含钙、磷、胡萝卜素和各种维生素如维生素 B_1、维生素 B_2、维生素 C 等；其干草含氮 2.5%~3.5%,平均高于禾本科牧草 1.1%~2.1%。适期利用的豆科牧草粗纤维含量低,适口性好,易消化,为各种家畜所喜食。利用豆科牧草补播改良天然草地或建立混播人工草地,可有效改善草地营养状况,提高草地生产力,促进草地畜牧业健康稳定发展。

2. 农用价值 种植豆科牧草可以改土肥田,提高后茬农作物产量和品质。豆科牧草大多具有较高的地上和地下生物量,同时根系中的根瘤菌具有较强的固氮能力,根系入土较深,能将深层土壤中的钙质吸收到表层土壤,使土壤形成稳固团粒；豆科牧草根的分泌物较禾本科牧草具有更强酸性,有助于土壤中复杂的有机物质或无机物溶解,使其变为可给态养料,供植物吸收利用。豆科牧草的这些特性均会对土壤理化特性和养分状况、土壤微生物数量及区系动态、田间生态环境等产生良好影响。豆科牧草在不施氮肥的情况下,也可借助根瘤菌的共生固氮作用正常生长发育并形成一定产量。在有利的共生条件下,豆科牧草在其生长期内能吸收空气中的氮 300~400kg/hm²,形成蛋白质 2 000kg/hm² 以上。其根部和地上茎茬残留在土壤中的氮素达 75~100kg/hm²。

3. 生态价值 种植豆科牧草可以固土护坡,防风治沙,改善生态环境。大多数豆科牧草不但根系发达,而且茎叶繁茂,覆盖度大,可减轻雨水对表土的冲刷及地表径流,具有较强的水土保持作用。例如,春播小冠花生长 8 个月后单株平均覆盖面积 0.7~

0.9m²，生长近2年的小冠花单株覆盖面积可达2.3m²；随着生长年限延长，地上部覆盖面积逐年扩大而形成茂密草层，是豆科牧草中理想的水土保持植物。在中国西北部，特别是陕北及内蒙古中西部一带，一般在沙梁地区或不易修梯田的坡耕地建立豆科灌木柠条草场，由于柠条的抗风沙能力强，在其灌丛基部一般聚集30～70cm厚积土，在坡耕地上逐渐形成灌木生物地埂。因此，生产中人们常利用抗逆性强的豆科牧草恢复植被、改善生态环境。

此外，有些豆科牧草还是良好的蜜源和观赏绿化植物，如红豆草、紫穗槐、胡枝子等；有的豆科牧草还含有药用的化学成分，可兼作药用植物，如甘草、黄芪等。

第二节　苜蓿属牧草

苜蓿属（Medicago L.）植物有60余种，为一年生或多年生草本，分布在欧洲、亚洲、非洲。中国有13种，1变种，主要分布在北方14省份（洪绂曾，2009）。农牧业生产栽培的有紫花苜蓿（M. sativa L.）、黄花苜蓿（M. falcata L.）、金花菜（M. hispida Gaertn.）等，其中紫花苜蓿栽培面积最大、经济价值最高。

一、紫花苜蓿

（一）概述

学名：Medicago sativa L.。英文名：alfafla 或 lucerne。别名：紫苜蓿、苜蓿。

原产于小亚细亚、伊朗、外高加索和土库曼斯坦一带，地理学中心为伊朗。紫花苜蓿主要分布于温暖地区，在北半球大致呈带状分布，美国、加拿大、意大利、法国、中国和苏联南部是主产区，在南半球只有某些国家和区域有较大规模栽培，如阿根廷、智利、南非、澳大利亚、新西兰等。紫花苜蓿这个词来源于阿拉伯语、波斯语、克什米尔语，意思是"最好的马草料（best horse fodder）"和"马的能源（horse power）"。紫花苜蓿抗逆性强、分布广、栽培面积大、产量高、品质好、利用方式多、适口性好、经济价值高，具有其他牧草所不能比拟的许多优点，故有"牧草之王"的美称。

紫花苜蓿是世界上分布最广、种植最多的优质牧草，全世界种植面积自20世纪60年代末至90年代始终维持在3 200万～3 300万 hm²，而且分布格局大体保持不变（洪绂曾，2009）。其中美国种植面积最大，超过1 000万 hm²，约占全世界总面积的33%，约占其国内牧草栽培面积的30%（USDA-NASS，2014）；阿根廷居第二位，种植面积超过700万 hm²，约占23%；加拿大居第三位，种植面积超过200万 hm²，约占8%；俄罗斯居第四位，占5%～6%；中国居第五位，约占4.5%；超过1%的其他国家有西班牙、法国、意大利、罗马尼亚、保加利亚、匈牙利。

中国在2 000多年前就已经栽植紫花苜蓿。据记载，公元前119年汉武帝时期的张骞第二次出使西域时，从乌孙（今伊犁河南岸）带回有名的大宛马、汗血马及紫花苜蓿种子。紫花苜蓿引进后先在长安（现西安）种植，之后逐渐扩展到陕西各地，到明朝时，不但在西北各省种植，而且已扩展到中原及华北。现在紫花苜蓿的种植范围日益扩大，主要分布在北纬30°～45°的西北、华北、东北和江淮流域。自2001年开始，苜蓿产业得到迅猛发展（表8-1）。

表 8-1 中国苜蓿产业 2001—2012 发展状况

(引自全国畜牧总站，2001—2012 年《中国草业统计》)

年份	年末苜蓿地保留面积（万 hm²）	总产量（万 t）	年份	年末苜蓿地保留面积（万 hm²）	总产量（万 t）
2001	284.91	1 697.70	2007	382.56	2 545.70
2002	320.76	1 677.70	2008	377.18	3 044.50
2003	383.48	2 041.00	2009	366.60	2 540.20
2004	389.97	2 398.10	2010	407.84	2 476.20
2005	340.86	2 607.30	2011	377.47	2 329.60
2006	378.05	2 618.90	2012	416.66	2 879.90

由于中国地域辽阔，紫花苜蓿栽培历史悠久，生产上已习惯将紫花苜蓿与黄花苜蓿种间杂交育成的杂花苜蓿（*M. varia* Martin.）合并与紫花苜蓿统称为苜蓿。截至 2015 年，中国已通过全国草品种审定委员会审定登记的苜蓿品种有 80 个，其中育成品种 37 个，地方品种 20 个，引进品种 18 个，野生驯化品种 5 个。

(二) 植物学特征（图 8-1）

1. 根 直根型，根系发达，主根粗大，入土深达 2～5m，甚至更长，侧根主要分布在 20～30cm 土层中，侧根上着生有根瘤，根瘤能固定空气中的氮素。根部上端近地表与茎交接部分略膨大处为根颈。根颈是紫花苜蓿再生芽着生的地方，随生长年限的增加，根颈不断加粗，并随栽培年限而向下延伸，其入土深度也是抗寒性的标志之一。

2. 茎 紫花苜蓿的茎从根颈生出，高达 80～120cm，茎粗一般为 2～5mm，多数品种茎直立，也有半直立型和匍匐型。茎的外形近圆柱形，上部嫩茎稍带棱角，被有白色茸毛。茎的颜色一般为绿色，有的品种为淡紫色或基部呈紫色。紫花苜蓿的茎有主茎和分枝，分枝达 3 级以上。茎分枝数的多少因品种、土壤肥力、气候条件、利用年限而异，一般为 15～25 个分枝，多者达 44 个分枝。茎的高度和数量直接影响紫花苜蓿产量和质量。

图 8-1 紫花苜蓿

3. 叶 复叶，由叶片、叶柄和托叶三部分组成。叶片是紫花苜蓿营养价值最高的部分，也是构成紫花苜蓿产量的重要组成部分。叶片一般由 3 枚小叶组成，即三出羽状复叶，中间一枚略大，两侧稍小。小叶为长椭圆形、倒卵形或披针形，小叶顶端略凹，并具一小尖刺，基部楔形，叶片左右全缘，仅上 1/3 处叶缘有锯齿。叶片的大小与品种、栽培条件、植株上着生部位及生育期有密切关系。一般返青期和越冬前叶片较大，第一茬的叶片比二、三茬草的叶片大。现在许多品种有 4 叶、5 叶、6 叶和 7 叶，这种多叶型品种较多出现在现蕾期分枝的上部。

4. 花 花序为总状花序，生于叶腋。每个花序有花8~20朵。花由苞片、花萼、花冠、雄蕊和雌蕊组成。花冠为蝶形，位于花萼之内，由旗瓣、翼瓣和龙骨瓣组成。花色以紫色为主，杂交苜蓿有紫色、黄绿色、白色、黄色等。由于合生的龙骨瓣包围雌蕊和雄蕊，常妨碍花粉扩散，需借助昆虫采蜜时把龙骨瓣解离，才有利于异花授粉，提高种子产量。

5. 荚果 紫花苜蓿的荚果为螺旋形，一般为2~4回，品种不同略有差异。每个荚果中有种子4~8粒。其粒数与品种、结荚部位、栽培条件、养分状况等有关。紫花苜蓿成熟时荚果为黄褐色，表面有脉纹和茸毛。

6. 种子 多为肾形，其大小依品种不同而异，千粒重1.44~2.30g。种皮的颜色为黄色，随贮存年限增加颜色加深。种子寿命较长，保存4~5年的种子，尚有较高发芽率。

（三）生物学特性

1. 对环境条件的要求 紫花苜蓿的适应性较广，喜温暖、半干燥、半湿润的气候条件和干燥疏松、排水良好且高钙质的土壤生长。

（1）温度 紫花苜蓿为温带植物，喜温暖半干燥气候。种子在5~6℃即能发芽，以25℃时发芽最为适宜。不同温度条件下，种子发芽速度有显著差异，温度越高，种子发芽所需天数越短，10℃条件下需10~12d发芽，15℃时需7d，25℃时需3~4d发芽。成株生长发育的昼夜适宜温度为15~25℃和10~20℃，在此温度下，干物质积累和叶面积增长均最快，所以紫花苜蓿在春季生长最快。紫花苜蓿开花的适宜温度为22~27℃。根在15℃时生长最好，茎和叶在25℃下生长最好。

紫花苜蓿不耐高温，气温高于30℃时生长不良，尤其是夜间高温危害更重。各地试验表明，在夏季最高温度超过30℃以上的地区，紫花苜蓿越夏时都有死亡现象，温度越高，死亡越严重。

紫花苜蓿的抗寒性较强，冬季气温为-15~-10℃时，多数品种能够安全越冬。在-25~-20℃的地区种植需选择耐寒性较强的品种。若是在-30℃以下的地区则要有雪覆盖耐寒品种方可越冬。

紫花苜蓿抗寒能力与其根中贮藏碳水化合物含量和根颈入土深度关系很大。研究表明，总糖含量高的品种，抗寒能力也较强。根颈入土深的品种抗寒能力强，根颈随生活年份的增加向土内收缩而下移，因而老龄植株的抗寒能力较幼龄植株强。春播紫花苜蓿越冬前根颈入土深2.3~2.7cm，夏播紫花苜蓿入土深0.8~1.0cm。

（2）水分 紫花苜蓿茎叶繁茂，生长迅速，是需水较多的植物。据研究报道，紫花苜蓿每形成1g干物质需水约800g，每生产1 000kg干草，则需水800t。紫花苜蓿不同发育阶段的耗水量也不同，从分枝到现蕾期需水量最多，其次是开花到结荚期。紫花苜蓿的不同生态型、不同品种对水分的要求存在明显差异。当土壤含水量为田间持水量的70%~80%时，紫花苜蓿生长发育良好，而且牧草产量最高。对于种子生产田，最适宜的土壤含水量为田间持水量的60%~65%。

紫花苜蓿喜水，需要充足水分，但水分过多，也会导致紫花苜蓿遭受涝害，尤其在苗期，受涝严重会造成幼苗全部死亡。种植紫花苜蓿的地块一般地下水位不应高于1~1.5m。严重干旱时，紫花苜蓿的生长暂时停止，部分叶片脱落。干旱解除之后，能很快恢复生长。

不同紫花苜蓿品种的抗涝性亦不同。

紫花苜蓿需水较多,丁宁和孙洪仁(2011)依据连续4年的测定结果认为,河北坝上地区紫花苜蓿全生长季需水量和需水强度分别为430~720mm和3.1~4.9mm/d。不同紫花苜蓿品种的抗旱性也有一定差异。紫花苜蓿在年降水量300~800mm的地区均能生长,在温暖干燥而有灌溉条件的地方生长极好,年降水量超过1 000mm的地区紫花苜蓿的适应能力较差。

(3) 土壤 紫花苜蓿适应性强,对土壤条件的要求不十分严格,除重黏土、低湿地、强酸强碱土外,从粗沙土到轻黏土均能生长,而以排水良好、土层深厚、富含钙质的土壤生长最好。紫花苜蓿略能耐碱,但不耐酸,以土壤pH 6~8为宜。在土壤偏酸的地区,不适宜种植紫花苜蓿。

紫花苜蓿为中等耐盐植物,可以在轻度盐渍化土壤生长。当土壤盐分达0.3%时,紫花苜蓿生长就会受到抑制,表现出生长迟缓,生活力变弱,产量降低。在紫花苜蓿生长过程中,不同发育阶段对土壤盐分的反应不同,一般随株龄增长耐盐性逐渐提高,以幼苗期对土壤盐分的反应最为敏感。紫花苜蓿不仅能适应一定盐分的土壤,而且种植几年后还具有促进土壤脱盐的作用,起到改良盐碱土壤的作用。

(4) 养分 紫花苜蓿对土壤养分的利用能力很强。据测定每生产1 000kg紫花苜蓿干草,需氮12.5kg,磷3.5kg,氯化钾12.5kg。可见,氮、磷、钾是紫花苜蓿生长发育过程中不可缺少的营养物质。土壤贫瘠时苗期还需施入适量氮素,之后由于根瘤菌形成,可固定空气中的游离氮素,可以少施或不施氮肥。一般土壤中钾能够满足紫花苜蓿生长发育需要;磷则应该多施,施磷时紫花苜蓿增产效果明显。另外,硫、镁、钙、铁、锰、锌、硼、铜等微量元素对紫花苜蓿的生长发育也有影响,在高产栽培中应予以特别注意。

2. 光周期和光合作用 紫花苜蓿为长日照植物,喜光照,不耐阴。光照不足时紫花苜蓿幼苗生长细弱,甚至死亡。在紫花苜蓿营养生长期,随着日照时数增加,干物质也不断增加。现蕾期光照充足,开花多,授粉好,结实多而饱满。紫花苜蓿生育期需2 200h日照,尤其是开花结实阶段必须有足够的长日照。

紫花苜蓿叶片是进行光合作用的主要场所。一个发育良好的紫花苜蓿群体,其叶面积指数应达到5。为了达到这一指数,中等大小的叶片数量应达到5 000~15 000枚/m^2。紫花苜蓿属于低光合效率作物,其刚展开叶片同化CO_2的最大量为70 mg/m^2。光照度不足3 000lx时会限制叶片吸收CO_2。研究表明,叶比重(单位面积的干重)大时光合作用效率强,因此,有人建议可以把叶比重作为选择光合作用效率的标准。叶片制造的光合产物除了少量为叶片利用外,其余大多数都转移到植株其他部分。紫花苜蓿叶片的淀粉含量昼夜变幅大,干重从上午的8%一直增加到太阳落时的20%,其后含量急剧下降,还原糖和非还原糖的日变化很小,这两类糖不管哪一类其含量均不到干物质的3%。整株中糖和淀粉含量白天增加,增加范围从20%~50%。

3. 生长发育 紫花苜蓿的生长发育状况因气候、品种和播种时期而不同。紫花苜蓿在陕西关中春播时,5~6d即可出苗,15d齐苗。幼苗根的生长较早较快,茎的生长较迟较慢。播后40d,茎高仅2.3cm,根长已达10cm。其后,茎叶的生长渐快,播后60d,茎高60cm,80d开始开花,茎高达30~40cm。其后,茎叶生长又趋缓慢。种子成熟约需110d。

紫花苜蓿在内蒙古呼和浩特春播时5~6d开始出苗,13d齐苗,30d后进入分枝期,

53d 进入现蕾期，70d 开始开花，110d 种子成熟。生长第 2 年 4 月初返青，返青到分枝期约 24d，分枝到现蕾约 23d，现蕾到开花约 21d，开花到种子成熟约 42d。其生育期为 110d。

4. 苜蓿的秋眠性 秋眠性（fall dormancy）是紫花苜蓿的一种生长特性，指秋季在北纬地区由于光照减少和气温下降，导致紫花苜蓿形态类型和生产能力发生变化的现象。这种现象只能在紫花苜蓿秋季刈割后的再生过程中观察到，而在春季和初夏收割后观察不到。美国曾花费几十年时间研究紫花苜蓿的秋眠性，并于1991年提出紫花苜蓿秋眠性的9级分级标准，其中1～3级为秋眠型，4～6级为半秋眠型，7～9级为非秋眠型。1998年又提出了新的11级分级标准，新增了10和11级的极非秋眠型。苜蓿的秋眠性与其再生力、耐寒性、生产力密切相关，秋眠型品种耐寒性强，但抗热性差，生产水平低，而非秋眠型品种耐寒性差，但抗热性好，产量高。因此，在紫花苜蓿生产中一定要根据当地气候条件，选择相应秋眠级品种，以保证在能够安全越冬的基础上获得较高产量。紫花苜蓿的秋眠性虽然与抗寒能力有关，但这两种特性并非连锁遗传，这一发现为培育具有较高抗寒能力的弱秋眠或非秋眠型品种提供了理论基础。

5. 开花与授粉 紫花苜蓿现蕾后20～30d开花，春播紫花苜蓿出苗至开花需60～70d。紫花苜蓿花序为无限花序，花期较长，开花时间长短与品种、气候条件和栽培管理条件有关，一般为30～45d。开花主要受温度和湿度影响，温度低于15℃、相对湿度高于70%时，一般不开花或少开花。每个花序的小花由下向上开放，从第一朵小花开放到最后一朵开放完成需要4～7d，小花均在白天8:00左右开放，10:00～14:00达到开花高峰。开花最适宜的温度为22～27℃，相对湿度为53.75%。

紫花苜蓿自交结实率很低，天然自交结实率平均只有0.8%，变幅为0%～22%。而且存在严重的自交不亲和性，自交后产生衰退现象。紫花苜蓿的花虽在温度较高的情况下能自行弹粉，但一般借助昆虫进行授粉。紫花苜蓿具有弹粉机能，即当外力作用于龙骨瓣时雄蕊柱（包括花柱）弹放出来的一种动作。和其他牧草不同，紫花苜蓿花序弹粉时有一定力量，而且弹粉后雄蕊不能恢复原位。紫花苜蓿柱头上包被着一层膜，花粉管发芽进入花柱首先必须弄破这层膜，弹粉就起这种作用。弹粉时柱头膜破裂，因而为花粉管发芽受精提供先决条件。弹粉动作一般是由昆虫特别是蜜蜂来完成的。但是在特殊条件下，如遇高温、轻霜以及其他情况也会发生自动弹粉，但这种情况只能进行自花授粉，结实率很低。没有弹过粉的花很少能够结实，即使结实也会萎缩脱落。一般情况下，花粉管进入子房的时间8～9h，但弹粉后24～27h才能受精。

上述紫花苜蓿属于严格异花授粉植物，是指当前生产中大量种植的品种。除异花授粉品种外，加拿大自花授粉紫花苜蓿品系已经问世，如像 Ellers lie 1号紫花苜蓿。这个自花授粉品系通过连续几代自交，仍能保持其自花授粉能力。其结实率高，要比一般紫花苜蓿在没有昆虫授粉时的种子产量高2～4倍。这种自花授粉的紫花苜蓿品系在高寒地区，或授粉昆虫比较少的地区均有发展前途。

6. 寿命和生产力 紫花苜蓿为多年生豆科牧草，它的寿命很长，一般20～30年，寿命最长的可达100年。在黄土高原地区，紫花苜蓿适宜的生长年限为8年，超过8年，生长发生衰退，当紫花苜蓿生长至18年时生长严重衰败。生长高峰期为第6年，生长6年后，应实施粮草轮作，以恢复土壤水分，持续提高土地生产力水平（万素梅等，2007）。

紫花苜蓿的产量随栽培年限的增加而有所不同。万素梅（2008）研究表明，生长年限低于 6 年时，随着生长年限延长，草产量呈上升趋势；生长年限超过 6 年时，草产量呈下降趋势。生长第 3 年的干草产量为 7 447.76kg/hm^2，第 4 年为 9 839.95kg/hm^2，第 6 年为 11 500.54kg/hm^2，第 8 年为 8 982.13kg/hm^2。

7. 在轮作中的地位 紫花苜蓿是中国农作制中一种非常重要的作物，长期以来中国农民就把它作为轮作倒茬的重要组成部分。紫花苜蓿翻耕后，其茬地对后作（尤其是非豆科作物）如粮食作物或经济作物的增产作用很大，"连种 3 年劲不完"的比喻正说明了它的增产作用，而且还可以明显提高后作物的品质。在陕西关中地区的调查表明，紫花苜蓿茬小麦比连作小麦增产 20%～50%，也有成倍增产的；按年份，一般翻耕后第 1 年小麦增产 20%～30%，第 2 年增产 30%～50%，第 3 年增产 20%～30%，第 4 年还有一定增产作用；可提高后作小麦蛋白质含量 20%～30%，麦粒颜色呈紫色，面粉质量好。

紫花苜蓿与作物轮作的另一个重要特征是改善农业生态环境，如改良土壤、保持水土、减少农作物的病虫草害等。有资料表明，生长 3 年以后的紫花苜蓿地，遗留干根 3 750～9 000kg/hm^2，可使土壤上层腐殖质大量增加，改善土壤结构。根系腐烂分解后，从空气中固定的氮素滞留在土壤中，提高了土壤的含氮量。许多其他营养物质也从深层土壤中上升到上层土壤，补充了损失。王俊等（2005）在甘肃省榆中县的大田试验表明，与紫花苜蓿连作相比，紫花苜蓿草地轮作农田后，土壤氮和有机质消耗增加，2 年中耕层土壤全氮含量分别下降 5.4% 和 19.5%、有机质下降 46.8% 和 28.2%，土壤全磷无显著变化；轮作提高了土壤氮、磷养分有效性及其活化率，土壤硝态氮含量分别提高 15.5% 和 159.1%、速效磷含量分别提高 44.5% 和 48.0%。据新疆玛纳斯农业试验站测定，生长 3 年的紫花苜蓿茬地，积累干残体 30 210kg/hm^2，折合全氮 465kg/hm^2，全磷 94.5 kg/hm^2，全钾 1 480.5kg/hm^2。收获干草养畜后，提供干粪 12 245kg/hm^2。黄土高原 20°坡地种植紫花苜蓿比耕地径流量减少 88.4%，冲刷量减少 97.4%，比 9°的坡耕地径流量减少 58.1%，冲刷量减少 95.6%。在陕西、甘肃等较温暖地区，一般紫花苜蓿多与冬小麦进行保护播种，小麦收获后当年还能收一茬紫花苜蓿。在比较寒冷地区，紫花苜蓿可与禾谷类作物或中耕作物，如小麦、玉米、高粱等套种或间作，但必须注意播种时间，一般宜迟不宜早。紫花苜蓿在轮作中的时间可长可短，在大田轮作中，紫花苜蓿生长 2～3 年即可；在饲料轮作中，紫花苜蓿生长年限可延至 4～6 年，紫花苜蓿可与无芒雀麦、多年生黑麦草、鸭茅等禾本科牧草混播。

紫花苜蓿在轮作中除了具有上述作用外，对土壤病菌传播还有很强的抑制作用。据原西北农业科学研究所调查，棉花黄萎病病菌能在土壤中生存 10 年之久，但只要种 3 年紫花苜蓿后再种棉花，黄萎病的发病率即可控制在 1.5%～5.0%。

8. 苜蓿的自毒性（auto-toxicity） 自毒性是指成年植株分泌一类专一性化感物质，该物质抑制或阻碍同种植物幼苗的萌发和生长发育的特性。自毒性主要在连作紫花苜蓿草地上表现。紫花苜蓿自毒性主要影响幼苗根系发育，表现为抑制胚根和下胚轴细胞伸长，根部出现肿胀、卷曲、变色，缺乏根毛。存在自毒性时，萌发的幼苗植株矮小，主根受损，细弱而多分枝，侧根形成增多。这种根系降低了植物耐受干旱和吸收养分的能力，如由于不能吸收足够的磷而呈紫色。自毒性造成的根系损伤是不可逆转的，终将造成产量的逐年降低。

紫花苜蓿的自毒物质目前尚未准确鉴定出来。紫花苜蓿新生芽的自毒毒素多于根系，具有水溶性，易被雨水淋洗掉。当植株被耕翻或用除草剂杀灭时其毒素释放于土壤中。紫花苜蓿自毒毒素的持续时间和对幼苗的影响随土壤类型而变化，沙土中过滤得快、持续时间短，但影响较大；黏土中持续时间较长。紫花苜蓿毒素可随时间消失，但影响植株的整个生长过程。当毒素消失后，受毒素影响的植物的生长和产量还将长时间受影响，这种长期的影响称为自限作用（auto-conditioning）。

紫花苜蓿植株各部分的自毒作用程度并不一致。紫花苜蓿植株地上部的自毒物质浓度比根中的高，其中以叶中浓度最高，其次是茎、根端和老根。紫花苜蓿的自毒作用可形成特定区域。密歇根大学的研究者发现，老紫花苜蓿植株20～40cm内新种植紫花苜蓿的产量显著降低，约为最高产量的75%；而在0～20cm范围内紫花苜蓿幼苗小而细长，几乎不能存活（图8-2）。

根据自毒性的产生机制和影响因素，可以采取相应措施最大程度降低自毒作用对紫花苜蓿生产的负面影响：①避免紫花苜蓿连作，种植一、两年其他作物以免产量降低；②秋季清除老紫花苜蓿地，于翌年春季重新播种紫花苜蓿；③春季清除老紫花苜蓿地，种植一年生作物如燕麦、高粱等，夏末种植新紫花苜蓿地；④清除老紫花苜蓿地3～4周后再种植新紫花苜蓿。

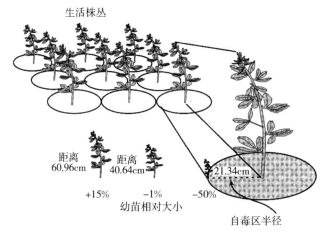

图8-2 紫花苜蓿自毒区域
（引自 Barnes 等，2003）

（四）栽培技术

1. 种子处理和播种 紫花苜蓿种子具有硬实性，一般为10%～20%，不需处理即可使用。新收种子或在不良环境（如寒冷、干燥、盐碱）条件下收获的种子硬实率较高，可达25%～65%。当硬实率达到30%以上时需对种子进行处理，播前晒种3～5d，可提高发芽率15%～20%。夏播或秋播当年收获的紫花苜蓿种植时，为提高发芽率应进行擦破种皮处理。紫花苜蓿播种前应进行根瘤菌接种，特别是在未种过紫花苜蓿的土地上种植时更需要接种。接种根瘤菌可提高紫花苜蓿成苗率，增加紫花苜蓿的产草量和蛋白质含量，并能提高土壤肥力。宁国赞（2001）在云南、黑龙江、内蒙古等18个紫花苜蓿种植区调查表明，在播种当年第一次割草测产中，接种根瘤菌的产草量比对照提高37.8%，增产干草527kg/hm²，增产效果一般可维持2年。亦可将种子丸衣化播种，保证苗齐、苗壮。

由于紫花苜蓿种子小，幼苗顶土力较弱，苗期生长缓慢，易受杂草危害，又因生长年限长，根系入土深。为使根系充分生长，播种紫花苜蓿的土地，于前作收获后，应立即浅耕灭茬，然后深翻，播前整地应精细，要求做到土碎、地平、无杂草，以促进幼苗生长健壮。

根据当地气候条件和前作收获期选择适宜播种时间。一般可采取春播、夏播、秋播、临冬寄籽播种和早春顶凌播种。春播多在春季墒情较好、风沙危害不大的地区采用，也有早春顶凌播种的。夏播常在春季土壤干旱、晚霜较迟或春季风沙过多的地区采用，一般在6~7月。秋播适宜于中国北方一年二熟地区，此时各种环境条件最为适宜，正值雨季之后，土壤墒情好，温度适宜，有利于紫花苜蓿发芽出苗，而且气温逐渐降低，杂草和病虫害减少，是紫花苜蓿播种的最佳时期，一般在8月末至9月末进行。临冬寄籽播种是在秋季干旱、过涝或劳动力紧张，延迟播种幼苗又不能安全越冬的情况下利用。当地温降至0℃左右时，夜间土壤已经结冰，白天又能化冻，将紫花苜蓿寄籽播种于土壤中。播后由于地温低，种子不能发芽，待到翌春土壤解冻后种子吸水萌发。顶凌播种即3~5cm表层土壤已解冻，深层土壤未解冻，表层土壤地温5~7℃时，将紫花苜蓿播种于冻土层上。当地温上升、土壤湿度逐渐加大时，种子吸足水分，即可出苗。顶凌播种由于地温低、紫花苜蓿出苗慢，所以播种量可适当加大。具体来说，西北、东北、内蒙古4~7月播种，最迟不晚于8月。河北南部3~4月播种，最迟可延至9月中旬，河北北部应在8月以前，8月以后播种不易越冬。北京地区3~9月上旬播种，但应避开夏季炎热干燥时期。长江流域3~10月均可。新疆春秋季皆可播种，秋播时南疆不迟于10月上旬，北疆不迟于9月中旬。

紫花苜蓿的播种方式分条播、撒播、穴播和混播。但以条播为宜，便于田间管理。行距收草田为25~30cm，收种田为60~80cm甚至100cm左右。播种量，收种田4.5~7.5kg/hm²，收草田15.0~22.5kg/hm²。紫花苜蓿种子小，不宜深播，播种深度一般为2cm左右。春季和秋季播种后需要镇压，使种子紧密接触土壤，有利于发芽；但在水分过多时，则不宜镇压。

紫花苜蓿除单播外，也常与禾本科牧草混播，一般用作生产商品草的紫花苜蓿地多用单播，而作为牧场放牧时多用混播。混播以紫花苜蓿和鸡脚草配合，每公顷用种量，紫花苜蓿3.75kg，鸡脚草1kg。中国北方各地常将紫花苜蓿与无芒雀麦混播，播种量为各自单播量的70%~80%，如河北省察北牧场采用紫花苜蓿、无芒雀麦行距30cm交叉播种，产草量最高，每公顷干草产量分别为3 055.5kg和4 374.0kg。紫花苜蓿和禾本科牧草间作的产草量低于撒播和同行条播，主要是由于禾本科牧草侵占性强。播种紫花苜蓿时保护作物的需要与否视播种时气候而定。气候干热，为避开幼苗灼伤，可种植麦类、油菜等保护作物。如冬季温度较低而秋播紫花苜蓿，保护播种可减轻冻害。但如气候温和，苗期不十分干热，亦无冻害，则不必进行保护播种。在北方冬小麦地区可与冬小麦同时播种；春小麦地区多在小麦拔节或灌二次水时撒播紫花苜蓿，播量通常应低于单播播量。

2. 中耕除草 控制和消灭杂草是田间管理的关键，紫花苜蓿苗期由于生长缓慢，易受杂草危害，在每年夏、秋季节也易受杂草侵袭。紫花苜蓿杂草防除应采取综合措施，第一播前要精细整地，清除地面杂草；第二要控制播种期，如东北6月播种、河南早秋播种可有效抑制苗期杂草；第三可采取窄行条播，使紫花苜蓿尽快封垄；第四进行中耕，在苗期、早春返青及每次刈割后，均应进行中耕松土，以便清除杂草，疏松土壤，防止水分蒸发，促进紫花苜蓿生长；也可使用化学除草剂如普施特、烯禾啶、吡氟氯禾灵、喹禾灵等进行化学除草。越冬前应结合除草进行培土，以利越冬。早春返青及每次刈割后，亦应进行中耕、松土、清除杂草、促进再生。

3. 施肥 增施肥料和合理施肥是紫花苜蓿高产、稳产、优质的关键。大量施肥能促进紫花苜蓿迅速再生，使多次刈割成为可能。紫花苜蓿吸取的植物营养物质比谷物（如玉米和小麦）多，特别是氮、钾、钙。与小麦相比，紫花苜蓿从土壤中吸收的氮和磷均多1倍，钾多2倍，钙多10倍。每生产紫花苜蓿干草1 000kg，需磷2.0～2.6kg、钾10～15kg、钙15～20kg。

紫花苜蓿根部有大量根瘤菌，能固定空气中游离氮素，固氮能力很强。据测定，紫花苜蓿年固氮量达100～300kg/hm^2。紫花苜蓿中40%～80%的氮来自空气中固定的氮，这取决于植株的年龄和土壤的含氮状况。因此一般情况下不施氮肥，只是在含氮量低的土壤中，播种紫花苜蓿时需要施少量氮肥（如磷酸二铵15～30kg/hm^2）做种肥，与种子一起播种，目的是保证紫花苜蓿幼苗能迅速生长。在有机质含量低的土壤播种紫花苜蓿时，少量氮肥有利于幼苗萌发，同时对保证紫花苜蓿幼苗的迅速生长有利。通常情况下，施用氮肥会降低草产量和植株密度，并增加杂草。但若每年刈割4次或4次以上，施用高的氮肥量仍是有利的。

在紫花苜蓿中，磷的含量比钾少，但磷对紫花苜蓿生产至关重要。紫花苜蓿幼苗对磷的吸收非常迅速，所以磷在紫花苜蓿幼苗期很重要，通常在播种时条施于种子之下作为种肥。施用磷肥可以增加紫花苜蓿叶片和茎枝数目，从而提高紫花苜蓿产量；促进根系发育，有助于提高土壤肥力。最为常见的磷肥有过磷酸钙和重过磷酸钙。过磷酸钙P_2O_5含量为16%～20%，重过磷酸钙P_2O_5含量为40%～50%。紫花苜蓿磷的临界含量约为0.25%，如果10%紫花苜蓿植株含磷量低于0.23%表明缺磷，而健壮植株的含磷量为0.30%。

紫花苜蓿植株内钾的含量较高，从而对钾的需要量很大，生产1t紫花苜蓿干草需要钾10～15kg。所以，为了紫花苜蓿高产，施钾肥意义很大，因为钾肥可以提高紫花苜蓿对强度刈割的抗性和耐寒性，增加根瘤数量和质量，提高氮的固定率。增加钾肥施用量，可以增加紫花苜蓿干物质和蛋白质产量，但不影响粗蛋白质含量。紫花苜蓿每年推荐钾肥量为112.5～187.5kg/hm^2。早期研究表明，含量为1%～2%的钾用量是适宜的，而近来的一些研究则表明，为了获得最高产量和延长寿命，钾的含量应达到2%或以上。如果土壤中钾不足，紫花苜蓿草丛就会很快退化，变成只有禾本科牧草和杂草了。因此，当紫花苜蓿与禾本科牧草混播时需要较高的钾肥施用量，紫花苜蓿中钾的临界值为1.7%，紫花苜蓿小叶边缘上出现白斑即为缺钾的早期症状。氯化钾（KCl）为紫花苜蓿施用的主要钾肥，其他钾肥包括硫酸钾、硫酸钾镁、磷酸钾和硝酸钾等。

紫花苜蓿对钙的吸收量通常比禾本科牧草多，紫花苜蓿干物质中钙的含量为1.5%～2.0%。钙可促进紫花苜蓿根的发育，形成根瘤和固定氮均需要钙。施用石灰可提高酸性土壤的pH，同时可增加钙的含量。此外，施用石灰可降低土壤镁、铅和锰的溶解度，提高钼与磷的有效性。种植紫花苜蓿时条施少量石灰或将石灰作种衣施入，有利于紫花苜蓿的成功建植。

锌可以提高紫花苜蓿种子的千粒重。对于缺锌的土壤，一般可施锌5.6～16.8kg/hm^2，以施可溶性锌盐为宜。对整个紫花苜蓿植株，缺锌的含量水平约为15mg/kg。

钼和硼是影响紫花苜蓿种子形成的重要微量元素，据潘斌（1990）报道，初花前喷洒硼（0.02%）和钼（0.03%），4年内种子平均增产42.4%～76.1%。缺钼大多发生在酸性土中，也发生在有些中性土壤。紫花苜蓿初花期含钼少于 0.5mg/kg 即为缺钼。酸性土壤中缺钼时可施石灰。钼肥（钼酸钠或钼酸）通常与磷或混合肥料一起施用。

4. 灌溉 紫花苜蓿是深根植物，根系发达，主根入土深度可达 2~4m，能吸收深层土壤水分。但紫花苜蓿又是需水较多的作物，在其生长发育过程中，需要大量水分才能满足生长需求。因此，为确保紫花苜蓿高产、稳产，灌溉是一项非常重要的措施。年降水量 600mm 以下时，灌溉可以明显增产。在气候湿润地区，当旱季来临、降水量小时进行灌溉能保持高产。在半干旱地区，降水量不能满足高产需要，因此需酌情补充水分。在干旱地区，如不进行灌溉则产量很低。孙洪仁等（2007）研究表明，在北京地区中苜 1 号和 WL323 紫花苜蓿 2 个品种建植当年生物产量耗水系数分别为 915.0 和 939.7，经济产量耗水系数分别为 786.9 和 808.1；生物产量水分利用效率分别为 19.2kg/（mm·hm^2）和 17.9kg/（mm·hm^2），经济产量水分利用效率分别为 12.8kg/（mm·hm^2）和 12.3kg/（mm·hm^2）。灌水时间对紫花苜蓿影响很大，据测定，刈割后立即灌溉，牧草的干物质产量比刈后 10d 或 25d 灌水高。在生长季节较长的地区，每次刈割后进行灌溉，可获得较大增产效果。越冬期土壤干燥，可在"夜冻日消"时灌溉冬水，以灌水全部渗入土内，不致地表积水为原则。如果积水结冰，易引起植株死亡，返青时如遇春旱，应浇返青水。

5. 刈割 确定紫花苜蓿的适宜刈割时期，必须从紫花苜蓿生育期间营养物质的变化规律、产草量、再生性以及对翌年产量和寿命的影响等方面综合考虑，同时还要结合利用目的、当地劳力条件等来确定。在紫花苜蓿生长的幼嫩时期，蛋白质、胡萝卜素和必需氨基酸的含量最高，粗纤维含量最低。随着紫花苜蓿的生长和发育，蛋白质、胡萝卜素和必需氨基酸含量逐渐降低，而粗纤维含量逐渐增加。在紫花苜蓿生长早期，营养价值高，适口性好，但单位面积产量低，并且含水分较多，难以制作干草。随着紫花苜蓿生长，粗纤维含量增加，到生长后期，粗蛋白质减少，粗纤维增加，紫花苜蓿茎部逐渐木质化，适口性降低。紫花苜蓿的矿物质含量在生长初期最高，随着植物生长期的推移而下降。

紫花苜蓿干物质产量随生育期的推进不断增加，一般在盛花期达到高峰。根据单位面积营养物质产量计算，现蕾期到初花期刈割的干物质、可消化干物质及粗蛋白质产量均较高。尽管从初花期到盛花期干物质产量逐渐增加，但粗纤维、木质素等含量增加，干物质消化率不断下降。适宜的刈割期应兼顾干物质产量与消化率这两个因素，从这一点来说紫花苜蓿的刈割期以现蕾到初花期为宜。

紫花苜蓿刈割次数与温度和降水量等气候因素有关。北方寒冷干旱地区，春播紫花苜蓿当年可收一茬草，夏播紫花苜蓿当年不收草，第 2 年以后可收 2~3 茬。在内蒙古、新疆、甘肃等无灌溉条件的干旱地区，每年收 1~3 茬，有灌溉条件或降水量较多的地区一年可收 3~4 茬。陕西、河北、山西等温暖而有灌溉条件的地区，一年可收 4~5 次，长江流域一年收 5~7 茬。

秋季最后一次刈割时间对紫花苜蓿干物质产量和品质影响较大，主要是由于初霜后紫花苜蓿大部分叶片脱落。最后一次刈割应该保证冬季来临前枝叶的正常生长，促进营养物质，特别是根部贮藏性营养物质的积累与贮存，促进基部和根上越冬芽形成。一般是早霜来临前 30d 左右应停止刈割。如果在这个时期以后刈割，就会降低根和根颈中碳水化合物的贮藏量，不利于越冬和翌年春季生长。

刈割留茬高度一般为 4~5cm，但越冬前最后一次刈割时留茬应高些，为 7~8cm 或更高,这样能保持根部营养和固定积雪,有利于紫花苜蓿越冬。各次刈割的产量以第一茬最高,约占总产量的50%,第二茬为总产量的20%~25%,第三茬和第四茬为10%~15%。

6. 放牧 紫花苜蓿草的蛋白质含量高,用作非反刍类家畜和家禽如猪、马、鸡的放牧饲草特别好。紫花苜蓿富含钙、镁、磷和维生素A、维生素D,在消化率相同条件下,紫花苜蓿的摄食量要比禾本科牧草多。在用作放牧时,管理很重要。为了保持紫花苜蓿在草层中组成的相对稳定和旺盛生长,应进行划区轮牧。如进行自由放牧则会毁掉紫花苜蓿草层。新西兰放牧试验表明,轮牧小区最好是采食4d后恢复生长36d。在澳大利亚为期4年的放牧试验表明,紫花苜蓿-鸭茅-地三叶混播牧草在绵羊自由放牧下,从根本上毁掉了紫花苜蓿;划区放牧、每隔4周放牧1次时使紫花苜蓿在草层中的数量大为下降;每隔8周轮牧一次时,紫花苜蓿在草层中的含量较高。一般来说,紫花苜蓿放牧后需要35~42d的时间才能恢复生长。应特别强调的是放牧会啃伤或踏伤牧草根冠,山羊采食时喜刨根啃食,危害更甚。为避免放牧过度并减轻放牧的损坏,可先行刈割1~2次,而于夏秋季放牧,或先行适量放牧,以后留备刈割。

一个值得注意的问题是,在单播紫花苜蓿草地放牧家畜或用刚刈割的鲜草饲喂家畜时,容易引起臌胀病,因此限制了紫花苜蓿在草地上的利用。发生臌胀病的主要原因是紫花苜蓿青草中含有大量的可溶性蛋白质和皂素,它们是引起反刍家畜发生臌胀病的泡沫剂,能在家畜瘤胃中发酵产生气泡,从而形成大量持久性泡沫。这种泡沫产生后妨碍了瘤胃中CO_2、CH_4等气体的排出,因而发生臌胀病。单宁能够沉淀可溶性蛋白质,即与可溶性叶蛋白凝固,产生一种不溶性蛋白质——单宁络合物。同时,单宁还提供一种过瘤胃机制,以保护紫花苜蓿蛋白不致过多地被分解。但由于紫花苜蓿本身不含单宁或者单宁含量很少,因而容易发生臌胀病。皂素存在于紫花苜蓿叶、根、茎和花中,最低含量为0.5%,最高含量可达3.5%,它也是一种泡沫剂。目前有研究正在选育含皂素低的紫花苜蓿品种,以减轻放牧时臌胀病的发生。

加拿大Majak等(1995)研究表明放牧紫花苜蓿草地很可能发生臌胀病的情况如下:①牧草处于营养生长阶段;②在清晨进行放牧;③牧草潮湿带露水;④牧草中K^+、Mg^{2+}和Ca^{2+}含量高;⑤牧草含有大量可溶性蛋白质;⑥家畜整天(24h)放牧。

减少臌胀病发病率的一种方法是不让空腹家畜直接进入嫩绿而带露水的紫花苜蓿草地,放牧前宜饲喂一些干草或青贮饲料;另一种方法是在紫花苜蓿草地四周割两条青草带,晒干后再放牧,目的是使家畜在采食新鲜豆科牧草前采食了一定数量粗干草。草地上放牧家畜时应逐渐将家畜驱赶到紫花苜蓿草地上。百脉根、鹰嘴紫云英、小冠花和胡枝子等豆科牧草并不会引起臌胀病,它们与紫花苜蓿等豆科牧草混播能降低臌胀病发病率。其中与百脉根混播最为普遍。草地中禾本科牧草的比例达到50%以上时臌胀病发病率大为降低,同时在紫花苜蓿草地放牧时补充盐水也有一定效果。

近年来研究认为,聚氧丙烯对臌胀病有较好疗效。方法是放牧前几天饲喂足量聚氧丙烯,每日每45kg体重1~2g。也可在放牧前给家畜口服普鲁卡因青霉素钾盐等抗生素,成年家畜每次口服50~75mg。

7. 收种 虽然大部分种植紫花苜蓿的区域能够收获种子,但生产种子和生产干草所要求的条件差异较大。紫花苜蓿种子田首先要考虑气候条件,如果气候条件不能满足种子生产需求,会造成减产甚至绝产。紫花苜蓿种子生产要求气候温和、光照充足、无霜期长、开花结荚期干旱少雨（但最好有灌溉条件），土层深厚、钙质土壤、肥力中等，整地要精细，播种量要小，行距要宽，磷、钾肥要足，最适播量为 4.5～7.5kg/hm²。适当的田间栽培管理技术对紫花苜蓿种子产量和质量的影响也是至关重要的。如用根瘤菌接种和使用保水剂等措施，能促进苗期的生长发育。采用合理的种植密度也很关键，一般株行距为 70～100cm，新疆等地采用 60cm×30cm，吉林等地采用 70cm×70cm 的株行距，增产效果均较明显。现蕾期每公顷施硼 750～1 500g，分 2～4 次，每次 25g 配成 0.02% 溶液根外喷施，可促进花粉管伸长，防止花粉管破裂，减少花朵脱落，保证受精良好，利于蜜蜂传粉。在栽培紫花苜蓿地附近养蜂种子增产效果很好，也可以进行人工辅助授粉。在拖拉机后面挂一根长横竿通过苜蓿地块也可以，利用这种机械作用力将龙骨瓣弹开，弹出花粉，增加紫花苜蓿异花授粉概率。人工辅助授粉应在天气晴朗、干燥、无风，植株上没有露水的时候进行。

播种当年的种子田不收种子，多在第 2 年开始收获。紫花苜蓿第一茬花序最多，故头茬收种。南方也可头茬收草，二茬采种。紫花苜蓿开花期持续时间长，种子成熟期不一致，一般要求下部荚果变成黑色，中部变成褐色，上部变成黄色时进行收获，种子产量约为 750kg/hm²。种子产量以第 2～4 年较高。种子田的收获应选择干燥少雨天气。植株刈割后在田间晒干后再脱粒，脱粒用碌子碾压，或用脱粒机脱粒。

（五）经济价值

紫花苜蓿营养价值高，其粗蛋白质含量营养期高达 26.10%，初花期为 20.50%（表 8-2）。紫花苜蓿是各种家畜的优等饲草，不论青饲、放牧或是调制干草和青贮饲料，适口性均好，各类家畜均喜食。紫花苜蓿的消化率以幼嫩紫花苜蓿为高，其后逐渐下降，见表 8-3。

表 8-2 紫花苜蓿的营养成分

（引自陈默君和贾慎修，2002）

生长阶段	水分含量（%）	占干物质（%）				
		粗蛋白质	粗脂肪	粗纤维	无氮浸出物	粗灰分
营养期	—	26.10	4.50	17.20	42.20	10.00
现蕾期	—	22.10	3.50	23.60	41.20	9.60
初花期	—	20.50	3.10	25.80	41.30	9.30
盛花期	—	18.20	3.60	28.50	41.50	8.20
结荚期	—	12.30	2.40	40.60	37.20	7.50
二茬再生	6.70	19.07	3.21	28.83	42.44	6.45

表 8-3 10 个紫花苜蓿品种不同时期的体外消化率

（引自孙仕仙等，2012）

	第 1 年	第 2 年	
	现蕾期	现蕾期	开花期
干物质体外消化率（%）	75.88	76.05	70.99
有机物体外消化率（%）	77.99	77.68	74.80

紫花苜蓿干草的消化率可达 70%～80%。蛋白质中含有 20 多种氨基酸（表 8-4），氨基酸组成与乳清粉接近，其中赖氨酸含量比玉米高 4.5 倍。紫花苜蓿钙、镁、钾等多种

矿物质元素含量丰富，且不含植酸磷，磷的利用率较高。紫花苜蓿还富含多种维生素，另外还含有一些未知促生长因子（undefined growth factor，UGF），对畜禽的生长发育均具良好作用。

表 8-4　紫花苜蓿的必需氨基酸成分表

（引自陈默君和贾慎修，2002）

	占风干重（%）									
	缬氨酸	苏氨酸	蛋氨酸	异亮氨酸	亮氨酸	苯丙氨酸	赖氨酸	组氨酸	精氨酸	色氨酸
营养期	0.27	0.21	0.07	0.22	0.36	0.23	0.25	0.10	0.21	0.06
孕蕾期	0.27	0.21	0.07	0.22	0.36	0.23	0.25	0.10	0.21	0.06
花蕾期	0.53	0.43	0.14	1.21	0.52	0.43	0.51	—	0.60	0.27
嫩叶期	0.44	0.34	0.08	0.37	0.68	0.36	0.41			0.13
苜蓿粉	0.72	0.55	0.16	1.60	0.97	0.62	0.64	0.25	0.67	0.24
干　草	0.80	0.76	0.25	1.62	—	0.67	1.27	0.27	1.23	0.35

紫花苜蓿是高产多年生牧草，生长第 2 年即能获得较高产量。即使在一个生长季内，紫花苜蓿的生长期也较其他牧草长，在北方紫花苜蓿种植区，每年可刈割 2～5 次，长江流域 5～7 次。干草产量一般为 4.5～18.0t/hm²，各次刈割的产量以第一茬最高，其后下降。在陕西关中地区紫花苜蓿第一茬产量占总产量的 42.82%～52.91%，第二茬占 26.24%～34.55%，第三茬占 13.42%～19.78%，第四茬占 11.21%（刘玉华，2006）。紫花苜蓿是重要的水土保持植物，在黄土丘陵沟壑区退耕地上生长三年的紫花苜蓿草地，可使径流减少 70.6%，泥沙减少 89.2%。紫花苜蓿还是良好的绿肥植物，固氮能力较强，每年每公顷可固氮 100～300kg，同时大量根茬残留地下，不仅提高了土壤有机质和有效养分含量，还使土壤酶活性也显著增加。此外，紫花苜蓿还是重要的蜜源植物，并且在生土熟化及盐碱地改良、果园生草、土壤有机物和重金属污染的土地修复中也发挥着重大作用。

二、黄花苜蓿

（一）概述

学名：*Medicago falcata* L.。英文名：yellow alfalfa 或 sickle alfalfa。别名：野苜蓿，镰荚苜蓿。

分布于蒙古、欧洲国家等地。中国内蒙古的锡林郭勒、呼伦贝尔、赤峰等地有大面积野生黄花苜蓿分布，东北、华北和西北等地也存在野生种。

（二）植物学特征

黄花苜蓿为多年生轴根型牧草。一般多为开展的株丛，也有直立的。主根发达，茎斜升或平卧，长 30～60cm，偶见 100cm，分枝多，每一株丛可自根颈处萌生 20～50 个，有时达 100 个以上。三出复叶，小叶倒披针形、倒卵形或长圆状倒卵形，上部叶缘有锯齿。总状花序密集成头状，腋生，有小花 10～20 朵，花冠黄色，荚果镰刀形，长 1.0～1.5cm，被伏毛，含种子2~4粒。千粒重1.20~1.51g，平均1.36g。

（三）生物学特性

黄花苜蓿喜湿润而肥沃的沙壤土。在黑钙土和栗钙土上生长良好。耐寒、耐风沙与干旱，抗寒性和耐旱性比紫花苜蓿强，在一般紫花苜蓿不能越冬的地方，它皆可越冬生长。在有积雪条件下，能忍受−60℃低温，属耐寒的旱中生植物。在干燥疏松的土壤上，主根发达，可伸入土中2~3m，亦有根茎向四周扩展。适于在年积温1 700~2 000℃及降水量350~450mm地区生长。在盐碱地上亦可生长，但根多入土不深，发育不良。其生长慢，再生能力强，但远不及紫花苜蓿，每年可刈割1~2次。耐牧性强，是一种放牧型牧草，异花授粉植物。

（四）栽培技术

黄花苜蓿的茎多斜生或平卧，不便于刈割。许多国家已引入栽培并选育出不少优良品种，同时将其与紫花苜蓿杂交。中国已将黄花苜蓿与紫花苜蓿杂交，培育出了适应中国北方寒冷地区种植的杂种苜蓿。例如吴永敷等用野生黄花苜蓿作母本，准格尔紫花苜蓿作父本，杂交育成的草原1号苜蓿。曹致中等从黄花苜蓿和紫花苜蓿的杂交组合后代中选育出来的甘农1号杂花苜蓿，抗寒、抗旱性强，每公顷干草产量达9 000~12 000kg。

黄花苜蓿的栽培技术与紫花苜蓿相同，但在苗期生长缓慢，要加强管理。新种子硬实率较高，最高可达70%，所以播前应进行种子硬实处理，以提高出苗率。收草用时，播种量比紫花苜蓿多20%左右，以增加植株密度，促使其直立生长。种子田的播种量为4~7kg/hm^2。由于荚果成熟不一致，落粒性强，收种应在50%荚果颜色变褐色时进行。用作放牧地时，虽然比紫花苜蓿耐牧，但因为其再生性差，放牧间隔期应为50~60d。

（五）经济价值

黄花苜蓿草质较优，可供放牧或刈割干草。青鲜状态时羊、牛、马喜食。它能增加产奶量，有促进幼畜发育的功效，且有催肥作用。种子成熟后，其植株仍被家畜所喜食。冬季虽叶多脱落，但残株保存尚好，适口性尚佳。制成干草时，也为家畜所喜食。利用时间较长，产量也较高，野生黄花苜蓿的鲜草产量为2.25~3.75t/hm^2，栽培黄花苜蓿为7.5~9.0t/hm^2。

黄花苜蓿营养丰富，纤维素含量低于紫花苜蓿，粗蛋白质含量和紫花苜蓿不相上下。但结实后粗蛋白质含量下降较明显。其营养成分见表8-5。

表8-5 黄花苜蓿的营养成分

（引自陈默君和贾慎修，2002）

生育时期	水分（%）	占干物质（%）					钙（%）	磷（%）
		粗蛋白质	粗脂肪	粗纤维	无氮浸出物	粗灰分		
现蕾期	6.90	28.03	5.15	15.89	41.38	9.55	—	—
盛花期	14.00	20.11	1.63	46.74	22.45	9.07	0.51	0.15

三、金花菜

(一) 概述

学名：*Medicago hispida* Gaertn.。英文名：California burclover。别名：南苜蓿、肥田草、秧草。

原产于印度和地中海地区，中国自古已有种植。现在主要分布于北纬 28°～34°，以江苏、浙江的沿江、沿海地区栽培面积最大，四川、湖北、湖南、江西、福建等省也有栽培。金花菜是优良的饲用、绿肥、水土保持植物和观赏植物，幼嫩时亦可用作蔬菜。

(二) 植物学特征

一年生或越年生草本植物。主根细小，侧根发达，根系主要分布于 15cm 以上的表土层，深的可入土 85cm 左右，根上有圆形肉红色根瘤。茎匍匐或斜生，长 30～100cm。三出羽状复叶，小叶倒心脏形或宽倒卵形，上部叶缘具锯齿。总状花序腋生，由 2～8 朵小花组成，花冠黄色。荚果螺旋形，通常 2～3 回，边缘有刺状突起，每荚含种子 3～7 粒。种子肾形，黄褐色，千粒重 2.5～3.2g。

(三) 生物学特性

喜温暖湿润气候。种子发芽最适温度为 20℃，不带壳种子 5～6d 出苗，带壳种子因吸水缓慢，10d 左右才能出苗。幼苗在 -3℃ 受冻害，-6℃ 大部死亡，生长期间 -12～-10℃ 也会受冻。喜湿润，耐旱性较弱。对土壤适应性较广，以排水良好的沙壤土和壤土生长最好，黏土、红壤土也可种植，适宜的 pH 为 5.5～8.5。金花菜播后 4～6d 出苗，出苗后 20～25d 开始分枝。分枝通常在晚秋和初冬。第 2 年 2 月返青，3 月底至 4 月初开花，5 月中、下旬荚果成熟，全生育期 240d 左右。

(四) 栽培技术

金花菜以 9 月上旬到 10 月上旬播种为宜。通常用带荚种子播种，作饲草绿肥用时，每公顷播种量 75～90kg；留种用时，每公顷播种量 52.5～60.0kg；与其他作物套种时，每公顷播种量 37.5～45.0kg。栽培于晚稻田时应在播前 15～20d 排水，以免过湿引起烂种烂苗，并在收获之前进行套种。中稻田收割后最好先耕地做畦，然后条播或撒播，条播行距 20～30cm；也可在中稻收割后直接开沟条播或穴播。播种深度 3cm。棉田多在立秋后撒播。不耐瘠薄，尤喜磷、钾肥，入冬前每公顷施磷肥 225kg、草木灰 2.25t，可增强其抗寒能力。不耐淹，应注意排水。

金花菜作绿肥和饲草用时宜在盛花期收割，留茬 15cm 左右，一般鲜草产量 15.0～37.5t/hm²。作绿肥时也可直接翻入土中。种子田不宜青刈，否则会降低种子产量。荚果易脱落，应在 60%～70% 荚果呈黄褐色或黑色时收获。每公顷产带荚种子产量 1.50～2.25t。

(五) 经济价值

金花菜营养丰富，特别是粗蛋白质含量高，初花期干草中含粗蛋白质 25.16%、粗脂肪 4.39%、粗纤维 16.96%、无氮浸出物 35.11%、灰分 10.17%，而且茎叶柔嫩，适口性好，各类家畜都喜食。可以青饲、制成干草或青贮饲料。牛、羊青饲时易得臌胀病，与禾本科牧草混合饲喂，可防此病发生。

第三节　三叶草属牧草

三叶草属（*Trifolium* L.）也称车轴草属，全球有 250 余种，原产亚洲南部和欧洲东南部，野生种分布于温带及亚热带地区，为世界上栽培历史较悠久的牧草之一，现已遍布世界各国，西欧、北美、大洋洲和苏联地区栽培面积最大。该属在农业上有经济价值的植物约 25 种，其中最重要的约 10 种。中国常见的野生种有白三叶、红三叶、草莓三叶草和野火球 4 种，引自国外的有杂三叶、绛三叶、地三叶和埃及三叶草 4 种，目前栽培较多的是白三叶、红三叶、绛三叶和杂三叶（表 8-6）。

表 8-6　三叶草属重要栽培牧草（开花期）营养成分
（引自王栋原著，任继周等修订，1989）

草种	干物质（%）	占干物质（%）					钙（%）	磷（%）
		粗蛋白质	粗脂肪	粗纤维	无氮浸出物	粗灰分		
白三叶	17.8	28.7	3.4	15.7	40.4	11.8	0.9	0.3
红三叶	27.5	14.9	4.0	29.8	44.0	7.3	1.7	0.3
绛三叶	17.4	17.2	3.5	27.0	42.5	9.8	1.4	0.3
杂三叶	22.2	17.1	2.7	26.1	43.7	10.4	1.3	0.3

一、白三叶

（一）概述

学名：*Trifolium repens* L.。英文名：white clover。别名：白车轴草、荷兰三叶草、荷兰翘摇等。

原产欧洲和小亚细亚，为世界上分布最广的一种豆科牧草，在北极圈边缘至赤道高海拔地区均有分布。最早于 16 世纪在荷兰栽培，后传入英国、美国、新西兰等国家，现已在温带、亚热带高海拔地区广为种植，尤其适宜于在海洋性气候地带种植。自中国 20 世纪 20 年代引种以来，现遍布全国大多数省区，尤以长江以南地区大面积种植，是南方广为栽种的当家豆科牧草。常见品种有"海发""拉丁诺""胡衣阿"等。

（二）植物学特征

白三叶为长寿命多年生豆科草本植物（图 8-3）。主根较短，侧根发达，须根多而密，主

图 8-3　白三叶和红三叶

要分布在10~20cm土层中，为豆科牧草中少见的浅根系。茎分匍匐茎和花茎两种，匍匐茎由根颈伸出，有明显的节和节间，长20~40cm，最长达80cm，有2、3级分枝，每节能生出不定根；花茎单一，高20~30cm，叶片大的品种可达40cm。掌状三出复叶，从根颈和匍匐茎节生出，互生，叶柄细长；小叶倒卵形或倒心脏形，长0.8~1.2cm，叶面常有V形白斑，叶缘有微锯齿。头形总状花序，有20~80朵小花，高的可达150余朵，花冠白色或稍带粉红色，不脱落。荚果细小长卵形，含3~4粒种子；种子心脏形，黄色或棕褐色，千粒重0.5~0.7g。

（三）生物学特性

白三叶性喜温暖湿润的气候条件，最适生长温度为15~25℃，适宜于在年降水量500~800mm的地方种植。抗寒性较强，能在冬季−20~−15℃的低温下安全越冬，在黑龙江中部和东部有积雪覆盖的地方也能安全越冬，气温7~8℃时就能发芽；抗热性也较强，在武汉、南京等夏季持续高温的地方未发生越夏问题。耐旱性差，干旱会影响生长，甚至死亡。对土壤要求不严，可在各种土壤上生长，但以壤质偏沙性土壤为宜；有一定耐酸性，可在pH4.5~5.0的土壤上生长，但耐盐碱性较差，当pH大于8.0时生长不良，适宜的pH为5.6~7.0。白三叶为喜光植物，无遮阳条件下，生长繁茂，竞争力强，生产性能高；反之，在遮阳条件下则叶小花少，对产籽性能影响较大。

在东北地区白三叶3月下旬至4月上、中旬返青，返青后迅速生长匍匐茎，并一直延续到现蕾期，5月上旬至9月上旬不断现蕾开花，6月中旬至8月中旬开花与成熟相伴而行，果后营养期长，尽管茎叶生长缓慢，但可持续到9月下旬至10月中旬。白三叶匍匐茎发达，可蔓延再生出新株，但不耐践踏和碾压。

（四）栽培技术

白三叶栽培历史悠久，生态类型多，应根据当地气候条件和饲养需要选择合适类型。按照叶片大小，白三叶可分为小叶型白三叶（野生白三叶）、中叶型白三叶（普通白三叶）与大叶型白三叶（"拉丁诺"白三叶）三种类型。四川农业大学选育的"川引拉丁诺"白三叶株高叶大，叶片比野生型大1~5倍，每年可刈割4~5次，产草量高，要求水肥条件也高，不耐牧，适于青刈利用。中叶型白三叶应用较广，抗性、株型和生产性能介于小叶型和大叶型之间，再生期较长，如草地4700和胡衣阿等品种均属此型。

白三叶种子小，硬实率高，播前需精细整地和采取硬实处理，有利于出苗。北方以春播和夏播为宜，南方多为秋播，但不宜迟于10月中旬。条播行距30cm，播量3.75~7.50kg/hm²，播深1.0~1.5cm。白三叶宜与多年生黑麦草、鸭茅、猫尾草、羊茅等混播，其与禾本科牧草的株丛比以1∶2为宜，混播对减少放牧家畜发生臌胀病更有意义，故白三叶的播量应减至1.5~4.5kg/hm²。此外，也可用白三叶匍匐茎进行扦插繁殖建植人工草地。播前进行根瘤菌接种，可明显促进白三叶生长发育和增产增质。

白三叶幼苗细小，生长缓慢，不耐杂草，应在苗齐后至封闭垄前注意中耕除草。白三叶属刈牧兼用型牧草，但因长势低矮，适于放牧羊、猪、鸡和鹅等小家畜。若放牧牛、羊，应注意控制采食量，一是因为白三叶含有雌性激素香豆雌醇，能使牛羊产生生殖困难等问题；二是因为白三叶含有植物胶质和胶质甲基醇，被牛羊采食后反刍时，发生泡沫性瘤胃胀气

（即臌胀病），严重时可使牛羊胀死。白三叶因花期长，成熟不齐，收种时最好分期分批采收；一次集中采收以种球干枯、荚果无青皮时进行为宜。

草坪用白三叶应设置围栏保护，以防止人为践踏和破坏。

（五）经济价值

白三叶茎叶柔软细嫩，适口性好，营养丰富，是猪、鸡、鸭、鹅、兔、鱼的优良青绿多汁饲料，也是牛、羊、马的优质饲草。属于刈牧兼用型牧草，耐践踏、耐刈割，再生性好，东北地区一年可刈割2～3次，华北3～4次，华中和西南4～5次。每公顷鲜草产量45 000～60 000kg，种子产量105～150kg，最高达225 kg。种子有自落自生特性，因此白三叶草地寿命很长，可达百年以上。实际上，白三叶最早是被应用于农区作为绿肥改良农田土壤肥力，因为其腐烂分解快，增肥效果好。由于白三叶枝叶茂密，固土力强，是风蚀地和水蚀地水土保持的理想植物。同时，白三叶草姿优美，叶绿细密，绿色期长，也被作为草坪地被植物广泛应用于城乡绿化及庭院装饰中。

二、红三叶

（一）概述

学名：*Trifolium pratense* L.。英文名：red clover。别名：红车轴草、红荷兰翘摇和红菽草。

原产于小亚细亚和南欧，是世界上栽培最早和最多的重要牧草之一。早在公元3～4世纪就已在欧洲栽培，16世纪传入西班牙、意大利、荷兰、德国，17世纪传入英国，18世纪传入俄罗斯、白俄罗斯和美国。中国新疆、湖北及西南地区有野生种分布，栽培种于20世纪20年代引进，已在西南、华中、华北南部、东北南部和新疆等地栽培，是南方丘陵山区和北方高寒阴湿地区较有前途的栽培草种。常见品种有"巴东""岷山""巫溪"等。

（二）植物学特征

红三叶为短期多年生豆科下繁草本植物（图8-3），平均寿命2～4年。茎中空圆形，直立或斜生，丛生分枝10～15个，高60～100cm。主根入土深60～90cm，侧根发达，60%～70%的根分布在0～30cm土层中。掌状三出复叶，小叶卵形或长椭圆形，长3～4cm，宽2.0～2.5cm，表面有倒V形斑纹。头形总状花序，聚生于茎顶端或自叶腋处长出，每个花序有小花50～100朵，花淡紫红色。荚果很小，横裂，每荚含1粒种子，种子椭圆形或肾形，呈黄褐色或黄紫色，千粒重1.5～2.2g。体细胞染色体$2n=16$或$2n=32$。

（三）生物学特性

红三叶性喜温暖湿润气候，最适生长温度15～25℃，适宜生长在年降水量600～800mm的地方。不耐热不耐寒，夏季气温超过35℃则影响生长，持续高温会造成死亡，在南方亚热带平原、低山丘陵、高温多雨地区（如南京、武汉等地）难以越夏；冬季能耐−8℃低温，低于−15℃则难以越冬。在年降水量不足400mm的地方，应有灌溉条件，低洼多雨地区应注意排水。红三叶喜富含钙质的肥沃黏壤土或粉沙壤土，pH以6.6～7.5为宜，较耐酸，但耐碱性较差。红三叶能否获得高产与光照和水肥供应状况密切相关。

红三叶为短期多年生牧草，利用年限一般不超过3年，放牧利用可适当延长。通常返青很早，土壤解冻不久即返青，并可迅速进入开花结实期。如在南京地区，4月下旬现蕾开花，5月中旬开花最盛；在哈尔滨地区，6月中、下旬现蕾开花，7月上旬开花最盛，荚果成熟持续60~70d。荚果包藏在宿存花被中，较不易脱落，种子多为硬实，必须经处理后才可发芽。

（四）栽培技术

红三叶品种繁多，应因地制宜选用适宜品种。红三叶按生育期长短分为早熟和晚熟两种类型。早熟型红三叶（*Trifolium pratense* var. *foliosum*）植株较矮，分枝少，花期短，年可刈割2~4次，根系发育弱，根颈入土浅，不耐寒，但耐高温和干旱，适宜于南方种植；晚熟型红三叶（*Trifolium pratense* var. *praecox*）植株高大，分枝多，株丛密，花期长，再生性差，年可刈割1~2次，质地和蛋白质含量均不如早熟型，但产量高，抗寒性强，适宜于北方种植。红三叶最宜与黑麦草、鸡脚草、猫尾草和牛尾草等禾本科牧草混播，前作以谷类、叶菜类和薯类为宜。

红三叶根系浅种子小，应精细整地，最好在播种前一年秋季进行翻地和耙地，以利蓄水和土壤熟化，同时每公顷施用厩肥15.0~22.5t，钙、镁、磷混合肥375kg，若为酸性土壤施入石灰用于调节pH，效果更好。未种过红三叶的土地第一次种植前应采取硬实处理和根瘤菌接种，可显著提高出苗效果。北方墒情好的地方多为春播，干旱地区多为夏播，最晚不迟于7月中旬；南方则多为秋播，多在9月中旬至10月上旬进行。条播行距收草田为15~30cm，收种田为30~50cm，播深1~2cm。单播播量早熟型11.25~15.0kg/hm^2，晚熟型9.0~27.0kg/hm^2，与禾本科牧草混播时播量为其单播播量的70%~80%。轻质土壤，播后镇压效果更好。

红三叶苗期生长较慢，应注意杂草防除，一般在苗初、3~4叶期和7~8叶期分别进行中耕除草，而且每年返青前后也要进行中耕除草。生长旺盛期和每次刈割或放牧利用后，应及时追肥灌溉，以保证高产。青饲以开花前刈割为宜，调制干草可在开花初期至盛期进行，放牧应限量进行，以防臌胀病发生。收种田一般不刈割，因花期长、种子成熟不一致，宜在70%~80%花序干枯变黄褐色、种子变硬成为棕黄色时收获为宜。红三叶与禾本科牧草混播，可调制青贮饲料。红三叶适宜放牧利用，轮牧效果较好。放牧利用时应控制牲畜采食量和放牧强度。

（五）经济价值

红三叶属高产型优质牧草，营养全面，蛋白质含量高，茎叶柔软，适口性好，可用于青饲或晒制干草，各类家畜均喜食。打浆喂猪，可节省精饲料，效果更好。再生性强，在南方年可刈割5~6次，北方也达2~4次。其产量为鲜草37 500~45 000kg/hm^2，种子225~300kg/hm^2。

三、绛 三 叶

（一）概述

学名：*Trifolium incarnatum* L.。英文名：crimson clover。别名：绛车轴草、意大利

车轴草、地中海三叶草。

原产于意大利、非洲南岸和地中海沿岸地区。18世纪，在欧洲作为牧草和绿肥种植，后传入美国、澳大利亚等国家，现成为美国、加拿大、澳大利亚、新西兰、荷兰、日本等国家的重要牧草之一。中国于20世纪50年代引入试种，70年代又重新引入栽培，已在长江中下游地区栽培成功，是较有发展前途的豆科牧草。

（二）植物学特征

绛三叶为一年生或越年生丛生型下繁豆科草本植物，株高30~100cm，茎直立，茎叶有毛。主根入土浅，侧根发达。掌状三出复叶，有细长柄，小叶阔倒卵形，长2.0~3.5cm，先端钝圆或微凹，边缘有细锯齿，两面密生柔毛，苗期叶子丛生呈莲座状。花聚生成圆柱状总状花序，每个花序有75~125朵小花，花冠绛红色。荚果狭长卵形，成熟时包于萼内，内含1粒种子。种子长圆形，黄色或黄棕色，千粒重约为3.0g。体细胞染色体$2n=14$。

（三）生物学特性

绛三叶性喜温暖湿润气候，不耐寒，不耐热，也不抗旱。发芽温度以20~25℃为宜，低于10℃或高于35℃均不利于发芽。适宜在年降水量600mm以上的地区种植，以700~1 000mm最适宜。对土壤要求不严，在偏沙、偏黏及微碱、弱酸的土壤上都能生长，不耐水淹，最适生长在排水良好、土层深厚、富含腐殖质的中性壤质土壤中。在长江中、下游地区，绛三叶于9~10月播种，播后4~5d出苗，次年3月上、中旬返青，4月中、下旬开花最盛，5月中、下旬种子成熟，生育期200~240d。

（四）栽培技术

在南方，绛三叶最适于作稻田绿肥，每隔三年种植一次，即使在一般的粮田、棉田、菜田中引入绛三叶，也可起到肥田增产的作用，同时还能收割牧草养殖家畜。若为稻田，应先开沟排水，然后再翻耕整地，并施足底肥。南方多为秋播，宜早不宜晚，以利越冬和增产；北方多为春播，与玉米播期相近。条播行距30cm，播深1~2cm。单播播量12.0~19.5kg/hm²，与一年生黑麦草、燕麦、毛花雀稗、狗牙根等禾本科牧草混播时则播量为6.0~7.5kg/hm²。混播时绛三叶行距为60~90cm，行间种植青刈禾本科牧草。绛三叶出苗后应注意及时防除杂草，并视苗况适时灌水1~2次。放牧应在花前进行，刈割以初花期为宜，收种以50%~60%的种球干枯时及时进行，以防落粒。绛三叶易染菌核病，应选抗病品种，且应避免与豆类作物连作，且耐阴性及抑草能力差，在生产上应给予重视。

（五）经济价值

绛三叶可供青饲、青贮和调制干草利用，在中等管理水平的肥沃土壤，其产量为鲜草20 000~30 000kg/hm²，干草4 000~9 000kg/hm²，种子450~600kg/hm²。但以在开花前利用为宜，因花后角片和茸毛硬化，且花萼呈刺状，大大降低了适口性，而且营养价值也降低。绛三叶含氮量高，腐解快，是优质绿肥。且因茎叶密集，绿色期长，花色鲜艳，非常适于作地被造景植物和蜜源植物；固土持水性强，也适于作水土保持植物。

四、杂三叶

(一) 概述

学名：*Trifolium hybridum* L.。英文名：alsike clover 或 swedish clover。别名：杂车轴草、瑞典三叶草。

曾被误认为是白三叶和红三叶的杂交种，但实际为一个独立的种。原产瑞典，现广布欧洲中部和北部及美国、加拿大、澳大利亚、俄罗斯、日本、瑞典等地。中国无野生种，于20世纪30年代引入，适于在东北、华北湿润地区及南方高海拔地区种植，但目前栽培尚少。

(二) 植物学特征

杂三叶为短期多年生下繁豆科草本植物，株高50～80cm。主、侧根发达，且根颈粗大，其上着生分枝。茎较细弱，斜生或稍偃卧，分枝多。掌状三出复叶，小叶卵形或椭圆形，叶面无V形斑纹，边缘有细锯齿，基部广楔形，近无柄。头形总状花序，多数自叶腋处生出，小花簇生于花轴上，有小花30～70朵，花冠呈红、粉红、紫红或白色，结荚后下垂。荚果狭长，内含种子1～3粒，种子椭圆形或心脏形，略扁，色杂，暗绿色至黑紫色，千粒重0.65g。

(三) 生物学特性

杂三叶性喜凉爽湿润气候，但耐寒性和耐热性均较红三叶强，适应范围较广，可在寒温带不能生长红三叶的地区生存。种子发芽的最低温度为5℃，最适温度为22～25℃。耐湿性很强，可在地下水位高及低洼积水的地方短期生长，但耐旱性差，以在年降水量800～1 000mm的地区种植为宜。对土壤要求不严，以湿润、富含腐殖质的黑色土壤为最好，有一定耐酸性，可在pH为5.5～7.5的土壤上生长，比大多数三叶草更耐水淹和酸性土。杂三叶一般利用3～4年，播种当年发育较快，可开花结实。第2年返青很早，土壤解冻后即可返青，6～7月生长最盛，8～9月营养生长也很快，生长期长达200d以上。

(四) 栽培技术

杂三叶种子细小，应精细整地，前作最好为麦类、薯类和叶菜类。播种头一年以秋翻和秋耙为宜，夏播复种也要细致整地。北方多为春播或夏播，南方以秋播为宜，宜早不宜晚。条播行距20～30cm，播深1～2cm，单播播量6.0～7.5kg/hm^2，与猫尾草等禾本科牧草混播时播量为1.5～4.5kg/hm^2。播后最好镇压1～2次。一般播后7～8d出苗，苗期应适时中耕除草2～3次。杂三叶再生性差，每年可刈割2～3次，前后两次刈割至少间隔40～50d，以初花期首刈为宜，最好结合放牧利用，效果更好。青饲应限制喂量，放牧应禁放"露水草"，以防反刍家畜得臌胀病。杂三叶开花不整齐，60%以上的种球干枯变黑时即可收获。

(五) 经济价值

杂三叶茎细叶多，适口性好，富含蛋白质，营养价值略次于白三叶和红三叶，产草量介于白三叶和红三叶之间，其产量为鲜草 37 500～52 500kg/hm²，最高达 60 000kg/hm²，干草 9 000～15 000kg/hm²，种子 150kg/hm²。杂三叶适于与禾本科牧草混播建植放牧地，因花色鲜艳多样，可作为蜜源植物和草坪地被植物。

第四节　黄芪属牧草

黄芪属（*Astragalus* L.）植物有 1 600 余种，除大洋洲外，全世界亚热带和温带地区均有分布，中国有 130 余种。该属利用价值较大，可作饲用的有沙打旺、紫云英、草木樨状黄芪、达乌里黄芪、鹰嘴紫云英等，其中沙打旺是近年来在中国北方大面积种植的饲用牧草和水土保持植物。紫云英是中国南方的传统绿肥牧草，其营养成分见表 8-7。

表 8-7　黄芪属重要牧草（开花期）的营养成分
（引自中国农业科学院草原研究所，1990）

草种	干物质（%）	钙（%）	磷（%）	占干物质（%）				
				粗蛋白质	粗脂肪	粗纤维	无氮浸出物	粗灰分
沙打旺	90.18	3.27	0.15	17.27	3.06	22.06	49.98	7.66
紫云英	91.60	—	—	20.95	1.57	22.56	42.24	12.68
草木樨状黄芪	93.86	0.75	0.18	16.30	0.92	37.75	40.56	4.47

一、沙　打　旺

（一）概述

学名：*Astragalus huangheensis* H. C. Fu。英文名：erect milkvetch。别名：直立黄芪、麻豆秧、地丁等。

过去曾把野生斜茎黄芪（*Astragalus adsurgens* Pall.）与栽培沙打旺混为一种，后经富象乾和刘玉红（1982）及万淑贞（1983）等在形态学、细胞学和花粉学诸方面的研究，确认沙打旺为一新种。沙打旺为中国特有牧草，栽培历史达数十年乃至上百年，在河北、河南、山东和江苏等省的黄河故道地区广泛栽培，20 世纪 70 年代随着沙打旺大面积飞播成功，逐步向北方各省区推广，是北方改造荒山荒坡进行飞播的主要草种。

（二）植物学特征

沙打旺为短寿命多年生草本植物（图 8-4），主根粗壮，入土 1～2m，侧根发达，根幅 1.5～2.0m，根系主要分布在 15～30cm 土层中。全株

图 8-4　沙打旺

密被丁字毛。茎直立或近直立，绿色，高 1.3～2.3m，具 10～30 个分枝。奇数羽状复叶，小叶 7～23 枚，小叶长椭圆形，长 20～35mm，宽 5～15 mm。总状花序，多数腋生，少数顶生，总花梗很长，每个花序有小花 17～79 朵，花冠蓝紫色或紫红色。荚果矩形或长椭圆形，顶端具下弯的喙，分 2 室，内含种子 10 余粒；种子心脏形，黑褐色，千粒重 1.5～2.4g。其体细胞染色体 $2n=16$。

（三）生物学特性

沙打旺抗逆性很强，表现在耐寒、耐旱、耐瘠薄、耐盐碱和抗风沙等方面。沙打旺种子萌发的最低温度为 3～5℃，最适生长温度为 20～31℃，在中国基本不存在越冬问题，越冬芽至少可耐 −30℃低温，但完成生殖生长尚需 0℃以上有效积温 3 600℃，为此种子生产基地必须建立在年均温 8～15℃的地区，这就是沙打旺在北方大多数地方只开花不结实的原因。沙打旺属于中旱生植物，具有极强的抗旱性。在年降水量不足 150mm 的地方，紫花苜蓿和草木樨不能正常生长的情况下，沙打旺仍能良好生长，但以年降水量 300～400mm 地区种植沙打旺为宜。沙打旺具有很强的抗风沙能力，据陈自胜（1979）报道，1976 年 5 月中旬在吉林白城地区遇到少有的、持续 10d 的大风，最大风力达 10 级左右，沙打旺幼苗被沙覆盖 3～5cm，风停后枝叶又逐渐露出恢复生长；风口处和迎风处沙打旺幼苗根部以下 10cm 被风蚀而裸露出来，此时已萌发的枝叶仍能生长，以后经培土又恢复正常生长。沙打旺对土壤要求不严，以耐贫瘠而著名，在土层很薄的山地沙砾土上也能生长；不耐酸，但耐盐碱，可在土壤 pH 为 9.5～10.0、全盐含量为 0.3%～0.4% 的盐碱土上正常生长，种过沙打旺的盐碱土，20cm 土层内的全盐含量比未种沙打旺的地降低 1/3，有机质含量提高 1 倍。

沙打旺播种当年生长缓慢，平均日增长 1～2mm，最高 5mm；第 2 年以后生长加速，平均日增长 10mm，最高 22mm；第 4 年以后生长逐渐衰退。一般春季返青后生长缓慢，7 月上旬达到生长高峰，其后生长减缓，9 月中、下旬停止生长。整个生育期 200d 左右，需 0℃以上有效积温 3 600℃，北方大多数地方因无霜期短和积温不够，不能开花，或开花不结实。目前，采用风土驯化、单倍体育种及辐射方法从沙打旺植株中筛选和诱变出许多早熟品种，如苏盛发（1986）筛选的早熟沙打旺，马秀珠（1986）的科辐系列早熟沙打旺品种，所有这些早熟品种为北方地区大面积推广应用沙打旺奠定了基础。

（四）栽培技术

沙打旺种子较苜蓿种子还要细小，幼苗的顶土力和生活力弱，精耕细耙、平整土壤对控制播种深度和出苗非常重要。一般播种深度 1～2cm，条播行距 30cm，播后镇压效果更好。收草田播种量 3.75～7.50kg/hm²，保证田间植株密度 45 000～60 000 株/hm²；收种田播量 1.50～2.25kg/hm²，保证田间植株密度 27 000～31 500 株/hm²。飞播时播种量为 2.25～3.00kg/hm²。适时播种对出苗和保苗至关重要，无论何时播种，关键在于土壤含水量不低于 11%，最好为 15%～20%。春季墒情好的地区以早春播种为宜，干旱地区多以夏播为宜，尤以飞机播种抢在雨季前进行。

飞机播种沙打旺之所以能在北方地区迅速推广，其优越性在于：①飞机播种用种量少，速度快，成本低，飞机播种一架次可播种 333hm² 左右；②飞机播种撒种均匀，平均播种量 140～180 粒/m²，按 10% 成苗计算，可至少保苗 10 株/m²，实际上每平方米有 1～3 株即可达到预期效果；③沙打旺种子细小，落地后经风吹容易浅覆土，且遇雨水容易萌发出苗，飞播后立即赶牛羊群踩踏一遍，以达到覆土镇压的目的；④沙打旺分枝多，生长第2年即可覆盖地表，从而减少地表蒸发和水土流失，达到绿化裸地和美化环境的目的。

尽管沙打旺种子吸水力强、萌发快、出苗仅需3～4d，但苗期生长仍较缓慢、容易受到杂草的危害，故苗期要及时中耕除草。沙打旺不耐涝，在低洼地应注意雨季排水。水肥对沙打旺高产很重要，有条件地区在返青期和每次刈割利用后应及时施肥灌水。首次刈割应不晚于现蕾期，因沙打旺开花后茎叶急剧木质化，严重影响饲草的适口性和消化率。刈割时留茬高度以5～10cm为宜，此时再生草产量最高。沙打旺开花期长，种子成熟不一致，且种子成熟时易裂荚落粒，故应注意适时采种。一般当茎秆下部呈褐色时即可收获。

沙打旺极易感染病虫害，如黄萎病、茎炭疽病、叶炭疽病、黑斑病、根腐病、白粉病，以及黑潜蝇和沙打旺实蜂，菟丝子的寄生对沙打旺的危害也非常严重，为此应及时拔除病株，或用相应灭菌和杀虫剂进行灭除。

（五）经济价值

沙打旺经济价值很高，具有良好的饲用价值，尽管其茎叶含有三硝基丙酸而且有些苦涩味，但其营养成分丰富而齐全，几乎接近紫花苜蓿，与其他饲料混合饲喂，各种家畜均可采食，尤以骆驼喜食。沙打旺在不同地区种植，一般鲜草产量达30～120t/hm²，种子产量达225～450kg/hm²。沙打旺是非常好的水土保持植物，建植快而容易，根系发达，枝叶繁茂，覆盖度大。在水土流失的荒坡、沟沿或林间种植，有蓄水、固土、减缓径流的作用，因此在黄土高原沟壑治理中显示出重要作用，同时也可作为改良沙荒地的先锋植物。另外，沙打旺生长快，根多叶茂，株体氮、磷、钾含量丰富，可作为绿肥兼用牧草，而且沙打旺开花期长，花冠色浓美丽，是很好的蜜源植物。

二、草木樨状黄芪

（一）概述

学名：*Astragalus melilotoides* Pall.。别名：扫帚苗、扫帚蒿、草木樨状紫云英等。

草木樨状黄芪主要分布于中国、蒙古和俄罗斯等国家，中国北方各省均有野生分布。草木樨状黄芪为广旱生植物，从森林草原到典型草原和荒漠草原等地带均有分布，常作为伴生种出现在以针茅为建群种的荒漠草原及黄土高原丘陵和低山坡地干草原群落内，也散生在以羊草为建群种的草甸草原区，多见于碎石质、砾质轻沙或沙壤质的山坡、山麓、丘陵坡地及河谷冲积平原盐渍化的沙质土上，或固定、半固定沙丘间的低地上，砾质草原化荒漠带较少见。

（二）植物学特征

草木樨状黄芪为多年生草本植物，主根粗而入土深，茎直立，高60～150cm，多分枝，被软毛。奇数羽状复叶，小叶3～7枚，全缘，长5～15mm，宽1～5mm，长圆形或条状长圆形；托叶小，披针形。总状花序腋生，花小，多数而疏生，粉红或白色。荚果近球形，长2～3mm，表面有横纹，内含2粒种子；种子黑褐色，千粒重2.0～2.2g。

(三) 生物学特性

草木樨状黄芪近年引入中国栽培，可作为沙区和黄土丘陵地区水土保持草种，也可作为牧草利用，为中上等豆科牧草。春季嫩叶细枝为马、牛、羊所喜食，开花后急剧老化，适口性降低，但骆驼四季喜食，为抓膘牧草。该草尽管叶量少和产量低，但可通过引种驯化和选育新品种，培育适应半干旱地区栽培的高产优质牧草。在黄土高原中西部地区，草木樨状黄芪野生种于5月返青，6月下旬至7月上旬现蕾，7月至8月开花，8月中旬至10月上旬荚果成熟。

(四) 栽培技术

其栽培技术与沙打旺相近。

三、紫云英

(一) 概述

学名：*Astragalus sinicus* L.。英文名：Chinese milkvetch。别名：翘摇、红花草、莲花草、米布袋。

紫云英原产于中国，现分布于亚洲中、西部，多作为稻田绿肥来种植。紫云英在中国栽培历史悠久，主要在长江流域及以南各省份广泛栽培，而以长江下游各省栽培最多，川西平原栽培历史亦很悠久。近年已推广到黄淮流域，是中国南方农区主要的冬季绿肥及饲料作物。

(二) 植物学特征

紫云英为豆科黄芪属一年生或越年生草本植物，株高30～100cm。主根肥大，侧根发达，密集于表土15cm以上土层中，30cm以下则极少，侧根上密生深红色或褐色根瘤。茎无毛，中空，匍匐或直立，长30～100cm，分枝3～5个，分枝自基部叶腋抽出，分枝数及株高与播种期和土壤肥力有关。叶具长叶柄；奇数羽状复叶，小叶7～13片，全缘，倒卵形或椭圆形，长5～10cm，顶端微凹或微缺，基部楔形，中脉明显；叶面光滑或疏生短茸毛，浓绿色，叶背疏生柔毛，色浅；托叶卵形，先端稍尖。总状花序近伞形，多为腋生，总花梗长5～20cm，小花7～13朵，花冠淡红色或紫红色。荚果细长，呈条状长圆形，有隆起的网脉，稍弯，无毛，顶端喙状，横切面为三角形，成熟时黑色，每荚含种子5～10粒。种子肾形，黄绿色至红褐色，有光泽，千粒重3.0～3.5g。

(三) 生物学特性

紫云英喜温暖湿润的气候，不耐寒，幼苗在-5～7℃低温时即受冻害，甚至死亡；种子发芽的适宜温度为20～30℃；生长的适宜温度为15～20℃，气温较高时生长不良。喜湿润，水分充足时生长良好，但水分不宜过多，尤其忌早春积水，否则会引起烂苗或根系发育不良，从而降低产量。耐旱性较差，生长期间遇干旱，则植株低矮，生长期缩短，久旱会使紫云英提早开花和降低产量。喜肥性较强，在干旱和贫瘠的沙土上生长不良；喜沙壤土或黏壤土，亦适应无石灰性的冲积土。不耐瘠薄，在排水不良的低湿田或保水保肥性差的沙壤土则生长不良。耐酸性较强，耐碱性较差，适于 pH 5.5～7.5 的土壤。盐分高的土壤不宜种植紫云英，土壤含盐量超过 0.2% 就会死亡。

紫云英播种后 6d 左右出苗，出苗后 1 个月左右形成 6～7 片真叶，并开始分枝。开春前以分枝为主，开春后茎枝开始生长。紫云英 4 月上、中旬开花，5 月上、中旬种子成熟。茎在初花期伸长最快，终花期停止生长。依生育期长短和开花的迟早，可分为早、中、晚熟三个类型，早熟种茎短叶小，鲜草产量低，而种子产量较高；晚熟种则相反。

(四) 栽培技术

紫云英是水稻、棉花等的良好前作，常与水稻轮作。但连年种植紫云英，则土壤变板结，通气不良，杂草丛生，且水稻生长也不正常，前期生长缓慢，后期徒长发生倒伏，造成减产。因此，紫云英连种几年之后，应适当安排小麦、大麦或油菜等轮换种植，使土壤有机质能较好地分解，提高土壤肥力。

紫云英一般为秋播，最早可在 8 月下旬，最迟到 11 月中旬，一般以 9 月上旬到 10 月中旬为宜。种子硬实率高，播前需进行摩擦处理以擦破种皮，或用温水浸种 24h，晾干后播种，以提高发芽率。未种过紫云英的土地，应接种根瘤菌以增强紫云英的固氮能力。播种量一般为 30～60kg/hm^2，与多花黑麦草等禾本科牧草混播或麦类作物间作时，播种量可减至 15kg/hm^2。在大田轮作中，多采用秋季套种，即在晚稻、秋玉米、棉花、秋大豆、高粱等作物生育后期把紫云英直接套播进去，也可收获这些农作物后复种紫云英，或者与大麦、小麦、油菜、蚕豆等作物进行间作。中国南方地区，多在水稻收获后直接撒播或耕翻土壤后撒播，也可整地后条播或点播。在播种的同时施以草木灰拌磷肥，利于萌芽和生长。

紫云英种子萌发需较湿润的土壤，而幼苗及其以后的生育期需中等湿润而通气良好的土壤，故不同时期适度排灌水是一项主要的管理工作。

紫云英对磷肥非常敏感。充足的磷肥能提高固氮能力和增强抗病力，使植株生长旺盛。据试验，每千克过磷酸钙可增产鲜草 900～1 200kg/hm^2，施用时期以抽茎前配合速效氮肥施用效果最好。

紫云英的留种田以选择排水良好、肥力中等、非连作的沙质土壤为宜。每公顷播种量 22.5kg，每公顷增施过磷酸钙 150kg 及草木灰 225～450kg，可显著提高种子产量。花期长，种子成熟不一致，在荚果 80% 变黑时，即可收获。一般种子产量可达 600～750kg/hm^2。

紫云英易感染菌核病与白粉病，前者在播种时可用 1%～2% 的盐水浸种灭菌，后者可用 1:5 硫黄石灰粉喷治；主要虫害有甲虫、蚜虫、潜叶蝇等，可用乐果、敌百虫等喷雾防治。

(五) 经济价值

紫云英产草量较高，每年可刈割 2～3 次，一般鲜草产量为 22 500～37 500kg/hm^2，高者可达 52 500～60 000kg/hm^2。

茎叶鲜嫩多汁，适口性好，各类家畜均喜食，而且营养价值高，可作为家畜的优质青饲料和蛋白质补充饲料。紫云英不同生育时期鲜草中含营养成分见表 8-8。

表 8-8 紫云英不同生育时期的营养成分

(引自任继周等,1989)

时间(月/日)	生育时期	干物质(%)	占干物质(%)				
			粗蛋白质	粗脂肪	粗纤维	无氮浸出物	粗灰分
4/7	现蕾期	6.77	31.76	41.4	11.82	44.46	7.82
4/13	初花期	9.81	28.44	5.10	13.05	45.06	8.34
4/20	盛花期	9.93	25.28	5.44	22.16	38.27	8.86
4/30	结荚期	11.05	21.36	5.52	26.61	37.83	8.68

从表 8-8 可见,现蕾期干物质中粗蛋白质含量很高,达 31.76%,粗纤维 11.82%。但现蕾期的产量仅为盛花期的 53%,就以总营养物质产量而言,应以盛花期刈割最为适宜。

紫云英作饲料时多用以喂猪,为优等猪饲料。牛、羊、马、兔等喜食,鸡及鹅少量采食。可青饲,也可调制干草、干草粉或青贮饲料。据原华东农业科学研究所测定,4 月中、下旬刈割干草,干物质消化率 46.8%,蛋白质消化率 63.9%,在搭配精饲料下,紫云英干物质消化率为 60.7%,蛋白质消化率为 78.9%,全部用紫云英干草粉喂猪,平均 3.8kg 干草粉可使猪增重 1kg,如与其他精饲料搭配,效果更好。

用紫云英干草粉喂猪后,从猪粪中可以回收的成分为:氮(N)75.6%、磷(P_2O_5)86.2%、钾(K_2O)77.8%。在中国南方利用稻田种紫云英已有悠久历史,具有丰富的经验,利用上部 2/3 作饲料喂猪,下部 1/3 作绿肥,既养猪又肥田。生产上有的地区直接用紫云英作绿肥,但不如先用紫云英喂猪,后以猪粪肥田,既可保持水稻高产,又能促进养猪业的发展。种植紫云英可为土壤提供较多的有机质和氮素,在中国南方农田生态系统中维持农田氮循环有着重要的意义。

紫云英是中国南方春季的主要蜜种,利用紫云英进行紫云英蜜的生产是提高其经济效益的一个重要途径。紫云英是富硒植物,富硒紫云英可以提供优良的保健食品和饮品,如富硒紫云英蜜。

第五节 红豆草属牧草

红豆草属(*Onobrychis* Scop.)植物原产于欧洲,主要分布于欧洲、亚洲和非洲等地,中国新疆有野生种。红豆草是古老的牧草,早在 1 000 多年前亚美尼亚人就已种植,花冠粉红艳丽,具有"牧草皇后"的美誉。本属植物中栽培驯化利用的主要有 3 种,即红豆草、外高加索红豆草和沙地红豆草。Yildiz 等(1999)鉴定红豆草属植物共有 170 个种,大多是野生种,分布在欧洲、亚洲和北非等地区。在美国农业部(USDA)国家种质库中收入了 186 份种质。在苏联境内生长的有 62 种红豆草,主要分布在高加索和中亚细亚,在伊朗和阿富汗也有分布。中国新疆有野生红豆草分布。通常红豆草生长在草原和森林草原地带的南向坡地上,喜沙质而富含钙的土壤。中国西北地区种植较多。红豆草可分成两大类:一类是小叶型(普通型),寿命一般为 7~8 年,另一类是大叶型,寿命为 2~3 年。在北美栽培最多的品种有 Melrose 和 Eski。

中国最早从英国引进过红豆草,20 世纪 50 年代以后又先后从苏联、匈牙利、加拿大、美国引入红豆草试种,中国培育的甘肃红豆草和蒙农红豆草在全国大面积推广,在中国北方干旱、半干旱地区表现很好。甘肃红豆草是甘肃农业大学以引自英国的红豆草和引自苏联的高加索红豆草为原始材料选育而成的新品种。该品种春季返青早,青干草和种子产量高,适宜在中国西北干旱地区种植。蒙农红豆草(*Onobrychis Viciaefolia* Scop. cv. Mengnong)是内蒙古农牧学院(现内蒙古农业大学)从加拿大引进的红豆草品种麦罗斯经多年越冬自然淘汰后,多次混合选择育成的抗寒新品种。该品种抗寒、抗旱,在-28℃低温下能越冬。耐瘠薄、耐盐碱,适宜在中国内蒙古中西部、陕西、宁夏干旱、半干旱地区种植。中国新疆野生的顿河红豆草(*Onobrychic tanaitica* Spreng)在甘肃、新疆等省份试种栽培,表现良好。

一、红豆草

(一)概述

学名:*Onobrychis viciaefolia* Scop.。英文名:sainfoin。别名:普通红豆草、驴食豆、驴喜豆、牧场皇后等。

红豆草是红豆草属中在世界上栽培最广泛的一个草种,分布于法国、苏联、英国、意大利、匈牙利、西班牙、奥地利、捷克、新西兰和美国等国家。法国是红豆草栽培最早的国家之一,有400多年的栽培历史。苏联是生产红豆草的主要国家,由于长期的自然和人工驯化,同西欧的红豆草种质相比,有很大的差异,具有耐寒、耐旱和高产的特性。

(二)植物学特征

红豆草是多年生草本植物,根系强大,主根入土深达3~4m,侧根细而多(图8-5)。分枝多,25~30个,株高70~150cm,5~7节直立,粗约0.7cm。奇数羽状复叶,花期有35~40个复叶,小叶6~14对;小叶卵形、长圆形到椭圆形,长15~35mm,宽5~7mm,总状花序,茎部扩大,开花期4~9cm长,开花后延长。花冠紫红至粉红色,较大,长12~13mm。旗瓣长于龙骨瓣。荚果长6~8mm,半卵形、黄褐色,表面具凸起网状脉纹,被短毛,鸡冠状突起上具短齿,短齿长1mm。荚果成熟时不开裂,壳重为荚果重的25%~35%,每荚含种子1粒。种子肾形,绿褐色,千粒重13~16g,带荚种子千粒重18~21g。

(三)生物学特性

1. 对环境条件的要求 红豆草喜温凉干燥的气候条件,适宜在平均温度12~13℃、降水350~500mm地区生长,喜沙性土或微碱性土。红豆草抗旱性强,超过苜蓿,但抗寒能力

图8-5 红豆草

不及苜蓿。对土壤要求不严，最适宜生长在富含石灰质土壤上。能在干燥瘠薄的沙土、砾土等土壤良好生长，但不宜种植在酸性土、碱性土和地下水位高的地区。在重黏土上表现不如红三叶和苜蓿好，易染病。红豆草比其他多年生豆科牧草更能适应不利条件。红豆草对水分过剩有很好的耐受性。在酸性和重沙质黏土上缺苗严重，结实率降低。

2. 生长发育 红豆草播后条件适宜，6～7d即可出苗。刚出土的子叶色黄而小，见光后生长加快。出土后5～10d长出第一片真叶（具一个小叶），以后每隔3～5d，出现一片叶子，第二片真叶后为奇数羽状复叶。

各种红豆草种子发芽区别于其他双子叶植物的一个特点是，发芽时胚根从豆荚壳的一个大网眼中穿出，并把豆荚壳阻留在土壤中，不使它同子叶一起伸出土表。一些研究者把这种特性认为是使子叶容易从土壤中伸出的一个辅助设备。此外，根长久地夹在豆荚壳网眼中，有时被勒得很紧，可能对根的生长有影响。

红豆草种子大小与幼苗生活能力之间有着密切的关系，粒大，子叶面积也大。子叶在出土后有两种功能，一是供给幼苗贮藏物质；二是进行光合作用，能为复叶提供光合产物。在幼苗出土后的前7d，子叶为它提供营养物质。但是这些营养物质还不能正常满足第一片叶子的展开和形成，它还依赖子叶制造的光合产物。一旦贮藏物质消耗殆尽，子叶的光合作用就对幼苗的早期生长起着重要的作用。试验结果表明，在幼苗7日龄时，子叶为幼苗提供了全部光合产物，其后子叶供给的光合产物下降，这种下降与子叶面积的下降成比例。到了出苗后19d，子叶提供的光合产物仅占幼苗总光合产物的18%。也就是说，到了这个时期，子叶的同化作用就不占重要地位了，它的光合作用主要由真叶来完成。

红豆草是冬性发育类型的植物，春播当年能形成一些短的营养枝，不能产生生殖枝和开花结实。此时根颈处在地表层，因此无雪被的植株不能耐冬天严寒及春秋的霜冻与干旱。越冬后的春季，红豆草短营养枝和越冬芽发育成茎，进而发育成生殖枝，并开花结实。在越冬后的翌年春季，红豆草的短枝和越冬芽形成茎的速度要比外高加索红豆草和沙地红豆草快。红豆草从返青到开花结籽需经历50～60d，春季返青时间通常比苜蓿约早1周，比红三叶约早2周。

红豆草春季萌生和刈牧后枝条萌发的部位有两处，一处是从茎下部叶腋处萌发，一处是从根颈上萌发。82.8%的枝条从叶腋处萌发的，根颈上形成的枝条只占17.2%。

3. 开花与授粉 红豆草播后第2年开花，开花要比外高加索红豆草早5～7d，比沙地红豆草早10～14d，花期长达两个月之久。二年以上的植株花期更长，从6月中旬一直延续到落叶枯黄，其间现蕾与开花、结荚交错出现。红豆草的开花顺序与花序形成的顺序是一致的，先主茎，后分枝。主茎上第一花节的花先开放，当茎生枝花序开放一半时，侧生枝上的花序开始开放。不论主茎、分枝和侧枝都是自下而上开放，进入盛花期以后同时开放。从初蕾到第一花开放需14～16d。开花当天，凡是13:00以前开放的花，当天就可结束，小花开放时间为5～12h，平均8.3h，如果在午后开放，可延续14～25h，平均18.6h。闭合后的花朵再经过4～5d花瓣凋落，每朵花在欲放期花药成熟，经5～13h旗瓣挑起，小花开放，花药干枯。红豆草开花时均在白昼，一日内从5:00时到20:00时一直开放。但以9:00～10:00时和15:00～17:00时开花最多。开花后2～3d花瓣同雄蕊一起脱落，子房开始发育成豆荚。红豆草开花期长，所以开花时在同一个总状花序上，既有花蕾和开放的花又有不同发育程度的豆荚。在一个茎上的各个花序的花也不在同一时期，当下部花序开始开花结荚时，上部花序还继续形成花序，这就导致种子成熟很不一致。

红豆草属于严格的异花授粉植物，自花不实。即使在人为条件下自花授粉，其后代生活力也会显著减退。红豆草自花不能授粉的原因：一是柱头长，常超过花药。二是雄蕊和雌蕊成熟期不同，属于雄蕊先熟。花药成熟比雌蕊早，当柱头成熟开花时，花药早已枯萎变干，因而失去了授粉能力。在大田生产条件下，红豆草的授粉率在很大程度上取决于昆虫授粉的情况。红豆草授粉率的高低，也和开花时的环境条件有关，比如花期的高温、高湿以及光照等因素对授粉率有很大影响。根据观察，红豆草在自然状态下的结实率较低，通常只有30%～50%。

（四）栽培技术

1. 在轮作中的地位　红豆草对前作要求不严，红豆草生长的第1年抗杂草能力弱，易被杂草所抑制，所以休闲地、禾谷类作物、中耕作物以及青饲用一年生饲料作物是它理想的前作。红豆草虽根系粗壮发达，但容易腐烂，种植3～4年草地翻耕后，根系很快分解，给土壤中留下大量腐殖质，次年就可种植经济价值高的作物。红豆草为豆科中寿牧草，栽培条件下可以生长5～6年，一般利用年限为3～5年，在管理特别好的条件下可利用10～12年。红豆草固氮能力强，改土效果好，在旱作低产田轮作中，是粮食和经济作物的优良前茬。红豆草是适应性很强的水土保持植物、蜜源植物和园林绿化植物。

2. 整地和施肥　播种前浅耕灭茬，除草，保墒。可在秋季翻耕，深度20～25cm，清除大块板结根丛。翌春用圆盘耙整平，做好播前整地准备工作。干旱荒漠地区多在春播前深耙地之后立即播种以代替播前深耕。但深耙后必须镇压才能播种，否则往往覆土过深造成缺苗。干旱地区早春顶凌播种，镇压保墒。

红豆草播前施有机肥作基肥，苗期适当施用氮肥，可以提高产草量和品质。红豆草产量对单独施用氮、磷肥效果不明显。而氮、磷配合施用对红豆草产量有明显影响。在混播草地中，施用磷、钾肥可显著提高红豆草的比例。红豆草需钙量大，在酸性土壤上应增施石灰。在瘠薄地上，为使红豆草在生长初期有较好的生长发育，可施入氮60kg/hm^2，磷90kg/hm^2，钾60kg/hm^2。一半在播种时施入，另一半在草地生活第2年施入。苗期管理是红豆草栽培成功的关键之一，出苗到分枝期需严格管理，此时植株细弱根浅，极易受侵害，应当适时灌溉以保证红豆草高产。

3. 播种准备和播种　红豆草种子播前根瘤菌接种，能增加植株地上部分和根系生长量，提高结瘤率及根瘤的数量和质量，可以多收鲜草190～400kg/hm^2，多收种子8.66kg/hm^2。试验证明，播前用0.05%钼酸铵处理种子可增加红豆草根系有效根瘤数，提高产草量。播种时间春秋皆宜，一年一熟地区宜春播，一年二熟地区宜秋播。干旱地区春播不易出苗，可在5月雨后抢墒播种。播种时不需去荚。一般多采用条播，行距40～50cm，覆土3～4cm。单播播量45～90kg/hm^2，干旱地区45～60kg/hm^2，湿润和灌溉地区75～90kg/hm^2，收籽的种子田播种量30.0～37.5kg/hm^2。播种行距，湿润和灌溉地区为20～30cm，干旱地区为30～40cm。种子田行距要加宽到50～70cm。红豆草种粒大，外被种荚，播时带荚不影响种子发芽，去除后会伤及其胚。覆土深度，在黏土和湿润土壤上为2～3cm，中、轻土和干旱地区为3～4cm，最深不能超过5cm。在干旱地区，播后立即镇压，可使出苗提前2～3d，且出苗均匀整齐。

4. 田间管理　红豆草种子大，出苗破土能力强，但仍需注意出苗时的土壤板结问题。播后下大雨土壤板结，必须适时耙地，灌溉地出苗前不要浇水，否则会影响出苗。播种当年，初期生长缓慢，易受杂草危害，应及时除草。在植株已形成莲座叶簇时，要中耕除草。灌溉地区，应结合浇水进行施肥，以利草层的生长发育。

红豆草虽然抗旱，但对水分反应很敏感，据甘肃农业大学牧草试验站在武威黄羊镇观测：生活第2年的红豆草，在前一年灌足冬水的情况下，鲜草产量18 750kg/hm^2。生长期灌水一次时，鲜草产量26 250kg/hm^2，灌水两次时为33 750kg/hm^2，即每灌一次水可增产鲜草7 500kg/hm^2。此外，灌溉对提高种子产量和越冬率均有明显效果。在年降水量350mm以下地区，有条件者最好进行灌溉。

播种当年的红豆草草地，秋季不能放牧家畜，否则越冬不良，并促使翌年草层稀疏，进而使产草量和种子产量下降。第2年以后的田间管理主要是早春耙地，疏松表土以便蓄水保墒使氧气进入到植株根部。每次刈割后，在灌溉地区浇水和施肥结合进行。

红豆草适宜刈割鲜草的时期为盛花期，这时刈割单位面积的蛋白质产量最高。通常开花盛期以后刈割，再生草产量低。在水肥条件好时，可以刈割2次或3次，头茬草产量最高，以后则渐次降低。在甘肃河西走廊，红豆草刈割3次较合适。频繁刈割不仅当年产草量低，也影响第2年及其以后的产量，使草地寿命明显缩短。刈割时留茬高度一般为4～5cm。

红豆草是良好的蜜源植物，同时放养蜜蜂可以增加授粉和结实率，从而提高种子产量。试验表明，在仅有野蜂传粉的情况下，红豆草种子产量600～675kg/hm^2，而在有蜂放养的情况下，种子产量825～900kg/hm^2，产量提高35％左右。但在配置蜂箱时，蜂箱距草地不要超过1.5～2.0km，因为随着蜂箱远离草地，蜜蜂在红豆草草地上采蜜的次数明显减少。试验指出，蜂箱距离草地2.0km时，蜜蜂在草地采蜜次数减少50％。

另外，在红豆草开花期进行根外追肥，除提高种子产量外，也能加速种子成熟进程，减少落粒。用浓度150～200mg/kg的锰、硼、铁根外追肥，不但使种子产量提高，而且种子千粒重和发芽率都有明显提高。

红豆草的落粒性很强，种子完熟期，大部分种子落粒。同时，种子成熟时遇阴雨，荚果在植株上发芽。因此，红豆草及时收种极为重要，用割草机刈割收种时，以植株中下部荚果变成褐色为宜，手工摘采时可稍迟些。

（五）经济价值

红豆草不论是青草还是青干草，都是家畜的优质饲草，各类家畜喜食。红豆草蛋白质含量高，含有丰富的维生素和矿物质。粗蛋白质含量和红三叶、苜蓿相近，比白三叶略低。但由于其单位面积干物质产量较高，因此单位面积粗蛋白质产量略低于苜蓿，而高于白三叶和红三叶。汪玺（2002）测定盛花期红豆草生产能力最高，干物质产量达10 336.2kg/hm^2，绵羊对其干物质的消化率为63.33％。盛花期红豆草能值为18 196.5kJ/kg，可积累能量188.08GJ/hm^2，占红豆草生长期内太阳有效辐射的2.56％。汪玺（2002）测定的红豆草不同生育时期营养物质的含量见表8-9。甘肃农业大学草原系测定红豆草必需氨基酸营养成分见表8-10。

表 8-9 不同生育时期红豆草营养物质含量
(引自陈宝书, 2001)

生育时期	测定期	有机质(%)	占干物质(%)					N(%)	P(%)	Ca(%)
			粗脂肪	粗纤维	粗蛋白质	粗灰分	无氮浸出物			
分枝期	鲜草	91.32	3.066	15.57	22.49	8.677	50.19	3.598	0.2998	1.472
	干草	89.73	2.202	25.73	22.44	10.27	39.36	3.591	0.3225	1.305
盛花期	鲜草	91.47	2.643	33.47	14.43	8.533	40.92	2.309	0.1699	1.168
	干草	92.92	2.025	33.82	14.92	7.082	42.15	3.387	0.1819	1.033
成熟期	秸秆	94.27	0.853	52.21	5.847	5.732	35.36	0.935	0.0733	0.655
	麸皮	86.03	2.091	21.67	15.50	13.97	46.78	2.479	0.1734	3.332
二茬草(盛花期)	鲜草	92.08	2.982	20.54	19.16	7.920	49.40	3.066	0.1973	1.580
	干草	93.33	1.460	29.59	14.24	6.670	47.38	2.278	0.1307	1.727

表 8-10 红豆草的必需氨基酸成分表
(引自陈宝书, 2001)

生育时期	占干物质(%)									
	缬氨酸	苏氨酸	蛋氨酸	异亮氨酸	亮氨酸	苯丙氨酸	赖氨酸	组氨酸	精氨酸	甘氨酸
营养期	0.99	0.84	0.13	0.74	1.37	1.05	1.09	0.46	1.00	0.88
孕蕾期	0.57	0.48	0.11	0.39	0.65	0.56	0.60	0.29	0.54	0.50
开花期	0.61	0.55	0.11	0.43	0.76	0.60	0.68	0.29	0.53	0.56
结荚期	0.56	0.50	0.11	0.38	0.65	0.55	0.61	0.43	0.77	0.52
成熟期	0.54	0.49	0.13	0.31	0.76	0.50	0.67	0.30	0.75	0.57

红豆草产量较高，在北京地区生长 2~4 年红豆草的干草产量为 12 000~15 000kg/hm²。在甘肃河西走廊中部，红豆草的产草量以第 3~4 年最高，鲜草产量为 55 000~60 000kg/hm²，若以第 1 年为 100%，则其产草量第 2 年 175.4%，第 3 年 224.5%，第 4 年 241.5%，第 5 年 191.8%，第 6 年 165.3%，故以利用 3~5 年为宜。

从干物质的消化率来看，红豆草高于苜蓿，低于白三叶和红三叶。其干物质的消化率在开花至结荚期一直保持在 75% 以上，进入成熟期之后消化率才降至 65% 以下。它的再生草的干物质消化率在生长 7 周之后下降到 65%，这种下降趋势比苜蓿还要快些。红豆草不同于苜蓿、三叶草等豆科牧草的最大特点是反刍家畜放牧或青饲时不引起臌胀病。

从家畜的采食情况来说，在青干草消化率基本相同的情况下，成龄绵羊采食红豆草的数量要比紫花苜蓿或红三叶多。青年羊在红豆草上自由采食时，生长状况比在其他任何供试禾本科或豆科草地上的都好。

据测定，在甘肃河西灌区红豆草 3 年平均产种子（荚果）116.7kg/hm²；鲜草产量 40 800kg/hm²。旱地产草量高于紫花苜蓿，灌溉地则低于苜蓿。

红豆草在大田轮作中是粮食作物和经济作物的优良前作。试验表明，在有机质含量为 0.43% 的生荒地上种植 3 年红豆草后，土壤有机质增至 0.84%，7 年后增至 1.27%。它还是一种很好的蜜源植物。它比紫花苜蓿开花早 15~20d，开花期长，每年开花 2~3 次，许多昆虫都喜欢在红豆草上采蜜，一朵花一昼夜可提供蜂蜜 0.2~0.48mg，产蜜液量 13.5kg/hm²。蜂蜜气味芳香，质地浓稠，淡棕色，透明，不易凝成糖粒。

二、外高加索红豆草

（一）概述

学名：*Onobrychis transcausica* Grossh.。别名：前亚红豆草、南高加索红豆草。

外高加索红豆草主要分布在阿塞拜疆、格鲁吉亚和亚美尼亚，其引种栽培已有1 000多年的历史。外高加索红豆草有两个主要栽培起源地：一是伊朗-阿塞拜疆起源地，该地区冬季比较温暖，在灌溉条件下栽培的红豆草，形成了生长快、能多次刈割、抗寒性差的一个农业生态型。二是亚美尼亚-阿那道里起源地，冬季极其严寒，年降水量约500mm，主要是在非灌溉地区，是旱作栽培红豆草，形成了比较耐寒、刈割后生长和再生性差、往往只刈割一次的农业生态型。外高加索红豆草的这两个栽培类型在形态结构特征上较相似，有很多共性，并明显区别于其他栽培和野生的红豆草。

（二）植物学特征

外高加索红豆草根系发育强大，入土深，第1年约1.2m，以后可达1.5m以上，细小侧根直径2～3mm。根上部颜色呈橙黄色。每株25～30个枝条，中空，稍被茸毛，尤其是幼茎尖端密生银白色的茸毛。叶片丰富。株高80～150cm，直立，具7～9个长节间。奇数羽状复叶，叶具6～12对小叶，小叶卵形，小叶背部被短茸毛。小叶数目在早期生长的叶上比晚期生长的叶上要少。总状花序，圆柱状，较松散，尖端钝圆。开花时长4～6cm，成熟时长10～15cm。花冠是鲜艳的粉红色或粉红-紫红色，有时呈淡粉红色。旗瓣比龙骨瓣短或等长。豆荚半圆形，长6～8mm，浓密集短茸毛。每荚含种子一粒，圆盘边缘有小刺，具狭窄的鸡冠状突起物，其上有1～2mm长的基部稍微宽的齿3～8个。千粒重14～24g。

（三）生物学特性

外高加索红豆草春播当年就能开花结实。抗寒、耐旱性强。由于具有在根颈形成芽和枝条的能力，所以耐践踏。对土壤要求极不严格，但不能经受长时间水渍。外高加索红豆草种子的休眠期和后熟期较长，收获当年种子硬实率高。外高加索红豆草较耐瘠薄。据试验，在立陶宛的生草灰化土壤上，红豆草每生产100kg种子需消耗氮肥2.1kg、磷肥0.9kg、钾肥1.1kg、浓缩微量元素肥料0.15kg。

（四）经济价值

外高加索红豆草不论是青草还是青干草，各类家畜均喜食，亦能用作放牧。青干草产量通常比红豆草高，青干草产量4 500～6 000kg/hm²，种子产量450～900kg/hm²。

在丘陵和山前地带，外高加索红豆草比苜蓿早熟15～20d，青干草和种子产量稳定，其不足之处是从孕蕾到开花，下部叶片容易脱落。

三、沙地红豆草

（一）概述

学名：*Onobrychis arenaria* DC.。别名：沙生红豆草、沙驴豆。

沙地红豆草广泛分布于俄罗斯西部、乌克兰、白俄罗斯等地，通常生长在黑钙土、栗钙土和河谷的沙土上。

（二）植物学特征

沙地红豆草是多年生植物，在自然条件下，株高30～60cm，在人工栽培下株高可达100～150cm。茎直立或者斜升，分枝10～15个，穴播时可达35个之多，分枝能力很强。叶量多，具6～7个节间。小叶6～12对或6～29对，形状椭圆形或线形，长20～30mm，渐尖，叶色比红豆草浅，特别是幼龄期。总状花序，比红豆草和外高加索红豆草疏松，上部强烈渐尖，成鼠尾状，平均长12cm，最长可达20cm，开花前不具丛毛，因为苞片不伸出花蕾，花冠鲜艳，紫粉红色，小，长3～8mm，比红豆草小。旗瓣等于或略微短于龙骨瓣。豆荚小，长3～5mm，卵形或圆形，被茸毛，沿圆盘边缘和鸡冠状突起上有极短的齿。豆荚比红豆草小，种子千粒重11.8g。

（三）生物学特性

沙地红豆草属冬—春发育类型的植物。春播后经50～60d开花，第2年比红豆草晚开花1～2周，花期长，豆荚多，易脱落。所以只要中、下部豆荚变成褐色即可收获。

沙生红豆草的抗旱性和抗寒性都很强。在抗寒性方面它超过其他红豆草种和一般的耐寒植物。由于发育出强大的根系能从土壤深层大量吸收水分，在抗旱性上超过其他红豆草种及紫花苜蓿，可与黄花苜蓿相比。沙地红豆草对土壤要求不严，它能在盐渍土上生长。由于其根系有很强的溶解能力，能在土层浅的碎石土坡地上生长。也就是说不适宜耕作的土壤可用来种植沙地红豆草作为饲料和蜜源植物。缺点是茎粗糙，叶片少，因此在饲草质量上就比红豆草的蛋白质含量稍微低些。

与红豆草相比，沙地红豆草虫害少，同时也较少感染锈病。由此可知，沙地红豆草是一种经受不良外界环境条件，适应性广泛的优良牧草。

（四）经济价值

沙地红豆草主要用于放牧和调制青干草，各种家畜均喜采食。青干草产量1 950～4 500kg/hm²；种子产量300～1 050kg/hm²。沙地红豆草的营养成分见表8-11。

表8-11 沙地红豆草的营养成分

（引自 и. в. ларина，2000）

生育时期	水分（%）	干物质（%）	有机质（%）	占干物质（%）					
				可消化蛋白质	粗蛋白质	脂肪	纤维素	灰分	无氮浸出物
抽茎期	82.7	17.3	16.2	5.2	3.9	0.4	2.0	1.1	8.6
孕蕾期	70.4	20.6	19.1	3.7	2.7	0.4	4.7	1.5	10.3

第六节 小 冠 花

（一）概述

学名：*Coronilla varia* L.。英文名：crownvetch 或 purple crownvetch。别名：多变小

冠花、绣球小冠花。

小冠花原产于地中海，欧洲中南部、亚洲西南部和中部及北非等地均有分布。目前美国、加拿大、俄罗斯、荷兰、法国、瑞典、德国、匈牙利、波兰等国家均有栽培。中国最早于1948年从美国引入，又于1964、1973、1974和1977年先后从欧洲和美国引进，分别在江苏、山西、陕西、北京、河南、河北、辽宁、甘肃等地试种，表现良好。

小冠花除饲用外，因其根系发达，适应性强，覆盖度大，能迅速形成草层，是很好的水土保持植物。同时，小冠花多根瘤，固氮能力很强，是培肥土壤的良好绿肥植物。它的花期长达5个月之久，也是很好的蜜源植物。另外，其花多而鲜艳，枝叶繁茂，可作为美化庭院、净化环境的观赏植物。

（二）植物学特征

小冠花是豆科小冠花属多年生草本植物，株高70～130cm（图8-6）。根系粗壮发达，侧根主要分布在0～40cm的土层中，黄白色，具多数形状不规则的根瘤，侧根上生长着许多不定芽的根蘖。茎直立或斜生，中空，具条棱，草层高60～70cm。奇数羽状复叶，具小叶9～25片，小叶长圆形或倒卵圆形，长0.5～2.0cm，宽0.3～1.5cm，先端圆形或微凹，基部楔形，全缘，光滑无毛。伞形花序，腋生，总花梗长达15cm，由14～22朵小花分两层呈环状紧密排列于花梗顶端，形似冠，花初为粉红色，后变为紫色。荚果细长呈指状，长2～6cm，荚上有3～12节，荚果成熟干燥后易自节处断裂成单节，每节有种子1粒。种子细长，长约3.5 mm，宽约1mm，红褐色，千粒重4.1g。

（三）生物学特性

图8-6 小冠花

小冠花喜温又耐寒，生长的最适温度为20～25℃，超过25℃和低于19℃时生长缓慢。种子发芽最低温度为7～8℃，25℃发芽出苗最快，开花的适宜温度为21～23℃。耐寒性强，在陕北−30～−21℃的低温条件下能安全越冬，在山西右玉能忍耐−42～−32℃的低温。在山西太谷，12月中旬平均气温为−2.78℃时植株才完全枯黄。

小冠花根系发达，抗寒性很强，一旦扎根，干旱丘陵、土石山坡、沙滩都能生长。经测定，在轻壤土0～10cm含水量5%，10～20cm含水量10%，土壤容重1.5g/cm³时幼苗照样出土生长。在黄土高原地区，种植在25°坡地上的小冠花，在7～8月降水量为39.2mm，0～30cm和50～100cm土壤含水量分别为3.6%～5.0%和6.0%～8.0%，最高气温为36.4℃的炎热干旱条件下，其叶片仍保持浓绿，但耐湿性差，在排水不良的水渍地，根系容易腐烂死亡。

小冠花对土壤要求不严，在贫瘠土壤上也能生长，适宜中性或弱碱性、排水良好的土壤，不耐强酸，土壤含盐量不超过0.5%时，幼苗均能生长，以pH 6.8～7.5最适宜。

小冠花一般春季3月下旬返青，4月中旬分枝，5月下旬现蕾开花，花期长，7月底开始有种子成熟，结实后植株仍保持绿色，直到秋末冬初。在山西太谷小冠花的生育期为110～145d，生长期为210～250d。

小冠花根系发达，繁殖力强。侧根上生长有很多根蘖芽，根蘖芽在生长期间不断地长出地面形成植株。据山西农业大学测定，一株用种根繁殖的小冠花，第2年母株周围长出子株1 019株，还有2 289个根蘖芽正待长出。小冠花根系的这些特性使它具有很强的耐寒、抗旱和无性繁殖能力。

（四）栽培技术

1. 种子处理 小冠花种子硬实率高达70%～80%，播前一定要进行种子处理，降低种子硬实率的方法主要有：擦破种皮，硫酸处理，温汤处理以及高温、低温、变温处理等。

2. 播种 小冠花种子小，苗期生长缓慢，因此播前要精细整地，消灭杂草，施用适量的有机肥和磷肥做底肥。必要时灌一次底墒水，以利出苗。

（1）种子直播 根据各地气候条件，小冠花在春、夏、秋均可播种，以早春、雨季播种最好，夏季成活率较低，秋播应在当地落霜前50d左右进行，以利于安全越冬。播种量4.5～7.5kg/hm²。条播、穴播或撒播均可。条播时行距100～150cm；穴播时，株行距各为100cm。种子覆土深度1～2cm。

（2）育苗移栽 可用营养钵育苗，当苗长出4～5片真叶时移栽大田。每千克种子可育苗0.6hm²，雨季移栽最好。

（3）扦插繁殖 小冠花除种子播种外，也可用根蘖或茎秆扦插繁殖。根蘖繁殖时将挖出的根切去茎，分成有3～5个不定芽的小段，埋在湿润土壤中，覆土4～6cm。用茎扦插时选健壮营养枝条，切成20～25cm长、带有2～3个腋芽的小段，斜插入湿润土壤中，露出顶端。插后浇水或雨季移栽成活率高。用根蘖苗或扦插成活苗移栽时，每1～1.5m²移栽1株，即用苗6 000～9 000株/hm²，种子田尤其适宜稀植。

3. 田间管理 小冠花幼苗生长缓慢，在苗期要注意中耕除草。育苗移栽后应立即灌水1～2次，中耕除草2～3次。其他发育阶段和以后各年，可不需要更多管理。

4. 收获 小冠花青草适宜刈割时期是从孕蕾到初花期，刈割高度不应低于10cm。采收种子，由于花期长，种子成熟极不一致，从7月便可采摘，到9月中旬才能结束，且荚果成熟后易断裂，可利用人工边成熟边收获。如果一次收种，应在植株上的荚果60%～70%变成黄褐色时连同茎叶一起收割。

（五）经济价值

小冠花茎叶繁茂柔嫩，叶量丰富，茎叶比为1：（1.98～3.47），无怪味，各种家畜均喜食。可以青饲、调制青贮或青干草，其适口性不如苜蓿。其营养物质含量丰富，与紫花苜蓿近似（表8-12）。特别是含有丰富的蛋白质、钙以及必需氨基酸，其中赖氨酸含量较高。其青草和干草，无论是营养价值还是反刍家畜的消化率，都不低于苜蓿。和苜蓿相比较，羊更喜食小冠花。用小冠花青草饲喂肉牛，其饲养效果与用苜蓿作日粮饲喂肉牛无显著差异。据美国Burn等连续2年在小冠花草地上的放牧试验，在整个放牧季节里，肉用犊牛和母牛平均日增重达0.96kg，比苇状羊茅放牧草地分别高0.29kg和0.65kg。但小冠花草地耐牧性差，据试验，连续放牧 4 年，草丛则被削弱，应在连续放牧之后围栏割草，待恢复生机后再行放牧，可延长草地的寿命。

表 8-12　小冠花与紫花苜蓿盛花期营养成分比较

（引自山西农业大学，2000）

牧草	干物质（%）	占干物质（%）					钙（%）	磷（%）
		粗蛋白质	粗脂肪	粗纤维	无氮浸出物	粗灰分		
小冠花	18.80	22.04	1.84	32.38	34.08	9.66	1.63	0.24
紫花苜蓿	20.01	21.04	4.45	31.28	34.38	8.84	0.78	0.21

由于小冠花含有 3-硝基丙酸（3-nitropropanoic acid，NPA），非反刍家畜饲喂量不能超过总日粮的 5%（Robert 等，2003）。据山西农业大学试验表明，用小冠花鲜草饲喂家兔，试验 3~4d 家兔开始发病，其症状为精神沉郁、食欲不振、被毛蓬乱、体温偏低，进而出现神经症状，头向后仰、右前肢前伸、左前肢后蹬、口腔流涎、吞咽困难，多在发病后 1~3d 死亡。小冠花鲜草不能单独饲喂单胃家畜，尤以幼兔危害为大。小冠花与苜蓿、沙打旺各 1/3 饲喂，或与半干青草饲喂后，无不良反应。对牛、羊等反刍家畜来说，无论青饲、放牧或饲喂干草，均无毒性反应，还可获得较高的增重效果，是反刍家畜的优良饲草。

小冠花产草量高，再生性能强。在水热条件好的地区，每年可刈割 3~4 次，可产鲜草 60~110t/hm^2。黄土高原山坡丘陵地，可产鲜草 22.5~30.0t/hm^2。

第七节　百　脉　根

（一）概述

学名：*Lotus corniculatus* L.。英文名：birdsfoot trefoil。别名：五叶草、鸟趾豆、牛角花。

百脉根原产于欧洲和亚洲的湿润地带。17 世纪欧洲已确认百脉根的农业栽培价值，并被广泛用于瘠薄地的改良利用和饲草生产。美国在 130 年前引入栽培，目前已种植 93 万 hm^2。现分布于整个欧洲、北美、印度、澳大利亚、新西兰、朝鲜、日本等地。中国华南、西南、西北、华北等地均有栽培，在四川、贵州、云南、湖北、新疆等地有野生种。各地引种试验表明，百脉根是中国温带湿润地区一种极有潜力的豆科牧草。

（二）植物学特征

百脉根为多年生草本（图 8-7）。主根粗壮，侧根发达。茎丛生，高 60~90cm，无明显主茎，斜生或直立，分枝数达 70~200 个，光滑无毛。三片小叶组成复叶，托叶大，位于基部，大小与小叶片相近，被称为"五叶草"。伞形花序顶生，有小花 4~8 朵，花冠黄色。荚果长而圆，角状，聚于长柄顶端散开，状如鸟趾，固有"鸟趾豆"之称，长 2~5cm，每荚有种子 15~20 粒。种子肾形，黑色、橄榄色或墨绿色，千粒重 1.0~1.2g。

（三）生物学特性

百脉根喜温暖湿润气候，有较强的耐旱力，其耐旱性强于红三叶而弱于紫花苜蓿，适宜的年降水量为 210～1 910mm，最适年降水量为 550～900mm。对土壤要求不严，在弱酸性和弱碱性、湿润或干燥、沙性或黏性、肥沃或瘠薄地均能生长，最适土壤 pH 为 6.0～6.5，可耐 pH 为 5.5～7.5。耐水渍，但在低凹地水淹 4～6 周情况下又表现受害症状。百脉根耐热能力很强，在高达 36.6℃的气温持续 19d 的情况下，仍表现叶茂花繁，其耐热性较苜蓿和红豆草强。抗寒力较差，北方寒冷而干燥的地区不能越冬。

在温带地区，百脉根全生育期为 108～117d。百脉根耐牧，耐践踏，再生力中等，病虫害少。

(四) 栽培技术

百脉根种子细小，幼苗生长缓慢，竞争力弱，易受杂草抑制，要求播前精细整地，创造良好的幼苗生长条件，苗期应加强管理。百脉根种子硬实率达 50%以上，播前应进行硬实处理，以提高出苗率。百脉根要求专性根瘤菌，播前要进行根瘤菌接种。

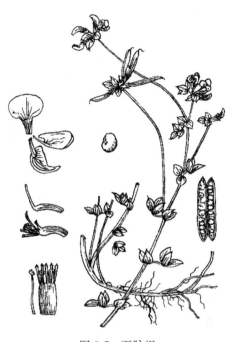

图 8-7 百脉根

春播、夏播、秋播均可，但秋播不宜过迟，否则幼苗易冻死。播种量为 6～10kg/hm^2，条播行距 30～40cm，播深 1.0～1.3cm。百脉根可与无芒雀麦、鸭茅、高羊茅、草地早熟禾等禾本科牧草混播，既可防止百脉根倒伏和杂草入侵，又能组成良好的放牧场或割草场。百脉根的根和茎均可用来切成短段扦插繁殖。

百脉根以初花期刈割最好，其产量较低，一般每年可收获 2～3 次，在山西瘠薄山坡地上，生长第 3 年产鲜草 27.35t/hm^2，第 4 年 29.40t/hm^2；在浙江山区，生长第 2 年产鲜草 21t/hm^2。在江苏扬州每年可收获 5 次，鲜草产量为 63t/hm^2。百脉根每年春季只从根颈产生一次新枝，放牧或刈割后的再生枝条多由残枝腋芽产生，因而控制刈割高度和放牧强度以保持留茬 6～8cm，是保护其良好再生性的关键。百脉根由于花期长，种子成熟不一致，又易裂荚落粒，有条件的地方可分批采收，也可在多数荚果变黑时一次刈割收种，种子产量为 225～525kg/hm^2。

(五) 经济价值

百脉根茎细叶多，具有较高的营养价值（表 8-13）。其适口性好，各类家畜均喜食，特别是羊极喜食。百脉根的干物质消化率分枝前期为 75.2%，分枝后期为 73.5%，孕蕾期为 67.5%，盛花期为 60.9%，种子开始形成时为 53.7%。

表 8-13 百脉根的营养成分

(引自中国饲用植物志编辑委员会，1987)

生育时期	水分（%）	占干物质（%）					磷（%）
		粗蛋白质	粗脂肪	粗纤维	无氮浸出物	粗灰分	
开花期	82.91	3.6	0.65	6.17	7.37	1.31	0.09

百脉根春天返青早，耐炎热，夏季其他牧草生长不佳时，百脉根仍生长良好，可提供较好的牧草，除放牧外，尚可青饲、青贮或调制干草。收获期对营养成分的影响不大，据分析，干物质中蛋白质含量在营养期为28%，开花期为21.4%，结荚期为17.4%，盛花期茎叶比为1:1.32，种子成熟后茎叶仍保持绿色，并不断产生新芽使植株保持鲜嫩，草层枯黄后草质尚好。百脉根由于含有抗臌胀物质——单宁，反刍家畜大量采食不会引发臌胀病。

第八节 扁蓿豆属牧草

扁蓿豆属（Trigonella L.）也称胡卢巴属，全世界有70余种，分布于地中海、中欧、西亚、非洲和大洋洲，其中以胡卢巴资源最为丰富。中国有10种，主要分布于华北和西北部，其中饲用价值较大的有扁蓿豆和胡卢巴，扁蓿豆作为优良牧草应用较广泛，胡卢巴主要在药用方面应用更广泛。

一、扁蓿豆

（一）概述

学名：Trigonella ruthenica L.。英文名：ruthenian medic。别名：扁蓄豆、花苜蓿、野苜蓿等。

扁蓿豆产于亚洲，分布于中国、朝鲜、蒙古、俄罗斯等国家。中国主要分布在黄河流域及其以北地区，东北、内蒙古、宁夏、甘肃等省份分布较多。生于草原、沙质地、荒草地及固定沙丘，是草甸草原、典型草原及沙生植被中常见的伴生植物。常见于疏林、灌丛和向阳山坡。在内蒙古，扁蓿豆为旱生植物，生态幅较宽，由于分布区自然地理条件的差异，形成了一些差异显著的生态类型。野生扁蓿豆枝条多斜生或平卧地面，产量较低，经长期栽培驯化后，一般为直立状态。目前，中国已登记的品种只有内蒙古农业大学育成的直立型扁蓿豆。

（二）植物学特征

扁蓿豆为豆科多年生草本植物，株高40~80cm。根系发达、粗壮，入土深80~140cm，根瘤较多。茎四棱，直立或斜上，疏生白色短毛，生长初期部分植株枝条匍匐地面，生长后期转为斜生或直立；多分枝，野生分枝15~20个，直立型扁蓿豆品种的分枝达30~50个/株。羽状三出复叶，小叶矩圆状倒披针形或矩圆状楔形，长7~25mm，宽1.5~7.0mm，上部边缘有齿；托叶披针状锥形，基部有细齿。总状花序，有小花4~14朵，花冠上部黄色，下部酱紫色。荚果扁平，矩圆形，有明显的网脉，先端具短喙，内含种子2~5粒；种子矩圆状椭圆形，淡黄色、黄褐色，野生种子千粒重2.32~3.50g，栽培品种直立型扁蓿豆种子千粒重为1.8g。

（三）生物学特性

种子有硬实特性，野生状态下硬实率高达50.0%~93.4%。最低发芽温度5~6℃，温度在25~27℃时生长最快，不耐夏季酷热，气温超过30℃生长减慢，到32~35℃停止生长。扁蓿豆返青较一般豆科牧草晚，在呼和浩特地区，4月底至5月初返青，初期生长缓慢，分枝至初花期生长迅速，6月下旬孕蕾，7月初开花，8月以后种子陆续成熟，生育期

130～150d，生长期183～198d。播种当年常为营养生长状态，第2年即可开花结实，成熟时荚果易自行开裂。在内蒙古的科尔沁沙地上，扁蓿豆播种当年即能开花结实，第2年4月底返青，9月上、中旬种子成熟，生育期130d左右。

扁蓿豆喜湿、耐旱、较耐瘠薄，对土壤要求不严，可在各种土壤上生长，在年降水量300～600mm的地方均能良好生长，在pH为8.5～9.0的强碱性土壤上也能生长。抗寒性强，幼苗可耐-4～-3℃低温，成株在-45℃的低温条件下能安全越冬，在地处高寒地区的青海省越冬率高达94%。研究表明，扁蓿豆在种子萌发期有很强的耐盐性，半致死浓度可达2.16%，Na_2CO_3对扁蓿豆种子萌发的伤害较NaCl严重。

（四）栽培技术

栽培扁蓿豆对土壤的要求不严格，但根系入土深和种子细小，在土层深厚、排水良好的沙壤土上生长良好，播前深耕和精细整地有利于提高播种质量和田间出苗率。结合整地施入腐熟的厩肥和过磷酸钙等作底肥可提高产量。扁蓿豆硬实率较高，播前应采用机械方法破除硬实，以提高发芽率。一般为春播，在中国西北地区以夏播为宜。单播或混播均可，与多年生禾本科牧草混播效果最好。条播，牧草田行距30～40cm，播种量15kg/hm²，种子田行距50～60cm，播种量11.25kg/hm²，播深1.0～1.5cm，播后覆土镇压。也可与羊草、无芒雀麦等禾本科牧草按3∶3或5∶5带状间种。

扁蓿豆播种当年幼苗生长缓慢，应注意杂草防除，一般在分枝期和现蕾期各中耕除草1次。第2年以后，每年于封垄前中耕除草1次。第3年后，每年返青前后用齿耙按对角线斜行各耙地1次，以改善土壤通透性和促进分枝生长。

扁蓿豆以现蕾期至开花期刈割为宜，青饲或调制干草均可。在呼和浩特地区，每年可刈割2次，留茬2～4cm，刈割后需灌溉和施肥1次，以促进再生和越冬。生长两年以上的扁蓿豆草地可放牧利用，一般在株高20～30cm，有3～4个分枝时开始有限适量的放牧，以保证不破坏扁蓿豆再生能力为宜。

由于荚果成熟时易开裂，种子田应在大部分荚果变为褐色时，整株刈割，在晾晒场留株后熟一段时间后再脱粒。在东北地区可在盛花期后1个月左右及时采收。一般可收种150～180kg/hm²。

（五）经济价值

扁蓿豆属优等牧草，适口性好，各种家畜终年喜食，营养价值高，是较好的牲畜抓膘牧草。其寿命长，适宜建植长期人工草地，也可与禾本科牧草混播，建立人工放牧草地，或用于补播改良天然草场。直立型扁蓿豆新品种的叶量丰富，生长繁茂，鲜草产量达37 500～45 000kg/hm²。扁蓿豆不同生长时期营养成分含量见表8-14。

表8-14 扁蓿豆不同生长时期营养成分含量

（引自中国农业科学院草原研究所，1990）

生长阶段	干物质（%）	钙（%）	磷（%）	占干物质（%）				
				粗蛋白质	粗脂肪	粗纤维	无氮浸出物	粗灰分
营养期	93.03	1.52	0.22	19.39	2.98	24.43	46.38	6.82

(续)

生长阶段	干物质（%）	钙（%）	磷（%）	占干物质（%）				
				粗蛋白质	粗脂肪	粗纤维	无氮浸出物	粗灰分
开花期	93.51	1.39	0.26	16.16	1.85	36.31	39.42	6.26
枯草期	92.27	0.80	0.03	3.28	1.12	51.93	41.55	2.12

此外，扁蓿豆枝叶茂盛，覆盖良好，根系发达。有研究显示，在科尔沁沙地上扁蓿豆播种当年生长 100d 后根系入土深可达 80cm，具有发达的垂直根系和水平根系，生长第 2 年后根系入土深度能达 120cm，因而是很好的防风固沙和水土保持植物。

二、胡卢巴

（一）概述

学名：*Trigonella foenum-graecum* L.。英文名：fenugreek。别名：苦豆、芸香草、香豆草、香苜蓿、芦巴子等。

原产欧洲南部、非洲北部及亚洲中部。地中海、欧洲、亚洲、非洲和大洋洲均有分布。公元前 7 世纪左右，开始在中东进行人工栽培，后逐渐发展至印度、巴基斯坦等地，目前印度、法国、黎巴嫩、摩洛哥等国家将其作为药用和香料植物大面积栽培。胡卢巴在中国作为香料植物和药用植物早有栽培，但作为饲用植物栽培利用则时间较短。胡卢巴在中国的适生地区是宁夏、甘肃、青海、新疆、内蒙古等省份。

（二）植物学特征

胡卢巴为一年生草本植物。株高 30～80cm，全株有香气。茎直立，中空，丛生分枝，被疏毛。三出复叶互生，小叶长圆形，全缘，具柄，叶片两面均被毛。花 1～2 朵腋生，无梗，花冠蝶形，初开为白色，后变成黄色，花萼有毛，萼筒钟状。荚果细长而弯曲，筒状，长 6～11cm，宽 0.5cm 左右，被柔毛，先端有长尖，内含种子 10～20 粒。种子长圆形，棕色或黄棕色，长约 4mm，宽 2～3mm，千粒重 10～18g。

（三）生物学特性

胡卢巴耐寒，耐旱，对土壤、气候的适应性很强，一般土壤都能种植，在中国"三北"地区和中南等地均可栽培。种子易萌发，发芽适宜温度为 15～20℃，播后 7～10 d 出苗。据宁夏农学院研究，4 月 12 日播种，4 月 21 日出苗，5 月 26 日进入开花期，7 月 22 日种子成熟，生育期 102d，种子产量 3 100kg/hm² 左右。

胡卢巴为喜阳植物，在排水良好、阳光充足、疏松肥沃的地块上生长良好。胡卢巴具有一定的耐盐性，种子及其幼苗能耐受 0.5% 的 NaCl 胁迫。

（四）栽培技术

选择地势平坦、土质疏松肥沃、灌溉与排水良好的沙壤土地块，施足有机肥后深耕翻，耙平整细，平作或垄作。春播适宜早播，于 4 月中旬条播，行距 20～30cm，播种量 15～22.5kg/hm²，覆土 2～3cm，播后镇压。苗齐后注意及时防除杂草和中耕培土，雨季及时排水防涝。国外研究发现，间作和套种均比单作任一作物的产量高。

（五）经济价值

胡卢巴是优良的豆科牧草和速生绿肥作物。胡卢巴饲草中含粗蛋白质19.5%，粗脂肪2.2%，粗纤维34.3%，碳水化合物33.2%，灰分10.8%。风干种子含水分6.2%～6.8%，粗蛋白质23.2%～28.2%，粗脂肪5.9%～8.0%，粗纤维8%～9.8%，灰分3.6%～4.3%。加拿大学者的研究认为，胡卢巴营养价值与开花初期的紫花苜蓿相当，是一种很有潜力的饲料作物。国外其他研究表明，日粮中添加胡卢巴可提高母兔产奶量及饲料转化率，胡卢巴种子提取物中含有甾体皂苷，可增加山羊和奶牛的摄食量和泌乳量。美国用胡卢巴种子喂马，印度用茎叶喂牛，中国甘肃等地将鲜草打浆喂猪有育肥效果。

胡卢巴根部的根瘤有良好的固氮及改良土壤的作用；胡卢巴全株及种子均含精油，种子中含17种氨基酸，53种微量元素，人体必需元素就有11种，其中锌、锰含量较高。在石油、生物农药、食品加工、保健品、化妆品等领域有广泛的应用。

胡卢巴是一种传统的常用中药，种子入药称芦巴子，有温肾止痛等功效，用于治疗肾脏虚冷，小腹冷痛，小肠疝气，寒湿脚气等。国内将其作为提取薯蓣皂素的工业原料，以其提取物生产激素类药物，用途更为广泛，药用价值大为提高。

胡卢巴含有半乳甘露聚糖，广泛应用于食品、饮料、石油化工、纺织印染、医药、日用化工、胶黏剂等行业。

国内外还将其作为调味品，用于食品加工业。长期以来，人们早已习惯将其作为面食中不可缺少的香味调料之一。国外研究发现，在小麦面粉中加入去除苦味的胡卢巴粉可增加小麦面粉中蛋白质、脂肪等的含量。

胡卢巴是加工植物胶的原料，国内用其种子提取香豆胶，作为石油工业的压裂稠化剂，在油田上推广使用，是国内最理想的压裂稠化剂之一，可以取代进口的瓜尔胶。食品工业还以其为原料提取香料，广泛用于咖啡、香精、烟草与糖果生产，作为形成特殊风味的添加剂。此外，胡卢巴种子、叶及其提取物具有杀虫活性，其种子提取物可预防存贮小麦害虫，有望以胡卢巴为原料开发新型植物杀虫剂。

第九节 柱花草属牧草

柱花草属（*Stylosanthes* Sw.）约50种，绝大多数分布于南美洲，极少数分布在北美洲、非洲及东南亚和印度。巴西和哥伦比亚是其起源中心。目前，柱花草已在热带和亚热带许多国家栽培种植，如亚洲的中国、印度、泰国、马来西亚、印度尼西亚、越南、老挝和菲律宾等，大洋洲的澳大利亚，美洲的美国、哥伦比亚、巴西、古巴、秘鲁和委内瑞拉等，以及西非的尼日利亚、贝宁、卢旺达和马拉维等。中国最早于1962年由中国热带农业科学院首次将该属柱花草引入海南岛，用作幼龄橡胶种植园的覆盖材料。柱花草大规模的引种工作始于1982年，种质来源地主要是澳大利亚和南美洲，主要包括圭亚那柱花草、矮柱花草、有钩柱花草、西卡柱花草和灌木状柱花草。其中，圭亚那柱花草是世界上栽培面积最大、分支最多、起源最早、分布最广和遗传多样性最丰富的一个物种（唐燕琼等，2009）。柱花草产量高，营养丰富，富含多种维生素和氨基酸，其营养成分见表8-15。目前已在中国广东、海南、广西、云南、贵州、福建、四川等南方省份大力推广种植，推广品种主要是由中国热带农业科学院以"圭亚那柱花草"为亲本材料选育的"热研圭亚那柱花草"系列。

表 8-15 柱花草属重要牧草营养成分

名　称	干物质（%）	钙（%）	磷（%）	占绝干重（%）				
				粗蛋白质	粗脂肪	粗纤维	无氮浸出物	粗灰分
柱花草（开花期）*	90.83	0.40	0.09	10.60	1.17	63.39	19.44	5.40
矮柱花草（结实期）*	93.05	0.61	0.19	15.48	2.14	38.67	32.52	11.19
圭亚那柱花草（分枝期）**	—	1.46	0.25	14.72	2.81	30.19	43.51	8.77

* 引自中国农业科学院草原研究所，1990
** 引自中国饲用植物志编辑委员会，1989

一、柱　花　草

（一）概述

学名：*Stylosanthes gracilis* H. B. K.。别名：巴西苜蓿、热带苜蓿。

原产南美洲，以巴西北部最多，外形酷似苜蓿，故称巴西苜蓿。在澳大利亚等热带地区栽培较多，中国1962年引入原广东省的海南岛，后推广到广东的广州、湛江和广西的南宁、玉林、钦州等地，表现良好，但易患炭疽病，在江苏南京不能越冬。

（二）植物学特征

多年生草本或半灌木（图8-8），株丛高60～120cm。茎直立、半直立，粗0.3～0.8cm。叶片狭长，深绿色，三出复叶，小叶披针形，长34～36mm，宽6～7mm。叶柄长4～6mm，托叶浅绿色或带紫红色，略带茸毛，先端二裂，叶柄下部与托叶融合。顶生复穗状花序，花穗无柄，花小，蝶形，深黄色。荚果小，褐色，内含种子1粒，呈椭圆形，千粒重2.5g。

（三）生物学特性

柱花草喜温暖湿润气候，在持续高温干旱条件下仍能生存。连续数天日平均气温在15℃以上开始出苗或返青，苗期生长慢，易被杂草覆盖，不耐水渍。25～35℃时生长最快，受重霜或气温降至0℃以下茎叶枯萎死亡。10月中旬初花，11月上旬盛花，12月下旬种子成熟。对土壤的适应性广，沙土、黏土都可生长，耐干旱、耐贫瘠、耐酸性土壤。在荒地、沙滩地、坡地仍然生长良好。

图 8-8　柱花草
1. 单柱　2. 花序　3. 旗瓣　4. 翼瓣　5. 龙骨瓣　6. 雄蕊

(四) 栽培技术

1. 整地　尽管柱花草对土壤要求不严，但选用土层深厚、肥沃、有灌排条件的地块仍很重要。播前整地以先翻耕，后耙碎效果最好。也可以用重耙或旋耕机、圆盘犁处理地表或者在春天烧荒后播种。

2. 播种或栽植　种子小，种皮厚，硬实率高达90%以上，播前擦破种皮或用80℃热水浸种2～3min均可提高发芽率。种子直播时，3～5月播种，播种量7.5～10.5kg/hm²，播种深度1～2cm，可撒播或条播，条播时行距40～50cm。柱花草可育苗移栽。在3月整理苗床，施腐熟基肥，密播育苗，播量60kg/hm²，播后充分淋水，注意除草1～2次，苗龄60～70d，株高20～30cm，有4个分枝时争取雨天移栽，成活率可达90%以上。5月中旬至6月上旬为最佳移栽期，7月中旬后移植，分枝数目减少，种子与鲜草产量降低。也可扦插繁殖，一般在6～9月雨季选取茎粗、节间短、叶色绿的健壮植株作为种苗，剪成长30cm，含4～5个节的插条，按株行距80cm×80cm、入土深20cm、每穴2～3条进行直插或斜插，要求至少埋3个茎节在潮湿的土壤内。

3. 施肥　在贫瘠或酸性土壤上，播前需施磷肥作基肥：过磷酸钙225～450kg/hm²或钙镁磷肥375kg/hm²。苗期适当追施1次氮肥，可提高产量。以后每年需施1次磷肥作为维持肥。

4. 田间管理　柱花草苗期生长缓慢，播后5～15d出苗，60d后株高20～30cm易受杂草掩蔽，应注意除杂草。其炭疽病严重，应注意预防。

5. 收获利用　柱花草播后4～5个月，草层高80～90cm时即可刈割利用，留茬30cm，2～3个月后可再次刈割。种植当年可刈割1～2次，之后年份可刈割2～3次。刈割后应及时追肥和灌溉，以促进再生，提高产草量。若收种子，则刈割次数要减少1～2次，并要加强田间管理，因花期长，荚果成熟不一致，且种子易脱落，故要在种子成熟时，最好在早晨把顶端果枝剪下晒干脱粒，以获得较高的种子产量。另外，与禾本科牧草混播，前期轻牧，采食禾本科牧草，利于柱花草生长。

(五) 经济价值

柱花草质地优良，叶量丰富，适口性良好，其青草和干草都为牛、羊、兔、鹅、猪等畜禽喜食。柱花草生长快而繁茂，再生性较强，每年可刈割2～3次，产草量高，年产鲜草30～45t/hm²，而且营养价值较高，栽培也比较容易，可刈割青饲、青贮、调制干草、生产干草粉或放牧利用。此外，柱花草的固氮能力强，可固定氮素100kg/hm²，是很好的绿肥植物。

二、矮柱花草

(一) 概述

学名：*Stylosanthes humilis* H. B. K.。别名：汤斯维尔苜蓿。

原产南美洲的巴西、委内瑞拉、巴拿马和加勒比等地，自然群落分布于北纬23°至南纬14°、海拔0～1 500m的范围，在热带地区主要用作改良天然草地。中国1965年引种，现扩大到北纬26°地区。

(二) 植物学特征

矮柱花草为一年生草本植物,草层高 45~60cm,茎细长,平卧或斜生,长达 105~150cm,羽状三出复叶,花黄色,荚果稍呈镰形,内含 1 粒种子,种子棕黄色,荚果成熟时不开裂,带荚种子千粒重 3.66g。

(三) 生物学特性

矮柱花草适宜生长在年降水量 630~1 800mm 的地方,喜温暖,最适生长温度 27~33℃,不耐寒,稍耐水淹,可耐长期干旱,耐酸和耐瘠薄性特强,可在 pH 6.5~4.5 的强酸性土壤上生长,也可在黏重的砖红壤土、水稻土、新垦土等地生长,从土壤中吸取钙和磷的能力很强。在广西桂林以南地区,一般 2 月初播种,早春转暖开始出土,幼苗生长缓慢,持续时间长,到 5 月中旬株高仅 15cm,6~7 月高达 45cm 左右,并覆盖地面,10 月上旬开花,花荚期长,12 月初种子成熟,生育期约 250d。分枝多,茎叶稠密,生长后期可形成厚密覆盖,此期对杂草有很强抑制能力。

(四) 栽培技术

矮柱花草对栽培条件要求不严,在退化草地或不宜农作的荒地和休耕地上均可种植。但因种子硬实率高达 99%,自然发芽率仅为 1%~35%,播前破除荚壳和破损种皮可使发芽率提高到 11%~70%。春季播种,条播行距 40~50cm,播量 5~8kg/hm^2。播后 15~30d 出苗,幼苗生长慢,苗期长达 3 个月,应注意中耕除杂。与柱花草一样,矮柱花草也可进行育苗移栽。

(五) 经济价值

矮柱花草每年可刈割 1~2 次,鲜草产量 22.5~45.0t/hm^2,干草产量 7.5~15.0t/hm^2,其叶量约占饲草总量的 40%。矮柱花草的干物质含粗蛋白质 9%~18%,适口性较柱花草好,牛、羊喜食。澳大利亚北部和东北部的牧场用矮柱花草改良草地后大幅度提高了放牧地的载畜量。

三、圭亚那柱花草

(一) 概述

学名:*Stylosanthes guianensis* (Aubl) Sw.。别名:笔花豆。

原产南美洲。自 20 世纪 60 年代以来,先后引入中国试种的品种有斯柯非(Schofield)、库克(Cook)、奥克雷(Oxly)、恩迪弗(Enaeavour)和格来姆(Graham)等品种。其中,格来姆柱花草更耐低温和抗病,且开花早,易留种,故而发展更快,在广东、广西主要用于改良天然草地。目前,在全球范围内推广种植的柱花草品种中,有 20 多个栽培品种属于圭亚那柱花草种。其中,由中国(热带农业科学院)选育的圭亚那柱花草栽培品种主要有 907、热研 2 号、热研 5 号、热研 7 号、热研 10 号、热研 12 号、热研 13 号、热研 18 号、热研 20 号和热研 21 号。

（二）植物学特征

圭亚那柱花草为多年生丛生性草本植物，草层高度达 100～150cm，茎直立或半匍匐，长达 50～200cm，且茎叶密被茸毛，羽状三出复叶，花黄色至深黄色，荚果小具喙，内含 1 粒种子，种子椭圆形，两侧扁平，淡黄至黄棕色，千粒重 2.04～2.53g。体细胞染色体 $2n=20$。

（三）生物学特性

圭亚那柱花草适宜生长在北纬 23°至南纬 23°、海拔 200～1 000m、年降水量 500～1 700mm 的地区，亚热带地区可在霜冻线以上的高坡地生长。喜温怕冻，气温 15℃ 以上可生长，−2.5℃ 便冻死。耐短期水淹，耐热，总体耐旱（龙会英等，2015）。在地处北亚热带的云南昆明，不能越冬；在云南西部的龙陵县，产量不高，越冬差（罗富成等，2009）。圭亚那柱花草对土壤适应范围广，有较强吸取钙和磷的能力，是热带豆科牧草中最耐瘠薄和酸性土壤的草种，可耐 pH 4.0 的强酸性土壤，也可生长在砖红壤土、潜育土和灰化土及干燥沙质至重黏土上，但以排水良好、质地疏松的微酸性土壤为宜。圭亚那柱花草在广西南宁地区于 3 月下旬或 4 月上旬播种时，播后 1～2 周出苗，5 月中、下旬进入分枝期，11～12 月开花，开花后 1～2 个月种子成熟。

（四）栽培技术

圭亚那柱花草种子的硬实率很高，可达 80% 左右，播前必须擦破种皮，或用 80℃ 热水浸种 1～2min。播种期为 2 月下旬至 4 月。条播、穴播均可，但条播常见，行距 50cm，播深 1～2cm，播量 5～8kg/hm²；穴播时，株距 30～40cm，行距 50～80cm。也可采用育苗移栽，育苗移栽较种子直播容易成功，方法同柱花草。幼苗生长缓慢，尤其出苗 6 周前生长更慢，3 个月后才开始迅速生长，应加强苗期除草工作。可用 2,4-滴类除草剂除杂草。圭亚那柱花草除单播外，也可与大黍（*Panicum maximum* Jacq.）、无芒虎尾草（*Chloris gayana* Kunth.）、非洲狗尾草（*Setaria anceps* Stapf ex Massey）、毛花雀稗（*Paspalum dilatatum* Poir.）等禾本科牧草混播，不仅能抵御杂草入侵，而且自身能入侵天然草地。出苗后 4～5 月，草层高 40～50cm 时，可进行首次刈割，留茬至少 30cm。

目前南方草业生产中推广应用的圭亚那柱花草主要是中国选育的热研 2 号、热研 5 号、热研 7 号、热研 10 号、热研 12 号、热研 13 号、热研 18 号、热研 20 号、热研 21 号柱花草和引进的格拉姆、库克柱花草。热研系列由于选育目标不同，经济指标及适应性不尽一致。例如：热研 2 号柱花草可在 pH 4.0～4.5 的强酸性土壤上良好生长，从沙土到重黏质土壤均可良好生长（蒋侯明等，1992）；热研 5 号柱花草早花、抗病、高产、耐寒，其最大特点是早花，比热研 2 号柱花草一般提前 25～40d 开花，种子产量高 20%～40%，耐寒性明显增强（刘国道等，2001）；热研 7 号柱花草株高 1.4～1.8m，适于中国热带、南亚热带地区种植，开花迟，为高产、高蛋白、抗病、晚熟柱花草品种（蒋昌顺等，2003）；热研 18 号柱花草为多年生半直立亚灌木，产草量比热研 5 号高 16.16%，较热研 2 号、热研 5 号抗柱花草炭疽病和耐干旱，尤其耐强酸性、低肥力和低磷土壤，在人工林和胶园作为覆盖作物表现出良好的持久性，具有较好的放牧与刈割性能；热研 20 号太空柱花草则具有产量高，适应性广，抗炭疽病能力强，耐干旱等特点（白昌军等，2011）。

（五）经济价值

圭亚那柱花草依品种不同，每年可刈割 1～4 次，产草量、营养价值差异较大。白昌军等（2004）的研究表明，圭亚那柱花草 16 品种的各项经济指标分别为：每年干物质产量 2 890.0～11 377.5kg/hm²，其中粗蛋白质含量 10.39%～15.72%、粗脂肪 1.57%～2.34%、粗纤维 31.18%～41.77%、无氮浸出物 37.93%～45.70%、钙 1.410～2.482%。对其干物质产量、抗旱性、炭疽病、存活率、抗寒性、粗蛋白质、茎叶比、种子产量等指标进行综合分析发现：GC1480 圭亚那柱花草的综合生产性能最高。赵钢等（2012）对热研 2 号、热研 10 号、热研 13 号圭亚那柱花草分枝、孕蕾、初花、盛花和成熟期鲜草风干样的水分、粗蛋白质、粗纤维、粗脂肪、碳水化合物和粗灰分含量进行分析表明，三品种的含水量均在 7.00% 以下，粗蛋白质含量平均为 8.38%～11.85%，粗纤维含量在 48.00% 以上，粗灰分含量在 4.00% 以上，碳水化合物和粗脂肪含量相对较低，分别只有 18.00%～28.00% 和 1.32%～2.85%。牛、羊、兔均喜食圭亚那柱花草，除可直接刈割或调制干草饲喂外，还可制成干草粉添加到畜禽日粮中（吴滴峰等，2012），亦可青贮作为饲草短缺期的贮备饲料（李茂等，2012）。黄兰珍（2006）将柱花草添加到肉兔日粮中获得的经济效益明显。

圭亚那柱花草不仅营养价值高，是优良的热带豆科牧草，而且因其具有较强的适应性，耐旱、耐贫瘠和耐酸铝环境，亦是幼龄胶园或贫瘠坡地理想的水保作物。此外，由于根瘤多，固氮能力强，且茎叶又容易腐烂分解，还是良好的绿肥植物，可固氮 200kg/hm² 左右。文稀（2013）对 134 份圭亚那柱花草种质的培肥价值进行研究，发现达到绿肥二级标准的种质高达 98.5%。

第十节 大 翼 豆

大翼豆属（*Phaseolus* Urban）约 20 种，分布于美洲，是重要的栽培牧草。本属中的种类以前曾置于菜豆属（*Phaseolus* L.），但本属花柱的增厚部分两次作 90°弯曲，形成正方形的轮廓，翼瓣圆形且大，较旗瓣及龙骨瓣长，故现多将其分开。20 世纪 60～70 年代，中国先后从澳大利亚引入两种，即大翼豆和鳌豆样大翼豆等。

（一）概述

学名：*Phaseolus atropurpureum* Urban。别名：紫花大翼豆、紫菜豆。

大翼豆原为野生植物，分布于中美洲和南美洲。1962 年，澳大利亚 Hutton 博士以此为材料育成的栽培品种 Siratro（译名：色拉特罗、斯伦春）是一种营养价值高、抗旱、耐轻霜、丰产性能好，且与禾本科牧草混播竞争力强的优良豆科牧草，现广泛分布于世界热带和亚热带地区。

中国于 1974 年至 1984 年先后从澳大利亚引进斯伦春（Siratro）大翼豆在广东、广西试种，目的在于改善华南地区草山草坡土壤贫瘠且缺乏优良豆科牧草的状况（滕少花等，2013）。由于其适应性广，草质优良，适口性好，可以青饲、调制青干草或加工成草粉利用

(赖志强，2011)，种植范围逐步由广东、广西扩展到福建、河南、江西、云南等地。但尚存在生长缓慢，利用年限较短，不耐寒等缺点。因此，广西畜牧研究所以原来的斯伦春大翼豆为材料，经过多年的筛选又培育出营养价值高、抗旱、较耐寒、耐轻霜、丰产性能好，当年生长较快、利用年份产草量高、叶量丰富、草质柔软，种子成熟较一致、利用年限长的大翼豆新品种06-2（韦锦益等，2013）。

（二）植物学特征

大翼豆为具有藤状匍匐茎或蔓生茎的多年生草本植物，主根粗壮、入土深。茎匍匐，柔毛多，茎节生出不定根，分支向四周伸展，长2～4m，形成稠密的草层。三出复叶，叶片宽大，侧生小叶卵形、菱形或披针形，小叶外缘浅裂，上被绿色疏毛，下被银灰柔毛。总状花序，总花梗长10～30cm，有花6～12朵，深紫色，翼瓣特大。荚果直，扁圆形，长约8cm，直径0.4～0.6cm，含种子7～13粒，成熟后荚果自然开裂，种子落粒性较强，收种比较困难。种子扁卵圆形，浅褐色或黑色，千粒重13～15g。染色体$2n=22$。

（三）生物学特性

大翼豆为喜温、喜光、短日照植物。在长日照条件下营养体可以获得高产，但日照超过16h不能开花结籽。喜欢强光照，但与高秆牧草混播也能生长良好。在年降水量800～1 600mm的热带、亚热带地区生长良好，少于500mm或大于3 000mm则生长不良。最适生长温度25～30℃。不耐寒，但能耐轻霜。茎叶受霜冻后凋萎，但翌年春季仍可从茎基部长出新枝，气温降至−9℃时仍有60%～83%的植株存活，是热带牧草中较耐低温霜冻的牧草之一。耐酸，耐贫瘠，耐干旱，但不耐水淹。在福建宁德山地种植，连续干旱45d仍存活良好，在云南也广泛用于高速公路边坡生物防护。对土壤要求不严，可在各种土壤上生长，适宜生长的土壤pH为4.5～8.0。在广州，3月播种，7d出苗，20～30d分枝，60～80d开花结荚，90～100d后荚果陆续成熟。

（四）栽培技术

最好选择排水良好、肥沃的土壤种植，播种前应精耕细作，深翻细耙，并施用有机肥15t/hm²及过磷酸钙225kg/hm²作基肥。大翼豆种子的硬实率高达40%～70%，不进行任何处理其发芽率只有26.6%，清水浸泡后发芽率为38.2%，机械摩擦擦伤种皮后发芽率为59.8%，浓硫酸处理3min后发芽率为65.4%。另外，浓硫酸处理15min，其发芽率可由18%上升到94%。因此，大翼豆播种前应进行种子处理，处理后的种子建议接种豇豆族根瘤菌（滕少花等，2013）。

播种期3～7月，条播、穴播、撒播均可。条播行距40～50cm；穴播行株距50cm×50cm，每穴下种2～3粒。播种量6～10kg/hm²，播深1～2cm。与禾本科牧草混播时，播量3kg/hm²。播后轻耙镇压有助于出苗和保苗，因苗期生长缓慢，要注意中耕除杂。年刈割2～3次，留茬15～30cm。既可单播，也可混播。用于放牧常与宽叶雀稗、纳罗克非洲狗尾草、盖氏虎尾草等禾本科牧草或绿叶山蚂蝗、银叶山蚂蝗、柱花草等豆科牧草混播。为保持大翼豆在混播草地中的生长能力，应注意适时追施适量的磷、钾肥料，并在越冬后施少量氮肥以促进分枝，增强大翼豆与禾本科牧草的竞争能力。

（五）经济价值

大翼豆是优良豆科牧草，青饲或调制干草均可，牛、马、羊、兔均喜食，尤以鹿最喜食，种子则为鹌鹑、鸽、火鸡等喜食。大翼豆的再生性强，年刈割 2~3 次，可产鲜草 45~60 t/hm^2 或干草 8~9 t/hm^2。其营养成分见表 8-16。

表 8-16　大翼豆的化学成分

（引自帕明秀等，2014；韦锦益等，2013）

品种	占干物质（%）					钙（%）	磷（%）
	粗蛋白质	粗脂肪	粗纤维	无氮浸出物	粗灰分		
Siratro	10.54	5.2	25.69	50.08	9.49		
06-2	19.10	4.70	26.60	35.30	11.30	1.15	1.04

据广西畜牧研究所研究，牛对大翼豆茎叶各营养成分的消化率分别为粗蛋白质 8.0%，粗纤维 71.0%，无氮浸出物 85.6%，茎叶干物质中可消化养分总量达 147.5 g/kg。除作为畜禽的优质饲草外，大翼豆还是公路、铁路护坡的好材料，现已广泛用于云南环保产业。

第十一节　鸡眼草

（一）概述

学名：*Kummerowia striata*（Thunb.）Schindl.。别名：掐不齐、长萼鸡眼草、人字草、蚂蚁草、阴阳草、牛黄草、公母草等。

鸡眼草原产于亚洲东部，广布于中国、日本、朝鲜和蒙古，俄罗斯及北美也有分布。在中国主要分布于东北、华北、西北、华东、华中、西南、中南的各省份。分布最广、数量最多的则为南方各地。属广布种，常野生于路边、田边、溪边、沙质地或山麓缓坡草地。美国东南部已大面积栽培。茎叶能作饲料，全株可供药用，是一种优良饲、药兼用植物。

（二）植物学特征

鸡眼草为豆科鸡眼草属一年生草本植物，直根系，侧根发达，主根 18~35 cm；分枝初期即可形成根瘤，且数量多（株均 53 粒）；茎秆直立，侧枝平卧或直立，高 20~50 cm。基部多分枝，枝条淡红色，疏被毛。叶多而小，密集，互生，三出复叶，小叶被缘毛；叶片倒卵形或长圆形，长 5~20 mm，宽 3~7 mm，先端圆形，有时凹入，基部近圆形或宽楔形。叶脉明显，中脉及边缘有白色长硬毛。用手掐断叶片，裂面不齐，故称"掐不齐"（萧运峰等，1983）。花通常 1~2 朵，腋生，稀 3~5 朵；花梗基部有 2 苞片，不等大；萼基部具 4 枚卵状披针形小苞片；花萼长钟状，萼裂齿披针形，带紫色；花冠淡红紫色，长 5~7 mm，旗瓣椭圆形，先端微凹；雄蕊 10 枚，二体；子房椭圆形，花柱细长，柱头小。荚果宽卵形或椭圆形，稍扁，长 3.5~5.0 mm，顶端锐尖，成熟时与萼筒几等长，表面具网纹及毛。花期 7~8 月，果期 8~9 月。种子 1 粒，黑褐色，千粒重 2.2 g。

（三）生物学特性

鸡眼草是一种广布型牧草，适应温带、亚热带，甚至热带的气候和土壤条件。鸡眼草对土壤 pH 的适应范围甚广，从 pH 4.1 的红壤到 pH 7.5 的土壤上均能生长。喜富含钙质的壤土或黏质土。鸡眼草的耐旱性很强，远远高于紫花苜蓿和沙打旺，在多年生牧草明显出现受旱现象、其他一年生牧草枯死的情况下，其幼苗生长仍然良好。鸡眼草的耐热性也强，在 35℃ 的持续高温下，多年生黑麦草、红三叶等许多牧草常受热害脱叶，鸡眼草则未受损害。有一定的耐阴性，在荫蔽条件下其产草量和光照充足时差不多，只是茎秆细弱一些。鸡眼草既能在肥沃的土壤上生长，也能在有机质含量很低的山坡地生长。鸡眼草宜栽种在排水良好的地方，但仍具有一定的耐淹性，耐淹时间一般在 6d 左右。

鸡眼草 4 月萌发，花期 7~9 月，果期 9~10 月，霜后全部枯死。结种量丰富，落粒性强，具有良好的自然更新能力。

（四）栽培技术

由于结实性好，种量丰富，自然播种能力强，鸡眼草可 1 次播种，多年利用。应选择地势平坦，排水良好的地块种植。南方 3 月中、下旬播种，东北 4 月下旬至 5 月上旬播种。播前晒种 2~3d，可提高种子的发芽率和提早出苗。生产饲草时，播种量 15kg/hm²；改良草地时宜加大播量，提高到 22.5kg/hm²。可条播，也可撒播。条播时行距 20~30cm，播后覆土 2cm 左右，轻微镇压，以利出苗。鸡眼草枝长叶茂，根系发达，根瘤较多，能形成连片草群，可刈割或放牧利用。在生长季较长的地区，刈割后其再生草仍可在霜前结实。

（五）经济价值

开花期，鸡眼草干物质占 28.5%，消化蛋白占 1.8%，总消化养料达到 14.1%（萧运峰等，1983），营养丰富，属优等饲用植物。不仅含有丰富的蛋白质和脂肪，而且苏氨酸、蛋氨酸、异亮氨酸等必需氨基酸及钾、钴、锰、锌、铁等微量元素的含量也较高。其不同生育时期的营养成分见表 8-17。

表 8-17　鸡眼草的营养成分

（引自胡雪茜等，2008）

生育时期	占干物质（%）					钙（%）	磷（%）
	粗蛋白质	粗脂肪	粗纤维	无氮浸出物	粗灰分		
初花期	4.1	0.5	8.0	9.2	3.2	0.28	0.07
开花期	3.4	0.6	12.0	9.0	2.4	0.33	0.06
成熟期	5.1	0.9	16.1	12.2	2.9	0.39	0.06

鸡眼草适口性好，鲜草和干草各种家畜均喜食，且不会导致反刍家畜发生臌胀病。种子成熟后可落地自生，草地可自然更新，耐牧、耐刈割。在人工栽培条件下，鸡眼草（分枝后期）的产草量达到 20 201kg/hm²，是野生群落产草量的 11.5 倍；种子产量高达 1 383kg/hm²；种子千粒重由野生状态的 1.63g 提高到 2.2g（萧运峰等 1983）。由于其分布广，野性强，适应性广，用于草地改良对提高天然草地豆科饲草比例具有重要意义。

除饲用外，鸡眼草全株可入药，可治感冒发热、肠炎腹泻等疾病。

第十二节　山蚂蝗属牧草

山蚂蝗属（*Desmodium* Desv.）植物在全世界约有 350 个种，广泛分布于热带和亚热带地区。用于饲用栽培的主要有绿叶山蚂蝗、银叶山蚂蝗。

一、绿叶山蚂蝗

（一）概述

学名：*Desmodium intortum*（Mill.）Urb。英文名：greenleaf desmodium。别名：旋扭山绿豆。

绿叶山蚂蝗原产于中美洲热带地区，澳大利亚引入作为热带、亚热带沿海地区改良草地的重要牧草之一。中国 1974 年从澳大利亚引入，在广西南宁试种，表现良好。目前在广西、广东、福建、海南等省份均有栽培，生长良好。

（二）植物学特征

绿叶山蚂蝗，属多年生草本植物。根系发达，主根入土较深，细侧根多。茎粗壮，匍匐蔓生，密生茸毛，主茎绿色或微红棕色。分枝长，达 1.3～8.0m，茎节着地向下生根，向上产生新枝条。三出复叶互生，卵状菱形或椭圆形，绿色，叶片长 7.5～12.5cm，宽 5.0～7.5cm，小叶软纸质，腹面常有微红褐色到紫色的斑点，两面被柔毛。总状花序，腋生，花淡紫色或粉红色。荚果镰刀状或弯曲，易粘连家畜和人的衣服，有利于种子传播，具节，每节含一粒种子，每荚 6～10 粒。种子肾形，黄色，长 2.0mm，宽 1.5mm，千粒重 1.3g。

（三）生物学特性

绿叶山蚂蝗喜温暖湿润环境，最适宜生长在气温 25～30℃，年降水量 900～1 270mm 的地区。耐热性强，30℃以上时，生长稍受抑制。不耐寒，生长温度的低限为 15℃，气温低于 7℃时生长停滞。怕霜冻，秋冬季易受重霜损害，使地上部分茎叶枯萎，但根部可安全越冬，更适宜在广东、福建、广西三省份北部冬季气温较低的低山丘陵区种植。不耐干旱，耐荫蔽，在果园生长影响不大，所以宜于果园间种或同大型禾本科牧草混种。对土壤适应性强，耐酸性土壤，从沙土至黏土都可生长，但在板结、通气不良的重黏土上生长不良，不耐盐碱，适应的土壤 pH 为 4.5～7.5。固氮能力强，年固氮量可达 300kg/hm^2，适宜与热带禾本科牧草混播。

（四）栽培技术

绿叶山蚂蝗既可用种子播种也可用茎秆扦插繁殖。播前应精细整地，并施足基肥，可施厩肥 7 500～15 000kg/hm^2，磷肥 150～225kg/hm^2 作基肥。种子播种前，可以用 80℃热水浸种 2min 以提高发芽率，新种植地，宜用根瘤菌剂拌种，以提高固氮能力；播种期宜在 3～4 月，条播，行距 30～45cm，播深 2.0～3.0cm，播种量 3.75～7.50kg/hm^2。扦插繁殖时，宜选生长 1 年的中等老化枝条作插条，插条下部浸根瘤菌泥浆最佳，雨季扦插容易成活。绿叶山蚂蝗出苗较迟，幼苗期生长缓慢，应及时中耕除草。亦可与大黍、毛花雀稗、非洲狗尾草、大翼豆等禾本科和豆科牧草混播，以建立人工草地，供放牧利用。

（五）经济价值

绿叶山蚂蝗产草量高，播种当年可刈割 2~3 次，可产鲜草 60 000kg/hm² 左右。其枝叶柔嫩多汁，叶质柔软，适口性较好，猪、兔、鱼均喜食。营养价值较高，可作放牧利用，也可刈割青饲，调制干草。混播草地，可放牧牛羊，但不能重牧，以免草地退化。现已成功地将人工干燥的叶片作为苜蓿粉的代用品，用于喂饲牛羊。优质的干草粉富含粗蛋白质、核黄素和胡萝卜素，还可用作鸡的配合饲料。其营养成分见表 8-18。

绿叶山蚂蝗是优良的水土保持植物。

表 8-18　绿叶山蚂蝗的营养成分
（引自王栋原著，任继周等修订，1989）

样品	水分（%）	干物质（%）	占干物质（%）				
			粗蛋白质	粗脂肪	粗纤维	无氮浸出物	粗灰分
鲜草	83.93	16.07	2.54	0.3	5.49	6.23	1.51
干草	10.54	89.46	14.14	1.66	30.55	34.69	8.42

二、银叶山蚂蝗

（一）概述

学名：*Desmodium uncinatum* (Jacg.) DC.。英文名：silverleaf desmodium。别名：钩状山蚂蝗。

银叶山蚂蝗原产于南美洲巴西、委内瑞拉和澳大利亚北部。现广泛分布于热带和亚热带地区。中国于 20 世纪 70 年代从澳大利亚引入，在广西南宁生长良好。目前在广西、广东和福建等省份都有栽培，并用于建植人工草地。

（二）植物学特征

银叶山蚂蝗，属多年生草本植物。株丛高 0.5~1.0m。茎粗壮，圆形或具棱，长达 1.5m，茎上密生钩状短毛，匍匐蔓生，长 1.5m。三出复叶，卵圆形，深绿色，叶片长 3.0~6.0cm，宽 1.5~3.5cm，沿着小叶的中脉有宽而不规则的银白色斑纹，两面被毛。总状花序，花粉红色，开花后淡蓝色。荚果镰形，棕色，成熟时易横裂为 4~8 个荚节，长 4.0~5.0mm，宽 3.0mm，密生钩状茸毛，易黏附于人畜身上，有利于种子的传播。种子黄绿色，近三角形的卵圆形，长 3.0~4.0mm，宽 2mm，厚约 1mm，千粒重 4.7g。

（三）生物学特性

银叶山蚂蝗喜温和的气候，适于在昼夜气温 25~30℃，年降水 900mm 以上的地区生长。春季很早开始生长，当夏季高温时叶片会发生凋萎。怕霜冻，但天气转暖时很快恢复生长，春秋两季生长良好。不耐旱，亦怕排水不良和水淹。耐寒力较强，能耐轻霜，遇重霜则地上部茎叶冻死，但根茎仍可成活，第 2 年春季仍可萌发，2 月即可返青。适应的土壤范围很广，从沙土到黏壤土都可生长，但在坚实的重黏土生长较差。耐酸性土，在 pH 为 5.5~

6.5时生长良好。在碱性土壤上生长不良,对肥料反应敏感,如缺乏磷、钾、硫、钼等肥料时生长不良,在贫瘠的土壤上生长较差。建植起来的银叶山蚂蝗,与杂草相比竞争能力十分强,能够侵入马唐和雀稗属的草场上。比较耐阴,与狗尾草、雀稗、黍、狼尾草、虎尾草等禾本科牧草混生良好。

(四)栽培技术

银叶山蚂蝗在进行全翻耕整地良好的条件下播种生长最好,但也能在粗放清理地面的情况下建植。播前擦伤种皮以打破硬实,提高出苗率。用根瘤菌剂拌种以增强固氮能力。可以条播、撒播或飞播,播深1cm。播种量3.75~7.50kg/hm²。播种深度不超过1cm。宜在春季早播,生长期长,产量高。施厩肥15 000kg/hm²、磷肥375~750kg/hm²作基肥,添加钙、钾、硫和钼,效果更好。银叶山蚂蝗草地,要建植好后才开始放牧,它不耐低刈,宜留茬高20~30cm以利腋芽快速再生。如过度放牧或割茬低于5cm,则逐渐从草丛中消失。建植良好的草地适度的火烧可以很好地恢复。每年追施一次磷肥。银叶山蚂蝗成熟不一致,果荚易断裂脱落,可在种子50%成熟时一次刈割采收,晒干脱粒。

(五)经济价值

银叶山蚂蝗产草量较高,每年可刈割2~3次,产鲜草30 000~37 500kg/hm²。茎叶密被短毛,适口性较差,家畜要逐渐习惯采食。可放牧、青饲和调制干草。耐家畜践踏,再生力较强,适宜与非洲狗尾草、青绿黍、毛花雀稗、盖氏虎尾草等混播建立人工草地进行放牧,管理良好可保持5~8年。其营养成分见表8-19。

银叶山蚂蝗叶量丰富,叶片易腐烂,茎叶能形成厚密草层,是优良覆盖植物、绿肥植物和水保改土植物。银叶山蚂蝗含有抗氧化性物质。

表8-19 银叶山蚂蝗的营养成分

(引自王栋原著,任继周等修订,1989)

样品	干物质(%)	占干物质(%)					钙(%)	磷(%)
		粗蛋白质	粗脂肪	粗纤维	无氮浸出物	粗灰分		
鲜草	35.2	12.7	2.0	43.3	38.4	3.6		

第十三节 草木樨属牧草

草木樨属(*Melilotus* Mill.)植物为一年或二年生草本,全世界有20余种,中国现有9种。其中,白花草木樨和黄花草木樨在国内外栽培最为广泛,细齿草木樨因其香豆素含量低而日益引起广泛关注。中国分布的其他几种草木樨,如香甜草木樨、印度草木樨、意大利草木樨、伏尔加草木樨和雅致草木樨,目前还没有大面积栽培利用。

草木樨属植物原产欧洲温带地区,美洲、非洲、大洋洲早已引种栽培。相传2 000年前在地中海一带作绿肥和蜜源植物种植,18世纪印度作为家畜饲草栽培。19世纪欧洲作为鼻烟和卷烟香料利用,1900年草木樨在美国肯塔基州的中北部改良土壤中引起了人们的重视。据报道,北美在1965年以前已选育20多个草木樨栽培品种,一些品种的香豆素含量很低。

中国1922年开始种植草木樨，到20世纪40年代初，草木樨作为一种水土保持植物开始在荒地上栽培。1949年后，草木樨作为优良绿肥牧草和水土保持植物在全国各地广泛栽培，种植面积最多高达200万hm²以上。现已成为中国重要的牧草绿肥作物之一，从北纬22.5°到北纬51.0°的大部分地区都有栽培。目前，中国登记注册的草木樨属牧草品种有天水白花草木樨和天水黄花草木樨。

一、白花草木樨

（一）概述

学名：*Melilotus albus* Desr.。英文名：white sweetclovet。别名：白香草木樨、金花草、白甜车轴草等。

原产亚洲西部，现广泛分布于欧洲、亚洲、美洲和大洋洲，中国西北、东北、华北地区有悠久的栽培历史。近年来种植较多的是甘肃、陕西、山西和辽宁、吉林、山东等省。南方地区栽培的主要是一年生白花草木樨，北方地区栽培的主要是二年生白花草木樨。

（二）植物学特征

白花草木樨为二年生草本植物，具有香草气味。主根粗壮肥大，入土深度高达2m，侧根发达，根系主要分布在30～50cm土层中，上有很多根瘤。茎高1～4m，直立，无毛或少有毛，圆柱形，中空。羽状三出复叶，中间的一片小叶具短柄；小叶椭圆形，矩圆形，偏卵圆形等，边缘有疏锯齿；托叶很小，锥形或条状披针形。总状花序，腋生，有小花40～80朵，花小，白色，具短柄；旗瓣较翼瓣稍长，翼瓣比龙骨瓣稍长或等长。荚果倒卵形，光滑无毛，内有种子1～2粒，种子长圆形，略扁平，黄色至褐色，具有香草气味，千粒重2.0～2.5g。体细胞染色体$2n=16$。

（三）生物学特性

1. 生长发育特性 白花草木樨播后5～7d可发芽，子叶出土，第一片真叶为心形的单叶，从第二片真叶开始为3小叶组成的复叶。分枝期以前地上部生长缓慢，平均每天生长0.23cm，此时根系生长速度显著超过地上部的生长速度，约1个月以后，形成第3～4枚三出复叶开始分枝，分枝期株高（T）13cm左右，根长（R）18cm左右，$T/R=0.72$。分枝期以后地上部生长速度明显加快且超过根系生长速度，地上部日均生长1.6cm。分枝后1个月左右，$T/R=1.54$。7月进入旺盛生长期，日均生长2.7cm，然后生长速度减慢，9月初生长基本停止。

白花草木樨播种当年主要进行营养生长，一般不开花或极少开花，北方地区在11月后进入休眠状态，根颈膨大，并形成越冬芽。翌年主要进行生殖生长，早春由越冬芽萌发生成繁茂的株丛，5～7月开始结实。根据生长期的长短，白花草木樨可分为三个类型：早熟型株高1.2～2.0m，生育期80～100d；中熟型株高2～3m，生育期100～120d；晚熟型的株高3.0～3.5m，生育期120～135d。晚熟型的产草量高于早熟型，中熟型介于早、晚型之间。晚熟型花期较长，可达60d以上。

白花草木樨是长日照植物，在连续光照下，生活当年就能开花结实，否则不能开花。从孕蕾到开花只需3～7d，每朵花的延续时间可达2～6d。白花草木樨的花序属无限花序，开花时花序上的小花自下而上依次开放，上午至下午 14:00～15:00 开花数量最多，整个花序的开花持续期 8～14d，当温湿度适宜时，开花持续期延长。由于开花持续期较长，导致种子成熟期不一致，且种子的落粒性很强，生产中应注意掌握合理的种子采收时期。在特殊的气候条件下，播种当年也有个别植株开花，但花序小而细弱，由于形成花序消耗的营养物质较多，对越冬有很大影响。

白花草木樨是自花授粉植物，雄蕊较雌蕊长或等长，花粉能自由落在柱头上，柱头和花粉同时成熟，因而保证了它的自花授粉过程顺利完成，自花授粉率 33%～100%，平均为86%；而黄花草木樨的自花授粉率仅为 2%～50%，平均 26%。

白花草木樨茎基部的腋芽和未长成的幼茎及根颈部的基芽均可形成新枝，并且节间较短，刈牧后保留的芽较多，因此再生性很强。据内蒙古农业大学在呼和浩特的栽培试验，白花草木樨在播种当年生长缓慢，仅能刈割 1 次；第 2 年再生迅速，能刈割 3 次，一般由返青到第一次刈割约需 40d，第二次刈割仅需 33d，第三次刈割需 38d。

2. 对环境条件的要求 白花草木樨最适于在湿润和半干燥的气候条件下生长。抗旱性强，适宜在年降水量 300～500mm 地区生长。有研究表明，白花草木樨的蒸腾系数平均为 570～720，苜蓿为 615～844。

白花草木樨的耐寒能力也较强，一般在日平均地温稳定在 3～4℃时可开始萌动，第一片真叶可耐 -4℃的短期低温，气温降至 -8℃时，45%的幼苗可受冻死亡，成株能耐 -30℃以下的低温。在黑龙江省九三农场，冬季 -40℃的低温下越冬率达 70%～80%。有研究认为，白花草木樨的抗寒能力与根颈的粗度和位置有关，根颈粗 0.2～1.0cm、入土深度不足 1.5cm 时易受冻死亡。早春返青后出现倒春寒是白花草木樨发生冻害的主要原因。

白花草木樨对土壤要求不严，最适宜在富含钙质的土壤上生长，在排水良好的黏土和黏壤土上种植可获得较高的产量，在沙壤土、重黏土和灰色淋溶土上种植也可获得成功。耐盐碱性强，适宜在 pH 为 7～9 的土壤环境中生长，在含氯盐 0.2%～0.3%或含全盐 0.56%的土壤上也能生长，但耐酸性差，不宜在酸性土壤上种植。

3. 香豆素的积累与分布 大量研究表明，草木樨植物体内含香豆素，使其带有强烈的苦味，从而降低其适口性。草木樨植株各部位都含有香豆素，但因种类不同，香豆素含量差异很大（表 8-20）。

表 8-20 三种草木樨香豆素含量

种 类	株高（cm）	香豆素含量（%）				取样时间
		茎	叶	花	种子	
细齿草木樨	97～115	0.13	0.04	0.06	0.04	分枝期
黄花草木樨	80～90	0.60～0.67	1.52	9.15	2.15	分枝期
白花草木樨	85～110	0.57～0.61	1.75～1.82	3.60	1.11	分枝期

注：中国农业科学院畜牧研究所分析

不同生育时期各部位香豆素含量也不同（表 8-21），同一植株中香豆素含量以花中最高，次为叶片和种子，茎、根部最少。不同生育时期中，叶片在孕蕾期香豆素含量最低，种子成熟期最高；而茎在种子成熟期含量最低，孕蕾期最高。不同生长年限和不同刈割次数的香豆素含量也有差异，生长第 2 年的草木樨香豆素含量高于第 1 年、第二茬草的香豆素含量高于第一茬草。不同土壤对香豆素含量也有影响，有文献报道，栽培在黑钙土上的草木樨，生长当年香豆素含量为 0.47%，第 2 年为 0.28%；栽培在盐碱地上的草木樨香豆素含量为第 1 年 0.31%，第 2 年 0.28%。种植于少雨干燥环境的草木樨香豆素含量较高，在灌溉条件好或多雨潮湿条件下香豆素含量较低。温度对香豆素含量变化的影响很大，早晨日出前香豆素含量最少，以后逐渐增加，中午含量最高，以后又开始下降。烘干或风干草木樨植株可使香豆素大量的逸失。

表 8-21　两种草木樨不同生育时期香豆素含量

部位	种类	占干物质含量（%）				
		孕蕾期	始花期	1/4 开花	结荚期	成熟期
叶片	白花草木樨	0.57	1.01	1.09	1.13	1.29
	黄花草木樨	0.48	0.65	0.84	1.03	1.13
茎秆	白花草木樨	0.38	0.36	0.33	0.25	0.12
	黄花草木樨	0.45	0.39	0.33	0.27	0.13

注：中国农业科学院辽宁分院分析

（四）栽培技术

1. 选地与整地　白花草木樨主根发达，宜选择土层深厚、排水良好的地块种植，为了便于机械化作业和降低香豆素含量，可选择地形平坦、水源条件好的平地或坡度较小的坡地种植。由于白花草木樨种子细小，需要对表土进行精心整地，平地种植可深翻施肥，清除杂草，并及时耙糖。坡地种植可不必翻地，但必须做好表土耕作，最好沿等高线开沟播种，或交叉播种。

2. 种子处理　白花草木樨种子硬实率高达 40%～60%。播前除晒种外，要进行种子处理，大量种子可用碾米机磨轻度"串皮"1～2 遍，使种皮产生裂痕或斑块状脱落或种皮变成暗黄色并发毛，要求种子不能破碎，处理后种子吸胀率达到 95% 以上。少量种子可用 1%～2% 氯化钠溶液浸种 2h，可提高出苗率 17%～30%，并减少 25%～47% 的幼苗死亡。播前用根瘤菌拌种，可提高产量 30%～50%。

3. 播种技术　白花草木樨生长年限短，为了提高产量和越冬率，北方地区多采用春、秋两季播种，特殊条件下也可采用夏季播种。春播于早春解冻后趁墒播种，易于抓苗，可使根系充分发育，不仅保证安全越冬而且当年产量高。甘肃庆阳试验证明，4 月 12 日以前播种的比 4 月底和 5 月初播种的增产 30%～40%。秋播可在 11 月初（立冬前后）地冻前寄籽播种，翌年春出苗。在春季干旱多风地区多采用夏播，于 6 月上、中旬降水增多时播种。

干旱寒冷地区，由于保苗困难，播量要大些。一般土壤墒情好时，用荚果播种的播种量为 15kg/hm^2，条播、撒播、穴播均可。多以条播为主，行距 15～30cm，种子田行距在 30～60cm。覆土深度宜浅，但依环境条件不同而有别，黏重土壤为 2～3cm，轻质土壤可达 4cm；湿润地区 1～2cm，干旱地区 3cm 左右，播后及时镇压，以利于保墒抓苗。也可采用大麦、小麦、燕麦、黍及苏丹草等保护播种，既能抑制杂草，又可增加经济效益。保护播种通常先播种作物，当作物幼苗长出 2～4 片叶子时再播草木樨，也可在春秋季同时播种。建立长期人工草地时白花草木樨也可和苜蓿，无芒雀麦、冰草、鹅冠草等混播。在作物轮作中，草木樨与小麦等间作套种，可提高后作产量20%～70%。黑龙江农科院土壤肥料研究所将玉米和草木樨分别按2:1和4:2间作轮作模式养奶牛，比单种玉米养奶牛经济效益平均增长8.03%。此外也有研究表明，草木樨与羊草混播，比两种牧草单播产量显著提高。

4. 田间管理 播种当年，分枝期以前地上生长较缓慢，此时田间管理的关键是防除杂草。一般苗高10～20cm时除草1次。分枝期刈割后追施磷、钾肥各1次，并及时灌溉。第2年返青时轻耙1次，挂耙时要使耙齿倾斜向前行走，这样挂时耙齿入土不深，并不会打伤青苗。每次刈后要追施磷、钾肥，并及时灌溉。打顶可刺激侧枝生长，获得柔软而有营养的干草，而且使其收割期提早，以便能进行半休耕地的土壤耕作。寒冷地区采用积雪增加地表覆盖，有利于白花草木樨的安全越冬。为提高种子产量，种子生产田可用蜜蜂辅助授粉，一般需蜜蜂3～4群/hm^2。

5. 饲草和种子收获 开花之前是白花草木樨饲草最适宜的收草时期，一般不迟于现蕾期。此时刈割不仅有利于再生，且饲草品质好。过早刈割产草量低，越冬芽萌发多，消耗大量养分，越冬死亡率高。过迟刈割茎秆迅速木质化，香豆素含量增加，饲用价值与适口性降低。山西雁北地区试验表明，该地区以秋分后刈割最为适宜。白花草木樨刈割后新枝由茎叶腋处萌发，因此要注意留茬高度，一般应保持2～3个茎节，刈割高度10～15cm为宜。

由于白花草木樨种子成熟期很不一致，部分种子散落后在5～6年的时间内将陆续萌发，成为田间杂草。因此，留种地应安排在轮作地之外，利于植株繁茂生长，当植株上20%～30%的荚果变成褐色时可分批采收种子。为了便于收获，通常在植株下部荚果65%～70%由深黄色变成暗绿色时收种，并在阴天或早晨有露水时进行，以减少荚果脱落。一般种子产量为56～112kg/hm^2，如果采用蜜蜂辅助授粉，种子产量可达565～785kg/hm^2。

（五）经济价值

白花草木樨可以放牧、青刈、调制干草或青贮，是家畜重要的优良牧草之一。由于白花草木樨含有香豆素，饲草苦腥味浓重，适口性差，初喂家畜应从少到多，家畜习惯后便惯于采食。最好与其他青饲料混喂，或调制成干草后利用，可提高采食量，白花草木樨干草掺一半谷草混合后饲喂大型家畜效果更好。粉碎或打浆后喂猪效果亦佳，喂猪时，切碎煮熟，放到清水里浸泡，可提高适口性，掺上糠麸、粉浆或精饲料等猪更喜食。白花草木樨茎枝较粗糙，并稍带苦味，霜打后，苦味减轻，各种家畜均喜采食，特别是牛、羊吃后能很快增膘。白花草木樨草地上放牧反刍家畜时不会引起臌胀病，但不宜多食。若食用过量或调制不善，特别是霉烂后饲喂家畜会引起中毒。一方面，草木樨中所含无毒的香豆素在干草或青贮饲料加工过程中感染霉菌后，在霉菌的作用下可将香豆素转变为具有毒性的双香豆素。有研究认为，在双香豆素形成过程中，至少有两种真菌（烟曲霉和黑曲霉）能将草木樨体内的香豆酸转变为4-羟基香豆素，进一步在大气中转变为双香豆素。双香豆素经肠道吸收进入血液，因其化学结构与维生素K相似，能竞争性地抑制维生素K的生理功能，导致肝脏内凝血酶原合成减少，使中毒家畜表现为出血性贫血的一系列临床症状，治疗不及时可导致死亡。因此，发霉的草木樨干草和青贮饲料不能饲喂家畜。另一方面，有研究推测，动物消化道的微生物也有使香豆素聚合为双香豆素的酶。即使日粮中双香豆素含量较低，香豆素含量较高时，也能引起动物慢性中毒。同时，由于干草调制过程的条件所限，许多草木樨干草很难避免发霉。因此，家畜饲喂草木樨不宜过量。各种动物饲粮中草木樨的推荐限量为成年牛＜

35%、成年羊<50%、犊牛<10%、羔羊<10%、猪<25%、兔<30%、妊娠牛羊<5%。

白花草木樨产草量较高,春播当年鲜草产量达 9t/hm² 以上,第 2 年产量 30.0~52.5t/hm²,西北地区高产者可达 67.5t/hm²;种子产量可达 750~1 500kg/hm²,种子含粗蛋白质 26.35%。白花草木樨具有丰富的营养物质(表 8-22 和表 8-23)。

表 8-22　白花草木樨营养成分含量

样品	水分(%)	占干物质(%)				
		粗蛋白质	粗脂肪	粗纤维	无氮浸出物	灰分
叶	12.0	28.5	4.4	9.6	36.5	9.0
茎	3.7	8.8	2.2	48.8	31.0	5.5
全株	7.37	12.51	3.12	30.35	34.55	7.05

注:中国农业科学院畜牧研究所分析

表 8-23　白花草木樨必需氨基酸成分含量

生育时期	占风干重(%)									
	缬氨酸	苏氨酸	蛋氨酸	异亮氨酸	亮氨酸	苯丙氨酸	赖氨酸	组氨酸	精氨酸	甘氨酸
营养期	0.173	0.728	0.417	0.741	1.368	1.539	0.888	0.463	0.905	0.806

注:中国农业科学院畜牧研究所分析

白花草木樨也是一种重要的绿肥作物,具有改良低产田提高土壤肥力的功能。据黑龙江省畜牧研究所报道,种过 2 年白花草木樨的地,含氮量增加 13%~18%,含磷量增加 20%,有机质增加 36%~40%,水稳性团粒增加 30%~40%,同时土壤疏松,土壤孔隙度增高,大大改善了耕层,一般可使后作增产 20%~30%,甚至 1 倍以上。种植 2 年白花草木樨后,遗留在 30cm 耕层土壤中的干根量重达 1 350kg/hm²,腐殖质的含量比种谷子、玉米等增加 0.1%~0.2%,并且氮素含量高,100kg 茎叶干物质中含有氮素 2.5kg,100kg 根干物质中含有氮素 1.5kg,相当于氮素 225~375kg/hm²。因此,可广泛应用草木樨作绿肥,翻压后种植小麦、玉米、甜菜等。为了提高其经济效益,多在播种当年收一茬饲草,将第二茬和第三茬翻压后做绿肥,或第 1 年收草,第 2 年翻压作绿肥。

白花草木樨具有较好的水土保持作用。由于它根系发达,茎叶茂盛,密覆地面,不仅减少了径流,还增强了土壤的渗透作用。据黄河水利委员会天水水土保持试验站的观测,白花草木樨与农作物轮作,比其他作物轮作减少地表径流量 66.0%~69.7%,减少土壤冲刷量 64.9%~66.8%。陕西绥德县在 34°的坡地上种植白花草木樨 2 年就可覆盖地面,水土流失减少 66%。因此,水土流失的耕地和坡地,种植白花草木樨既可有效地保持水土,又可提高地力。

白花草木樨还是优良的蜜源植物。花期长达 50~60d,且开花数量多。小花密度达 1 000 万朵/m²,蜜质优良,色白而甜,平均蜂蜜产量达 10~13g/m²。此外,草木樨种子可以做醋,可酿成 40°的白酒,出酒率达 8.5%~20.0%,种子还可以榨油,茎可剥麻,每 50kg 茎秆能剥麻 1.5~5.0kg,还可烧灰制碱,在西北和辽宁西部地区茎可当柴烧,是干旱地区的优质薪柴。

二、黄花草木樨

(一) 概述

学名：*Melilotus officinalis* Lam.。英文名：yellow sweetclover。别名：香马料、黄甜车轴草、香草木樨。

黄花草木樨原产欧洲。在土耳其、伊朗和西伯利亚等地均有分布。中国东北、华北、西南等地和长江流域的南部有野生种分布，东北、华北、西南等地栽培历史悠久。在欧洲各国均被认为是重要牧草，亚洲栽培较少。

(二) 植物学特征

黄花草木樨为二年生草本植物，全株有浓香气味。根系发达，主根粗壮，入土深达 60cm 以上，侧根较多，生有较多根瘤。茎直立而中空，高 1～2m，分枝较多。三出羽状复叶，小叶椭圆形至披针形，叶缘有锯齿。总状花序，有小花 30～40 朵，花冠黄色，旗瓣和翼瓣等长。荚果椭圆形，被短柔毛，有网状皱纹，内含 1 粒种子。种子黄色或褐色，千粒重 2.0～2.5g。

(三) 生物学特性

黄花草木樨的抗旱、抗寒、耐贫瘠等抗逆性优于白花草木樨，在白花草木樨不能很好生长的地方，可以种植黄花草木樨，但最适宜在湿润或半干旱的气候条件下生长。对土壤要求不严格，在侵蚀坡地、盐碱地、沙地、泛滥地及瘠薄土壤上均可生长，在含氯盐 0.2%～0.3% 的土壤上能正常生长发育。

播后条件适宜时，5～7d 发芽，出苗后 15～20d 根系生长加快，地上部分前期生长缓慢，后期逐渐加快，播种当年不开花；第 2 年 4 月中旬，根颈部越冬芽长出枝条形成株丛，6 月底进入现蕾期，开花期比白花草木樨约早 2 周，8 月种子成熟。属长日照异花授粉植物，延长日照可加速其开花结实。

栽培技术同白花草木樨。

(四) 经济价值

黄花草木樨茎叶茂盛、营养丰富，营养价值与白花草木樨相同（表 8-24）。亦可作绿肥和水土保持植物，作为猪的青饲料，其总能和消化能较高，如分枝期总能 4.39MJ/kg，消化能 2.26MJ/kg。在东北地区栽培，干草产量达 4.6～7.5t/hm^2。由于落叶性强，生长后期茎秆易木质化，不易调制优质干草。

表 8-24 黄花草木樨营养成分

样品	水分（%）	占干物质（%）				
		粗蛋白质	粗纤维	粗脂肪	无氮浸出物	灰分
叶	13.2	29.1	11.3	3.7	34.1	8.6
茎	2.6	8.8	42.5	1.7	33.7	3.7
全株	7.32	17.84	31.38	2.59	33.88	6.99

注：中国农业科学院畜牧研究所分析

种植黄花草木樨可改良土壤。宁夏大学等单位的研究表明,种植黄花草木樨以后,土壤中的碱解氮、有效磷、速效钾和有机质 4 种营养成分的含量明显高于同期种植的紫花苜蓿和白三叶的土壤中的含量,说明种植黄花草木樨对土壤的改良效果比种植紫花苜蓿和白三叶还好。黑龙江省的试验表明,玉米与黄花草木樨间作可培肥地力,改良土壤,其后茬增产粮食 15%~20%,并可维持 2~3 年后效。青海大学研究表明,旱地种植二年生黄花草木樨后,土壤耕作层有机质、全氮、碱解氮含量分别增加 19.31%、14.20%、12.63%,但有效磷和速效钾含量分别下降 9.13% 和 10.28%,表明种植黄花草木樨并增施磷、钾肥,可以有效培肥地力、改良土壤、防治水土流失。

三、细齿草木樨

(一) 概述

学名:*Melilotus dentatus* Pers.。英文名:toothed sweetclover。别名:无味草木樨。

野生细齿草木樨主要分布在东北西部和内蒙古中东部,黄河流域的宁夏、陕西、山西、河南、河北、山东等地也有分布。目前中国栽培的细齿草木樨,是 1954 年从苏联引进的栽培种,在黄河流域和辽宁中、南部等地生长良好,能正常结实。适于东北、华北、西北及黄河流域一带种植。

(二) 植物学特征

细齿草木樨为一年生或二年生草本植物,栽培种株高达 1~2m,野生种矮小,株高仅 30~50cm,茎无毛。三出复叶,小叶细长,呈长椭圆形,边缘有细齿,前端钝圆,具针刺状突起。总状花序,腋生,花小而密集,花冠黄色,旗瓣长于翼瓣,龙骨瓣比翼瓣稍短或近等长。荚果卵形或近球形,表面有皱纹,成熟时黑褐色,内含 1 粒种子,种子黄褐色,千粒重 2.4g。

(三) 生物学特性

细齿草木樨较喜低湿,常生长于沟边、路旁、河滩草甸、湖滨轻盐渍化草甸上。苗期不耐旱,对重盐碱地适应性较差,抗锈病,但易染白粉病。

(四) 栽培技术

栽培技术同白花草木樨,由于种子硬实率高达 70%~80%,播前必须进行种子处理或采用寄籽播种。

(五) 经济价值

细齿草木樨突出的优点是香豆素含量少,适口性好。其茎叶所含香豆素仅为干物质的 0.01%~0.03%,而黄花草木樨和白花草木樨的香豆素含量则高达 0.84%~1.22% 和 1.05%~1.40%。可作育种材料,培育香豆素含量低的优良新品种。细齿草木樨的营养价值也较高(表 8-25),是草、肥兼用牧草。

表 8-25　细齿草木樨的营养成分

样　品	干物质（%）	占干物质（%）				
		粗蛋白质	粗脂肪	粗纤维	无氮浸出物	粗灰分
初花期	92.38	13.99	1.49	30.00	36.75	10.15

注：中国农业科学院畜牧研究所分析

第十四节　野豌豆属牧草

野豌豆属（Vicia L.）又名草藤属、蚕豆属和巢菜属，一年生或多年生草本植物，全世界有 200 余种，广布于温带地区。中国约有 25 种，南北各省份均有分布。目前中国作为牧草栽培的主要有箭筈豌豆和毛苕子两种，在草原地区广为分布且有引种价值的尚有山野豌豆和广布野豌豆正在试种推广，表现良好。中国通过引种选育，目前有 100 多个品种，根据种子颜色可分为 10 个类型，即粉红型、背灰型、纯墨型、绛红型、灰麻型、灰棕型、淡紫型、青底黑斑型、淡绿型和棕绿麻型。主要栽培种为箭筈豌豆和毛苕子。其中箭筈豌豆栽培品种有澳大利亚箭筈豌豆、大荚箭筈豌豆、西牧 880、西牧 324 等。毛苕子栽培品种有徐苕 1 号、徐苕 2 号、徐苕 3 号和 391 毛苕子，均为中熟类型。

一、箭筈豌豆

（一）概述

学名：Vicia sativa L. 。英文名：common vetch。别名：春箭筈豌豆、普通野豌豆、救荒野豌豆等。

箭筈豌豆原产于欧洲南部和亚洲西部。中国甘肃、陕西、青海、四川、云南、江西、江苏和台湾等地的草原和山地均有野生分布。20 世纪 50 年代从苏联、罗马尼亚、澳大利亚、日本等国家引进了一批品种。箭筈豌豆在西北地区种植时，表现为适应性强，产量高，是一优良的草料兼用作物，1962 年开始推广，现在许多省份都有种植。

（二）植物学特征

一年生草本植物，主根肥大，入土不深。根瘤多，呈粉红色。茎细软条棱，多分枝，斜升或攀缘，长 80～120cm（图 8-9）。偶数羽状复叶，具小叶 8～16 枚，顶端具卷须。小叶倒撞针形、长圆形，长 8～20mm，宽 3～7mm，先端截形凹入并有小尖头。托叶半箭头形，一边全缘，一边 1～3 个锯

图 8-9　箭筈豌豆

齿，基部有明显腺点。花1～3朵生于叶腋，花梗短。花萼蝶形，紫色或红色，个别白色。花柱背面顶端有一簇黄色下垂的丝状冉毛，子房略具短冉毛。荚果条形，稍扁，长4～6cm，成熟荚果褐色，内含种子7～12粒，易裂。种子球形或扁圆形，色泽因品种而异，千粒重50～60g。

（三）生物学特性

箭筈豌豆性喜凉爽，抗寒性较强，适应性较广，对温度要求不高，收草时要求积温1 000℃，收种时要求积温为1 700～2 000℃。各生育期对温度要求不同，种子在1～2℃时即可萌发，但发芽的最适温度为26～28℃。覆土处土壤温度对出苗有很大影响，当种子覆土深处温度为5℃时，从播种到出苗需22d；温度8℃时为14d；温度10℃时为11d；温度15℃时为7d；温度20℃时为5d。由此可见，温度适宜能大大缩短出苗时间。在形成营养器官时要求最低温度为5～10℃，适宜温度为14～18℃，种子成熟阶段的适宜温度为16～22℃。当苗期温度为-8℃，开花期为-3℃，成熟期为-4℃时，大多数植株会受害死亡。

箭筈豌豆在甘肃河西走廊麦田套种时，麦收后零度以上积温达到1 500℃时，可满足作绿肥的需要。

箭筈豌豆在条件适宜时，播后1周即可出苗。出苗后3～4周开始分枝。新枝条从叶腋长出，营养阶段生长缓慢，进入开花期生长速度陡增。结荚期前后，有的品种继续生长，有的品种则停止生长。

箭筈豌豆的生育期取决于品种和自然条件。根据其生育期长短可分为早熟、中熟和晚熟三个类型。在甘肃武威试种结果表明，来自日本的箭筈豌豆生育期最短，播种到种子成熟只需100d左右；来自罗马尼亚的箭筈豌豆次之，需120d。来自苏联的箭筈豌豆最长，约需150d。又如国产品种333/A箭筈豌豆，在西北五省份种植，其生育期在新疆最短84d，在青海最长122d。在江苏种植的大荚箭筈豌豆，秋播条件下，生育期230d左右，而春播只有100～110d。同一品种在不同播种年份因气候条件的变化，生育期相差可达3～47d。

箭筈豌豆除早熟品种外，一般生育特性都较好。刈割后根颈再生枝条占65%，从未刈割的茎芽中再生枝条的占35%。其再生性受植株密度、水肥条件、留茬高度、刈割时期及刈后灌溉等因素影响很大。第一茬草开花前刈割时，再生草产量高，开花后刈割时再生草产量低。据苏联资料，始花期刈割后，再生草为头茬草产量的34.5%，盛花期刈割占15.5%，结荚期刈割仅占5.2%。

箭筈豌豆属长日照植物，缩短日照时数，植株低矮，分枝多，不开花。其开花习性是：下部叶腋间小花先开，如果为两花，则一先一后开，也有同时开；花开放的时间通常为上午10:00直到晚上夜幕降临，夜间闭合，第二天花即萎缩，开始结果。为自花授粉植物，在特殊情况下，亦能异花授粉。

箭筈豌豆亦较抗旱，但对水分比较敏感，喜欢生长在潮湿地区，每遇干旱则生长不良，但仍可保持较长时间的生机，一旦有水后又能抽出新枝，继续生长，但产量显著下降。

年降水量低于150mm的地区种植，必须进行灌溉。生长季如果降水过多，则会使种子产量下降。蒸腾系数为300～500。

箭筈豌豆对土壤要求不严，除盐碱地外，一般土壤均可种植，耐瘠薄，在生荒地上也能正常生长，但以排水良好的壤土和肥沃沙质壤土为最好。能在微酸性土壤上生长，在强酸性土壤或盐渍土上生长不良，适宜的土壤 pH 为 5.0～6.8。在酸性土壤上，根的生长受到抑制，根瘤菌的活性减弱，以至不能形成根瘤。

箭筈豌豆的固氮能力随生长而不断提高。一般在 2～3 片真叶形成根瘤，苗期发育的根瘤多为单瘤，营养期的固氮量为总固氮量的 95%；现蕾后根瘤活性明显下降；进入花期后，多数根瘤死亡，固氮活性消失。

（四）栽培技术

种植箭筈豌豆后能在土壤中残留大量根系和氮素，根系含氮量比豌豆高。据青海农科院土肥所调查，在 0～25cm 土层中，箭筈豌豆根量多，根瘤数目比豌豆多 1/3，对后作的增产作用大于豌豆。种在箭筈豌豆茬地上的小麦产量要比豌豆茬地上的小麦增产 5%～8%。它是各种谷类作物的良好前作，本身对前作要求不严，可安排在冬作物、中耕作物及春谷类作物之后。

箭筈豌豆播前整地应精细，并施入厩肥，一般施厩肥 15～22t/hm^2。同时还应施入少量磷肥和钾肥。经试验，施过磷酸钙 375kg/hm^2 时鲜草产量较对照增产 60%，种子产量增加 57%，根量增加 61%；在施磷肥的基础上，苗期追施碳酸氢铵 75kg/hm^2，鲜草产量比对照增加 80%，根量增加 120%。

箭筈豌豆种子进行春化处理能提早成熟，并增加种子产量，这对生长期短的地区尤为重要。春化处理方法为每 50kg 种子加水 38kg，15h 内分 4 次加入。拌湿的种子放在谷壳内加温，并保持 10～15℃ 温度，种子萌芽后移到 0～2℃ 室内 35d 即可播种。

箭筈豌豆春、夏、秋均可播种。北方一般只能春播，较暖的地方可以夏播，南方一年四季均可播种。用作收种，秋季不迟于 10 月。播种越早越好，特别是温度较低的地区，早播是高产的关键。用作饲草或绿肥时，播量 60～75kg/hm^2，收种子时 45～60 kg/hm^2。复种压青，依地区不同，用种量为 120～225kg/hm^2。行距 20～30cm。子叶不出土，播深 3～4cm，如土壤墒情差，可播深一些。

箭筈豌豆单播时容易倒伏，影响产量和饲用品质。通常和燕麦、大麦、黑麦、草高粱、苏丹草、谷子等混播。箭筈豌豆与谷类作物的比例应为 2∶1 或 3∶1，这一比例的蛋白质收获总量最高。甘肃省草原工作队在肃南县皇城地区试验，箭筈豌豆与燕麦混播比例为 4∶6，鲜草产量为 32 685kg/hm^2，较单播箭筈豌豆提高 21%，较单播燕麦提高 36%。

在大田生产中，箭筈豌豆作为绿肥时常进行单播。为充分利用地力，提高单产，一年一熟地区水肥条件充足时，可在麦茬地复种箭筈豌豆。此种植方式在甘肃河西灌区、青海黄河灌区、湟水灌区比较普遍，鲜草产量可达 11 250～18 750kg/hm^2。

箭筈豌豆在苗期应进行中耕除草。在灌溉区要重视分枝期和结荚期灌水，对种子产量影响极大。南方雨季应注意排水。其收获时间因利用目的而不同。如收割调制干草，应在盛花期至结荚初期刈割；如草料兼收，可夏播一次收获；如利用再生草，注意留茬高度，在盛花期刈割时留茬 5～6cm，结荚期刈割时，留茬高度应在 13cm 左右。刈后不要立即灌水，应等到侧芽长出后再灌水，否则水分会从茬口进入茎秆中，使植株死亡，影响产量。如用作绿肥时，应在初花期翻压或刈割。但无论如何，一定要在后作播前 20～30d 翻入土中，以便充分腐烂，供后作吸收利用。箭筈豌豆成熟后易炸荚，当 70% 的豆荚变成黄褐色时以清晨收获为宜。

（五）经济价值

箭筈豌豆茎叶柔软，叶量多，营养丰富，适口性强，马、羊、猪、兔等牲畜均喜食，鲜草中粗蛋白质含量较紫花苜蓿高，氨基酸含量丰富，粗纤维含量少。籽实中粗蛋白质含量高达30.35%（表8-26），是优质粗饲料，也能加工成面粉、粉条等。茎秆可青饲，调制干草和用作放牧。其消化能、代谢能及有机物质消化率见表8-27。

表8-26 箭筈豌豆的营养成分

样品	含水量（%）	粗蛋白质（%）	粗脂肪（%）	粗纤维（%）	无氮浸出物（%）	钙（%）	磷（%）
鲜草	84.5	2.10	4.50	0.60	6.50	0.24	0.06
干草	全干	16.14	2.32	25.17	42.29	2.00	0.25
种子	全干	30.35	1.35	4.96	60.65	0.01	0.33
青贮饲料	69.9	3.50	1.00	9.80	13.40	—	—

注：中国农业大学测定

表8-27 箭筈豌豆不同品种的营养价值

品种	粗蛋白质（%）	粗脂肪（%）	有机物消化率（%）	消化能（MJ/kg）	代谢能（MJ/kg）	测定时期
333/A箭筈豌豆	24.17	1.19	68.30	11.96	9.07	花期
西牧324箭筈豌豆	25.44	1.47	69.11	12.17	9.21	盛花期

注：中国农业大学测定

箭筈豌豆的饲草和籽粒产量均较豌豆高而稳定。甘肃省一般鲜草产量为30.0~37.5t/hm²，高者可达60.0t/hm²，种子产量为1 500~3 750kg/hm²，高者可达4 500~5 250kg/hm²；河北省鲜草产量为22.5~45.0t/hm²，种子产量为1 125~5 850kg/hm²；江苏省鲜草产量为33.75~45.00t/hm²，种子产量为1 875~2 625kg/hm²。据试验，箭筈豌豆与一年生禾本科牧草混播，鲜草产量比禾本科牧草单播提高4.9%以上，比箭筈豌豆单播提高22.0%~32.6%。粗蛋白质含量比单播禾本科牧草提高67.0%~82.7%。再生草产量为4.50~8.25t/hm²，种子产量为397.5~1 320kg/hm²。

箭筈豌豆适于作绿肥，常利用小麦收后短期休闲地复种箭筈豌豆，初花期翻耕，在0~20cm土层中速效氮含量比休闲地增加66.2%~133.4%，比复种前增加66.7%~249.9%。旱地比水地增加幅度大，其固氮能力也较豌豆强。据在甘肃武威黄羊镇大田测定，在不施基肥的情况下，箭筈豌豆较马铃薯茬地使后茬作物小麦增产7.5%。在湖北襄阳朱集地区，前茬作物间混套作箭筈豌豆并压青，比对照可使后茬作物棉花的皮棉增产16.5%~22.5%，每500kg箭筈豌豆压青可增收皮棉5.95~9.10kg。

箭筈豌豆籽粒含有生物碱和氰苷两种有毒物质，其中生物碱含量为0.10%~0.55%，略低于毛苕子；氰苷经水解酶分解后放出氢氰酸，含量依品种不同，为7.6~77.3mg/kg。箭筈豌豆籽粒中的氢氰酸含量高于卫生部规定的粮食作物中有毒物质最高残留允许量，即氢氰酸含量不得超过5mg/kg。为此，箭筈豌豆籽粒作饲用前必须进行去毒处理，由于氢氰酸有遇热挥发或遇水溶解的特点，所以采用的方法是将其籽粒进行炒或浸泡、蒸煮、淘洗、磨碎等加工后，使得氢氰酸含量下降到规定的标准以下。此外，也可通过选用氢氰酸含量低的品种或避开氢氰酸含量高的青荚期采收饲用，并且不要长期大量连续喂饲，均可防止家畜中毒。

二、毛苕子

（一）概述

学名：*Vicia villosa* Roth.。英文名：hairy vetch 或 Russina vetch, villose vetch。别名：冬箭筈豌豆、长柔毛野豌豆、冬巢菜。

毛苕子原产于欧洲北部，广布于东西两半球的温带，主要是北半球温带地区。在苏联、法国、匈牙利栽培较广。美洲在北纬 33°～37°为主要栽培区，欧洲北纬 40°以北尚可栽培。毛苕子在中国栽培历史悠久，分布广阔，以安徽、河南、四川、陕西、甘肃等省较多，华北、东北也有种植。毛苕子是世界上栽培最早、在温带国家种植最广的牧草和绿肥作物。

（二）植物学特征

一年生或越年生草本，全株密被长柔毛。主根长 0.5～1.2m，侧根多。茎细长达 2～3m，攀缘，草丛高约 40cm。每株 20～30 个分枝。偶数羽状复叶，小叶 7～9 对，叶轴顶端有分枝的卷须；托叶戟形；小叶长圆形或针形，长 10～30mm，宽 3～6mm，先端钝，具小尖头，基部圆形。总状花序腋生，具长毛梗，有小花 10～30 朵，排列于序轴一侧，紫色或蓝紫色。萼钟状，有毛，下萼齿比上萼齿长。荚果矩圆状菱形，长 15～30mm，无毛，含种子 2～8 粒，略长球形，黑色，千粒重 25～30g（图 8-10）。

图 8-10 毛苕子

（三）生物学特性

毛苕子属春性和冬性的中间类型，偏向冬性。其生育期比箭筈豌豆长，开花期则较箭筈豌豆迟半月左右，种子成熟期也晚些。

毛苕子性喜温暖湿润的气候，不耐高温，当日平均气温超过 30℃时，植株生长缓慢。生长的最适温度为 20℃，抗寒能力强，能忍受 −5～−4℃ 的低温，当温度降到 −5℃时，茎叶基本停止生长，但根系仍能生长。耐寒能力也较强，在年降水量不少于 450mm 地区均可栽培。但其种子发芽时需较多水分，表土含水量达 17% 时，大部分种子能出苗，低于 10% 则不出苗。苗期以后抗旱能力增强，能在土壤含水量 8% 的情况下生长。当雨量过多或温度不足时，生长缓慢，开花和种子成熟很不一致，且因发生严重倒伏而减产。不耐水淹，水淹 2d 会使 20%～30% 植株死亡。

毛苕子性喜沙土或沙质壤土。如排水良好，即使在黏土上也能生长。在潮湿或低湿积水的土壤上生长不良。其耐盐性和耐酸性均强。在土壤 pH 6.9~8.9 生长良好，在土壤 pH 为 8.5、含盐量为 0.25% 的苏北垦区和 pH 为 5.0~5.5 的江西红壤土上均能良好生长。毛苕子耐阴性较强，早春套种在作物行间或在果树行间都能正常生长。在晋北右玉 4 月上旬播种，5 月上旬分枝，6 月下旬现蕾，7 月上旬开花，下旬结实，8 月上旬荚果成熟。从播种到荚果成熟约需 140d。南方秋播者正常生育期为 280~300d。

毛苕子全天均能开花，以 14:00~18:00 开花数最多，夜间闭合。开花适宜温度为 15~20℃。开花顺序自下而上，先 1 级分枝，后 2、3 级分枝。一个花序的开花时间需 3~5d，一个分枝的各花序开花时间为 20~26d。小花开放的第 3 天左右花冠萎缩，第 5、6 天开始脱落，结实率仅占小花数的 18%~25%。

（四）栽培技术

1. 轮作　毛苕子可与高粱、谷子、玉米、大豆等轮作，其后茬可种水稻、棉花和小麦。在甘肃、青海、陕西关中等地可单播或与冬作物、中耕作物以及春谷类作物间作、套作、复种，于冬前刈割作青饲料，根茬肥田种冬小麦或春小麦，也可于次年春翻压作棉花、玉米等的底肥。毛苕子的后茬种小麦，可增产 15% 左右。

2. 播种　毛苕子秋播、春播均可。南方宜秋播，在淮河流域以 9 月中、下旬为宜。三北地区及内蒙古多春播，4 月初至 5 月初较适宜。冬春小麦收后复种亦可。南方温暖地区，复种指数高，多选种生长期短的蓝花苕子和光苕子。北方寒冷少雨地区，宜种生育期长、抗逆性强的毛苕子。

毛苕子根系入土较深，为使根系发育良好，必须深翻土地，创造疏松耕层。播前要施厩肥和磷肥。特别需要施磷肥，中国各地施用磷肥均有明显增产效果。如苏、皖的淮北地区，施过磷酸钙 300kg/hm²，比不施过磷酸钙增产鲜草 0.5~2.0 倍，每千克过磷酸钙能增产鲜草 20~75kg，起到了以磷增氮的效果。

毛苕子的硬实率为 15%~30%，播种量应适当增加，播前进行种子硬实处理能提高发芽率。一般收草田播量为 45~60kg/hm²，收种田为 25~30kg/hm²。旱作地多条播，播深 3~4cm；水浇地多撒播，播前先浸种，待种皮膨胀后撒地面，耙 1~2 次。条播时行距为 30~45cm，收草宜窄，收籽宜宽。

毛苕子茎长而细弱，单播时茎匍匐蔓延，互相缠绕易产生郁闭现象，以收草为目的时可与禾本科牧草如黑麦草、苏丹草、燕麦、大麦等混播。与多花黑麦草混播比例以（2~3）:1 为佳，播种量为毛苕子 30kg/hm²，多花黑麦草 15kg/hm²；与麦类混播比例 1:（1~2），毛苕子 30kg/hm²，燕麦 30~60kg/hm²。混播方式以间行密条播为好，采用间混套作毛苕子，但各地有别。如四川、湖南在油菜地间作毛苕子，先撒播毛苕子，然后点播油菜；江苏胡萝卜地套作毛苕子，7~8 月先种植胡萝卜，9 月雨后播种毛苕子；陕西关中在玉米最后一次中耕除草时套作毛苕子，翌年 4 月下旬到 5 月初刈割调制干草，或翻压后作为棉田绿肥；甘肃在玉米行内或小麦灌 2~3 次水后套作毛苕子。再如毛苕子与苏丹草混播时，鲜草中蛋白质含量比单播苏丹草提高 64%；毛苕子与冬黑麦混播，产草量比毛苕子单播时增产 39%，比冬黑麦单播时增产 24%。

3. 田间管理　在播前施磷肥和厩肥的基础上，生长期可追施草木灰或磷肥 1~2 次。土壤干燥时，应于分枝期和盛花期分别灌水 1~2 次。春季多雨地区应进行排水，以免茎叶变黄腐烂，且落花、落果。

毛苕子青饲时，从分枝盛期至结荚前均可分期刈割，或草层高40～50cm时即可刈用。调制干草时宜在盛花期刈割。毛苕子的再生性差，可齐地一次刈割。刈割越迟再生能力越弱，若利用再生草，必须及时刈割并留茬10cm左右，齐地刈割严重影响再生力。刈割后待侧芽萌发后再进行灌溉，以防根茬水淹死亡。与麦类混播者应在麦类作物抽穗前刈割，以免麦芒长出，降低适口性并对家畜造成危害。毛苕子为无限花序，种子成熟参差不齐，当茎秆由绿变黄、中下部叶片枯萎、50%以上荚果成褐色时即可收种。与麦类作物混种时也可收种，即同时收割后把种子分开。可收种子450～900kg/hm²。

毛苕子的鲜草产量为15.0～22.5t/hm²。南京农业大学分期播种试验表明，8月17日至9月17日播种时，10月21日和12月10日各收1茬，次年中旬又可收1茬，鲜草产量为56.25～75.00t/hm²。据甘肃农业大学武威牧草试验站测定，5个毛苕子品种的产量见表8-28。毛苕子为常异花授粉植物，放养蜜蜂可提高种子产量。

表8-28 毛苕子5个品种盛花期的生产性能

品　种	株高(cm)	草产量（kg/hm²）		种子产量(kg/hm²)	再生性
		鲜草	干草		
246毛苕子	110	15 505	3 103	391	弱
土库曼毛苕子	124	20 497	4 017	549	中
罗马尼亚毛苕子	121	25 248	3 649	500	中
191毛苕子	90	14 497	2 499	350	中
中粒毛苕子	139	32 496	5 499	300	弱

（五）经济价值

毛苕子茎叶柔软，富含蛋白质和矿物质（表8-29），无论鲜草或干草，适口性均好，各类家畜都喜食，可青饲、放牧和刈制干草。四川等地把毛苕子制成苕糠，是喂猪的好饲料。据广东省农业科学院试验，用毛苕子草粉喂猪，每2.5kg可增肉0.5kg。早春分期刈割时，可满足淡季青饲料供应的不足。毛苕子也可在营养期进行短期放牧，再生草用来调制干草或收种子。南方冬季在毛苕子和禾谷类作物的混播地上放牧奶牛，能显著提高产奶量。但毛苕子单播草地放牧牛、羊时要防止臌胀病发生。通常放牧和刈割交替利用，或在开花前先行放牧，后任其生长，以利刈割或留种；或于开花前刈割而用再生草放牧，亦可第二次刈草。

表8-29 毛苕子营养成分

样　品	含水量（%）	粗蛋白质（%）	粗脂肪（%）	粗纤维（%）	无氮浸出物（%）	粗灰分（%）
干草（盛花期）	6.3	21.37	3.97	26.01	31.62	10.70
鲜草（盛花期）	85.2	3.46	0.86	3.26	6.12	1.10

毛苕子也是优良绿肥作物，在中国一些地区正在日益显示着它举足轻重的地位。初花期

鲜草含氮0.6%，磷0.1%，钾0.4%。用毛苕子压青的土壤有机质、全氮、有效磷含量都比不压青的土壤有明显增加。江苏徐州农业科学研究所的分析指出，毛苕子茬使土壤中有机质增加0.03%～0.19%，全氮增加0.01%～0.04%，有效磷增加0.46～3.00mg/kg，同时还增加了真菌、细菌、放线菌等土壤有益微生物。如以绿肥37 500kg/hm² 计，对土壤可增加氮257.25kg、磷26.25kg、钾153.75kg、钙78.75kg，相当于施用硫酸铵123.75kg、过磷酸钙375kg，氯化钾750kg和生石灰187.5kg。

毛苕子还是很好的蜜源植物，花期长达30～40d。毛苕子留种田约90 000 株/hm²，以每株开小花6 000朵计，开花量为小花3亿朵/hm²，约可酿蜜375kg。

三、山野豌豆

（一）概述

学名：*Vicia amoena* Fisch.。英文名：broadleaf vetch。别名：芦豆苗、宿根草藤、豆豆苗、透骨草、山里豆、山豆苗。

山野豌豆分布于中国东北、内蒙古、河北、山西、山东、陕西、甘肃、青海、河南等省份，苏联、日本、蒙古、朝鲜等均有分布。

（二）植物学特征

多年生草本。主根发达，两年后入土深2m以上，主根上密集着生浅粉色根瘤。有根茎，每株主茎水平生长8～12个根茎。根茎每隔4～5cm向上形成新芽，发育成独立植株。茎秆四棱形，长90～120cm，蔓生，株丛高50～60cm，偶数羽状复叶，顶端有卷须。小叶8～12个，长椭圆形，先端圆钝有微凹，有细尖，茎部圆形，全缘，上面绿色，下面灰绿色，两端疏生柔毛。总状花序2个，腋生，花序10～20朵，花冠紫色或蓝紫色。荚果长圆形，两端极尖，两侧扁，棕褐色，有光泽，每荚含种子2～4粒，种子球形，黑褐色有花斑。千粒重17.9g。

（三）生物学特性

山野豌豆属中旱生植物，但成株抗旱性很强，依靠强大根系和根茎吸收土壤下层水分。其抗旱能力可以和沙打旺媲美。由于其茎秆蔓生，覆盖土壤面积大，所以能有效保持表土水分，防止水土流失。

山野豌豆耐寒性强，在东北、内蒙古因寒冷不能种植苜蓿的地方能安全越冬。冬季气候降至-40℃时如果有厚雪覆盖，仍能安全越冬。喜沙壤土或壤土，在积水洼地和盐碱地则生长不良。

山野豌豆春播当年大量开花，基本不结实，第2年生长迅速，土层10cm地温10℃以上、平均气温13℃时返青，50～60d开花，花期80d左右，花后7～10d结荚，结荚30d后成熟，成熟期持续60d左右。气温12℃植株枯黄，生育期90d，积温1 800℃。北京地区生长期200d。

山野豌豆每株有花序15～20个，属无限花序。开花习性：同一株先下部后上部，同一花序中自下而上，花期连续2个多月。每个花序开花6～13d，一日内开花的时间为12:00～15:00，夜间闭合，结实率55%～60%。开花最适温度24～25℃，相对湿度55%。

(四) 栽培技术

山野豌豆硬实率高达30%～50%，播种前可进行摩擦处理。春秋播种均可，高寒地区最好在初夏雨季来临前播种。可单播，也可与禾本科牧草，如老芒麦、无芒雀麦、扁穗冰草等混播。由于苗期生长发育缓慢，也可和一年生饲料作物燕麦、黑麦等混播，以保护其不受杂草抑制。播种可套种，也可撒播，条播行距50～60cm。播种量45～75kg/hm²，播深3～4cm。山野豌豆播后当年生长缓慢，生长第1、2年内不宜放牧，在其后的年份中，可于盛花期进行轮牧，刈割时留茬高度宜3cm左右。成熟后荚果易破裂，应在2/3荚果变成茶褐色时收获。

(五) 经济价值

山野豌豆茎叶柔嫩，营养价值高，适口性好，各种家畜均喜采食。柔嫩时牛喜食，马多于秋季采食，骆驼一年四季均采食。山野豌豆在开花结实后直至深秋时均能保持绿色，各类家畜采食仍很好。粗蛋白质含量和紫花苜蓿相近，但粗纤维含量低。其所含必需氨基酸苗期为0.18%～1.41%，开花期为0.18%～1.21%，略高于苜蓿，显著高于沙打旺。山野豌豆用于青饲、放牧或调制干草均可。

山野豌豆的草产量第1、2年较低，第3、4年最高，鲜草产量达15t/hm²，如在生长第3年压青，可使后作连续增产3年，因此它是优良的绿肥植物。

山野豌豆根系发达，分蘖力强，串根速度快，播后1年即可蔓延成片，郁闭地面，加之其叶片多，覆盖度大，可减少土壤表层的水分蒸发。据测定，在相同条件下，山野豌豆覆盖地面的土壤表层含水量比苜蓿覆盖地面的土壤表层含水量高0.32%，说明它是一种良好的防风固沙的水土保持植物。

第十五节 山黧豆属牧草

山黧豆属（*Lathyrus* L.）植物有160余种，原产北半球温带地区。欧洲有52种，北美洲30种，亚洲78种，非洲24种，南美洲24种（Asmussen，1998）。中国有30种，主要分布于东北、华北、西北等较温暖湿润地区，许多种可作为牧草或绿肥利用，如山黧豆、草原山黧豆、五脉山黧豆、茫茫山黧豆和沼生山黧豆。目前生产上利用较多的是山黧豆和草原山黧豆，尤以山黧豆应用最多，其营养成分见表8-30。山黧豆不仅在中国，而且在整个亚洲及非洲和南欧，都是农区的优良绿肥作物或牧草。

表8-30 山黧豆属重要牧草营养成分

(引自中国农业科学院草原研究所，1990)

草 种	干物质(%)	钙(%)	磷(%)	占干物质(%)				
				粗蛋白质	粗脂肪	粗纤维	无氮浸出物	粗灰分
山黧豆	89.48	1.29	0.50	26.17	2.30	29.41	31.24	10.88
草原山黧豆	90.93	1.19	0.23	21.13	1.50	28.92	41.07	7.38

一、山黧豆

（一）概述

学名：*Lathyrus sativus* L.。英文名：grass peavine。别名：栽培山黧豆、马牙豆、马齿豆、草香豌豆、扁平山黧豆等。

山黧豆原产亚洲、非洲和南欧地区，中国吉林延边地区也有野生种。山黧豆种植历史悠久，古代就是亚非及南欧农区的重要饲料作物，中国江苏、云南、四川、陕西、山西、甘肃、黑龙江、内蒙古等省份均有栽培。

（二）植物学特征

山黧豆为一年生或越年生草本植物，株高40～90cm。主根入土深110～130cm，侧根繁茂，集中分布在10～30cm土层内。茎四棱，有翼或棱角，斜生，自基部分枝，分枝数4～10个，主茎停止生长后侧枝便迅速生长呈丛生型。偶数羽状复叶，顶端具卷须1～3个；小叶披针形或线形，叶长6～8cm，具柄。花大，单生，白色或蓝色，小花柄长6～8cm。荚果互生，微扁，荚脊有两个直翅，内含2～5粒种子；种子为不规则三角形或楔形，白色或灰色，千粒重75～125g。

（三）生物学特性

山黧豆喜凉爽湿润气候，抗寒抗旱性强，生长最适温度10～25℃，可在2～3℃的条件下正常发芽，幼苗和成株能耐-8～-6℃霜冻；在年降水量300～400mm的地方可正常生长，最适宜降水量为400～650mm，产量与水分供应状况密切相关。但不耐高温，不耐涝，也不耐盐碱。对土壤要求不严，在轻沙壤土、沙土和黏土上都能生长，以土层深厚的壤土或沙壤土为最好，但在重黏土上生长不良。

山黧豆在适宜的条件下，播后5～7d发芽，苗后20～30d开始孕蕾，现蕾后5～10d开花。开花同时，新的分枝开始形成，并形成新的花蕾，为此花期很长，从始花到豆荚形成期间，植株增长较快。生育期的长短因品种、气候、土壤及栽培条件而变化很大，一般为80～125d。

（四）栽培技术

山黧豆为禾谷类作物的良好前作，后茬栽种燕麦可增产25%左右；与大麦、燕麦、黑麦等间、混作，与玉米、甜菜、马铃薯等宽行距中耕作物在播前或收获之前套种，都可取得明显增产效果。精耕细作和增施肥料是山黧豆高产的重要保证，尤对磷肥反应敏感，增施60kg/hm^{2}磷肥可增产25%，苗期追施钾肥也有显著效果。播前根瘤菌接种，生长发育良好。

适期播种是山黧豆获得高产的关键，在西北黄土高原及东北、华北北部等地以春播为宜，一般从3月下旬至4月上旬播种；在华中和华北南部等地以早春顶凌播种为宜，也可冬季寄籽播种；在长江和淮河流域及西南地区，用作饲料和绿肥时以9月中旬至10月中旬秋播为宜，与玉米、棉花行间混套作时以5月播种为宜。条播行距30cm，播深3～4cm，播量青饲用 60～75kg/hm²，收种用 45～60kg/hm²。因倒伏严重，与禾本科牧草饲料作物混播可有效减轻倒伏。一般山黧豆的播量与单播一样，而禾本科牧草饲料作物视种类相应减少，例如与燕麦混播时比例为 2∶1，与苏丹草混播时比例为 5∶1，与谷子混播时比例为 8∶1。播后需镇压，以保证出苗效果。尽管山黧豆生长快，覆盖力强，但仍应注意苗期防草工作。有灌溉条件的地方，分枝期灌第一次水，盛花期灌第二次水，灌水结合追肥效果更好。青饲利用以现蕾期刈割为宜，调制干草以初花期刈割为宜，留茬不低于 6～8cm，刈后追肥灌溉有助于再生，再生草可用来青饲或放牧。种子收获应在多数豆荚变黄褐色时进行，此时荚果不易开裂，但倒伏会使茎秆下部荚果发霉，应予以注意。

（五）经济价值

山黧豆茎叶柔嫩，叶量约占植株 60%，青饲、放牧、青贮或调制干草均可，为各种家畜所喜食，属优质饲草料；籽实富含蛋白质，是畜禽优质精饲料，但因含 0.5%～0.8%的有毒水溶性变异氨基酸（即 β-草酰氨基丙氨酸），故应蒸煮或用水浸泡去毒后方可饲用。鲜草产量 15 000～30 000kg/hm²，干草产量 7 500～11 250 kg/hm²，种子产量 1 125～2 250 kg/hm²。

山黧豆除可作饲草料外，还是很好的绿肥作物，同时因花色美、绿色期长，也可作为地被观赏植物。

二、草原山黧豆

（一）概述

学名：*Lathyrus pratensis* L.。英文名：meadow peavine 或 meadow vetching。别名：草地山黧豆、牧地香豌豆等。

俄罗斯、北欧有分布，中国四川、陕西、甘肃有野生品种。

（二）植物学特征

草原山黧豆为多年生草本植物，具根茎，株高 30～90cm，最高可达 1.2m，分枝多，茎具棱，用卷须攀缘。小叶 2 片，对生，狭椭圆形，长 2～4cm；托叶戟形，长 2～3cm。花 6～10 朵，雌雄同花，集成总状花序；萼为钟状，裂齿 5 裂，与萼筒等长；花冠黄色，长 11～18mm。荚果黑色，长 20～40mm。

（三）经济价值

草原山黧豆多生长在草坡、沟边、林缘。野生种一般于 6～9 月开花。其青草有苦味，放牧时家畜较少采食，但制成干草后苦味减少而被家畜采食，尤以牛、马喜食。

第十六节　黄花羽扇豆

黄花羽扇豆属于羽扇豆属（*Lupinus* L.）植物，该属约 200 种，主要分布于北美洲和南美洲，北非和地中海地区也有分布。引入中国栽培的主要有黄花羽扇豆、白花羽扇豆和兰花羽扇豆 3 种，均为一年生或越年生牧草，其中尤以黄花羽扇豆栽培最多。

(一)概述

学名：*Lupinus luteus* L.。英文名：yellow lupine。

主要分布于美洲、欧洲、亚洲温带地区，在中国栽培不多，但随着无毒品种的育成及其利用价值提高，将会逐渐扩大推广，目前海南等南方省份有引种。

(二)植物学特征

黄花羽扇豆为一年生或越年生草本植物，株高60~100cm，全株密被细毛。茎直立，多分枝；掌状复叶，小叶7~9枚，狭长圆形，顶端尖锐或钝，基部较狭，有长柄；顶生花梗，着生许多色彩鲜艳的叶形花，排列成总状花序；荚果细长，内含2~6粒种子，种子肾形，有黑白斑点。

(三)生物学特性

黄花羽扇豆性喜凉爽气候，但不耐寒，低于0℃即受害，夏季酷热也不利于生长；耐旱性极强，能生长在干旱疏松的沙土上，有"沙地植物"之称，有一定耐湿性，可在降水量极高的地区生存；耐酸性很强，可在一般植物不能生存的酸性土壤生长，耐碱性差，遇石灰较多的土壤生长不良。

(四)栽培技术

黄花羽扇豆适于作为禾谷类作物后茬，可单播，也可与一年生作物混播，如用黄花羽扇豆120kg/hm² 和燕麦75kg/hm² 混作效果很好。初次栽种黄花羽扇豆时，最好接种根瘤菌，结合施用厩肥，如果拌施氯化钾150~225kg/hm² 和过磷酸钙300~375kg/hm²，对黄花羽扇豆产量和品质及其种子成熟的整齐度均有极好的作用。寒冷地区应春播，温暖地区多为秋播。条播行距40~45cm，播深2~4cm，播量150~200kg/hm²。一般播后10d出苗，幼苗生长慢，应至少中耕除杂草2次。

黄花羽扇豆有两种生态类型：一类荚果不易开裂，籽实为白色；另一类荚果成熟时容易开裂，籽实为杂色，此类型应注意采收时期。羽扇豆属中的植物多数有毒，在茎叶和种子中均含有毒生物碱，以绵羊受害最多，牛、马、猪、山羊也时有中毒现象，严重者甚至死亡，故饲喂或放牧时应辨清无毒黄花羽扇豆或其他种的无毒品种。

(五)经济价值

黄花羽扇豆适于放牧和青饲，尤以调制青贮饲料为宜，也可调制干草，但要注意刈割时期，现蕾至初花期刈割较好，可产鲜草量为15 000~22 500kg/hm²。初次饲喂时家畜往往不喜食，习惯后较其他青饲料喜食，尤以牛明显。黄花羽扇豆的籽实富含蛋白质，营养价值很高（表8-31），可作为家畜的精饲料，种子产量为1 200~1 400kg/hm²。

表8-31 黄花羽扇豆的营养成分
(引自王栋原著，任继周等修订，1989)

样品	干物质(%)	占干物质(%)					钙(%)	磷(%)
		粗蛋白质	粗脂肪	粗纤维	无氮浸出物	粗灰分		
鲜草	17.4	3.4	0.6	4.6	7.2	1.6		0.04

(续)

样品	干物质（%）	占干物质（%）					钙（%）	磷（%）
		粗蛋白质	粗脂肪	粗纤维	无氮浸出物	粗灰分		
种子	88.9	39.8	4.9	14.0	25.7	4.5	0.23	0.39

黄花羽扇豆不仅可用作饲草料，还可用作绿肥，以改良土壤和增进地力，同时也可作为水土保持植物，用于覆盖地面，防止冲刷。用作绿肥，每100kg新鲜茎叶中约含氮0.54kg、磷0.04kg、钾0.42kg。

第十七节　胡枝子属牧草

胡枝子属（*Lespedeza* Michx.）植物有100余种，分布于亚洲、大洋洲及北美地区。中国有65种，广布于全国，有饲用价值且引入栽培的主要是二色胡枝子、截叶胡枝子、达乌里胡枝子、细叶胡枝子等（表8-32）。

表8-32　胡枝子属主要栽培牧草营养成分
（引自中国饲用植物志编辑委员会，1987；中国农业科学院草原研究所，1990）

牧草种类	占风干重（%）			占绝干重（%）				
	干物质	钙	磷	粗蛋白质	粗脂肪	粗纤维	无氮浸出物	粗灰分
二色胡枝子（开花期）	91.19	2.30	0.16	14.79	3.37	25.12	48.59	8.13
截叶胡枝子（开花期）	90.56	2.11	0.13	14.65	3.34	27.42	47.37	7.22
达乌里胡枝子（初花期）	86.77	2.86	0.26	19.29	2.73	29.47	28.07	7.21
细叶胡枝子（结实期）	96.20	0.19	0.85	14.04	6.23	40.70	34.46	4.57

一、二色胡枝子

（一）概述

学名：*Lespedeza bicolor* Turcz.。英文名：shrub lespedeza 或 shrubby bushclover。别名：胡枝子、扫条、荆条等。

原产中国、朝鲜和日本，广布于中国北方及南方湖北、浙江、江西、福建、台湾等地。

（二）植物学特征

二色胡枝子为多年生落叶灌木型植物，根系发达，侧根密集在表土层。茎直立，高0.5~3.0m，分枝繁密，下部木质化，老枝灰褐色，嫩枝黄褐色，疏生短柔毛。三出复叶互生，顶端小叶宽椭圆形或卵状椭圆形，长1.5~5.0cm，宽1.0~2.0cm，先端具短刺尖，较侧生2枚小叶大。总状花序腋生，总花梗较叶片长，花萼杯状，花冠蝶形，有紫、白两色。荚果倒卵形，不开裂，网脉明显，内含1粒种子；种子褐色，斜倒卵形，有紫色斑纹，千粒重8.3g左右。

（三）生物学特性

二色胡枝子为中生型灌木，耐寒，耐旱，耐阴，耐瘠薄。其中耐寒性极强，可在冬季无雪覆盖-30～-28℃的地方越冬。二色胡枝子根系发达，土壤要求不严格。其野生种通常分布于海拔 400～2 000m 的暖温带落叶阔叶林区及亚热带山地和丘陵地带，为该地区灌木丛的优势种。春季气温达 5℃以上时开始返青，如在北京地区通常 4 月中旬返青，4 月下旬开始分枝，6 月初开花，7 月中旬结实，10 月中、下旬枯黄。整个生育期需 90～115d，生长期 150～190d。

生长第 2 年的二色胡枝子植株主根入土深度 170～200cm，根幅 130～200cm。幼苗根瘤发达，每株有 40～200 个，70%根系集中在 5～30cm 土层中。叶片宽大，单株叶面积可达 9m^2。从第 2 年开始，生长速度加快，开花期高达 1～3m，现蕾期至开花期日增长量达 1.83cm。人工栽培的二年生植株，单株鲜重达 2.03kg，产鲜草 30～51t/hm^2。

（四）栽培技术

二色胡枝子已在东北和华北进行人工栽培，播期多选择在土壤水分充足的早春或雨季。播前先去除荚壳，然后擦破种皮破除硬实。条播，行距 70～100cm，播种量 7.5kg/hm^2，撒播可增至 22.5kg/hm^2，播深 2～3cm。播种当年生长慢，苗期生长更慢，所以应注意苗期管理，中耕除杂草 1～2 次。播种当年草产量低，且很少结实。第 2 年以后生长加快，一般株高 40～50cm 时即可刈割利用，再生性较强，每年可刈割 2～3 次。除直播外，还可育苗移栽，一般用一年生苗移栽，方法是先刈割除去上部茎秆，然后移栽带根的下部茎，埋深应比原覆土深度深 3～5cm。采种可在荚果变黄时进行。

（五）经济价值

二色胡枝子枝叶繁茂，适口性好，适宜青饲或放牧利用，各种食草家畜均喜食，调制成草粉也是猪、鸡的优质饲料。营养价值高，粗蛋白质含量为 13.4%～17.0%，粗纤维含量为 25.1%～24.4%，钙、磷丰富。氨基酸含量高，苗期赖氨酸含量达 1.06%，开花期达 0.83%，高于紫花苜蓿。消化率较其他灌木型牧草高，反刍动物对其有机质的消化率可达 53.3%～57.6%。但硒、钼、钴元素明显缺乏。湿润地区干草产量 7 500kg/hm^2 以上，干燥地区为 2 250～3 000kg/hm^2，种子产量一般为 225～1 125kg/hm^2。

二色胡枝子除作饲草外，主要用作水土保持植物，也可作绿肥植物，因花色美丽尚可作庭园观赏植物，叶子代茶也可作饮料。

二、截叶胡枝子

（一）概述

学名：*Lespedeza cuneata* (Dum.) G. Don.。英文名：sericea lespedeza、Chinese lespedeza 或 Chinese bushclover。别名：铁扫帚、丝胡枝子、绢毛胡枝子、野鸡草等。

原产中国、朝鲜、日本、印度以及澳大利亚等国家。中国分布很广，东北、华北、西北及华中和华南各地均有分布。美国于 19 世纪末开始试种栽培，中国于 20 世纪 30 年代在甘肃天水引种栽培，近年来各地引种日趋增多。

（二）经济价值

截叶胡枝子营养期茎叶柔嫩，果熟期后粗糙。植株体内含有一定量单宁，影响适口性，家畜初采食有厌食现象，习惯后即喜食。单宁含量与品种、生育时期及栽培条件有关，一般营养生长期低于生殖生长期，故放牧或刈割应在营养生长期进行，此时不仅单宁含量低，而且营养价值高，适口性好。开花至结荚时，茎枝木质化程度增高，单宁含量也随之升高，适口性大大下降。但当果实成熟后，牛、羊非常喜食其荚果。截叶胡枝子再生性中等，水肥条件好的情况下每年可刈割 2～3 次，但至少间隔 7～9 周。一般鲜草产量 22 500～30 000kg/hm²，生长 3 年后可达 52 500kg/hm² 以上，种子产量达 1 275kg/hm² 以上。截叶胡枝子可放牧利用也可刈割利用，可青饲或调制干草和加工成草粉，为草料兼用的饲草作物；也是很好的绿肥作物，在江西、湖南等地常用作稻田绿肥；同时也是极好的水土保持植物，可用作固坡和防止沟壑冲刷；根及全株均可药用，有明目益肝、活血散热、利尿解毒的功效，还可治疗牛痢疾、猪丹毒等病。

（三）植物学特征

截叶胡枝子为长寿命多年生草本植物或半灌木。根发达，入土深 1.0～1.5m。茎直立或斜生，高 30～135cm，分枝多而密，可达 100 余个。羽状三出复叶，小叶矩圆形，上面光滑，下面密生白色绒毛，叶柄短，托叶披针形。总状花序腋生，有小花 2～7 朵，白色至淡红色。荚果小，斜卵形或椭圆形，黄褐色，具网纹状，内含 1 粒种子，成熟后不开裂。

（四）栽培技术

截叶胡枝子容易栽培，在山坡草地、岗地和砾石地上，用除草剂杀灭杂草后不用耕翻整地即可播种或扦插嫩枝栽培成功。但为提高播种质量和保证出苗效果，采取必要的措施仍很重要，如耕翻耙糖，施入有机肥尤其磷肥，接种根瘤菌等。由于荚果不开裂，种子硬实率高达 70%～80%，因而播前务必进行去除荚壳及破除硬实处理。特别注意的是截叶胡枝子种子寿命短，贮藏 3 年的种子大多丧失发芽力，因而播前需注意种子的发芽率。播种一般以早春为宜，条播，行距 30cm，播深 1～2cm，播量 6～9kg/hm²；撒播或飞机播种，播量为 15～30kg/hm²，若地面经浅耙和除草处理后可减少播量。除单播外，还可与禾本科牧草混播或套种，在截叶胡枝子草地上秋季补播鸭茅、牛尾草、黑麦草或鹅观草可延长草地年内利用时间，而且通过氮肥施用量控制二者的比例和平衡。

截叶胡枝子以开花前利用为宜，由于再生枝发生部位主要在叶腋处，故留茬高度不能低于 15～20cm。再生性中等，每年可刈割 2～3 次，采种通常在刈割 1 次后利用再生草收种。放牧利用的适宜株高应控制在 25cm 以内，植株过高会降低适口性和家畜的采食量，轮牧以间隔 5 周以上为宜。

（五）生物学特性

截叶胡枝子生长在热带、亚热带和暖温带地区，从丘陵的低海拔地区到 2 480m 的高海拔地区（西藏）均有分布。适应性广，适于坡地、路旁草地及河谷灌丛。天然分布区年降水量为 610～2 340mm，年均温 9.9～26.2℃，适应 pH 为 4.0～8.0，沙壤土至黏土上均能正常生长。有一定抗旱耐涝性，幼苗可正常生长在 0～5cm 土层含水量为 1.85%、5～10cm 土层含水量为 4.10% 的干旱条件下，当土壤含水量高达 86.6% 时，仍可维持 6d 的正常生长；抗寒耐热性也较强，冬季无雪覆盖时能忍耐 −15℃ 低温，夏季可忍耐持续 35℃ 以上的高温；

耐瘠薄性也很强，可在土壤有机质低于1%的贫瘠土壤上正常生长。

截叶胡枝子属短日照植物，日照持续高于11h以上时，则很快就能开花结实。亚热带地区一般于4月上旬返青，8月下旬至9月上旬进入花蕾期，9月中、下旬荚果成熟，10月下旬至11月上旬开始枯萎，整个生育期160~170d，生长期210~230d。

三、达乌里胡枝子

（一）概述

学名：*Lespedeza davurica* (Laxm.) Schindl。英文名：dahurian bushclover。别名：牛枝子、毛果状铁扫帚等。

分布于中国、朝鲜、日本及俄罗斯的远东和东西伯利亚地区。中国东北、华北、西北、华中至云南均有分布，在丘陵和低山阳坡地上常散生或呈小群落。

（二）植物学特征

达乌里胡枝子为多年生草本状半灌木，株高20~100cm，茎单一或数个簇生，枝条常斜生，被软柔毛。羽状三出复叶，小叶披针状长圆形，长1.5~3.0cm，宽0.5~1.0cm，先端圆钝，有短刺尖，基部圆形且全缘。总状花序腋生，短于叶或近等长，萼筒杯状，萼齿刺状，花冠蝶形，黄白色至黄色。荚果小而扁平，两面凸出，宿存萼内，倒卵形或长倒卵形，伏生白色柔毛，内含1粒种子。种子扁平，卵形，长约2mm，光滑，绿黄色或具暗褐斑点，千粒重1.9g。

（三）生物学特性

达乌里胡枝子为温带中旱生植物，喜温耐旱，更耐瘠薄，适生于≥10℃年积温1 700~2 750℃及年降水量300~400mm的地区。野生种主要分布于森林草原和草原地带的干山坡、丘陵坡地或沙质地上，为草原群落的亚优势种或伴生种，尤其在草地沙化或旱化时能较快侵入并成片生长，但随着海拔的升高和纬度的北移，它在群落中的作用将逐渐消失。在内蒙古地区，达乌里胡枝子于5月中旬返青，7月中旬孕蕾，7月下旬至8月开花，9月结实，10月地上部枯死。

（四）栽培技术

达乌里胡枝子引种历史不长，硬实率不高，一般低于20%，而且出苗容易，土壤墒情好时，播后10d即可出苗。北方干旱地区以夏季雨季来临播种为宜，飞机撒播后赶羊群踩踏一遍即可；温暖地区以早春或秋季播种为宜，春播当年即可开花结实。

（五）经济价值

达乌里胡枝子为良好的灌丛饲草，在开花期以前为各种家畜喜食，开花后因茎枝木质化，适口性下降。现蕾前叶量丰富，占地上部茎叶风干重64.3%。鲜草产量3 500~7 000kg/hm²。青饲、放牧或刈割调制干草均可，也可作为改良干旱、退化或趋于沙化草场的补播草种，也可作为山地、丘陵地及沙地的水土保持植物。

四、细叶胡枝子

(一) 概述

学名：*Lespedeza hedysaroides* (Pall.) Kitag.。英文名：rush lespedeza。别名：尖叶胡枝子、灯草状胡枝子、小叶牛子棵、黄蒿子等。

细叶胡枝子主要分布于中国东北、华北、西北、华中地区，华南也有分布。在朝鲜、日本、俄罗斯等国均有分布。

(二) 植物学特征

细叶胡枝子为多年生草本状半灌木，株高30～60cm，最高达100cm。茎直立，枝条细而稠密，灰绿色或黄绿色，密生灰白色短柔毛。羽状三出复叶，小叶披针形，长1～3cm，宽0.2～0.7cm；托叶细长，尖锐成披针形。总状花序腋生，2～5朵小花聚集，白色，有紫斑。荚果宽椭圆形或倒卵形，有短柔毛，内含1粒种子，种子黄绿色，有紫色斑点。

(三) 生物学特性

细叶胡枝子耐旱抗寒，适应性广，常见于华北地区山地天然草地中，有时成为草原群落的优势种。因耐旱和耐瘠薄性很强，可在华北或西北地区低山丘陵区较干燥的石砾山坡地用作水土保持植物。对土壤要求不严，极耐瘠薄，可在新开垦或石砾山坡地区生长，但以肥沃壤土生长为宜。一般7～8月开花，9～10月结荚。

(四) 栽培技术

细叶胡枝子极易栽种，条播和撒播均可，条播播量15kg/hm^2，撒播播量22.5kg/hm^2。可单播，也可混播。一般种子硬实率达35%，播前应采取硬实处理，以提高发芽率。

(五) 经济价值

细叶胡枝子在现蕾期或以前，叶片和上部嫩枝的适口性较好，为各种家畜喜食，尤以羊喜食，此时叶量极为丰富，可占地上部风干重的73.6%，无论放牧还是刈割调制干草均较适宜。但在开花后因粗纤维急剧增加，适口性大大下降。

第十八节　岩黄芪属牧草

岩黄芪属 (*Hedysarum* L.) 植物约100种，分布于北半球温带地区，中国有25种，产于西南部至东北部，许多种有饲用价值，引入栽培的主要有羊柴、花棒和山竹子 (表8-33)。

表8-33　岩黄芪属重要牧草开花期营养成分

(引自中国农业科学院草原研究所，1990；中国饲用植物志编辑委员会，1989)

牧草种类	占风干重 (%)			占绝干重 (%)				
	干物质	钙	磷	粗蛋白质	粗脂肪	粗纤维	无氮浸出物	粗灰分
羊柴	92.06	2.76	0.14	14.97	3.63	24.70	47.29	9.41

(续)

牧草种类	占风干重（%）			占绝干重（%）				
	干物质	钙	磷	粗蛋白质	粗脂肪	粗纤维	无氮浸出物	粗灰分
花棒	95.75	1.74	0.19	14.25	6.27	20.67	47.33	7.23
山竹子	93.10	1.24	0.31	10.74	2.11	44.58	31.16	4.51

一、羊　柴

（一）概述

学名：*Hedysarum laeve* Maxim.。别名：塔落岩黄芪。

分布于内蒙古中西部、宁夏东部和陕西北部的沙地上，引种栽培历史较长，但深入研究始于 20 世纪 50 年代，现已成为北方重要栽培牧草，也是良好的防风固沙植物。过去对羊柴与蒙古岩黄芪（*Hedysarum mongolicum* Turcz.）和山竹子的植物分类定种存有争议，现已认定羊柴仅分布于内蒙古西部的毛乌素沙地、库布齐沙漠东部、乌兰布和沙漠和浑善达克沙地西部及其毗邻宁夏东部和陕西北部沙地上；而山竹子分布于内蒙古东部的通辽市和赤峰市的草原区沙丘及沙地上；蒙古岩黄芪分布于内蒙古锡林郭勒盟的东苏旗、西苏旗，乌兰察布市的四子王旗，巴彦淖尔市的乌拉特中旗北部，蒙古国境内也有分布，该种目前尚属野生种。

（二）植物学特征

羊柴为多年生落叶半灌木（图 8-11），株高 100～150cm。主根圆锥形，入土深达 200cm；侧根多在 15～70cm 土层中；根颈粗大，可长出 2～33 个分枝；具地下横走根茎，距土表 20～40cm 土层内生长，延伸面积达 48m² 以上，总长度达 100m 以上，其节处可产生不定根和不定芽，因而可形成许多子植株。茎直立，当年枝条绿色，老龄后呈灰褐色。奇数羽状复叶，有小叶 13～21 枚，披针形或椭圆状披针形，先端钝尖，基部圆楔形；托叶三角形，膜质。总状花序腋生，花疏生，红色。荚果椭圆形，有 1～3 节，多发育 1 节，内含种子 1～3 粒，以 1 粒多见，荚果外皮厚，不易与种子剥离。种子圆球形，黄褐色，千粒重 11g。

图 8-11　羊　柴

（三）生物学特性

羊柴为长寿命沙生植物，性喜沙质土壤，耐旱、耐寒、耐热、耐瘠薄和抗风沙能力极强，在年降水量 250～350mm、干旱、风大、沙多的严酷条件下仍能正常生长，冬季可忍受－35℃以下的严寒，夏季能耐 45℃以上的沙地高温，在瘠薄的沙质土壤上仍能获得较高产量，成年植株不怕风蚀沙埋，抗风沙能力可与沙打旺相比。但幼苗不耐风蚀沙埋，耐旱性也弱，耐盐性更差，在土壤含盐量0.3%～0.5%时就难于出苗。羊柴不耐牧，且再生性不强，生活第1、2年切不可利用，第3年后可于每年冬季轻度放牧1～2次，或于秋季刈割1次，年内应避免重牧或多次刈割。羊柴落粒性强，采种要及时，应分期分批进行。

羊柴种子萌发温度至少10℃以上，17℃以上时5～7d即可出苗，出苗后20d株高4～5cm，而根长达10cm，2个月后根与茎长度比达3∶1。总体来看，第1、2年地上部生长缓慢，主要生长根系，生长第3年才形成产量，第4～6年产量最高且稳定。在内蒙古鄂尔多斯市黄土高原地区，羊柴4月下旬返青，5月下旬开始现蕾，6月下旬开始开花，7月初开始结实，生育期约100d。一朵花从开花至种子成熟历时33～35d，因花期长达80d，故种子成熟很不一致。此外，羊柴的无性繁殖能力很强。据中国农业科学院草原研究所在内蒙古清水河县黄土高原水土流失区测试，一株7年生羊柴，从主根根颈上长出9条地下根茎，总长度48.3m，蔓延24.6m^2，枝条数达66；生活第3年的羊柴播种区自然盖度仅为35%，到第4年上升为60%，第六年达65%。

（四）栽培技术

羊柴如以荚果播种，因荚果皮坚韧不易透水，故发芽率极低，不到30%。为此播前必须进行机械处理，剥去果皮，可使发芽率提高到60%以上。在沙地原植被盖度20%以下地区，可开沟或耙地后直接播种。否则，应耕翻、耙糖各1次后才可播种。北方以在雨季或雨季来临前播种为宜，春墒好、风沙小或少的地区也可抢墒春播，但要注意春旱对幼苗的危害。条播行距30～45cm，用去果壳种子30～45kg/hm^2，覆土2cm。点播、撒播或飞播均可，不管何种方式，均要注意播后必须镇压，用网形镇压器镇压或驱赶羊群踩压，以促使种子与土壤紧密接触，保证出苗效果。

种子少时，可进行催芽育苗移栽。方法是先将种子浸泡一昼夜，捞出后拌入湿沙，保持湿润，待少量种子萌动后，按每100m^{2}苗床600g种子撒播，第2年春季刚解冻时或秋季结冻之前移栽，移栽时选取健壮株苗挖出，截取15～20cm长的小段根茎，埋入湿润土中即可萌发新枝。

大面积种植羊柴的区域一般不具备灌溉、施肥条件，防除杂草应视杂草危害程度给予适当处理即可。野鼠、野兔及蚜虫、蛴螬、金龟子、象鼻虫、草地螟、豆蛾虫等应给予密切关注，它们有的剥食种子，有的啃食幼根和根茎，有的蚕食嫩芽和叶片，而且破坏相当严重，应适时针对性地施药防治。一丛羊柴植株一般在生活第4、5年衰老死亡，此后再从根颈部萌发出根茎并蔓延生长出新植株。如果从生活第2年开始，每年采种后的秋冬季节进行齐地面平茬刈割，可促进地下根颈和根茎的分蘖分枝生长及加速地上茎叶的生长，且不影响下一年开花结实，从而起到复壮更新的作用。

（五）经济价值

羊柴枝叶繁茂，营养价值高，适口性好，骆驼终年喜食，羊喜食其叶、花及果实，尤其开花可补饲羔羊，开花期刈割调制的干草为各类家畜喜食。一般可产干草2 250～3 750kg/hm^2，种子150kg/hm^2。

中国流动沙丘面积高达 70 万 km²，1975 年在陕西榆林地区首次用羊柴飞播固沙获得成功，第 2 年保存面积达 17.6%；1978 年和 1980 年又连续在内蒙古鄂尔多斯市（原伊克昭盟）等地飞播羊柴进行大面积固沙试验取得成功；1985 年飞播羊柴治理内蒙古黄土高原水土流失也获得成功。据榆林治沙研究所测试，生活第 3 年的飞播羊柴，产干草 1 477.5kg/hm²，产种子 73.5kg/hm²。为此，羊柴成为广大沙区人民实现"沙漠变草地"的宝物，不仅改变了生态环境，还通过养畜脱贫致富。

栽培羊柴除防风固沙、保持水土外，主要用于收获种子，以扩大羊柴人工草地，或打草冬春缺草料时补饲。若以全株补饲绵羊，因下部茎粗老利用率仅为 60%～70%，但粉碎成草粉，再制成颗粒饲料或草饼则利用率几乎达 100%。目前，在饲草料和燃料尚缺的地方，常将采种后木质化不太严重的部分，粉碎制成草粉做饲料，木质化程度高、家畜难以利用的部分则用作薪柴。

二、花　棒

（一）概述

学名：*Hedysarum scoparium* Fisch. et Mey.。英文名：slender branch sweetvetch。别名：细枝岩黄芪、花帽、花柴等。

天然分布在北纬 37°30′～50°、东经 83°～108°，包括蒙古、哈萨克斯坦及中国西北沙区。中国分布于内蒙古、宁夏、甘肃及新疆等省份下辖的乌兰布和沙漠、腾格里沙漠、巴丹吉林沙漠、吉尔班通古特沙漠和库布齐沙漠西段等主要沙区，现为这些沙区固沙的主要草种。

（二）植物学特征

花棒为多年生半灌木沙生植物，株高 90～200cm。主根不长，侧根发达，多分布在 20～80cm 沙层内，成年植株根幅宽达 10m 多，根颈粗壮。茎直立，分枝多达 70～80 个，幼嫩时呈绿色或黄绿色，老熟时呈黄色，老死树皮常呈条片状剥落。奇数羽状复叶，小叶 7～11 个，稀疏排列，呈披针形或条状披针形，长 2～3cm，宽 2～6mm。总状花序，腋生，总花梗长于叶，有小花 5～7 朵，松散排列，花紫红色。荚果有 2～4 节，荚节两面膨胀呈卵状，具网纹，密生白色毡状柔毛，成熟时荚节（此为播种用种子）脱落，应及时采摘，其种子千粒重 25～40g。

（三）生物学特性

花棒天然分布于温带荒漠和草原化荒漠地区，这里年降水量为 150～250mm，属典型大陆性干旱气候，因而花棒具有很多旱生性状，如叶小、角质层厚、气孔凹陷且数目较多、细胞较小、栅栏组织发达，以及上部枝条的小叶退化或脱落，多以绿色叶轴、叶柄和枝条进行光合作用。花棒不仅耐旱，还耐热和耐寒。在陕北榆林地区，春夏季干沙层厚达 25～40cm 时，其他沙生植物由于干旱已大部分枯死，而花棒仍能正常生长；夏季沙面温度高达 69.3℃时未能灼烧致死；冬季 －36.5℃严寒下也未冻死。花棒耐沙埋能力特强，生活第 1、2 年因干旱胁迫而使地上部茎叶常常枯死，但当进入第 3 年后因根系形成而不再枯死，同时在其基部每年还能萌发出许多新枝，枝条叶腋处长出腋芽的能力也极强，当根部被风吹外露 0.5m 时仍能生存，即使茎秆全部被沙掩埋也能再生出分枝，此时生长更旺盛。

花棒在宁夏中卫地区 3 月下旬返青，4 月初展叶，5 月上旬后从第一级枝条叶腋处抽出第二级枝条，此后逐级抽出第三、四级枝条，开花从 5 月下旬持续到 9 月中、下旬，7~8 月达盛花期，结实也大多于此时开始，9 月中旬至 10 月下旬果荚成熟，以 10 月上、中旬成熟居多，生育期约 180d。种子边熟边脱落，采种应及时进行。人工种植的花棒，自建植第 2、3 年起，少量开花结实，第 5 年后开始大量开花结实；建植最初几年生长快，到第 3 年株高达 2m，第 5、6 年株丛冠幅达 3~4m，其后生长缓慢。水分条件好时，花棒寿命长达 70 年以上；在条件差的沙地上，生活 14~20 年后即开始衰弱死亡。

（四）栽培技术

花棒依立地条件不同可直播，也可育苗移栽或扦插，在半干旱草原区，可扦插或直播，在干旱区的流动沙丘上则宜于植苗。即使在同一沙丘的不同部位，由于沙埋和风蚀程度有异，生长也有显著差异，以沙丘侧翼生长最好，丘顶、迎风坡中下部渐差，风蚀严重的迎风坡必须有沙障防护才能扎根。试验表明，建植第一年的幼株在风蚀超过 10cm 时即干枯死亡。因此，种植花棒应选择适宜地段，除考虑地形外，尚需选择排水良好、含盐适中、轻质土壤为宜。

花棒种子极易吸水，发芽率高达 90% 以上，扎根快，出芽慢，子叶不出土，适宜穴播和条播。播期以雨季来临前的 5 月下旬至 6 月下旬为宜，播量为 7.5~15.0kg/hm²，株行距 100~200cm。苗期应注意鼠害，最好播前用 0.30% 氟乙酰胺浸制毒饵以防鼠。植苗以春季进行为主，在风蚀沙埋较轻地区可在秋季栽植，在降水较多的半干旱沙区也可雨季栽植。多用 1~2 年实生苗，苗根长度至少 30cm，以 40cm 长为宜。植苗深度应为 40cm，栽时要防止窝根，株行距一般为 100cm×100cm 或 200cm×200cm。在年降水量 300mm 左右的沙区，可结合平茬进行扦插，方法是选 0.7~1.5cm 粗枝段，截成 40~60cm 长插穗，浸水 1~2d，即可挖坑插条。飞播花棒也取得良好效果，据在陕北榆林地区飞播测试，飞播 3 年后，稳定保存面积比例达 6.5%~7.5%，9 年后的覆盖度仍可达 7.5%。在地广人稀的沙区，花棒是很有应用前景的固沙植物。

（五）经济价值

花棒适口性好，骆驼最喜食，可四季采食；绵羊、山羊喜食其嫩枝、叶、花和果实；开花期刈割调制的干草，各种家畜均喜食。开花后，因茎秆木质化程度急剧增高，使得适口性降低。自 20 世纪 60 年代以来，陕北榆林沙区、内蒙古毛乌素沙区和西辽河沙地引种，主要用于固沙，同时兼作饲用。内蒙古毛乌素沙区测试表明，直播后生长第 3 年平均产鲜草 5 400kg/hm²，折合干草 1 900kg/hm²；在陕西省榆林沙区直播后生长 3 年茎叶封行可达郁闭。此外，花棒花序多，且花期长，是极好的蜜源植物。种子含油率达 20.3%，比大豆含油率（17.4%）还高，油质芳香，可供食用。脱脂后的油饼可制酱油和豆酱。老茎树皮因纤维长，韧性强，可代替麻绳、编织口袋。茎秆开花后木质化，粗硬而含有油脂，干湿都能燃烧，火力甚旺，是很好的薪柴植物。

三、山 竹 子

(一) 概述

学名：*Hedysarum fruticosum* Pall.。别名：灌木岩黄芪、山竹岩黄芪等。

分布于中国东北西部及内蒙古东部沙地草原区，蒙古和俄罗斯西伯利亚东部也有分布。天然分布区的自然条件为年均温 4～6℃，≥10℃的有效积温为 2 400℃以上，年降水量 300～450mm，湿润度 0.4～0.6，地貌为固定、半固定沙地，植被为山竹子与差巴嘎蒿、乌丹蒿、东北木蓼、叉分蓼、黄柳、虫实、沙米等组成的沙地草原群落。

(二) 植物学特征

山竹子为多年生半灌木植物，株高 110～150cm。茎直立，多分枝，老枝茎皮灰黄色或灰褐色，常呈纤维状剥落。奇数羽状复叶，具小叶 9～21 枚，总状花序腋生，有小花 4～10 朵，花紫红色。荚果有 2～3 节，荚节具网状脉纹。

(三) 生物学特性

山竹子最显著的特点是具强壮根茎，通过根茎进行无性繁殖，对山竹子种的繁衍、群丛稳定、植被更新及产草量高低具有重要作用。山竹子根颈上的不定芽，一部分直接伸出地面发育成地上实生株丛；另一部分则变为棕褐色、在沙层中水平延伸的根茎，这些根茎由生活 2～3 年的实生苗产生，并由根颈部向四周呈放射状扩展延伸，每个根茎都可产生自己的分枝，从而形成根茎层，集中分布在 5～20cm 沙层内，从每个根茎的节上再萌蘖出许多新的根系、根茎和地上株丛，如此逐级产生出无性繁殖的强大网络系统。在自然状态下，有 90% 以上株丛发生于根茎上，而实生株丛在其群落中不足 10%，有时甚至找不到。

随着株龄增长，山竹子茎秆木质化程度增加，越冬能力和分枝能力也显著提高，成年株在一个生长季中可产生 5 级分枝，不仅增加产量，而且固沙防风效应也大有增强。山竹子生活第 3～4 年开始结实，5～10 年结实高峰，10 年后结实逐年衰减；其花序多着生于 2～3 级分枝上，总体看结实率较低，一般产种子约 5kg/hm^2。所谓种子实际上是带果皮的荚果，原因是果皮不易与种子分离。

(四) 栽培技术

山竹子适宜在覆沙地、固定沙地、半固定沙地及排水良好的沙质地上种植，可直播或育苗移栽。播前应脱去果皮、擦破果皮、浸泡催芽等以提高发芽率，雨季来临前播种为宜。春季风小、墒情好的地方也可晚霜后播种。直播可穴播、条播、撒播或飞播，播深 2～3cm。穴播株行距（50～100）cm×（150～200）cm，播量 10～15kg/hm^2；条播行距 150～200cm，播量 15.0～22.5kg/hm^2；撒播或飞播，播量 7.5～15.0kg/hm^2，飞播种子用吸湿剂、根瘤菌或稀土微肥拌种丸衣有利于飞播定植、发芽和保苗。育苗地要选择排水良好的沙土或沙壤土，先做畦再条播，行距 30～35cm，播量 50～600kg/hm^2，以 5 月初至 6 月中旬播种为宜，移栽以 1～2 年生苗为好。山竹子生长数年后结合刈草进行平茬，以减缓植株衰老，恢复生机，促进生长。

（五）经济价值

山竹子一般开花期刈割，此时调制的干草各种家畜均喜食。放牧时，马和骆驼终年喜食，绵羊和山羊喜食其嫩枝、细叶、花和果实。

第十九节 锦鸡儿属牧草

锦鸡儿属（*Caragana* Lam.）植物系落叶灌木，为欧亚大陆特产，是欧-亚草原植物亚区的典型植被。全世界有100余种，分布于东欧和亚洲，中国有66种，主要分布在黄河流域以北干燥地区，西南和西北地区则以西藏高原为中心，少数种类分布在长江下游及长江以南。其中，新疆分布的种类最多，有32种，其次为甘肃24种，西藏22种，内蒙古20种，山西20种，陕西18种，四川17种，河北14种，青海和宁夏各11种，山东和云南各6种，河南、安徽、黑龙江各4种，吉林、辽宁、江苏各3种，浙江2种，贵州、福建、湖北、湖南各1种。目前，主要栽培的有柠条、中间锦鸡儿和小叶锦鸡儿（表8-34），是典型草原、荒漠草原乃至荒漠地区重要栽培牧草，也是非常好的防风固沙和水土保持植物。

表8-34 锦鸡儿属重要牧草营养成分

（引自中国农业科学院草原研究所，1990）

牧草种类	占风干重（%）			占绝干重（%）				
	干物质	钙	磷	粗蛋白质	粗脂肪	粗纤维	无氮浸出物	粗灰分
柠条（开花期）	86.18	0.80	0.34	26.67	2.08	19.44	46.23	5.58
中间锦鸡儿（开花期）	89.17	0.61	0.32	30.73	2.00	16.97	44.40	5.90
小叶锦鸡儿（营养期）	93.33	1.62	0.18	19.41	2.45	33.12	38.33	6.69

锦鸡儿属中许多种类为民间常用药材。如中间锦鸡儿的根、花和种子均可药用，有滋阴养血、祛风除湿和清热解毒的功效，药理实验研究和临床观察报道有降血压、平喘和抗炎等功效。锦鸡儿属植物的种子是一种油脂资源，也是一种潜在的食用蛋白质资源。种子油中不饱和脂肪酸含量高达90%以上，多种生物活性物质的含量也很丰富，锦鸡儿种子的平均蛋白质含量仅次于大豆，与蚕豆相近，高于花生和豌豆；其种子的氨基酸组成（表8-35）比较平衡，人体必需氨基酸含量是大豆的数倍，是值得重视的潜在食用蛋白质资源。

表8-35 锦鸡儿属重要牧草种子氨基酸含量

牧草种类	占干物质（%）								
	缬氨酸	苏氨酸	蛋氨酸	异亮氨酸	亮氨酸	苯丙氨酸	赖氨酸	组氨酸	精氨酸
柠条	0.642	0.520	0.138	0.513	0.903	0.634	0.701	0.263	0.726
中间锦鸡儿	0.642	0.590	0.176	0.522	0.844	0.665	0.721	0.304	0.631
小叶锦鸡儿	0.151	0.436	0.127	0.144	0.725	0.534	0.559	0.211	0.518

注：内蒙古农业大学分析

一、柠 条

（一）概述

学名：*Caragana korshinskii* Kom.。英文名：korshinsk peashrub。别名：大柠条、大白柠条、毛条、牛盘条、老虎刺、马集柴、明条等。

中国主要分布在内蒙古鄂尔多斯的库布齐沙漠，阿拉善盟的巴丹吉林沙漠南部，尤以腾格里沙漠有成片生长，甘肃、宁夏及陕西北部等省份的沙区也有少量天然分布。一般多以零星小片出现。主要分布在半固定、固定沙地，或分布于具有各种基质的薄层地以及岩石分化物上，基质的固定程度较其他沙质荒漠高，组成也较粗糙，沙地表面多出现碎石及碎砾。从系统演化上看，属于比较原始类型的高锦鸡儿系列，起源于阴山山脉西部的阴坡上，是蒙古植物区系中荒漠、荒漠草原植物种。在内蒙古鄂尔多斯、阿拉善等地区及甘肃北部沙地上与绒毛小叶锦鸡儿相间分布，并以此种代替了小叶锦鸡儿。

（二）植物学特征

柠条为多年生旱生灌木，株高1.5~3.0m，最高可达5.0m。根系发达，入土深度5~6m，最深达9m，水平伸展可达20m以上。树皮金黄色有光泽，分枝少，一般3~5个枝条，幼枝灰黄色，有棱，密生绢毛；长枝上的托叶宿存并硬化成刺状，长5~11mm。羽状复叶，叶轴密生绢毛，长3~5cm，先端有刺尖，小叶长12~18mm，倒披针形或长椭圆状倒披针形，长7~13mm，宽3~6mm，先端钝尖，基部楔形，两面密生绢毛。花单生，长约25mm，花梗密被短柔毛，花萼筒状，萼齿三角形；花冠呈黄色，旗瓣卵圆形，翼瓣长为瓣片的1/2，龙骨瓣基部截形。荚果披针形或短披针形，稍扁，革质，深红褐色，先端急尖。种子呈不规则肾形或椭圆状球形，褐色或黄褐色，千粒重55g。花期5~6月，果期6~7月。

（三）生物学特性

柠条为强旱生植物，耐干旱，耐热，耐严寒，抗逆性强。天然分布在年降水量200mm以下，≥10℃的年积温在3 000~3 600℃的荒漠、半荒漠地带的固定或半固定沙地，一般多呈零星小片出现。有试验表明，在夏季沙地表面温度高达45℃时仍能正常生长，在冬季-39℃低温时仍能安全越冬。柠条的根深可达9~10m，水平伸展可达20m以上，根系被风蚀裸露后一般也能正常生长。具有发达的根颈，可萌生大量的枝条，茎被沙埋后可产生不定根和不定芽，可萌发大量新枝条。因此，具有很强的耐风蚀抗沙埋能力。

柠条播种当年生长缓慢，生长期结束时株高达1cm以上即可安全越冬，第2~3年生长加快，株高一般可达1m以上。灌溉条件下，播种后第4年开花结实，旱作条件下需6~7年才能开花结实。在内蒙古西部地区，柠条于4月上旬开始返青，5月下旬至6月上旬开花，6月上旬至7月中旬结实，7月中、下旬种子成熟，10月上旬枯黄。

（四）栽培技术

柠条适宜种植在固定、半固定沙地或覆沙地上，除严重风蚀地段外，均以耕翻整地为好。柠条种子的寿命极短，贮存 3 年的种子发芽率仅为收获后第 1~2 年种子发芽率的 30%~40%，第 4 年几乎全部丧失发芽能力。因此，播前应严格测定种子品质，一般要求发芽率不低于 80%，纯净度不低于 90%。在内蒙古中西部，5~7 月雨季来临时播种为宜，覆土 2~3cm，播后镇压，播种量 3.75~7.50kg/hm^2，条播行距 150~200cm，也可采用穴播或撒播。播后 2~3 年内生长缓慢，通常需围封，并禁止放牧和刈割，每年应进行 1~2 次中耕除草，第 4 年开始利用。每隔 4~6 年平茬 1 次，可促进萌蘖分枝和茎叶生长，更新复壮株丛，延缓衰老。平茬方法是在立冬至翌年春季解冻前，用锋利刀具齐地面刈割掉全部枝条，有条件可用灌木平茬机进行。据陕西省佳县对生活第 4 年柠条于冬季平茬所做的试验表明，第 2 年平茬植株的冠幅比不平茬植株增加 27%~116%，新枝增加 140%~297%，新枝高度达到 40~70cm。

柠条常见的虫害有柠条豆象、柠条小蜂、柠条象鼻虫等，主要在开花结实期危害种子的发育和形成，严重时危害率达 50%以上。防治方法主要是在花期喷洒 50%倍硫磷乳油 1 000 倍液毒杀成虫，也可于 5 月下旬现蕾期至始花期喷洒 80%磷铵稀释 1 000 倍液或 50%杀螟硫磷乳油稀释 500 倍液毒杀幼虫，播前用 60~70℃温水浸种也可杀灭幼虫。

（五）经济价值

柠条株丛高大，枝叶繁茂，产草量高，营养丰富，适口性好，是各类家畜的上等饲用灌木。绵羊、山羊和骆驼均喜食其幼嫩枝叶和花，夏秋因木质化加剧而采食较少，秋霜后因茎枝干枯变脆而乐意采食，马和牛采食较少。生活 5 年以上的人工柠条草地，干草产量达 2 250~3 000kg/hm^2，种子产量 240~300kg/hm^2。柠条草地可终年放牧，尤其在冬春季及干旱年份的夏季，凭其顽强生命力和强抗旱性能，仍能正常生长成为各类家畜的"保命草"。粗老枝条经粉碎加工成草粉，可作为绵羊、山羊冬春补饲的良等草料。柠条荚果和种子经过加工，对羊的催肥作用不低于大豆。

柠条根系强大而入土深，可作为防风固沙、保持水土的环保植物。花冠鲜艳及花期持续时间长，是很好的蜜源植物。根、花、种子均可入药，有滋阴养血、通经、镇静、止痒等效用，也是较好的药用植物。

二、中间锦鸡儿

（一）概述

学名：*Caragana intermedia* Kuang et H. C. Fu。英文名：middle peashrub。别名：中柠条、明条等。

中间锦鸡儿为沙生旱生灌木，主要分布在蒙古高原的荒漠化草原区、鄂尔多斯高原的典型草原区和荒漠化草原区、黄土高原北部的典型草原区和森林草原区。在草原带及荒漠草原带的沙地及梁地上、黄土高原北部的黄土丘坡上，常形成以中间锦鸡儿为建群种的沙地灌丛植被。分布于山西、陕西、宁夏及内蒙古等省份，广泛分布在鄂尔多斯高原的梁地及固定沙地上，常与黑沙蒿组成灌丛草场。

（二）植物学特征

中间锦鸡儿为多年生灌木，株高 70~150cm，少见 200cm。多分枝，幼枝细长呈绿色或黄绿色，老枝粗硬呈黄灰色或黄白色，托叶在长枝上宿存，硬如针刺。羽状复叶，有小叶 6～18 枚，椭圆形或倒卵状椭圆形，先端圆或急尖，稀截形，具细尖刺，基部宽楔形，两面密被丝质短柔毛。花冠黄色，旗瓣圆卵形或菱形，翼瓣长约为瓣片的 1/2，具齿状短耳。荚果条状披针形，长为宽的 4～7 倍。种子肾形，黄褐色，千粒重 35～37g。

（三）生物学特性

中间锦鸡儿的根系深达 5m 以上，水平伸展达 10～15m，根系具有极强的吸水能力，因此抗旱能力强，生长旺盛，是防风固沙、水土保持的重要旱生灌木。中间锦鸡儿耐寒、耐热、耐贫瘠，但不耐涝。喜欢在沙砾质土壤上生长，在半固定沙地上可于基部聚集成风积小沙丘，可耐一定程度的沙埋，轻微沙埋有助于促进新枝萌蘖生长。在内蒙古鄂尔多斯市，4月下旬返青，5月中旬开花，6月开始结实，7月上、中旬种子成熟。荚果成熟后爆裂，应分期分批及时采种。果后营养期长，至 11 月上旬落叶，生长期达 200d 左右，生长量最多的是 5～7 月，8 月渐少，9 月以后停止生长。

中间锦鸡儿种子寿命短，为 1～2 年，但发芽快，成熟落地后遇雨 6～7d 即可萌发出土。生长第 1～2 年为营养期，地上茎叶生长缓慢，地下根系生长较快。第 3 年开始生长迅速，并大量分枝，成为枝叶茂密的灌丛，条件好时可有少量植株开花结实。第 4 年以后开始大量植株开花结实，此后每隔 4～5 年平茬 1 次，以刺激根颈萌生出更多枝条，增大植株冠幅，形成稠密灌丛，达到提高产量的目的。

（四）栽培技术

栽培技术可参照柠条。

（五）经济价值

中间锦鸡儿营养丰富，骆驼终年喜食，绵羊和山羊喜食其嫩枝叶和花，为羊和骆驼抓膘牧草，尤在荒旱年份更显示出它的重要性。马和牛不喜食，一般干草产量 400～800kg/hm²。中间锦鸡儿与柠条一样，除作饲用外，是防风固沙、保持水土的重要植物，另在药用、蜜源、榨油、薪柴等方面也显示出一定的利用潜力。

三、小叶锦鸡儿

（一）概述

学名：*Caragana microphylla* Lam.。英文名：little-leaf peashrub。别名：小柠条、骆驼刺、连针等。

小叶锦鸡儿分布于蒙古高原草甸草原和典型草原区、松辽平原草原区和华北山地森林草原区，是一个草原种。多生长在草原地带的沙质地、半固定沙丘、固定沙丘及山坡等处，广泛散生于地带性植物群落中，在蒙古高原草原区，小叶锦鸡儿在大针茅草原和克氏针茅草原群落中形成优势灌木层片，在草原带的沙地上可形成以小叶锦鸡儿为建群种的沙地灌丛植被。分布于中国东北、内蒙古、陕西、河北、山西、山东等地，日本、蒙古及俄罗斯西伯利亚地区也有分布。

(二) 植物学特征

小叶锦鸡儿为多年生灌木，株高 40～70cm，最高达 100cm。幼枝黄白色至黄褐色，老枝灰黄色，托叶在长枝上宿存并硬化成针刺。羽状复叶，有小叶 8～20 枚，倒卵形或倒卵状长圆形，先端圆形，急尖，或近截形或微凹缺，具小细针尖状，基部渐狭或宽楔形。花单生，黄色，旗瓣瓣片长宽近相等，近圆形，龙骨瓣瓣片基部平截。荚果细圆筒形，长为宽的 7～10 倍，内含种子多粒，种子椭圆形，褐色，千粒重 40g。

(三) 生物学特性

小叶锦鸡儿耐寒、耐旱、耐高温和抗风沙，对土壤要求不严，再生性特强，根系特别发达。在草原地带的坡地淡栗钙土上，主根入土深达 4m 以下，侧根发达，根幅庞大，并具有明显的成层分布现象。在内蒙古地区，4 月中旬返青，5 月下旬至 6 月上旬开花，6 月中旬至 7 月中旬果荚成熟，9 月中旬后逐渐落叶干枯。

(四) 栽培技术

小叶锦鸡儿在草原地区沙丘、沙地上可进行直播，播后覆土要薄，以免沙埋影响幼苗出土，最好在沙障中穴播定植，一般播后 4～5d 即可出苗，播种后应围封、禁牧，2 年以后可逐渐饲用，并可起到防风固沙的作用。进入生产期后，每年 6 月的产草量最高，7 月虽然枝条生长繁茂，但因荚果成熟开裂致使种子脱落，总产量不高。其他栽培技术可参考柠条和中间锦鸡儿。

(五) 经济价值

饲用特点和经济价值同柠条和中间锦鸡儿。

第二十节 银 合 欢

(一) 概述

学名：*Leucaena leucocephala* (Lam.) de Wit。英文名：leucaena。别名：萨尔瓦多银合欢。

原产于中美洲的墨西哥，现广泛分布于世界热带、亚热带地区。菲律宾、印度尼西亚、斯里兰卡、泰国、澳大利亚等国家栽培较多。中国台湾早在 300 多年前已进行引种栽培，华南亚热带作物科学研究所于 1961 年从中美洲引种，1964 年广西壮族自治区畜牧研究所研究试种。目前，在海南、广东、广西、福建、云南、浙江、台湾、湖北等地已有较大面积栽培。

银合欢的品种多达 100 个以上，中国已先后从国外引进 90 多个品种，主要分为 3 种类型。

1. 夏威夷型 是指普通银合欢，原产于墨西哥海岸地区，是矮小灌木，高约 5m。幼小（4～6 月龄）即可开花，全年均可开花。小花多，叶产量较低，盛产种子。嫩枝叶干物质中含羞草素的含量平均为 3.75%，含量较高。中国早年引进的都是这一类型，是中国和太平洋地区分布最广的一类。

2. 萨尔瓦多型 是指新银合欢，原产于萨尔瓦多及危地马拉等地，高大乔木，有时高达20m。叶片、花序、荚果和种子均较夏威夷型大。一年开花2次，种子产量较低。嫩枝叶干物质中含羞草素含量低，为1.87%。华南热带作物科学研究院经多年田间鉴定和比较试验，选育出热1银合欢，并于1991年获全国牧草品种审定委员会审定登记。该品种速生高产，萌蘖再生力强，茎枝叶的产量达45～60t/hm²。

3. 秘鲁型 是指原产于秘鲁及中美洲等地的银合欢。植株高大，但比萨尔瓦多型植株矮、晚熟、结籽量少。嫩枝叶干物质中含羞草素含量平均为2.77%。在树干的下部能长出许多分枝，分枝上生长大量的叶子，是高产的饲草类型。

（二）植物学特征

银合欢为多年生灌木或乔木。植株高大，株高3～20m，茎粗约10cm，最粗可达25cm。多分枝，幼枝被短柔毛，老枝无毛，具褐色皮孔。主根发达，播种当年根深可达1～2m。叶互生，偶数二回羽状复叶，有羽片5～7对，每对羽片有小叶10～17个；叶轴长12～20cm，总叶柄上有一大腺体；小叶卵圆形至披针形，长1.5～1.7cm，宽4～5mm；叶面绿色较深，叶背较浅。头状花序腋生，白色，直径2～3cm，有长花序梗；每花序有小花10～160朵，密集生在花托上呈球状。荚果扁平带状，长约23cm，内含种子12～25粒，成熟时开裂。种子褐色，扁平光亮，千粒重33～36g。

（三）生物学特性

银合欢喜温暖湿润的气候，适宜在海拔500m以下的地区生长，随着海拔增高，生长减缓。

适应性强，虽为热带植物，但有一定耐寒性。最适生长温度25～30℃，12℃生长缓慢，低于10℃、高于35℃停止生长，0℃以下叶片受害脱落，-4.5～-3℃植株上部及部分枝条枯死，-6～-5℃时地上部枯死，但地下部分存活，翌春仍有部分植株抽芽生长。

根系发达，耐旱能力强，在年降水量1 000～2 000mm地区生长良好，但也能在250mm地区生长。能耐南方旱季少雨条件，数月无雨仍能存活。不耐水淹，长时间积水会引起烂根死亡。

银合欢对土壤要求不严，最适合于种植在中性或微碱性的土壤上。在水肥条件好的微酸性土壤上也能生长良好，在强酸性土壤表现则较差。适宜土壤pH 5.0～8.0。

苗期地上部分生长缓慢，根系发育快，当第二、三片真叶出现后开始形成根瘤。一般成株在3～4月和8～9月两次开花，5～6月和11～12月种子成熟，成熟的荚果自行开裂，散落地面，自行繁衍，能形成大量幼苗。

银合欢固氮能力极强，密植的银合欢草地根瘤菌年固氮量4 995kg/hm²。

银合欢速生，刈割后萌芽抽枝多，鲜茎叶产量高，每年可刈割4～6次，鲜草产量45 000～60 000kg/hm²。

（四）栽培技术

银合欢既可用种子播种也可用茎秆扦插繁殖，一般用种子直播较为省工。应选择土层深厚肥沃，pH 5.5以上的地方种植。种前需精细整地，施足基肥，应施有机肥 30～40t/hm²，过磷酸钙 225～375kg/hm²，石灰 1 000～1 500kg/hm²。

银合欢种子硬实率达 80%～90%，播种前需进行热水或擦破种皮处理，以提高发芽率。处理后的种子，最好拌以银合欢根瘤菌。

播期一般在 3～4 月，春旱地区，宜在雨季（5～6 月）开始播种，条播、穴播均可。用作饲料、绿肥时，条播行距为 60～80cm，播种量 15～30kg/hm²，播深 2～3cm。放牧利用时，宜采用 2～3m 宽行距条播或穴播，或间作禾本科牧草。种子生产田，则宜稀播，穴播株行距为 2m×1m。在丘陵多石山地，可挖穴播种。除直播外，还可采用尼龙袋育苗，当苗高 20～25cm 时，即可打穴移栽，移栽后每日浇水 1 次，直到成活。

银合欢亦可与非洲狗尾草、宽叶雀稗等热带禾本科牧草混播建立人工草地，株行距 2m×2m 或 2m×3m，先挖穴，并施足基肥，平整穴面后，再撒播禾本科牧草种子，待禾本科牧草长至覆盖度达 50% 以上时，将银合欢移苗定植。这种混播草地的载畜量比天然草山草坡载畜量高 4 倍，放牧肉用牛效果较好。

银合欢苗期生长缓慢，应中耕除草 2～3 次。如果幼苗生长较弱，可施少量氮肥。在生长期间施入磷肥以利固氮，每年施过磷酸钙 125kg/hm²，即可满足生长期需要。当土壤 pH 低于 5 时，可施入石灰 4 000～5 000 kg/hm²，以调节土壤酸碱性。在沙地上，苗期施少量氮素，以促进根系的生长。

当植株长到 1.0～1.5m 时，即可刈割饲用，留茬 30～50cm。刈割后要注意施用氮肥和磷肥，以促进再生，50d 后，植株高 1.2m 时，可以再进行收割。

银合欢建植的混播草地，株高 80～100m 时可轻度放牧，其后每隔 3 个月重复放牧利用 1 次，放牧留茬高度不能低于 50cm。不耐重牧，需轮牧，如果连续放牧，银合欢难以生长，最后会衰竭死亡。

银合欢易受木虱（*Hetreopsylla cubana*）的危害，其成虫和幼虫主要为害芽和嫩叶，使嫩枝叶枯死脱落，严重的只剩下茎秆，导致银合欢产量大大降低，严重影响畜牧业生产。目前，每公顷可用灭净菊酯 150mL，稀释 1 000 倍液，采用超低容量喷雾茎叶方法进行化学防治。由于银合欢木虱天敌较多，因此亦可采用生物防治。海南、广西、云南等省份有一种新的入侵害虫——银合欢豆象（*Acanthoscelides macrophthalmus*），该虫严重为害银合欢豆荚和种子。在云南省低海拔的河谷地区适生面积非常广泛，其分布与年均温、昼夜温差，以及年温差比值变化范围有密切关系。由于银合欢豆象是国内新发现的害虫，有关其研究还处于起步阶段。

（五）经济价值

银合欢叶量大，鲜嫩枝占总质量 60% 以上，一年四季均可采食，适口性好，是热带地区牛、马、羊喜食的优质饲草，尤其是喂牛效果很好，据报道，牛对银合欢嫩枝叶中粗蛋白质消化率为 65%、粗纤维消化率为 35%。

银合欢茎叶中营养物质含量十分丰富（表 8-36），是热带饲料作物中含粗蛋白质最高的一种，被誉为"蛋白质库"。其粗蛋白质含量接近于苜蓿，氨基酸含量优于苜蓿，并富含胡萝卜素和维生素，胡萝卜素含量为苜蓿的 2～3 倍，叶片中还含有较高的维生素 K 和核黄素，比苜蓿高 1 倍。

表 8-36 银合欢的营养成分含量

(引自中国饲用植物志编辑委员会，1992)

采样部位	干物质(%)	占绝干重（%）					占风干重（%）			
		粗蛋白质	粗脂肪	粗纤维	粗灰分	无氮浸出物	钙	磷	镁	钾
叶片	35.69	26.69	5.10	11.4	6.25	50.56	0.80	0.21	0.38	1.80
嫩枝	30.9	10.81	1.44	46.77	6.01	34.97	0.41	0.18	0.41	2.45
荚果壳	80.99	10.75	1.06	37.06	4.99	46.14	0.61	0.06	0.81	1.37
种子	82.78	32.69	3.33	15.7	4.25	44.03	0.32	0.37	0.35	1.43

银合欢可青刈，也可制成干草粉喂猪、禽等。银合欢放牧效果良好，在草地上种植一定量银合欢，用于放牧利用，可显著提高草地载畜量。

银合欢虽然是热带地区一种不可多得的饲料，但其枝叶、花蕾和荚果均含有毒性物质——含羞草素（β-CN-羟基-4-氧吡啶基-α-氨基丙酸），在反刍家畜瘤胃中分解为强烈的致甲状腺肿物质 3-羟基-4（1氢）吡啶酮（DHP）。反刍家畜如果大量单一采食银合欢，会出现脱毛、厌食、消瘦、流涎、步态失调、甲状腺肿大、繁殖性能减退和初生幼畜死亡等中毒症状。因此，用银合欢饲喂畜禽时，在反刍动物日粮中，不能超过 25%；在非反刍动物日粮中不能超过 15%；对于放牧的反刍家畜，其干物质的日采食量应控制在家畜体重的 1.7%～2.7%。

为提高银合欢在畜禽中的饲用价值，可以进行脱毒处理，方法有干热法、清水浸泡法、水煮法和发酵法等，以发酵法最为适用，效果也很好，经发酵后含羞草素一般降低 50% 左右，且营养损失不大。

银合欢刈割后萌发力强，幼嫩枝叶产量高，富含氮素，是很好的绿肥。银合欢也是很好的水土保持植物，成林后，大量枯枝落叶进入土壤，增加土壤有机质，加上根瘤菌固氮作用，会使土壤肥力逐渐提高。银合欢叶能促进菌丝生长，提高产量，是一种优质的氮素添加料；具有清热解毒、消食解渴开胃的功效，可作为保健茶泡饮。新鲜银合欢嫩荚和其顶部茎叶为人们所食用，成熟的银合欢种子可作为咖啡的代用品，其含羞草素有脱毛作用，目前已应用于绵羊的化学剪毛。现代药理实验亦发现银合欢种子和叶均具有显著的降血糖、保肝、抑菌、利尿等活性。银合欢还可作木材、薪柴、工业燃料、改良土壤、保持水土、造纸以及围栏桩柱之用，是生产半乳甘露聚糖的良好原料之一，也可栽作观花树或提供绿荫。

第二十一节 其他豆科牧草

一、紫穗槐

（一）概述

学名：*Amorpha fruticosa* L.。英文名：indigobush amorpha、falseindigo。别名：绵条、椒条、穗花槐。

紫穗槐原产美国，主要分布在美国东南部、中部和大西洋沿岸，南至墨西哥一带。中国 20 世纪 20 年代由美国引入上海，作为观赏植物，30 年代又从日本引入东北、华北作公路、铁路护坡、编织和观赏用。50 年代，提出作绿肥用，并且肯定了紫穗槐是水土保持的优良植物，它叶量大，营养丰富，也是畜禽的良好的饲料。中国北自东北南部（长春以南）、内蒙古、西北东南部，南至华中长江流域普遍分布。黄淮流域中下游栽培最盛。

（二）植物学特征

落叶灌木，高1～4m，丛生（图8-12）。枝叶繁密，直升，皮暗灰色，平滑，小枝灰褐色，有凸起的锈色皮孔，嫩枝密被柔毛。叶互生，一般为奇数羽状复叶，具小叶11～25片，长1～3.5cm，宽6～15mm，小叶片长椭圆形，钝头，整齐排列于叶柄两侧，叶下有柔毛及黑褐色腺点。花序为总状花序（多数为3小穗），顶生或在枝端腋生，花为簇状，密集成穗，穗长8～12cm，中间小穗较长，左右小穗较短。花冠深紫色，初夏夜开昼合。8月中旬荚果成，果实镰刀形，长7～9mm，稍弯曲，棕褐色，密被瘤状腺点，不开裂，每荚种子1粒，带壳种子千粒重12g。直播的当年不能开花，扦插的偶有开花，但不结实。种子产量也随生长年数的增加而逐年提高。

图8-12　紫穗槐

（三）生物学特性

紫穗槐适应性极强。耐寒、耐旱、耐湿、耐瘠薄、抗风沙、耐盐碱，抗病虫害，生活力极强。在山坡、路边、沙荒地、河岸、盐碱地均可生长。耐盐碱，能在含盐0.3%～0.5%的土壤中正常生长。耐瘠薄、耐干旱，在宁夏腾格里沙漠，地面温度高达70℃时也能生长，在沙层含水量2.7%、干沙层30cm的情况下，仍能正常生长。能在草原区流动沙丘迎风坡造林，当年成活达率95%，第3年可成林，是中国南、北方最主要的治沙植物种之一，在沙区常作防治害虫金龟子的隔离带。耐水淹，水淹45d仍能成活，可在坑洼、短期积水地方生长。耐寒，在东北−30℃条件下，仍能越冬。喜阳光，但也耐阴，能和乔木共同生长，可作防护林带下或与乔木混交造林。

紫穗槐春季返青晚，但返青后生长极快。春播当年植株高可达1m以上，生长第2年达2m，第3年达4m；在华北4月下旬日增长量达4.0～4.5cm，开花期5～6月，结荚9～10月。紫穗槐生长年限长，一般能生长14～15年。若能更新老枝条，可连续使用30～40年。根系发达，每丛可达20～50根萌条，平茬后，一年生萌发枝条高达1～2m。根系风蚀后可长出不定芽，枝条沙埋后可形成不定根。生活能力极强，是贫瘠沙地最易成活、生长最好的灌木。

（四）栽培技术

紫穗槐可以直播造林。但紫穗槐陈种子不出苗，故春播时必须采用上年收获种子，秋播时采用当年收获种子。紫穗槐荚果、荚壳极难脱离，故一般带荚播种，但因种荚坚硬有蜡质，种子未经处理直播时不易吸水，出苗迟，所以播前应进行种子处理，以提高发芽率。

①碾磨法：把种子倒在磨盘上摊平，厚 4～5cm，进行碾压，使种皮破裂即可用于播种。
②温汤浸种法：将种子倒入 60～65℃温水中搅拌 10～20min，自然降温浸泡一昼夜，然后捞在袋里或筐内，用清水冲淋 1～2 次，以去掉鞣质。然后把它放置在温暖处催芽，如气温高每天用凉水冲洗 1～2 次，经过 2～3d，种子露芽即可播种；也可将种子浸泡一昼夜，用清水冲淋后，即可用于播种。

紫穗槐适宜播种期为春、秋两季（4～5 月，9～10 月）。播前苗床按行距 20～30cm 开出浅沟，沟深 3～5cm，宽 6～8cm，把经处理的种子条播于沟内，播后覆土 2cm，并稍加镇压，用水喷透。播种量 30～50kg/hm²（未浸水时质量）。一般播后 5～7d 出苗，15d 齐苗，苗高 5～6cm 时进行第一次间苗，去劣存优，并达到均匀分布，当苗高 10～15cm 时进行第二次间苗，要求株距保持 9～12cm，30 万～50 万株/hm²。

除直播外，紫穗槐还可通过植苗、分株、扦插等方法进行繁殖。扦插选当年生健壮条，秋季剪成 20cm 长段，窖内贮存，次年春季扦插成活率高，也可雨季扦插。

紫穗槐管理方便，幼苗不遭人畜破坏，长大后即可利用。每年平茬，根据使用目的不同，选择平茬时期。作饲料，生长 1 月左右刈割。风干后做成草粉，各种家畜都喜食，一般可以收获风干叶 4 500kg/hm²。

紫穗槐种子产量较高，在荚果变褐色时采收，可收 750～1 125kg/hm²，收后晾晒 5～6d，即可贮藏。很少有病虫害，但其籽实却易受籽食昆虫的严重危害，降低种子价值，必须注意防治。

（五）经济价值

其嫩枝及叶作饲料。茎叶丰富，营养价值高，特别是叶粉蛋白质含量 22.04%，同时富含维生素 E，据测定维生素 E 含量是玉米的 14 倍，是猪、牛、禽的优良饲料。其青鲜枝叶异味大，放牧牛、羊均不采食，晒干后适口性好，家畜均喜食。其营养成分见表 8-37。

表 8-37 紫穗槐的营养成分
（引自陈默君和贾慎修，2002）

采样地点	水分（%）	占干物质（%）					钙（%）	磷（%）
		粗蛋白质	粗脂肪	粗纤维	无氮浸出物	粗灰分		
东北	12	22.8	12.8	13.8	44.7	5.9	0.31	0.28
辽宁北票	12	15.0	15.0	11.4	49.2	9.4	—	—
四川雅安	12	25.7	15.7	11.8	42.1	4.7	1.06	0.15
云南会泽	12	24.3	14.6	10.0	45.8	5.3	0.76	

由表 8-37 可见，其粗蛋白质含量高于苜蓿干草粉，脂肪含量也高，是家畜的良好饲料。其开花期长，是良好的蜜源植物。种子含油 10%～15%，可做甘油、润滑油。紫穗槐嫩枝叶产量高，在华北地区，播种当年可收 5.0t/hm²，第 2 年可收 10.5～15.0t/hm²，第 3 年可收 25.0～30.0t/hm²。

紫穗槐肥效高，是优良绿肥植物。青枝叶含氮 1.32%，钾、磷也较多，称为"绿肥之王"。其茎叶含丰富有机质，可改良土壤，促使土壤形成团粒结构。根系具根瘤，可提高土壤肥力和生产力。

根系发达，侧根细而密，根幅达 3～4m，70%～80%根系分布在 60cm 土层中，根系纵横穿插，密集成网，能固定坡堤土壤，是良好的水土保持植物。据测定，紫穗槐树冠能接纳降水量 16.1%，在坡地，能减少地面径流 43.6%，减少冲刷量 93.3%，是铁路、公路、河渠两岸、荒山、盐碱滩、果园、茶园良好的水土保持植物，也是荒山、荒滩、村庄道路美化、绿化的好灌木。

紫穗槐还是编织、建筑、造纸、燃料、农药的材料，因此，是农村发展工、副业生产，增加收入的好原料，有极广泛的应用价值。

二、刺　　槐

（一）概述

学名：*Robinia pseudoacacia* L.。英文名：yellow locust、blackacacia 或 false acacia。别名：洋槐、德国槐。

原产美国东部，后引入日本，1877 年由日本引入中国青岛，在长江流域至辽宁、内蒙古、河北、宁夏一线栽培比较集中。在黄土高原为应用最广泛的水土保持树种。

（二）植物学特征

落叶乔木，高 10～25m（图 8-13）。树皮灰褐色至黑褐色，有裂槽。小枝无毛，嫩枝绿色。总叶柄基部有 2 枚刺状大托叶，奇数羽状复叶，小叶 7～9 枚，对生，小叶卵形或长椭圆形，两面平滑无毛，长 2.5～4.5cm，先端钝圆，微凹，有小尖头。总状花序腋生，长 10～20cm，蝶形花，白色，长 1.5～2.0cm，具芳香味，为极好的蜜源。荚果条状椭圆形，赤褐色，长 3～10cm，沿腹线有窄翅，内含种子 3～10 粒。种子扁肾形，黑色、绿褐色，带褐色花纹。果实成熟后宿存，便于采收，种子千粒重 21.8g。

（三）生物学特征

刺槐原为温带树种，喜光，不耐阴。喜温暖湿润气

图 8-13　刺　槐

候，在年均温 5℃以下，年降水 400mm 以下地区，地上部会冻死，翌年发新枝可达 1.5m，多呈灌木状；在年均温 7℃以上，降水 400～500mm 地区能长高，但幼龄期 2～3 年枝条常遭冻害；年均温 8～14℃，年降水量 500～900mm，生长较好，可长成大树；年均温 15℃，年降水量 1 000mm 以上地区，饲用栽培生长期长，生长旺盛，是优质饲料树种。

刺槐对土壤要求不严，在各种土壤均能生长。最喜土层深厚、肥沃、疏松、湿润的粉沙土、沙壤土和壤土。对土壤酸碱度也不敏感，无论在中性土、酸性土，还是含盐量 0.3%以下的盐碱土上都能正常生长发育。但在底土过于坚硬黏重且排水通气不良的黏土、粗沙土、薄层土上，生长不良。土壤长期干旱时生长缓慢且干梢，严重干旱时会落叶，甚至大量死亡。水分过多、地下水位过高会导致烂根，甚至死亡。生长第 3～6 年幼树即可开花结实，每隔 1～2 年种子丰收 1 次；生长第 15～40 年时大量结实，40 年后逐渐衰退。生育期长短受气候影响大,据测定早春气温升到 7.1~8.1℃时开始萌动,晚秋气温降到 3.1~4.2℃时,开始落叶。由西向东、由北向南,生育期递增,一般为 160~206d。水肥充足,一年中以 7 月中旬到 8 月中旬生长最快。刺槐喜钙质土,饲用栽培必须在 7 月以前加强水肥管理。

(四) 栽培技术

在北方荒山和南方山沟两侧,应采用等高线法,以带状、穴状、鱼鳞坑、水平条整地造林。可直播,气温升到 7~8℃即可播种。因其种皮厚而坚,硬实率高,播前必须处理,用 50~60℃温水浸泡 24h,或在开水中浸 10min,迅速取出放凉水中充分搅拌后再浸 24h,既可催芽,又可杀灭病虫。直播用种 30kg/hm²,育苗播 60~75kg/hm²,饲用栽培密度应大些。通常北方山地、沙地春天植苗多用截干苗造林。南方、北方大面积沙荒地都可发展刺槐固沙饲料林。

管理包括中耕除草、施肥、培土等。为增加摘叶次数和数量,播种、造林时应施有机肥 22.5t/hm²、磷肥 300kg/hm² 作为基肥。每次摘叶后,追尿素 150kg/hm²。为促进分枝,在其株高 1.5~2.0m 时,留茬 30~40cm,最好在秋季、入冬前进行。摘叶应在叶尚未枯黄时进行,采下叶片后平摊暴晒,1~2d 可晒干,备作饲料。荚果由绿色变赤褐色,荚皮干枯状可采收,荚果采下摊在地上暴晒后碾压脱落。种子害虫在荚中发生,产卵期放赤眼蜂灭卵,幼虫期用敌敌畏喷洒。蚜虫、兔子为害树皮枝叶,也必须认真防治。

(五) 经济价值

刺槐嫩枝、树叶是极好的饲草。干、鲜青皆好,1kg 干叶粉的营养价值相当于 0.5kg 玉米。嫩枝叶营养丰富。富含蛋白质和矿物质(表 8-38,表 8-39)。适口性极好,兔最喜食,山羊、猪也喜食,叶粉是调味饲料,也是配制饲料的成分,营养不亚于各种优良牧草,可饲喂各种畜禽。日本进口中国刺槐发展畜牧业,而中国特别是刺槐集中的黄土高原区,大量刺槐资源未得到充分利用。

表 8-38 刺槐叶的营养成分
(引自中国饲用植物志编辑委员会,1989)

种类	占干物质(%)					钙(%)	磷(%)
	粗蛋白质	粗纤维	粗脂肪	无氮浸出物	粗灰分		
刺槐叶	29.24	11.02	5.51	46.61	7.62	2.90	0.30

表 8-39 刺槐叶粉氨基酸含量
(引自陈默君和贾慎修,2002)

种类	占风干重(%)									
	赖氨酸	蛋氨酸	苏氨酸	异亮氨酸	组氨酸	缬氨酸	亮氨酸	精氨酸	苯丙氨酸	甘氨酸
刺槐叶	1.29	0.03	0.56	1.15	0.45	1.45	2.01	1.27	1.29	1.20

刺槐叶量丰富,林地落叶量约 3 000kg/hm²,鲜叶可达 11.25t/hm²。其分蘖力极强,

利用这一特点可进行灌木状栽培。年年平茬或隔年平茬，可作为水保、薪炭饲料林，或固沙饲料林、专门饲料林。充分利用现有资源，对发展黄土区、山区、沙区畜牧业特别是养兔业有一定意义。在陕北安塞黄土丘陵区的试验（侯喜禄等，1990），刺槐灌木生长第1~4年的生物量见表8-40。

表8-40 刺槐灌木生物量

密度 [株距(m)×行距(m)]	地上生物量（风干重，kg/hm²）			
	一年生	二年生	三年生	四年生
1×1	165	2 625	11 865	12 585
1×2	139.5	1 770	7 410	10 515
1.5×1.5	120	1 590	6 780	8 775
1.5×2	82.5	885	5 595	7 005

槐叶6月上旬采收，粗蛋白质含量最高，可达36%，11月上旬采收，只有12%。但从生长习性考虑，8月采收叶子为好，此时采叶和收嫩枝对生长无大影响。在加强管理条件下，南方全年可摘叶2~3次。就粗蛋白质消化率而言，鲜叶为68.4%，干叶为57.9%。

三、木　豆

（一）概述

学名：*Cajanus cajan*（L.）Millsp.。别名：黄豆树、三叶豆、千年豆、树豆、鸽豆、蓉豆、柳豆、花豆、米豆、扭豆、观音豆等。

木豆起源于印度，在热带和亚热带地区广泛分布，是世界上热带和亚热带地区主要的食用豆类植物，距今已有大约6 000年的栽培历史，印度、缅甸和非洲东部是其传统主产区。1997年以来，中国农业科学院作物科学研究所从国际半干旱热带作物研究所陆续引进多份木豆资源和改良品系，在云南、广西、四川等省份试种，表现很好，种植范围、面积逐年扩大。

（二）植物学特征

木豆是豆科木豆属一年生或多年生常绿灌木。木豆根系强大，可达2m以上，主根深，根上有大量根瘤，固氮能力强。株高1~3m，主茎褐色或绿色，木质化，略有棱，分枝多而密，小枝有灰色短柔毛。小叶披针形，长5~10cm，宽3.0~3.5cm，先端渐尖，基部楔形，全缘，上面深绿色，下面浅绿色，两面均有柔毛，下面有黄色腺点。总状花序腋生，蝶形花，冠黄色或深黄色，带紫红细条纹，基部有附属体，二体雄蕊。荚果条形，略扁，长4~7cm，有黄色柔毛，果瓣在种子间有凹陷的斜槽，未成熟时柔软，青绿色带黑斑，成熟后变成黄褐色，纹消失，荚壳硬化，干后脆裂爆荚，每荚有种子3~5粒，扁圆，因品种不同而有白、黑、黄、紫、红、褐等多种颜色或花斑，质坚硬，有光泽，有白色种脐。种子千粒重60~120g。

（三）生物学特性

木豆广泛栽培于北纬30°以南至南纬30°以北的广大地区，是短日性或中日性植物。木豆在地温10℃以上即可播种，种子萌发的最佳气温为25℃。福建省3月中旬至4月中、下旬为适宜播期，此间选择雨季播种，有利于种子发芽和成苗（郑开斌等，2012）。结合雨季，云南省在5月中旬播种较为适宜。依品种不同，播种后一般4~10d出苗。其生长发育的温度范围一般为10~35℃，最适温度为11~29℃。早熟品种开花所需的最佳温度为24~27℃，中熟品种为20~24℃，晚熟品种为18~20℃。木豆能适应各种类型的土壤，沙土、壤土、石砾土都能种植，适宜的土壤pH为5~7。但也具备一定耐盐性，许多品种能在盐渍土中生长。不耐涝，而较耐干旱，在年降水量仅为380mm的地区也有一定收成（陈成斌等，1999）。除不同品种在同一地区的生育期长短及发育时期有差异外，同一品种在不同地区的生育期及生育时期也不同（陈淑芬等，2012）。

（四）栽培技术

1. 种子处理 生产用种必须选择品种纯度高、无杂质、无霉变、无虫蛀、发芽率达90%以上的种子。不论是自留种或购入种，都需进行去杂处理，用2%的石灰水或50%多菌灵粉剂1 000~1 500倍液浸种消毒2~3h后再用清水洗干净方可播种（龚德勇等，2003）。木豆种子具有硬实特性，其硬实率可高达100%。用浓硫酸浸泡种子1min，种子发芽率可高达92.5%（张瑜等，2011）。

2. 土壤耕作 犁底深度15cm，以保证木豆生长良好。采用畦作，畦宽2m。早熟矮生品种每畦播3行，中、晚熟品种每畦播2行。

3. 播种 播种期3~6月，播种深度3~5cm。比较合理的播种方式是开沟条播、开穴点播。株行距为40cm×100cm~60cm×100cm，如用于收割青饲料可条播，行距1m。

4. 间作套种 木豆可与多种作物进行间作、套种。搭配作物主要有高粱、玉米、谷子、花生、大豆、豇豆、绿豆、棉花、蓖麻、芝麻、马铃薯、春荞麦、西瓜、木瓜等。

5. 水肥管理 以农家肥为主，用量为45~60t/hm^2，拌磷肥1.5t/hm^{2}和钾肥750kg/hm^2。木豆通常不需灌水。但开花初期和灌浆期，应尽量满足其水分需求。当幼苗长至40~60cm后进入迅速生长期，需肥较多，应及时追施氮、磷、钾复合肥1 050kg/hm^2。

6. 移栽 种植木豆时可直播，也可育苗移栽。移栽时栽苗3 750~4 500株/hm^2，1穴1株，株距1~1.2m，行距1.5~2m。穴径长、宽各20cm，深40cm。

7. 病虫害防治 引进的木豆新品种的抗病性一般较好，但抗虫性差。木豆虫害主要是豆荚螟。豆荚螟主要以幼虫为害花蕾、嫩荚，造成蕾、荚脱落，在开花结荚期可选用95%杀螟硫磷乳剂稀释800~1 000倍液、2.5%溴氰菊酯乳剂稀释3 000倍液、90%敌百虫晶体稀释1 000倍液、10%氯氰菊酯乳剂稀释1 000倍液喷杀（张晓声，2011）。

8. 收获 以割青为目的，植株长至150cm时，离地面50~70cm处刈割，每隔6~8周收割1次；矮生品种从20~50cm处刈割。以收干籽粒为目的，当单株80%~90%的豆荚变成褐色时，是采收籽粒的最佳期。

（五）经济价值

木豆具有多种经济用途。木豆的干籽粒除作豆瓣用于烹饪外，还可用于优质豆沙、豆馅、豆糕制作，香酥豆等休闲食品的加工，豆豉的生产和酿酒等；其青籽粒和嫩豆荚用作蔬菜，干枝条用于薪柴、棚屋搭建、篮子编制等，活植株可作为紫胶虫寄主用于生产紫胶。作为多年生木本豆科植物，木豆还经常种于陡坡山地以防止水土流失和改良土壤（闫龙等，2007）。

此外，木豆还具有重要的饲用价值。除种子兼作畜禽饲料外，其新鲜茎叶也是优质青饲料，或可晒干粉碎作为配合饲料的原料。其叶量占饲草的65%～70%，消化率达60%～80%，营养成分和利用价值都很高。每年鲜草产量可达37 500～60 000kg/hm²，平均每6～8周采割1次。用木豆喂猪，增重率比对照组（豆饼）提高12.48%。在基础日粮相同的基础上增加20%木豆粉喂养肉用仔鸡，增重率提高26.6%。用木豆加少量花生饼或大豆饼、向日葵饼配成混合饲料养蛋鸡，也能收到很好效果。木豆粉和叶粉可取代46.5%商品饲料（陈成斌等，1999）。木豆不仅含有丰富蛋白质、淀粉，还含有8种人体必需的氨基酸、多种维生素和矿物质。据华南农业大学分析，其养分含量见表8-41。

表8-41 木豆不同部位的营养含量

样品	占干物质（%）				
	粗蛋白质	粗脂肪	粗纤维	无氮浸出物	粗灰分
种子	24.65	1.40	9.34	61.14	3.47
豆荚	6.70	3.50	33.62	53.95	2.23
带荚鲜枝叶	23.84	5.53	36.01	25.77	8.85
全株	16.70	1.95	32.51	44.87	3.97

四、葛　　藤

（一）概述

学名：*Pueraria lobata*（Willd.）Ohwi。英文名：kudzu bean。别名：野葛、粉葛藤、甜葛藤、葛。

原产中国、朝鲜、日本。分布于朝鲜、日本、菲律宾，东南亚至澳大利亚。中国除新疆、西藏外，分布遍及全国等地，华南、华东、华中、西南、华北、东北等地区广泛分布，以东南和西南各地最多。

（二）植物学特征

葛藤为豆科葛属多年生草质藤本。全株被黄色长硬毛。具有强大根系，并有膨大块根，富含淀粉。茎粗壮，蔓生，长5～10m，常平铺于地面或缠绕其他植物之上。羽状复叶，具3小叶；顶生小叶宽卵形或斜卵形，长6～20cm，宽7～20cm，先端渐尖；侧生小叶斜卵形，稍小，各小叶下面有粉霜，两面被白色长硬毛；托叶卵状长圆形，小托叶线状披针形。总状花序，腋生，长15～30cm；花大，蓝紫色或紫色。花萼钟状，萼齿数为5，披针形，上面2齿合生，下面1齿较长；花冠蝶形，长约1.5cm。荚果条形，扁平，长5～12cm，宽0.9～1.0cm，密生茸毛。种子长椭圆形，红褐色。

（三）生物学特性

葛藤喜温暖湿润气候，喜阳光充足。常生长于草坡灌丛、疏林地及林缘等处，尤以攀附于灌木或稀树上生长最为茂盛。对土壤适应性广泛，在微酸性红壤、黄壤、花岗岩砾土、沙砾土、中性泥沙及紫色土均可生长，尤以土层深厚、疏松、富含腐殖质沙壤土生长最好。根系深，耐干旱，但不耐水淹。耐酸性强，土壤 pH 4.5 左右时仍能生长。不耐霜冻，地上部经霜冻即死亡，幼苗在 $-6.7℃$ 时失去抗冻力，但地下部能安全越冬，次年可再生。据观察，在火烧地，其他植物都被烧死，葛藤却能从块根长出繁茂藤蔓。

（四）栽培技术

葛藤可用种子繁殖，其种子硬实率高达 40%～50%，播种前先用稀硫酸或温水处理种子，按行距 1.5m 进行条播，播种量为 $1.5kg/hm^2$。也可用分根法、压条法、扦插法等进行无性繁殖。施过磷酸钙 $225kg/hm^2$、碳酸铵 $112.5kg/hm^2$ 作基肥，若土壤过酸，宜加施适量石灰。葛藤建植初期适当进行人工除草，种植当年一般不宜刈割或放牧，第 2 年可刈割 1～2 次，第 3 年以后，每年刈割 2～3 次。

（五）经济价值

葛藤具有很强的速生性，一季之内，藤蔓伸长可达 15～30m；刈割后有较强再生性，1 年可以刈割 2～3 次，鲜草产量约 $52.5t/hm^2$，干草 $11.2～15.0t/hm^2$。葛藤营养丰富。适口性好，牛羊喜食，可刈割青饲、调制青贮饲料及放牧利用。但葛藤建植初期不耐践踏，建植前 2 年必须谨慎轮牧。其营养成分见表 8-42。

表 8-42　葛藤的营养成分

（引自四川农区草山草坡利用调查研究，2000）

样品	干物质（%）	占干物质（%）					钙（%）	磷（%）
		粗蛋白质	粗脂肪	粗纤维	无氮浸出物	粗灰分		
鲜草	20.7	21.26	2.90	34.78	30.32	10.15	1.40	0.34

葛藤根系发达，固土力强，茎叶覆盖度大，是良好的水土保持植物，可绿化美化环境。茎可做编织，纤维可造纸，块根可食用、药用，葛根粉可做成糕点、冷饮、粉丝、面条等食物。对冠心病、心绞痛、癫痫、心血管硬化等很有疗效，有促进脑血液循环、增强记忆力、降低血脂、抗癌和减肥健美等功效。葛根有抗氧化功能及提高人体免疫力等作用，可将其作为功能性化妆品添加剂，具有一定的抗衰老及美白作用。

五、多花木蓝

（一）概述

学名：*Indigofera amblyantha* Craib。别名：马黄消、野蓝枝、槐蓝、吉氏木蓝、山花子。

多花木蓝原产于中国广东、广西、台湾、福建、浙江、云南、河北、甘肃、陕西、山西、湖北、江苏、河南等省份的山坡、丘陵地带。从 20 世纪 90 年代，中国开始人工驯化栽培多花木蓝，现已大面积推广应用。

（二）植物学特征

多花木蓝为豆科槐蓝属（*Indigofera* L.）多年生落叶小灌木，株高 1～3m，枝条密生，全株密生白色丁字形毛,主根入土深;5~15片小叶组成,奇数羽状复叶,小叶宽卵形或椭圆形、倒卵形,长1.5~4.0cm,宽1~2cm;总状花序腋生,与复叶等长,花粉淡红色,花冠长1.5cm;每个花轴着生小花20~90朵,花为桃红色,长约5mm;荚果如绿豆,长3.5~7.0cm,荚果条形,淡褐色,种子呈矩圆形,淡褐色,落粒性较强,千粒重7.0g左右。

(三) 生物学特性

多花木蓝性喜温暖、湿润气候,适宜于亚热带和温带广大中低海拔地区种植。其根系发达,固土力强,抗旱、耐贫瘠,对土壤要求不严,在pH 4.5~7.0的红壤、黄壤和砖红壤上均生长良好。多花木蓝固氮能力强,能改良土壤,增加土壤肥力,是优良的水土保持植物。其生命力旺盛,不仅再生性好,抗逆性也强。3~4月播种,7~8月开花,11~12月种子成熟,生育期长达170~230d。多花木蓝开花数量多,花期长,是很好的蜜源植物。播种当年其花期一般长达2个月,2年龄以上的植株5月上旬至9月下旬为开花期,花期长达4~5个月。

(四) 栽培技术

适宜春夏播种,当日平均气温在18℃以上时即可播种。多花木蓝种子的硬实率高达85.4%,浓硫酸浸种6min可使其发芽率由10.2%提高到95.0%,60℃热水浸种25min则提高到71.6%(李朝风等,2007)。因此,播种前应进行种子预处理,以保证播种质量。整地时在施有机肥作底肥的同时要增施磷肥,结合翻地进行。山坡地应结合水土保持,沿等高线种植。既可条播,又可穴播或撒播。条播,行距50~70cm;穴播,行株(40~60)cm×(20~30)cm。播种量18~25kg/hm^2,播种深度2~3cm。最好与禾本科牧草隔行条播或隔带相间种植。也宜利用大棚在冬前育苗,于春季大田移栽。多花木蓝苗期生长慢,应及时除杂。若基肥充足,当年不用追肥,次年看苗追肥,开花前刈割,留茬20cm为宜。多花木蓝病虫害较少,管理相对粗放,但干旱时应及时灌溉。

(五) 经济价值

多花木蓝植株高大,生长快,产量高。生产饲草时每年可刈割3~5次,鲜草产量可达120~150t/hm^2;生产种子时生长年限第3~5年产量最高,可达2 250 kg/hm^2。其枝叶繁茂,叶量丰富,现蕾之前茎、叶的比值为0.85(李维俊等,2000)。具甜香味,牛、羊、兔等动物特别喜食,鸡、猪也特别喜食其嫩叶、花和果实。成熟豆荚是牛、羊冬季保膘、育肥的精饲料。其幼嫩枝叶还是草食性鱼类良好的蛋白质和维生素补充饲料。开花期其枝叶粗蛋白质含量为25%~28%,粗纤维17%~20%,有机物质的消化率高达57%,粗灰分9%~10%。据报道,羔羊用多花木蓝育肥,在不补精饲料的情况下,当年出栏个体体重高达35kg/只(曹国军等,2006)。此外,多花木蓝花序大,小花数量多,颜色鲜艳,花期长,还是很好的蜜源植物和庭园绿化植物。其根系发达,入土较深,根瘤数量多,固氮能力强,是亚热带山区和温带温暖湿润区保持水土、改良土壤的先锋草种。由于分枝多、生长快、生物量大,还是一种很好的生物围栏材料。冬季采种后,其茎秆是很好的薪柴,可为农村提供大宗生活能源,干柴产量高达11~18t/hm^2。

第八章 豆科牧草

? 思考题

1. 简述豆科牧草的资源及其应用特点。
2. 简述苜蓿被称为"牧草之王"的优越性及其在栽培利用中的不足。
3. 白三叶和红三叶在生物学特性、营养价值、栽培技术上有何异同?
4. 简述沙打旺的显著生物学特点及其在补播草地上的飞播栽培技术。
5. 红豆草的生物学特性和饲用价值及其在建植人工草地上更容易成功的栽培技术原因是什么?
6. 简述小冠花的应用价值及其栽培技术。
7. 扁蓿豆和胡卢巴适宜建植哪些类型的人工草地?其关键性栽培技术是什么?
8. 柱花草栽培品种有哪些?试比较各品种的优缺点。
9. 绿叶山蚂蝗和银叶山蚂蝗在形态学特征上有什么区别?
10. 山蚂蝗属具有栽培价值的牧草有哪些?其各自经济价值如何?
11. 简述白花草木樨的再生特点及其刈割利用技术。
12. 在固定、半固定沙地上种植柠条的关键技术及其延长利用年限技术措施有哪些?
13. 利用葛藤的方式有哪些?这些利用方式有哪些需要注意的地方?
14. 木本豆科饲草木质化速度快且老化后适口性差,生产中可采取哪些措施增加其适口性及可食饲草产量?
15. 豆科牧草中哪些草种含有毒素?其致毒机理和去毒处理方法是什么?
16. 如何理解我国北方和南方、湿润地区和干旱半干旱地区在建植豆科牧草地上采用栽培技术的差异?

第九章 禾本科牧草

学习提要

1. 了解禾本科牧草全球资源状况及其独有的植物学特征和经济价值。
2. 熟悉中国栽培的主要禾本科牧草生物学特性、应用区域及其饲用价值。
3. 读者依据自己当地生产实际,有选择地学习掌握重要禾本科牧草的栽培技术及其利用技术。

第一节 禾本科牧草概述

一、资源与利用

禾本科(Gramineae)草类是一个古老类群,历史悠久,资源丰富,其中不少已引入栽培。

中国约有264属,876种禾本科植物。其种类之多仅次于菊科、豆科和兰科。禾本科植物在人类生活中占有重要地位,是人类粮食的主要来源。在家畜饲养业中,禾本科牧草占据重要地位。在草原地带,禾本科牧草是植被的重要组成部分。在栽培牧草中,禾本科牧草种类亦占多数。禾本科牧草生境极为广泛,因此表现出极强的生态适应性,尤其在抗寒性及抗病虫害方面,远比豆科及其他牧草强。除靠种子繁殖外,亦能无性繁殖。不少禾本科牧草还含有许多生长点,这些生长点无论发育成根茎、匍匐茎、蘖芽或枝条,均具高度竞争力,因而分布极广,从热带到寒带,从酸性土壤到碱性土壤,从高山到平原,从干旱荒漠到湿地乃至积水湿地,以及河、湖、沟、塘均有禾本科牧草生长。

二、植物学特征

1. 根 须根系,无主根。由种子萌发的种子根早期消失,茎基部发生大量纤维状不定根或从匍匐根状茎节上生出纤维状根,以不定根为主。一般根系入土较浅,在表土层20~30cm。视草种而异,有的可深达1m以上。

2. 茎 茎有节与节间,节间中空,称为秆。秆多圆筒状,少数为扁形,基部数节的腋芽长出分枝,称为分蘖,有鞘内分蘖和鞘外分蘖。节间分生组织生长分化,使节间伸长。茎节处较膨大坚实,为叶片着生部位。近基部节间较短而中上部较长。茎秆分为生殖枝和营养枝两种。禾本科牧草的茎大多直立或斜上,匍匐地面者称匍匐茎,横生地表之下者称根茎。

3. 叶 单叶,互生成二纵列,由叶鞘、叶片和叶舌构成,有时具叶耳,叶鞘相当于叶柄,扩张为鞘状,包裹于茎上,边缘分离而覆叠。质地较韧,有保护节间基部生长组织以及疏导和支持作用。叶片亦称叶身,有平行叶脉,扁平狭长呈线形或披针形,叶片和叶鞘连接处内侧有叶舌,叶片基部两侧有叶耳,稀为不明显乃至无叶舌,有的无叶耳。

4. 花 花序顶生或侧生,多为圆锥花序,或为总状、穗状花序。小穗是禾本科牧草的典型特征,由颖片、小花和小穗轴组成。颖片位于下方,小花着生于小穗轴上,通常两性,稀为单性与中性，由外稃和内稃包被，雄蕊3或1～6枚，子房1室，含1胚珠，花柱通常2，稀1或3，柱头羽毛状。

5. 果实 通常为颖果，稀为瘦果和浆果，干燥而不开裂，内含种子1粒。种子有胚乳，含大量淀粉，胚位于胚乳的一侧。

三、生物学特性

1. 对光照的要求 在一定范围内，光照度越大，牧草光合能力越强，但超过一定范围，光合作用不能随之增强，出现光饱和现象。夏季田间日光充足时，光照度为85 000～110 000lx。温带冷季禾本科牧草在光照度达2 000～3 000lx时出现光饱和，而热带禾本科牧草达到6 000lx时也不出现光饱和。在接近光饱和时冷季禾本科牧草的光能转化度小于3%，而热带禾本科牧草则为5%～6%。各种禾本科牧草所需光照度不同，猫尾草因遮光减产最多，而多年生黑麦草、牛尾草减产较少。根据牧草对光照的需求程度，鸭茅耐阴性较强，能在低光照下生长，无芒雀麦、多年生黑麦草和牛尾草次之，燕麦、小糠草和加拿大拂子茅的耐阴性极弱。

禾本科牧草对日照长短的反应也不同。多数来自中纬或高纬地区的禾本科牧草如无芒雀麦、鸭茅、草芦等为长日照植物，需较长时间日照或短夜，即需14h以上光照时间才能开花。来自低纬度地区的苏丹草和狗牙根等则为短日照植物，需较短时间日照或长夜，即需经过14h以上的黑暗时间才能开花结实。也有一些禾本科牧草如画眉草对日照长短要求不严，在长日照或短日照下均可开花结实，称中日照植物。

2. 对温度的要求 温带禾本科牧草生长适宜温度在20℃以下；热带禾本科牧草生长最适温度为29～32℃，16℃以下生长甚微。冷季型禾本科牧草的相对生长率在昼夜温度为25～30℃和16～21℃时最高，当温度增至31～36℃时则生长减少40%；暖季型禾本科牧草的相对生长率在昼夜温度为31～36℃最高，当温度降至10～15℃时则生长减少75%。

3. 对土壤的要求 根据牧草的抗旱性，抗干旱的牧草有无芒雀麦、苇状羊茅、冰草，较耐湿的牧草有草地早熟禾、多年生黑麦草、老芒麦，耐湿性强的牧草有草芦、小糠草、牛尾草和猫尾草等。

具有根茎的禾本科牧草要求土壤中有充足空气，土壤通气良好能使根茎呼吸增强，生长旺盛。适于生长在湿润土壤或积水中的禾本科牧草，以及密丛型禾本科牧草能在通气性差的土壤中生长。

4. 对养分的要求 禾本科牧草对氮的要求较其他养分高。氮能促进分蘖和茎叶生长，使叶片嫩绿，植株高大，茎叶繁茂，产草量高，品质好，供氮不足对生长不利。禾本科牧草最高产量的需氮量因牧草种类和气候条件而异。种和品种的草产量越高，对氮素需要量越大。如供氮量达1 800kg/hm²时，象草的草产量继续增加。供氮量为400kg/hm²时，鸭茅的草产量达最大值，再多施氮则产量下降。冷季型禾本科牧草的产量随供氮量增加而增加，当每年的供氮量高达560kg/hm²时，干物质产量最高（18 000kg/hm²），超过560kg/hm²时禾本科牧草的密度和产量趋于下降。当禾本科牧草的生长条件适宜时，生长季越长产量越高，对营养元素的需要量也越大。禾本科牧草产量和需氮量的顺序通常为：热带禾本科牧草＞温带禾本科牧草＞冷带禾本科牧草。氮肥在大幅度提高禾本科牧草产量同时，也加速土壤中其他元素，主要是磷和钾的消耗。研究表明，当氮肥的施用量为112kg/hm²时，猫尾草吸收氧化钾 170kg、五氧化二磷 34kg；当氮肥增施到 336kg/hm² 时，吸收氧化钾 242kg、五氧化二磷 46kg。如果土壤中没有足够可利用磷、钾元素时，则会影响氮素供应。因此，在大量施氮的草地上，磷、钾元素缺乏时往往成为增产的限制因子。只有均衡施肥，才能保证饲草持续高产。

四、经济价值

禾本科牧草的经济价值主要体现在饲用方面，作为饲用植物意义重大。在家畜饲草组成中，禾本科牧草居于诸科之首。在陆地草本植物组成中，禾本科是主要建群种和优势种。据统计，在中国各种植被类型中起建群作用的就有 170 余种。从禾本科在植被中所占比例看，在中国南方草山草坡中占 60% 以上，在北方草原地区可占 40%~70%。王栋等在甘肃省肃南裕固族自治县皇城滩采集的 26 科 101 种牧草标本中，禾本科占 21 种，菊科占 16 种，豆科占 8 种，蔷薇科占 7 种；在甘肃省张掖市山丹县大马营草原采集的 19 科 69 种牧草标本中，禾本科和菊科各占 14 种，豆科占 7 种，十字花科及百合科等次之；在内蒙古锡林郭勒盟草原采集的 40 种优良牧草中，禾本科占 12 种，豆科占 10 种，菊科占 7 种，百合科、藜科、莎草科、蓼科等均较少。凡有草本植物的地方，均可见到禾本科植物的分布。

禾本科牧草的饲用价值大多较高，其蛋白质和钙含量虽较豆科牧草低，但如能适当施肥且合理利用，会使差异缩小。苏联文献记载，在调查的 499 种禾本科牧草中，家畜最喜食牧草有 276 种，占 55.3%；喜食牧草有 175 种，占 35.1%；可食性差或不采食的仅有 48 种，占 9.6%。这就是说，在禾本科牧草中，最喜食和喜食牧草可占 90% 以上，不可食牧草仅占 10% 以下。同时，禾本科牧草营养丰富，富含糖类及其他碳水化合物，在放牧条件下，禾草可满足家畜对各种营养的需求。

热带禾本科牧草与温带禾本科牧草的饲用品质明显不同。温带禾本科牧草一般粗纤维含量低，在瘤胃中滞留时间较短，分蘖较多，利于放牧，粗蛋白质含量和消化率较高。绵羊对热带禾本科牧草的自由采食量低于温带禾本科牧草 10~15 个采食量单位［每千克代谢体重的绵羊维持其基本生理代谢每天（d）所需要的采食量（g），单位 g/d，代谢体重是自然体重的 0.75 次方］。采食量差异与其对热带禾本科牧草的消化率低有关。绵羊采食鸭茅后，其薄壁组织的维管束鞘和表皮层组织迅速降解，采食狗牙根后，则其消化速度明显较缓慢。

一般禾本科牧草具有较强的耐牧性，践踏后不易受损，再生性强。在调制干草时叶片不易脱落，茎叶干燥均匀。由于禾本科牧草糖类含量较高，青饲饲用价值大部分较高，而且易于调制成品质优良的青贮饲料，栽培牧草中约 75% 为禾本科牧草。

禾本科牧草在改善土壤结构，提高土壤肥力，防止冲刷，保持水土，绿化、美化环境以及环境治理等方面均有很大作用。

第二节 雀麦属牧草

雀麦属（*Bromus* L.）植物全世界有 100~400 种，但分类学家认为只有 160~170 种，主要分布在温带地区，在美洲、欧亚、非洲及大洋洲均有分布。中国有 14 种及 1 变种，分布于东北、西北及西南等各省份，其中广泛分布的无芒雀麦是世界著名的优良栽培牧草之一。北美的生产中心在玉米带及相邻近地区，向北、向西推进到加拿大和美国西部的灌溉地区，在美国逐渐形成北方生态型及南方生态型无芒雀麦。目前生产上利用的优良品种有20多个。

一、无芒雀麦

(一) 概述

学名：*Bromus inermis* Leyss.。英文名：smooth brome、brome grass 或 awnless brome 等。别名：无芒草、禾萱草、光雀麦。

无芒雀麦原产于欧洲，其野生种分布于亚洲、欧洲和北美洲温带地区的山坡、道旁、河岸等地。中国东北、华北、西北等地都有野生种分布。在内蒙古高原多生于草甸、林缘、山间谷地、河边及路旁草地。在草坪建植中可以作为建群种或优势种。无芒雀麦现已成为欧洲、亚洲干旱、寒冷地区的重要栽培牧草。中国东北地区 1923 年就开始引种栽种，1949 年后全国各地普遍种植，是中国北方地区很有价值的栽培禾本科牧草。

(二) 植物学特征

无芒雀麦为多年生禾本科牧草，具短根茎，分布在距地表 9cm 土层中，根系发达，茎直立，圆形，粗壮光滑，高 50～120cm。叶鞘闭合，长度常超过上部节间，光滑或初被茸毛。叶片淡绿色，长 20～38cm，宽 0.6～1.3cm，一般 5～6 片，表面光滑，叶脉细，叶缘有短刺毛。无叶耳，叶舌膜质，短而钝。圆锥花序长 10～30cm。穗轴每节轮生 2～8 个枝梗，每枝梗着生 1～2 个小穗，每花序约有 30 个小穗。穗枝梗为雀麦属中最短者，开花时枝梗张开，种子成熟时枝梗收缩。小穗近圆柱形，由 4～8 花组成。颖宽而尖锐，外稃具 5～7 脉，顶端微钝，具短尖头或 1～2mm 的短芒，芒从外稃顶端二齿间伸出。子房上端有毛，花柱位于其前下方。种子扁平，暗褐色，千粒重 2.44～3.74 g（图9-1）。

图 9-1 无芒雀麦

(三) 生物学特性

无芒雀麦为冷季型禾本科牧草，特别适于寒冷干燥气候，而不适于高温高湿环境。土温 20～26℃为根系和地上部分生长最适温度，最适宜生长在年均温 3～10℃、年降水量 400～500mm 的地区。在黑龙江有雪覆盖的条件下，−48℃低温其越冬率仍可达 83%。在青海三角城和铁卜加地区，最低温度 −33℃ 也仍能安全越冬。在甘肃皇城海拔 2 500m、最低气温 −29℃ 时能安全越冬。

无芒雀麦的蒸腾系数为 500，发育后期随土壤中水分减少，其蒸腾强度降低。在一天内或一个生长期内其水分平衡与其他种牧草相比变化大，叶片中含有大量水分，渗透压为 12～21，细胞液的高浓度是它抗旱能力强的原因之一，细胞渗透压随土壤含水量减少而增大，也随土壤中可溶性盐含量的增加而增大。无芒雀麦具备大量敞开的气孔，且气孔很小，为其创造了良好的生存条件，使其具备抗旱性、稳定性和能忍受高温环境的特点。

无芒雀麦根系发达，入土深度达 2m 以上。无芒雀麦种子发芽的第 5～6 天，胚下部出现第一条幼根，其他附属根则在播后 10～15d 出现，播后 35～40d 次生根从分蘖节发出，在初生根和次生根吸收面上生长大量长度为 0.5～2.5mm 的根毛，在 1cm 长的根上有 1 100～1 200 条根毛。据测定，无芒雀麦在生长第 2 年盛花期，其根系质量比：0～20cm 土层为 55.2%，20～40cm 土层为 16.5%，40～60cm 土层为 13.3%，60～80cm 土层为 9.8%，80～100cm 土层为 5.2%。根具土壤沙套，根系伸长幅度为 1.0～1.5m，缺水地区通过土壤深处根的发育寻找水源，并在植物体内积累大量水分，以保证植物本身对水分的需要。

无芒雀麦地下部生长较快，在播种当年分蘖期时，其根系入土深度已达 120cm，入冬前可达 200cm。生长第 2 年，其根产量达 1 200～1 350kg/hm²，是地上生物量的 2 倍。无芒雀麦具发达的地下茎，一般处于 5～15cm 土层内，根茎约占根量的 1/5，使其具有较强的无性繁殖力，对保持高产有重要作用。

无芒雀麦对土壤要求不严格，适宜在排水良好而肥沃的壤土或黏壤土上生长，在轻沙质土壤中也能生长，在盐碱土和酸性土壤中表现较差，不耐强碱或强酸性土壤，耐水淹的时间可达 50d。

无芒雀麦在适宜生境条件下，播后 10～12d 即可出苗，35～40d 开始分蘖。播种当年一般仅有个别枝条抽穗开花，大部分枝条呈营养枝状态。播种当年，草层主要由短营养枝和叶片组成，少生成生殖枝和长营养枝。生长第 2 年成年植株茎的比例加大。在中国北方栽培的禾本科牧草中，无芒雀麦的叶量高于其他一些常用禾本科牧草。内蒙古农业大学在锡林郭勒盟的测定结果表明，无芒雀麦的叶量最多，占植株总量的 50%，其次为老芒麦和羊草，分别为 49.5% 和 48.5%，叶量最少的是冰草和披碱草，分别为 22.7% 和 21.1%。无芒雀麦在草丛中各种枝条的比例，随着气候条件、土壤肥力、营养面积和牧草年龄的不同而不同。在干旱条件下，生殖枝在数量和质量上均超过营养枝，但当水分条件和管理条件较好时结果相反。无芒雀麦的叶片主要位于地表 0～40cm。

无芒雀麦第 2 年返青后 50～60d 即可抽穗开花，花期持续 15～20d。开花顺序从上部逐渐延及下部。在每个小穗内，小穗基部的花最先开放，顶部花最迟开放。一个花序开始开放的前 3～6d 开花最多。授粉后 11～18d 种子即有发芽能力。

无芒雀麦是长寿禾本科牧草，其寿命可长达 25～50 年。一般在生活后 2～7 年生产力较高，在精细管理下可维持 10 年左右的稳定高产。

由于中国各地区自然条件及管理水平不同，无芒雀麦草产量变化较大。生长第 2 年的无芒雀麦，吉林省干草产量为 4 500～6 000kg/hm²，内蒙古为 6 000～7 500kg/hm²。在兰州有灌溉条件的地区，播种当年可收割 2 茬，第一茬鲜草产量为 17 655kg/hm²，第二茬为 5 498kg/hm²。在南京地区，生长第 2 年的鲜草产量为 37 500～45 000kg/hm²。青海铁卜加草原改良试验站测定表明，无芒雀麦 5 年的平均鲜草产量为 16 215kg/hm²。

无芒雀麦的再生性良好。中原地区，一般每年可刈割 3 次，东北和华北地区可刈割 2 次。无芒雀麦再生草的产量通常为总产量的 30%～50%。

（四）栽培技术

1. 轮作 无芒雀麦根茎蔓延容易结成厚密草皮，耕翻后不易清除干净，往往沦为后作的杂草，因此一般都把它放在牧草或饲料作物轮作中。大田轮作中，无芒雀麦利用年限不宜过长，以2～3年为宜。在轮作中无芒雀麦可与紫花苜蓿、红豆草、红三叶和草木樨等牧草混播，也可与其他禾本科牧草如猫尾草等混播，可以防止无芒雀麦造成的草皮絮结和早期衰退的不良现象。

2. 整地 精细整地是保苗和提高产量的重要措施。在气候干旱而又缺少灌溉条件的地区，加深耕层，保蓄土壤水分，减少田间杂草，是无芒雀麦获得高产的前提。秋翻结合施肥对无芒雀麦生长发育有良好作用。一般在收获秋季作物之后，进行浅耕灭茬，施厩肥，再行深翻，耙糖即可。在春季风大干旱、不宜春翻的地区，播前耙糖1～2次即可播种。如要夏播，应在播前浅翻、耙糖，做到平整、细碎。

3. 播种 无芒雀麦的播种期因地制宜，春播、夏播或早秋播均可，西北较寒冷地区多行春播，如兰州地区在3月下旬到4月上旬播种。内蒙古春季干旱、风沙大、气温低、墒情差，春播出苗慢、易缺苗，以夏播为宜，通常是在7月中旬或下旬播种。东北宜夏播，以7月下旬至8月中旬为佳。在华北、华中等地区以7月上、中旬播种为宜，或是以10月中旬播种生长最好。

播种方法采用条播、撒播均可。一般条播，行距15～30cm，种子田可加宽行距为45cm。干草生产田的播种量是22.5～30.0kg/hm^2，种子田的播种量为15.0～22.5kg/hm^2。如采用撒播，播种量可增至45kg/hm^{2}左右。由于无芒雀麦生育期长，与紫花苜蓿混播时，紫花苜蓿可得到充分发育的机会。无芒雀麦与紫花苜蓿混播时，播种量为无芒雀麦15.0～22.5kg/hm^2，紫花苜蓿7.5kg/hm^2。无芒雀麦播种的覆土深度一般为2～4cm，黏性土壤为2～3cm，沙性土壤为3～4cm，春季干旱多风地区，覆土厚度可增至4～5cm。

4. 施肥 无芒雀麦需氮多，播前可施厩肥22.5～37.5t/hm^{2}作基肥，之后可于每年冬季或早春再施厩肥，并于每次刈割后追施氮肥，施氮肥150～225kg/hm^2。同时还要适当施用磷、钾肥。如与豆科牧草混播，在酸性土壤上可施用石灰。

5. 田间管理 无芒雀麦播种当年生长缓慢，易受杂草危害，因此，播种当年要特别重视中耕除草工作。无芒雀麦生长3～4年后地下根茎积累絮结，结成紧实草皮，使土壤通透性变差，有机物质分解慢，有碍生长发育，导致产草量骤减。应于早春用圆盘耙耙地松土，划破草皮，改善土壤通气状况，以促进新茎发生。耙地复壮不但能提高草产量和种子产量，还能延长草地利用年限。

6. 收获 无芒雀麦调制干草的适宜收获时间为开花期。收获过迟影响干草品质，有碍再生，使再生草量降低。春播时播种当年可收1茬草，生长3～4年草皮形成后才能放牧。无芒雀麦耐牧性强，第一次放牧的适宜时间为孕穗期，以后每次应在草层高12～15cm时进行。无芒雀麦播种当年种子产量低、质量差，一般不宜收种；第2～3年生长发育最旺盛，种子产量高，适宜收种，一般在50%～60%小穗变黄时收种，种子产量为600～750kg/hm^2。

（五）经济价值

无芒雀麦是高产优质多年生禾本科牧草。中国北方人工草地无芒雀麦的干草产量为4.5～7.5t/hm^2，一般连续利用6年，管理水平高时可维持10年以上的稳产高产。无芒雀麦营养价值高，茎秆光滑，叶片无毛，草质柔软，适口性好，一年四季为各种家畜所喜食，尤以牛最为喜食，是一种放牧和割草兼用的优良牧草。即使收割稍迟或经霜后，质地并不粗老，口味仍佳。无芒雀麦可青饲、制成干草和青贮。由于根茎发达，再生性强，一般制作干草每年可刈割1~2次，之后再生草仍能放牧利用，所以无芒雀麦利用率较高。同时也是一种极好的水土保持植物，在中国东北、内蒙古、新疆、青海等广泛种植，南方部分地区也进行了栽培利用。无芒雀麦的营养成分及可消化养分如表9-1及表9-2所示。

表9-1 无芒雀麦的营养成分
（引自中国饲用植物志编辑委员会，1987）

生育时期	干物质（%）	占干物质（%）				
		粗蛋白质	粗脂肪	粗纤维	无氮浸出物	粗灰分
营养期	25.0	20.4	4.0	23.2	42.80	9.6
抽穗期	30.0	16.0	6.3	30.0	44.20	7.8
成熟期	53.0	5.3	2.3	36.4	49.20	6.8

表9-2 无芒雀麦营养期鲜草和干草的营养成分及可消化养分
（引自中国饲用植物志编辑委员会，1987）

种类	干物质（%）	钙（%）	磷（%）	可消化蛋白质（%）	总消化养分（%）	占干物质（%）				
						粗蛋白质	粗脂肪	粗纤维	无氮浸出物	粗灰分
鲜草	25.0	0.12	0.08	3.7	15.5	20.80	3.60	22.80	40.40	12.40
干草	88.10	0.20	0.28	5.0	48.9	11.24	2.93	32.24	44.82	9.31

二、扁穗雀麦

（一）概述

学名：*Bromus catharticus* Vahl.。英文名：rescuegrass、grazing brome或prairie grass。别名：野麦子、澳大利亚雀麦。

扁穗雀麦原产南美洲的阿根廷，19世纪60年代传入美国，目前澳大利亚和新西兰已大面积栽培。中国最早于20世纪40年代末在南京种植，后传入内蒙古、新疆、甘肃、青海、北京等北方大部分地区，表现为一年生。传入云南、四川、贵州、广西等省份栽培，表现为短期多年生。

（二）植物学特征

扁穗雀麦为禾本科雀麦属一年生或短期多年生草本植物。须根细弱，较稠密，入土深达40cm，茎粗大扁平，直立，株高80~100cm，茎部叶鞘被白色茸毛，叶长40~50cm，宽4~8mm，幼嫩时生软毛，成熟时少毛。叶色淡绿粗糙，叶背面有细刺。圆锥花序，长15cm，顶端着生2~5个小穗，小穗扁平，宽大，含6~12个小花，小花彼此紧密重叠。开花时雌蕊和雄蕊不露出颖外，为闭花授粉植物。颖边缘膜质，外稃龙骨压扁，顶端有短芒。颖果贴于稃内，顶端具茸毛，长约20cm，千粒重10~13g。

（三）生物学特性

扁穗雀麦属短期多年生牧草，长江流域以北表现为一年生或越年生，长江以南栽种可生长 4 年以上。喜温暖湿润气候，最适生长温度为 10~25℃，夏季气温超过 35℃ 即不适宜生长。北京、内蒙古、甘肃不能越冬。南方栽培越冬性较强，如在贵阳地区绝对最低温度下降到 -9.7℃ 时，扁穗雀麦仍保持绿色。有一定耐旱能力，但不耐水淹。在亚热带地区，野生扁穗雀麦能同一些疏丛型草类混生。生于灌丛中的扁穗雀麦分蘖显著减少，但可与灌丛植物竞相生长，株高达 2m 以上，穗轴长 42cm。

扁穗雀麦对土壤肥力要求较高，喜黏重土壤，也能在盐碱土和酸性土中良好生长。如在北京 4 月上旬播种，6 月下旬抽穗，8 月上旬种子成熟，生育期约 122d。在甘肃武威灌区，春播表现为一年生，播种当年种子成熟后即死亡。贵州农业大学研究表明，扁穗雀麦 10 月 12 日播种，28 日出苗，12 月 28 日分蘖，翌年 4 月 26 日开花，5 月 20 日蜡熟，生育期 220d。南方春播时每年可刈割 2 次，鲜草产量 30t/hm^2，种子产量 225kg/hm^2；秋播可刈割 3~4 次，鲜草产量 37.5~60.0t/hm^2，可收获 2 茬种子，种子产量 1 875kg/hm^2。

（四）栽培技术

扁穗雀麦籽粒大，较易建植，在北方多为春播，利用 1~2 年，每年可刈割 2 次，鲜草产量 30t/hm^2，种子产量 750kg/hm^2 左右。长江流域以南冬季湿润地区可以秋播，播种 1 次可利用 2~3 年。秋播者可刈割 3~4 次，播种量为 22.5~30.0kg/hm^2，条播行距 15~20cm，播深 3~4cm。北方地区注意播后镇压，以保持土壤墒情。

扁穗雀麦生长早期抵抗杂草能力较差，生长期中容易缺株，应特别注意中耕除草，适当施肥灌水，尤其追施氮肥可提高草产量、改善草品质。如果与豆科牧草混播，其侵占性差，需注意补播。

扁穗雀麦种子落粒性较强，应注意适时采收。

（五）经济价值

扁穗雀麦的再生性和分蘖能力较强，草产量较高，抗冻性强，是作为中国南方冬春饲料的优良牧草。幼嫩时茎叶有软毛，成熟时毛渐少，适口性次于黑麦草、燕麦等，各种家畜都喜食。可调制干草，亦可青饲，再生草可放牧。种子成熟后，茎叶均为绿色，可保持较高的营养价值。扁穗雀麦抽穗期的营养成分分别为粗蛋白质 18.4%、粗脂肪 2.7%、粗纤维 2.7%、粗灰分 11.6%、无氮浸出物 37.5%。各种氨基酸含量见表 9-3。

表 9-3　扁穗雀麦的氨基酸含量

（引自中国饲用植物志编辑委员会，1989）

氨基酸	占干物质（%）	占蛋白质（%）	氨基酸	占干物质（%）	占蛋白质（%）
天门冬氨基酸	1.48	8.03	异亮氨酸	0.62	3.35
苏氨酸	0.62	3.35	亮氨酸	1.07	5.84
丝氨酸	0.57	3.12	苯丙氨酸	0.73	3.99
谷氨酸	1.76	9.60	赖氨酸	0.74	4.05
甘氨酸	0.69	3.76	组氨酸	0.25	1.39
丙氨酸	0.91	4.97	精氨酸	0.66	3.58

(续)

氨基酸	占干物质（%）	占蛋白质（%）	氨基酸	占干物质（%）	占蛋白质（%）
胱氨酸	0.17	0.92	脯氨酸	0.63	3.41
缬氨酸	0.83	4.51	酪氨酸	0.29	1.56
蛋氨酸	0.06	0.35			

第三节 赖草属牧草

赖草属（*Leymus* Hochst 或 *Aneurolepidium* Nevski）植物有 30 余种，分布于寒温地带，欧洲、亚洲及美洲地区均有分布，多数种原产于中亚。中国有 9 个种，主要分布于东北、华北和西北，多生长在典型草原和草甸草原地带。赖草属多为野生种，栽培种主要有羊草和赖草。

一、羊 草

（一）概述

学名：*Leymus chinensis*（Trin.）Tzvel. 或 *Aneurolepidium chinense*（Trin.）Kitag。英文名：Chinese wildrye、Chinese leymus 或 Chinese aneurolepidium。别名：碱草。

羊草为广域性禾本科牧草，分布于北纬 36°~62°、东经 120°~130°范围内，主要分布区为欧亚大陆草原东部，其中中国占一半以上，且集中分布于东北平原和内蒙古高原东部。羊草栽培历史较短，20 世纪 50 年代末至 60 年代初在东北大面积试种成功，继而引入河北、陕西、山西、新疆、甘肃等地，现已成为中国北方地区建立永久性人工草地的主要草种。

（二）植物学特征

羊草为禾本科赖草属多年生草本植物（图 9-2），具发达的地下横走根茎，长达 100~150cm，根茎节间长 8~10cm。须根系，具沙套。茎秆直立，高 60~90cm，单生成疏丛，营养枝 3~4 节，生殖枝 3~7 节。叶片质厚而硬，扁平或干后内卷。叶鞘短于节间，基部叶鞘残留呈纤维状，具叶耳，叶舌纸质截平状。穗状花序，直立，长 12~18cm，两端为单生小穗，中部为对生小穗，每小穗含 5~10 小花。颖片锥状，外稃披针形，无毛。颖果细小，呈长椭圆形，深褐色，千粒重约 2.0g。

图 9-2 羊 草

(三) 生物学特性

羊草为旱生或旱中生禾本科牧草，宜生长在年降水量 500~600mm 的地区。其根系发达，抗旱耐沙，但不耐涝，长期水淹易引起烂根。耐寒性强，在冬季 −42℃少雪的地方能安全越冬，其幼苗可耐 −6~−5℃低温。羊草较喜温，早春解冻即可返青，其种子发芽的最低温度为 8℃左右。如水分充足，播种后 10~15 d 就能出苗，从返青到种子成熟需 ≥10℃积温 550~750℃。羊草为喜光植物，但叶面积指数低，种群的光能利用率不高，一年内仅利用光合有效辐射中 1.79%，其中经济价值最大的活枝条部分仅利用光合有效辐射中 0.37%的能量。羊草对土壤要求不严，耐盐碱，耐瘠薄，适应的土壤 pH 为 5.5~9.0，其中以 pH 为 6.0~8.0、含盐量不超过 0.3%、钠离子含量低于 0.02%的土壤最为适宜。所以可在排水不良的轻度盐化草甸土或苏打盐土上旺盛生长。

羊草在不同生境条件下，可分为绿型和灰型两种生态型。绿型羊草的叶片和穗部呈绿色，灰型羊草呈灰白色。灰型羊草比绿型羊草具有更强的耐盐碱和耐旱能力，前者可生长在可溶性盐总量为 0.3%的土壤中，后者却不能超过 0.2%；前者 15cm 土层的萎蔫系数为 1.33%，而后者为 1.84%。

羊草为多年生根茎型禾本科牧草，以无性繁殖为主，有性繁殖为辅，在营养生长同时进行生殖生长。羊草在播种当年幼苗第五片叶出现时开始形成根茎，当年形成 3~4 条，第 2 年发育形成 5~10 条，且随生长年限延长而累增，主要分布于 5~20cm 土层中。每条根茎长约 70cm，最长可达 200cm，每株根茎有节 100 个以上，节能够发育形成新的地上植株，由此在生活 2~3 年后可形成茂密草群。但因地下根茎累年增加，纵横交错成网状，形成稠密根茎网，造成土壤通气恶化，影响地上部茎叶生长，草群生产能力下降。通过划破草皮等草地改良措施，可促进根茎分蘖能力，达到更新复壮目的。

羊草播后 10~15d 萌发出土，苗期生长缓慢，当年仅有个别枝条抽穗开花。翌年早春即可返青，6 月部分枝条抽穗开花，7 月底种子成熟，生育期 100~110d。种子收获后营养期长，10 月末才枯黄，整个利用期长达 200d。

(四) 栽培技术

1. 整地　羊草对土壤要求不严，除低洼涝地外均可种植，但以排水良好，土层深厚，有机质含量高的耕地种植为最佳。羊草出苗率低，苗期生长缓慢，易受草害。要求土壤深厚细碎，墒情适宜。为此，必须在播种前 1 年秋季深翻、耙糖和镇压，结合施基肥效果更好，瘠薄沙质土或碱性较大的盐碱地进行上述整地措施尤为重要。生长第 2 年春播前仍需耙糖，以破碎土块和平整地面；夏播地可在播种前 1 个月再行耕翻和耙糖；若行秋播，翻地深度不少于 20cm。在退化草地补播或退耕牧地种植羊草，提倡前一年伏天翻地，彻底清除原有植被，加强土壤熟化过程。在盐碱地种羊草，应注意暗碱和地面碱化的程度，一般改良后方可种植。

2. 施肥　羊草利用年限长，产量高，需肥量大，必需施足底肥、及时追肥。以氮肥为主，适当搭配磷、钾肥等。可施堆肥或厩肥 37.5~40.0t/hm^2，翻地前均匀撒入。土壤贫瘠的沙质地和碱性较大的盐碱地，多施有机肥还可以改善土壤结构，缓冲土壤酸碱性，极有利于羊草生长。羊草种子生产田多施硼肥可提高结实率。试验表明，将硼酸（H_3BO_3）* 按每公顷 3.75kg 施入土壤后，生长明显加快，干草产量增加 1 倍以上，结实率接近 70％，比单施氮肥提高 10.8％。

3. 播种 羊草种子成熟度不一致，发芽率低，除商品种子外，野生种子多秕粒，播前需清选，可风选和筛选，纯净度达 90％以上播种为宜。

由于羊草种子发芽时要求较高温度和较多水分，在中国北方春季寒冷而干旱地区常可夏播，以保证出苗后 80～90d 的生长期，过晚不利于越冬。但在杂草少、墒情好、整地精细的地区也可春播，以早春（4 月上旬）抢墒播种为宜。据吉林省农安县试验，临冬（10 月下旬至 11 月上旬）寄籽播种羊草，抓苗效果甚至优于春播和夏播。

羊草因种子发芽率低，幼芽顶土力弱，播量较一般禾本科牧草多，为 37.5～45.0kg/hm^2，种子品质不良时可增至 52.5～60.0kg/hm^2。条播行距 30cm，覆土厚度 2～3cm，播后镇压。羊草因根茎侵占性强，与豆科牧草混播后，经过 3～4 年豆科牧草自行消失，因而混播时应加大豆科牧草播种量。

羊草除直接用种子播种建植人工草地外，也可用根茎建植。方法是将羊草根茎切成 5～10cm 小段，每小段保留有 2～3 个节，按一定行株距埋入播种沟内。该法成活率高，生长快，当年见效，是建立羊草草地的有效途径。

4. 田间管理 羊草苗期最易被杂草抑制，防治杂草至关重要。除播前注意灭除杂草外，要特别注意苗期杂草防除，当羊草具有 2～3 片叶片时，中耕可消灭杂草 90％以上。单播羊草草地也可用 2,4-滴类除草剂灭草。在有条件地方，除施足基肥外，还可在返青后追肥氮肥，适当搭配磷、钾肥，尤其是盐碱地增施磷肥，对提高羊草产量和品质有很大作用。追肥后结合灌水，效果更佳。

在永久性羊草草地上，一般每隔 5～6 年翻耙更新 1 次，方法是在早春越冬芽尚未萌动时，用犁先浅耕 8～10cm，再用圆盘耙斜向耙地 2 次，或是直接用重型圆盘耙斜向耙地 2 次，再用 V 型镇压器镇压。但在沙化或碱化较重土壤及豆科牧草占优势的羊草草地上不宜采用。羊草由于根茎难于除尽，一般不进入轮作制中。

5. 利用 羊草为刈牧兼用型牧草，栽培羊草主要用于刈割调制干草，孕穗期至始花期刈割为宜。旱作人工草地，干草产量 3 000～4 500kg/hm^2，灌溉地达 6 000kg/hm^2。在水肥充足条件下，年可刈割 2 次，首次刈割后应至少保留 40～45d 再生期，方可再利用，最后 1 次利用应在生长季结束前 1 个月以前进行，使其蓄积更多养分和形成越冬芽，以利越冬。

羊草种子产量低，一般 150kg/hm^2 左右。种子收获量低的原因，一是羊草株丛中生殖枝条少，仅占总枝条数的 20％左右；二是结实率低，只有 12％～42％；三是采种困难，由于花期长达 50～60d，造成种子成熟不一致，另外其种子落粒性很强。为此，采种应及时，可在穗头变黄、籽粒变硬时分期分批采收，也可在 50％～60％穗变黄时集中采收。

（五）经济价值

羊草茎秆细嫩，叶量丰富，为各种家畜喜食，夏秋能催肥，冬季能补饲。羊草全年被各

---

* 理论上硼酸含硼率 17.74％，但农业生产上用的硼酸达不到这个含硼率，本试验所用产品含硼率为 17.41％，故施硼的有效量为 653g/hm^2。——编者注

种家畜采食，对于幼畜发育、成畜育肥及繁殖都具有较高营养价值（表9-4，表9-5）。青干草颜色浓绿，气味芳香，是上等优质饲草，现为中国主要商品出口禾本科牧草。羊草适应性强，耐干旱，耐盐碱，耐践踏，2.5kg羊草干草的营养价值相当于1kg燕麦籽粒。羊草为长寿命牧草，利用期限可达10年。再生性良好，水肥条件好时年可刈割2次，通常再生草用于放牧。

表 9-4 羊草不同生育时期的营养成分

（引自董宽虎和沈益新，2003）

生育时期	占干物质（%）					钙（%）	磷（%）	胡萝卜素（mg/kg）
	粗蛋白质	粗脂肪	粗纤维	无氮浸出物	粗灰分			
分蘖期	20.3	4.1	35.6	33.0	7.0	0.39	1.02	59.00
拔节期	18.0	3.1	47.0	25.2	6.7	0.40	0.38	85.87
抽穗期	14.9	2.9	35.0	41.4	5.8	0.43	0.34	63.00
成熟期	5.0	2.9	33.6	52.1	6.4	0.53	0.53	49.30

表 9-5 羊草干物质的消化能、代谢能及有机物质消化率

（引自陈默君和贾慎修，2002）

生育时期	粗蛋白质（%）	粗脂肪（%）	有机物质		
			消化率（%）	消化能（MJ/kg）	代谢能（MJ/kg）
开花期	11.95	2.53	57.47	9.82	7.77

二、赖　草

（一）概述

学名：*Leymus secalinus* (Georgi) Tzvel. 或 *Aneurolepidium dasystachys* (Trin.) Nevski。英文名：common leymus、common aneurolepidium。别名：宾草、阔穗碱草、老披碱草等。

赖草分布于中国北方和青藏高原半干旱、干旱地区，分布较广，但面积不大。常出现在轻度盐渍化低地上，是盐碱化草甸的建群种。在低山丘陵和山地草原中，有时作为群落的主要伴生种出现。赖草根茎发达，在农田中常成为难以防除的杂草，故有"赖草"之称。

（二）植物学特征

赖草为多年生草本，具发达根茎，茎秆直立粗硬，单生或呈疏丛状，生殖枝高45～100cm，营养枝高20～35cm。基部叶鞘残留呈纤维状。叶片细长，深绿色，平展或内卷，长8～30cm，宽4～7mm。穗状花序，直立，长10～15cm，宽0.8～1.0cm。小穗排列紧密，下部小穗呈间断状。颖锥形，外稃披针形，被短柔毛，内稃和外稃等长，先端略显分裂。

（三）生物学特性

赖草属中旱生植物，耐旱抗寒，具有较强耐盐性，对土壤适应范围极广，比羊草有更广泛的生态适应区域。赖草春季萌发早，一般3月下旬至4月上旬返青，5月下旬抽穗，6～7

月开花，7~8月种子成熟。其生长形态随生境条件的变化而有较大变化，在干旱或盐渍化严重地方，生长低矮，有时仅有3~4片基生叶。水肥条件好时，株丛生长繁茂，根茎迅速繁衍，能形成优势群落。叶层高度达30~40cm，能正常抽穗、开花，但结实率差，许多小花不孕，采种困难。

（四）栽培技术

赖草通过引种驯化，可培育为干旱地区轻度盐渍化土壤刈牧兼用的栽培草种。例如，在宁夏贺兰山东麓荒漠草原区，用赖草根茎移栽建植人工草地表明，栽后9d出苗，23d分蘖，35d拔节，65d抽穗，70d开花，100d种子成熟；平均每株分蘖数88，茎叶比1：1.97；播种当年刈割3次（6月7日，8月11日，9月15日），干草产量11 227.5kg/hm²，各茬分别为总产量的38.8%、50.1%、11.1%，种子产量623kg/hm²。

（五）经济价值

赖草为刈牧兼用牧草，叶量少且草质粗糙，尤其夏季适口性差，但春秋季为家畜的抓膘牧草，幼嫩时尤为山羊、绵羊喜食，终年为牛、骆驼喜食。赖草丛生性差，产量低，采种困难，一定程度上耐盐渍化，土壤生态适应幅度广，水肥条件稍好就能生长旺盛。

除作饲草外，根可入药，具有清热、止血利尿作用。而且可用作治理盐碱地、防风固沙或水土保持草种。

第四节 冰草属牧草

冰草属（*Agropyron* Gaertn.）牧草是禾本科小麦族中的多年生草本植物，全世界约有15种，分布于欧亚大陆高原，集中分布于俄罗斯、土库曼斯坦、乌兹别克斯坦、乌克兰、哈萨克斯坦、蒙古、中国和一些欧亚国家。中国是冰草属植物资源较丰富的国家之一，有冰草属植物5种，4变种，1变型。中国分布的5个种分别是冰草、沙生冰草、根茎冰草、西伯利亚冰草和蒙古冰草。冰草属植物广泛分布于华北、西北和东北地区，而以黄河以北干旱地区种类最多、密度最大，海拔高度主要在1 000~1 500m，东起东北的草甸草原，经内蒙古、华北地区向西南成带状一直延伸到青藏高原高寒地区，在中国北方10多个省份内，形成连续分布。其中，以内蒙古分布最多、拥有国产的全部种，且密度也最大。此外，在甘肃、宁夏、青海、新疆、河北、陕西、山西等地也有较广泛分布（表9-6）。生于草甸草原、典型草原和荒漠草原等各类草原中，属于典型草原旱生植被类群，一些种类在沙地植被中常成为优势成分。

表9-6 冰草属植物在中国的分布

种名	内蒙古	辽宁	吉林	黑龙江	河北	山西	宁夏	陕西	甘肃	青海	西藏	新疆
冰草	●	●	●	●	●	●	●	●	●	●	●	●
根茎冰草	●			●	●				●			
沙生冰草	●	●				●	●		●			●

(续)

种名	内蒙古	辽宁	吉林	黑龙江	河北	山西	宁夏	陕西	甘肃	青海	西藏	新疆
蒙古冰草	●				●	●			●	●		●
西伯利亚冰草	●											

注：●表示该地区有分布

一、冰　草

（一）概述

学名：*Agropyron cristatum* (L.) Gaertn.。英文名：crested wheatgrass。别名：扁穗冰草、麦穗草、羽状小麦草、野麦子、山麦草。

冰草起源于欧亚大陆，具有十分广泛的生态幅度，最多分布于欧亚大陆温带草原区。冰草属牧草中，冰草在中国的分布最为广泛，在内蒙古、辽宁、吉林、黑龙江、河北、山西、宁夏、陕西、甘肃、青海、西藏和新疆都有分布，是改良中国干旱、半干旱草原的重要牧草。

（二）植物学特征

多年生草本植物，须根发达，外具沙套；茎秆直立，疏丛型，基部膝状弯曲，上被柔毛，高 40~80cm；叶披针形，长 7~15cm，宽 0.4~0.7cm，边缘内卷，叶背较光滑，叶面密生茸毛，叶鞘短于节间且紧包茎，叶舌不明显；穗状花序直立，长 3.0~6.5cm，呈矩形或两端微窄，每节着生1小穗，小穗无柄，水平排列呈篦齿状，每小穗含4~7朵花；颖舟形，背部常具2脊或1脊，被短刺毛；外稃有毛，具5脉，基盘明显，顶端常具短芒，内稃与外稃等长，千粒重2g左右（图9-3）。

冰草体细胞染色体为 $2n=28$，染色体基数7，为四倍体。

（三）生物学特性

冰草是一种长寿命多年生疏丛型禾本科牧草，一般可生活10~15年或更长，生产中一般利用年限为6~10年，人工栽培第2~4年产量最高，第5年后产量开始下降。

图 9-3　冰　草

冰草种子在2~3℃条件下即可发芽，发芽最适温度为15~25℃。当土壤水分适合时，播后8~10d可出苗，出苗时首先在地面露出胚芽鞘和第一片真叶，待第一片真叶长到2~4cm时，由棕绿色变为绿色，约8d后长出第二片真叶。第三片真叶长出后开始分蘖。一般播种当年处于营养生长状态，很少进入生殖生长阶段，翌年春季返青早，在呼和浩特地区3月底至4月初开始返青，约半个月后开始分蘖，形成新的侧枝，并由单株形成株丛。冰草分蘖能力较强，条播第2年的单株分蘖数20～50个，点播的分蘖数更多，可达100个以上，如果水分和温度条件适合，其分蘖过程可贯穿整个生长季，特别是种子成熟以后，仍表现出很强的分蘖能力。5月下旬至6月初开始抽穗；6月中旬开花，持续15～20d；7月底种子成熟。在兰州地区，一般3月中、下旬返青，4月下旬拔节，5月下旬孕穗和抽穗，6月中旬开花，7月底种子成熟。冰草从返青到种子成熟需110～120d，但生长期（青绿期）可达220d以上。

冰草是异花授粉植物，靠风传粉，自花授粉大部分不孕。冰草开花时，首先花序1/3处小穗的小花开始开放，然后向下、向上开放，花序最下部小穗的小花最后开放。每个小穗基部的小花首先开放，然后依次向上，顶端小花最后开放。每朵小花的开花持续期不等，且都很短，0.5～3.0h结束。冰草开花的适宜温度为20～30℃，温暖无风天气开花最旺盛，湿度过大停止开花，雨天、阴天均不开花。一个花序的开花持续期为3～4d，温度不足或阴雨时开花持续期可延长到10～20d，一日内以15：00～18：00开花最旺盛。

冰草授粉后8～10d达乳熟期，20～25d达蜡熟期，27～30d达完熟期。在炎热、干燥天气下，种子成熟较快，凉爽、多雨时种子成熟延长。

冰草喜凉爽，抗寒性很强，适宜在寒冷地区种植，在中国温带地区能安全越冬。在内蒙古呼和浩特、锡林浩特、海拉尔、额尔古纳等寒冷地区的多年试验结果显示，冰草均可安全越冬。冰草在分蘖节、地下茎和根系中贮存了大量碳水化合物和其他物质，并且冰草本身形成草丛，冬季茎叶残留在基部，这些特点都能抵御外界不良气候的影响，是冰草抗寒性强的重要原因。

冰草被认为是非常抗旱的牧草，是目前中国栽培耐干旱能力很强的禾本科牧草之一，适合在干燥地区种植，在年降水量200～300mm地区，冰草生长良好，并能获得较理想的牧草和种子产量。冰草抗旱性强的原因主要是它具有旱生结构，如根系发达且具沙套，叶片窄小且内卷，干旱时气孔闭合等。在严重干旱时期，冰草叶片内卷、变黄、茎部凋萎，植株外形呈枯死状态，但遇降水或灌溉，植株重新开始返青，并能继续生长。

光照对冰草生长发育有重要影响，只有在一定光照条件下，枝条才能通过光照阶段，并能形成生殖枝。对于冰草幼龄植株，光照条件能加速或减慢其生长发育，增加或减少生殖枝数量，从而影响到种子产量。

冰草对土壤要求不严，耐瘠薄。在黑钙土、暗栗钙土、沙土上均能生长。在潮湿和酸性土壤中生长不良，对盐碱土有一定适应性。但不能忍受盐渍化沼泽化土壤，不能忍受7～10d水淹，不宜在低湿地或沼泽地上种植。

（四）栽培技术

冰草适宜在土质疏松、排水良好的壤土和沙壤土上种植，饲用人工草地适宜选择土壤熟化程度较高的农田或撂荒地种植。播前适当深耕，改善土壤通透性，结合整地施入厩肥作底肥。为了提高播种质量，表土耕作要求精细，要求地面平整，表土细碎。在风沙较大且土壤沙化严重地区，不适宜建立高产人工草地，可不耕翻土壤，采用免耕法对退化草地进行补播改良。

冰草春、夏、秋均可播种。中国西北地区，特别是草原地区春季干旱多风，土壤墒情差，在旱作条件下出苗和保苗很困难，一般以夏、秋播种为宜。较寒冷地区播种过迟会影响其安全越冬，旱作可采用寄籽播种，在灌溉条件下宜采用春播。在春季降水较多或灌溉充分地区适宜春播。内蒙古多数地区适宜夏、秋播种和寄籽播种，吉林省和河北省多在6月中旬至7月上旬播种，陕西省渭北为7~8月，甘肃省河西走廊为4~5月。条播行距20~45cm，播种量15.0~22.5kg/hm^2，覆土厚度3~4cm，播后及时镇压。

冰草既可单播，又可混播，与豆科牧草混播效果更佳，不仅改善土壤结构，提高土壤肥力，还可以获得高产优质饲草。如冰草＋紫花苜蓿、冰草＋红豆草、冰草＋扁蓿豆等混播组合在干旱地区多年的试验中被证明是建立人工草地的适宜混播组合。冰草也可与小糠草、鹅冠草、草地早熟禾等禾本科牧草混播，可提高产量和品质。冰草与豆科牧草混播的播量通常占总播量40%左右，与禾本科牧草混播的播量为单播的50%。

冰草播种当年生长缓慢，特别是幼苗期易受杂草危害，要注意中耕除草。有条件地区可采用机械除草，也可采用化学除草剂除草，如2, 4-滴丁酯，用量750~1 125 g/hm^2，加水35kg，晴天无风时用喷雾器均匀喷洒，可防除灰绿、马先蒿、委陵菜、紫草、野胡萝卜等杂草。为了促进幼苗生长发育和提高产量，在有条件地区，要适时进行灌溉。夏末时节结合松土除草进行施肥，可以获得冰草及其混播牧草的高产，利用3年以上的冰草地，早春或秋季进行浅松耙，可以改善土壤理化状况，促进冰草生长和更新。

冰草的再生能力较差，通常1年只刈割1次，抽穗期收获为宜，开花后蛋白质含量和适口性明显下降，留茬高度为5~7cm，再生草可作放牧利用。

冰草种子成熟时具有一定的落粒性，种子田一般应在蜡熟期末至完熟初期收获，以保证较高种子产量。

（五）经济价值

冰草是一种饲用价值较高的优良牧草，质地柔软，适口性好，营养价值较高（表9-7），牛、马、羊和骆驼等家畜都喜食。冰草具有很好的放牧稳定性，放牧利用可达6~10年。冰草春季返青早，秋季枯黄迟，牧草全年利用期较长，对于缓解早春放牧饲草短缺的矛盾有重要作用，并可延迟放牧，冬季枝叶不易脱落，仍可放牧，但由于叶量较少，饲用价值降低。在干旱草原常被作为催肥牧草，但开花后适口性和营养成分均有降低。反刍家畜对于冰草具有较高的消化率和可消化成分（表9-8）。

表9-7 冰草的营养成分表

生长阶段	水分（%）	钙（%）	磷（%）	占干物质（%）				
				粗蛋白质	粗脂肪	粗纤维	无氮浸出物	粗灰分
营养期	9.71	0.59	0.44	20.23	4.79	23.35	34.15	7.77
抽穗期	11.50	0.44	0.37	16.93	3.64	27.65	33.84	6.44
开花期	9.65	0.41	0.44	9.65	4.31	32.71	37.58	6.10

注：中国科学院内蒙古宁夏综合考察队分析

表 9-8　冰草干物质的消化能、代谢能及有机物质消化率

生育时期	粗蛋白质（%）	粗脂肪（%）	有机物质		
			消化率（%）	消化能（MJ/kg）	代谢能（MJ/kg）
抽穗期	16.12	3.14	63.93	11.17	8.92

注：中国农业大学分析

冰草除放牧利用外，还可用于调制干草。在干旱条件下，鲜草产量 3 750～7 500kg/hm²，水肥条件优良时为 15 000kg/hm²，折合干草 3 750kg/hm²，种子产量为 300～750kg/hm²。据中国农业科学院在甘肃皇城试验，在甘肃高寒牧区，鲜草产量第 1 年为 4 800kg/hm²，第 2 年为 11 250kg/hm²，第 3 年为 9 000kg/hm²。

二、蒙古冰草

（一）概述

学名：*Agropyron mongolicum* Keng。英文名：Mongolian wheatgrass。别名：沙芦草。

蒙古冰草野生种主要分布在欧亚大陆，是一种典型旱生植物。国外主要分布在欧洲、苏联、中亚和蒙古等地区。中国蒙古冰草野生种主要分布在内蒙古、山西、陕西、宁夏、新疆、甘肃、河北等省份，尤其在内蒙古分布十分广泛，其中最为集中的分布区域为浑善达克沙地和嘎亥额勒苏沙地。多生于沙丘阴坡、石砾质坡地、沙壤质干旱草原。在干旱草原和荒漠草原多以伴生成分出现，在沙地植被中往往成为优势种。

（二）植物学特征

多年生草本，须根系发达，根长而密，外具沙套。茎直立，基部常呈膝状弯曲，株高 15～80cm，栽培品种可达 100cm 左右。具 2～6 节，叶鞘短于节间，无毛或稀被毛，叶片灰绿色，窄披针形，扁平或边缘内卷，长 5～10cm，宽 1.5～5.0mm，光滑无毛，叶舌不明显。穗状花序，长 5.5～12.0cm，栽培条件下长 12～18cm，宽 4～6mm，每花序有小穗 20～30 个；小穗稀疏排列，向上斜生，每小穗有花 2～12 枚；颖两侧常不对称，具 3～5 脉，外稃边缘膜质，先端具短芒尖，内稃略短于外稃或与之等长。颖果椭圆形，长约 4mm，栽培品种长 3～8mm，千粒重 1.6～2.0g。

蒙古冰草为冰草属中的二倍体物种，正常体细胞染色体数为 $2n=2x=14$，染色体核型为 $2n=2x=14=12m+2sm$。国内外许多研究表明，蒙古冰草中含有较高频率的 B 染色体。

（三）生物学特性

蒙古冰草播种当年生长缓慢，植株细弱，株高 30～40cm，可形成枝条 5～15 个，但很少能进入生殖生长。蒙古冰草生长第 2 年返青早，青绿期长，在内蒙古中西部地区自然条件下，3 月底至 4 月上旬返青，5 月底至 6 月初开始抽穗，6 月中旬开花，7 月底种子成熟。种子成熟后，生殖枝枯黄，营养枝可持续生长至 11 月上旬，青绿期长达 226d。在甘肃省武威市 3 月 22 日返青，5 月 25 日抽穗，6 月 21 日开花，8 月 27 日种子成熟，生长天数 158d。在北京市生长天数可达 250d 左右。

蒙古冰草具有很强的抗逆性和适应性，特别是在抗寒、耐旱、耐风沙和耐贫瘠等方面表现

尤为突出。蒙古冰草根系发达，入土深度达 80~150cm，根系集中分布于 0~60cm 土层中，在年降水量 200~300mm 的地区可良好生长。在东北、内蒙古和西北高寒地区蒙古冰草均可安全越冬，在石砾质坡地、固定及半固定沙丘等严酷环境中仍具有很强生命力。国内研究表明，蒙古冰草在幼苗期抗旱性较冰草和沙生冰草弱，但定植后耐旱能力却强于二者。在宁夏盐池、内蒙古乌拉特中旗等荒漠草原地区，旱作下生长良好，干草产量达 1.5~3.0t/hm²，在内蒙古锡林郭勒盟干草产量可达 3.0~7.2t/hm²，在甘肃武威黄羊镇试验表明，干草产量生长第 1 年为 0.855t/hm²，第 2 年为 3.375t/hm²，第 3 年为 7.98t/hm²。

蒙古冰草对土壤要求不严，可在高原沙质土及沙壤质栗钙土上生长，也可在壤质及黏壤质褐土上生长良好。因此，它是荒漠草原、干旱草原补播的极好牧草。

（四）栽培技术

蒙古冰草栽培技术和收获利用与冰草相同。蒙古冰草与苜蓿混播可显著提高人工草地产量。内蒙古农业大学研究表明，在内蒙古锡林郭勒盟农牧交错带旱作条件下，蒙农1号蒙古冰草与草原3号杂花苜蓿混播第3年的产草量显著高于二者的单播产量，但不同混播方式增产效果不同。

（五）经济价值

蒙古冰草是一种具有重要经济价值的牧草。蒙古冰草属于上繁草，是一种刈牧兼用优良牧草，草质柔软，适口性好，营养价值较高（表 9-9，表 9-10），各种家畜都喜食。建植人工草地可用于放牧和刈割调制干草。由于蒙古冰草春季返青早，早春生长快，分蘖多，耐牧性好，用于放牧效果更好。因此，蒙古冰草具有很高的饲用价值，在中国干旱、半干旱地区草地畜牧业生产、天然草地改良和人工草地建设等方面具有重要作用。

表 9-9 蒙古冰草干物质中各营养成分含量

生育时期	占干物质（%）				
	粗蛋白质	粗脂肪	粗纤维	无氮浸出物	粗灰分
抽穗期	19.03	2.02	35.97	35.42	7.56
开花期	10.18	1.80	42.10	38.96	6.96
成熟期	8.90	2.11	41.36	41.68	5.95

注：中国农业科学院草原研究所分析

表 9-10 蒙古冰草干物质的消化能、代谢能及有机物质消化率

生育时期	粗蛋白质（%）	粗脂肪（%）	有机物质		
			消化率（%）	消化能（MJ/kg）	代谢能（MJ/kg）
抽穗期	13.07	3.08	55.15	9.49	7.37

注：中国农业大学分析

蒙古冰草是一些作物（如小麦、大麦等）的野生近缘种，富含大量抗寒、抗旱等优良抗性基因，是一些农作物品种改良的抗性基因源。有研究表明，蒙古冰草是冰草属中抗旱性最强的物种，又是稀有的二倍体植物，因而具有很高的遗传育种价值，在作物品种改良和优良牧草品种培育等方面具有广阔应用前景。

蒙古冰草具有突出的耐寒、耐风沙、耐瘠薄等优良抗性，是防风固沙、水土保持的重要植物，在国家生态建设和植被恢复等方面具有较高的生态价值。目前，蒙古冰草已被列为国家二级珍稀濒危植物和急需保护的农作物野生近缘种。中国已登记的2个蒙古冰草品种是内蒙古农业大学培育的内蒙沙芦草和蒙农1号蒙古冰草。

三、沙生冰草

（一）概述

学名：*Agropyron desertorum* (Fisch. ex Link) Schult。英文名：desert wheatgrass。别名：荒漠冰草。

沙生冰草为旱生沙生草，分布于欧亚大陆的温带草原。中国沙生冰草野生种主要分布在内蒙古、辽宁、吉林、山西、甘肃等省份。分布于草原和荒漠草原地带的沙地上，为沙质草原的建群种和优势种，在中国荒漠草原以西分布较为集中。美国和加拿大分别于1906年和1911年从苏联引进沙生冰草，现已成为美国西部大草原及加拿大萨斯卡彻温省（Saskatchewan）等中部干旱地区的重要栽培牧草。20世纪70年代以来，中国先后从加拿大、美国引进部分沙生冰草种质在东北、西北、华北地区试种，目前已成为中国北方地区一种重要的栽培牧草，在中国生态治理和草地建设方面正在发挥着重要作用。中国目前已登记的沙生冰草品种只有内蒙古农业大学从美国引进的诺丹沙生冰草。

沙生冰草是冰草属中的四倍体物种，正常体细胞染色体数为$2n=4x=28$，染色体核型为$2n=4x=28=24m(4SAT)+4sm(2SAT)$。

（二）植物学特征

多年生草本，具横走或下伸的根状茎，须根外具沙套。茎秆直立，高30~60cm，基部节膝状弯曲。叶多内卷成锥状；花序较紧密而狭窄；小穗向上斜升，不呈齿状排列。颖稃均具芒，长约2mm，稃背面较粗涩；颖果狭卵形，长约5mm，具芒尖，千粒重2.5g左右。花期5~6月，成熟期7~8月。

沙生冰草根系发达，耐旱、耐寒性强。对土壤要求不严，但耐碱性差，不能忍受长期水淹。

（三）生物学特性

沙生冰草根系发达，主要分布于0~15cm土层中。在降水量150~400mm地区可良好生长。春季返青早，在内蒙古呼和浩特地区4月中旬返青。沙生冰草早春生长快，分蘖多，长势好。在甘肃河西地区6月中、下旬抽穗，8月初种子成熟，生长期115d左右。沙生冰草再生性较好，适于放牧利用。寿命长，合理放牧利用的条件下，草地可持续利用30年以上。植株繁茂，产草量高，且叶片多，叶量大，能在早春提供放牧青草。一般每年可刈割1~2次，干草产量3 750~6 000kg/hm²。

沙生冰草耐旱性和耐寒性强，喜沙质土壤，耐风蚀，但不耐碱，也不能忍受长期水淹。根系发达，在黏质土壤上无明显根茎，形成密集草丛。在荒漠草原典型棕钙土上，沙生冰草有3种类型，即疏丛型、根茎型和疏丛-根茎型，以疏丛型为主，随着土壤沙质成分增多，逐步向疏丛-根茎型和根茎型过渡。因此，沙生冰草在改良沙地草场、建植人工草地方面是一种有价值和应用前景的优良牧草。

（四）经济价值

沙生冰草属于上繁草，是一种刈牧兼用优良牧草，草质柔软，适口性好，营养价值较高，各种家畜都喜食，尤以马、牛更喜食。人工草地可用于放牧和刈割调制干草，但由于沙生冰草春季返青早，早春生长快，分蘖多，耐牧性好，并且随生长发育推进草质下降，因此用于放牧效果更好。

四、西伯利亚冰草

（一）概述

学名：*Agropyron sibiricum* (Willd.) Beauv.。英文名：Siberia wheatgrass。

西伯利亚冰草原产于苏联，中国内蒙古锡林郭勒盟有分布，华北、东北和甘肃等有引种栽培。

（二）植物学特征

西伯利亚冰草株高 30～60cm，栽培条件下可达 100cm。穗状花序较疏松，小穗 30～50 个，长 15～17cm，含 7～11 朵花，只有 2～3 朵结实，外稃先端无芒或具芒状尖头。

（三）生物学特性

西伯利亚冰草天然分布于沙土或沙壤土地带，是沙土地的典型植物。耐寒、耐旱，在青藏高原海拔 2 300～3 800m 地方生长发育良好。耐旱性稍差于沙生冰草，蒸腾系数为 212～386。在年降水量为 200～350mm、pH 为 7.5～8.4 的条件下可较好生长。分蘖多，再生能力较强，茎叶质地较柔软，耐践踏，耐瘠薄，能在恶劣自然条件下良好生长。

（四）栽培技术

春播或秋播均可，播种量 11.25～22.50kg/hm^2，多条播，行距 20～45cm，覆土深度 3～4cm。草产量高于冰草，干草产量 3 000～9 000kg/hm^2。

（五）经济价值

在中国高寒、干旱半干旱地区建植西伯利亚冰草人工草地，对改良天然草场具有广泛的用途，在改良和绿化沙漠及荒原中亦可利用。可放牧或刈割调制干草，亦可青饲。可与豆科牧草进行混播，建立混播草地或建立刈割和放牧兼用人工草地。茎叶较柔软，为多种家畜喜食，属优等牧草。西伯利亚冰草的营养成分见表 9-11。

表 9-11 西伯利亚冰草的营养成分
(引自中国饲用植物志编辑委员会，1989)

样品	干物质（%）	占干物质（%）					钙（%）	磷（%）
		粗蛋白质	粗脂肪	粗纤维	粗灰分	无氮浸出物		
鲜样	24.6	4.1	0.5	7.6	2.2	10.2	0.18	0.07

(续)

样品	干物质（%）	占干物质（%）					钙（%）	磷（%）
		粗蛋白质	粗脂肪	粗纤维	粗灰分	无氮浸出物		
风干样	90.9	15.1	1.9	28.0	8.0	37.9	0.66	0.25
干物质	100	16.6	2.1	30.8	8.8	41.7	0.72	0.27

第五节 草地早熟禾

（一）概述

早熟禾属（Poa L.）植物全世界有数百种，多分布于温带和寒带地区。本属多数为优良牧草，但多为野生，有草地早熟禾、普通早熟禾、扁秆早熟禾和加拿大早熟禾。目前栽培最多的是草地早熟禾，是最重要、最主要草坪草种。

草地早熟禾学名：$Poa\ pratensis$ L.。英文名：bluegrass、kentucky bluegrass、june grass 或 smooth stalked meadow grass。别名：六月禾、兰草、草原莓系。

草地早熟禾原产于欧洲各地、亚洲北部及非洲北部，后传至美洲。广泛分布于全球温带地区。苏联亚洲部分和欧洲部分都有分布。欧洲各国多有栽培。是北美、加拿大潮湿地区和美国北部适应性良好的牧草，并有大面积栽培。在美国称为肯塔基兰草，是著名的栽培良种，全国均有栽培，是北部地区年平均温度为15℃等温线附近适应性最好的草种，也是北温带广泛利用的优质冷季型草坪草。在中国东北、河北、山东、山西、内蒙古、甘肃、新疆、青海、西藏、四川、江西等省份均有分布，自然分布在冷湿生境，常成为山地草甸的建群种，或为其他草甸草原群落的伴生种。近年来随着草坪业迅速发展，草地早熟禾成为中国北方重要草坪草种，主要用于建植城市绿地、运动场、高尔夫球场、公园、路旁草坪、铺水坝地等。

（二）植物学特征

多年生根茎型草本（图9-4），须根系，茎秆直立，高达50~90cm，具2~4节。叶线形、扁平或内卷，叶鞘光滑或粗糙，质软，叶舌膜质，圆锥花序，卵圆形开展，先端稍下垂，长10~20cm，分枝开展；小穗密生顶端，长4~6mm，小枝上着生3~6个小穗。小穗卵圆形，含小花3~4朵。内稃较短于外稃，颖果纺锤形，具三棱；种子千粒重0.37g，每千克种子

图9-4 草地早熟禾

270万粒左右。

（三）生物学特性

草地早熟禾适于温暖而湿润气候。种子发芽要求较高温度，适宜发芽温度为25℃。在甘肃兰州地区，4月上旬播种，40~50d出苗，5月播种，20~25d出苗。高温条件下能产生较多根和根茎，生长第2年就能形成草层。草地早熟禾在生长第2年以后，温度为5℃时开始生长，15~30℃时可旺盛生长，15℃以上能促进根和根茎发育。32℃以上时，光呼吸加剧，消耗大量碳水化合物，导致根系生长差。

草地早熟禾抗寒性很强，在冬季少雪的−40℃酷寒中能安全越冬。晚期出土的细弱苗即使被杂草强烈抑制，第2年也能正常返青。幼苗和成株能忍受早春持续−6~−5℃寒冷。冬初生长更旺，直到土壤结冻后地上部才枯死。其耐热性较差，在炎热夏季生长停止，甚至部分植株死亡。

草地早熟禾为中生植物，耐旱性较差。根多集中在8~10cm土层中，能充分利用地表水而旺盛生长，一旦遇雨便迅速生长。水分充足生长繁茂，但持续高温生长不良，被水淹埋会引起死亡。草地早熟禾种子发芽要求较高水分，土壤含水量占田间持水量60%以上时顺利出苗，幼苗借助于细长种子根从深层土壤中吸收水分，所以一旦出苗就很少发生干苗现象。

草地早熟禾在有日照情况下生长良好，略耐阴，在遮阳条件下能充分利用阳光而生长良好，所以在高温条件下适当遮阳有利于生长。草地早熟禾喜排水良好的壤土和黏土，尤以含于腐殖质和石灰质土壤为宜。在城市街道或居民区，对轻度化学物质、油垢污染或混有多种生活垃圾的杂类土有较强忍受力，能使草层旺盛生长。但最适于腐殖质多而富含石灰质的土壤，喜微酸性至中性土壤，在pH 5.0~8.0时适应其生长，最适pH为6.0~7.0。

草地早熟禾幼苗细弱，播种条件适宜时先长出1条种子根，10d左右产生次生根，再经50~60d产生根茎。根茎由母株的茎节伸出，向外延长达数米，根茎着生须根和芽。须根极多，细如毛发，垂直或斜入土层达1m以上。在一个生育期内，1个单株的半径可达0.75~1.0m。老植株除有大量新生芽体外，还有细小的潜伏芽和休眠芽。由于根茎芽多，因而再生力很强，破坏地上部分或切断根茎，都能继续生长发育。分蘖能力强，分蘖节离地面3cm以上，一般可分蘖40~65个，最多可达120个。播种当年生长缓慢，仅有个别植株抽穗开花，第2年生长加快，开花结实，第3、4年生长最繁茂，以后有可能因地下根茎逐年絮结形成草皮层，使得根层土壤通透性变差，生长渐趋衰弱。

草地早熟禾可在青海、甘肃等地栽种。在无灌溉条件下，青海于4月底到5月初播种，20d左右出苗，当年仅有个别植株开花，但种子不能成熟，株高15~25cm，可收干草450~750kg/hm^2，第2年以后，4月中旬返青，6月中旬抽穗，7月中旬开花，8月中、上旬种子成熟，全生育期104~110d，平均株高60~80cm。

（四）栽培技术

草地早熟禾建植的人工草地形成较慢，生长年限较长，适于作长期草地。由于种子较小，苗期生长缓慢。整地要精细，做到土地平整细碎，并结合耕翻施有机肥做基肥，施厩肥30~45t/hm^2。草地早熟禾对肥料反应敏感，施肥能促进枝条和根茎形成，因此生长期最好施肥1~2次。播种前镇压以控制播种深度。播种期因地而异，在青海铁卜加地区，4月中、上旬播种，甘肃山丹牧区则5~6月播种。播种量7.5~15.0kg/hm^2，播种深度1cm，条播行距30cm左右。不耐杂草，苗齐后要及时防除。通常草地早熟禾单播，也可以与白三叶、百脉根、苇状羊茅、鸭茅、紫花苜蓿等混播，以提高产量和改进品质。与白三叶混播可以促进生长、提高产量；与百脉根混播，草地早熟禾在春季发育早，可以提前供应饲草，百脉根在夏季和晚秋生长旺盛，二者在利用期内可连续供应饲草。干旱时有灌溉条件者需多次灌溉，生长多年长势衰退的草地，可用圆盘耙切碎草皮，并施氮、磷、钾肥以促进其生长。草地早熟禾易遭受黏虫、草地螟等为害，可喷洒锌硫磷、速灭杀丁等防治。

草地早熟禾的干草产量为3 750~5 250kg/hm^2，若有灌溉条件，其产量还能大幅度提高。种子成熟后易脱落，为减少落粒损失，应在花序由绿变黄、穗轴已见枯黄时适时收种。种子产量450~900kg/hm^2。

（五）经济价值

草地早熟禾是家畜重要的放牧饲草。茎叶柔软，适口性好，幼嫩而富于营养，放牧时马、牛、羊、驴、骡、兔均喜食，是马最喜食具完全营养价值的牧草。在种子成熟期前马、牛、羊喜食；成熟后期，茎秆下部变粗硬，适口性降低，上部茎叶牛、羊仍喜食。夏秋时草地早熟禾是牦牛、藏羊、山羊的抓膘草，冬季时为马的长膘草。用作家禽和猪的放牧草地也很有价值。被认为是较好的放牧型牧草。生长第2年以后也可以青刈或调制干草。草地早熟禾从早春到晚秋可以放牧，营养价值较高（表9-12）。其干草含有丰富维生素，含胡萝卜素373.3mg/kg，核黄素11.0mg/kg，灰分中各种矿物质元素丰富。

表9-12 草地早熟禾的营养成分

（引自中国饲用植物志编辑委员会，1987）

生育时期	水分（%）	钙（%）	磷（%）	占干物质（%）				
				粗蛋白质	粗脂肪	粗纤维	无氮浸出物	粗灰分
开花期	7.8	0.44	0.20	8.03	2.45	40.82	42.25	6.07
开花期	7.8	0.44	0.20	10.80	4.30	45.60	25.10	6.44
开花期	7.8	0.44	0.20	11.71	4.67	28.31	28.31	6.94

草地早熟禾也是温带地区广泛利用的优质冷地型草坪草，国内外用于庭园草坪、球场草坪有很大优势。具有根茎发达、分蘖力强和青绿期长等优良性状，可以迅速形成整齐的高密度草丛层绿色草坪覆盖面，有美化环境、保水固土的作用。

第六节　羊茅属牧草

羊茅属（*Festuca* L.）也称狐茅属，全球有百余种，广布于寒温带。中国有23种，大多数可饲用（表9-13）。栽培羊茅属牧草可分为细叶和宽叶2种类型，宽叶型有苇状羊茅和草地羊茅，细叶型有紫羊茅和羊茅。

表 9-13　羊茅属主要栽培牧草抽穗期的营养成分
（引自中国饲用植物志编辑委员会，1987）

牧草	占风干重（%）			占绝干重（%）				
	干物质	钙	磷	粗蛋白质	粗脂肪	粗纤维	无氮浸出物	粗灰分
苇状羊茅	90.05	0.68	0.23	15.40	2.00	26.60	44.00	12.00
草地羊茅	70.00	0.17	0.62	12.33	5.63	25.67	47.67	8.70
紫羊茅	87.80	0.17	0.05	21.17	3.15	24.77	37.36	13.51
羊茅	88.57	1.09	0.52	11.91	2.29	35.07	29.20	10.10

一、苇状羊茅

（一）概论

学名：*Festuca arundinacea* Schreb.。英文名：tall fescue。别名：高羊茅、苇状狐茅和高牛尾草等。

苇状羊茅原产于欧洲西部，中国新疆有野生分布。20世纪20年代初开始在英、美等国家栽培，目前是欧美地区重要的栽培牧草之一。中国在20世纪70年代引进，现已是北方暖温带地区建立人工草地和补播天然草场的重要草种，尤其作为草坪草种在全球显示出巨大作用。

（二）植物学特征

苇状羊茅为多年生疏丛型禾本科牧草（图9-5），须根入土深，且有短根茎，放牧或频繁刈割易絮结成粗糙草皮。茎直立而粗硬，株高80～150cm。叶长30～50cm，宽6～10mm。圆锥花序开展，每穗节有1～2个小穗枝，每小穗4～7朵小花，常呈淡紫色，外稃顶端无芒或成小尖头。颖果倒卵形，黄褐色，千粒重2.5g。体细胞染色体 $2n=6x=42$ 或 $2n=10x=70$。

（三）生物学特性

苇状羊茅耐旱、耐湿、耐热，在年降水量450mm以上地区可旱作，可耐夏季38℃高温，但耐寒性差，仅能在冬季－15℃条件下安全越冬，在东北和内蒙古大部分地区不能越冬。对土壤要求不严，适应性较广，可在pH为4.7～9.5的土壤上生长，但在pH 5.7～6.0、肥沃、潮湿和黏重的土壤上生长最好。在北京地区，苇状羊茅3月下旬返青，6月上旬抽穗开花，至下旬种子成熟，生育期90～100d，但种子成熟后营养期长，

图 9-5　苇状羊茅

直到12月下旬才枯黄，绿色期长达270～280d。

（四）栽培技术

苇状羊茅根系深，要求土层深厚，底肥充足。为此在播种前一年秋季应深翻耕，施足基肥，施厩肥30t/hm²，播前必须耙糖1～2次。苇状羊茅易建植，根据各地条件，可春、夏、秋播。在冬季严寒地区可春播，当早春地温达5～6℃时即可进行；在春季风大干旱严重或春播谷类作物的土地上常进行夏秋播，最晚播期应掌握在越冬前幼苗正好处于分蘖期。苇状羊茅短根茎具侵占性，适于单播，但也可与白三叶、红三叶、紫花苜蓿和沙打旺等豆科牧草混播。条播行距30cm，播量15.0～30.0kg/hm²，混播则应酌量减少。苇状羊茅苗期不耐杂草，中耕除草是关键，除播前和苗期加强灭除杂草外，每次刈割后也应进行中耕除草。追肥灌溉是提高产量和品质的重要手段，尤其是每次刈割后，单播地需要追施氮肥，尿素75kg/hm²或硫酸铵150kg/hm²，若能结合灌水收益更高。但在混播地上，应注意施用磷、钾肥，以促进豆科牧草生长。种子生产田可于早春先放牧，利用再生草收种。采种应在60%～70%种子变成黄褐色时及时进行。苇状羊茅种子寿命很短，贮藏4～5年后发芽率急剧下降，生产上应注意播种种子的生活力。

（五）经济价值

苇状羊茅枝叶繁茂，生长迅速，再生性强，水肥条件好时每年可刈割4次左右。鲜草产量50～80t/hm²，干草产量11.25～18.75t/hm²，种子产量375～525kg/hm²。开花后草质粗糙、适口性差，必须注意利用期。青饲以分蘖盛期刈割为宜，晒制干草可在抽穗期刈割。适期刈割的鲜草和干草，牛、马、羊均喜食。春季、晚秋及采种后的再生草可用来放牧，但要适度，原因是重牧或频繁放牧会影响苇状羊茅再生。此外，苇状羊茅作为草坪草种，常被称为"高羊茅"，被广泛应用于各种绿化场景和运动场中，是仅次于草地早熟禾的最主要草坪草种。

二、草地羊茅

（一）概述

学名：*Festuca pratensis* Huds.。英文名：meadow fescue。别名：牛尾草、草地狐茅等。

草地羊茅原产欧亚温暖地带，在世界温暖湿润地区或有灌溉条件的地方都有栽培。中国也有野生种，但栽培种均为引入种。自20世纪20年代引入以来，现在东北、华北、西北及山东、江苏等地均有栽培，尤其适于北方暖温带或南方亚热带高海拔温暖湿润地区种植。

（二）植物学特征

草地羊茅为疏丛型短根茎长寿命多年生禾本科牧草，须根粗而密集，繁殖能力较差。茎直立强硬，株高50～130cm。叶鞘短于节间，叶舌不明显，叶片扁平，硬而厚，正面粗糙，背面光滑有光泽，长10～50cm，宽4～8mm。圆锥花序疏散，顶端下垂，长10～20cm。小穗披针形，含5～8朵小花，外稃无芒，顶端尖锐。颖果很小，千粒重1.7g。体细胞染色体$2n=14$。

(三) 生物学特性

草地羊茅属典型冬性牧草，播后第 2~4 年草产量最高，可保持 7~8 年高产，水肥及管理条件好时可达 12~15 年。种子后熟期短，收获 100d 后即全部完成后熟。种子寿命较长，贮藏 5~6 年仍可保持 50% 发芽率，9~10 年后才全部丧失活力。分蘖能力中等，一般为 25 个以上，多的可达 70 个，主要发生在夏秋季节。结实率较高，春播当年达 45.4%，第 2 年达 71.6%。在适宜条件下，草地羊茅播后 5d 即可出苗，出苗后 1 月开始分蘖，因属冬性牧草播种当年不拔节，第 2 年当气温上升到 2~5℃ 时开始返青，北方 6 月上旬抽穗，下旬开花，7 月中旬种子成熟，生育期 100~110d。根系发达，入土深达 160cm，但 90% 以上根量集中在 0~20cm 土层中。改土效果次于同条件栽培的猫尾草和高燕麦草，而高于鸭茅。

草地羊茅喜湿润，在年降水量 600~800mm 的地区旱作生长良好，否则应有灌溉条件，但对水分要求较无芒雀麦和猫尾草少。较耐寒冷和高温，在北京地区可安全越冬，在东北有积雪覆盖时也能越冬，在长江流域炎热地区可越夏。对土壤要求不严，尤其对瘠薄、排水不良、盐碱度较高的土壤有一定抗性，能在 pH 为 9.5 的土壤上良好生长。

(四) 栽培技术

草地羊茅种子细小，应精细整地，适当覆土，以 2~3cm 为宜。北方常为春播或夏播，南方以秋播多见。与苜蓿、红三叶及猫尾草、鸭茅、多年生黑麦草混播，可取得良好效果。条播行距 30cm，播量 15.0kg/hm^2。苗期须除草 1~2 次，夏播或秋播最好当年不要利用，尤其是放牧。生长第 2 年开始正常刈割和收种子，生长期长，再生性强，水肥条件好时每年可刈割 3~5 次，以抽穗期刈割为宜。耐牧性很强，年内首次放牧应在拔节期进行，频繁轮牧既可防止草丛老化，又可形成稀疏草皮。种子落粒性强，采种宜在蜡熟期进行。

(五) 经济价值

草地羊茅适期刈割后各种家畜均喜食，尤其适于喂牛。以抽穗期刈割为宜，可青饲或调制成干草和青贮饲料。也可放牧利用，但应在孕穗前进行，主要是因为孕穗期家畜的采食率为 63%，而抽穗期下降为 43%。气候炎热和干旱可促使草地羊茅茎叶老化、变粗糙，故应提早利用。一般干草产量 4 500kg/hm^2，种子产量 450~600kg/hm^2。

三、紫 羊 茅

(一) 概述

学名：*Festuca rubra* L.。英文名：red fescue。别名：红狐茅、红牛尾草。

紫羊茅原产欧洲、亚洲和北非，广布于北半球寒温带地区。中国东北、华北、西北、华中、西南等地都有野生种分布，多生长在山区草坡，在稍湿润地方可形成稠密草甸。紫羊茅栽培种除作为牧草外，还有 2 个亚种在草坪绿化中广泛应用，一个是具短根茎的匍匐型紫羊茅，学名 *Festuca rubra* L. subsp. rubra，英文名 Creeping red fescue，别名匍茎紫羊茅；另一个是无根茎、呈密丛状的细羊茅，学名 *Festuca rubra* L. subsp. commutata Gaud.，英文名 Fine fesue 或 Chewings fescue，别名易变紫羊茅。

（二）植物学特征

紫羊茅为根茎-疏丛型长寿命多年生下繁禾本科牧草，须根纤细密集，入土深，有时具短根茎。茎直立或基部稍屈曲，高 30~60cm。叶线形，细长，对折或内卷，光滑油绿色，叶鞘基部呈紫红色，根出叶较多。圆锥花序窄长稍下垂，开花时散开，小穗含 3~6 朵小花，外稃披针形，具细弱短芒。颖果细小，千粒重 0.7~1.4g。体细胞染色体 $2n=14$，$2n=4x=28$，$2n=6x=42$，$2n=8x=56$，$2n=10x=70$。

（三）生物学特性

紫羊茅为长日照中生禾本科牧草，抗寒耐旱，性喜凉爽湿润气候，在北方一般都能越冬。但不耐热，当气温达 30℃时出现轻度萎蔫，上升到 38~40℃时死亡，在北京地区越夏死亡率达 30%左右。耐阴性较强，可在一定遮阳条件下良好生长，是林间草地的优良草种。对土壤要求不严，适应范围宽广，尤其耐瘠薄和耐酸性土壤，并能耐一定时间水淹，但以肥沃、壤质偏沙、湿润微酸性（pH 为 6.0~6.5）土壤生长最好。抗病虫性较强，一般较少受病虫害侵袭。播种后出苗较快，7~10d 苗齐，当年不能形成生殖枝，在呼和浩特地区，生长第 2 年紫羊茅 3 月中旬返青，4 月下旬分蘖，6 月初抽穗开花，7 月中旬种子成熟，11 月上、中旬枯黄。紫羊茅分蘖力极强，条播后无需几年即可形成稠密草地。再生性强，放牧或刈割 30~40d 后即可恢复再用。利用年限长，一般可利用 7~8 年，管理条件好时可利用 10 年以上。

（四）栽培技术

紫羊茅种子细小，顶土力弱，覆土不超过 2cm 为宜。因此，种床要细碎平整紧实，必要时播前可镇压，并保持良好墒情。北方宜春播和夏播，南方可秋播或春播。条播行距 30cm，播量 7.5~15.0kg/hm²。与红三叶、白三叶、多年生黑麦草等混播，增产效果和改土效果更好。用于绿化建植草坪，可直接撒播，播量 15~25g/m²，覆土 0.5~1.0cm，播后镇压并最好加麦秸等覆盖物。或者先大播量育苗，待草丛高 5~10cm 时再移栽。苗期应注意除草，春播时除草尤其重要。每次利用后，应及时追肥灌水，应施硫酸铵 225~375kg/hm²，酸性土壤苗期应追施过磷酸钙 300~375kg/hm²。采种田春季不宜放牧或刈割，因颖果不落粒，故待穗部完全变黄后收获为佳。

（五）经济价值

紫羊茅为典型放牧型牧草，春季返青早，秋季枯黄晚，利用期长达 240d。再生性良好，再生草产量均衡，有很强耐牧性。紫羊茅属下繁草，抽穗前草丛中几乎全是叶片，因而营养价值很高，适口性好，各种家畜均喜食，尤以牛嗜食。鲜草产量约 15 000kg/hm²，折合干草产量 3 750kg/hm²，种子产量 300~700kg/hm²。此外，紫羊茅因具有低矮、稠密、细而柔美的特性，被广泛用来建植庭院、市区、运动场等绿化草坪，现已成为北方寒冷地区主要草坪草种。在公路护坡及水土流失严重地方，也是一种优良水土保持植物。

第七节 碱茅属牧草

碱茅属（*Puccinellia* Parl.）植物有70种，分布于北半球温寒带及北极地区，为盐碱土指示植物。中国约有10种，分布在东北、华东及西部地区，目前栽培利用的有碱茅和朝鲜碱茅两种（表9-14）。

表9-14 碱茅属主要栽培牧草成熟期营养成分
（引自中国饲用植物志编辑委员会，1987）

牧草	占风干重（%）			占绝干重（%）				
	干物质	钙	磷	粗蛋白质	粗脂肪	粗纤维	无氮浸出物	粗灰分
碱茅	95.87	0.27	0.11	13.39	1.47	30.26	46.10	4.65
朝鲜碱茅	93.47	0.166	0.119	6.15	1.67	31.00	50.20	4.45

一、碱 茅

（一）概述

学名：*Puccinellia tenuiflora*（Griseb.）Scribn. et Merr.。英文名：alkaligrass。别名：星星草，小花碱茅。

碱茅分布于欧洲及亚洲温带地区，中国东北、内蒙古、甘肃、宁夏、青海、新疆都有分布，西藏也有少量分布。吉林农业科学院吴青年早在20世纪30年代在东北开始栽培试种，经多年引种驯化，碱茅现已成为北方地区著名的治理盐碱地栽培牧草。

（二）植物学特征

碱茅为丛生型多年生禾本科牧草，须根系发达，入土深达100cm。茎直立或基部弯曲，灰绿色，高30～60cm，具3～4节。叶鞘多短于节间，叶舌长约1mm，叶片条形，长2～7cm，宽1～3mm，通常内卷，被微毛。圆锥花序开展，长8～20cm，每节分枝2～5枚小穗；小穗长3～4mm，每小穗含3～4朵小花，草绿色，成熟后变为紫色。第一颖片长约0.6mm，具1脉，第二颖片长约1.2mm，具3脉。外稃先端钝，具不明显5脉，内、外稃等长。

（三）生物学特性

碱茅为长寿命中旱生牧草，抗旱抗寒能力强，通过叶片内卷和吸收深层土壤水来实现抗旱。据测定，在青海同德地区，4月初平均气温-2℃时就能返青，苗期在-5～-3℃正常生长，仅上部略微干枯。冬季极端温度达-38℃且无积雪覆盖情况下，越冬率仍在95%以上，比其他牧草高12%～20%。

碱茅耐盐碱能力极强，为盐碱地指示植物。在土壤pH为8.8的重盐碱地上能正常生长发育，常在盐碱湖或碱斑周围形成碱茅群落。对土壤要求不严，可塑性大，耐瘠薄。在青海、吉林多年栽培未发现病虫害。碱茅喜湿润、微碱性土壤。常见于松嫩平原盐碱池周围、盐碱低湿地以及青藏高原平滩、水沟、渠道、低洼河谷等地。

碱茅一般4月上、中旬返青，5月中旬孕穗，6月上、中旬开花，7月中旬种子成熟，生育期108~115d。种子成熟后营养期长，直到10月下旬或11月上旬才枯黄，绿色期长达200~210d。

碱茅分蘖力强。据测定，播种当年分蘖数达23~46个，第2年达40~75个，分蘖数与水肥条件和土壤紧实度密切相关，土壤疏松和水肥供应好时，分蘖枝可达百余个。

碱茅耐践踏，再生力强。生长第2年碱茅人工草地开花期收获干草后，经65~75d，株高可达20~35cm，第二次刈割的鲜草产量为4 500~5 625kg/hm^2，折算干草产量为1 050~1 875kg/hm^2。

(四) 栽培技术

碱茅种子小，要求种床细碎平整。最好播种前一年对土地进行夏、秋深翻和耙糖，并施足底肥，以施有机肥22.5~30.0t/hm^{2}为宜。播种当年仍需耙糖，有灌溉条件地方应在灌水后5~7d整地播种；旱作地应在播前用机械灭除杂草和镇压，以控制播种深度、减少苗期杂草危害。据测定，播前机械灭草可使杂草对幼苗危害减少55%~75%；播前镇压使出苗率提高0.5%~1.0%。

播种时间要求不严格，春、夏、秋均可播种。在北方地区，早春墒情好且风沙不大的地方可春播，春旱严重而多风地方应夏播，但不应晚于8月中旬，以免影响越冬。东北地区以7月至8月上旬为宜，青藏高原最晚不能超过7月中旬。单播播量7.5~15.0kg/hm^2，条播行距15~30cm，种子田播种量6.0~9.0kg/hm^2。播后覆土厚度1~2cm，并镇压。

碱茅苗期生长缓慢，应注意防除杂草，并严格管理，杜绝家畜践踏和采食，播种当年一般禁止利用。第2年以后应在拔节期、孕穗期及每次刈割或放牧利用后，追肥灌水以促进再生和提高产量。一般开花期刈割，用于调制青干草，再生草放牧利用。种子有落粒性，应在70%~75%种子成熟时及时收获。

(五) 经济价值

碱茅茎叶繁茂，茎秆细嫩柔软，叶量丰富，营养枝多，在天然草地叶片和花穗几乎占地上生物量23.3%，栽培种为30.5%，适口性好，为中上等优质牧草。碱茅的饲用价值高，抽穗期和开花期粗蛋白质含量分别为17.00%和16.22%。开花前青草马、牛、羊喜食，调制的干草是幼畜、母畜的精饲草。夏、秋季调制的青干草是各类家畜的抓膘牧草，冬、春季枯黄草是优质保膘牧草。利用年限长，而且产量稳定，直到第6年才缓慢下降，鲜草产量9 000~11 000kg/hm^2，干草产量3 000~4 000kg/hm^2，种子产量650~700kg/hm^2。

二、朝鲜碱茅

(一) 概述

学名：*Puccinellia chinampoensis* Ohwi。英文名：Korean alkaligrass。别名：毛边碱茅、蚊子草、铺茅等。

朝鲜碱茅分布于北半球温带、寒温带地区，中国松嫩平原、辽河平原、盘锦地区、黄河故道、碱湖周围的草原上常有野生种。吉林省最早种植，是改良盐碱地的优良牧草之一。

(二) 植物学特征

朝鲜碱茅为密丛型多年生禾本科牧草，须根致密，茎直立，株高50～70cm，具2～3节。叶条形，长3～7cm，宽约2mm。圆锥花序开展，长10～15cm，每节3～5小穗，每小穗含4～7朵小花。外稃下部1/5处有短毛，顶端截平，具不整齐细裂齿。颖果卵圆形，千粒重0.134g。

(三) 生物学特性

朝鲜碱茅喜湿润，同时具有一定耐旱性，通常生长在湿润盐碱土上，呈丛状散生。抗寒能力强，在东北地区能良好越冬。朝鲜碱茅分蘖能力强，播种第2年可形成基部直径为4～7cm的株丛。东北地区3月下旬至4月上旬返青，5月下旬至6月初抽穗开花，6月下旬至7月上旬种子成熟。

(四) 栽培技术

朝鲜碱茅最好选择低湿平坦的盐碱地播种，在有季节性临时积水的低洼盐碱地或碱斑地播种也可。首先在春季提前整地压碱，然后在雨季来临之后播种。因为北方春季土壤水分蒸发量大，表土积盐多，故不宜春播，待雨季淋溶盐碱后，趁表土层盐碱轻时及时播种，以利于抓苗。东北地区以7月中旬至8月上旬播种为宜。播量为30.0～37.5kg/hm^2。播种方法有2种，一是先整地后起垄，行距45～60cm，然后在垄沟底或垄沟上播种，覆土0.5～1.0cm，若土壤湿润可不覆土；二是在垄沟内垫沙或施有机肥2～3cm，压碱后再播种，也可播种后再覆沙1cm，用沙量为37.5～52.5t/hm^2。不管哪种方法，应注意未出苗前的土表板结，要及时松土。播种当年因扎根浅，通常禁止放牧和刈割利用。

(五) 经济价值

朝鲜碱茅为泌盐植物，茎叶富含咸味，有盐化牧草之称。其茎叶纤细柔嫩，青草最为马、牛、羊喜食，开花前刈割调制的干草质地柔软，适口性良好，尤其为绵羊喜食，特别对放牧家畜早春复膘和晚秋保膘有利（表9-15）。因分散丛生，不适宜刈割，仅适于放牧利用。耐盐碱性高于碱茅，在碱湖周围、碱斑及草甸碱土上均能生长，有时形成大面积纯朝鲜碱茅群落，构成盐化草甸。

表9-15 朝鲜碱茅成熟期必需氨基酸含量
（引自陈默君和贾慎修，2002）

草种	占干物质（%）								
	甘氨酸	苏氨酸	蛋氨酸	异亮氨酸	亮氨酸	苯丙氨酸	赖氨酸	组氨酸	精氨酸
朝鲜碱茅	0.804	0.202	0.482	0.089	0.115	0.074	0.262	0.099	0.188

第八节 猫尾草

(一) 概述

学名：*Phleum pratense* L.。英文名：timothy catstail 或 herd grass。别名：梯牧

草。

猫尾草属于猫尾草属（*Phleum* L.）植物，全世界约有 15 种，分布于北半球温寒带。中国有 4 种，即猫尾草、鬼蜡烛、高山猫尾草、假猫尾草，皆为优良牧草。其中饲用价值最高、各国栽培最广的是猫尾草。

猫尾草原产于欧亚大陆温带地区，遍及温带、寒温带和近北极气候区，是美国、俄罗斯、法国、日本等国家广泛栽培的主要牧草之一，分布于北纬 40°～50°寒冷湿润地区，不适于在北纬 36°以南生长。在中国东北、华北和西北均有栽培种植，新疆也有野生种，生于天山和准噶尔西部山地水分条件较好的山地草甸、河谷草甸及阔叶林下。猫尾草在 20 世纪 30 年代引入中国东北，但未形成规模，其后甘肃省于 1941 年从美国引进猫尾草到岷县马场种植，表现很好，选育的岷山猫尾草品种已在适宜地区推广种植（曹致中，2003）。从加拿大引进的猫尾草品种 Goliatl 和 Commonl 的草产量和营养价值均优于岷山猫尾草，在甘肃省高寒阴湿区具有广阔的推广利用前景（杜文华等，2002）。

（二）植物学特征

猫尾草为多年生疏丛型上繁禾本科牧草（图 9-6）。须根发达，但入土较浅，常在 1m 以内；茎直立，株高 60～80cm，有时高达 100cm 以上，茎基部 1～2 节处较发达，形似球根；节间短，6～9 节，下部节多半斜生，第二节以上直立生长；叶片细长扁平，光滑无毛，前端尖锐，叶鞘较长，叶耳圆形，叶舌呈三角形；穗状花序，淡绿色，长 5～15cm，每个小穗有 1 朵小花，颖上脱节，边缘有茸毛，前端有短芒，外稃为颖长一半，膜质，具 7 脉，脉上被微毛，顶端无芒，内稃狭而薄，略短于外稃；颖果（种子）圆形，细小，淡棕黄色，表面有网纹，易与稃分开，千粒重 0.4g。

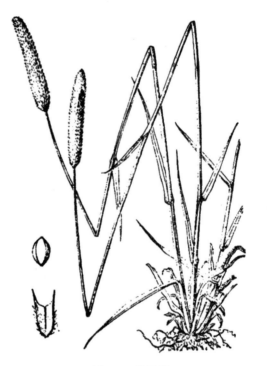

图 9-6 猫尾草

（三）生物学特性

猫尾草寿命较长，一般生活年限为 6～7 年，在管理条件较好的情况下，可生长 10～15 年，生活第 3、4 年产量最高，第 5 年以后逐渐下降。频繁刈割和放牧会削弱地上部发育，不适时过低刈割，使新枝生活力减弱，这些因素均会使其寿命缩短。

猫尾草属半冬性发育类型。播种当年极少抽穗。在甘肃武威地区生长第 2 年 3 月下旬返青，6 月下旬抽穗，8 月上旬种子成熟。猫尾草为异花授粉植物，开花时间集中可持续 10～15d，一天中日出到中午开花最多。开花顺序为，从花序上部 1/3 处开始向下延及，因此穗上部授粉较穗下部早 3～4d，种子成熟亦早。

猫尾草是喜湿润植物，适于在年降水量 700～800mm 地区生长，较耐水淹。对温度要求不高，地温 3～4℃时，种子开始发芽，抽穗期适宜温度为 18～19℃。当秋季温度低于

5℃时停止生长,春季气温高于5℃时开始返青。耐寒性强,于北方寒冷潮湿地区生长良好。对夏季干旱和过热气候抵抗力弱,在南方各省份多不适宜生长,即使生长,也仅能收获1次。对土壤要求不严,可生长于不同土壤,而以黏土及壤土生长最好,在沙土和泥土亦可生长。耐酸性强,能在pH 4.5~5.0土壤生长。在强酸性土壤和含石灰质多的土壤生长不良。抗旱性较差,故在干燥土壤上难以成活,产量甚低。

(四) 栽培技术

猫尾草可单播,亦可混播。条播行距15~30cm,覆土要浅,一般1cm,播量7.5~12.0kg/hm²,春、夏、秋三季均可播种,从播种效果看,秋播猫尾草优于春播猫尾草。猫尾草宜与红三叶混播,主要是因为二者所需的气候和土壤条件相近,刈割次数和时期亦相同,且二者混播可有效提高土壤肥力。猫尾草还可与苜蓿、黑麦草、鸡脚草、白三叶等多种牧草配合,猫尾草应占80%,其他牧草占20%,混播后不仅产草量提高,且品质较好。小麦、大麦和黑麦草也是猫尾草适宜的间、混作作物。

猫尾草对水、肥反应敏感,灌水结合追肥对其产量和枝条密度均有良好效果。一般追施氮肥150kg/hm²,磷肥120kg/hm²,钾肥75kg/hm²。

猫尾草利用以刈割调制干草为宜,抽穗期-始花期刈割。如果刈割太早,则草产量低,茎叶含水分多,调制干草困难,并且根部养料积贮较少,将会降低再生草及次年产草量;过迟则茎叶变粗老,适口性差,消化率下降,再生草产量更低。刈割时留茬高度应稍高一些,一般10~12cm,割后及时晾晒,含水量17%左右即可打捆。

猫尾草收种时,以花序变为褐色、花序顶端种子要脱落为宜。猫尾草种子成熟后很容易脱落,不可迟收,应在蜡熟期收割。一般种子产量可达450~750kg/hm²。

(五) 经济价值

猫尾草是一种优良牧草,适于青贮、调制干草,营养价值高(表9-16),是牛、马、骡的良好饲草,打浆青贮则更适于饲喂猪、鸡。不耐践踏,再生性弱,故不适宜放牧,但与豆科牧草混播,可用作短期放牧。猫尾草蛋白质含量较低,但可消化长纤维质量好,可以延长奶牛产奶高峰期和使用寿命。饲喂赛马有利于保持其体型,不致臃肿。

表9-16 猫尾草不同生育时期的营养成分

(引自中国饲用植物志编辑委员会,1987;杜文华,2002)

生育时期	干物质(%)	钙(%)	磷(%)	占干物质(%)				
				粗蛋白质	粗脂肪	粗纤维	粗灰分	无氮浸出物
初穗期	92.59	0.80	0.20	17.95	3.88	23.68	8.44	45.36
开花期	93.21	—	—	7.48	1.93	32.03	6.23	52.33
成熟期	94.13	0.32	0.14	6.85	3.03	33.37	5.61	50.00

猫尾草在潮湿地区一年可以割2次,鲜草产量为33.9~36.0t/hm²。干旱地区1年仅刈割1次,草产量低。在甘肃河西走廊内陆灌区,播种当年鲜草产量为9.0t/hm²,第2年可达35.3t/hm²,第3年31.5t/hm²。

第九节 鸭 茅

(一) 概述

学名：*Dactylis glomerata* L.。英文名：common orchardgrass。别名：鸡脚草、果园草。

鸭茅属（*Dactylis* L.）植物种类不多，约有5种，分布于欧亚温带和北非，中国有1个种、2个亚种，其中鸭茅栽培价值较高。鸭茅原产于欧洲、北非及亚洲温带地区，现在全世界温带地区均有分布。该牧草为世界著名优良牧草之一，栽培历史较长，美国18世纪60年代已引入栽培，目前已成为美国大面积栽培牧草之一。此外，在英国、芬兰、德国亦占有重要地位。

中国野生种分布于新疆天山山脉森林边缘地带及四川峨眉山、二郎山、邛崃山脉、凉山及岷山山系海拔1 600～3 100m森林边缘、灌丛及山坡草地，散见于大兴安岭东南坡地。栽培鸭茅除驯化当地的野生种外，多引自丹麦、美国、澳大利亚等国家。目前，青海、甘肃、新疆、陕西、贵州、四川、云南、湖北、吉林、江苏等省份均有栽培。

(二) 植物学特征

多年生草本，根系发达。疏丛型，须根系，密布于10～30cm土层内。茎直立，光滑，基部扁平，株高80～110cm。叶片蓝绿色，幼叶成折叠状，基部叶片密集、上部叶片较少，无叶耳，叶舌明显，膜质，叶鞘封闭，压扁成龙骨状。圆锥花序，长8～15cm，小穗着生在穗轴一侧，密集成球状，形似鸡足；小穗有花3～5朵，绿色或稍带紫色，异花授粉。颖披针形，不等长，先端渐尖，一般长4～5mm，偶见6.5mm，具1～3脉；外稃背部突起成龙骨状，与小穗等长，顶端具长约1mm短芒。种子较小，千粒重1.0g左右。

(三) 生物学特性

鸭茅种子小而轻。种子成熟后有长3、4个月后熟时期，用新收获种子播种出苗不齐，且拖延时间甚长；种子发芽率可保持2～3年，贮存8～12年后，发芽力即丧失。种子在10℃左右萌发，采用变温方法，即晚上10～18℃和白天30℃交互进行，可促进其后熟，提高种子的发芽率，通常播后1周即可全苗。

鸭茅喜温和潮润气候，最适生长温度为10～28℃，高于28℃生长显著受阻。昼夜温差过大对鸭茅不利，以昼温22℃、夜温12℃最好。鸭茅的抗寒能力及越冬性差，对低温反应敏感，6℃时即停止生长，冬季无雪覆盖的寒冷地区不易安全越冬。鸭茅耐阴，在果树下生长良好，因此又称果园草。因具有耐荫蔽特性，在混播牧草中鸭茅占优势。据西北农林科技大学试验，鸭茅与红三叶混播后，第1年二者比例为1∶1，第2年以后则鸭茅比例增加，一般为7∶3。中国科学院地理科学与资源研究所在重庆巫溪试验表明，鸭茅与红三叶混播草地混播比例为3∶1，氮肥和磷肥量施用量为150kg/hm^2，年刈割3次，效果较好。

鸭茅在播种当年发育较弱，通常不能开花结实，第2年生长良好，干草及种子产量均较高，第3年充分发育，第4年后开始下降，但在良好条件下，在混播草丛中可保存8~9年，多者达15年，可作为建植较长期利用草地的成员。生长第2年及以后年份，4月底返青，春季生长迅速，从返青至种子成熟70~75d，一般6月中旬开花，7月上旬种子即可成熟，其生育期比猫尾草约早1个月。依品种不同，可分为早熟和晚熟两类，二者生育期一般相差5~10d。鸭茅播种当年能形成侧枝6~7个，生长第2年侧枝数显著增加，为春季及夏秋时期的分蘖型牧草，侧枝形成能力与草丛年龄、播种密度及生境条件有关，一般生长第3年侧枝形成能力最强，施用氮肥或堆肥可使侧枝增加1倍。

鸭茅再生能力特别强，四川农业大学对二倍体和四倍体鸭茅的生物学特性研究发现，在草产量、再生性、茎叶比等方面，四倍体均优于二倍体。华中农业大学研究表明，在武昌地区，鸭茅刈割后再生草生长速度较弯穗鹅冠草与多年生黑麦草快，第二次刈割的鲜草产量为第一次产量的89%，鹅冠草为34%，黑麦草为51%。鸭茅再生性较强，主要是由其再生特点决定的。鸭茅刈割后再生新枝萌发部位有二类，一类再生新枝由没有损伤生长点枝条形成，占再生新枝的65.8%，第二类再生新枝从刈割茎的下部分蘖节及茎节的腋芽萌发而成，占再生新枝的34.2%。

鸭茅属长日照植物，湿润、肥沃生境有利于其生长，但不耐长期浸淹，其浸淹时间不能超过28d。对地下水反应敏感，地下水深50~60cm时，可促进其生长。因此，在沼泽地及其湿润生境栽种时，要求疏干至50~90cm。

鸭茅对土壤要求不严格，在泥炭土及沙壤土上均能生长，而以黏土或黏壤土最为适宜，不耐盐渍化，在pH 4.7~5.5酸性土壤上生长亦尚好。

（四）栽培技术

鸭茅种子细小，顶土力弱，因此，播种前应精细整地。在秋耕、耙地基础上，翌年播种前还必须耙地，必须保证土细、肥均、土壤墒情良好，这样才能保证抓全苗。必须适时播种。长江以南地区春播、秋播均可，而以秋播为好。春播以3月下旬为宜，秋播不迟于9月下旬。在北京地区秋播以早播为宜，播种不宜太迟，否则越冬有困难。鸭茅单播时以条播为好，行距15~30cm，覆土1~2cm，播种量7.5~15.0kg/hm²为宜。亦可与苜蓿、红三叶、白三叶、多年生黑麦草等混播，有资料报道，25%紫花苜蓿和75%鸭茅混播的总产量最高，混播时撒播、条播均可；灌溉区播种量8.5~10.5kg/hm²，旱作播种量11.5~12.0kg/hm²。

鸭茅幼苗生长缓慢，生活力弱，苗期一定要中耕除草。

鸭茅需肥量较大，尤其对氮肥敏感，因此除施足基肥外，生育过程中宜适当追肥。在一定范围内其产量与氮肥施用量成正比。据国外资料报道，追施氮肥375kg/hm²时，其干草产量最高，达16 000kg/hm²；但若超过555kg/hm²时，则植株数量减少，产量下降。

鸭茅以抽穗期刈割为宜，此时茎叶柔嫩，质量较好。收割过迟，纤维增多，品质下降，还会影响再生。据测定，初花期与抽穗期刈割相比，再生草产量下降15%~26%。此外，留茬不能过低，否则将严重影响再生。

种子生产田宜稀播，氮肥不宜施用过多。据研究，春季施氮60~180kg/hm²，而秋季施肥减半，可获得最高种子产量。种子落粒性强，应在蜡熟期及时采收，种子产量300~450kg/hm²。

(五) 经济价值

鸭茅是一种既适于大田轮作，又适于饲料轮作的优良牧草，既可青饲、调制干草，也可作放牧饲草。刈割时草产量较高，播种当年刈割 1 次，产鲜草 15 000kg/hm²，第 2 年可刈割 2～3 次，产鲜草 45 000kg/hm² 以上。在肥沃土壤条件下，鲜草产量达 52 500～60 000kg/hm²。此草叶量丰富，窄行播种时其茎叶比为：茎占 10%～58%，叶占 42%～90%，主要是因为该草草丛中含有大量营养枝条。

鸭茅所含营养成分随其成熟度而下降。据研究，营养生长期内鸭茅饲用价值接近苜蓿，盛花以后饲用价值仅为苜蓿一半。就矿物质而言，第一茬刈割饲草含钾、铜、铁较多，再生草含磷、钙、镁较多。作为刈制干草，其收获期应不迟于抽穗盛期，若迟至开花期，产草量虽可提高 20%～25%，但茎叶粗老，品质下降。抽穗期时蛋白质含量为 11.25%，开花期刈割时下降至 9.26%。鸭茅不同生育时期的营养成分见表 9-17。

表 9-17 鸭茅的营养成分表

(引自中国饲用植物志编辑委员会，1987)

样品	生育时期	占干物质（%）					钙（%）	磷（%）
		粗蛋白质	粗脂肪	粗纤维	无氮浸出物	粗灰分		
鲜草	营养期	18.4	5.0	23.4	41.8	11.4	—	—
鲜草	分蘖期	17.1	4.8	24.2	42.2	11.7	0.47	0.31
鲜草	抽穗期	12.7	4.7	29.5	45.1	8.0	—	—
鲜草	开花期	8.53	3.28	35.08	45.24	7.87	0.07	0.06
干草	营养期	9.66	3.63	27.01	51.18	8.52	0.19	0.17

鸭茅再生草不仅产量高，营养物质含量也很丰富。如第一次刈割的 100kg 干物质中，可消化蛋白质为 4.2kg，第二次为 5.1kg。

鸭茅放牧利用时，由于其营养丰富，草质柔软，适口性好，各种家畜极喜食，但此草耐践踏能力较差，放牧时间不能太长，放牧不宜频繁。此草春季返青较早，生长迅速，秋季较长一段时间内常保持绿色，因而放牧利用季节亦较长。

鸭茅在土壤中能积累大量根系残余物，对水土保持、改良土壤结构、提高土壤肥力有良好作用。其耐荫蔽，常栽培果园间隙地，对于提高果园土壤肥力，防除杂草滋生，有效地利用土地，实行林牧结合均有着重要意义。

第十节 披碱草属牧草

披碱草属（*Elymus* L.）植物全世界有 40 余种，多分布于北半球温带和寒带，东亚与北美各占一半，仅少数种类分布至欧洲。中国有 12 种，1 变种，主要分布于黄河以北的东北、华北及西北地区，包括黑龙江、吉林、辽宁、内蒙古等 13 个省份，其中内蒙古、甘肃、新疆、青海及四川分布的种类最多，有 7～9 个种（表 9-18）。披碱草属植物广泛分布在草原及高山草原地带，多生长在海拔 1 500m 以上，气候冷凉、干燥，降水量在 150～450mm

地区。

表 9-18　中国披碱草属牧草的分布
（引自苏加楷等，2004）

种名	分布地区												
	黑龙江	吉林	辽宁	内蒙古	河北	山西	陕西	甘肃	宁夏	四川	青海	新疆	西藏
披碱草	●	●	●	●	●	●	●	●	●	●	●	●	
老芒麦	●		●	●	●	●	●	●		●	●	●	●
圆柱披碱草	●		●	●		●	●	●		●	●	●	
肥披碱草				●				●		●	●	●	
绢毛披碱草				●									
青紫披碱草				●									
紫芒披碱草				●				●					
麦宾草				●		●	●	●		●	●	●	
垂穗披碱草					●			●		●	●	●	
短芒披碱草								●		●	●		
黑紫披碱草								●		●	●		
无芒披碱草								●		●			

披碱草属植物许多种均具有饲用价值（表 9-19），研究和开发利用较早，栽培价值很高，推广利用较多。其特点是适应性强、易栽培管理、产量高，饲用价值中等。

表 9-19　披碱草属重要牧草抽穗期营养成分
（引自中国农业科学院草原研究所，1990）

种类	干物质（%）	占干物质（%）					钙（%）	磷（%）
		粗蛋白质	粗脂肪	粗纤维	无氮浸出物	粗灰分		
老芒麦	92.46	13.38	2.41	33.98	38.77	11.46	0.93	0.28
披碱草	91.09	11.05	2.17	39.08	42.00	5.70	0.38	0.21
肥披碱草	91.59	10.27	2.45	35.69	44.81	6.78	0.45	0.15
垂穗披碱草	91.68	19.28	2.70	30.04	37.79	10.19	0.43	0.29
圆柱披碱草	93.00	8.96	1.83	33.45	46.79	8.97	—	—
麦宾草	92.29	14.79	1.87	37.64	35.22	10.48	0.47	0.33

中国披碱草的野生驯化栽培始于 20 世纪 50 年代，并很快获得成功，70 年代开始大面积推广，取得了良好效果。到 1983 年，全国披碱草种植面积已达到 25 万 hm^2 以上，在中国北方及高海拔地区，特别是在半干旱草原、低矮稀疏草地生长繁茂、草产量高、很受欢迎。目前栽培较多的有老芒麦、披碱草、肥披碱草、垂穗披碱草等。

一、老芒麦

（一）概述

学名：*Elymus sibiricus* L.。英文名：Siberian wildryegrass。别名：西伯利亚披碱草、

垂穗大麦草等。

老芒麦为中生草甸种，主要分布在北半球，是欧亚大陆广布种，苏联东南部、欧洲部分、西伯利亚、远东、哈萨克斯坦以及蒙古、中国、朝鲜、日本分布最为集中。生于森林草原的河谷草甸、山地草甸化草原、疏林地、灌丛及林间空地。中国老芒麦野生种主要分布于东北、华北、西北、华东及西南等地，是草甸草原和草甸群落的主要成分，有时能形成亚优势种或建群种。

老芒麦在俄罗斯和英国已有100余年栽培历史，中国最早于20世纪50年代由吉林开始驯化，60年代陆续在生产中推广应用。目前已成为中国北方地区一种重要栽培牧草，已通过国家审定登记的品种有农牧老芒麦、吉林老芒麦、川草1号老芒麦、川草2号老芒麦等。

（二）植物学特征

老芒麦为疏丛型多年生禾本科牧草（图9-7），须根密集发达，入土较深。株高70~150cm，茎直立，具3~6节，各节略膝状弯曲。叶片粗糙扁平，狭长条形，无叶耳，叶舌短，膜质，叶鞘光滑，上部叶鞘短于节间，下部叶鞘长于节间。穗状花序疏松，弯曲下垂，长12~20cm，每节2枚小穗，每穗含4~5朵小花。颖狭披针形，粗糙，具3~5脉；外稃披针形，密被微毛，具5脉，顶端具长芒，稍展开或向外反曲，长10~20mm，内稃与外稃等长。颖果扁平，长椭圆形，千粒重3.5~4.9g。体细胞染色体为$2n=4x=28$。

（三）生物学特性

温度和水分条件适宜时，老芒麦播后7~10d出苗，春播当年少量植株可抽穗、开花和结实。翌年返青较早，生育期100~140d。农牧老芒麦在呼和浩特地区，一般4月中旬返青，6月下旬孕穗，7月上旬抽穗开花，7月下旬种子成熟，9月下旬地上部枯黄，生育期为100~110d。老芒麦分蘖能力强，分蘖节位于表土层3~4cm处，播种当年可形成5~11个分蘖枝条，主要为营养枝，约占总枝条数的3/4；第2年后分蘖枝条数量增加，且以生殖枝为主，占总枝条的2/3以上。老芒麦再生性较差，若水肥条件好，每年可刈割2次，再生草产量约占总产量的20%。老芒麦种子质量和活力与开花时间有关，开花越早的小花所结种子越重，发芽力越强。老芒麦穗中部和顶部小穗的种子品质较基部小穗差，而小穗基部种子品质较中部和顶部好。

图9-7　老芒麦

老芒麦为旱中生植物，在年降水量400~600mm地区可旱作栽培，但在干旱地区种植时需要有灌溉条件。耐寒性很强，能耐-40℃低温，在中国北方寒冷地区可安全越冬。从返青至种子成熟需≥10℃积温700~800℃。对土壤要求不严，在瘠薄、弱酸、微碱或富含腐殖质的土壤上均可良好生长，具有一定耐盐碱能力，在pH 8.0~8.5碱性土壤上能正常生长,也能在一般盐渍化土壤或下湿盐碱滩上生长。

(四) 栽培技术

老芒麦为短期多年生牧草,适于在粮草轮作和短期饲料轮作中应用,利用年限2～3年。也可在长期草地轮作中应用,利用年限可达4年或更长。在轮作中属中等茬口,单播老芒麦对土壤肥力消耗较大,后作最好种植豆科牧草或一年生豆类作物。可与山野豌豆、沙打旺、紫花苜蓿等豆科牧草混播。

老芒麦根系发达,播前需深耕土壤,结合耕地施入厩肥 $22.5t/hm^2$,碳酸氢铵 $225kg/hm^2$,播前耙耱和镇压。有灌溉条件或春墒较好地方可春播;无灌溉条件的干旱地方,以夏秋季播种为宜;在生长季短的地方,可采用秋末冬初寄籽播种。老芒麦种子具有长芒,播前应去芒,以提高播种质量。条播行距20～30cm,刈割草地单播播量22.5～30.0 kg/hm^2,种子田播量15.0～22.5 kg/hm^2,播后覆土2～3cm。

北方干旱地区,从生长第2年起,每年早春返青时应及时灌1次返青水。拔节至抽穗期需水量最大,这一时期及时灌水能有效增加产草量,促进种子成熟。据报道,在干旱草原地区,分别于返青、拔节、抽穗、开花期灌溉,老芒麦产草量可提高2.5～5.9倍,全生育期灌水4～5次。老芒麦在生活第3年后,应根据退化状况采取松耙、追肥和灌溉等措施,以更新复壮草群。

老芒麦属上繁草,适于刈割利用,宜在抽穗期至始花期进行,可青饲或调制成干草。在良好水肥条件下,每年可刈割2次。北方大部分地区,每年仅刈割1次,再生草产量不高,通常作放牧利用。老芒麦种子成熟后落粒性很强,应在穗状花序下部种子成熟时及时采种。

(五) 经济价值

老芒麦是披碱草属中饲用价值最高的一种牧草(表9-20),其叶量十分丰富,鲜草产量中叶量占40%～50%,再生草中达60%～80%及以上。老芒麦草质柔软,适口性好,各类家畜均喜食,尤以马和牛更喜食。适时刈割可调制成上等干草,也适于青饲和放牧。老芒麦一般寿命10年左右,在栽培条件下可维持4年高产,第2、3、4年产草量相当于春播当年的5.0、6.5、3.0倍。一般情况下,干草年产量3 000～6 000 kg/hm^2,种子年产量750～2 250 kg/hm^2。此外,老芒麦在中国北方生态环境建设和种植业结构调整中也具有重要作用。

表9-20 不同生育时期农牧老芒麦的营养成分

物候期	水分 (%)	占干物质 (%)				
		粗蛋白质	粗脂肪	粗纤维	无氮浸出物	灰分
孕穗期	6.52	13.90	2.76	25.81	45.86	7.86
抽穗期	9.07	11.92	2.12	26.95	34.56	9.12
开花期	8.44	10.63	1.86	28.47	43.61	6.99
成熟期	6.06	9.60	1.68	31.84	44.22	6.60

注:内蒙古农业大学分析

二、披 碱 草

(一) 概述

学名：*Elymus dahuricus* Turcz.。英文名：dahurian wildryegrass。别名：直穗大麦草、青穗大麦草等。

披碱草野生种主要分布于北寒温带，俄罗斯、蒙古、中国、朝鲜、日本、印度、土耳其等国家都有分布。中国野生披碱草分布于东北、华北和西南地区，常作为伴生种分布于草甸草原、典型草原和高山草原地带。在中国栽培历史较短，20世纪50～60年代开始引种驯化，目前北方各省份广泛栽培。

(二) 植物学特征

披碱草为多年生疏丛型禾本科牧草(图9-8)，须根入土达100cm，根系主要分布在0～20cm土层中。茎直立，株高70～160cm，基部膝状弯曲。叶片扁平，狭长披针形，上面粗糙、下面光滑，有时呈粉绿色；叶鞘光滑无毛，仅下部封闭，叶舌截平。穗状花序直立，紧密，穗轴宿存，顶端和基部的穗节为1小穗，其余各穗节均为2小穗，小穗含小花3～6朵。颖披针形或线状披针形，有3～5条明显而粗糙的脉；外稃披针形，上部具5条明显的脉，全部密生短小糙毛；内稃与外稃等长，先端截平，脊上具纤毛，脊间被稀少短毛，颖果长椭圆形，褐色，千粒重2.8～5.1g。体细胞染色体$2n=6x=42$。

图9-8 披碱草

(三) 生物学特性

披碱草为异花授粉植物，自花授粉结实率也较高。种子后熟期极短，40～60d，春播前一年秋收的种子不需要处理。种子寿命短，北方室温条件下仅保存2～3年。春播7～8d萌发，约50d进入三叶期，此时地下根系的入土深度是地上部的3倍。播种当年只开花不结实，第2年返青后60～65d进入拔节期，13～15d进入抽穗期，7～10d后开花，开花后20～25d种子成熟。随着栽培年限延长，披碱草生育期逐年缩短，第2、3、4、5年分别为124d、124d、116d和114d。披碱草再生性差，每年仅刈割1次，再生草可用来放牧，利用时间较长。

披碱草在抗旱、抗寒、耐盐碱、耐瘠薄和抗风沙等方面均比老芒麦强。年降水量250～300mm的地方旱作可良好生长，成株后可在土壤含水量为5%的情况下正常生长。能耐冬季$-40°C$低温，只要有2～3片叶就可安全越冬。由返青至种子成熟需100～120d，需$\geqslant 10°C$积温700～900°C。对土壤要求不严，能耐pH为8.7的碱性土，可在贫瘠、含碱较高的土壤上正常生长。

（四）栽培技术

披碱草适应性强，对环境条件及播期要求不严，易于栽培管理。披碱草混播较单播效果好，可与无芒雀麦、苇状羊茅、沙打旺、草木樨等牧草混播。由于披碱草播种当年生长缓慢，可在水肥条件较好的地方采用麦类、油菜等进行保护播种。播前精细整地，耕翻 18～20cm，施足基肥和消灭杂草，种子需去芒处理。依据土壤墒情及时播种，条播行距 30cm 左右，播量 15.0～30.0kg/hm^2，播深 2～3cm，播后镇压。苗期中耕松土除草，利于保苗和分蘖。生长期间灌溉和施肥可显著提高产量、改善饲草品质。抽穗至初花期刈割调制干草最佳。披碱草落粒性强，种子收获以蜡熟期为宜。

（五）经济价值

披碱草草质不如老芒麦，叶量少，仅为地上部总质量的 1/4 左右，且茎秆粗硬，开花后品质更差，以抽穗至始花期刈割为宜。披碱草有效利用年限 2～4 年，以第 1、2 年最高，第 3、4 年略有下降，第 5 年急剧下降，草产量为生长第 2 年的 1/4。在内蒙古地区，灌溉栽培的干草产量 5 600～9 700kg/hm^2，种子产量 900～2 000kg/hm^2；旱作栽培的干草产量 2 600～3 000kg/hm^2，种子产量 300～860kg/hm^2。

三、肥披碱草

（一）概述

学名：*Elymus excelsus* Turcz.。别名：高滨草。

肥披碱草分布于北半球寒温带，中国主要分布于干草原、森林平原地带的山坡、草地稍湿润的地方及沙丘，是草原植被的重要组成植物。在东北、内蒙古、河北、宁夏、甘肃、青海等地已广泛驯化栽培。

（二）植物学特征

肥披碱草为疏丛型多年生禾本科牧草，茎秆粗壮，高 140～170cm。叶鞘长于节间，叶鞘无毛，有时基部叶鞘被短茸毛；叶片扁平，长 15～30cm，宽 1.0～1.6cm，常带粉绿色，两面粗糙或下面平滑。穗状花序，直立而粗壮，每节生 2～3 个小穗，每小穗含 4～7 朵小花。颖狭披针形，具 5～7 条明显而粗糙的脉，先端具长芒；外稃具 5 条明显的脉，背部无毛，芒粗糙反曲，长 12～20mm。颖果长圆形，淡紫褐色，千粒重 5.75g。

（三）生物学特性

肥披碱草为旱中生植物，在年降水量 200～400mm、无灌溉条件的地方可良好生长；抗寒性较强，能耐 −30℃ 低温。肥披碱草为典型冬性禾本科牧草，播种当年不能抽穗，第 2 年可正常开花和结实。返青较一般禾本科牧草早，返青后半个月进入分蘖期，之后 1 个月进入拔节期，拔节 1.5～2 个月后进入抽穗期，抽穗后 1d 进入开花期，开花后 0.5～1 个月种子成熟，生育期 128～155d，需 ≥10℃ 积温 800～900℃。肥披碱草具有良好的生产性能，可维持 4 年高产，以第 2 年产草量最高，第 5 年急剧下降，仅为第 2 年的 1/4。再生性中等，水肥条件好时每年可刈割2次。

(四) 栽培技术

秋季翻地时，施足基肥，并细致整地，翌年春季耙耱平整后播种。种子必须去芒，条播行距30cm，播量22.5~30.0kg/hm²，覆土2~3cm。苗期生长慢，应注意中耕除草，拔节至抽穗结合施肥灌水1~2次，可显著增产。水肥条件好时，可与麦类、豆类、油料等作物进行保护播种，与谷子或紫花苜蓿混播效果更好。

(五) 经济价值

肥披碱草的栽培种远较野生种饲用价值高，叶量大，草质仅次于老芒麦，但在开花后因纤维剧增而使品质急剧下降。适于在轻度盐渍化土壤上栽培，是干旱和半干旱地区很有潜力的优良牧草。在内蒙古地区，灌溉栽培的干草产量为6 400~9 300kg/hm²，种子产量1 500~1 890kg/hm²。

四、垂穗披碱草

(一) 概述

学名：*Elymus nutans* Griseb.。别名：弯穗草、钩头草。

垂穗披碱草分布于内蒙古、河北、陕西、甘肃、宁夏、青海、新疆、四川、西藏等省份。野生驯化栽培历史较短，适应高寒湿润的环境条件，在干旱区生长不良。

(二) 植物学特征

垂穗披碱草为根茎-疏丛型多年生禾本科牧草，茎秆直立，基部稍呈膝状弯曲，野生种株高50~70cm，栽培种株高80~120cm。叶扁平，上面有时疏生柔毛，下面粗糙或平滑，长6~8cm，宽3~5mm，叶鞘短于节间。穗状花序排列紧密，小穗多偏于穗轴一侧，曲折，先端下垂，成熟小穗为紫色，每穗含3~4朵小花。外稃长披针形，具5脉，芒长12~20mm，向外反曲或稍展开，内稃与外稃等长，千粒重2.2~2.5g。

(三) 生物学特性

垂穗披碱草具有广泛适应性，最适宜生长在平原、高原平滩以及山地阳坡、沟谷、半阴坡等地方。抗寒性强，能耐-38℃低温。根系入土深，可利用深层土壤水分，抗旱性较强，不耐水淹。有一定耐盐碱性，能在pH 7.0~8.1的土壤上良好生长。根茎分蘖能力很强，播种当年可形成分蘖枝条10~40个，第2年最高，达80个，生殖枝占总枝条数50%以上。播种当年只抽穗开花不结实，第2年于4月下旬至5月上旬返青，6月中旬至7月下旬抽穗开花，8月中、下旬种子成熟，生育期100~120d。

(四) 栽培技术

栽培管理与披碱草、肥披碱草相似。播量15.0~22.5kg/hm²。由于有根茎，生长4年后需采取松土、切根和补播等措施进行更新复壮，以延长草地利用年限。

（五）经济价值

垂穗披碱草属中上等饲草，草质柔软，叶量约占地上部总重的 1/4，开花前刈割调制的青干草是家畜冬春保膘牧草。垂穗披碱草在水肥条件好时可连续利用 4～6 年，生长第 2～6 年的草产量分别是播种当年产草量的 7.3、8.0、5.5、4.0、3.5 倍，初花期干草产量 5 250～12 000kg/hm²，种子产量 110～600kg/hm²。

第十一节　黑麦草属牧草

黑麦草属（*Lolium* L.）植物全世界约有 20 种，主要分布在世界温带湿润地区。其中经济价值最高的有 2 种，即多年生黑麦草和多花黑麦草，为世界性栽培牧草，在中国也有广泛的种植，具有极其重要的饲用价值。

一、多年生黑麦草

（一）概述

学名：*Lolium perenne* L.。英文名：perennial ryegrass 或 English ryegrass。别名：黑麦草、宿根黑麦草、牧场黑麦草、英格兰黑麦草等。

多年生黑麦草是世界温带地区最重要的牧草种类之一。原产西南欧、北非及亚洲西南地区。1677 年首先在英国作为饲草栽培，后来逐渐为各国所栽培利用，成为欧洲、亚洲、非洲和北美洲等的主要栽培牧草。现在英国、西欧各国、新西兰、澳大利亚、美国及日本等国家广泛种植。中国在中华人民共和国成立前就有引种，但大面积栽培在 20 世纪 70 年代，现在中国南方、华北和西南地区都有栽培，已在长江流域以南的中高山区及云贵高原等地大面积栽培。目前，在四川、云南、贵州及湖南的南山牧场、长江三峡等高海拔地区，建成了大面积多年生黑麦草人工草地用于放牧。在中国亚热带高海拔、降水量较多地区，多年生黑麦草已成为广泛栽培的优良牧草。

（二）植物学特征

多年生黑麦草为多年生草本植物（图 9-9）。

多年生黑麦草具细短根状茎，根系浅而发达，须根稠密，主要分布于 15cm 土层中。茎秆纤细、直立、光滑、中空，浅绿色，株高 80～100cm；分蘖众多，单株分蘖一般为 50～60 个，多者可达 100 个以上，呈丛生疏丛型；质地柔软，基部常斜卧，具 3～4 节。叶片深绿色，狭长，长 5～15cm，宽 3～6mm，质地柔软，多下披；叶面有光泽，叶背被微毛；叶鞘疏松，与节间等长或短于节间，紧包茎秆；叶舌膜质，小而钝，有叶耳。穗状花序，长 10～20cm；每穗有小穗 15～25 个，小穗无柄，紧密互生于主轴两侧，长 1.0～1.4cm；着生小花 5～11 朵，结实 3～5 粒；第一颖常退化，第二颖质地坚硬，具 5～7 脉，长 6～12mm；外稃披针形，长 4～7mm，无芒，具 5 脉，内稃与外稃等长。颖果棱形或披针形，被坚硬内、外稃包住。种子扁平，无芒或近无芒，千粒重 1.5～1.8g。

图 9-9 多年生黑麦草和多花黑麦草
A. 多年生黑麦草 B. 多花黑麦草
1. 株丛 2. 花序 3. 小穗 4. 种子

(三) 生物学特性

多年生黑麦草在温凉湿润和温暖湿润的气候条件下均可生长,喜温凉湿润气候。适宜在冬无严寒、夏无酷暑,年降水量 1 000～1 500mm 地区生长。最适生长温度为 20～25℃,10℃ 时亦能较好生长。耐热性差,35℃ 以上时生长不良,高于 39～40℃ 时分蘖枯萎或全株死亡,在中国南方夏季高温地区不能越夏,但在凉爽山区,夏季仍可生长。耐寒性较差,难耐 -15℃ 低温。在中国东北、西北和华北的内蒙古地区,不能安全越冬。在适宜生境条件下可生长 2 年以上,但在中国不少地区只能作为越年生牧草利用。不耐阴,与其他株高较高的牧草混播时,往往一年后即被淘汰。强光照、短日照、较低温度对分蘖有利。对土壤要求比较严格,适宜在肥沃湿润、排水良好的壤土和黏土生长,水分充足而适当施肥的沙质土壤亦生长良好,也可在微酸性土壤生长,适宜土壤 pH 为 6～7。

生长快,成熟早。在湖北、湖南和江苏等南方地区 9 月中、下旬播种,冬前株高达 20cm 以上,冬季不枯黄,次年 4 月中旬草丛高达 50cm 左右,4 月下旬至 5 月初抽穗开花,6 月上旬种子成熟,植株结实后大部分死亡。再生性强,刈割后再生较快,可长出许多新枝,从残茬长出的再生枝约占总枝条数的 65%,而分蘖节长出的新枝仅占 35%。

多年生黑麦草属短期多年生牧草,一般可成活 3～4 年,以生长第 2 年生长最旺盛,草产量也最高,条件适宜地区可以延长利用时间。

根据生长利用特点,多年生黑麦草可分为两种类型:其一为放牧型,分蘖多、晚熟、叶多茎少,生长慢,春季生长迟,绿期长,水分适宜时全夏均可维持绿色;其二为刈牧兼用型,植株较高,直立,分蘖略少,较一般商用品种持久,叶多,刈后再生良好,此类型又可分为早熟品种和晚熟品种两种,早熟品种返青早,但产量略低。

(四) 栽培技术

1. 整地与施肥 多年生黑麦草生长期短，宜在短期轮作中栽培利用。应选择地势平坦、土层深厚、水分充足、有机质丰富地块。由于其种子细小，播前应精细整地，使土地平整、土壤细碎，保持良好土壤水分。结合耕翻，施足基肥，一般施有机肥 22.5～30.0t/hm²，过磷酸钙 150～225kg/hm²。

2. 播种 多年生黑麦草种子细小，种皮薄，易受潮变质，导致发芽率大幅度下降。优质种子吸收水分快，在适宜温度条件下即可发芽，出苗率高达 90% 以上。因此，应选用经干燥的优质种子播种。

春播和秋播均可，最适宜秋播，于 9～10 月播种，适当早播，以便为当年冬季或翌年早春提供青饲料。

播种方法以条播为宜，条播行距 15～30cm，播深 1.5～2.0cm，播种量为 15.0～22.5kg/hm²。也可以撒播，播种量为 22.5～30.0kg/hm²，播后覆土 1～2cm，镇压。最适宜与白三叶或红三叶混播，建植优质高产的人工草地，其播种量为多年生黑麦草 10.5～15.0kg/hm²，白三叶 3.0～5.3kg/hm² 或红三叶 5.3～7.5kg/hm²。

3. 田间管理 多年生黑麦草出苗很快，一周即可齐苗。分蘖能力强而生长快，不久即可茂密成丛。苗期生长较慢，与杂草竞争能力较弱，应及时中耕锄草 1～2 次；进入分蘖期后，分蘖增多，茎叶繁茂，可有效抑制杂草生长，一般不需再中耕除草。

多年生黑麦草对水分敏感，播种至出苗期间，如遇干旱，则不出苗或延迟出苗，即使出苗也极易枯死。分蘖期、拔节期、抽穗期以及每次刈割以后，应适时灌溉，既可降低土温，有利于越夏，又有利于提高产量。

多年生黑麦草虽耐贫瘠，有水无肥也可生长，但肥料充足，可充分发挥其高产性能，分蘖和株丛生长速度加快，从而获得高产。苗期即将开始分蘖时，应施用一定量氮肥，促进其分蘖。每次刈割或放牧后，应追施氮肥 150～300kg/hm²，促进再生和增产。秋季应施一定量磷肥、钾肥，与三叶草混播的多年生黑麦草草地尤其应多施磷肥、少施氮肥，以便利用三叶草根瘤的固氮作用来提供氮肥。夏秋遇干旱气候，宜进行灌溉，以确保增产。

多年生黑麦草抗病虫害能力较强，苗期如发现蝼蛄为害，可分别用敌百虫、223 等拌制成毒饵，撒布诱杀，或用杀蚜素喷洒灭杀；高温高湿情况下，常发生锈病和赤霉病，可用萎锈灵、石灰硫黄合剂、代森锌等防治。合理施肥、灌溉及提前刈割，均可防止病害蔓延。

4. 收获和留种 多年生黑麦草株高达到 30cm 以上时才可以刈割或放牧。春季第一次刈割或放牧应在抽穗前，这样可以保证饲草质量，并且利于饲草再生。春播当年可刈割 1～2 次，鲜草 22 500～30 000kg/hm²。以后每年可刈割 2～4 次，鲜草产量 60 000kg/hm² 左右。秋播后第 2 年鲜草产量可达 45 000～52 500kg/hm²，可刈割 3～4 次。

多年生黑麦草结实性良好，可利用再生草留种。种子成熟不整齐，极易落粒，应在基叶变黄、2/3 穗呈黄绿色，进入蜡熟期时及时采收，种子产量 750～1 125kg/hm²。

(五) 经济价值

多年生黑麦草茎叶繁茂，幼嫩多汁，营养丰富，适口性好，各种家畜均喜食，是饲养马、牛、羊、猪、禽、兔和草食性鱼类的优良饲草。优质多年生黑麦草 20～25kg 即可使草鱼增重 1kg。

从营养成分看，多年生黑麦草在禾本科牧草中可消化物质产量最高，蛋白质丰富，并富含 17 种主要氨基酸，营养价值较高。据中国农业科学院畜牧研究所分析，多年生黑麦草的营养成分见表 9-21。

多年生黑麦草生长早期叶多茎少，质地柔嫩，适于青饲、调制干草、青贮及放牧利用。青饲宜在抽穗前或抽穗期刈割，每年可刈割 3 次，多者 4～5 次。留茬 5～10cm，草场保持鲜绿，鲜草产量 45 000～60 000kg/hm^2，最高可达 75 000～90 000kg/hm^2。鲜草饲喂牛时，整喂或切短喂均可，每头每天可喂 40～50kg；如饲喂猪，则需粉碎或打浆，拌入糠麸饲喂。

表 9-21 多年生黑麦草的营养成分

样品	干物质(%)	钙(%)	磷(%)	占干物质（%）				
				粗蛋白质	粗脂肪	粗纤维	无氮浸出物	粗灰分
鲜草	19.2	0.15	0.05	3.3	0.6	4.8	8.1	2.4
干草	100	0.79	0.25	17.0	3.2	24.8	42.6	12.4

调制干草或青贮饲料时，宜在抽穗期至盛花期刈割。就地摊成薄层晾晒，晒到含水量为 14%～15% 时，即可运回贮藏。

多年生黑麦草与三叶草混播草地可用来放牧马、牛、羊等，可在草层高 25～30cm 时进行，宜划区轮牧，及时清除杂草，适当追施氮肥及磷、钾肥，以保持草地较高的生产水平，并能持久利用。

多年生黑麦草现已在中国南北方得到广泛应用，中国许多地区已形成草-果-畜、草-林-畜、草-稻-畜等各种种养模式，多年生黑麦草在其中发挥了重要作用。这些种养模式不仅提高了土地利用率，还提高了土地产出率，增加了农民收入。

多年生黑麦草也是一种优良草坪草，在草坪建植过程中，常与草地早熟禾、高羊茅等混合栽培，用作绿化材料时，多年生黑麦草混合比例为 10%～20%。由于多年生黑麦草能抗二氧化硫等有害气体，可作为冶炼工业区草坪，起净化空气作用。

二、多花黑麦草

（一）概述

学名：*Lolium multiforum* Lam.。英文名：Italian ryegrass 或 annual ryegrass。别名：一年生黑麦草、意大利黑麦草等。

原产于欧洲南部、非洲北部及小亚细亚等地，13 世纪已在意大利北部栽培，以后传播到其他国家。现在世界各温带及亚热带地区广泛栽培，广泛分布于英国、美国、丹麦、新西兰、澳大利亚、日本等温带降水量较多的国家，是世界上应用最广泛的禾本科牧草之一。中国从 20 世纪 40 年代中期引进，在华东、华中及西北等地区种植，50 年代初在盐城地区滨海盐土上试种。适宜在中国长江流域及其以南地区种植，江西、湖南、湖北、四川、贵州、云南、江苏、浙江等省份均有人工栽培，在北方较温暖多雨地区如东北、河北及内蒙古等地也可引种春播。

（二）植物学特征

多花黑麦草为一年生或越年生草本植物（图9-9）。须根密集发达，根系浅，主要分布在15cm表土层中。分蘖力强，单株分蘖30~60个，多者可达100个以上。茎秆疏丛状，直立，光滑，株高100~120cm，高者可达130cm以上；具有3~5节，基部节间多呈膝状弯曲。叶片柔软下披，呈浅绿色，叶背光滑而有亮泽；叶片长10~30cm，宽3~5mm；叶鞘疏松，叶舌较小或不明显，叶耳大。穗状花序，长15~25cm，有小穗15~25个，每小穗含10~15朵小花，偶见20朵小花。颖果菱形，外稃有芒，芒长6~8mm，这是区别于多年生黑麦草的主要特征。种子细小，千粒重2.2g。发芽种子的幼根，在紫外线灯光下可发生荧光，而多年生黑麦草则无此现象。

（三）生物学特性

多花黑麦草喜温暖湿润气候，宜于夏季凉爽、冬季不太寒冷的地区生长。种子适宜发芽温度为20~25℃，幼苗可忍受1.7~3.2℃低温，在昼夜温度为27℃/12℃时，生长速度最快。秋季和春季生长快；夏季高温干旱，生长不良，甚至枯死。不耐热，≥35℃生长受阻，在中国南方，夏季高温炎热，不能越夏。不耐寒，-10℃会受冻死亡，在长江流域地区可越冬，在北方寒冷地区不能越冬或越冬很差。抗旱性差，适宜在年降水量1 000~1 500mm的地区生长，在北方有灌溉条件地区亦可栽培。耐潮湿，但忌积水。喜潮湿、排水良好的肥沃壤土或沙壤土，也能在黏壤土上生长。最适宜土壤pH为6.0~7.0，但pH 5.0~8.0时生长仍较好。喜肥不耐瘠薄，对氮、磷、钾肥需求迫切，尤其对氮肥更为敏感，在瘠薄瘦地上生长不良。

生长期长，生长较为迅速，刈割时间早，分蘖力与再生性强，南方一般刈割3~4次，北方2~3次。但不耐低刈，留茬高度以5cm为宜，留茬过高或过低都会影响产量。地上部结实后植株死亡。落粒种子自繁能力很强。

寿命较短，在长江流域低海拔地区秋季播种，第2年夏季即死亡。而在海拔较高、夏季较凉爽的地区，若管理得当可生长2~3年。

（四）栽培技术

多花黑麦草种子较轻且小，所以需精细整地，做到地面平整，土块细碎。结合整地，施足基肥，可施有机肥22.5~30.0t/hm^2。

多花黑麦草在冬季温暖地区，如华南、华中和西南地区适宜秋播，以便冬季和翌年春季刈割或放牧利用；在冬季寒冷地区，如东北、华北和西北地区，则宜春播，于4~5月播种，9~10月可收获利用，但产量不如秋播高。

多花黑麦草生长快、产量高，较宜单播。可撒播，亦可条播。条播行距为15~30cm，播深为1~2cm，播种量为15.0~22.5kg/hm^2。撒播播种量为22.5kg/hm^2，播后应镇压。种子生产田适宜条播，行距45cm。

多花黑麦草可与水稻轮作，水稻收获前撒播多花黑麦草种子，或在水稻收割后立即整地播种。也可与紫云英、红三叶、白三叶、箭筈豌豆等豆科牧草混播，以提高产量和质量，冬春季为牲畜提供优质饲草。混播应以多花黑麦草为主作物，适当减少豆科牧草播种量，一般为单播量的 1/3～1/2，以降低其竞争。还可与青饲、青贮作物，如玉米、高粱等轮作，以全年供应牲畜所需饲草。

多花黑麦草苗期生长缓慢，不耐杂草，苗期要及时中耕除草。单播多花黑麦草草地阔叶杂草占优势时，可用 2，4-滴钠盐除草剂，苗期喷洒 1～2 次。分蘖期后，分蘖多，生长旺盛，覆盖度好，有较强抑制杂草能力，不必除杂草。

多花黑麦草喜氮肥，每次刈割后宜追施速效氮肥，追施硫酸铵 120～150kg/hm² 或尿素 90～120kg/hm²，可有效促进再生。除氮肥外，对磷、钾肥需求量也较大。与豆科牧草混播的草地尤其要多施磷、钾肥，以提高牧草品质和产量。多施磷、钾肥还可以增加多花黑麦草抗病、抗旱、抗寒等多种抗逆能力。

多花黑麦草对水分条件反应比较敏感，在分蘖、拔节、孕穗期及每次刈割后结合施肥适时灌溉，增产效果明显。遇干旱天气要及时灌水，保持田间湿润。

多花黑麦草抗病虫害能力较强，但也易遭黏虫、螟虫等为害，应注意及时喷洒敌杀死、速灭杀丁等防治。

多花黑麦草在利用季节和产草量上均优于多年生黑麦草，一般每年可刈割 3～6 次，鲜草产量 60 000～75 000kg/hm²，在良好水肥条件下，鲜草产量可达 150 000kg/hm²。种子成熟后容易脱落，应适时收获，小穗呈黄绿色时，即可收种，种子产量 750～1 500kg/hm²。

（五）经济价值

多花黑麦草虽然茎多叶少，抽穗期茎叶比 0.50～0.66，但茎质量较好，质量较一般禾本科牧草为优（表 9-22）。其茎叶柔嫩，适口性好，消化率高，畜、禽、鱼等均喜食。在中国南方地区，多花黑麦草是草食性鱼类秋季和冬春季的主要牧草，每投喂 20～22kg 优质多花黑麦草鲜草，草鱼和鳊等草食性鱼类即可增重 1kg。多花黑麦草品质优良，富含蛋白质，纤维少，营养全面，是世界上栽培牧草中优等牧草之一。

表 9-22 多花黑麦草的营养成分

样品	干物质（%）	钙（%）	磷（%）	占干物质（%）				
				粗蛋白质	粗脂肪	粗纤维	无氮浸出物	粗灰分
鲜草	18.3	0.09	0.06	13.66	3.82	21.31	46.46	14.75

注：中国农业科学院畜牧研究所分析

多花黑麦草草质好，可青饲、调制干草、青贮，亦可放牧利用。适宜刈割期：青饲为孕穗期或抽穗期，调制干草或青贮为盛花期，放牧宜在株高 25～30cm 时进行。

当株高 40～50cm 时开始刈割，再生速度快，6 周即可再刈割，留茬 5cm，用其喂猪、牛、羊、兔、鱼均可，也可晒制成青干草或做青贮饲料。牛、羊在多花黑麦草与豆科牧草混播草地放牧，不仅增膘快，产奶多，还可大量节省精饲料，提高养殖效益。

多花黑麦草也是绿化、美化环境的优良草种。与草地早熟禾、羊茅混播可形成优良草坪，可与狗牙根、结缕草等暖季性草种建植草坪，使草地绿期延长，色泽美观。

第十二节 看麦娘属牧草

看麦娘属（*Alopecurus* L.）植物约有 50 种，分布于北半球寒温带，中国有 9 种，内蒙古产 5 种，其中，大看麦娘和苇状看麦娘驯化栽培较早，始于 18 世纪中期的欧洲，后北美、新西兰等地引种栽培。中国新疆等地也有引种栽培，皆为优良牧草。大看麦娘和苇状看麦娘牧草的营养成分见表 9-23。

表 9-23 看麦娘属主要栽培牧草营养成分
（引自中国饲用植物志编辑委员会，1987，1989）

牧 草	干物质（%）	钙（%）	磷（%）	占干物质（%）				
				粗蛋白质	粗脂肪	粗纤维	无氮浸出物	粗灰分
大看麦娘（成熟期）	91.68	0.26	0.20	9.94	2.72	30.85	38.27	9.90
苇状看麦娘（抽穗期）	92.70	—	—	19.70	3.20	23.90	35.90	10.00

一、大看麦娘

（一）概述

学名：*Alopecurus pratensis* L.。英文名：meadow foxtail。别名：草原看麦娘、狐尾草。

大看麦娘原产于欧洲和亚洲寒温带，18 世纪首先在瑞典栽培，目前在英国、美国、瑞典、荷兰、新西兰等国家作为优良牧草栽培较多。中国东北、西北均有野生种，主要分布于内蒙古兴安北部、岭东、科尔沁、兴安南部、岭西、呼锡高原及阴山等州（萨础日娜，2006），新疆生长于天山、阿尔泰山、准噶尔西部山地的草甸植被中，海拔 1 500～2 500m，在水分条件较好的河谷阶地、溪水边、低洼地及林缘常见由大看麦娘组成的单优势群落（新疆植物志，1996）。

（二）植物学特征

大看麦娘为根茎-疏丛型长寿命中生禾本科牧草（图 9-10）。茎直立或基部稍膝状弯曲，少数丛生，株高 50～110cm。叶鞘光滑，短于节间；叶舌膜质，先端钝圆，叶长 20～30cm，宽 3～10mm；圆锥花序，柱状，长 4～8cm，宽 6～10mm，灰绿色，小穗两侧压扁，长椭圆形，长约 5mm，含 1 小花，脱节于颖之下，颖等长，具 3 脉，下部 1/3 互相连合，外稃等长或稍短于颖，顶端被微毛，膜质，自外稃基部伸出芒，芒长 6～8mm。颖果细小，半椭圆形，千粒重 0.76～0.83g。大看麦娘体细胞染色体 $2n=28$ 或 $2n=42$。

（三）生物学特性

大看麦娘为中生冬性上繁牧草，是草甸

图 9-10 大看麦娘
1. 植株 2. 小穗 3. 小花

草原、山地草甸和盐渍化草甸常见伴生种。对土壤和水分条件要求较高，适于在湿润和寒冷地区生长，不耐炎热及干旱。喜生长在中性或微碱性肥沃黑壤土上，在过酸土壤往往会死亡，盐渍化土壤上生长不良，富含有机质的山地草甸、山地暗栗钙土或地下水位较高的栗钙土也能生长。大看麦娘抗病力差，易患白粉病，在盐化低地草甸是麦角病的主要寄主之一。

大看麦娘种子寿命短，收获当年发芽率仅70%～80%，贮藏2年后不足50%，3年基本丧失种用价值。播种当年苗期生长慢，分蘖弱，持续时间长，不形成生殖枝，而且其根系生长慢，较一般禾本科牧草根量少，第2年或第3年以后才发育完全。春季萌发较早，一般4月上旬至5月中旬返青，6月抽穗，6月下旬开花，7月结实。可利用年限长，达10年之久。据苏联普里拉多斯克试验站报道，在含有大看麦娘的5种牧草混播地中，大看麦娘在草丛中的比例逐年上升，第2～7年依次为2.6%、6.8%、9.0%、19.9%、30.3%和62.3%。

（四）栽培技术

大看麦娘种子细小而轻，千粒重仅0.76～0.83g，种子发芽率低，播前要求整地精细，依当地条件确定播种时期，气候寒冷地区以春、夏播种为多，温暖地区以秋播为主。条播行距30cm，播量15～30kg/hm^2，覆土2～3cm。苗期注意防除杂草，中耕或化学防治均可。大看麦娘种子成熟不齐，完熟后容易脱落，最好在花序上部种子将要脱落时收获为宜。

（五）经济价值

大看麦娘是优良上繁禾本科牧草，叶量丰富，茎叶柔嫩，饲用品质良好，适期刈割的青草多种家畜喜食，马、牛喜食其干草，绵羊和山羊对其干草采食较差。根据新疆畜牧科学院分析（郭选政等，2000），抽穗期其青干草营养成分为：水分8.47%，粗蛋白质11.70%，脂肪1.85%，粗纤维28.34%，无氮浸出物42.68%，灰分6.96%，钙0.19%、磷0.25%。

刈割以始花期前及始花期为宜，开花后茎叶老化变粗糙，品质下降；结实后因多带有麦角，适口性降低。冬季可放牧家畜。属长寿命牧草，利用年限长，可作为温暖湿润地区建立人工草地的优良草种来利用，属刈牧兼用牧草。产草量中等，不及无芒雀麦和猫尾草。

二、苇状看麦娘

（一）概述

学名：*Alopecurus arundinaceus* Poir.。别名：大看麦娘。

苇状看麦娘分布于欧洲、北美洲及亚洲中部和北部，中国东北、内蒙古、河北、宁夏、甘肃、新疆等省份有野生种分布，多生于平原绿洲、河谷河滩草甸、沼泽草甸、山坡草地及森林草原地区，在水分条件较好的地方常见有苇状看麦娘的单优势种群落。

（二）植物学特征

苇状看麦娘为多年生根茎-疏丛型禾本科牧草，茎直立，株高50～120cm，具3～5节。叶鞘松弛，大多短于节间；叶舌膜质，长约5mm，叶片长5～20cm，宽3～7mm，上面粗糙，下面平滑。圆锥花序圆柱状，长2.5～7.0cm，成熟后黑色。小穗卵形，长4～5mm，两侧压扁，含1花；颖等长，基部约1/4互相连合，顶端尖，稍向外张开，脊上具纤毛，两侧无毛或疏生短毛；外稃较短于颖，先端钝，具微毛，芒近于光滑，自稃体中部伸出，直立，长 1～5mm，隐藏或稍露出颖外；颖果纺锤形，黄褐色，细小，千粒重约 0.33g（图 9-11）。苇状看麦娘体细胞染色体 $2n=28$。

（三）生物学特性

苇状看麦娘多生于海拔 2 300～3 800m 的草甸草地，是比较典型的中生性植物，除草甸外，在较干燥山坡草地也能良好生长。其根茎发达，具耐轻度盐碱、寒冷、水涝、践踏等特点，冬季和早春能耐较长时间水淹，是很好的刈牧兼用型牧草。苇状看麦娘无性繁殖力强，分蘖旺盛，再生性强，叶量丰富，成熟期叶量可占株丛总质量的 35.77%～46.22%，主要分布于 10cm 草层以上；20～40cm 草层的叶量占全部叶质量的 35.09%（李旭谦等，2013）。苇状看麦娘一般 4 月上旬至 5 月中旬返青，10 月枯黄，利用期较长。

图 9-11 苇状看麦娘
1. 植株 2. 小穗 3. 小花 4. 雌蕊

（四）栽培技术

苇状看麦娘已驯化栽培，播前要平整土地，条播为宜，种子萌发快，容易抓苗。内蒙古地区以夏播为主，条播行距 15～30cm，播量 18.8～22.5kg/hm²，覆土 2cm 左右。播种当年生长缓慢，注意苗期防除杂草，第 2 年开始利用，结实率高，有一定种子产量。

（五）经济价值

苇状看麦娘叶量丰富，占地上部总重的 40% 左右，春季返青后，嫩叶和幼枝为各种家畜喜食，抽穗开花期刈牧更为牛、马等大家畜喜食，绵羊喜食叶片和花穗，此时刈割调制的青干草是冬季优质饲草。据分析，其代谢能及有机物质消化率在禾本科牧草中是较高的，亦是改良草甸草原和建立人工刈割草地很有前途的多年生禾本科牧草。

第十三节 鹅观草属牧草

鹅观草属（*Roegneria* C. Koch）牧草全世界约有 120 种，主要分布在北半球温寒带，以欧、亚所产种类最多。中国约有 70 种，主要分布在西北、西南和华北地区，多为草原和草甸组成成分，许多种是优良牧草，饲用价值较高。其中农牧业上具有栽培价值的主要有弯穗鹅观草、纤毛鹅观草和青海鹅观草。

一、弯穗鹅观草

（一）概述

学名：*Roegneria semicostata* Kitagawa。英文名：drooping wheatgrass。别名：垂穗大麦草、弯穗大麦草、野麦草、鹅观草。弯穗鹅观草遍及全国，朝鲜、日本也有分布。

（二）植物学特征

多年生草本。须根系，深15～30cm。秆直立或基部倾斜，疏丛型，高30～100cm，4～7节。叶片扁平，光滑或稍粗糙，叶鞘外侧边缘常被纤毛。穗状花序长7～20cm，小穗绿色或呈紫色，排列稀疏，每穗有小花6～8朵。穗轴细弱，通常弯曲。外稃顶端有芒，芒粗，微弯曲，内稃与外稃等长。颖披针形，顶端具2～7mm短芒，有3～5脉。颖果黄褐色，稍扁平，种子千粒重4.4g。

（三）生物学特性

弯穗鹅观草在吉林省一般于3月底或4月初返青，6月中旬开花，7月初种子成熟，10月上、中旬地上部分枯死，生育期为95～106d，青绿期为199～288d。在湖南、安徽等省春播难以越夏，秋播翌年4月中旬抽穗，5月初种子成熟，6月初地上部分枯死，生育期可达145～236d，青绿期长达266d。

弯穗鹅观草耐寒，不耐高温。可耐－30℃低温，在青藏高原和内蒙古牧区能安全越冬。在温带地区，春播翌年开花结实。在亚热带地区，冬季绝对低温达－23℃条件下，仍能以绿色株丛越冬，夏季遇到35℃以上持续高温时，地上部分全部枯死，直至秋季气候凉爽时，才开始萌发返青。

弯穗鹅观草喜湿润环境，年降水量范围为400～1 700mm，土壤pH为4.5～8.0，可在沙质土生长，也可在黏质土生长，最适宜生长在湿润而肥沃、且排水条件良好的中性土壤上，亦可在酸性土壤生长。其抗旱、耐热性均较纤毛鹅观草弱。当土壤5～10cm含水量降至4.1%时，幼苗几乎全部枯萎，成株叶片萎蔫。较耐盐碱，在含盐量0.3%土壤上生长良好。较耐阴，能在郁闭度达50%～70%密林下生长，但在光照强的环境下生长发育良好，再生性差。

（四）栽培技术

弯穗鹅观草多用种子繁殖。播前应将土地翻耕、整平、施足基肥。北方春播，南方多秋播。条播行距25～30cm，建植刈割草地的播种量为30～45kg/hm²，种子生产田播种量以22.5～30.0kg/hm²为宜。覆土深度为2～3cm。干旱地区播后需及时镇压。苗期除草1～2次。春季返青早，是早春放牧优良牧草之一。青饲或调制干草时应在抽穗期前刈割。鹅观草种子成熟时容易脱落，种子田应在蜡熟至完熟前及时收获。

（五）经济价值

弯穗鹅观草孕穗前茎叶鲜嫩柔软，叶量多，适口性好，各种家畜均喜食。但从抽穗到成熟的30～90d内，茎秆迅速老化，基生叶和茎生叶逐渐干枯，饲用价值急剧下降。除牛外，其他畜禽基本不能利用，可粉碎制成干草粉与其他饲草料搭配利用。弯穗鹅观草的营养期长，生殖期短，适宜作放牧利用，不宜作刈割利用。

弯穗鹅观草营养价值高，其粗蛋白质、粗脂肪含量与纤毛鹅观草、无芒雀麦相近似（表9-24）。青草的总能、消化能和可消化蛋白质比一般禾本科牧草高（表9-25）。

表 9-24 弯穗鹅观草的营养价值
（引自中国饲用植物志编辑委员会，1992）

分析部位	采样地点	物候期	水分(%)	钙(%)	磷(%)	占干物质（%）				
						粗蛋白质	粗脂肪	粗纤维	无氮浸出物	灰分
茎叶	吉林	开花期	8.99	0.80	0.34	10.19	2.72	27.49	39.90	10.71
茎叶	湖北	开花期	7.07	0.07	0.11	9.56	2.61	29.34	44.24	6.19
籽实	吉林	成熟期	11.50	0.97	0.81	11.87	1.85	21.57	45.25	5.96

表 9-25 弯穗鹅观草的总能、消化能及可消化蛋白质含量
（引自中国饲用植物志编辑委员会，1992）

干物质(%)	粗蛋白质(%)	鲜 样			干 样		
		总能(MJ/kg)	消化能(MJ/kg)	可消化蛋白质(g/kg)	总能(MJ/kg)	消化能(MJ/kg)	可消化蛋白质(g/kg)
86.5	7.4	14.98	3.53	15.00	17.32	4.10	17.00

弯穗鹅观草草产量较低。无论温带或亚热带，播种当年株丛低矮，不能刈割，可放牧利用。翌年抽穗期以后，才能形成较高产量。在吉林生长两年的鹅观草地，可收割2茬，干草产量为 3 750～5 250kg/hm²。据湖南畜牧兽医研究所测定，秋播翌年 4 月中旬约产鲜草 17 000kg/hm²。

二、纤毛鹅观草

（一）概述

学名：*Roegneria ciliaris* (Trin.) Nevski。英文名：ciliate roegheria。别名：缘毛鹅观草、北鹅观草、短芒鹅观草等。纤毛鹅观草原产于亚洲北部，主要分布于北半球温带及亚热带地区。中国主要分布于东北、华北、华中及西北地区。苏联远东地区、日本、朝鲜也有分布。

（二）植物学特征

纤毛鹅观草的形态与弯穗鹅观草相似，但茎秆较少，一般为3～4节。颖上脉纹较多，一般 5～7 脉。外稃边缘有粗缘毛，顶端有芒，成熟时芒向后方弯曲。内稃比外稃短，顶端较圆。种子千粒重 4.1g。

（三）生物学特性

纤毛鹅观草喜温暖而湿润的气候条件，适宜年降水量 400～1 500mm，土壤 pH 为 4.5～8.0。抗寒、耐热，可忍受 -30℃ 低温和 41℃ 高温，但夏季持续高温会导致地上部分枯死。分蘖力较强，再生性较好，耐践踏和土壤板结。

（四）栽培技术

纤毛鹅观草春、夏、秋季均可播种，高寒地区宜春、夏播，南方宜秋播。播种量22.5～30kg/hm^2，条播行距20～30cm，播深3～4cm，北方地区春播需及时镇压。若调制干草应在抽穗前刈割，一般鲜草产量3 000～8 200kg/hm^2。由于种子落粒性强，种子田应在蜡熟期收获，种子产量500～600kg/hm^2。

（五）经济价值

与弯穗鹅观草相同，纤毛鹅观草抽穗前茎叶鲜嫩柔软，适口性好，马、牛、羊、兔、鹅等畜禽均喜食。抽穗后茎秆迅速粗老，叶片逐渐枯死，利用价值下降。温带地区从返青到抽穗仅64d，而在亚热带地区长达210d，因此更适宜作放牧利用。其营养成分见表9-26和表9-27。

表9-26 纤毛鹅观草的营养价值
（引自中国饲用植物志编辑委员会，1992）

分析部位	物候期	水分（%）	钙（%）	磷（%）	占干物质（%）				
					粗蛋白质	粗脂肪	粗纤维	无氮浸出物	灰分
茎叶	开花期*		0.24	0.17	10.10	38.00	38.00	44.70	5.00
茎叶	开花期**	13.50	—	—	9.00	32.00	31.80	33.60	10.10
籽粒	成熟期	10.84	0.29	3.36	13.51	1.89	22.03	46.30	5.43

* 四川石渠样品
** 吉林样品

表9-27 纤毛鹅观草籽实营养价值
（引自中国饲用植物志编辑委员会，1992）

干物质（%）	粗蛋白质（%）	鲜样			干样		
		总能（MJ/kg）	消化能（MJ/kg）	可消化蛋白质（g/kg）	总能（MJ/kg）	消化能（MJ/kg）	可消化蛋白质（g/kg）
87.8	13.50	15.40	8.20	94	17.53	9.33	107

三、青海鹅观草

（一）概述

学名：*Roegneria kokorica* Keng.

青海鹅观草主要分布在青海、甘肃、西藏和四川西部等高海拔地区。自1968年以来，甘肃、宁夏、青海等省份开展了引种驯化工作，并用于人工草地建植。

（二）植物学特征

青海鹅观草茎秆直立，疏丛型，花序被柔毛，顶端节呈膝状弯曲；穗状花序直立，紧密；小穗呈覆瓦状排列，一般含3～4朵花，偶见6朵花，颖密生硬毛，尖端具短芒，具1～3脉，第一外稃先端芒粗糙，直或稍曲。种子千粒重3.5g。

（三）生物学特性

青海鹅观草对干旱、低温、温差大的极端气候条件具有很强适应性。适宜生长地区的年降水量 300~700mm，极端最低气温为-30~-15℃，极端最高气温为 27~30℃，土壤 pH 6.5~8.5。其分蘖力较强，抽穗前茎叶柔软，茎叶比 0.59，是马、牛、羊喜食的中等牧草。播种当年草产量低，鲜草产量仅有 3 750kg/hm²，第 2、3 年最高，达到 37 500kg/hm²，第 4 年产量开始下降到 9 000kg/hm²。种子产量可达 600~1 500kg/hm²。

第十四节 虉草属牧草

虉草属（*Phalaris* L.）牧草全世界约有 20 种，原产欧、亚及北美三洲。广泛分布于北温带。中国产 1 种，包括引进种共 3 种。其中可作饲草而较为重要的有虉草和球茎虉草。

一、虉 草

（一）概述

学名：*Phalaris arundinacea* L.。英文名：reed canary grass、variousleaved canary grass。别名：草芦、草苇、丝带草、金色草苇。

虉草原产于欧洲、北美洲、小亚细亚、前亚细亚及亚洲中部和东部所有国家。19 世纪中期，瑞典、英国、德国已进行栽培，苏联 1915 年开始栽培。该草在中国主要分布于东北、华北、华中，以及江苏、浙江等地。多生于低洼湿地，在下湿盐碱地区很有发展前途。

（二）植物学特征

虉草为禾本科虉草属草本植物，根系强大，黄色或深棕色，根系入土可达 2.5~3.0m。茎直立，株高 60~140cm，有的高达 2~4m，常长成大丛，光滑无毛，侧有蜡质。叶片宽大，扁平，浅绿色，长 6~30cm，宽 1.0~1.8cm；叶鞘较节间长；叶舌质薄，长 0.2~0.6cm；无叶耳。圆锥花序，长 7~16cm，宽 1~2cm，密而狭，开花时分枝展开，花后收紧成穗状；小穗丛密，每小穗具 3 朵花，其中 2 朵花不孕；2 颖等长，狭窄尖锐，脊粗糙，上部有极狭翼状物；不育花外稃退化为线形，有长丝毛，孕花外稃宽披针形，包住内稃，有少数压平的长毛；内稃稍狭。种子颖果，略带黄色、浅棕色，长椭圆形，光滑。种子千粒重 0.7~0.9g。

（三）生物学特性

虉草喜温，常生长在河漫滩、湖边、低洼地、沼泽地，常与芦苇混生，耐水淹。抗寒性较强，越冬性好，适应性强，可在较寒冷地区生长，越冬率较多年生黑麦草高，但不如猫尾草和无芒雀麦。该牧草在乌鲁木齐地区积雪覆盖下可以安全越冬，但在武威和呼和浩特不能越冬，可作为一年生牧草栽培。

虉草对土壤要求不严，在各类土壤上均能生长，但在黏土或黏性壤土生长最好，在水分充足的情况下，沙土上也可生长，耐酸性，在 pH 为 4~4.5 土壤中生长亦良好。

虉草在北京地区可安全越冬，3 月下旬返青，5 月中旬抽穗，6 月中旬成熟，生育期 75~80d，兰州地区生长茂盛，越冬良好。

（四）栽培技术

虉草可用种子繁殖，也可用根茎无性繁殖。种子繁殖可秋播，也可春播，当地温达 5~

6℃时，种子可以正常发芽。条播行距 30～45cm，播深 3～4cm，播量 22.5～30.0kg/hm²，收种可减半。虉草植株高大、叶茂，不宜与其他牧草混播。无性繁殖，行距 40cm，穴距 30cm，每穴栽植 2～3 个分蘖，埋土深 5～6cm，如天气干旱栽后浇水很易成活。

虉草喜水，在分蘖和每次刈割后应灌水，适当追施氮肥。调制干草时，必须在抽穗前进行刈割，迟刈草质变劣，适口性及营养价值均下降。虉草种子极易散落，应及时采收。种子产量 230～300kg/hm²。

（五）经济价值

虉草适于割制干草，亦可青饲或调制青贮饲料。如在抽穗前收割，草质颇佳，适口性好，饲用价值高。抽穗后收割则草质较为粗老，饲用价值显著降低。不同时期的干草营养成分见表 9-28。

表 9-28　虉草营养成分
(引自陈宝书，2001)

生育时期	水分（%）	占干物质（%）				
		粗蛋白质	脂肪	纤维	无氮浸出物	灰分
分蘖期	8.7	23.8	3.6	24.4	38.9	9.3
抽穗期	15.0	13.6	2.7	33.6	41.6	8.5
开花期	12.5	9.6	2.2	33.3	46.7	8.2
成熟期	7.7	5.1	1.8	30.6	54.8	7.7

虉草生长迅速，再生性强，草产量高，每年可刈割 3～4 次，鲜草产量 30 000～60 000kg/hm²，干草产量 9 000～18 000kg/hm²。

二、球茎虉草

（一）概述

学名：*Phalaris tuberosa* L.。别名：水生虉草、球茎草芦。

该草原产南欧、地中海沿岸温带地区，欧洲、美国、澳大利亚、新西兰等国家都有栽培，中国 1974 年从澳大利亚引进，在广西、湖南生长好，西北地区生长中等。

（二）植物学特征

球茎虉草是多年生草本植物，须根系，入土深。茎丛生，株高 100～200cm，茎基部膨大成球形，呈红色，并以其基部短缩的嫩茎向四周扩展。叶扁平，叶长 30～45cm，宽 15mm。叶鞘红色。无叶耳，叶舌大。圆锥花序紧密，淡紫红色或灰绿色，长 8～15cm，小穗有小花 1 朵。种子淡黄色至棕色，有光泽，千粒重 1.4g。

（三）生物学特性

球茎虉草喜凉爽湿润气候，适于冬季湿润、夏季较干旱、年降水量为 380～760mm 的地区种植。较耐寒、耐旱，还能耐水淹，在炎热而干旱的夏季仍能成活，但生长停滞，到初秋又开始生长，冬季来临时可提供大量饲草。对土壤要求不严，以肥沃黏土生长最好。在甘肃礼县栽种，4月初播种，7月抽穗开花，8月初结籽成熟，生育期140d左右。

（四）栽培技术

球茎鹅草种子细小，幼苗生长缓慢，要求精细整地，清除杂草。对肥料敏感，播前应施基肥。秋播或春播。条播行距40～50cm，播种量7.5～15.0kg/hm²，播深2～3cm。多雨地区宜与白三叶混播，较干旱地区宜与地三叶、紫花苜蓿及一年生苜蓿混播。苗期注意中耕除草，适当追施氮肥。

（五）经济价值

球茎鹅草叶量多，柔软多汁，适口性好，可以青饲、调制干草或制作青贮饲料。刈割宜在抽穗前进行，抽茎后刈割，茎秆多而粗硬，粗纤维增加，蛋白质减少。植株含生物碱，宜早期利用，也可与豆科牧草混合饲喂，或在夏秋季给牲畜补饲微量元素钴，以预防中毒。营养成分见表9-29。

表9-29　球茎鹅草的营养成分
（引自陈宝书，2001）

样品	干物质（%）	占干物质（%）				
		粗蛋白质	粗脂肪	粗纤维	无氮浸出物	粗灰分
鲜草	12.27	1.71	0.52	3.37	4.56	2.11

第十五节　偃麦草属牧草

偃麦草属（*Elytrigia* L.）全世界约有50种，产于西半球温带地区。美国、苏联和加拿大等北温带国家进行栽培，已培育了80多个产量高、品质好、抗逆性强的优良品种。中国共有6个种，其中以偃麦草、中间偃麦草、毛偃麦草和长穗偃麦草等生长良好。

一、偃麦草

（一）概述

学名：*Elytrigia repens* (L.) Desv. ex Nevski。英文名：quack grass、couch grass、witch grass等。

偃麦草于中国东北草甸草原，内蒙古呼伦贝尔、锡林郭勒草原，宁夏、甘肃、青海、新疆和西藏广泛分布。国外在蒙古北部、苏联中亚和西伯利亚，朝鲜、日本、印度和马来西亚也有分布。

（二）植物学特征

多年生草本，具横走根茎，秆直立，高40～80cm，光滑，3～5节；叶片下面光滑，上面粗糙或疏生柔毛，叶质较柔软，扁平，长10～20cm，宽5～10mm，叶鞘无毛或分蘖的叶鞘具柔毛。叶耳膜质、细小；叶舌短而钝，长约0.5mm。穗状花序直立，长10～18cm，宽8～15mm；小穗单生于穗轴的每节，含5～7花，长10～18mm，成熟时脱节于颖之下，小穗轴不于诸花间折断；颖披针形，具5~7脉，顶端具短小尖头，基部有短小基盘，第一外稃长约12mm；内稃短于外稃，背生纤毛；子房上端有毛，种子千粒重4.0g。

（三）生物学特性

偃麦草是一种喜温牧草，种子萌发最适温度为28~30℃，当条件适宜时，播后6~7d种子即可萌发出苗，12~15d全苗，播种当年呈叶簇状态，在新疆4月初返青，6月底至7月初抽穗，7月下旬种子成熟，生育期约120d。一般在4月中、下旬草层高度可达10~15cm，可放牧利用。5月下旬再生草还可以再次放牧。开花期刈割，第二次再生草到入冬停止生长前的高度仍可达40~50cm，可供秋季或冬季放牧利用。

偃麦草具发达的根茎，侵占能力特别强，再生速度也较快。根茎多分布于10~12cm土层里，对土壤坚硬、通气状况不好十分敏感。因此在频牧、土壤坚密的条件下，其根茎也随之上移至土表5~7cm处。在适宜条件下，一个植株可占数平方米的面积。根茎强烈分枝繁殖时，总长度可达500m。每平方米根量可达2 890g，其中分蘖节可达25 979个。耐牧性很强，不怕践踏。

偃麦草为中旱生根茎-疏丛型禾本科牧草，对干旱具有一定的适应性，但喜欢在疏松、湿润的土壤上生长，野生状态常见于平原低渍地、河漫滩、湖滨、山沟或丘间谷地等湿润生境。偃麦草耐寒性较强，在中国北方各地均能安全越冬。对土壤要求不严，以深厚的壤质黑土、草甸土最为适宜，在轻度盐渍化土壤上亦能生长。

（四）栽培技术

偃麦草种子发芽及幼苗生长要求有较好的土壤水肥条件，苗期生长缓慢，因此播前必须精细整地，施入厩肥或底肥。同时加强苗期管理，保证全苗、齐苗。研究发现施氮肥90kg/hm²能显著增加偃麦草株高、分蘖数及地上鲜重。春、夏、秋播种皆可。在中耕灭茬好的秋翻地，可早春播种。土壤水分充足，秋季温暖时，可以进行秋播。一般生长季短、春季风沙大、干旱的地区多采用夏播。

偃麦草种子覆土要求浅，不超过2~3cm，轻沙壤土可以覆土4cm。播种量视地区、种子品质、行距和播种方法而不同，条播播种量15~30kg/hm²。偃麦草可与紫花苜蓿、红豆草等间混播。偃麦草对施肥和灌溉反应好。每次刈牧后如能进行适宜追肥灌水，可获得较好增产效果。青海玛多县草原站在海拔4 280m种植，出苗整齐，生长及越冬较好。分蘖力强，生长茂密，叶量丰富。生长第3年株高50cm，最高达74cm，鲜草产量13 500kg/hm²。新疆引种栽培野生偃麦草，生长第2年的干草产量为2 250~3 000kg/hm²。成熟期茎、叶、穗比为1∶1.9∶0.3，可见其叶量多，是建立长期人工草地很有希望的草种。

偃麦草根茎相当发达，侵占性较强，也适于作为水土保持和保护铁路、公路边坡、堤岸的植物。但不宜引入大田轮作中，否则将成为一种恶性杂草，难以根除。

（五）经济价值

偃麦草营养丰富、品质较好，为马、牛、羊所喜食，牛最喜食，是饲用价值较高的禾本科牧草之一。抽穗前草质鲜嫩，含纤维素少，家畜更喜采食。适于刈割调制干草，叶片不易脱落，各种家畜均喜采食。再生草可用作放牧。偃麦草在成熟期前蛋白质含量较高（表9-30），能量较高（表9-31），营养状况良好，可制成优质干草。

表 9-30 偃麦草的营养成分
（引自中国饲用植物志编辑委员会，1989）

生育阶段	水分（%）	占干物质（%）				
		粗蛋白质	粗纤维	脂肪	无氮浸出物	灰分
分蘖期至拔节期	8.3	19.4	23.1	4.3	44.8	8.4
抽穗期	7.5	13.4	29.0	2.9	45.6	9.1
开花期	7.4	11.1	30.0	3.5	47.3	8.1
成熟期	7.0	8.1	29.1	3.0	51.9	8.0
枯黄期	6.4	3.6	29.2	3.9	56.2	7.2
再生草	7.0	18.0	23.6	5.3	44.0	9.1

表 9-31 偃麦草能量含量及有机物质消化率
（引自陈宝书，2001）

生育时期	粗蛋白质（%）	粗脂肪（%）	有机物质消化率（%）	消化能（MJ/kg）	代谢能（MJ/kg）	产奶净能（MJ/kg）
孕穗期	13.46	2.65	62.99	10.87	8.78	5.93
拔节期	14.02	2.53	55.37	9.49	7.28	4.97

二、中间偃麦草

（一）概述

学名：*Elytrigia intermedia* (Host) Nevski。英文名：median elytrigia。

中间偃麦草原产欧洲东部，天然分布于高加索、中亚东南部草原地带，1932年由苏联引入美国，几年后引入加拿大，成为加拿大西部干旱地区的重要栽培牧草。中国于1974年从加拿大引入，经青海、内蒙古、甘肃、北京及东北等地试种，普遍表现良好，是中国高寒、干旱及半干旱地区有发展前途的一个草种，主要靠引进品种进行栽培种植。

（二）植物学特征

中间偃麦草有短根茎和发达根系，秆直立平滑无毛，株高70～100cm，具6～8节，叶片质硬条形，叶缘具短毛。穗状花序细直，长20～30cm，穗轴节间长6～16mm，小穗含3～6朵花，长10～15mm，颖矩圆形，先端截平而稍偏斜，具5～7脉；外稃宽披针形，无毛，内稃与外稃等长。种子千粒重5.2g。

（三）生物学特性

中间偃麦草抗逆性强。喜冷凉气候，抗寒性强，在青海、内蒙古和东北各地均可安全越冬。对夏季高温适应性较差，在36～38℃的温度条件下，中间偃麦草基本停止生长。耐旱，适合在年降水量 350～400mm 地区生长。侵占性强，再生性好，耐践踏，遍布土层中的匍匐根茎可向四周扩展蔓延，并能在沟壑陡坡上生长。对土壤要求不严，可在裸露土壤上生长，也可在排水良好、酸碱度适中的各类土壤上良好生长。耐盐，还可在中轻度盐化土壤上生长。在北京 3 月中旬返青，5 月下旬抽穗，6 月中旬开花，7 月中旬成熟，生育期 113d，全年可生长 270d 左右。

（四）栽培技术

中间偃麦草可用种子繁殖，也可用根茎无性繁殖。寒冷地区春播，亦可在夏季雨季来临前播种。华北地区宜秋播。播前要翻耕平整土地，施入基肥。据报道，当施氮肥达到 180kg/hm^2 时，中间偃麦草产量最高。播种量 15.0～22.5kg/hm^2，条播行距 30～40cm，但苗期生长缓慢，需及时清除杂草。中间偃麦草也可与红豆草、紫花苜蓿、无芒雀麦等混播。尤其和豆科牧草混播，可以提高产量和改善草的品质。中间偃麦草属长寿牧草，可利用 4～6 年，若适时管理，可延长使用年限。

（五）经济价值

中间偃麦草可用于放牧或调制干草，草产量高。甘肃河西走廊每年可刈割 2 次，干草产量 7 800～9 000kg/hm^2，北京地区每年可刈割 2～3 次，鲜草产量 22 500～33 750kg/hm^2。抽穗期刈割最好，过早草质虽好，但产量低，过晚刈割草质粗糙，适口性较差，饲用价值降低。叶量较多，草质优良，马、牛、羊均喜食，可产干草 7 500～11 250kg/hm^2。抽穗期的营养成分见表 9-32。

表 9-32　中间偃麦草的营养成分
(引自中国饲用植物志编辑委员会，1989)

样别	干物质（%）	钙（%）	磷（%）	占干物质（%）				
				粗蛋白质	粗脂肪	粗纤维	粗灰分	无氮浸出物
原样	23.0	0.13	0.06	3.7	0.7	7.3	2.0	9.9
风干样	99.9	0.51	0.24	12.2	2.6	28.0	8.0	39.2
绝干样	100	0.56	0.26	13.4	2.9	31.8	8.8	43.1

第十六节　大麦草属牧草

大麦草属（Hordeum L.）牧草在中国分布有数种，具栽培价值的主要有 2 种，即短芒大麦草和布顿大麦草。

一、短芒大麦草

（一）概述

学名：*Hordeum brevisubulatum* (Trin.) Link。别名：野大麦、野黑麦、大麦草、莱麦草。

该草分布于中国东北、华北及新疆低湿草地，苏联外里海、西伯利亚和蒙古国均有野生种分布。短芒大麦草天然生长面积较大,往往呈单纯群落分片生长,为碱性草原耐盐碱优良牧草,牲畜喜食。近年来在吉林、内蒙古、河北、甘肃、新疆、青海等省份有栽培。

(二)植物学特征

短芒大麦草属多年生草本,具短根茎,须根稠密;秆细,直立或下部节膝状弯曲,株高30~90cm;叶片长约30cm,宽3~5mm,绿色或灰绿色,集中在植株下部;穗状花序,长5~10cm,成熟时显紫色,小穗3枚生长于穗轴各节,两侧小穗通常较小、发育不全或为雄性;穗颖呈针状,粗糙,外稃无芒,无柄小穗之颖形似有柄者,外稃近于平滑或被微毛,先端渐尖成短芒;颖果长约3mm,顶端被毛,腹沟不明显,线形,种子千粒重2~3g。短芒大麦草细胞染色体数目为$2n=28$,其$x=7$,为四倍体。

(三)生物学特性

短芒大麦草是一种早熟性禾本科牧草,在呼和浩特地区,播种当年大部分分蘖枝开花,可以收获少量种子。生活2年以上短芒大麦草一般4月初返青,5月中旬拔节,5月末孕穗、抽穗,6月初开花,6月下旬种子成熟。由于区域气候差异,不同地区的短芒大麦草在生育时期上表现不同(表9-33)。一般从返青至种子成熟需80~96d,与羊草相似,比无芒雀麦早15d,比披碱草早28d,比老芒麦早18d。

表9-33 不同地区短芒大麦草生育时期比较

(引自马鸣,2008)

地点	返青期	抽穗期	盛花期	完熟期	枯黄期
内蒙古呼和浩特	4月上旬	5月下旬	5月下旬	6月下旬	10月中旬
河北张家口	4月中旬	6月上旬	6月中旬	7月中旬	—
吉林白城	4月上旬	6月上旬	6月中旬	6月中旬	9月中旬
吉林长岭	4月上旬	5月下旬	6月上旬	6月中旬	9月下旬

短芒大麦草生长初期缓慢,由返青至拔节期约为40d,株高仅10cm左右,日均增高只有0.25cm,拔节以后生长加快,拔节至开花期不足30d,株高增长70cm,日均增高2.3cm,是前期生长速度的9倍。开花后短芒大麦草株高仍在增加,分蘖也在增多,生长期一直延续到10月中旬,生长期长达180~190d。短芒大麦草茎叶主要分布于草群基部至20cm处,茎叶大约占地上部总干重的75%,这主要是由于其分蘖能力较强,能产生大量营养枝所致。因此,短芒大麦草草地可作为牧刈兼用型草地利用。

短芒大麦草再生性中等,在呼和浩特地区每年可以刈割2次,再生草产量占总产量的23%左右,比披碱草、冰草再生性强,但不如无芒雀麦、羊草。天然草场一般每年刈割1次,再生草可作放牧利用。短芒大麦草种子成熟期不一致,边成熟边脱落,落粒性严重,采收困难。

短芒大麦草是喜温牧草,适宜生长在湿润平原,其耐寒性较强,在内蒙古中、东部及河北坝上高纬度地区能安全越冬。该草耐瘠薄,对土壤要求不严,以湿润草甸土、黑钙土生长最佳,沙壤土中等,干燥棕钙土生长不良。

(四）栽培技术

1. 选地 短芒大麦草喜欢生长在湿润的轻度盐渍化土壤上，因此宜建植在湖盆四周、河谷滩地等地下水位较高土地。如在干旱栗钙土、沙壤土种植时，应具有一定灌溉条件。

2. 耕作 秋季将土地深翻耙平，施有机肥15～30t/hm²，第2年早春播前再行耙地、耱地。如果采用夏播，种子田播前还应中耕除草，以保证出苗和减少杂草危害。

3. 播种 播前种子需要清选、晒种，短芒大麦草播前晒种可显著提高出苗率。播期以春播为宜，如春季干旱少雨、多风，亦可夏播，夏播应不迟于8月20日。通常条播，行距30cm，也可撒播；以放牧为主的草地，亦可与其他牧草混播。播量7.5～15.0kg/hm²，覆土深度2～3cm，播后及时镇压。种子田一般采用条播，行距60cm，播量4.5～7.5kg/hm²。

4. 田间管理 播种当年幼苗生长缓慢，易受杂草抑制，因此要及时消灭杂草，播种当年不宜放牧利用。拔节至孕穗可根据条件灌水1～2次，第2年早春有条件地区可灌1次返青水，孕穗、抽穗期结合第二次灌水追施化肥1次（尿素150kg/hm²）。第一次刈割后可再灌水，追肥1次。

5. 利用 刈草地可于抽穗至开花初期进行第一次刈割，留茬高度2～3cm，第二次刈割一般在孕穗、抽穗期进行，无霜期短的地区，第二次刈割不得迟于停止生长前30d，否则影响越冬。放牧场可在拔节后放牧，放牧采食期不得多于7～10d，放牧间歇期应加强管理。在东北地区旱作条件下，短芒大麦草1年刈割1次，干草产量可达到7t/hm²。短芒大麦草为疏丛型禾本科牧草，是中国北方地区建立人工草场的优良牧草，也是改良低湿盐碱化草场的良种。

6. 种子收获 短芒大麦草由于两侧小穗不孕，不能形成种子，故其种子产量较低。种子成熟时穗轴易断，落粒、落穗性强，另外种子成熟期不一致，不易掌握采种时机，所以采种比较困难。短芒大麦草种子田应及时采种，当穗中部种子成熟时即可采种，一般可收种子225～450kg/hm²。

（五）经济价值

短芒大麦草产量高、适口性好、适应性广且具有较强耐盐性，其青草利用期长、叶量丰富、草质柔软、营养品质好、粗蛋白质含量高，是一种良好牧刈兼用型多年生禾本科牧草。在内蒙古林西县种植显示，短芒大麦草各营养器官（茎、叶、鞘）粗蛋白质含量基本相同，分蘖期最高，初花期降低，种熟期略微回升，果后营养期含量最低。短芒大麦草不同生育时期营养成分含量变化见表9-34。

表9-34 短芒大麦草不同生育时期营养成分变化
（引自马鸣，2008）

生育时期	钙（%）	磷（%）	占干物质（%）				
			粗蛋白质	粗脂肪	粗纤维	粗灰分	无氮浸出物
抽穗期	0.65	0.31	15.27	2.52	29.02	6.06	48.44
开花期	0.54	0.27	13.96	3.04	24.79	5.28	51.62

(续)

生育时期	钙（%）	磷（%）	占干物质（%）				
			粗蛋白质	粗脂肪	粗纤维	粗灰分	无氮浸出物
乳熟期	0.47	0.23	13.36	2.94	26.50	5.29	51.91
完熟期	0.34	0.20	12.78	2.55	29.23	5.77	49.68

二、布顿大麦草

（一）概述

学名：*Hordeum bogdanii* Wilensky。

该草在新疆有广泛分布，沿天山两侧平原、草地、路旁均有野生分布，是沼泽化低地草甸的优势种，在甘肃、青海等省以及蒙古、苏联中亚和西伯利亚、欧洲也有分布（新疆植物志，1996）。

（二）植物学特征

布顿大麦草是多年生疏丛型禾本科牧草。须状根，株高40～80cm；秆丛生，直立，基部膝状弯曲，具5～7节，基节略突起，密被灰毛；叶片长6～15cm，宽4～6mm；叶鞘短于节间，长12～15cm，嫩时有毛，无叶耳，叶舌短，膜质，长约1mm；穗状花序通常呈灰绿色，直立或稍下垂，长5～10cm，宽5～7mm，每节具3小穗，中央小穗无柄，两侧小穗有柄，长约1.5mm，颖针状，长6～7mm；外稃有芒，芒长6～8mm，外稃披针形，长约6mm，宽约1.2mm，背部贴生短柔毛或细刺毛（这一特征是与短芒大麦草在分类上的主要区别）；颖果倒卵形，灰褐色，长约3mm，中部宽1mm，顶有白毛，种子千粒重1.56g。布顿大麦草的细胞染色体数目为$2n=14$。

（三）生物学特性

布顿大麦草抗寒能力较强，$-35℃$不受冻害。耐盐碱，在总盐量0.5%土壤上仍能生长，在湿润环境下生长繁茂，但抗旱性较差。布顿大麦草分蘖能力中等，一般播种当年能达8～42个分蘖。布顿大麦草种植当年生长较慢，第2年即进入生长旺盛期，产草量也较高。

（四）栽培技术

布顿大麦草春、秋两季播种均可，但以春季为好。前一年应秋翻，早春播前耙糖种床，当地温达10℃时即可播种，播量一般15kg/hm²，条播，行距15～30cm，播深3～4cm。

布顿大麦由于苗期生长缓慢，易受杂草危害，要特别注意中耕除草，分蘖拔节期应及时灌水。布顿大麦草种子成熟后，极易脱落，应于种子成熟达50%～60%时即进行采种，种子产量一般为375～450kg/hm²。

（五）经济价值

布顿大麦草草产量较高，草质优良。青草和干草适口性好，羊、马、牛各种家畜均喜食。根据新疆畜牧科学院分析（郭选政等，2000），开花期青干草营养成分为：水分

7.99%，粗蛋白质 11.93%，粗脂肪 2.50%，粗纤维 29.70%，无氮浸出物 30.43%，粗灰分 8.45%，钙 0.33%、磷 0.18%。

第十七节　牛鞭草属牧草

一、扁穗牛鞭草

（一）概述

学名：*Hemarthria compressa* (L. F.) R. Br.。英文名：compressed hemarthria。别名：牛仔草、铁马鞭、扁担草、马鞭梢等。

扁穗牛鞭草原产暖热的亚热带、热带低湿地。广泛分布于印度、印度尼西亚及东南亚各国。在中国长江以南各省份，如广东、广西、福建、四川等地，以及河北、山东、陕西等地都有野生或栽培利用。适于在南方多雨湿润条件下种植，是很好的放牧和刈割兼用多年生牧草（黄勇富等，2002）。

经全国牧草品种审定委员会审定登记的扁穗牛鞭草品种有重高扁穗牛鞭草、广益扁穗牛鞭草和雅安扁穗牛鞭草。三品种都为四川农业大学从野生种驯化育成，均适宜中国长江流域以南高温低湿地区栽培（黄勇富和张健，2002）。

重高扁穗牛鞭草是来自重庆市郊湿润地的野生种，经栽培选育而成。秆粗壮、直立，株高约200cm。耐热、耐湿、耐霜冻。抗倒伏性比广益扁穗牛鞭草强。宜刈割调制干草，耐践踏，可放牧。亦宜在江河湖库堤岸等低温地种植，也作护坡植物。

广益扁穗牛鞭草是采自广西壮族自治区的野生种，经多年栽培驯化选育而成。株高约165cm，分蘖多，开花结实较早。对土壤有广泛适应性，既耐酸，亦耐微碱。病虫害少，与杂草竞争能力强，适宜在南方多雨湿润的河滩、海涂、湖滨、塘渠、沟边种植。

雅安扁穗牛鞭草是从四川雅安青衣江江滩的野生扁穗牛鞭草无性系中选择的优良无性系，经重复选择、栽培驯化选育而成。是高大直立型的多年生根茎型草本，根系发达。全株绿色，叶量丰富，分蘖力强，当年单株分蘖可达85个以上。抗寒性较强，能忍受-4℃低温，再生力强。耐瘠、耐酸，抗病虫性强，适应性广，各种土壤均可种植，以酸性黄壤土为最适（韩春梅等，2011）。

（二）植物学特征

扁穗牛鞭草为禾本科牛鞭草属多年生草本植物。株高150～300cm，基部横卧地面。具有短缩根状茎，须根系粗壮，根系发达，入土深达100cm以上。茎秆中空，多节，通常15节以上，节上生根，向上长出新植株；茎秆上半部直立或半直立，茎秆下半部横卧地面。叶披针形，无毛，边缘粗糙，长3～13cm，宽3～8mm；叶鞘压扁，鞘口有疏毛；叶舌为一环短纤毛。总状花序，直立，压扁，长5～10cm，深绿色；穗轴坚韧，不易脱落，小穗成对生于各节，长4～4.5mm，有柄小穗不孕，无柄小穗结实。颖果，蜡黄色。种子细小，可育，但结实率太低，故生产上多用茎秆栽插进行无性繁殖。

（三）生物学特性

扁穗牛鞭草喜温暖湿润气候，适应性和抗逆性较强。耐热，极端最高温达39.8℃生长良好。较耐霜冻，冬季霜冻时植株顶部枯萎，翌年春季当平均气温达 7℃ 以上时开始萌发，随气温升高而加快生长。耐寒性强，在长江以南地区能自然越冬。能适应多种类型土壤，耐酸性土壤，适宜在 pH 5.5～6.8 的酸性黄壤土生长。耐湿，在年降水量 1 000～1 200mm 的地区生长良好。喜生长于湿处，最适应河岸、季节性浸水的河谷和沼泽地等潮湿生长环境。在干旱坡地或沙洲地带则草产量明显下降，质量也较差。病虫害少，与杂草竞争能力强，覆盖地面大。

（四）栽培技术

在热带和亚热带地区，扁穗牛鞭草几乎一年四季都可栽培，但以春秋两季栽插最好，一般在 3 月和 8 月栽插。栽插前应翻耕土地，要求达到深、松、细、平，以提高栽插成活率和土壤保墒能力；坡地为了防止水土流失，也可不整地，直接进行栽插。

施有机肥 37.5t/hm²、过磷酸钙 300kg/hm² 作基肥。平地宜条栽，坡度较大者宜穴栽。栽插时应选用老健茎秆，切成长 25～30cm 插条，每条具 3～4 个节。条栽方式：可将切好插条斜放于已开好的沟内，沟深 13cm，株行距 3cm×20cm；穴栽方式：宜边挖穴边栽种，株行距 15cm×20cm，每穴栽 2～3 个插条。无论是条栽或穴栽，均应留 1～2 个节于土壤外面，以利萌发新枝。应该使用种茎 5 250～7 500kg/hm²。栽后浇水，容易成活。3～9 月期间栽培时，7d 后可长新根，10d 后可萌发新芽；其他时间栽培时，15～20 条才能成活。建植后竞争力相当强，一般不需中耕除草。

扁穗牛鞭草应及时收割，防止茎秆老化，以拔节到孕穗期刈割为宜，鲜草产量 75～120t/hm²。春栽当年可刈割 2～4 次，越年后可刈割 4～6 次。通常植株高度为 100cm 左右时即可刈割，但因饲喂对象不同，刈割时的植株高度也有所不同，猪 35cm，牛 60～80cm，兔、禽、鱼 20cm。割后留茬高度为 3～5cm，以利再生。其再生力强，收割后可迅速再生长，一般利用年限可达 6 年以上。栽插返青和每次刈割后应追施氮肥 75～150kg/hm²，追肥以有机肥加入一定量氮肥为好。

扁穗牛鞭草亦可和适宜豆科牧草混播，用于建植放牧草地。

（五）经济价值

扁穗牛鞭草产量较高，每年可刈割 4～6 次，鲜草产量 90～120t/hm²，高者可达 225t/hm²。茎叶柔嫩，叶量丰富，品质优良，其化学成分含量如表 9-35。

表 9-35　扁穗牛鞭草的营养成分

生育时期	水分（%）	钙（%）	磷（%）	占干物质（%）				
				粗蛋白质	粗脂肪	粗纤维	无氮浸出物	粗灰分
拔节期	87.8	0.44	0.24	16.80	4.45	30.27	36.24	12.24
成熟期	62.5	0.39	0.10	3.99	2.07	33.16	54.35	6.43

注：四川农业大学分析

据四川农业大学研究，扁穗牛鞭草的粗蛋白质含量以 6～7 月第三次刈割时最高，开花结实期降到最低水平，刈割期对粗纤维含量无显著影响，无氮浸出物则前期高、中期低，后期又升。

扁穗牛鞭草适口性好,牲畜喜食。因其茎叶多汁,不易晒干,一般以青饲为主,是牛、羊、马、兔的优质饲草,猪、禽亦喜采食,是草食性鱼类的优质育肥饲料。调制干草不易掉叶,脱水缓慢,晾晒时间长,遇雨易引起腐烂。青贮效果好,利用率高。也可放牧利用,耐放牧。

栽种在塘堰周边、堤坝、堤坎地,可形成较好的植被覆盖,且四季青绿,对裸地有良好绿化和水土保持效果,且可割草利用。

二、高牛鞭草

(一) 概述

学名：*Hemarthria altissima*（Poir.）Stapf et C. E. Hubb.。别名：脱节草、肉霸根草、牛崽草。

广泛分布于山东、河北、河南、陕西、湖北、湖南、江苏、安徽、江西、浙江、广西、四川等省份,地中海沿岸至亚洲温带地区也有分布。

(二) 植物学特征

高牛鞭草为多年生草本植物。长根状茎,在土表下 10cm 土壤中呈水平状延伸,密集、粗壮,不定根较少,深可达 25cm。秆高 130~140cm,直立或仰卧,圆柱形,节膨大,中部节间最长,向下向上逐渐变短。叶片条形,叶鞘无毛。总状花序,生于顶端和叶腋,长可达 10cm；小穗成对生于各节,有柄的不孕,无柄的结实；有柄小穗长、渐尖；无柄小穗,卵状矩圆形,长 6~8mm。花果期 6~8 月。

(三) 生物学特性

高牛鞭草喜温热而湿润气候,适宜于在平均温度 12~18℃、降水量 500~1 500mm 的地区生长。喜生于低山丘陵和平原地区的湿润地段,并耐水渍。耐热性强,对 35℃ 以上持续高温具有很强适应性。在沙质土、黏土均能生长,土壤 pH 4~7.5。土壤干旱对高牛鞭草影响很大,栽种在旱地的植株,当土壤含水量下降至 10% 以下时即停止生长,基部叶逐渐黄化干枯。

(四) 栽培技术

高牛鞭草主要采用扦插繁殖。栽种方法简便。耕地前,施有机肥 25.0~37.5t/hm²,翻耕,耙匀,备好插条,插条长 25~30cm,具 2~3 个节,按 30cm×30cm 依序将插条的 1~2 节斜插入土中,深 8~10cm,地面留 1 节。边插边压紧,浇水 1 次,使插条紧密接触土壤,以利成活。4~8 月期间均可割苗扦插。再生力很强,全年刈割 5~6 次也不引起退化。刈割后追施氮肥 1 次,施尿素或硫酸铵 75~150kg/hm²。

高牛鞭草茎叶细嫩,是畜禽优质饲草,马、牛、羊、兔、鹅均喜食,也是养鱼的良好青草。可刈割青饲、晒制青干草和制成草粉。大片人工或天然草场可轮牧,或刈割青饲,或制成青干草。

高牛鞭草具有发达的长根茎,固土保水性能良好,可用作护堤、护坡、护岸的保土植物。

三、牛鞭草

(一) 概述

学名：*Hemarthria sibirica* (Gand.) Ohwi。别名：片草、鞭草。

广泛分布于中国北方等地，俄罗斯、蒙古、朝鲜、日本也有分布。

(二) 植物学特征

牛鞭草为多年生草本植物。高 70~100cm，有根茎。茎秆直立，稀有匍匐茎，下部暗紫色，中部多分枝，淡绿色。茎上多节，节处易折。叶片较多，叶线形或广线形，长 10~25cm，直立或斜升，先端渐尖，两面粗糙，叶鞘长达节间中部，鞘口有疏毛，叶耳缺，叶舌小，呈钝三角状。总状花序单生或成束抽出，花序轴坚韧，长达 5~10cm。节间短粗，长 4~5mm。节上有成对小穗，1 个有柄，1 个无柄，外形相似，披针形，长 5~7mm。有柄小穗扁平，与肥厚穗轴并连，有 1 朵两性花，发育良好。无柄小穗长圆状披针形，长 5~7mm，嵌入坚韧穗轴凹处，内含 2 朵花，1 朵为完全花，1 朵为不育花。不育花有外稃，外稃薄膜质，透明（杨春华等，2004）。

(三) 生物学特性

牛鞭草在低湿地生长旺盛，为稻田、沟底、河岸、湿地、湖泊边缘常见的野生禾本科牧草。根茎及匍匐枝生活力旺盛，因而有时构成大面积的单优势种群落。以无性繁殖为主，于 7 月中旬至 8 月上旬开花，花期较短。开花后，茎叶生长量小，质地变硬。因此，宜在开花期和花期前供作饲用（何玮等，2003）。

牛鞭草为禾本科牧草中营养成分偏低的种类。茎叶柔嫩时，稍有甜味，铡碎后马、牛、羊喜吃。

第十八节 狗 牙 根

(一) 概述

学名：*Cynodon dactylon* (L.) Pers.。

属狗牙根属 (*Cynodon* Rich.) 又名行仪芝属。该属约 10 种，分布于热带、亚热带和暖温带地区，在美国南部、非洲、欧洲、亚洲南部均有分布。中国有 7 种，但生长较普遍且有一定利用价值的只有狗牙根 1 种，主要分布于黄河、秦岭以南各省的中、低海拔地区，在城市绿化、运动场建设及环境治理中使用比较广泛。近年来，从国外引入多个栽培种，其中岸杂 1 号狗牙根具有较高饲用价值。岸杂 1 号狗牙根是美国学者以海岸狗牙根为母本、肯尼亚 58 号狗牙根为父本杂交形成的狗牙根品种，1976 年由华南农业大学从美国引入中国，首先在广东、广西和福建种植，现南方各省均有分布。

(二) 植物学特征

岸杂 1 号狗牙根是多年生草本植物。须根系，长 10~15cm，茎圆而光滑，直径 0.1~

0.4cm，长2.5m，匍匐生长，茎节着地产生不定根，每节形成1～5个分蘖，繁育成新株。叶互生，每节可生2～3片，披针形，长12～30cm，宽0.5～0.7cm，叶脉平行，叶缘平整，叶鞘光滑抱茎，近叶舌处密生柔毛，叶背光滑，比普通狗牙根的叶长而宽。穗状花序呈指状簇生于茎顶，小穗含1朵花，花色淡紫或橙黄，花药不开裂，大部分不结实。以其茎秆进行无性繁殖。由于其茎节能产生不定根，并产生分蘖，故其竞争能力很强。

（三）生物学特性

岸杂1号狗牙根喜温暖湿润气候，不耐寒冷，当气温低至－4.4℃时，其地上部大多凋萎。当气温下降至1～5℃时，生长严重受抑制，15℃时萌发，25～35℃时长势最旺，35℃以上长势减弱。由于根系浅，不耐久旱，故宜栽植于有灌溉条件或湿润多雨地区。在温暖多雨的4～8月，肥料充足，草层高度可达60～80cm。由于生长快，产量高，需肥量也大，尤其要满足对氮肥的需要。对土壤要求不严，pH 6～8为宜。黏土、沙土、酸性土和石灰过多的土壤上都能生长。耐瘠薄，但在肥沃土壤上生长旺盛，特别在土层深厚、肥沃、潮湿的堤岸和房前屋后生长更好。在广东、广西等地，从10月到次年1～2月陆续开花，花期长达140d。

（四）栽培技术

岸杂1号狗牙根要求土层深厚、肥沃，并施入充足的底肥，适当施用磷肥。以宽2m做畦，选粗壮、节间短、长势好、无病虫害的植株作种苗，每3～4节切为一段备用。在广州每年3～10月都可栽植，按行距20～25cm开沟，株距15～20cm栽植，覆土3～5cm，土面露出1～2节，栽后浇水，即可成活。大面积种植时，可把种茎均匀撒入湿润土壤上，然后用圆盘耙覆土。一般栽后5～6d生根，故应保持土壤湿润。栽后20～30d生长缓慢，杂草易于滋生，应及时中耕除草，可按2.24kg/hm²喷洒2,4-滴或2.24～3.36kg/hm²喷洒西玛津进行防除，如有必要可每月喷2,4-滴除草剂1次，待其生长茂盛之后即可完全抑制杂草。当植株严密封垄时即可刈割，每刈割1～2次后应追施氮肥。每年10～12月停止刈割或放牧，以利越冬。刈割时不要把已扎根的匍匐茎节拔出割掉，否则会影响后茬产量。第2年春暖时再刈割枯草，留茬2～3cm，施入肥料，促其返青生长。

（五）经济价值

岸杂1号狗牙根生长较快，草层密，盖度大，每年可刈割3～4次，干草产量2 250～3 000kg/hm²，在肥沃土壤上，干草产量为7 500～11 250kg/hm²。据湖南省畜牧局站分析，狗牙根饲草的营养成分及消化养分见表9-36。

表9-36　狗牙根饲草的营养成分及消化养分表
（引自中国饲用植物志编辑委员会，1987）

样品	含水量（%）	占风干物（%）							可消化蛋白质（%）	总消化养分（%）
		粗蛋白质	粗脂肪	粗纤维	无氮浸出物	粗灰分	钙	磷		
干草	9.40	7.95	1.99	28.59	53.74	7.73	0.37	0.19	3.70	44.21
鲜草	65.00	10.29	2.00	28.00	49.71	10.00	0.14	0.07	1.90	20.80

狗牙根草质柔软,味淡,茎微甜,叶量丰富,适口性好。牛、马、羊、兔、鱼均喜采食,幼嫩时亦为猪及家禽所采食。由于狗牙根较耐践踏,一般宜放牧利用,但也可用以调制干草或制作青贮饲料。此外,岸杂1号狗牙根的根系很发达,根量多,匍匐茎生长快,有地下根茎,营养繁殖和竞争能力强,地下植物量较地上部分高得多,还是一种良好的水土保持植物。

第十九节 大 米 草

(一)概述

学名:*Spartina anglica* C. E. Hubb.。英文名:common cordgrass。

原产于英国南海岸,是欧洲海岸米草和美洲互花米草的天然杂交种。栽培历史70余年。目前英国、爱尔兰、荷兰、德国、丹麦、澳大利亚、新西兰、美国等都有栽培,法国有天然分布。中国于1963年从英国引种栽培,目前北起辽宁省葫芦岛市,南至广东省电白区,均已引种成功。20世纪70~80年代南京大学专门成立了大米草研究所,对大米草进行了详细研究,并在中国南北各地尤其是在江苏、浙江沿海地区进行大面积栽培和推广应用。

(二)植物学特征

大米草为多年生草本植物。株高相差悬殊,一般为20~50cm,最高可达1m。根系发达。茎秆直立、坚韧,不易倒伏。叶腋有芽,基部腋芽可长出新蘖和地下茎。地下茎通常有数节至10多节,在上层土壤中横向生长,然后弯曲向上生长,形成新株。叶互生,狭披针形,浅绿色或黄绿色,长20~30cm,宽7~15mm;叶背光滑且具有暗绿色蜡质光泽;叶的背腹面均有盐腺,根吸收的盐分大多由这里排出。圆锥花序,长10~35cm。颖果长1cm左右,种子千粒重8.57g。成熟种子易脱落,结实率低,而且失水即死,故主要用分株进行无性繁殖。

(三)生物学特性

在气温达5℃以上时,大米草营养体即能进行光合作用。春季返青后,温度12~13℃以上生长迅速,花期长,5~11月陆续开花,10~11月种子成熟。入冬叶逐渐变为紫褐色,最后枯死。江苏部分地区冬季地下茎继续生长,植株仍能分蘖。适应生态幅度大,既能生于海水盐土,也适应在淡水中性土、软硬泥滩、沙滩地。分蘖力特别强,在潮间第1年可增加几十倍到100多倍,几年便可连片成草场。具有很强耐盐、耐淹特性,植株能耐6%~7%含盐量,能在其他植物不能生长的海滩中潮带栽培成活。

大米草为C_4植物,湿生,耐旱能力差,在潮水不能经常淹到的高滩地带,则不能扎根成活;在潮水淹没时间太长的低滩地带,由于光照不足也无法生存。根系纵横交错,特别发达,吸收磷的能力较强,根系生物量比地上部高3~11倍。耐淤,其地下茎和地上茎能随着泥沙积淤而向上生长,一旦形成密集草丛,即可抵抗较大风浪。耐高温,草丛气温在40.5~42.0℃时,若水分充足仍能分蘖生长。耐寒,在辽宁省葫芦岛市,冬季气温一般为-20℃,最冷年达-25℃时能安全越冬。耐石油、朵酚油污染,能吸收汞及放射性元素铯、锶、镉、锌。

（四）栽培技术

大米草一般采用分株繁殖。宜选择海滩中潮带栽培，将大米草的一年生枝连根和地下茎挖出，每3～10株为一丛作种苗，按行株距2m×3m或3m×5m栽植。栽植深度6～10cm，风浪小宜浅，风浪大宜深。栽植时间为每年3～10月，南方以4～5月为宜，北方以6～7月为宜。应选择每月小潮转大潮时期进行，以便栽后连续5d以上，每天都有潮水淹泡，从而保证草苗扎根成活。栽后防止人、畜践踏及水禽、大雁等候鸟啄食。栽种的前几个月要经常查苗、护苗和补苗。大米草再生能力很强，放牧或刈割后能迅速再生，从第2年起军港与水产养殖场附近不宜栽植。每年秋冬将地上部全部收割，以利来年春季新生苗正常生长。

（五）经济价值

大米草鲜草产量15 000～30 000kg/hm^2，高者可达37 500kg/hm^{2}以上，一年中可刈割1～3次。大米草营养价值高（表9-37），含有多种氨基酸成分与生物活性物质，以及多种微量元素与维生素，其中以谷氨酸及亮氨酸含量较高，微量元素以铜、铁、锰、锌含量较高。

表9-37 大米草的营养成分

采样日期（月/日）	取样部位	干物质（%）	钙（%）	磷（%）	胡萝卜素（mg/kg）	占干物质（%）				
						粗蛋白质	粗脂肪	粗纤维	无氮浸出物	粗灰分
1/5	叶	92.44	0.6	0.27	—	19.07	2.75	14.50	41.81	21.87
3/13	叶	93.71	0.77	0.29	—	16.24	2.77	15.48	45.28	20.23
4/23	叶	92.59	0.61	0.31	—	18.89	3.27	13.75	41.11	22.98
5/30	茎叶	93.59	0.32	0.24	36.80	13.38	3.17	25.29	45.90	12.26
6/22	叶	93.88	0.34	0.26	38.29	13.23	2.72	27.32	43.51	13.22
7/31	叶	92.22	0.33	0.22	23.95	11.98	2.28	28.01	42.98	14.75
8/30	叶	92.57	0.37	0.23	24.18	9.61	2.47	26.10	44.42	17.40
9/28	叶	92.51	0.35	0.20	25.56	10.49	2.57	26.61	43.93	16.40
10/29	叶	94.11	0.66	0.21	34.69	10.5	2.61	21.33	40.93	24.63
11/29	叶	92.68	0.65	0.21	30.97	8.48	2.65	19.91	44.25	24.71

注：南京大学分析

大米草适口性好，嫩叶及地下茎有甜味、草粉清香，马、骡、黄牛、水牛、山羊、绵羊、猪、兔皆喜食；鹅、鱼等也喜食；最适宜用来喂马、牛、羊。大米草再生能力很强，可刈割青饲，也可晒制干草，亦适于放牧。只是有时因海滩太湿，人畜不易进入而影响大米草充分利用。

大米草能增加土壤有机质，改良土壤团粒结构，使软泥滩坚实，可抵抗较大风浪，防止海岸受风浪冲刷而起到护堤护岸作用，也可用作绿肥、燃料和造纸、制绳的原料等。

大米草是发展沿海畜牧业、建立海滩草场和饲草基地的良好草种，在中国已推广栽植，获得了较大经济效益。为开发沿海数千公顷滨海滩涂，应因地制宜引种、推广和利用。

第二十节 结缕草属牧草

结缕草属（*Zoysia* Willd.）植物主要分布于亚洲部分地区，大洋洲及太平洋一些岛屿也有分布，包括结缕草、细叶结缕草、中华结缕草、大穗结缕草和马尼拉结缕草5种，前4种在中国有天然分布，多见于沿海地区或草原地带。在中国栽培面积较大的主要是结缕草。

一、结缕草

（一）概述

学名：*Zoysia japonica* Steud.。英文名：Japanese lawngrass。别名：虎皮草、拌根草、爬根草等。

结缕草原产亚洲东南部，主要分布于日本、朝鲜半岛、中国及东南亚地区。中国北起辽东半岛，南至海南岛，西至陕西关中等地区，均发现有以结缕草为建群种的野生自然群落，其中以山东胶州湾至江苏、浙江沿海地带最为集中。结缕草在中国有悠久栽培历史，早在秦、汉时期就有在皇家园林绿地中铺栽结缕草的记载。结缕草属暖地型草种，但通过引种驯化逐步向北部推进，如北京先农坛体育场曾用山东胶州地区天然结缕草草皮铺建过，主要用于建植运动场草坪、城市绿化、固土护坡和放牧场饲用。

（二）植物学特征

结缕草为多年生草本植物。根系较一般禾本科牧草深，集中分布在40～50cm土层中，最深达140cm，根茎发达。直立茎高15～20cm，具有交叉横行的匍匐茎。茎多节，有3个节簇生在一起，形成一个复合节，每个复合节中两个节间缩短，一个节间伸长，每个复合节发出不定根3～7条，分蘖2～6个；每个侧枝均能发育为和母枝同等功能的匍匐茎。叶革质，较硬，条状披针形，长2～4cm，宽2～3mm，色泽浓绿，多而密集，平铺地表。总状花序，小穗卵圆形，紫褐色，两侧压扁，内含1朵小花。结实率较高，但成熟后易脱落，种子千粒重为0.32～0.70g。

（三）生物学特性

结缕草群落常分布于暖温带和亚热带的草山草坡上，尤其在高草地和中草地退化后，结缕草侵入成为优势种，进而形成矮草地类型。结缕草具有较强适应性，不仅抗干旱耐高温，而且耐瘠薄耐水淹，能在pH 6.5～8.0、含盐量0.68%、地下水矿化度20的土壤上正常生长。

结缕草喜温喜光，尤在土层深厚、肥沃、排水良好的壤土或沙质壤土上生长更好。结缕草在青岛地区，4月中旬返青，5～6月开花，7～8月种子成熟，10月下旬逐渐枯萎，青绿期180～190d；在杭州地区，4月上、中旬返青，7～9月抽穗、开花和结实，11月上旬开始枯黄，青绿期200～210d；在养护条件好的长江流域以南地区，直至12月上旬遇霜冻才逐渐枯萎，青绿期可达260d。

结缕草再生性强，耐啃食，耐刈割，地上部分质地坚韧富弹性，根系发达呈网状，叶多而密集。是一种优良牧草，也是一种良好草坪植物。

结缕草可进行有性繁殖，也可进行无性繁殖。用根状茎或匍匐茎栽种结缕草，一年匍匐茎可延伸 3m，每丛覆盖面积 $0.12m^2$。直播结缕草当年匍匐茎分枝达 15 个，匍匐茎最长达 53m，单株覆盖面积可达 $0.025m^2$。

结缕草对土壤要求不严格，沿海滩涂、陡峭山坡、沟崖以及土层浅薄区域均能生长。适宜生长 pH 为 5～8，土壤含盐量为 0.5%～0.68%，地下水矿化度 10～20。生长适宜温度为 25～35℃，在极端最低温度 −21.5℃ 下及极端最高温度 40.9℃ 时全株均能安全生长。

结缕草是喜光植物，对光照度敏感。在阳光直射的山坡、丘陵地带均能良好生长。青岛市试验证明，结缕草可抵抗连续 159d 干旱。

（四）栽培技术

结缕草对土地要求不严，但播种前要对土地深翻、细耙、整平，施入适量有机肥，灌 1 次透水。当地面 5cm 地温稳定在 25℃ 以上时为结缕草最佳播种期。播后覆土厚度 0.5cm 左右。

结缕草可通过无性繁殖方式建植，即从结缕草草地挖起草皮块，以带土小草块（丛）铺植，块间距 5～10cm，如此可扩繁 3～5 倍；也可用带有 3～5 个节的根茎枝或匍匐茎枝撒播覆土建植成坪。

在结缕草有性繁殖建坪中，种子发芽是关键问题。由于种皮含大量蜡质，吸水困难，不易发芽，所以播前必须进行种子处理，用 10%～20% 氢氧化钠溶液浸泡 10～15min，然后用清水冲洗 10～15 遍，至水清为止，再用清水浸泡 8h，淘洗 1～2 次，捞出种子晾干准备催芽播种。催芽种子置于培养器中，保持相对湿度 70%，经 8～10d 萌动发芽，此时即可在种床上进行撒播。播前应深翻细耙，精细去杂平整，并适量施入有机肥，浇透水，待 5cm 地温稳定在 10℃ 以上时进行播种。建植草坪时，因为是撒播，播量一般为 20～25g/m^2，运动场草坪可增加到 30g/m^2。

结缕草播种后，种苗生长缓慢，所以要加强苗期管理。幼苗开始分蘖时，要结合第一次疏苗，分蘖盛期进行定苗。条播行距 4cm，株距 2～3cm；撒播按 2cm×3cm 为标准留苗。间苗、定苗后应及时灌水，以防透风伤根。为了保证苗期有充足养分供应，必须进行追肥。

结缕草主要病害为锈病，可用波尔多液石灰等量式（硫酸铜∶生石灰=1∶1）乳剂稀释 150 倍液喷洒预防，发病后用 28 波美度（利用波美比重计测量，是一种溶液浓度的表示方法）。石硫合剂结晶稀释 120～170 倍液喷洒。主要虫害是蝼蛄，播种时要是用毒饵拌种，播种后要经常检查，一旦发现问题及时防治。

（五）经济价值

结缕草低矮稠密、耐磨、耐践踏及有良好韧性和弹性，主要作为草坪草利用，尤其在足球场、橄榄球场、儿童活动场等运动场地中具有重要作用。结缕草具地上匍匐茎和地下根茎，根系盘根絮结，极易形成根茎网，所以作为水土保持植物具有广阔利用前景。

结缕草再生性特强，适口性好，尤以绵羊喜食，属优等放牧草。在暖温带、亚热带草山草坡有大面积分布，适宜绵羊和山羊放牧利用。但因植株低矮，鲜草产量仅为 1 500～3 000kg/hm^2，作为刈割调制干草利用则价值不大。

二、中华结缕草

学名：*Zoysia sinica* Hance。英文名：Chinese lawngrass。别名：盘根草、护坡草、老虎皮草。

原产亚洲东部亚热带地区，中国主产于山东省丘陵地区，遍布东北、华北、华东、华南，是江南地区的主要栽培草种和当家草坪草种，有100多年栽培历史。

中华结缕草为多年生根茎型下繁禾本科牧草，株高10～30cm，略高于结缕草。

喜温暖湿润气候，耐湿、耐旱和耐盐碱，喜光而不耐阴，耐寒性略低于结缕草，适合于黄河流域及其以南地区。对土壤适应范围广，在沙质海岸和干旱山坡上，仍可繁茂生长，但以排水良好、肥沃的沙质壤土上生长最好。由于中华结缕草叶片宽厚、光滑、密集，富有弹性而坚韧，抗践踏、耐修剪，所以是运动场草坪选用的极好草种。同时因根系发达，地下根茎盘根错节，形成不易破裂的草皮层，护坡性强，可作为水土保持植物利用。

中华结缕草有无性繁殖和有性繁殖2种建植方式。无性繁殖方式：在5月中旬至8月中旬，挖取野生或人工建植草皮，撕裂分株栽种，株行距15cm，如此可分栽3～4倍面积，3～4个月即可成坪；或者把草皮切成厚5～6cm、长宽20cm×20cm小块，按块间缝隙2～3cm全铺或交错梅花状铺植。有性繁殖建植方式：种子破除休眠处理和播种方法同结缕草。一般4月初播种，10～13d出苗，30d左右开始分蘖，5月上旬抽穗，下旬进入盛花期，6～7月下旬种子成熟，成熟时极易脱落，结实率低于结缕草。翌年4月中旬返青，10月上、中旬枯黄，绿色期达175～185d。中华结缕草易感染锈病和条纹病，用波尔多液石灰等量式（硫酸铜：生石灰＝1：1）乳剂稀释150倍液喷洒可预防其发生，发病后喷洒28波美度石硫合剂结晶120～170倍稀释液。

三、细叶结缕草

学名：*Zoysia tenuifolia* L.。英文名：mascarenegrass。别名：天鹅绒草、朝鲜芝草、台湾草。

主要分布于日本、朝鲜、菲律宾和中国台湾，现已在中国黄河流域以南地区广泛种植。在华南地区通常夏、冬不枯黄，冬季呈半休眠状态；在华中、华东及西南地区，4月初返青，12月初出现霜冻后茎叶才逐渐枯黄，绿色期达185d；但在石家庄以北地区引入栽培尚存在越冬问题。

细叶结缕草呈密集丛状生长，株高10～15cm，具地下根茎和地上匍匐茎，叶和茎秆纤细，是结缕草属中最细的，属细叶型草坪草。

喜温暖湿润气候，较耐旱，但耐寒性不如结缕草，喜光不耐阴，在微碱性土壤中可以生长。草丛密集，抗杂草能力强。缺点是草丛容易出现馒头形凸起，致使草坪外观起伏不平，而且生长3年后在茎叶草层下面易出现枯枝层"毡化"现象，造成表土通气渗水不良，使草坪成片死亡。

细叶结缕草结实率低，且种子成熟时极易脱落。建植草地或草坪，常采用分株法无性繁殖，方法同结缕草。建植第1、2年，草丛茂密、平整、光滑，色泽嫩绿鲜明，观赏性特强，非常适合于建植在纪念物、雕塑、喷水池周围，或与花卉、地被植物配置组成花坛草地。但在生长第3、4年后，草丛则逐渐出现馒头状凸起，因此在5～9月草坪生长旺盛期内，通过多次定期修剪，可有效控制抽穗起薹和草丛高度，这是保持细叶结缕草草坪外观整齐漂亮的关键措施。

四、马尼拉结缕草

学名：*Zoysia matrella* (L.) Merr.。英文名：manilagrass。别名：马尼拉草、沟叶结缕草、半细叶结缕草、日本小芝Ⅰ型结缕草。

原产日本，中国于1981年从日本引种，经推广试种，已在中国黄河流域以南的华南、西南地区得到广泛应用。

马尼拉结缕草叶宽介于结缕草和细叶结缕草之间，约2mm，在日本每年春季和秋季各开花1次。

较细叶结缕草抗旱耐寒，也耐瘠薄。青岛地区每年3月下旬返青，12月中旬前后枯黄，绿色期长达270d，较细叶结缕草长约50d。草丛密集，但草层无馒头形凸起，且根茎和匍匐茎具有较强蔓延能力，致使杂草难以侵入。

由于营养枝生长过于繁茂，致使生殖枝发育不良而稀少，种子成熟后又易于脱落，难于收种。因此，建植马尼拉结缕草时，主要采用分株法，方法同结缕草。在气温高和水肥供应充足条件下，株行距10～15cm时，60～80d即可成坪，故1年可分株繁殖2次，按1次扩繁5倍面积计，则2次扩繁达25倍面积。日常草坪管护除进行浇水施肥外，每年尚需修剪2～3次，以控制抽穗开花。成熟草坪每年冬春返青前还应补施肥沃熟土，以覆盖裸露根茎和匍匐茎，促进茎节分蘖生长。当老化草坪表层出现枯枝毡化现象时，应在返青前或入冬前用耙或松土叉将滞留在草层下面、靠近表土层的腐殖质草毡和苔藓植物拉松除掉，以使土壤表层恢复疏散、吸水和通气，这是更新复壮草坪的重要措施，另外打孔、滚刀断根和补施沃土也具有更新复壮的作用。当一般养护措施无法更新复壮老化草坪时，则每隔50cm挖走50cm宽草坪，并用肥土补平，促使根茎和匍匐茎分蘖生长，待1～2年后即可布满新植株，此时再将之前留下的50cm老草坪挖走，这样用3～4年时间就可全部更新。

五、长穗结缕草

学名：*Zoysia macrostachya* Frach. et Sav.。英文名：long fringy lawngrass。别名：大穗结缕草、江茅草。

主要分布在中国华北、华东等地区，常见于江、河、海滩坡地等处，与结缕草和中华结缕草交叉生长在同一地区。

长穗结缕草草层高度约10cm，低于结缕草，但茎穗长度显著高于结缕草，达10～20cm，故得此名。

长穗结缕草对生境条件有很强适应性，喜光喜温耐寒冷，喜湿而又耐干旱，而且也耐瘠薄，抗盐碱能力特别强，可在含盐量1.2%盐碱沙质海滩上顽强生长。由于须根深入沙土中，植株靠地面生长，故潮涨、潮落不影响其生长。

长穗结缕草是中国近年来新发掘出来的优秀耐盐碱草坪草，因结实率高，种子资源丰富，可适合于有性繁殖建植草坪。但因种子外表的蜡质保护，发芽率极低，播前必须进行破除种子休眠处理，方法同结缕草。

长穗结缕草除作为沿海重盐地区及工矿基地绿地建植之外，还可作为江堤、湖坡、水库等含盐碱土壤护坡固土的水土保持植物。

第二十一节　狼尾草属牧草

一、象　草

（一）概述

学名：*Pennisetum purpureum* Schumach.。英文名：elephant grass。别名：紫狼尾草。

象草原产于非洲，在热带和亚热带地区广泛种植，是热带、亚热带地区普遍栽培的多年生高产牧草。中国于20世纪30年代从印度、缅甸等国引入广东、四川、广西等地试种。目前，在中国广东、海南、广西、福建、江西、湖南、四川、云南、贵州等南方各省份都有大面积栽培利用，长江以北的河北、北京等地也在试种。

（二）植物学特征

象草为禾本科狼尾草属多年生草本植物，植株高大，一般为2~4m，最高者可达5m以上。须根，根系发达，大部分密集于40cm左右表土层中，最深者可达4m。茎秆圆形粗硬，丛生直立，茎粗1~2cm，分4~6节，中下部茎节有气生根；分蘖能力强，通常50~100个。叶绿色，互生，叶长40~100cm，宽1~3cm，叶面稀生茸毛，中脉白色，粗壮，叶边缘粗糙呈细密锯齿状。圆锥花序，圆柱状，长20~30cm，着生于茎梢或分枝顶端，金黄色或紫色。每穗约由250个小穗组成，每小穗有3朵小花，小穗通常单生。颖果圆形，种子成熟时易脱落，且种子成熟不一致；种子结实率和发芽率低，实生苗生长极为缓慢，故生产上多采用茎秆或分株进行无性繁殖。

（三）生物学特性

象草喜温暖湿润气候，适宜在南北纬10°~20°的热带和亚热带地区栽培。气温12~14℃时开始生长，25~35℃生长迅速，8~10℃时生长受抑制，5℃以下停止生长，如土壤温度长期低于4℃则易冻死。耐高温，也能耐短期轻霜，霜冻较少地区能自然越冬。广东、广西中部和南部、福建南部和沿海地区都能自然越冬，并保持青绿色；在南昌、长沙一带如遇严寒需适当保护方可越冬。适宜于年降水量1 000mm以上，>0℃积温超过7 000℃，≥10℃积温达6 500℃地区生长。对土壤要求不严，在沙土、黏土、微碱性土壤以及酸性贫瘠红壤均可种植，但以土层深厚、肥沃疏松土壤生长最佳。喜肥，尤其对氮肥敏感，生长期需施用大量农家肥或沼肥，才能维持高产。由于根系发达，耐旱性较强，但只有水分充足时，才能获得高产。抗病虫害能力强，很少发现病虫害。

在广东、广西和福建等地区种植，从2月中旬到12月均能生长，高温多雨季节生长最佳。云南、贵州、四川、湖南、江西等省份生长时期稍短，以上地区一般均能越冬。浙江、安徽等省份以北种植，生长期4~10月，一般不能越冬，需保苗越冬，第2年重新栽种。

（四）栽培技术

热带地区生长的象草能抽穗结实，但结实少，种子成熟不一致，发芽率低，通常采用无性繁殖。

1. 整地与施肥 选择土层深厚，疏松肥沃，排灌水便利的地块种植。适时翻耕，耕深 20~30cm，施有机肥 22.5~37.5t/hm²。山坡地种植，宜开成水平梯田。新垦地应提前 1~2 个月翻耕、施足基肥，使土壤熟化后种植。种植前按行距 1m 做畦，畦间开沟排水。

由于象草生长期长，刈割次数多和产量高，从土壤中吸取养分的数量要比一般禾本科牧草高得多，对氮、磷、钾的要求更为突出，故在施足基肥的基础上，还要注意适时追肥，才能获得更高的产量和良好的品质。

2. 种植 象草对播种时期要求不严，主要为春栽，当平均气温达 13~14℃时，即可用种茎繁殖；在广东、广西 2 月，云南、贵州、四川、湖南、福建等省份 3 月，江苏、浙江、安徽等省份 4 月为宜。要选择生长 100d 以上，无病虫害茎秆作种茎，3~4 节切成一段，入土 2~3 节，斜插或平埋。行距 50~70cm，株距 40~50cm，覆土 5~7cm；也可穴播，穴深 15~20cm，种茎斜插，每穴 1~2 苗。用种苗 2 250~3 000kg/hm²。

象草一次种植，可多年刈割利用。前 3 年长势较旺，产量也高，以后则逐年减弱，产量也低，故每隔 4~5 年后需要重新种植。

3. 田间管理 栽植后 1 周内，每天或隔天浇水，以提高其成活率，经 10~15d 即可出苗。出苗后，应及时中耕除草，适时灌溉，以保证全苗、壮苗。苗高 20cm 时，追施尿素 150~225kg/hm²，以促进壮苗和分蘖。

4. 越冬留种 越冬用种茎选择有 100d 以上生长期，株高 2m 以上植株。在能越冬地区，可使种茎在地里越冬，供第 2 年春季栽植；在不能自然越冬的地区，在气温降至 0℃时，象草容易受害，为了保护种茎免遭冻害，常用埋茎法保温越冬。即在霜前将种茎砍下，割去茎稍，埋藏于干燥高地的土坑里，覆土 50cm，地膜覆盖增温保种越冬，或可采用沟贮、窖贮或温室贮等办法越冬。

5. 收获 象草种植后 2.5~3 个月、株高 100~130cm 时即可开始刈割。南方每年可刈割 6~8 次。高温多雨地区，水肥充足，每隔 25~30d 即可刈割 1 次，留茬 6~10cm。一般每年产鲜草 5 000~75 000kg/hm²，高者可达 150 000kg/hm² 左右。象草是高秆牧草，茎部易于老化，迟刈纤维素增多，品质下降，适口性降低，应注意适期刈割，一般以株高 1m 左右刈割为宜。每次刈割后追施氮肥，灌溉，中耕除草，利于再生。

（五）经济价值

象草具有草产量高、供草时间长、收割次数多等特点。象草多青饲，不仅是牛、马、羊、兔、猪和鹅的好饲草，也可供养鱼用。适期刈割象草，柔嫩多汁，适口性好，消化率高，蛋白质丰富，营养价值较高。根据广西壮族自治区畜牧研究所、华南农业大学分析，其营养成分含量见表 9-38。象草除四季用于青饲外，还可调制干草和青贮备用，青贮品质相当于青贮玉米。

表 9-38 象草的营养成分

样品	水分（%）	占干物质（%）				
		粗蛋白质	粗脂肪	粗纤维	无氮浸出物	粗灰分
鲜草	12.90	1.29	0.24	4.04	5.45	1.17

(续)

样品	水分（%）	占干物质（%）				
		粗蛋白质	粗脂肪	粗纤维	无氮浸出物	粗灰分
干草	88.50	6.70	1.60	30.60	34.20	15.30

此外，象草根系十分发达，种植在塘边堤岸，可起护堤保土作用。栽培象草能给土壤留下大量有机质和氮素，有改良土壤结构的作用。茎秆可以作造纸原料和薪柴。象草还可以用作能源植物以及生产食用菌的原材料。

二、御 谷

（一）概述

学名：*Pennisetum americanum* (L.) Leeke. 或 *Pennisetum typhoideum* Rich.。英文名：pearl millet 或 cattail millet。别名：珍珠粟、蜡烛稗、非洲粟、猫尾粟、唐人稗和美洲狼尾草。

御谷原产于热带非洲，至少在 2 000 年前在东非、中非、印度干旱地区已作谷物栽培。在 16 世纪中叶从印度传入欧洲的比利时，1850 年引入美国，主要在干旱地区栽培，作为饲料作物代替苏丹草和高粱。在印度、巴基斯坦和非洲部分地区仍作为粮食栽培。目前，广泛栽培于非洲和亚洲各地，适应性很强。中国南至海南岛，北至内蒙古都有栽培。近 10 多年来，中国以长江中下游地区为中心，作为饲料栽培的面积在逐步扩大。随着世界水资源日益减少，御谷作为抗旱节水的重要农作物日益受到重视。

（二）植物学特征

御谷为禾本科狼尾草属一年生草本植物。株高 1.25~3.00m，株形较紧凑。须根，根系发达，茎基部可生不定根。茎秆粗壮，直立，圆柱形，直径 1~2cm，基部分枝，呈丛状；分蘖能力强，每株分蘖 5~20 个，多者达 30 个，多次刈割利用以后，分蘖数可增加数倍。叶片平展，披针形或长条形，长 60~100cm，宽 2~3cm，每株有叶片 10~15 个，叶缘粗糙，上面有稀疏毛，有时生刚毛；叶鞘多与节间等长，上部的边缘有细毛；叶鞘与叶片连接处色暗，常有细毛；叶舌膜质，具长纤毛。圆筒状穗状花序，长 40~50cm，直径 2.0~2.5cm，主穗轴硬直，密被柔毛，小穗有短柄，长 3.5~4.5cm，倒卵形；每小穗有 2 朵小花，第一花为雄性，第二花为两性。种子倒卵形，长约 0.3cm，成熟时自内外颖突出而脱落，千粒重 4.5~5.1g。

（三）生物学特性

御谷是喜温植物，但对温热条件适应幅度大，原产地年平均温度达 23~26℃，引入中国后，在年均温 6~8℃，≥10℃积温 3 000~3 200℃的温带半湿润、半干旱地区均能生长，当气温达 20℃以上时，生长加快。种子发芽最适温度为 20~25℃，生长最适温度为 30~35℃。耐旱性较强，一般在降水 400mm 地区可以生长，但在干旱地区和瘠薄土壤上生长需灌溉，否则生长不良，产量低。在温热多雨地区生长快，株丛繁茂，产量高。抗寒性较差，在早春霜冻严重地区，不宜早春播种。耐瘠薄，对土壤要求不严，可适应酸性土壤，亦能在碱性土壤上生长，最适宜沙质土。喜水、喜肥，特别对氮肥敏感，只有高氮肥供给，才能发挥其生产潜力。

御谷为短日照植物，开花节律受日照长短的影响。中国从南方引种到北方，往往使生育期延长，抽穗开花延迟；从北方引种到南方，生育期缩短，抽穗开花提前。如南昌地区4月中、下旬播种，7月初抽穗开花，8月初结实，生育期仅122d；北方地区御谷生育期在130d以上。

（四）栽培技术

选择土层深厚、疏松肥沃的地块。御谷种子小，苗期长，易受杂草抑制，播前应深耕，精细整地，并结合整地施有机肥22 500~37 500kg/hm^2，红壤土施磷肥450~750kg/hm^2。

栽培方法与高粱、玉米近似。种子田宜穴播，宜稀，行距50~60cm，株距30~40cm，播种量4~8kg/hm^2。干草生产田应条播，宜密，行距30~45cm，株距20~30cm，播种量15.0~22.5kg/hm^2，播深3~4cm，播后覆土镇压。幼苗生长缓慢，注意中耕除草。拔节期生长迅速，宜追施速效氮肥，有灌溉条件地区，应及时浇灌。种子田应适当施用磷、钾肥，以利种子成熟和饱满。种子成熟后易脱落和遭鸟害，应注意保护和及时采收。

（五）经济价值

御谷是一种高产优质牧草，茎秆坚硬，节较短，木质素含量高，汁液少，且缺糖分，质地优于象草，但不及高粱。抽穗前质地柔嫩，品质优良，牛、羊、兔、鱼皆喜食。可青饲，也可调制干草和青贮。

青饲和调制干草时，应在抽穗前或初穗期刈割，这时叶量多，茎叶柔嫩，粗纤维少，营养价值较高（表9-39）。刈割过晚则粗纤维含量增加，秸秆变硬，养分含量降低，适口性变差。青贮时刈割期可稍晚些，但最迟不要超过开花期。一般株高约1m时刈割，1年可刈割3~4次。气候条件适宜时，生长茂盛，1年可刈割5~6次。在肥沃土壤上，鲜草产量不亚于高粱。但在瘠薄土壤，则产量较高粱低。一般鲜草产量45 000~60 000kg/hm^2，高者可达100 000~120 000kg/hm^2。

表9-39 御谷的营养成分

（引自王栋原著，任继周等修订，1989）

样品	干物质（%）	钙（%）	磷（%）	占干物质（%）				
				粗蛋白质	粗脂肪	粗纤维	无氮浸出物	粗灰分
鲜草	19.4	0.29	0.06	2.6	0.6	5.8	8.5	9.0
干草	87.2	—	—	6.7	1.7	33.0	36.8	1.9

从营养角度来看，对于非反刍动物，御谷籽粒的总代谢能同玉米相近，但同玉米相比，粗蛋白质含量比玉米高8%~60%，赖氨酸和蛋氨酸高40%，苏氨酸高30%，因此可代替配合饲料中的玉米。此外，御谷籽实还是蛋鸡的理想饲料，用其替代蛋鸡饲料中60%的玉米，不但能增加产蛋率，而且所产鸡蛋含有较多对人类有益的单不饱和脂肪酸和多不饱和脂肪酸。

三、杂交狼尾草

杂交狼尾草（*P. americanum* × *P. purpureum*）为以御谷为母本，象草为父本的杂交种。以象草为母本，御谷为父本的杂交种称为皇草（王草，*P. purpureum* × *P. americanum*）。杂交狼尾草主要分布于热带和亚热带地区。在中国分布于海南、广东、广西、福建、江苏、浙江等省份。

多年生草本植物，株高 3.5m，最高可达 4m 以上。须根发达，根深密集。茎秆直立，粗硬，丛生，分蘖 10 个左右，每茎 22～25 个节。叶片条形，互生，叶长 50～80cm，宽 2～3cm；叶边缘密生刚毛，叶面光滑或疏被茸毛。圆锥花序顶生，密集成穗状，长 20～30cm，黄褐色。小穗近无柄，2～3 枚簇生成束，每簇下方围以刚毛组成的总苞。种子比象草大。

喜温暖湿润气候，高温多雨也能正常生长。抗倒伏能力较强。耐旱、耐湿，也耐盐碱。对土壤要求不严，以土层深厚和保水良好的黏性土壤最为适宜，适宜于中国长江流域以南种植。对肥料特别是氮素肥料需求量大，在高氮肥条件下，可以获得极高产量。

杂交狼尾草主要用作青刈和青贮饲料，也可放牧利用。杂交狼尾草产量高，鲜草产量 225 000kg/hm^2。叶片比象草多，茎叶质地较象草柔嫩，且苞叶上面被毛较少。饲用价值亦高于象草。但草质易粗老，叶片上密生刚毛，适口性较差。

此外，杂交狼尾草具有显著的产量优势，且其适宜的碳氮比非常适合于沼气发酵，也是一种优良的草本能源植物。

第二十二节　雀稗属牧草

雀稗属（*Paspalum* L.）约 330 种，分布于热带和亚热带地区，尤以巴西最多。常生于稀树干草原、灌丛或森林边缘，各种潮湿生境。中国有 15 种，多为优良牧草。

一、毛花雀稗

（一）概述

学名：*Paspalum dilatatum* Poir.。英文名：dallis grass。别名：金冕草、宜安草。

毛花雀稗原产于巴西东南部，阿根廷北部、乌拉圭及其附近和亚热带地区。现已被许多国家和地区引种栽培。中国于 1962 年从越南引进，首先在广西、湖南试种。现在除广西、湖南外，云南、广东、福建、江西、湖北、贵州也有种植。

（二）植物学特征

毛花雀稗是禾本科雀稗属多年生草本植物。根系发达，茎秆粗壮，光滑丛生，直立或基部倾斜，株高 80～180cm。叶鞘光滑，松弛；叶舌膜质，长 2～5cm；叶片条形，长 30～45cm，宽 0.5～1.5cm，无毛，深绿色。穗状总状花序，分枝 12～18 个。小穗卵形，长 3～4cm，先端尖，成 4 行排列于穗轴一侧，颖和外稃边缘有长丝状柔毛，两面贴生短毛。种子卵圆形，有毛，乳白、乳黄至浅褐色，千粒重 2g。

(三)生物学特性

毛花雀稗喜温热湿润气候,适于亚热带地区种植,有一定耐寒能力,可耐-10℃低温,是亚热带牧草中抗寒力较强牧草,冬季无霜冻地区能保持青绿。需水较多,耐水渍也较耐干旱,但长期干旱,会休眠或生长不良。适应性广,对土壤要求不严,各种土壤都能生长,尤其适合在肥沃而湿润的黑色黏重土壤上种植。

(四)栽培技术

毛花雀稗既可用种子繁殖,也可分株繁殖。春秋均可播种。播前整地需施足有机肥作基肥。条播,行距40~50cm,播深1~2cm,播种量15.0~22.5kg/hm²。分株繁殖时按行距40~50cm,株距20~30cm栽植,每穴栽3~4个分蘖节,覆土5~6cm,栽后浇水。毛花雀稗也可与红三叶、紫花苜蓿、胡枝子、大翼豆、银叶山蚂蝗、绿叶山蚂蝗等混播,混播时其播种量为6~15kg/hm²。毛花雀稗刈割后应及时追肥,在干旱时必须进行灌溉。种子成熟不一致,且易脱落,应及时采收,种子产量300~450kg/hm²。

(五)经济价值

毛花雀稗草产量和营养价值均较高,适口性好,各种家畜均喜食,也可养鱼。但草质较粗硬,初食时易引起类似下痢的症状。中国南方每年可刈割3~4次,鲜草产量一般为50 000kg/hm²左右,高者可达75 000kg/hm²。其营养成分见表9-40。

表9-40 毛花雀稗的营养成分
(引自王栋原著,任继周等修订,1989)

生育时期	干物质(%)	占干物质(%)				
		粗蛋白质	粗脂肪	粗纤维	无氮浸出物	粗灰分
抽穗期	16.01	1.27	0.33	5.68	6.88	1.85
开花期	18.30	1.90	0.41	5.91	8.06	2.02

毛花雀稗可以青饲、晒制干草和青贮饲料,也适宜放牧利用,是南方草业生产的优良牧草之一。因其适应性广,抗逆性强,生长速度快,还是水土保持的重要地被植物之一。

二、宽叶雀稗

(一)概述

学名:*Paspalum wettsteinii* Hackel。

原产南美洲巴西、巴拉圭、阿根廷北部等亚热带多雨地区。中国于1974年从澳大利亚引进,目前在广西、广东、湖北、云南、贵州、福建、湖南、江西等省份均有栽培。

(二)植物学特征

宽叶雀稗是禾本科雀稗属热带型多年生禾本科牧草。丛生型,半匍匐状,具有粗短根茎,须根系,但根系发达,入土深度可达60cm。株高可达100cm左右。叶片长12~32cm,宽1~3cm,两面密被白色柔毛,叶缘具小锯齿,叶鞘暗紫色,茎上部叶鞘色较浅。穗状总状花序长 8～9cm，通常 4～5 个排列于总轴上，小穗单生，呈两行排列于穗轴的一侧。种子卵形，一侧隆起，一侧压扁，较毛花雀稗小，而色较深。落粒性中等，能自繁。种子千粒重 1.35～1.40g。

（三）生物学特性

宽叶雀稗喜温暖湿润气候，适宜于亚热带年降水量 1 000～1 500mm 地区栽培。生长速度快，分蘖能力强，耐刈割，再生性能好。生长适宜温度为 25～30℃，气温低至 7℃生长受阻，连续低于 0℃的霜冻则会冻死。耐旱、耐热、耐瘠薄、耐酸（pH 5.5～6.5）。对土壤要求不严，但以高肥高湿土壤最好，只要施用适当化肥和有机肥，在公路沿线、山坡地、农田均能良好生长。南亚热带地区可四季常青，但对霜冻敏感。冬季霜冻来临后生长停止，叶尖发黄，霜期过后即恢复生长。种子在气温稳定在 20℃时即可萌发，在广西南宁 3 月播种，4 月初全苗，出苗两周后即进入分蘖期，5 月下旬拔节，6 月下旬抽穗，7 月中旬开花，8 月中旬大量结实。花果期较长，一年可收种子 2 次。

（四）栽培技术

既可种子直播，也可分株繁殖。如用种子繁殖，可在春季 3～4 月气温达 20℃时播种。播种前地表全垦或重耙，表土要细碎平整。既可单播也可混播；既可条播，也可撒播。播种量因播种方式而异，一般为 15～45kg/hm²。覆土深度 1cm。播种时施钙、镁、磷肥 375kg/hm²。苗期追施尿素 45～75kg/hm²，以便迅速生长。宽叶雀稗播种当年生长缓慢，幼苗较杂草竞争力弱，出苗后 3 月内要注意防除杂草，并视生长情况及时补苗和灌溉。草层高 50～60cm 时应及时利用，刈割利用时留茬 20cm。

（五）经济价值

宽叶雀稗耐牧性强，利用方式主要是放牧，水牛、黄牛最喜采食。在热带、亚热带地区，夏季放牧，3～4 周利用 1 次；秋冬季节放牧，利用周期在 7 周以上。宽叶雀稗也可用作刈割草地，刈割后饲喂家兔或牛、羊，或制成青干草喂牛，也可制成草粉喂猪。宽叶雀稗可与多种豆科牧草，如山蚂蝗、柱花草、罗顿豆等混播。宽叶雀稗每年可刈割 3～4 次，鲜草产量 90～120t/hm²。生产种子时，每年可收种 2 次，种子产量 400～500kg/hm²。在福建漳州，每年刈割 3 次，鲜草产量 157.5t/hm²（沈林洪等，2001）。在生长育肥猪饲料中配入 10%宽叶雀稗青草粉，试验组生猪的生长速度、饲料报酬等指标接近对照组，平均每头猪可节省玉米 20.97kg、麦麸 18.03kg，且肥猪的瘦肉率较对照组提高 3.28%（张运昌等，1991）。宽叶雀稗的营养价值较毛花雀稗高，适口性较好。鲜草干物质含量超过 20%，其干物质中主要营养成分含量见表 9-41。

表 9-41 宽叶雀稗的营养成分

（引自陈锦忠，2015）

干物质	占干物质（%）				
(%)	粗蛋白质	粗脂肪	粗纤维	无氮浸出物	粗灰分
20.7	9.89	1.64	30.3	50.61	7.55

此外，由于宽叶雀稗根系发达，入土深，且分蘖快、数量多，种子脱落后能自繁，除具有重要的饲用价值外，还是南方水土流失严重地区重要的水土保持植物。但在高温高湿地区不宜采用种子直播而宜分株繁殖。

第二十三节　非洲狗尾草

（一）概述

学名：*Setaria anceps* Stapf。

狗尾草属（*Setaria* Beauv.）植物约140种，分布于温带和热带地区，中国约17种，分布甚广。最常见的是非洲狗尾草，实践中栽培应用也最多，此外该属还有大狗尾草、粟、棕叶狗尾草、狗尾草、皱叶狗尾草、金色狗尾草、云南狗尾草等。

非洲狗尾草原产非洲热带地区。现从南非向北，东至肯尼亚，西至塞内加尔都有分布。在南非、赞比亚、澳大利亚、菲律宾、印度、美国、中国南方等地都有大面积非洲狗尾草建植的多年生人工草地。主要有4个栽培品种（Hacker，1991），即纳罗克（Narok）、卡松古鲁（Kazungula）、苏兰达（Solander）和南迪（Nandi）。20世纪70～80年代，中国曾先后2次从国外引入卡松古鲁、纳罗克和南迪非洲狗尾草试种，生产实践和科学研究都表明：纳罗克非洲狗尾草在中国南方适应性较强，生产性能较高，现已在暖温带至南亚热带地区大面积推广应用。其余品种已很少使用。

纳罗克非洲狗尾草的亲本 CPI33452 来源于肯尼亚的阿贝尔德尔地区（海拔2 190m），1963年由Jones从阿贝尔德尔地区引入澳大利亚昆士兰州，1969年通过澳大利亚牧草品种登记（奎嘉祥等，2003）。1974年，中国从澳大利亚引入广西、广东、江西等地试种，生长良好（董宽虎等，2003）。1983年云南省草地动物科学研究院与澳大利亚合作，开展云南牲畜和草场改良项目，经澳大利亚专家引入云南（邓菊芬等，2010）。1997年通过国家牧草品种审定委员会审定，登记为引进品种（钟声，2007）。

（二）植物学特征

非洲狗尾草为多年生丛生性上繁禾本科牧草。开花期株高1.5～1.8m。根系发达，入土深度超过1m。叶片柔软无毛，叶鞘靠近节间处有微毛，叶色深绿。圆锥花序紧密，圆柱状，长15～38cm。小穗常为棕褐色，被刚毛包围，柱头多为紫色，少数白色。种子黄褐色，为不规则椭圆形，基部钝圆，腹部稍偏，顶端略尖，外有张开稃片2枚，外稃和内稃表面均有平行排列的山脊状突起，山脊状突起由密布的疣状凸点组成。经测定，稃片占整个种子质量的21.29%。种子长1.46～1.57mm，宽0.71～0.82mm，厚0.66～0.81mm。胚体较小，与胚乳结合紧密，不易分离，近似于椭圆形，位于种子基端，分布于胚乳一侧。种胚长轴0.36～0.39mm，短轴0.21～0.24mm，面积约占种子总面积的7.69%。四倍体，$2n=4x=36$。

（三）生物学特性

中国最适宜的种植地区为北亚热带和中亚热带，但其气候适宜范围广，在暖温带至南亚热带，年降水600～2 200mm、海拔1 000～2 200m的广大地区均能正常生长发育，并开花结实。纳罗克非洲狗尾草在云南亚热带地区3月中、下旬返青，6～7月开花，8～9月种子开始成熟，11～12月枯黄，生育期170～190d，生长天数为260～280d。耐旱、耐寒，抗病虫害能力强。土壤要求不严，尤喜肥沃含氮高的红壤，耐水淹。生长、利用年限长，再生性好，耐重牧。草质好，家畜喜食。与多种温带和热带豆科牧草共生性均好，在亚热带高海拔地区宜与白三叶、沙弗雷肯尼亚白三叶等混播，在亚热带低海拔地区宜与大翼豆、银叶山蚂蝗、大结豆、圭亚那柱花草等豆科牧草混播，建植优质人工放牧草地。

（四）栽培技术

纳罗克非洲狗尾草既可种子繁殖，也可分株带根栽植。既可单播，也可与大翼豆、大结豆、柱花草等牧草混播。

1. 土壤耕作 要求全耕、全耙，耕深15cm，耙后土粒直径在2cm以下。

2. 播种 当气温达到15℃以上时即可开始播种，南方3～10月均可播种。国产种子因纯净度低、空瘪粒较多，发芽率普遍较低，其播种量应增大，一般为12～18kg/hm²。播种深度1.0cm以内，撒播或条播均可，条播行距30～40cm。生产中为确保合理田间出苗率，应注意以下几个问题。

（1）使用已通过休眠期的种子 纳罗克非洲狗尾草种子的休眠期至少210d，通过休眠期种子的发芽率约为对照的2.8倍。

（2）晒种 纳罗克非洲狗尾草为异花授粉植物，具有热带牧草种子的特点，边成熟、边脱粒，很难掌握种子采收时间。晒种5d，可使种子发芽率提高86%。

（3）种子质量与用量 据云南省草地动物科学研究院监测，2001—2011年10年间，国产纳罗克非洲狗尾草种子的发芽率从15%逐步下降，部分种子发芽率仅为1%～5%，并且均通过各种方式用于生产（赵文青等，2013）。因此，播种量应根据其品质检验结果来确定。一般情况下，种子的发芽率为10%～15%时，播种量以12kg/hm²为宜；发芽率不到10%时，播种量为18kg/hm²方能确保田间合理密度。

3. 分株带根栽培技术 将生长1年以上的植株连根整株挖起，剪去植株上部，留30cm茎部，按2～3苗切分为1丛分株栽植，株行距40cm×40cm，栽植深度10～15cm，覆土7～8cm。栽后及时浇水，10d后即可成活，并开始生长。

4. 合理施肥 草地用氮、磷、钾三元复合肥600kg/hm²作基肥，过磷酸钙150kg/hm²作种肥，可保证纳罗克非洲狗尾草播种当年对氮肥和之后2～3年对磷、钾肥的需要。成熟牧草地每隔2～3年，应追施1次复合肥，施肥量150～300kg/hm²。一般情况下，种植纳罗克非洲狗尾草施有机肥15～30t/hm²，磷肥225～300kg/hm²作为基肥，分蘖期及每次刈割后施用尿素90～150kg/hm²作为追肥，入冬前施腐熟、晒干、碾碎、过筛的厩肥15t/hm²作为维持肥，可满足其正常生长发育，确保植株正常越冬。非洲狗尾草对氮肥敏感，施用氮肥可显著提高其草产量和粗蛋白质含量。

（五）经济价值

纳罗克非洲狗尾草集多种用途于一身。目前种子已国产化，种子生产区集中分布在云贵高原。种子产量一般为300～400kg/hm²，大田条件下一般为90～120kg/hm²。用作永久放牧人工草地时，干物质产量可达5～10t/hm²。高水肥条件下单播，种子收获后还可收干草

15~22t/hm²。在云南昆明，每年可刈割3~4次，孕穗期鲜草、干物质和粗蛋白质产量分别达到122.9t/hm²、16.8t/hm²和2.3t/hm²（马向丽等，2012）。

纳罗克非洲狗尾草植株高大，生长快，草产量高，草质柔软，适口性好，各类反刍家畜均喜食，且生长年限长，既可放牧和刈割青饲，又可调制干草，为优质高产牧草。孕穗期刈割时各种营养成分分别为，粗蛋白质12.95%，粗脂肪2.27%，粗纤维26.98%，无氮浸出物46.18%，粗灰分11.64%，钙0.36%，磷0.18%。

此外，由于根系发达，分蘖能力强，再生性好，覆盖度大等特点，纳罗克非洲狗尾草还是南方公路、铁路护坡、江河湖泊护堤、矿区植被恢复、石漠化治理最优秀的地被植物之一。能在中度风化的岩石边坡生存，用于路堤边坡绿色防护时具有护坡和造景的双重功能。在坡耕地结合玉米等带状种植，可减少地表径流69.3%~80.4%、土壤侵蚀量89.6%~97.3%、土壤养分流失量0.72g/kg，玉米产量也有所提高（字淑慧等，2006）。

第二十四节 苏 丹 草

（一）概述

学名：*Sorghum sudanense*（Piper）stapf。英文名：Sudan grass。别名：野高粱。

高粱属（*Sorghum* L.）植物，全世界约有30种，分布于温带和亚热带地区，我国约5种。应用较多的有高粱、拟高粱、苏丹草等，其中高粱是重要经济作物，苏丹草是重要牧草。

苏丹草在形态上与高粱有所不同，有分蘖性强、再生能力强、茎叶营养成分高的特点。苏丹草和高粱无明显的生殖隔离，能自由授粉且能产生正常发育的后代，利用苏丹草与高粱杂交育成的新草种称为高丹草（*Sorghum bicolor* × *Sorghum sudanense*）。高丹草兼有饲用高粱和苏丹草的优点，结合了高粱抗寒、抗旱、耐盐碱、抗倒伏和草产量高等特性及苏丹草分蘖力强、再生性强、营养价值高、氢氰酸含量低、适口性好等优良特性。须根发达，茎高2~3m，分蘖能力强，叶量丰富，叶片中脉和茎秆呈褐色或淡褐色，疏散圆锥花序，分枝细长，种子扁卵形，千粒重10~12g。与高粱和苏丹草相比，牧草的营养生长时间更长、消化率和草产量更高，而且抗旱性强、喜温耐热、较耐寒，在降水量适中或有灌溉条件的地区可获得较高产量，中国南方地区鲜草产量最高可达195t/hm²左右。高丹草近年来有许多品种引入我国，并得到广泛推广和应用。

苏丹草原产于北非苏丹高原地区，在非洲东北、尼罗河流域上游、埃及境内有野生苏丹草分布。由非洲北部传入美国、巴西、阿根廷和印度，1915年传入澳大利亚，1914年苏联首先在叶卡捷林诺夫斯克试验站进行试验，1921—1922年开始大面积种植，现在，欧洲、北美洲和亚洲大陆均有栽培。苏丹草在我国栽培也有几十年的历史，1935年以前华北农村就有栽培，目前全国各地均有栽培，是主要的一年生禾本科牧草。20世纪80年代以来，苏丹草对发展我国长江中下游十一省份的淡水养鱼起了重要作用。

（二）植物学特征

苏丹草为一年生草本植物，根系发达，入土深达2m以上，水平分布75cm，根系60%~70%分布在耕作层。近地面茎节常产生具有吸收能力的不定根。茎高2~3m，依茎的高度不同，苏丹草有矮型（茎高 150cm 以下）、中型（150～225cm）和高型（225cm 以上）之分。分蘖多达 20～100 个。叶呈条形，长 45～60cm，宽 4.0～4.5cm，每一茎上有叶 7～8 片，表面光滑，边缘稍粗糙，主脉较明显，上面白色，背面绿色。无叶耳，叶片膜质。圆锥花序，长 15～80cm，花序类型因品种不同而有很大差别，可分为强烈周散型、周散型、半紧密型、紧密型、下垂型和高粱型 6 种。每枚梗节 2 小穗，其中一个无柄，结实；另一个为有柄小穗，雄性不结实。顶生小穗常三枚，中央的具柄，两侧的无柄。成熟时无柄小穗连同穗轴节间和有柄小穗一齐脱落。对称先端具 1～2cm 膝状弯曲的芒。颖果侧部圆形，略呈扁平形，颖果紧密着生于颖内，为区别高粱的一般特征。颖果黄褐色以至红褐色，千粒重 10～15g，含种子量为 8 万粒/kg 左右。

（三）生物学特性

苏丹草喜温暖，不耐寒。种子发芽最低温度为 8～10℃，最适温度为 20～30℃。苏丹草为短日照作物，生育期要求积温 2 200～3 000℃，在温度 12～13℃ 时几乎停止生长。在适宜条件下，播后 4～5d 即可萌发，7～8d 全苗，苗期时对低温很敏感，当气温下降至 2～3℃ 时即遭受冻害。生育期 100～120d，从播种至出苗 11～12d，至抽穗 70～91d，至成熟 100～120d。生长随气温的增高和日照时数的增多而加快。苗期生长缓慢，一昼夜不超过 0.6～0.7cm，分蘖期稍快，拔节后开始变快，孕穗到抽穗期最快，一昼夜可生长 5～10cm，开花后又变慢，主要在夜间和清晨生长。

苏丹草进入分蘖期后，在整个生育期间能不断形成分蘖，一般出苗后一个月可产生 5 个侧枝，抽穗初期为 8 个，开花期可达 13～15 个，当营养面积大、水肥充足时，其分蘖能力显著增加，高时可达 100 个以上。

苏丹草生长初期根系生长迅速，当地上部分高 20cm，根系入土深即达 50cm，但根系充分发育在开花期以后，如果开花后的根长为 100% 时，那么分蘖初期生长的根长为 53%，抽穗期生长的根长为 16%。根系入土深度可达 2.5～3.0m，在 0～53cm 土层内，根系占 1/3，其余的分布于 50cm 土层以下，不同深度土层内的养分和水分是它具有较高抗旱和高产性能的重要原因。

苏丹草出苗 80～90d 后开始开花，首先是圆锥花序顶端最上边 2～3 朵花完全开放，然后逐渐向下，最后开放的是穗轴基部枝梗下边的花。开花后的 4～5d，雄性花也开始，其开花顺序与两性花相同，这时整个圆锥花序开花最多，有时可达 300 朵，每个圆锥花序开花期 7～8d，个别长达 10d 以上，但由于苏丹草分蘖多，整个植株开花延续很长时间，有时直到霜降为止。

苏丹草小花开放多在清晨和温暖的夜间，以早晨 3:00～5:00 开花最盛，日出后还有个别花开放。每朵小花开放过程持续 1.5～2.0h。苏丹草开花所需温度不低于 13.6～14.0℃，相对湿度不低于 55%～60%，最大量开花是在气温 20℃、相对湿度不低于 80%～90% 时。大雨天小花不开放，露水大时也妨碍小花的开放，温度越低，小花开放越晚。

苏丹草为异花授粉植物。种子成熟极不一致，往往在同一圆锥花序下面小花还在开放，而最上部的小穗已处于乳熟期。气温对其结实性有很大影响，当气温在零度以下时，未授粉的小花被冻死，而处于乳熟期的种子发芽率降低，后熟期延长。

苏丹草具有良好的再生性，这是构成其多刈性和丰产性的重要原因。刈割后再生枝条可由分蘖节、基部第一茎节及生长点未被破坏的枝条3个部位产生，不过，由分蘖节形成的枝条占全部再生枝条的80%以上，其次是由茎基部第一茎节处形成的。在温暖地区可获得2～3次再生草，苏丹草的刈割高度与再生能力有直接关系，一般留茬高度以7～8cm为宜，留茬过低影响再生。

苏丹草对土壤要求不严，只要排水畅通，在沙壤土、重黏土、弱酸性和轻度盐渍土上（可溶性氯化钠在0.2%～0.3%）均可种植，而以肥沃的黑钙土、暗栗钙土上生长最好。在过于湿润，排水不良，或过酸、过碱的土壤上生长不良。

（四）栽培技术

苏丹草生长期要消耗大量的营养物质和水分，生产干草9 000kg/km² 时，可从土壤中摄取225kg氮，忌连作，它是很多作物的不良前作。因此苏丹草收获后应种植一年生豆科牧草或休闲。

苏丹草喜肥喜水，种植苏丹草的土地应在播前进行秋深翻。整地时应施厩肥，15.0～22.5t/hm²。以后每次刈割后可再追施尿素等氮肥，并随刈割次数的多少分期施用。在干旱地区和盐碱地带，为减少土壤水分蒸发和防止盐渍化，也可进行深松或不翻动土层的重耙灭茬，翌年早春及时耙糖或直接开沟于春末播种。

苏丹草种子播前要进行处理。选取粒大、饱满的种子，并在播前进行晒种，打破休眠，提高发芽率。在北方寒冷地区，为确保种子成熟，可采用催芽播种技术，即在播前用温水处理种子6～12h，然后在20～30℃的地方积成堆，盖上塑料布，保持湿润，直到半数以上种子微露嫩芽时即可播种。

苏丹草是喜温作物，必须待10cm土层温度达10～12℃时播种，北方地区4月下旬到5月上旬才可播种。多为条播，一般行距20～30cm，水肥条件好或灌溉地，可窄行条播，播种量22.5～30.0kg/hm²，较干旱地区播种量22.5kg/hm²。播后要及时镇压，以确保种子萌发。

苏丹草可与一年生豆科作物，如毛苕子、箭筈豌豆、秣食豆、印尼绿豆、豇豆等混播，以提高草的品质和产量。苏联大面积种植苏丹草地区，苏丹草与山黧豆、大豆及野豌豆属牧草混播，可提高其蛋白质含量和消化率，改善牧草品质，提高牧草产量。混播时，播种量苏丹草为22.5kg/hm²，豆类种子为22.5～30.0kg/hm²。苏丹草可分期播种，每隔20～25d播1次，以延长青饲料利用时间。

苏丹草苗期生长缓慢，必须及时除草，以后生长加快，封垄后不怕杂草抑制。但要耙松土壤，消除板结，以保蓄土壤水分。

苏丹草的品质与刈割期关系很大，调制干草以抽穗期刈割为最佳，过迟会降低适口性。青饲苏丹草最好的利用期为孕穗初期，这时，其营养价值、利用率和适口性都高，青贮用可推迟到乳熟期。利用苏丹草地放牧家畜，以草的高度达30～40cm较好，此时根已扎牢，家畜采食时不易将其拔起。在北方生长季较短的地区，首次刈割不宜过晚，否则第二茬草的产量低，末茬草可以用来放牧。

苏丹草的开花结实期很不一致，当主茎圆锥花序变黄，种子成熟时即可采种。苏丹草是风媒花，和高粱的亲缘关系较近，极易和高粱杂交，故其种子田应和高粱田间隔400m以上。

(五) 饲用价值

苏丹草株高茎细，再生性强，产草量高，适于调制干草，亦可供夏季放牧用，尤以雨水较少、气温较高的地区为宜，放牧牛、马、羊、猪皆食，还可调制成优良青贮饲料。

苏丹草是高产优质的牧草。尤其在夏季，一般牧草生长停滞，青饲料供应不足，造成奶牛、奶羊产奶量下降，而苏丹草正值快速生长期，鲜草产量高，可维持高额的产奶量。苏丹草饲喂肉牛的效果和紫花苜蓿、高粱差别不大。苏丹草用作饲料时，极少有中毒的危险，比高粱、玉米都安全。

苏丹草也是池塘养鱼的优质青饲料之一，有"养鱼青饲料之王"的美称。苏丹草在华中地区可产鲜草 $150t/hm^2$，粗蛋白质含量按 3% 计，生产粗蛋白质约 $4\,500kg/hm^2$，较稻谷（粗蛋白质产量 $510kg/hm^2$）多出 8 倍多。用以喂鱼，苏丹草可生产鱼肉 $6\,000kg/hm^2$，比稻谷（收入 2250 元$/hm^2$）多收入 $9\,750$ 元$/hm^2$。

苏丹草能在较短的时间内生产大量的草料，再生性很强，在我国北方可刈割 2~3 次，温暖地区可刈割 3~4 次。在南京可刈割 4 次，鲜草产量 45~$75t/hm^2$。4 月初播种时，第一次收割在 6 月下旬，第二次在 8 月初，第三次在 9 月，10 月下旬还能再收一次；产草量以第一次最高，约占全年总产量的 50%，第二次占 27%，第三次占 15%，第四次不到 10%。在吉林省黑土地带，可刈割 3 次，鲜草产量 11.25~$21.60t/hm^2$。麦类作物收获后，7 月下旬复种的苏丹草，初霜期刈割时，生长期 50d 左右，株高 90~120cm，鲜草产量 9~$12t/hm^2$。在甘肃庆阳年可刈割 2 次，均在抽穗期刈割，株高 112.5cm，鲜草产量 $51.99t/hm^2$，第二次株高 105.0cm，鲜草产量 $4.5t/hm^2$，种子产量 $4399.5kg/hm^2$。

苏丹草含有丰富的营养物质（表 9-42）。营养期粗脂肪和无氮浸出物较高，抽穗期的粗蛋白质含量较高，粗蛋白质中各类氨基酸含量也很丰富。

表 9-42 苏丹草的营养成分

生育期	水分(%)	占干物质（%）				
		粗蛋白质	粗脂肪	粗纤维	无氮浸出物	粗灰分
营养期	10.92	5.80	2.60	28.01	44.62	8.05
抽穗期	10.00	6.34	1.43	34.12	39.20	8.91
成熟期	16.23	4.68	1.42	34.18	35.38	7.94

注：吉林农业科学院畜牧研究所分析

苏丹草含有丰富的胡萝卜素，其含量随生育期的推移而呈下降趋势，如在 1kg 干物质中胡萝卜素的含量：分蘖期为 443.9mg，拔节期为 262.6mg，开花期为 288.5mg。

第二十五节 其他禾本科牧草

一、高燕麦草

(一) 概述

学名：*Arrhenatherum elatius* (L.) Presl。英文名：tall oat grass。别名：大蟹钓草、长青草、燕麦草。

燕麦草属（*Arrhenatherum* Beauv.）植物约有6种，分布于欧亚温带地区。我国引入栽培种仅1种，即高燕麦草。高燕麦草原产于欧洲中南部、地中海沿岸及亚洲西部和非洲北部。中欧各国栽培甚广，尤以法国、瑞士、德国栽种较多，英国、瑞典及澳大利亚亦有栽种，美国栽种始于1800年。中国华北、东北、西北等地引入种植过，均属小面积试验，生产中尚未推广应用。

（二）植物学特征

多年生草本，须根系，入土 60～100cm，疏丛型，茎直立，株高 110～135cm，4～5节。分蘖多，叶片扁平，叶面较光滑；叶长 16～24cm，宽 4～9mm，叶鞘分裂，短于节间；叶舌膜质，长 1.5mm 左右；圆锥花序散开，灰绿色略带紫色，具光泽，长 20～30cm，分枝轮生，开花时开展；小穗长 7～8mm，仅下部小花具雄蕊，外稃生旋转而弯曲的芒，上部花有雌雄蕊，外颖无芒或近顶端处有短芒。种子千粒重 2.91～3.15g。

（三）生物学特性

高燕麦草属中寿多年生疏丛型禾本科牧草，通常寿命 5～7 年，第 4 年后产量开始下降。喜温暖潮湿气候，耐热和耐旱能力较强，耐寒性较差，在内蒙古锡林郭勒盟越冬率仅 24%，在吉林公主岭、甘肃武威都可越冬。在兰州 3 月 30 日播种，4 月 10 日出苗，5 月 4 日分蘖，5 月 17 日拔节后一直处于营养枝状态。翌年 3 月 5 日返青，6 月 10 日抽穗，18 日开花，7 月 23 日种子成熟。

高燕麦草具有很强的枝条形成能力，特别是生长第 1、2 年，1 个株丛中的枝条数低于多年生黑麦草而高于无芒雀麦、大看麦娘、鸭茅及猫尾草。高燕麦草根系发达，株丛呈金字塔形，全株茎秆占 65.6%，叶片占 24.8%，花序占 9.6%。喜肥沃、排水良好的土壤，适于黏壤土及壤土，沙壤土生长不良，不耐水淹。抗盐碱中等，在 pH 7～8 的土壤上能正常生长。

（四）栽培技术

高燕麦草生长年限较短，翻耕后易腐烂，适于在大田轮作中种植。北方宜春播，南方可秋播，内蒙古、东北等地可以夏播。种子流动性很差，播种前应作去芒处理。条播，播种量 45～75kg/hm^2，行距 20～30cm，覆土 3～4cm。高燕麦草再生速度快，再生草分蘖多，产量高，故最适于刈割。在混播牧草中，适宜与播种当年发育较慢、生长期相同的上繁疏丛禾本科牧草，如鸭茅、牛尾草、苇状羊茅混播，也可与豆科牧草红三叶、苜蓿等混播。干草生产田应在抽穗或初花期刈割。试验表明，在甘肃武威黄羊镇的条件下，播种当年鲜草产量 64 004kg/hm^2，第 2 年 87 005kg/hm^2，第 3 年 98 005kg/hm^2。种子产量，第 2 年 1 500kg/hm^2，第 3 年 1 721kg/hm^2。种子成熟极易脱落，必须特别注意当小穗变黄、种子蜡熟期时及时收割，迟收则严重减产。高燕麦草不耐家畜践踏，不宜作放牧用。

（五）经济价值

高燕麦草适宜刈割调制青干草，不适宜青饲，因为其青草有辣味，除绵羊外，牛和马都不乐于采食，若制成干草，这种辣味则完全消失，适口性增强。高燕麦草在肥沃土壤再生力很强,每年可刈割3~4次。高燕麦草的营养成分见表9-43。

表9-43 高燕麦草的营养成分
(引自王栋原著,任继周等修订,1989)

饲草	干物质（%）	可消化蛋白质（%）	总消化养分（%）	钙（%）	磷（%）	占干物质（%）				
						粗蛋白质	粗脂肪	粗纤维	无氮浸出物	矿物质
鲜草	30.3	1.9	19.3	0.12	0.14	2.6	0.9	10.5	14.3	2.0
干草	88.7	3.4	47.4	—	0.14	7.5	2.4	30.1	42.7	6.0

二、新麦草

(一) 概述

学名：*Psathyrostachys juncca* (Fisch.) Nevski。别名：俄罗斯野黑麦、灯心草状披碱草。

产于中国新疆天山以北及内蒙古,蒙古、美国、加拿大、苏联均有分布。

(二) 植物学特征

新麦草为多年生疏丛型草本植物,高40~80cm。具短而强壮的根状茎,集中分布在10cm土层,最深可达20cm。茎生叶少,通常为5枚左右,叶层平均高度为50cm左右,最高可达70cm。秆基部密集枯萎的叶鞘,叶鞘无毛。叶片质软,长约10cm,宽约4mm。穗状花序顶生,长5~12cm,宽7~12mm,花序下部为叶鞘所包；穗轴具关节,每节具小穗2或3枚,长8~11mm,小穗草黄色；含1~2朵小花,长8~11mm；颖锥形,脉不明显,长4~5mm,外稃遍布密生小硬毛,第一外稃长7~8mm,顶端具1~2mm的小尖头,子房上端有毛。

(三) 生物学特性

新麦草属于中早生植物,多分布于草地、山坡、林下和渠边。在天山北坡3月底返青,4月上旬形成基生叶丛,5月下旬拔节抽穗,6月上、中旬开花,6月下旬开始灌浆,7月中、下旬进入蜡熟期。分蘖力强,因而侵占性强,再生能力较好。抗逆性强。

(四) 栽培技术

在寒温带地区,新麦草通常有2个适宜播种期：一是早春顶凌播种,可利用化冻水,完成萌发和早期幼苗生长；二是在夏季雨季播种(即6月下旬到7月中旬),这时水热条件好,易出苗、保苗。由于新麦草种子小,苗期生长慢,而成株庞大,根系入土深,所以翻地深度要在15~25cm,整地要细、平整,播后镇压。播种深度一般不超过2cm,否则,出苗困难。新麦草是一种放牧型禾本科牧草,全年可放牧4~5次。每次放牧结束后,最好能进行合理的施肥和灌溉。

(五) 经济价值

新麦草鲜草各类家畜均喜食,调制成干草也为各类家畜所喜食。新麦草在开花结实期,茎占全株总质量的50%，叶占全株总质量的33.4%。株高0~10cm时，叶的质量占全株生物量的50%，穗占全株生物量的16.6%。开花期刈割易于调制干草，鲜草产量达1 537kg/hm²。秋后丛生叶残留良好，形成以新麦草为优势种的草地，适宜放牧马、羊和牛，尤其是放牧绵羊最佳，为良好放牧场。

思考题

1. 简述禾本科牧草的资源及其应用特点。
2. 简述无芒雀麦的形态学特征和生物学特性对指导其建植人工草地的作用和意义。
3. 简述建植羊草人工草地的技术难点及其饲用价值和市场前景。
4. 比较冰草属中几个草种的性状特点，分析各性状特点的栽培利用价值。
5. 简述草地早熟禾的经济价值及其建植技术。
6. 比较羊茅属中几个草种的性状特点，分析各性状特点的栽培利用价值。
7. 简述碱茅的显著生物学特性及其应用价值。
8. 简述猫尾草、鸭茅的饲用价值及其栽培技术。
9. 比较老芒麦和披碱草在应用上的异同点及其各自的优缺点。
10. 多年生黑麦草和多花黑麦草在栽培应用上的特点和主要利用方式有何异同？
11. 简述鹅观草属牧草适合于建植放牧型人工草地的理由。
12. 简述扁穗牛鞭草的栽培品种及各自的生物学特性和应用价值。
13. 简述狗牙根的经济价值及其栽培方法。
14. 简述大米草的经济价值及其在中国沿海滩涂地栽培应用上的利弊。
15. 简述结缕草的天然地域分布特点对其应用区域的影响。
16. 许多牧草种子的发芽率与非洲狗尾草一样很低，生产中应如何提高种子利用率？
17. 如何理解我国北方和南方、湿润地区和干旱半干旱地区在建植禾本科牧草地上采用栽培技术的差异？

第十章 其他科牧草

学习提要

1. 了解非豆科、禾本科牧草全球资源状况及其各自的植物学特征、生物学特性和经济价值。

2. 熟悉主要非豆科、禾本科牧草的资源现状、植物学特征、生物学特性和经济价值。

3. 依据读者自己当地生产实际,有选择地掌握重要非豆科、禾本科牧草的栽培技术及其生产性能。

第一节 聚 合 草

(一) 概述

学名:*Symphytum pezegrinum* L.。英文名:common comfrey。别名:爱国草、友谊草、紫草、紫草根。

聚合草原产俄罗斯西南部的北高加索和中部的西伯利亚,生长在河岸边、湖畔、林缘和山地草原。早在 18 世纪末英国和德国开始试种,并作为饲草利用。20 世纪被传到美国、非洲南部、澳大利亚、丹麦等地进行广泛试验和栽培。1955 年由澳大利亚引入日本,继而从日本传入朝鲜,现在世界许多国家将其作为重要高产饲料作物大量栽种。1964 年和 1972 年中国先后从日本、澳大利亚和朝鲜引进,分别在东北、华北、西北各地推广试种。到目前,全国聚合草有 3 个品种,即日本品种、澳大利亚品种和朝鲜品种。这 3 个品种特性大同小异,主要区别在基生叶形态和花色不同。据各地试验观察,日本和朝鲜引进品种较好,草产量较高。1977 年以来,中国大力进行试验推广,各省份都已有种植,栽培面积较大的地区主要集中在长江流域,其中以江苏、山东、山西、四川等省栽培较多。

(二) 植物学特性

聚合草为紫草科聚合草属多年生草本植物(图 10-1)。丛生,根粗壮发达,肉质,主根直径 3cm 左右,老根为棕褐色,幼根表皮白色,根肉白色。主根长达 80cm,侧根发达,主侧根不明显,主要根群分布在 30~40cm 土层中。株高 80~150cm,全身密被白色短刚毛,茎为圆柱形,直立,向上渐细。在叶腋处有潜伏芽和分枝。茎的再生能力很强,能产生新芽和根,可发育成新株。

叶呈卵形、长椭圆形或阔披针形,叶面粗糙,叶

图 10-1 聚合草

分为根簇叶和茎生叶 2 种，根簇叶一般 50～70 片，最多达 200 多片，有长柄茎；茎生叶 30～100 片，有的多达 300 片以上，有短柄或无柄。蝎尾状聚伞形无限花序，着生在茎及分枝顶端，花簇生，花冠筒状，上部膨大呈钟形，花紫红色、淡紫红色至白色，花瓣 5 片，雄蕊 5 个，雌蕊 1 个。有性繁殖能力较差，能结少量种子，但发芽率极低。种子为小坚果，深褐色或黑色，半弯曲卵形，长 0.4～0.5cm，基部有刺毛状环带，易于脱落，千粒重 9.2g。

（三）生物学特性

聚合草耐寒性极强。根在土壤中能忍受 -40℃低温，在华北、东北南部和西北能安全过冬，但在东北北部寒冷地区，冬春干旱和无雪覆盖情况下越冬有困难。聚合草喜温暖湿润气候，当温度为 7～10℃开始发芽生长，22～28℃生长最快，低于 7℃生长缓慢，低于 5℃时停止生长。

聚合草茎叶繁茂，对水分要求较高，是典型中生植物。当温度在 20℃以上、田间持水量达 70%～80%时生长最快，平均日增长速度超过 2cm，叶芽增多，枝叶浓绿；当田间持水量下降到 30%时，生长缓慢，叶芽减少，株体凋萎发黄。据黑龙江省畜牧研究所观测，第一茬草收割后及时灌水处理的，平均每天株高增加 1.98cm，平均长出新叶 2.3 片；未灌水处理的日增长高度 1.74cm，平均长出新叶 1.3 片；灌水处理的单株生物量 0.74kg，未灌水处理的 0.42kg。由此可见，水分是聚合草获得高产的最重要因素。

聚合草根系发达，入土深，能有效利用土壤深层水分，抗旱力较强。土壤水分过多，间歇性被水淹没，或早春土壤长期处于冻融交替状态时，植株生长不良，甚至烂根而使全株死亡。

聚合草适应地域广，繁殖系数大。中国南北各省份均可种植。其对土壤要求不严，除低洼地、重盐碱地外，一般土壤都能生长，土壤含盐量不超过 0.3%、pH 不超过 8.0 即可种植。最适于排水良好、土层深厚、肥沃壤土或沙质壤土。

（四）栽培技术

1. 选地和轮作 种植聚合草应选择地势平坦、土层深厚、有机质多、排水良好，并有灌溉条件的地块。聚合草是多年生草本植物，地下根发达，再生力强，翻耕后残留在土壤中的根极易再生，容易给后茬作物造成草荒。所以一般不宜在大田轮作中种植。最好选择畜舍旁边隙地和果园地种植。

2. 整地 聚合草根系发达，入土深，一年栽种，多年利用，栽种前必须深翻土地（耕深应在 25cm 以上），熟化土壤，精细整地，并施入厩肥作基肥，用量 75t/hm² 左右。

3. 繁殖 聚合草虽开花但不结实或结实极少，且种子成熟不一致，落粒性强，种植收获较难，故多用无性繁殖。目前常用繁殖方法有分株、切根、根出幼芽扦插、茎扦插、育苗等方法。

（1）分株繁殖 把生长健壮的多年母株连根挖出后，去掉地上部茎叶，切下根颈段 5～6cm，然后纵向切开，分为几株，每个分株上带有 1～2 个芽，下部有较长根段，将切开的根颈直接栽种到大田，5～6d 即可长出新叶。这种方法栽后成活快，生长迅速，定植当年产量高，但繁殖系数低，每株只能分 10～20 株。种根供应充分的条件下，可以采用。

（2）切根繁殖 聚合草肉质根产生不定芽和不定根的能力很强，凡直径在 0.3cm 以上的根,均可切段繁殖。种根充足时,进行大面积栽种的根段长度不应小于2~5cm,根粗不小于0.5cm。根粗大于1cm的可切成2瓣,3cm以上者可垂直切成3~4瓣。一般根系越粗,根段越长,生长和发芽越快。因此,一定要将根系按照大小分级,分地块栽植,出苗、生长发育和草产量才会一致,也便于田间管理和刈割利用。将切好的根段横放入土壤,覆土4~5cm,30~40d即可破土出苗。

(3) **根出幼芽扦插繁殖** 利用切根繁殖时,一条粗壮根段可长出不定芽5~6个,可在移栽时只留下1~2个芽,连同母株一起定植,将其余芽从母根上纵切下栽植在苗床里,芽向上,覆土3~4cm,压紧,并及时浇水,待长出不定根后,再定植大田。这种繁殖法成活率高,而且发芽早,生长快,幼苗也壮。

(4) **茎扦插繁殖** 夏秋开花前选用粗壮花茎,去掉上部花蕾,将茎秆切成15~18cm长的插条,每段保留1个芽和1片叶。将插条插入土中,上部稍露出地面,覆土压紧,并及时浇水,经常保持苗床湿润。扦插后遮阳,防止阳光直射。一般插后15d左右生根发芽,从生根长叶到形成株体,需30~40d,成活率可达80%以上。此法在种苗缺乏情况下可以利用,但管理成本高。

(5) **育苗繁殖** 在冬春季,可利用温室、温床或塑料大棚等进行保护地育苗。具体方法是:在苗床上按6~10cm行距开3cm深沟,将切好的根一个挨一个平放在沟内,然后覆土3cm,并经常浇水使苗床保持湿润。保护地育苗要密播,育苗80~100株/m²,待幼苗出现5~6片叶时,即可移栽到大田。一般苗越大越壮,恢复生长越快,栽时要少伤根,最好带土移栽,苗活后中耕松土。育苗繁殖,不仅能经济利用种根,扩大繁殖系数,还能提高成活率,获得壮苗。

4. 株距和行距 大田栽植时,株行距大小主要根据土壤肥沃程度、施肥水平、水利灌溉设备、田间管理水平,以及机械化作业情况来确定。以(60~70)cm×(40~60)cm为宜。一般肥地稍稀,瘦地稍密,30 000~37 500株/hm²。

5. 田间管理 定植成活后即进行第一次中耕除草,封行前进行第二次中耕除草。同时,每次刈割后结合施肥、灌水进行中耕除草1次,每次施用腐熟粪尿11~15t/hm²或硫酸铵150~225kg/hm²。为防止生长不良或烂根死亡,灌水后要及时排除积水。

6. 间作套种 由于聚合草耐阴,所以可以与玉米、白萝卜、白菜、油菜等进行间作套种,以提高单位面积粗蛋白质含量和草产量。山西省根据聚合草耐阴特点,进行聚合草间作玉米,聚合草草产量和玉米种子产量分别为34.4t/hm²和3.4t/hm²,聚合草单作的草产量为34.1t/hm²,玉米单作的种子产量为5.4t/hm²。按单位面积内粗蛋白质产量折算,聚合草和玉米间作后,单位面积蛋白质总产量比聚合草单作提高16.6%,比玉米单作提高134.4%。在陕西关中地区,聚合草秋季生长缓慢,套种白萝卜和白菜后,鲜草总产量为225t/hm²,增产约7.5t/hm²。聚合草间作套种油菜后,播种当年增产虽不明显,但翌春聚合草生长缓慢,可以获得较多油菜青饲料。

7. 越冬保护 中国北方冬季严寒无雪覆盖地区,聚合草易受冻害死亡,必须加以保护,方法如下。

(1) **冻前覆土** 聚合草在最后1次刈割后,于冬季来临前覆土。东北垄作栽培的聚合草,可用犁将土培到垄上,用以保护根际。如是平作栽培,可开沟培土覆盖。

(2) **覆盖防寒** 利用干马粪、碎草、锯末、炉灰覆盖8~10cm,能保温、防寒,根冠可以免受冻害。据调查，覆盖比未覆盖者能提早出苗20～30d，并能全部簇生成丛，生长茂盛，草产量也高。

（3）积雪保温　由于雪的导热性很低，有保温特性，可使聚合草不受冻害。就地积雪的方法很多，如用雪犁、增修雪埂、种植屏障作物，筑雪堆，砌雪墙，并利用木制活动挡雪板和树枝、秸秆布置田间积雪等，积雪厚度为30～35cm，在－30℃温度下，聚合草能安全越冬。

8. 病虫防治　聚合草在高温高湿情况下，易发生褐斑病和立枯病而烂根死亡，如发现病株要及早挖出，深埋或烧毁，同时用25％多菌灵可湿性粉剂500倍液或波尔多液石灰等量式（硫酸铜∶生石灰＝1∶1）可湿性粉剂200倍液或65％代森锌可湿性粉剂500倍液等杀菌剂喷洒植株或泼浇土壤，以抑制病情发展。聚合草虫害较少，但在苗期有地下害虫，如地老虎、蛴螬等为害，发现为害时用95％敌百虫晶体稀释1 000～1 500倍溶液浇灌根际，即可消灭。

9. 刈割　聚合草在播种当年，南方一般可刈割2～4次，东北和西北只能刈割2～3次。生长第2年以后，每年4～5月株高50cm左右时刈割第一次，以后每隔35～40d刈割1次；南方1年可收4～6次，北方1年可收3～4次。刈割时留茬高度不超过5cm为好，这样留茬高度发芽出叶多，可提高产量。最后1次刈割时间应在停止生长前25～30d结束，以便留有足够再生期，保证越冬芽形成良好以利安全越冬。

（五）经济价值

聚合草是一种优质高产、利用期长的饲料作物。其鲜草产量为75～150t/hm²，水肥充足时，产量达300t/hm²。在美国每年刈割4～6次，鲜草产量195～240t/hm²；日本温暖地区每年刈割4～7次，鲜草产量97.5～405.0t/hm²。中国北方地区如吉林、黑龙江、北京等地，每年刈割2～4次，鲜草产量120～150t/hm²；南方湖北、江苏等地，每年可刈割7～8次，鲜草产量210～420t/hm²。

聚合草早春返青很早，中国北方地区5月初即可刈割利用。耐轻霜，每年可利用到9月底。在良好栽培管理下，一次栽植可利用十多年，甚至几十年。

聚合草含有丰富的蛋白质和各种维生素。据分析，鲜草中粗蛋白质含量为2％～4％，低于苜蓿，但干草中粗蛋白质含量高达22％以上，与优质苜蓿干草相当，详见表10-1。蛋白质中富有赖氨酸、精氨酸和蛋氨酸等，这些都是动物生长发育不可缺少的蛋白质。另外，还含有多量尿囊素和维生素B_{12}，可治疗肠炎，牲畜食后不腹泻。

表10-1　聚合草营养成分

（引自陈宝书，2001）

来源	样品	水分（％）	占干物质（％）				
			粗蛋白质	粗脂肪	粗纤维	无氮浸出物	粗灰分
朝鲜	鲜样	87.47	2.0	0.4	2.24	3.98	3.16
吉林省农业科学院	鲜样	87.56	3.05	0.73	1.23	4.90	2.61
黑龙江畜牧研究所	鲜样	86.11	2.97	0.42	1.99	5.36	3.15
吉林省农业科学院	干样	6.88	22.55	5.45	9.14	36.50	19.48
北京市农业科学院	干样	7.29	21.68	4.49	13.68	36.45	16.31

由于聚合草营养丰富，纤维素含量低，虽然全身长有粗硬短刚毛，牲畜不喜采食，但粉碎或打浆后，柔软多汁，具有黄瓜青香味，为猪、牛、羊、鸡、骆驼、鹿多种动物喜食。聚合草不仅营养丰富，而且消化率也很高，蛋白质消化率为 61.20%，粗纤维消化率为 60.44%。

由于聚合草含有生物碱——聚合草素（紫草素），对动物的致毒作用大致与滴滴涕（dichloro diphenyl trichloroethane，DDT）相似，并在动物体中有积累作用，因此，喂饲时应配合少量精饲料或其他饲料。

聚合草还可以治疗溃疡、骨折，止泻，促进伤口愈合，消肿去毒和降血压等。聚合草花期长约 3 个月，是很好的蜜源植物。此外，还可作为庭院观赏植物和咖啡代用品。

第二节　串叶松香草

（一）概述

学名：*Silphium perfoliatum* L.。英文名：cup plant。别名：松香草、菊花草、杯草、串叶菊花草、法国香槟草等。

串叶松香草原产于北美洲中部温暖潮湿的高草原地带，主要分布在美国东部、中西部和南部山区，尤以俄亥俄州最多。18 世纪引入欧洲，到 20 世纪中期只作为植物园中的观赏品。20 世纪 50 年代苏联开始研究，法国 1957 年开始引种，瑞士 1978 年引种，后来传入朝鲜，1979 年从朝鲜引入中国，在许多地方有试种。

（二）植物学特征

串叶松香草为菊科松香草属多年生草本植物，根系由根茎和营养根组成，根茎肥大、粒状、水平状多节。株高 1.5~3.0m，茎直立，四棱，正方形或菱形，绿色至紫色，幼嫩时有白色毛，成株期则光滑无毛，上部分枝。叶片长卵形至披针形，长约 40cm，宽约 30cm；叶面皱缩，叶缘有缺刻，叶缘及叶面有稀疏毛。播种当年只生长基生叶，叶柄短，叶片宽大，第 2 年抽茎开花，茎生叶无柄，对生，呈十字形排列，叶片基部各占一棱，在另外两棱处连接在一起，呈喇叭状，茎从中间穿过。头状花序，着生于假二叉分生顶端；每株有头状花序 200 个以上，每个花序有种子 8~19 粒。花杂性，外缘 2~3 层为雌性花，花盘中央为两性花，不孕，黄绿色，花冠筒长 6~8cm，前端分裂，雌蕊 4 枚，花药暗紫色，紧贴花柱四周。舌状花瓣，直径 2.0~2.5cm，柱头裂，子房偏心形；瘦果心脏形，扁平，褐色，边缘有翅（图 10-2）。

图 10-2　串叶松香草

(三) 生物学特性

1. 对环境条件的要求 串叶松香草是一种长寿命多年生牧草，栽培管理优良时，可连续收割10~12年，甚至15年。喜温暖湿润气候和肥沃、土层深厚土壤。适应性广，在中国北方可以安全越冬，长江流域能够越夏；抗寒，抗高温，能忍受-38℃低温，在日均温32.4℃下可安全生长；耐水淹，地表积水4个月，植株仍可缓慢生长。喜肥沃、土层较厚、排水良好的沙壤土，但不耐瘠薄，对酸性土壤比较敏感，适于pH 6.5~7.5土壤栽种。耐旱性差，在土壤贫瘠、无灌溉条件的干旱地区，植株低矮，产量锐减。花期长，可自7月延续到9月初。第一次刈割后再生植株可抽茎，第二次刈割后只能形成基生叶簇。

甘肃农业大学在兰州地区试种表明，串叶松香草于4月11日播种后经12d开始出苗，5月1日长出第一片真叶，5月12日长出第二片真叶，5月22日第三片真叶出现，以后每经10d左右长出1片叶片，播种当年仅形成莲座状叶簇，翌年可开花结实。第2年4月12日返青，5月30日抽茎，从返青到现蕾约61d，从返青到开花需80d，9月25日种子成熟，生长期130d。地上部分10月底枯黄。生长第2年植株于7月初刈割后可从基部长出新生枝条，8月底第二次开花结实。

2. 生育特性 串叶松香草播种后当土温达6~8℃时才能发芽，春播后平均温度为13~17℃时，需15~20d出苗。一般春播当年或秋播翌年第16片叶片形成后就成对生长；二年生的长至11~12片叶片时成对生长，于叶基部相连形成漏斗状。串叶松香草的分枝是由根茎萌发而形成的，春播单株在播种当年地下部可形成7~8个椭圆形根茎，每个根茎有7个左右根芽，翌年春季可萌发出7~10个分枝，其中有效分枝为70%左右。一般生长年限越长，分枝发生越多，但有效分枝只有50%左右。

3. 开花习性 串叶松香草为异花授粉植物，虫媒花，整个花序的开花顺序是自下而上、由内向外呈无限式开张型，同一分枝相对位置上的花序往往同时开放。单株花序开放时间约为45d，开花时花盘周围的舌状花瓣先开放，然后由聚集在花盘中央的管状花相继开放，伸出雄蕊，散粉。1个花序自初开到全部凋落需经历10d，花序完全开放后第3天管状花先凋落，然后舌状花凋落。花序现蕾后，着生在花盘基部的花柄不断伸长，花序凋落后仍可继续伸长，一般伸长至8cm停止延长。一个花序自花瓣凋落至种子成熟需25~30d，每1个花序平均生产种子7.6粒，成熟种子在花柄上呈水平方向展开后即随风掉落。

(四) 栽培技术

1. 土地选择 串叶松香草不耐贫瘠，对水肥要求高，所以应选择土层深厚、肥力高、灌溉条件方便的地块种植，播前深翻地，并施足基肥。

2. 播种 串叶松香草春、秋季均可播种，北方多春播，南方可秋播、直播或育苗移栽。直播播期对根茎发育有较大影响，一般播种越早，根茎发育越多，翌年产生分枝也越多，草产量就越高。春播宜在4月上旬，秋播宜在9月中、下旬，干草生产田行株距（40~50）cm×10cm，把种子尖头向下，插入土中。播种量3.0~7.5kg/hm²，播深2~3cm。待苗长到4~5片叶时，按株距20~30cm留苗，种子生产田播种量1.5~4.5kg/hm²，行距100~120cm，株距60~80cm。如果育苗移栽，应选水肥条件好的田块，耕翻平整后，将种子撒在土表层，然后盖1cm厚细土，最好用塑料薄膜覆盖，待幼苗长出4~5片真叶时带土移栽，行株距同直播。生产上还可利用根茎芽的萌发作用，将生长数年的老根挖出，分切成数段（每段需保留1个以上根茎），然后移栽到大田，浇适量水即可成活。每千克种子育成的苗可移栽2.0~2.7hm²。

3. 田间管理 串叶松香草子叶肥大，顶土出苗困难，同时苗期生长缓慢，易受杂草危害，除草、松土是苗期管理的关键。由于植株高大，根系发达，消耗水肥较多，每次刈割后应及时灌水施肥，并以氮肥为主，留种地应在施足基肥的情况下，于现蕾前后施1次氮肥，施尿素75~150kg/hm²和适量磷、钾肥，干旱季节还应及时灌水抗旱。

串叶松香草收草利用时适宜刈割期为现蕾期全初花期。现蕾期茎叶比为0.47，每4.5kg鲜草可晒制1kg干草；开花期茎叶比为0.74，每4kg鲜草可晒制1kg干草。种子成熟极不一致，且成熟后易脱落，成熟一批采摘一批，采收种子时，因茎枝较脆应轻放，以免折断茎枝，使种子产量降低。中国南方采收种子易受雨水和台风危害，头茬刈割收草，再生草采收种子，可以降低株高，避开雨季和台风季节。

（五）经济价值

串叶松香草是一种高产优质牧草，在中国北方大部分地区每年可收割2次，鲜草产量112.5t/hm²。在甘肃武威地区每年刈割3次，第1年产鲜草18.17t/hm²，第2年77.5t/hm²，第3年17.57t/hm²。淮河长江流域以南降水量700mm以上地区，可连续收叶，鲜草产量达225t/hm²，在年降水量不足500mm的山西黄土高原丘陵沟壑区，第1年草产量可达15t/hm²，第2年达45t/hm²。适宜收割期的粗蛋白质含量达19%~33%，其单位面积粗蛋白质产量比小麦、玉米两茬作物高10.2%，比苜蓿高10%。开花后干枯茎叶粗蛋白质含量为10.7%，高于玉米和高粱籽实，单位面积的蛋白质产量居各种牧草之首（表10-2）。家畜必需赖氨酸达0.57%，比玉米籽粒高1倍以上。

表10-2 串叶松香草的营养成分

（引自陈宝书，2001）

生长阶段	吸附水（%）	钙（%）	磷（%）	占干物质（%）				
				粗蛋白质	粗脂肪	粗纤维	无氮浸出物	粗灰分
营养期	8.61	1.52	0.11	13.05	1.90	23.88	45.84	15.33
开花期	8.64	1.69	0.08	6.69	1.96	29.67	52.48	9.80
成熟期	8.57	1.65	0.01	3.13	2.40	35.69	48.84	9.94

串叶松香草幼嫩时质脆多叶，叶量大，有松香味，适于饲喂多种家畜。其适口性随着畜禽逐步采食而增强，牛、猪、兔、羊、鸡、鸭、鹅、鱼、马、驴、鹿等饲喂几天后都能采食。适宜青饲和青贮，但以青贮效果最好。质量好的青贮饲料为海蓝色，有酒香味，宜切碎，拌料饲喂。发酵12~24h后喂猪，增重效果好。主要营养成分的消化率较高：蛋白质为83%，无氮浸出物为82%，粗纤维为67%。鲜草中含胡萝卜素4.26mg/kg，维生素C 5.28mg/g。可单独或与其他饲料混合制成青贮饲料，奶牛食用一昼夜后可使产奶量提高1kg。也可将其制成草粉或颗粒饲料，鲜草6kg可加工成草粉1kg，是饲料工业发展的原料。但串叶松香草不宜调制干草，因为茎较粗，待茎晒干后，叶片早已散碎脱落。

串叶松香草也是优良水土保持植物、观赏植物和蜜源植物。其根可入药，是北美印第安人的传统草药。

第三节　苋　　菜

（一）概述

学名：*Amaranthus paniculatus* L.。别名：籽粒苋、西黏谷、繁穗苋、猪苋、饲用苋、天星苋等。

苋菜栽培历史悠久，形态多异，品种繁多，以植株高大、产量极高、经济价值高而著称。欧洲、美洲、非洲和亚洲的许多国家都有栽培，中国是栽培苋菜最早和最多的国家之一，全国栽培面积有 20 万 hm^2 以上，应用之广已超过美国籽粒苋。与苋菜同属，还可作饲用的有苋（别名雁来红）、千穗谷、反枝苋（别名野苋菜）和尾穗谷（别名老枪谷）等。

（二）植物学特征

苋菜为苋科苋属一年生草本植物，直根系，主要分布在 20～30cm 土层中。茎直立，株高依品种而异，180～440cm，具沟棱，呈黄绿色或红紫色。叶片互生，全缘，有细长柄，叶长 4～15cm，宽 2～8cm，绿色或红色，较厚质。顶生或腋生圆锥花序，由许多穗状小花组成，故而有性繁殖率极高。花单性，雌雄同株。胞果卵形，盖裂，种子近球形，棕黑色或黄白色，有光泽，直径 1mm，千粒重 0.4～0.6g。体细胞染色体为 $2n=32$。

（三）生物学特性

苋菜喜温暖、湿润、多肥的栽培条件。苋菜耐寒性差，种子最适发芽温度为 12～24℃，生长适宜温度为 24～26℃，成株遇霜冻则受害，甚至死亡。耐旱性也较差，持续干旱生长受阻，且易遭病虫害，适宜生长在年降水量 600～800mm 的地方，低于 500mm 则需有灌溉条件，耐涝性也很差，应注意排水。喜肥沃土壤，尤其是氮和钾；在瘠薄、土质不良土壤生长较差。适宜 pH 为 5.8～7.5。属高光效植物，充足光照是保证高产的必要条件，故应合理密植，保证有良好通风透光环境。苋菜属植物为短日照植物，不管株龄多长，一旦遇到 8～10h 持续短日照，即可很快形成花器，提早成熟，从而影响饲草和种子产量，通过南种北引和驯化选育新品种以避免此类问题。

在东北地区，苋菜一般 5 月中旬播种，6 月上旬出苗，7 月中旬株高达 60～70cm，8 月上旬现蕾，株高 110～130cm，8 月中旬乳熟，株高 190～210cm，9 月上旬蜡熟，株高 210cm 以上，9 月底成熟。苋菜再生性强，株高 60～70cm 刈割后，其残茬上的小枝杈和潜伏芽可发育形成较多枝的株丛，可以继续利用。

（四）栽培技术

苋菜消耗地力强，因而不宜连作，连年施肥的麦茬、豆茬、瓜茬和各种菜地茬都是苋菜的良好茬口，苏丹草、向日葵、甜菜等消耗地力较强的茬口不适宜种植苋菜。苋菜茬口可安排种植豆科牧草饲料作物和禾谷类饲料作物。

苋菜种子细小，根系发达，要求精细整地。最好播种前一年秋季深翻地，深度至少 20cm，翻后及时耙糖和镇压。耕地前施足底肥效果更好，一般施腐熟有机肥 37.5～

45.0t/hm²，若茬口肥力极差或所施有机肥质量较差时，可补充一些硫酸铵、过磷酸钙等长效化肥。

在东北、华北和西北地区，苋菜多为春播，与春小麦同期或稍晚。南方可在3~6月按需要随时播种。条播行距60~70cm，播量3~4kg/hm²，为保证播种均匀和控制播量，可混入少量化肥、熟谷或细沙随种子条播，覆土1cm左右，播后要镇压，最好覆盖一薄层麦秸或稻草，以防止表土层水分蒸发。

苋菜出苗晚，幼苗生长缓慢，最不耐杂草，应适时而细致地中耕除草。一般出苗期间即进行中耕，苗齐时再中耕，同时按4~5cm株距进行间苗，长出3~4片叶子时进行第三次中耕，长出7~8片叶子时进行两次间苗，苗高15~20cm时按行株距60cm×（30~40）cm或70cm×（20~30）cm进行定苗，缺苗处可移苗补栽，同时将间下的苗饲用。苋菜株高根浅，中耕除草后结合培土，对防止倒伏和增强根的吸收作用非常重要。封垄前和每次刈割后在根部追施硫酸铵或硝酸铵150~225kg/hm²、过磷酸钙450~600kg/hm²，并结合灌水可显著增产。苋菜病虫害较少，但在干旱时易患白粉病和受蚜虫、红蜘蛛侵袭，应及时用100倍乐果液喷洒防治。

青饲以株高60~70cm、植株幼嫩时刈割为宜，青贮以现蕾至开花末期刈割为宜，全株青贮或粉碎、切短、打浆青贮，最好与青刈玉米混贮效果最好。种子易收获，当籽粒变硬时全株收获，晒干脱粒。

（五）经济价值

苋菜品种极多，有饲用型、食用型、菜用型、药用型和观赏型之分。饲用苋菜茎秆脆嫩，叶片柔软而丰富，叶量占地上部总重1/3，气味纯正，适口性好，营养价值高，是猪、禽、奶牛的上等青饲料，而且也可打浆、青贮或调制成干草饲喂，各种家畜均喜食。

苋菜与青贮玉米一样，都是高产作物。在长江以南，可刈割3~4次，鲜草产量75.0~120.0t/hm²，北方可刈割1~2次，鲜草产量75.0~90.0t/hm²。

第四节 苦荬菜

（一）概述

学名：*Luctuca indica* L.。别名：苦麻菜、凉麻、鹅菜、山莴苣等。

原产亚洲，主要分布于中国、日本、朝鲜、印度及俄罗斯和周边国家，由野生山莴苣引种驯化而来。中国野生种几乎广布全国各地，经多年引种驯化，已培育出许多适应各地气候条件的生态类型和品种。江苏、浙江、安徽、江西、广东、广西、湖南、湖北、四川、云南、贵州等省份栽培最多，经河北、河南、山西、辽宁等地逐渐北移到黑龙江、内蒙古和新疆，现已遍及全国，成为较受欢迎的牧草之一。

（二）植物学特征

苦荬菜为菊科莴苣属一年生或越年生草本植物，全株含白色乳汁，有苦味。直根系，主根纺锤形，入土达200cm，但根系多集中在0~30cm土层。茎直立，粗1~3cm，上部多分枝，株高150~300cm。叶片多变化，下部为根出叶，丛生，长30~50cm，宽2~8cm，形状不一,开花期枯萎;中上部为茎生叶,互生,无柄,基部抱茎,较小,长10~25cm,两面带白粉。头状花序,多数在茎枝顶端排列成圆锥状,舌状花呈淡黄色,舌片顶端具5齿,花期长达30~40d,自上而下依次开放。种子为瘦果,紫黑色,有1束白毛,长约6mm,千粒重1.0~1.5g。

(三) 生物学特性

苦荬菜喜温暖湿润气候,最适生长温度15~35℃,既耐寒又耐热,种子在土温5~6℃时即可萌发,幼苗遇-2℃低温不受冻害,成株遇-4~-3℃霜冻仍能恢复生长,35~40℃高温情况下也能正常生长。生长速度与水分供应状况密切相关,遇干旱天气生长缓慢,且不耐涝害,水淹使根腐烂死亡。对土壤要求不严,有一定耐盐碱能力,但以排水良好、肥沃的中性或微碱性壤质土壤生长为宜。苦荬菜耐阴,又抗病虫,可在果林行间种植。

苦荬菜在内蒙古呼和浩特地区,一般4月中、下旬播种,6~7月为生长旺盛期,平均日生长3cm左右,7月下旬拔节,8月中、下旬现蕾,9月上、中旬开花,早熟品种于9月下旬种子成熟。再生性极强,刈割后3~5d即可长出嫩叶,水肥条件好时北方可刈割3~5次,南方则达6~8次。

(四) 栽培技术

苦荬菜适应性较强,各种禾谷类作物、瓜类作物、蔬菜等均为其良好前作,其本身也是许多作物的良好前茬。种子小而轻,顶土力弱,应深耕细耙,施足基肥,一般为37.5~75.0t/hm²,土壤墒情对保证苗齐苗壮非常重要。苦荬菜适于畦作,便于灌水、施肥和管理,一般畦宽2m,长5~10m,机播时可做成大畦。

苦荬菜在北方常为早春播种,种子贮藏2~3年仍有较高发芽率。以条播为主,干草生产田行距20~30cm,种子生产田行距60~70cm,播量7.5~12.0kg/hm²,覆土约2cm。有时采用大棚育苗移栽法。北方2~3月播种育苗,3~5g/m²,幼苗长到3~5片真叶时即可带土移栽,按行距20~30cm、株距10~15cm进行,通常1m²苗床可移栽50m²大田。

苦荬菜适于密植,一般不进行间苗,在苗期应及时查漏补缺,从密度较大处带土移苗。苗期应视杂草发生情况及时中耕除草,垄作在每次中耕除草后还应培土,以防止倒伏。密度过大时应适当疏苗,青刈地可疏成单棵,采种地保持株距20~30cm。生长旺盛期及每次刈割后应及时追肥灌水,追施硝酸铵150~225kg/hm²或硫酸铵态氮肥225~300kg/hm²,以促进生长和再生。蚜虫为害后,应及时喷洒乐果、敌杀死或速灭杀丁等进行防治。

苦荬菜在株高40~50cm时进行刈割,留茬15~20cm为宜,隔5~6周后即可再次进行刈割,秋末最后1次刈割时可齐地进行。采种植株一般不刈割,但在温暖地区可在刈割后利用再生株采种。因种子极易落粒,故应分期分批采收。

(五) 经济价值

苦荬菜属典型叶菜类牧草,茎叶脆嫩多汁,叶量巨大,适口性良好。猪、禽最喜食,喂猪可节省精饲料,提高母猪泌乳性能,促进仔猪增重;喂鸡、鹅后增重明显,又多产蛋;喂兔效果很好,喂鱼也取得了良好效果,且马、牛、羊也喜食,是高产优质青饲料。此外,苦荬菜全株可入药,能清热解毒,活血散淤,消痈排脓。除青饲外,还可青贮或晒制干草粉，鲜草产量 75.0～112.5t/hm²，高的可达 150t/hm²，干草粉 6.0～7.5t/hm²，青贮窖可青贮 594～675kg/m³ 苦荬菜。而且，苦荬菜营养价值高，蛋白质含量高，粗纤维含量低（表 10-3）。

表 10-3　苦荬菜的营养成分

(引自中国饲用植物志编辑委员会，1989)

生育时期	干物质（%）	占干物质（%）				
		粗蛋白质	粗脂肪	粗纤维	无氮浸出物	粗灰分
营养期	86.59	21.72	4.73	18.03	36.93	18.59
拔节期	88.04	18.87	6.62	15.53	43.03	15.95
现蕾期	86.58	21.85	5.27	17.28	40.94	14.66

第五节　菊　苣

（一）概述

学名：*Cichorium intybus* L.。英文名：common chicory。别名：欧洲菊苣、咖啡草、咖啡萝卜。

菊苣广泛分布于亚洲、欧洲、美洲和大洋洲等地，在中国主要分布在西北、华北、东北地区，常见于山区、田边及荒地。新西兰培育的菊苣品种——普那（Puna）于 1988 年由山西农业科学院引入中国，在太原地区试种表明，具有产量高、营养价值优良、适口性好等优点，现已在山西、陕西、宁夏、甘肃、河南、辽宁、浙江、江苏、安徽等省份推广种植。

菊苣花期长达 2～3 个月，是良好的蜜源植物。在欧洲，菊苣广泛作为叶类蔬菜利用，菊苣根系中含有丰富菊糖和芳香族物质，可提取作为咖啡代用品，提取的苦味物质可用于提高消化器官的活动能力。

（二）植物学特征

菊苣为菊科菊苣属多年生草本植物。主根长而粗壮，肉质，侧根粗壮发达，水平或斜向下分布。主茎直立，分枝偏斜且顶端粗厚；茎具条棱，中空，疏被粗毛，株高 170～200cm。播种当年生长基生叶，基生叶倒向羽状分裂或不分裂，丛生呈莲座状，叶片长 10～40cm，叶丛高 80cm 左右；茎生叶较小，披针形，全缘。头状花序，单生于茎和分枝顶端，或 2～3 个簇生于上部叶腋。总苞圆柱状，花冠蓝色，瘦果楔形。种子千粒重 1.2～1.5g。

（三）生物学特性

菊苣喜温暖湿润气候，15～25℃下生长迅速，夏季遇到高温天气时，只要雨水充足仍具有较强再生能力。耐寒性较强，在 -10～-8℃ 时仍保持青绿，-20～-15℃ 能安全越冬。根系发达，抗旱性能较好，在辽宁朝阳地区种植，2 个月未降透雨，附近玉米已枯黄的情况下菊苣仍能生长。较耐盐碱，在 pH 8.2 土地上生长良好。喜肥喜水，但低洼易涝地区易发生烂根，对氮肥敏感，对土壤要求不严，旱地、水浇地均可种植。

菊苣在春播当年基本不抽茎，第 2 年开始抽茎，并开花结实。生长 2 年以上的植株，根颈上不断产生新萌芽，并逐渐取代老株。在太原地区 3 月中旬返青，5 月上旬抽茎，5 月下旬现蕾，6 月中旬开花，8 月初种子成熟，10 月底停止生长，全生长期 230d 左右。在宁夏 4 月中旬返青，6 月下旬始花，8 月下旬第一批种子成熟，11 月上旬枯黄，全生长期 200d 左右。

（四）栽培技术

播前需精细整地，做到地平土碎，疏松有墒，并施腐熟有机肥 37.5～45.0t/hm² 作底肥。宜春、秋两季播种，播种时最好用细沙与种子混合，以便播种均匀。条播、撒播均可，条播行距 30～40cm，播深 2～3cm，播种量为 1.5～3.0kg/hm²，播后要及时镇压。

苗期生长缓慢，易受杂草危害，要及时中耕除草。株高 15cm 时间苗，留苗株距 12～15cm。返青及每次刈割后结合浇水追施速效复合肥 225～300kg/hm²。积水后要及时排水，以防烂根死亡。

菊苣在株高 40cm 时即可刈割利用。在太原地区，播种当年灌 1 次水的情况下，刈割 2 次的鲜草产量约 105t/hm²，折合干物质 15t/hm²；第 2 年以后产量增加，每年可刈割 3～4 次，鲜草产量为 150t/hm² 左右，其中第一茬产量最高。刈割留茬高度为 15～20cm。菊苣花期 2～3 个月，种子成熟不一致，而且成熟后种子易裂荚脱落，因而小面积收种最好随熟随收，大面积收种应在盛花期后 20～30d 一次性收获。种子产量 225～300kg/hm²。

（五）经济价值

菊苣茎叶柔嫩，特别是处于莲座期的植株，叶量丰富、鲜嫩，富含蛋白质及动物必需氨基酸和其他各种营养成分（表 10-4）。菊苣初花期粗纤维含量虽有所增加，但适口性仍较好，牛、羊、猪、兔、鸡、鹅均极喜食，其适口性明显优于串叶松香草和聚合草。菊苣以青饲为主，也可放牧利用，或与无芒雀麦、紫花苜蓿等混合青贮，亦可调制干草。在莲座叶丛期适宜青饲猪、兔、禽、鱼等，日喂量分别为猪 4kg，兔 2kg，鹅 1.5kg。抽茎期则宜于牛、羊饲用。菊苣代替青贮玉米饲喂奶牛，每天每头牛多产奶 1.5kg，并可有效减缓泌乳曲线的下降速度。用菊苣饲喂肉兔，在精饲料相同条件下，可获得与苜蓿相媲美的饲喂效果。

表 10-4 菊苣的营养成分

（引自高洪文等，1990）

生育时期	生长年限	占干物质（%）					钙（%）	磷（%）
		粗蛋白质	粗脂肪	粗纤维	无氮浸出物	粗灰分		
莲座叶丛期	第 1 年	22.87	4.46	12.90	30.34	15.28	1.50	0.42
初花期	第 2 年	14.73	2.10	36.80	24.92	8.01	1.18	0.24
莲座叶丛期	第 3 年	18.17	2.71	19.43	31.14	13.15		

第六节 杂交酸模

（一）概述

学名：*Rumex patientia* × *Rtinschanicus* cv. Rumex K-1。别名：鲁梅克斯、英国菠菜、

高秆菠菜、大叶菠菜、饲料菠菜。

杂交酸模为苏联乌克兰国家科学院中央植物园作物研究所于1974—1982年以巴天酸模为母本，天山酸模为父本通过有性杂交选育而成。具有寿命长、返青早、生长快、高产优质、抗盐碱、适口性好等优点。主要分布在乌克兰、哈萨克斯坦和白俄罗斯，1995年从独立国家联合体（简称独联体）引入中国，在河北、新疆、黑龙江、江西、山东、甘肃等省份种植。

（二）植物学特征

杂交酸模为蓼科酸模属多年生草本，别名鲁梅克斯为俄语"Rumex"译音，K-1是杂交育种过程中的品系编号。直根系，根粗3～10cm，长15～25cm，下面有粗大支根，深1.5～2.0m。播种当年为若干叶片组成的叶簇，第2年拔节开花结实。成株期叶卵披针形，长45～100cm，全缘，其中叶柄长15～40cm，叶宽10～20cm，光滑绿色，多汁，基生叶6～10片，小而狭，近无柄。托叶鞘筒状膜质，茎直立，粗1.9～2.5cm，茎中下部具棱槽，开花期株高1.7～2.9m。由多数轮生花束组成总状花序，再构成大型圆锥花序；花两性，雌雄同株；花被片6.2轮，每轮3片，内花被片在成熟期有网纹全缘；雄蕊6个，柱头3个；瘦果，有三锐棱，褐色，具有光泽，千粒重3.0～3.3g，落粒性强。

（三）生物学特性

杂交酸模适应性强，要求湿润温暖气候条件，在年降水量600～800mm地区或有灌溉条件的干旱、半干旱地区均生长良好。抗寒性强，在－41.5℃冬季有积雪的地方可安全越冬。返青早，在河北沧州3月初返青，3月中旬进入叶簇期，3月下旬进入现蕾期，6月初种子成熟。返青后1个月可提供青饲料。春季比紫花苜蓿返青早20d。对土壤要求不严，抗盐碱能力较强，除酸性土、水淹地和地下水位较高土地外均可种植，但在盐碱地苗期应注意采取洗盐压碱等措施，否则，成苗较困难。喜光不耐阴，荫蔽处生长不良，产量潜力不能发挥。

杂交酸模种子发芽率高达98%，无后熟期。春播后当土壤温度达10℃以上时，9～16d即可出苗，长出第6片真叶时开始分枝，出苗到分枝需28d，每片真叶的叶腋都可产生腋芽。胚芽的发育视植株密度和水肥通气状况而定，以后又可从每个分枝的腋芽处产生新的腋芽，再形成新分枝，最后形成大的复合植株丛，此时称为叶簇期。播种当年一般不开花结实，生长第2年融雪后即返青，生长最快时一昼夜可达7～8cm，从返青到种子成熟需87d。需要≥10℃积温为3 550℃。种子收获后再生草可继续发育形成种子，如果管理科学，可获10～15年的生物量和种子高产期。在甘肃兰州地区4月6日播种，4月20日出苗，5月3日拔节，5月11日现蕾，5月31日开花，6月5日结实，此时株高63.5cm。

（四）栽培技术

播种杂交酸模的地块每年必须多次耕作消灭杂草，并于秋季施入腐熟有机肥料40～60t/hm^2，有条件地区进行冬灌，第2年春耙播种，如播前土壤墒情较差，杂草多，灌区可待杂草返青后浅耕灭草，灌水后再播种。

播种期春秋皆可，但以4～6月为最好，草产量和种子产量均最高。9月后播种，当年植株长出 5~6 片真叶，但越冬不良。乌鲁木齐 10 月中旬播种后，第 2 年 50％植株抽茎开花结实。为保苗，使苗期躲过短期夏季高温，可采用保护播种，但第 2 年杂交酸模的草产量低于单播。播种量 6kg/hm²，干草生产田的行距为 45cm×80cm。为便于中耕除草和追肥，可采用 40cm 与 80cm 宽窄行播种。覆土深度 1.5~2.0cm。播后覆土镇压，使种子与土壤紧密结合。播种时不宜用过磷酸钙和硝酸铵作种肥，因其在杂交酸模播种后出苗的 40d 内会在土壤中分解，释放出硫酸盐，抑制其生长。

杂交酸模是多刈性高产牧草，每次刈割将从土壤中带走大量养分。因此，每次刈割后均应追肥，应追肥氮、磷、钾混合肥料，特别要多施氮肥。杂交酸模根系入土深，可吸收土壤深层水分，因而有一定抗旱能力，但由于叶片多、叶面积大，水分消耗多，尤其夏季高温季节，灌溉地应及时灌水，苗期和每次追肥后应该灌水。

杂交酸模苗期生长缓慢，要注意除草，分枝期后可使用机械除草。成株后叶面积大，对杂草有极强抑制力。株高 60~90cm 时即可刈割，以后每隔 1 个月可再次刈割，秋季霜冻来临前 30d 结束最后 1 次刈割，以免影响越冬和翌年再生。

每次刈割的鲜草，由于茎叶含水量高，鲜干比通常为 10∶1，应迅速铺晒、晾干。如翻动不及时，则下层叶片霉烂变质，如遇下雨天气，损失更严重。青贮时在大田晾晒 1d，然后切成 10~20cm 长度，再与铡碎的小麦秸秆或玉米秸秆及带果穗玉米（1~2cm 长度）混合青贮或分层混合青贮。

杂交酸模的主要虫害有蚜虫、地老虎、蛴螬、叶蜂、蟋蟀等，病害主要为白粉病和根腐病，后者引起缺苗而减产。注意灌水和中耕，可防止根腐病。白粉病多出现在老化叶片上，特别是收种地块上，但及时刈割或喷粉锈宁，可以有效防除白粉病。

（五）经济价值

杂交酸模是一种高产优质牧草。在新疆南疆一年可收 5 茬，北疆可收 4~5 茬，鲜草产量 150~200t/hm²，折合干草产量 25~33t/hm²，种子产量 2.3~2.7t/hm²。杂交酸模品质好、叶量多，是一种高蛋白质、高维生素牧草，17 种氨基酸（不含色氨酸）总量为 15.45％~20.01％，特别是赖氨酸和含硫氨基酸在饲料配方中有重要作用，每 100g 杂交酸模含胡萝卜素 57.69~31.25mg，维生素 C 为 670.41~149.1mg，钙、磷、铁、锌、碘、硒含量也很丰富。饲喂鸡、鸭、猪、牛、鱼适口性好，饲喂羊适口性较差。可青饲或调制成干草、青贮饲料、草粉、草颗粒、草砖和叶蛋白等。因此，杂交酸模是一种利用方式多的高蛋白质、高营养牧草（表 10-5）。

表 10-5　杂交酸模的营养成分

（引自陈宝书，2001）

生育时期	样品	占干物质（％）				
		粗蛋白质	粗脂肪	粗纤维	无氮浸出物	粗灰分
叶簇期	鲜样	38.94	6.07	9.44	33.67	11.88
拔节期	鲜样	29.08	1.73	9.18	41.90	18.69
现蕾期	鲜样	28.94	1.65	11.23	39.16	17.51
初花期	鲜样	27.81	3.17	17.52	42.98	8.52
开花期	鲜样	22.50	2.67	17.60	42.12	13.92
再生草初花期	鲜样	20.56	2.27	30.59	38.93	7.56

第七节 木 地 肤

（一）概述

学名：*Kochia prostrata* Schrab。英文名：prostrata summercypress。别名：伏地肤。

木地肤主要分布在荒漠地带及草原地带。地中海南岸、南欧、伊朗、俄罗斯的西伯利亚和中亚地区均有分布。中国主要分布在内蒙古以及新疆的额敏、托里、伊犁谷地、天山北麓及阿尔泰山的荒漠草原。在东北、西北、华北和西藏等地也有生长，在这些地区木地肤主要生长在含石质和碎石的干燥阳坡或沙性土壤上，不形成优势群落。

（二）植物学特征

木地肤为藜科地肤属多年生旱生半灌木，高20～80cm，根粗壮，基部木质化，茎自基部丛生，多而密，斜生，枝条细弱，带有红褐色，具灰白色分离的茸毛。单叶互生，无柄，叶线状，密被茸毛。稀疏穗状花序，花两性或雌性，3～4朵花集生于叶腋。开花期7～8月，成熟期8～9月。花被在成熟时常常具翅状突起，很少呈瘤状；胞果扁球形，果皮近膜质，紫褐色。种子卵形或近圆形，灰褐色，千粒重1g。

（三）生物学特性

木地肤常生长于山坡和沙丘，抗旱能力强，并耐沙埋，被沙覆盖后能从近地表层沙土中长出新枝。耐盐碱性强，在土壤含盐量达0.5%～0.8%时仍能正常生长。抗寒性强，能在－40℃低温下越冬，是轻盐碱地、沙地和荒漠地区重要的牧草和固沙植物。不耐潮湿，在潮湿或积水地段不能生长。

（四）栽培技术

本地肤种子小，幼苗顶土力弱，整地必须精细，浅播。木地肤种子萌发要求较高的土壤湿度，耕作层含水量15%～20%为出苗的最佳土壤湿度。因此，在干旱草原和半荒漠地区种植木地肤时应在早春播种。木地肤播种当年种子的发芽率一般为50%；第2年下降至30%，田间发芽率仅为15%左右。因此播种时不能利用陈旧种子。出苗前切忌灌水，土壤稍有板结即不能出苗，条播或撒播，条播行距为20～50cm，撒播时可将种子均匀撒在土表，稍加镇压即可。出苗后注意清除田间杂草，苗高4～5cm后小水灌溉。

木地肤种子成熟时极易落粒，当有花序1/3的种子成熟即可带株收割。收割后将植株扎成小捆存放数月，使种子在植株上后熟。种子脱粒后应进行干燥，以免霉烂。调制干草时，应于开花期刈割，此时粗蛋白质含量高，品质好。

（五）经济价值

木地肤是高蛋白质优质饲用植物，其青草和干草的适口性均好，是牛、马、骆驼、羊等喜食的植物。木地肤在中国北方牧区4月初至4月中旬萌发新枝，而前一年枯枝黄叶保存完好，对家畜早春恢复体膘、度过冬瘦、春乏时期具有很大作用。木地肤营养价值丰富，在夏末秋初，幼嫩枝叶的粗蛋白质和粗脂肪含量约占14%，灰分和粗纤维含量则比较低，是春秋牧场的良好催肥草。新疆额敏谷地种植木地肤的营养成分为，粗蛋白质10.5%，粗脂肪3.08%，粗纤维27.07%，无氮浸出物45.06%，灰分8.02%，钙1.28%，磷0.21%。新疆巩乃斯木地肤春季返青早，秋季停止生长晚，叶量大，分枝多，茎细脆，再生性好，耐践踏，适口性好，全株可利用。

第八节 驼 绒 藜

（一）概述

学名：*Ceratoides laten*（J.F.Gmel）Rereal et Holmgren。英文名：common ceratoides。别名：优若藜。

驼绒藜分布较广，西起西班牙，东至西伯利亚，南至伊朗和巴基斯坦干旱地区都有分布。在塔吉克斯坦的帕米尔高原和荒漠地区为优势种植物，在灰钙土人工栽培生长良好，在蒙古主要分布于荒漠草原及荒漠地区。驼绒藜在中国主要分布于内蒙古、甘肃、青海、新疆、西藏和宁夏等地区的灌木-小针茅荒漠草原。目前在内蒙古和新疆等地的牧区作为饲用牧草大面积栽培。

（二）植物学特征

驼绒藜是藜科驼绒藜属［*Ceratoides*（Tourn.）Gagnebin］丛生灌木。株高1～2m，主根入土浅，侧根发达，根系多集中分布于50cm土层中；茎直立，基部木质，多分枝且集中于上部，被星状毛，表皮白黄色；叶较大，披针形或短圆状披针形，长2～5cm，宽0.7～1.0cm，先端锐尖或钝，基部楔形至圆形，全缘，基部狭窄或楔形，通常具明显羽状叶脉，上下两面均被星状毛；叶柄短，有密毛，上部叶片无柄，花单生，雌雄同株，雄花成簇，着生于小枝顶端，集成细长而柔软的穗状花序；花被片4个，椭圆形，膜质，背部有星状毛；雄蕊4枚，和花被片对生，雌花生于叶腋，花管倒卵形，长约3mm，角状裂片长度为管长的1/5～1/4，先端钝，略向后弯，成熟期管外两侧的中、上部各有2束长毛，下部则有短毛，5花被；苞片2个，合生成管，两侧压扁，成椭圆形，其上部有两个角状裂片，角片与管胞果同形，侧扁、直立，种子千粒重4g左右。

（三）生物学特性

驼绒藜为多年生灌木，寿命长达数十年以上，人工栽培的驼绒藜灌木林可利用10年左右。驼绒藜耐旱性强，易于在干旱和半干旱气候条件下生长。种子发芽能力强，在平均温度4℃左右、土壤水分适宜时，很快萌动。20～25℃时，8h后即发芽，24h之内发芽率达76%。因此，驼绒藜播种后，只要条件适宜，就能很快出苗。出苗后1个月左右，地下部分生长迅速，25d根系长达15cm以上。

驼绒藜的生长发育与土壤肥力和水分状况有密切关系。气候适宜，土壤水分充足，早春播种的驼绒藜，当年株高可达60～70cm，但分枝较少，当年即可开花结实。生长第2年，株高80～120cm，株丛直径可达60cm，形成高大繁茂的灌丛。如在干旱、贫瘠的沙地上直播，出苗稀疏，株高仅10～20cm，不能开花结实。第2年8月上旬或下旬开花，9月初结实，10月初种子成熟。

驼绒藜对土壤要求不严，除低湿的盐碱土和流动沙丘不宜生长外，其他各类土壤均能生长。最适宜的土壤是棕色沙壤质土和壤质沙土。

(四) 栽培技术

1. 播前准备

（1）整地　驼绒藜种子小而轻，因此，准备播种驼绒藜的土地应在前1年秋季灭茬翻耕，并进行精细耙糖整地，使土地平整、细碎。

（2）种子处理　驼绒藜的胞果由于密生白色茸毛，籽粒与籽粒常常黏结在一起，不易分开，给播种带来困难，所以在播种前要摊开晾干，轻压清选并与稍湿润沙土拌匀，然后播种。

2. 播种

（1）播种期　有灌溉条件和墒情好的地区春播，播种当年大部分植株可开花结实，并能获得较高产量。如果气候干旱，土壤墒情差，可夏播，但播种当年产量较低。在内蒙古地区春播一般为4月下旬至5月上旬，夏播在6月下旬至7月中旬等待雨季抢墒播种。

（2）播种方法和播种量　有直播和育苗栽植两种。在干旱地区直播驼绒藜抓苗困难。如果在干旱地区进行直播，必须选择阴雨天气抢墒播种，以提高出苗率。育苗栽植时，选择肥力充足土地，早春播种。播种时，最好做畦灌水，土壤稍干后播种，当年育出的幼苗，第2年春季进行大田栽培。种植驼绒藜可采用开沟条播、穴播和撒播。驼绒藜籽粒小而轻，覆土不宜过深，一般覆土1~2cm，超过2cm则出苗困难。播种后要轻轻镇压。播种量3.8~7.5kg/hm²，行距30~35cm。

（3）田间管理　驼绒藜基部具有分枝，根茎部粗壮，待幼苗长至20~25cm时，要特别注意中耕培土，以促使整个株丛生长旺盛。在整个生育期内，应灌水1~2次，以确保产量。

驼绒藜为灌木，刈割后再生性差，故每年只刈割1次，待大部分种子成熟时刈割，但这个时期叶片已枯黄，枝条木质化严重，饲喂时需加工粉碎，否则利用率不高，造成浪费。

驼绒藜从开花到种子成熟，历时较长，种子成熟期晚，所以应特别注意采种时间，待种子充分成熟后，刈割、晾干、打碾。在内蒙古地区采集野生驼绒藜种子一般是在10月上旬至中旬。

(五) 经济价值

驼绒藜枝叶繁茂，干草产量达6 000~7 500kg/hm²。驼绒藜营养丰富，不仅蛋白质含量高，而且矿物质（钙和磷）含量也较高，其营养成分见表10-6。

表10-6　驼绒藜的营养成分

（引自陈宝书，2001）

生育时期	样品	占干物质（%）					钙 (%)	磷 (%)	胡萝卜素 (mg/kg)	分析单位
		粗蛋白质	粗脂肪	粗纤维	无氮浸出物	粗灰分				
营养期	鲜样	9.58	1.72	8.35	20.92	3.87	—	—	—	南京农业大学
现蕾期	干样	18.39	1.91	32.06	25.43	7.98	0.47	1.94	22.47	内蒙古农业大学
开花期	干样	10.08	1.39	35.58	25.92	8.04	0.17	2.16	12.7	内蒙古农业大学

驼绒藜适口性好，既可放牧，又能青饲和调制干草，各种家畜都喜食，尤其是骆驼、马、羊等。刈割利用时必须注意刈割期，开花、结实期茎秆质地粗硬，大部分木质化，家畜

采食率低。人工种植的驼绒藜灌木林，可在现蕾期刈割调制干草，是各种牲畜冬春季良好饲料。驼绒藜成熟后，除基部茎秆质地粗硬，家畜不采食外，其茎叶可作饲草，种子还可以作饲料，饲草利用率达80%。

第九节 木 薯

（一）概述

学名：*Manihot esculenta* Crantz。英文名：cassava。别名：树薯、木番薯。

木薯原产于巴西亚马孙河流域，散布在南美热带地区，19世纪从越南传入中国。木薯在中国大致分布在北回归线以南各地，广东中南部、广西东南部和云南分布较多。台湾、福建和湖南的南部亦有分布。

（二）植物学特征

木薯为大戟科木薯属（*Manihot* Mill.）多年生植物。根分为须根、粗根和块根。须根细长；块根呈圆筒形，两端稍尖，中间膨大；粗壮根系为块根膨大过程中因条件恶劣、中途停止膨大而成的。块根皮呈紫色、白色、灰白、淡黄色等。块根分表皮、皮层、肉质及薯心4个部分。块根上无潜伏芽，不能作为种薯繁殖。株高1.5~3.0m，只有高位分枝。茎节上有芽点，是潜伏芽，可以作种苗用。茎粗2~4cm，表皮薄，光滑有蜡质；皮厚而质软，具有乳管，含白色乳汁，髓部白色。单叶互生，呈螺旋状排列，掌状深裂，全缘渐尖，叶基部有托叶2枚，托叶呈三角状披针形，叶柄长20~30cm。圆锥花序单性花，雄花黄白色，雌花紫色。蒴果短圆形，种子扁长，似肾状，褐色；种皮坚硬，光滑，有黑色斑纹。种子千粒重57~79g。

（三）生物学特性

木薯喜温热气候，在热带和南亚热带地区为多年生，在有霜害的地区则表现为一年生。1年中有8个月以上无霜期、年平均温度在18℃以上地区均可栽培。发芽最低温度为16℃，24℃生长良好，高于40℃或低于14℃时，生长发育受抑制。

木薯根系发达，耐旱，年降水量366~500mm就能满足其对水分需要。但喜欢湿润，如果长期干旱或降水量不足，则块根木质化较早，纤维含量增高，淀粉减少，饲用价值降低。适宜年降水量为1 000~2 000mm。木薯对积水的耐受力较差，排水不良以及板结田块对结薯不利。

木薯生长发育需强光照。种植于树荫下，则叶细小，茎秆细长，薯块产量极低。短日照有利于块根形成，结薯早、增重快，日照长度为10~12h时，块根分化的数量多、产量高。长日照不利于块根形成，日照长度达16h时，块根形成受抑制，但长日照有利于茎叶生长。

木薯对土壤的适应性很强，在沿海、丘陵、山地、荒地均可栽培。以排水良好、土层深厚、土质疏松、有机质和钾含量丰富、肥力中等以上的沙壤土最为适宜。土质黏重板结或石砾地、粗沙地等，不利于根系伸长，块根发育不良，产量和品质较差。木薯可在pH 3.8~8.0的土壤中生长，但以pH 6~7最适宜。木薯植株较高，忌台风，台风会吹断枝条或茎秆，造成倒伏减产。

木薯对钾肥敏感，氮肥次之，磷肥最不敏感。钾对碳水化合物运输很重要，有利于块根膨大。缺钾时，老叶易枯黄或出现棕黄色斑块，块根较小，积累淀粉少。缺氮时叶片淡黄、叶尖干枯，生长缓慢。缺磷时，茎细弱、叶尖易枯。木薯对过量氮肥反应极敏感，往往造成茎叶徒长，茎秆细长，常引起倒伏，薯块产量很低。

（四）栽培技术

1. 品种选择　木薯品种很多，国际上根据块根氢氰酸含量分为苦品种和甜品种两个类型。每100g 块根中氢氰酸含量在5mg 以上者为苦品种，典型苦品种有华南201（引自马来西亚，又名南洋红）、华南205（引自菲律宾）。华南201为晚熟高产品种，产量15～30t/hm²，每100g 块根中氢氰酸含量高达9～14mg；华南205是中国栽培面积最大的高产品种，产量30～45t/hm²，集约栽培可达75t/hm²。典型的甜品种有面包木薯、糯米木薯（华南102）以及蛋黄木薯，均表现为品质较好，一般产量为15t/hm²。

2. 整地　要求土壤有机质丰富、耕层深厚，而且疏松的土壤也有利于木薯根系生长、块根呼吸、营养运输和贮存。翻耕后，施22～30t/hm² 腐熟混合堆肥，然后再耙匀、起畦。畦长65cm，宽20cm，深15cm。

3. 栽植　选择粗壮、老熟种茎，最好是基部茎，表皮无损，无病虫害，无干腐。将种茎切成长12～15cm，有3～5个芽点的短段。切割时，使用锋利砍刀，下垫木桩，刀刃锋利，使茎切口平整，无割裂。切断的刀口见乳汁。下部茎作种苗，产量高。

（1）种植时间　根据木薯发芽的温度要求，气温稳定在16℃以上时可种植。木薯适植期为2～4月，越早越好。

（2）种植密度　根据水肥条件、品种特性合理密植。土壤肥力中等以上，9 000～15 000株/hm² 为宜，土壤条件较差的15 000～18 000株/hm²，条件恶劣的可种植21 000～24 000株/hm²。裂叶品种可适当密植。

（3）定植方法　采用斜插法，即将种茎呈15°～45°倾斜种植于穴或沟中，种茎2/3埋在土中。也可采用直插法和平放法。平放法是将种茎平放，浅埋于植沟中，省工快速，生产上用此法较多。三种方法产量无明显差异。

4. 田间管理

（1）间苗及补苗　木薯种植后通常有2～4个或更多幼芽出土，如任其生长则植株过密，造成严重遮蔽而减产。因此，苗齐后，当苗高为15～20cm 时要进行间苗，每穴留1～2苗，另外，木薯种植后常常由于种种原因缺株，会使产量降低。因此，种植后20d 要查苗补苗，30d 内完成补苗。

（2）中耕除草　种植后3个月内，幼苗生长缓慢，地表易长杂草。中耕除草既可疏松土壤，又可防止杂草危害。种植后30～40d，苗高15～20cm 时进行第一次中耕除草；种植后60～70d，进行第二次松土除草；90～100d，应结合松土除草，追施壮薯肥。

（3）追肥　生产1 000kg 木薯块根，需氮2.3kg、磷0.5kg、钾4.1kg、钙0.6kg、镁0.3kg。正常情况下，氮、磷、钾肥配合施用比例为5∶1∶8。生产中多为有机肥和磷、钾肥混合堆沤施用，追肥以氮肥为主。在木薯生长期间，一般追肥2～3次，分为壮苗肥、结薯肥和壮薯肥。壮苗肥施尿素75kg/hm²，于植后30～40d 施用，以利于壮苗发根，为块根形成提供物质基础。结薯肥以钾肥为主，并适当施氮肥，种植后60～90d 内，结合松土，施尿素30kg/hm²、氯化钾85kg/hm²，可促进块根形成，保证单株薯数。如果土壤贫瘠，最好施1次壮薯肥，种植后 90~120d 施用，利于块根膨大和淀粉积累，追施尿素 37.5kg/hm²。

（4）病虫害防治　木薯生长期间的病害有真菌性叶斑病、炭疽病和细菌性枯萎病、角斑病等。防治方法包括检疫、抗病育种、改善大田潮湿环境等。木薯虫害主要是螨类和食根缘齿天牛。防治螨类的方法有抗虫育种、人工繁殖和释放螨类天敌植绥螨和隐翅虫科天敌等，也可用 20% 双甲脒水剂 1 000~1 500 倍液或 40% 氧化乐果乳剂 1 500~2 000 倍液进行喷雾。

5. 收获　木薯无明显成熟期，一般在块根产量和淀粉含量均达到最高值时收获。根据品种熟性，种植后 7~10 个月收获。由于木薯不耐低温，在早霜来临之前，气温下降至 14℃ 时就应收获。热带地区，2 月之前应收获完毕。收获时，可先砍去嫩茎和分枝，然后锄松茎基表土，随即拔起。也可用畜力、机械犁疏松表土，人力收拣。块根收获后，可切片晒干备用，或加工淀粉后，以薯渣作饲料。

（五）经济价值

木薯块根的主要成分是淀粉，蛋白质和脂肪含量少，但维生素 C 含量较为丰富。蛋白质中，赖氨酸含量较高。木薯块根含有钙、磷、钾等多种矿物质。木薯叶片含有丰富蛋白质、胡萝卜素和维生素等，蛋白质含量高于一些牧草，除蛋氨酸低于临界水平外，其他必需氨基酸较丰富。

木薯块根是奶牛、育肥牛和绵羔羊生长的主要能量来源，已取得令人满意结果。木薯几乎可取代日粮中所有谷物，而不会使家畜生产性能下降。用木薯粉取代蛋鸡饲料中的谷物，可获得同样产蛋数，但蛋重大幅下降。补充蛋氨酸和含硫氨基酸能获得谷物饲喂的相似结果。木薯叶粉取代家禽日粮中的苜蓿粉（占日粮 5%），并添加蛋氨酸，饲养效果相似。木薯叶粉是奶牛的过瘤胃蛋白质，对奶牛的作用与苜蓿相同。生长期 3~4 个月的木薯植株可以切碎青贮喂牛；成熟木薯整株青贮后，是反刍动物的平衡饲料。木薯块根提取淀粉后的残渣，可添加在牛的日粮中，也可用于喂鸡，在家禽日粮中占 10%。

木薯植株的各部位均含有氰苷配糖体，味苦，易溶于水，对植物本身起保护作用。在常温下，氰苷配糖体经酶作用或加酸水解，便生成葡萄糖、丙酮和氢氰酸。分解氰苷配糖体的苦苷酶在 72℃ 以上时被破坏。氢氰酸能影响动物呼吸机制，麻痹中枢神经。牛最容易中毒，每千克体重最低致死量为 0.88mg；羊为 2.32mg。木薯块根切片后在 60℃ 温水中浸 3~5min，待分离出氢氰酸后干燥，90% 氢氰酸已挥发除去。或者把鲜木薯切片放在 40℃ 气温下堆积 24h，再晒干，也有相同效果。

木薯是杂粮作物和优良饲料作物，块根富含淀粉，叶片可以养蚕。工业上利用木薯可造酒精、糨糊原料和药用淀粉。

? 思考题

1. 简述聚合草的主要特征特性及其栽培技术和应用价值。
2. 简述菊科的主要形态特征及其饲用植物资源现状和应用状况。
3. 简述藜科的主要形态特征及其饲用植物资源现状和应用状况。
4. 简述苋科和蓼科的植物学特征及各自饲用植物的资源现状和应用状况。
5. 木薯作为家畜饲料时，调制方法有哪些？

第四篇 饲料作物各论

第十一章 禾谷类饲料作物

学习提要

1. 了解禾谷类饲料作物全球资源状况及其独有的植物学特征和经济价值。
2. 熟悉中国栽培的主要禾谷类饲料作物生物学特性、应用区域及其饲用价值。
3. 依据读者自己当地生产实际,有选择地学习掌握重要禾谷类饲料作物的栽培技术及其利用技术。

第一节 玉 米

(一) 概述

学名:*Zea mays* L.。英文名:corn、maize、Indian corn。别名:玉蜀黍,俗名苞谷、苞米、玉茭、棒子等。

原产于墨西哥和秘鲁,至今已有4 500～5 000年栽培历史。1492年哥伦布发现美洲大陆后,玉米由美洲传到欧洲和世界各地,成为世界性栽培作物。全世界北美洲种植玉米最多,其次是亚洲、拉丁美洲、欧洲、非洲和大洋洲。世界种植玉米较多的国家有美国、中国、巴西、墨西哥、印度、阿根廷、苏联、罗马尼亚等。总产量以美国最多,占世界总产量43%左右。玉米栽培历史悠久,是世界三大粮食作物(水稻、小麦、玉米)之一。2000年世界玉米收获面积达13 754.9万 hm^2,2002年中国玉米播种面积为2 463.39万 hm^2。据统计,欧洲等农牧业发达国家青贮玉米种植面积占整个玉米种植面积的30%～40%。加拿大现在每年种植青贮玉米190万 hm^2,美国每年种植青贮玉米230万～460万 hm^2。玉米在畜牧生产中的地位,远远超过它在粮食生产中的地位。世界70%玉米用作动物饲料。美国每年约有1.5亿t玉米用作畜禽饲料,占世界玉米总产量的31%,其中2 000万t直接作为畜禽饲料,1.3亿t作为配合饲料的主要成分。美国一般用10%玉米面积种植青饲、青贮玉米,饲用产量达1亿t。

玉米16世纪传入中国,种植遍及全国,主要集中在东北、华北、西北和西南山区,大致形成从东北到西南的狭长地带,主要包括黑龙江、吉林、辽宁、河北、山东、河南、山西、陕西、四川、贵州、广西和云南12个省份,其播种面积占全国玉米总面积的80%以上。在中国传统农业生产体系中,玉米主要是粮食作物,但随着人们生活质量的提高,饲用玉米所占的份额越来越大。中国玉米总产量占世界的1/6,玉米总产量的70%以上用作饲料,占饲用谷类总量的50%,是主要饲料原料。玉米饲料已成为各种动物日粮的主要成分和幼畜育肥的强化饲料。

玉米根据利用途径和经济价值可划分为饲用玉米、粮用玉米和专用玉米。其中饲用玉米栽培用作家畜饲用,又可分为饲料玉米、青饲玉米、青贮玉米、饲草料兼用玉米;粮用玉米栽培用作人的粮食,又可分为籽用玉米和穗用玉米;专用玉米栽培用作其他经济用途,已培育出许多商品价值高的专用型玉米品种,如可用来制作爆米花和糕点的爆裂玉米,可用来制作各种风味罐头、加工食品和冷冻食品的甜玉米，可用于制作增稠剂用于胶带、黏合剂和造纸等工业的糯玉米，用来制作食用油的高油玉米，用来提取赖氨酸制作成添加剂的高赖氨酸玉米。

（二）植物学特征

玉米是禾本科玉蜀黍属一年生草本植物（图 11-1），为 C_4 植物，是禾谷类作物中体积最大的一种作物。

玉米为须根系，根系发达，根系占全株质量的 16%～25%。根系的 60%～70%分布在 0～30cm 土层内，最深可达 150～200cm。玉米生长初期，如果土壤水分过多，则根系生长细弱，入土不深，故要采取蹲苗措施，以促进根系发育。但土壤过于干旱，根系也同样受到抑制而发育不良。深耕能改变土壤结构，改善土壤通气和养分状况，从而促进玉米根系发育。根据试验结果，耕层加深到 40cm 能使根的总重增加 22%，吸收面积增加 34%，同时吸收区域移向较深土层，能吸收大量养分和水分。近地面茎节上轮生多层气生根，除具有吸收能力，还可支持茎秆不致倒伏。玉米根系的发育和地上部的生长相适应，根系发育健壮，可以保持地上部良好生长所需的水分和养分。

玉米的茎扁圆形，茎的高矮因品种、气候、土壤及栽培条件而异，一般株高 1～4m，茎粗 2～4cm，茎上有节，每 1 节具 1 片叶子。通常 1 株玉米的地上部有 8～20 节，近地表 3～5 节，节间短。节间基部都有 1 腋芽，通常只有中部腋芽能发育成雌穗。基部节间的腋芽有时萌发成为侧枝，称为分蘖或杈子。种子生产田应结合中耕除草将分蘖除掉，以免消耗养分，影响主茎生长。但是对于能频繁结果穗的矮生型玉米、青贮和青饲用玉米，分蘖应予以保留。如进行玉米杂交工作，父本可不进行分蘖以增加父本的花粉来源。

图 11-1　玉米的形态

玉米的叶剑形，互生。每片叶由叶鞘、叶片、叶舌 3 部分组成。叶鞘着生于茎节上，常超过节间。叶片与叶鞘相连，伸在植株的一边，叶片长宽差异很大，一般叶片长 70～100cm，宽 6～10cm。叶缘呈波浪状，边缘有茸毛或光滑。

玉米雌雄同株异花，雄花序（雄穗）着生在植株顶部，为圆锥花序。雌花序（雌穗）着生在植株中部的叶腋内，为肉穗花序。雄穗开花一般比雌穗吐丝早 3～5d，借风力传播花粉，为典型异花授粉植物，天然杂交率在 95%以上。雄穗的主轴和分枝上成对排列的每个雄小穗由颖片包住两朵雄小花。每朵雄小花有内稃、外稃和 3 个雄蕊，花药多为黄色，也有的为紫、粉红或绿色。每个花药内约有 2 000 个花粉粒。雌穗外为多数叶状总苞片所包裹，穗轴粗大，着生许多纵行排列的雌小穗。每个雌小蕊有 2 朵小花，1 朵结实。结实雌花有内稃、外稃、2 片鳞被和 1 个雌蕊。花柱和柱头细长，合称花丝，黄色、浅红或紫红色，其上密生茸毛，能接受花粉。雌穗上的雌小穗成对排列，每 1 雌小穗只结 1 个籽粒，所以果穗上的籽粒行数都成双。

玉米籽粒为颖果，颜色有黄、白、紫、红或花斑等。生产上栽培的以黄、白色者居多。胚占籽粒重的10%～15%，胚乳占80%～85%，果皮占6%～8%。根据玉米稃壳长短、籽粒形状、淀粉品质和分布，将玉米分为硬粒型、马齿型、半马齿型、糯质型、爆裂型、粉质型、甜质型、有稃型和甜粉型。这9个类型中国都有种植，但在生产上应用较多的只有硬粒型、马齿型和半马齿型三种。硬粒型玉米籽粒近圆形，顶部平滑、光亮、质硬、富角质，含有大量蛋白质，多为早熟种；马齿型玉米籽粒扁平形，顶部凹陷，光亮度较差，质软，富含淀粉，含蛋白质较少，多为晚熟种；介于两者之间的为半马齿型玉米。玉米籽粒大小差异很大，大粒品种千粒重400g左右，小粒品种50g左右。

（三）生物学特性

玉米为喜温作物，对温度要求因品种而异。中早熟品种需有效积温1 800～2 000℃，而晚熟品种则需3 200～3 300℃。种子发芽所需最低温度，早熟种及硬粒为6～7℃，晚熟种与马齿种为15℃，但以25℃左右为发芽最适温度。苗期抗寒力较弱，遇－3～－2℃低温即受霜害，但以后尚能恢复生长。尚未抽穗的幼株更不耐低温，遇－2～－1℃低温时持续6h即受冻害，并很难恢复生长。玉米对温度要求：出苗到拔节期不能低于12℃，拔节至抽穗期昼夜平均温度不能低于17℃，抽穗开花到乳熟期以24～26℃较为适宜，从乳熟以后到完熟期要求温度逐渐下降，低于16℃时则籽粒不能成熟。

玉米为短日照植物，8～10h短日照条件下开花最快，但不同品种对光照反应的差异很大，且与温度有密切关系。大多数品种要求8～10h光照和20～25℃温度。缩短日照可促进玉米发育，因此北部高纬度地区的品种引种到南方栽培时，生育期缩短，可提早成熟。反之，南方品种北移时，茎叶生长茂盛，一直到秋初短日照条件具备时，方能抽穗开花。

玉米对氮需求远比其他禾谷类作物高，如果氮肥不足，则全株变黄，生长缓慢，茎秆细弱，产量降低。玉米对磷和钾的需求也较多，不足时影响花蕾形成和开花结实。如果按每公顷4 500kg产籽量计算，需吸收氮225kg、磷75kg、钾150kg。一般乳熟以前要求氮较多，乳熟以后要求磷、钾较多。因此，玉米除施足基肥外，生育期间还应分期追肥。肥料不足，空秆增多。

玉米对土壤要求不严，各类土壤均可种植。质地较好的疏松土壤保肥保水力强，可促进玉米根系发育，有利于增产。对土壤酸碱性的适应pH范围在5～8，且以中性土壤为好；玉米不适于生长在过酸或过碱土壤中。

玉米的生育期一般为80～140d，早熟种80～95d，晚熟种120～140d。

（四）栽培技术

1. 轮作与间混套作 玉米对前作要求不严，在麦类、豆类、叶菜类等作物之后均易种植。玉米是良好的中耕作物，消耗地力较轻，杂草较少，故为多种农作物如麦类、豆类、根茎瓜类、牧草等饲料作物的良好前作。

玉米连作时会使土壤中某种养分不足，病虫害加剧，特别易引起玉米黑粉病和黑穗病蔓延，降低籽粒产量。青贮玉米连作，由于黑粉病多，也会降低青贮饲料品质。大面积机械化栽培玉米时，由于倒茬有困难，常年连作，从而导致减产，应予改进。

玉米在饲用栽培中，为了充分利用土地和光热资源，一般采用间混套作和复种的方式以获得高产优质青饲料和青贮原料，这是一项有效的增产措施。

（1）间作　玉米为高秆禾本科作物，与植株较矮、蔓生性的豆科作物间作，能有效利用空间和地力，增加边际效应，防止基部叶片枯死，既提高产量，又增进品质。常见组合是：玉米与大豆或秣食豆间作，玉米与草木樨间作，玉米与甜菜或南瓜间作。这几种形式的间作，不仅能改善田间通风透光条件，还能使玉米从豆科植物获得氮素营养，有利于增产。在东北、华北一带，玉米多为行距 60~70cm，行比 4∶4 或 6∶6 垄作间种。玉米为点播或条播，豆类为条播，甜菜和南瓜为点播。两者一般为同期播种。

（2）混作　玉米与秣食豆、毛苕子、豇豆、扁豆等豆科作物混种可以提高产量，增进品质。玉米为主作物，混作秣食豆时能促进玉米发育，而秣食豆由于耐阴性较强，也能获得较高产量。点播或条播，播种量为：玉米 22.5~30.0kg/hm²，秣食豆 30.0~37.5kg/hm²。

（3）套作　玉米套作方式因地区及栽培目的不同而异。河北、河南及山东一带，多在冬小麦行间套作玉米，或在马铃薯行间套作玉米；东北则在马铃薯和大垄春小麦行间套作青刈玉米，都能获得较高产量。麦类套作玉米，多在麦类作物拔节期，在行间加播 1 行玉米（隔行或隔数行）。小麦收获后随即对玉米进行田间管理，以促进玉米迅速恢复生长。在南方则常与甘薯、南瓜套作。

（4）复种　在东北一年一熟区，小麦收获后还有 60~80d 的生育期，可复种一茬青刈玉米。小麦要提前在蜡熟中期收获，边收、边运、边翻、边播，在 7 月上、中旬播完。条播行距 30~50cm 为宜。播种量为 52.5~60.0kg/hm²。

2. 整地和施肥　玉米须根入土较深，深耕可创造疏松耕作层，有利于增产。在耕作层深度内，一般耕翻深度越大，其增产幅度也越大。耕翻深度一般不能减少到 18cm，黑钙土地区应在 22cm 以上。春播地要进行冬灌和春灌，复播地种前也要进行漫灌，以保证地块的良好墒情。

中国北方春播玉米区，应在前一年和前作收获后及时耕翻，并做到翻、耙、压连续作业。在新疆地区，秋翻后不耙不压，以便冬季积雪。南方夏、秋玉米区或复种青刈玉米，应于前作物收获后，及时施肥、整地和播种。

玉米的施肥应以基肥为主，追肥为辅，有机肥料为主，无机肥料为辅。施肥应与整地相结合。施肥在灌底墒水前进行，施优质堆肥，厩肥施用量 15.0~22.5t/hm²，施磷肥 120~150kg/hm²，撒施后翻耕埋于地下。青刈栽培的玉米，要特别注意施肥。在一般地力条件下按生产 6 万 kg/hm² 青刈玉米计算，换算成肥料要素量，约需堆肥 11.25t、硫酸铵 330kg、过磷酸钙 225kg、硫酸钾 204kg。施用充足粪肥，能显著提高青刈玉米产量和品质。吴欣明等（2006）报道，不同施肥量对饲用玉米产量的影响较大，450kg/hm² 和 300kg/hm² 施肥水平增产幅度较大，但 300kg/hm² 施肥水平最经济，投入产出报酬率最高。

3. 播种　种子生产田要选择适应当地气候条件、成熟良好、产量高而稳定的优良品种。青刈、青贮用的玉米，要选植株高大、分蘖多、茎叶繁茂、鲜草产量高和品质好的中、晚熟型玉米。玉米适宜播种期，因品种、类型和生产目的不同而有很大差异。春玉米要在 10cm 土层温度稳定在 10~12℃时才可以播种。中国各地春玉米播种期差别很大：长江流域以南地区，3 月底以前；黄河流域，平原地区 4 月中、下旬，山区 5 月初；东北一般在 5 月上、中旬；新疆塔里木盆地南部在 3 月下旬到 4 月上旬，北部在 4 月上、中旬；准格尔盆地南部在4月下旬至5月上旬。青饲和青贮用玉米的播种期还可根据青饲或青贮需要，进行早、中、晚熟品种的分期播种。玉米用作青饲，最晚的播种期，以在霜冻前植株生长达到一定高度和一定收获量为准，如能达到抽雄至开花期更好，因为抽雄开花期是玉米茎叶营养丰富、产量较高的时期。用作青贮则以在霜冻前玉米能长到乳熟末期为宜。

饲用玉米种植密度应根据品种特性、土壤肥力和青贮类型等因素而定。在中上等土壤肥力条件下，种植密度为4万～6万株/hm^2，在高肥不出现伏旱、秋吊或有灌溉条件下，种植密度可在原有密度基础上增加0.5万株/hm^2。玉米的播种量，一般条播大粒种45～60kg/hm^2，穴播22.5～37.5kg/hm^2。如采用精量播种机播种，播量15.0～22.5kg/hm^2即可。用作青贮玉米时播种量增加20%～30%，青饲用玉米播量增加50%。玉米的播种方式有垄作、平作和畦作三种。东北采用垄作，华北采用平作，南方多雨地区则筑畦播种，以利排水。播种方法有条播和点播两种。行距一般60～70cm，用作青饲的可缩小30cm。覆土深度要以土壤质地和墒情来确定，墒情好的为6～8cm；土壤黏重、雨水较多的以5～6cm为宜；沙质较重而且干旱时，可以深播10～12cm。在中国夏（秋）玉米区，为了提早玉米播种期，普遍采用育苗移栽，这是提高复种指数、充分利用有效积温的措施，麦茬移栽一般比直播增产20%以上。

4. 田间管理 玉米的田间管理包括定苗、中耕、除草、培土、灌溉、追肥、授粉以及病虫害防治等一系列工作。只有精细管理并把这些工作紧密配合起来，才能获得最大效果。如果在某一环节上有所疏忽，产量将受到极大影响。"苗荒苗，胜于草荒苗"说明适时间苗和定苗的重要意义。种子生产田通常在2～3片真叶时先行间苗，拔除病苗、弱苗。在4片真叶时定苗。植株密度与外界因素及选用品种有关，各地要经过试验来确定。大致范围是：高秆晚熟种42 000～48 000株/hm^2，中熟种为45 000～52 500株/hm^2，矮秆早熟种为60 000～82 500株/hm^2，作为青饲料用地可留120 000～150 000株/hm^2。

中耕除草是玉米田间管理的一项重要工作，中耕可以疏松土壤，流通空气，促使玉米根系发育，同时可消灭杂草，减少地力消耗，特别对春播玉米，早中耕能提高地温，对幼苗健壮生长有重要意义。农谚："锄头上三件宝，发苗、防旱又防涝"，说明了中耕的重要作用。第一次中耕应在出苗显行时进行，第二次中耕在定苗后进行，第三次应结合追肥进行，第四、五次在第一次灌溉后进行，中耕深度的经验是：头遍浅，二遍深，三遍、四遍不伤根。在气生根长出前或长出时还应进行培土。

蹲苗是根据玉米生长发育规律，控制地上部分生长，促进根系发育，解决地上部与地下部生长矛盾的一项有效技术措施。蹲苗主要以控制苗期灌水和多次中耕来实现。蹲苗的时间一般从出苗后开始至拔节前结束。春播玉米一般为1个月左右，夏播玉米一般为20d左右。在土壤底墒不足，又遇天旱，土壤持水量下降到40%以下的情况下，应停止蹲苗，进行小水和隔行灌溉，否则会影响幼苗生长。因此，蹲苗应贯彻"蹲黑（墒）不蹲黄（墒），蹲肥不蹲瘦，蹲湿不蹲干"的原则。青饲玉米利用期早，需要催苗，可不进行蹲苗。

蹲苗结束后，应追肥灌水。追肥应分期进行，要在拔节和抽穗前分期追两次肥料，一般在玉米拔节时追一次攻秆肥，夏玉米应重施攻秆肥。第二次在抽穗期前追施攻穗肥。为满足雄穗分化对肥料的需要，春播玉米应重施攻穗肥。氮、磷肥料要配合施用。

灌水要结合追肥进行，在拔节期（蹲苗结束）即应灌水，使土壤水分保持在田间持水量的70%左右。结合攻穗肥浇抽穗水，使土壤中水分保持在田间持水量的70%～80%，以利

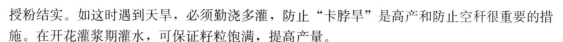

授粉结实。如这时遇到天旱,必须勤浇多灌,防止"卡脖旱"是高产和防止空秆很重要的措施。在开花灌浆期灌水,可保证籽粒饱满,提高产量。

玉米开花期及时进行人工辅助授粉是促进籽粒饱满、提高籽粒产量的有效措施。一般在雄花已经开放,大部分花丝露出以后,在无风晴天上午8:00~11:00进行。

在籽实成熟期要防止病虫、鸟兽为害,保证丰产丰收。

5. 适时收获 玉米到蜡熟期生物产量达到最高峰,蜡熟期以后,随着植株体内营养物质不断向果穗输送,籽粒质量不断增加,但由于植株体内水分损失较多,而使生物产量不断下降。种子生产田,当茎叶已经变黄,苞叶干枯松散,籽粒变硬发亮时,即为完熟期,可进行收获。玉米无落粒现象,故不宜收获过早,早收种子含水量大,不耐贮藏,容易霉变受损。如要收后复种时,可以在蜡熟末期提前刨秆腾地,使籽粒后熟,既不影响产量,又可有利于后作小麦的整地播种。

如作饲用,决定最适收获期应以获得较高草产量、营养价值高、适合青饲和青贮为原则。作为青饲,可根据需要在苗期到乳熟期内随时刈割。青贮玉米于乳熟到蜡熟期收获。如将果穗食用,只青贮玉米茎叶时,为了获得数量多品质好的青贮原料,可于蜡熟后期收获果穗,将玉米茎叶及时青贮,亦可获得品质较好的青贮饲料。

6. 地膜覆盖技术

(1) 播前准备 地膜覆盖技术对地面平整度要求很严,为此播前要做到如下工作。

①选地和整地要精细:选择土层深厚、土质疏松、肥力中等以上、保肥保水能力好的地块;前茬以豆茬、麦茬或瓜、菜、洋芋等茬为宜,避免连作,重盐碱地不宜种植;前作收获后应及时翻耕,灌好底墒水,冬前耙压保墒,播种前进行精细平整,清除田间碎石、杂草根茬,保持地面疏松平整。

②选用良种:地膜覆盖栽培能使玉米成熟期提前且增产幅度大,选用品种应根据不同地区的温度条件、品种特性及产品用途而定。

③选用合适的地膜:地膜规格较多,用途各异。栽培玉米以70~75cm幅宽的超薄膜为好,这种规格的薄膜覆盖面积较大,有利于增温保湿,且成本较低,用量60kg/hm²即可;若选用幅宽145cm的超薄地膜,用量为52.5~60.0kg/hm²。

④种子处理:播种前对玉米种子进行人工或机械精选,剔除杂草、异作物、霉变种子、烂种子,晾晒2~3d后用种衣剂包衣,也可按玉米种子用量12g/kg硫酸锌或多元微肥剂量进行拌种处理;地下害虫为害严重的地方,可以按每千克玉米种子量用2mg 20%甲基异柳磷乳剂稀释100~120倍液或50%锌硫磷乳剂稀释500倍液进行拌种处理;丝黑穗病发生较重的地区,按玉米种子用量0.2%的20%粉锈宁乳剂或20%菱锈灵乳剂稀释5~10倍进行拌种堆闷4h后即可播种。拌种过程中要注意适当加水,边拌边搅混,尽可能做到拌种均匀。

⑤施足基肥:结合春耕,施优质农家肥75t/hm²,硝铵300kg/hm²或尿素225kg/hm²加磷二铵300kg/hm²,开沟施在紧靠种子沟的空沟或压膜沟里。

(2) 覆膜播种 播种时间以5cm土层温度稳定为10℃时,一般要比露地玉米提早7d左右播种,并能避过出苗后的霜冻为宜。覆盖薄膜有2种方式。

①先播种后盖膜方式:整好的地块用小犁铧按种植玉米行距划好线后,开沟点播种子,播深5cm,每穴2~3粒,整平种子沟,然后紧靠种子沟两边各开一条10cm深的压膜沟,随后盖膜。

②先盖膜后打孔播种方式：整好的地块用小犁铧按种植玉米带宽，先在两边开10cm压膜沟，盖膜后按规定株行距放线点播，每穴2～3粒。对幼苗与播种孔错位的，要及时放苗出膜，盖严膜孔。不论采用哪种方式，盖膜时地膜要拉展，紧贴地面，抓紧两边压入沟内，覆土3～4cm，压实。为防止大风揭膜，膜上每隔3～4m要压一条"土腰带"。合理密植，选用145cm地膜，种4行玉米，采用宽窄行种植，中间两行行距50cm，两边行距35cm，膜间距50cm，株距28～30cm，保苗79 500～84 000株/hm^2。

(3) 田间管理　播种后7～10d，玉米出苗后要及时放苗，用土将膜口压严，缺苗少苗时可采用就近多留苗或催芽补种。出苗后20～30d开始分蘖，种子生产田必须随时检查，及时拔除蘖杈，以免影响主茎发育。苗期结合中耕锄净膜间杂草，手工清除苗眼杂草，在膜间采取中耕，以疏松土壤，提高地温，促进幼苗生长，培育壮苗。一般在玉米10～12片叶时灌第一次水，以后每隔20d左右灌1次水。全生育期灌水4～5次，结合灌头水施硝铵225～300kg/hm^2或尿素150～225kg/hm^2，灌第二次水（大喇叭口期）施硝铵375～450kg/hm^2和尿素270～330kg/hm^2，灌第三次水施硝铵300kg/hm^2或尿素225kg/hm^2。追肥时应距离作物根部13cm左右，在株距间或垄的半坡上挖穴，施入肥料后，用土封好。拔节期按每公顷1 500～2 250mL高美施活性液肥稀释300～500倍液进行叶面喷洒。大喇叭口期（抽雄初期）按每公顷375～450mL玉米健壮素稀释1 500～2 000倍液进行叶面喷洒，可有效壮秆防倒伏。抽穗灌浆期施磷酸二氢钾22.5kg/hm^2，或者按每公顷1 500～2 250mL高美施牌活性液肥稀释250～500kg倍液进行叶面喷洒，可增加粒重。在生长后期，每公顷用1 500mL"旱地龙"（主要成分黄腐殖酸）植物抗旱生长营养剂稀释400～500倍液进行叶面喷施，可增强抵抗干热风和抗旱能力。地老虎为害严重的地块，在苗期采用90%敌百虫晶体稀释1 000倍液灌根或青草毒饵诱杀。玉米红蜘蛛发生时，可选用20%灭扫利乳剂稀释1 000～1 500倍液进行叶面喷雾。防治玉米螟，可采用5%辛硫磷颗粒剂、菊酯类药剂在幼虫孵化高峰期防治。

(五) 经济价值

玉米是主要粮食作物，同时也是家畜、家禽的优良精饲料、优良青饲草和青贮原料。因此，发展玉米生产不仅能够增加粮食产量，而且也为畜牧业高速发展提供了物质基础。目前世界上凡是畜牧业发达的国家，大都十分重视玉米生产。其在畜牧业生产中的地位远远超过粮食生产，有"饲料之王"之称。

饲用玉米是高产作物之一。高产玉米的种子产量为7 500～10 000kg/hm^2，秸秆产量为7 500～9 000kg/hm^2，苞叶和穗轴等产量为600～750kg/hm^2，青贮玉米可获青绿多汁饲料30 000～45 000kg/hm^2。在华中和华南，青刈玉米1年能种2～3次，总产量可达75 000～90 000kg/hm^2。晚熟型青贮玉米，可得青贮原料60 000～90 000kg/hm^2。每100kg玉米青贮饲料中含6kg可消化蛋白质，相当于20kg精饲料的价值。在良好的栽培管理条件下，每公顷玉米青贮饲料可供15头牛或120～150只羊或60～75头猪喂8个多月。在饲用玉米生产体系中，应当根据畜牧生产规律和需求，以农牧结合方式安排玉米生产，并根据不同类型品种生产特性，在适宜地安排生产，提高玉米饲用价值。

饲用玉米营养丰富，是重要饲料作物。根据分析，每50kg玉米籽实中含可消化蛋白质3.6kg，并含有多种维生素，如1kg籽实中含胡萝卜素5mg、维生素B_1 4.6mg、维生素B_2

1.3mg 和其他多种维生素,所以玉米是家畜和家禽的良好精饲料。但是玉米籽实中钙、铁和维生素 B_1 稍感不足,缺乏维持畜体发育的某些氨基酸,如赖氨酸和色氨酸等。所以在饲喂时应掺其他富含这些营养元素的豆科饲料,以发挥蛋白质间的互补作用。

青刈玉米是家畜优良的青饲料和青贮原料,营养丰富(表11-1),饲用价值高。据报道,玉米鲜草中粗蛋白质和粗纤维的消化率分别为65%和67%,而粗脂肪和无氮浸出物的消化率则分别高达72%和73%,青饲或青贮时用来饲养乳牛,可以大大增加产奶量,用以饲养猪、肉牛可以增加肉产量。收籽粒后的玉米秆无论青贮或晒干,均可用作饲料。例如在有良好苜蓿和三叶草干草作饲料的情况下,玉米秸可作为牛和绵羊育肥的粗饲料,用量可多达日粮的一半以上。玉米残茬可用于放牧牲畜,例如美国利用玉米残茬地放牧妊娠母牛,一头妊娠母牛在 $0.5hm^2$ 的玉米残茬地里能放牧80d,但为了保证母牛胎儿的营养需要,放牧30d后,每周补喂2~3次蛋白质饲料如苜蓿青干草等。玉米穗轴含一种独特的纤维,粉碎后不仅为牛、马所喜食,而且也是架子猪的良好饲料。玉米苞叶所占比例很小,但其消化性很好,干物质消化率在60%以上。因此玉米苞叶和玉米穗轴利用潜力很大。

表11-1 玉米的营养成分

分析单位	样品	水分(%)	占干物质(%)				
			粗蛋白质	粗脂肪	粗纤维	无氮浸出物	粗灰分
东北农业大学	鲜玉米秆	83.1	1.1	0.5	5.5	8.2	1.6
中国农业大学	青贮玉米	79.1	1.0	0.3	7.9	9.6	2.1
黑龙江畜牧研究所	玉米籽粒	11.7	7.8	4.4	2.4	72.6	1.4

玉米还是重要的工业和医药原料,玉米籽粒经过加工,可以制成淀粉、酒、酒精、糖浆、葡萄糖、醋酸、丙酮等。玉米胚的脂肪含量达36%~47%,是很好的油脂原料。玉米的穗轴可以制造电木、漆布,还可以提取16%左右糠醛,是制造高级塑料的主要原料。玉米淀粉是培养多种抗生素,如青霉素、链霉素和金霉素等的主要原料。玉米花丝可以医治高血压,还有利尿功能。

玉米还具有农业技术方面意义。玉米是中耕作物,也是很好的倒茬作物。种过玉米的耕地,杂草少,比较省工。生长期较短的玉米品种,可以在冬小麦收获后进行复种,增加单位面积产量。还可利用复种分期播种等栽培青贮和青饲用玉米,为畜牧业提供青饲料。

第二节 燕 麦

(一)概述

学名:*Avena sativa* L.。英文名:oat。别名:莜麦、玉麦、铃铛麦、皮燕麦等。

燕麦是传统的禾谷类粮饲兼用型作物,广泛分布于欧洲、亚洲、非洲的温带地区。燕麦在世界禾谷类作物中,总产量仅次于小麦、水稻、玉米、大麦,位列第五位。苏联种植面积最大,其次是美国和加拿大,澳大利亚、法国、德国、波兰、瑞典、挪威等国家也较多种植。中国燕麦种植历史十分悠久,主要分布于东北、华北和西北高寒地区,内蒙古、河北、甘肃、青海、新疆等地种植面积较大。近年来,随着人工草地和奶业发展,燕麦开始在农牧区大量产业化种植,发展很快,已成为高寒牧区和奶业的重要饲草来源。

燕麦为禾本科燕麦属一年生草本植物,燕麦属（*Avena* L.）全世界共有 16 个种,其中有燕麦、莜麦、地中海燕麦和粗燕麦栽培较普遍,其余多为野生种或田间杂草。比较常见的野生燕麦有野燕麦和南方野燕麦。

一般将栽培燕麦分为带稃型和裸粒型两大类。带稃型又称皮燕麦,裸粒型又称裸燕麦。裸燕麦亦称莜麦或玉燕麦,通常作饲草和粮食作物栽培。野燕麦与上述两种燕麦形态差异明显,利用价值低,成熟早,小穗易脱落,是田间恶性杂草。

(二) 植物学特征

燕麦为须根系,入土深度达 1m 左右,疏丛型,秆直立,株高 80～150cm。茎圆而中空,表面光滑无毛,4～8 节,髓腔较大。叶片宽而平展,长 15～40cm,宽 0.6～1.2cm。无叶耳;叶舌大,顶端具稀疏叶齿。圆锥花序或复总状花序,由穗轴和各级穗分枝组成。穗轴直立或下垂,每穗具 4～6 节,节部分枝,下部节与分枝较多,向上渐减少。小穗着生于分枝顶端,每小穗含 1～2 朵花,小穗近于无毛或稀生短毛,不易断落。外颖具短芒或无芒,内外稃紧紧包被籽粒,不易分离。颖果纺锤形,宽大,具簇毛,有纵沟。谷壳率占籽粒质量 20%～30%,种子千粒重 25～44g。

(三) 生物学特性

1. 燕麦的生长发育 燕麦喜凉爽、湿润的气候条件,要求积温较低,耐寒冷。适合在长日照、无霜期短、气温较低的寒冷地区种植。燕麦生长期因品种、栽培地区和播种期而异。春播时,生长期一般 75～125d,而秋播可长达 150d 以上。在华北和内蒙古地区,燕麦一般春播,生长期为 90～115d。春播燕麦早熟品种生育期为 75～90d,其植株较矮,籽粒饱满,适于作精饲料栽培。晚熟品种的生育期为 105～125d,其茎叶高大繁茂,主要用作青饲和调制青干草。中熟品种的生育期为 90～105d,株丛高度介于早熟和晚熟品种之间,属兼用型燕麦。

(1) 发芽出苗 燕麦播种后经 6～8d 即可出苗。燕麦种子发芽时所需水分多于其他麦类作物,约吸收本身质量 65% 的水分才可以萌发,因此播种燕麦的土地,土壤湿度需较其他麦类作物高。燕麦发芽的最低温度为 3～4℃,最高 30℃,最适温度为 15～25℃。

(2) 分蘖扎根 燕麦出苗后长出 3 片叶片时开始出现分蘖,并长出次生根。分蘖和次生根都是从接近地表的分蘖节长出,分蘖节实质上包含几个极短的节间和腋芽,由这些腋芽发育成分蘖。分蘖分有效和无效两种,一般燕麦的有效分蘖数为 1.8～2.3 个。为了提高有效分蘖和形成强大根系,必须在分蘖期间保证土壤有充足水分和养料。

(3) 拔节抽穗 在分蘖时期,燕麦的茎和原始体即开始发育,当植株出现 5 片叶子时,即开始拔节。燕麦从拔节抽穗至开花灌浆,营养生长和生殖生长均旺盛,需要大量水分、养分,要求温度在 15～17℃ 和充足的日照。

燕麦主茎上的小穗数常多于侧枝。穗轴上着生一个穗枝梗称半轮生状态,一般为 4 轮,越往上穗枝梗越少,在穗枝梗的每 1 节上着生 1 个小穗。就穗轮来说,基轮小穗数最多,约占 70%,第二轮约占 20%,第三、四轮各占 5% 左右。燕麦的主穗或分蘖穗上常常出现发育不全的小穗,通常称为花梢,由花梢造成的不育率一般为 10%～15%。

(4) 开花与成熟 燕麦顶端小穗先开放，依次向下，枝穗梗的小穗也按此顺序开花。但每小穗中各花开放顺序是基部花先开，然后顺序向上开放。通常1个小穗开花时间为2~3d，1个花序为7~8d，最长可达10~13d。在一天中开花最盛时间为14:00~16:00，每花开放时间为60~90min，长的可达2h以上。开花适宜温度为20~24℃，最低16℃，最高24℃。开花期间需要适宜湿度和无风天气，湿度过高或阴雨天气有碍开花。低温会延迟开花过程，降低湿度有促进开花趋势。干燥炎热而带有旱风的天气，会破坏受精过程而不结实。燕麦是自花授粉植物，开花时雄雌蕊同时成熟，且花药紧靠柱头，一般在花开放时已经授粉，燕麦的天然杂交率一般不超过1%。燕麦在授粉后，籽粒开始积累营养物质，进入灌浆结实期。结实与成熟的顺序同开花一样，也是自上而下，结实籽粒成熟很不一致，通常在穗下部籽粒进入蜡熟期即可收获。灌浆期如遇高温干旱，往往造成瘦小皱缩瘪籽，或籽实根本没有发育，影响产量。

燕麦籽粒成熟期不一致，常常是穗上部的籽粒已经成熟，而穗下部的籽粒仍在灌浆。在同一个小穗上也是基部籽粒先成熟，上部籽粒后成熟。因此，穗上部籽粒达到完熟，而下部籽粒进入蜡熟期时，是收获燕麦最适期。

2. 对环境条件的要求 燕麦最适于生长在气候冷爽、雨量充沛地区。对温度要求较低，生长季炎热而干燥对其生长发育不利。适合在海拔高、气温低、无霜期短的地区生产。燕麦根系发达，水肥吸收利用能力强，较耐旱、耐瘠薄，对土壤要求不严，能适应各种不良自然条件，即使在荒坡、石砾地和干旱贫瘠土壤上也能生存。

不同燕麦品种在温度2~5℃条件下，经10~14d便可完成春化阶段，并能使植株提早抽穗1~4d。燕麦抗寒力较其他麦类强。幼苗能耐-4~-2℃低温，成株在-4~-3℃低温下仍能正常生长，在-5℃时才受冻害。生长期中需要的温度也低，拔节期至抽穗期要求15~17℃，抽穗期至开花期要求20~24℃。

燕麦不耐热，对高温特别敏感，当温度达38~40℃时，经过4~5h气孔就萎缩，不能自由开闭，而大麦需经20~26h，小麦经10~17h，气孔才会失去开闭机能。开花期和灌浆期遇高温则影响结实。夏季温度较低地区，最适于种植燕麦。但是，燕麦在较高温度条件下能通过春化阶段，夏播也能抽穗开花。

燕麦为长日照作物，延长光照，生育期缩短。光照阶段时间长短因品种及气温而异，高寒地区的北方品种所需时间较长，分布在地中海的燕麦所需时间较短。温度对生育期也有影响，高温时生育期缩短。

燕麦是需水较多的作物，不仅发芽时需要较多水分，且在其生育过程中耗水量也比大麦、小麦及其他谷类作物多。试验表明，燕麦的蒸腾系数为747，小麦为424，大麦为403。总之，干旱缺雨，天气酷热，是限制燕麦生产和分布的重要因素，在干旱地区种植燕麦一定要注意灌溉保墒工作。

燕麦对土壤的选择不严，可以种植在各种土壤上，如黏土、壤土、沼泽土等，以富于腐殖质的黏壤土和沙壤土最为适宜。在高寒牧区的粗耕地上，由于土壤腐殖质含量高，水分充足，即使整地较为粗糙，亦可获得较高鲜草产量。但是干燥沙土，不适其生长。土质比较黏重潮湿而不适于种植小麦、大麦和其他谷类作物时，却可以种植燕麦。燕麦对酸性土壤（pH 5.0~6.5）的反应不如其他谷类作物敏感，耐碱性不如大麦，但某些品种的耐碱能力较小麦强。

（四）栽培技术

1. 轮作、整地和施肥　燕麦对氮肥有良好的反应，前作以豆科植物最为理想，豌豆茬的增产效果最显著。马铃薯、甘薯、玉米、甜菜、荬根都是燕麦的良好前作。在华中、华北地区，燕麦可以种植在玉米、高粱、晚稻、花生等作物之后。燕麦忌连作，中国西北高寒牧区和内蒙古种植青燕麦，由于常年连作，产量下降，应注意适当倒茬轮作。

燕麦播种前整地的主要措施是深耕和施肥。春燕麦要求秋翻，冬燕麦则在前作收获后随即耕翻，耕翻深度以18~22cm为宜。翻后及时耙地和镇压，耕前施基肥22.5t/hm^2。大量施用有机肥对燕麦丰产的作用非常明显，但必须结合施用草木灰，以防倒伏。选用籽粒大、饱满、发芽率高、发芽势强、品质好的籽粒作种子能显著提高产量。

裸燕麦忌连作。连作会使黑穗病和红叶病发病率提高，杂草蔓延，尤其是野燕麦增多，同时消耗土壤养分，降低地力。燕麦生产必须建立合理的轮作倒茬制度以改善栽培条件，获得高产。经实践，在中国西北干旱地区旱坡地已建立了马铃薯→小麦→胡麻→豌豆→燕麦→马铃薯5年轮作制，梯田地以马铃薯→燕麦→胡麻→豌豆→小麦→马铃薯进行5年轮作制。

2. 种子处理　栽培燕麦品种较多，在生产中往往以农家品种为主，混杂退化比较严重。同时，燕麦花序小穗基部的籽粒大而饱满，发芽率高，小穗上部的籽粒小而瘪瘦，发芽率低。小穗内籽粒发育不均匀，成熟期不一致，使籽粒大小和粒重差异较大。因此种植燕麦时要注意选种。播种前需要进行种子精选，剔除小粒、秕粒、虫粒和杂质，选择粒大、饱满籽粒作为种子。当年收获种子有一定程度休眠现象，需要破除后熟作用。选择晴天，将精选好的种子摊晒2~3d，以提高发芽率，促进苗齐苗壮，培育壮苗获得高产。播种前可以用苯并咪唑44号（多菌灵）、甲基硫菌灵等农药按种子总质量的0.2~0.3%进行拌种，以防治燕麦黑穗病等穗部病害。

3. 播种　燕麦种子大小不整齐，应选纯净的大粒种子播种。黑穗病流行地区，播前要实行温汤浸种。播种期因地区和栽培目的不同而异，中国春播燕麦一般在4月上旬至5月上旬，也有迟至6月间进行夏播，而长江流域各地春播可在3月上旬。秋播应在10月上、中旬，过早过迟常易受冻害。具体播种时间可视自然条件和生产目的而定。如青刈燕麦到抽穗刈割利用，自播种至抽穗需65~75d，气温高，其生长期缩短，反之则延长。如吉林省小麦后复种青刈燕麦，鲜草产量达7 500kg/hm^2。燕麦的播种量为150~225kg/hm^2，种子生产田播种量可略减。青刈燕麦刈割期早，生长期短，不易倒伏，为获得高产优质青饲料，可适当密植，其播量可增加20%~30%。单播时一般行距为15~30cm，混播时为30~50cm，复种时可缩小到15cm。燕麦覆土宜浅，一般为3~4cm，干旱地区可稍深些，播种后镇压有利于出苗。

在干旱条件下，燕麦与豌豆、山黧豆、毛苕子等混播，可以提高干草和蛋白质产量。燕麦与豌豆混播，不仅能提高干草和种子产量，还能减少豌豆倒伏。混播通常以燕麦为主作物，占混播总量的3/4，播种量为燕麦112.5kg/hm^2、豌豆75.0~112.5kg/hm^{2}或燕麦127.5~150.0kg/hm^2、毛苕子45~60kg/hm^2，可根据需要酌情增减。

燕麦播种期根据用途而定。种子生产田应早种，成熟后籽粒饱满，除留种外，剩余籽粒作精饲料。干草生产田应晚种，待籽粒"半仁"时早霜杀枯，刈割作青草，是牲畜优质饲草。

4. 田间管理 如果燕麦在出苗前后表土出现板结，可以青耙1次，苗期如果杂草太多，可以人工除草，也可以用2,4-滴丁酯进行化学除草，用药量不超过0.75kg/hm²。在分蘖或拔节期进行第二次除草时，结合灌溉追肥为宜。第一次追肥在分蘖期进行，可促进有效分蘖发育；第二次追肥在拔节期进行，追施氮肥和钾肥；第三次追肥可根据具体情况在孕穗或抽穗时进行，以磷、钾肥为主，配合使用粪肥。抽穗期若以2%过磷酸钙进行根外追肥，可促进籽粒饱满。燕麦在一生中浇水次数可根据各地具体情况来定，在干旱地区，生育期一般需浇2~4次水，分别在分蘖、抽穗和灌浆期进行。同时为了充分发挥肥料作用，灌水应与追肥同时进行。燕麦从分蘖到拔节这一时期是幼穗分化的重要时期，在这个时期如果水分供应不充分，不孕穗数就会增加，因而使种子产量降低。

5. 收获 种子生产田在最上部籽粒达到完熟，下部籽粒蜡熟时收获，种子产量4 500~6 000kg/hm²。青刈燕麦可根据饲养需要于拔节至开花期刈割。燕麦再生力较强，2次刈割能为畜禽均衡提供优质青饲料。第一次刈割要适当提早，留茬5~10cm，刈割后30d即可收割第二次，延至抽穗刈割则只能刈割1次，产量和品质均较低。青刈燕麦的产量因条件不同而异，一般鲜草产量为22 500~30 000kg/hm²。第一次刈割与第二次刈割总产量相近，但就蛋白质产量而言，则以分期刈割为高，且可满足牲畜对青饲料的需要。

燕麦是一种极好的青刈饲料，在冬季较为温暖的地方，可秋播供冬春利用；在冬季严寒的地方，则为春播利用。从乳熟期至成熟期均可收获，根据产量及消化率，以乳熟期到蜡熟期收获最好。如果与豆科作物混播，则更能获得量质兼优的青饲料。燕麦可以鲜喂、青贮、调制青干草或利用燕麦地放牧，其饲用价值很高，是一种很有潜力的饲草。

（五）经济价值

燕麦籽实是人类重要的食品，成为早餐食品和营养保健食品的重要资源。燕麦籽粒也是农区役用家畜和牧区放牧家畜的重要精饲料资源。燕麦可青刈或调制青干草，燕麦籽粒收获后的秸秆也是饲喂家畜和冷季家畜补饲的饲草料资源。燕麦具有抗寒、抗旱、耐瘠薄、产草量高、适应性强、营养价值丰富等优点。燕麦青干草能满足高寒牧区放牧家畜季节营养需求，可解决冬春季牦牛和绵羊饲草数量及营养不足的问题，因此是青藏高原和西北牧区公认的稳产、高产、营养价值高的优质饲草，在高寒牧区草地畜牧业生产中起着重要作用。

牧草饲料作物中蛋白质含量的高低是衡量饲草质量的重要指标，据相关资料，燕麦营养成分含量见表11-2。

表11-2 燕麦的营养成分

（引自陈宝书，2001）

样品	水分（%）	占干物质（%）				
		粗蛋白质	粗脂肪	粗纤维	无氮浸出物	粗灰分
籽粒	10.9	12.9	3.9	14.8	53.9	3.6
鲜草	80.4	2.9	0.9	5.4	8.9	1.5
秸秆	13.5	3.6	1.7	35.7	37	8.5

中国农业科学院测试中心测定表明，加拿大燕麦籽粒的赖氨酸含量为0.52%，较小麦高84%左右。因此，燕麦在各种饲料中占有重要地位，是发展畜牧业的重要物质基础。燕

麦籽粒中含有丰富蛋白质，一般含量为10%～14%，裸燕麦的蛋白质含量在15%左右，脂肪含量超过4.5%。燕麦籽粒粗纤维含量高，是各类家畜特别是马、牛、羊的良好精饲料。

裸燕麦籽粒营养价值高，口感佳，食用品质好，燕麦籽实含有β-葡聚糖，具有保健和医疗价值。裸燕麦茎秆适口性好、易消化、耐贮藏，常用作青干草冬季补饲家畜。青刈燕麦分蘖力极强，再生性好，可多次青刈，收获青绿饲草。燕麦的秸秆与稃壳的营养价值较其他麦类作物高，蛋白质含量为1.3%，而小麦和黑麦则分别为1.1%和0.6%。燕麦稃壳中蛋白质含量为3.0%，小麦则为2.3%。因此，适于饲喂牛、马。

燕麦是优良粮草兼用作物，种子产量一般为2 250～3 000kg/hm²，青饲料产量15 000～22 500kg/hm²。吉林省复种燕麦鲜草产量7 500kg/hm²，秸秆产量5 250～6 000kg/hm²。青藏高原海拔高、气候冷凉，种植燕麦历史悠久，在青海省海拔1 600～4 200m的地区都有种植，皮燕麦播种面积在2万hm²以上，总产量300万kg，籽粒和茎秆主要用作饲料。青海省农林科学院作物所引进和选育的优良裸燕麦品种，已经推广种植，平均产量为4 500～6 000kg/hm²，比小麦收入高1倍多。种植裸燕麦可调整种植业结构，增加农民收入，社会效益和经济效益显著。

青刈燕麦叶量多，叶片宽大，柔嫩多汁，适口性好，消化率高，是极好的青饲料。青刈燕麦可鲜喂，也可以青贮和调制优质青干草。根据报道，利用燕麦地放牧，肉牛平均每日增重为0.55kg，利用燕麦-毛苕子混播地放牧，平均日增重为0.82kg。

第三节 高　粱

(一) 概述

学名：*Sorghum bicolor*（L.）Moench.。英文名：sorghum。

原产于热带非洲，先传入印度，后传入中国及其他东亚国家。高粱是世界古老的粮饲兼用作物之一，主要分布在亚洲、美洲。印度栽种最多，其次为美国、尼日利亚和中国。美洲、欧洲及大洋洲等地区高粱多用作饲料。高粱在全世界的种植面积不断扩大，产量逐年提高。由于高产杂交种的育成和栽培技术水平的提高，高粱在饲料作物总产量中的占比由4%增至12%。高粱在中国已有4 000多年栽培历史，播种面积为2 380多万hm²。东北三省和河北、山西、陕西、江苏等省栽种最多。高粱是中国重要的旱地作物之一，具有多重抗逆性，用途多样，长期在中国干旱、少雨、气候恶劣、土壤瘠薄地区种植。高粱杂交种的选育和推广使高粱的品质和产量得到了大幅度提高，对解决中国粮食问题起到了重要作用。20世纪20年代是中国高粱生产的鼎盛时期，全国高粱播种面积1 400万hm²，仅次于水稻、小麦，居第三位。20世纪50年代中期，随着玉米杂种优势的利用，玉米种植面积不断扩大，高粱种植面积下降，逐步让位于玉米。

高粱是C_4植物，光合作用效率高，生物产量和经济产量大。饲用高粱具有较强的抗逆性和适应性，素有"作物中的骆驼"之称，具有抗旱、抗涝、耐盐碱、耐瘠薄、耐高温、耐寒冷等诸多特性。高粱幼苗包括再生苗都含有浓度较高的氰苷，家畜采食新鲜茎叶易造成氰化物中毒，当氢氰酸含量的浓度超过200mg/kg时会对动物产生毒害。甜高粱与普通高粱相比，氢氰酸含量低，每公顷能生产6 000～7 500kg富含糖分的茎秆。

(二)植物学特征

高粱为禾本科高粱属一年生草本植物。须根系,由初生根、次生根和支持根组成,有明显层次。入土深1.4~1.7m,近地面1~3节处有气生根。茎直立,株高1~5m不等,一般有分蘖4~6个。多穗高粱分蘖更多,刈割后能再生分蘖,每个分蘖都能成穗。叶片狭长,圆锥花序,分弯穗、直穗、散穗3种。大小视品种而异,中有粗大穗轴,分出许多小枝,其上着生10个小穗,每个小穗有花2~3枚,其中1花无柄,为结实花。结实花有颖,坚硬有光泽,有内外稃,成膜质,外稃生芒,内稃甚小,退化花的颖和结实花相似,但无雄蕊。种子呈圆形或倒卵形,有红褐、淡黄、白色等,千粒重20~30g。

(三)生物学特性

1. 温度 高粱为喜温作物,生育期要求较高温度,并有一定耐高温特性。种子发芽温度最低为8~10℃,最适20~30℃,生育期适温20~35℃,要求≥10℃有效积温为980~2 200℃,抗热性强,不耐寒,日昼夜温差大有利于养分积累,高于38℃低于16℃时生长受阻,0℃以下幼嫩部分受冻,低于10℃易造成瘪籽粒。

2. 水分 高粱抗旱性强。其原因如下。

①需水少,种子发芽仅需吸收相当于种子质量40%~50%的水,蒸腾系数274~380。

②根系发达,其根量比玉米多1倍,根毛生活力强,茎和根的渗透压高,分别为1.5~2.0MPa和1.2~1.5MPa;而玉米为1.4MPa和1.0~1.1MPa。

③蒸腾量小,叶面积仅相当于玉米的2/3,茎叶表面被蜡粉。

④当水分极为短缺或酷热时,可停止生长,暂时休眠,遇雨能恢复生长,而少受旱害。

因此,在干旱少雨地区或夏季干热风严重地区适应种植高粱。

高粱耐涝,在抽穗期后遇水淹,对其产量影响甚小,心叶淹水不超过2d,下部淹水不超过7d,不影响产量。而且杂交高粱的耐涝性比一般高粱品种更强。因为高粱孕穗期,根皮层薄壁细胞破坏死亡,形成通气空腔,与叶鞘中的类似组织相通,氧气可通过组织输送到根的各个部分。

3. 光照 高粱为短日照C_4植物,喜光,光呼吸、光合效率高,缩短日照能提早开花成熟,延长日照会贪青徒长。自低纬度向高纬度地区引种,可以提高青饲料产量。

4. 土壤 高粱对土壤的适应能力很强,无论沙土、黏土、旱坡、低洼易涝地均可种植。较耐瘠薄和抗病虫害。高粱的另一特性是耐盐碱,它是盐碱地的先锋植物,在盐渍化土壤地带及易涝地区不适宜种植其他饲料作物时,可种植高粱。适宜pH为6.5~8.0,土壤含盐量小于0.34%时,高粱能正常生长,0.34%~0.49%时生长受抑制,超过0.49%时高粱不出苗或死亡。生育期不同,耐盐力有差异,苗期耐盐力弱,土壤含盐量为0.28%~0.39%时生长受到抑制,抽穗时0.35%~1.26%才受到抑制。此外,杂交高粱耐盐碱能力较一般品种强。播种时耕层含盐量达0.38%时,杂交高粱能正常出苗。孕穗前耕层含盐量达0.54%时仍能正常生长。

5. 开花授粉 高粱抽穗后2~4d开始开花,开花顺序由穗顶部开始渐及中部下部,但也有个别由下而上开的,全穗开花所需时间因品种及环境条件而不同。穗小早熟品种全穗开花时间短,为5~7d,以第2~4天开花最盛。穗大晚熟品种所需时间长,7~9d,以第4~6

天最盛。一日内开花时间为晚上19:00至凌晨2:00开花最多。每朵花开花时间20min以上。温度20℃左右，湿度80%～90%时开花最多，低于14℃不能开花。开花期间的高温干旱会使花粉干枯丧失发芽能力，但雨水过多会引起花粉吸水破裂，不能正常受精，使结实率降低。高粱为常异花授粉植物，雌雄同花，开花期长，常异交，天然杂交率为3%～5%。

（四）栽培技术

1. 轮作倒茬 高粱吸肥力强，消耗养分多，种植高粱后土壤紧密板结，对后作物有不良影响。所以高粱忌连作，通常与豆类作物和施肥较多的小麦、玉米、棉花等作物轮作。东北、内蒙古各地，多将高粱与大豆、谷子或玉米、春小麦等配合实行3～4年的轮作方式；盐碱地将高粱与秣食豆轮作；华北地区常将冬小麦、夏谷、大豆、高粱等实行三年四熟的轮作方式；西北地区则将春谷（或冬小麦）、春大豆、高粱或者春高粱、冬小麦、春大豆等作物轮作换茬。这些轮作换茬都把高粱种植于豆类作物之后，在高粱之后种植根系发育较弱的谷子或小麦。

此外，高粱常与谷子、大豆、马铃薯等作物实行间作。能与麦类作物实行套作，增加复种指数，或高粱与大豆、谷子等进行混作，提高单产。

2. 播种 播前要平整土地，使种床紧实，种子和土壤充分接触，通常在土层4～5cm温度达到10～12℃时就可以开始播种。播种过早，土温低，如湿度大，易引起烂种。青饲干草或青贮用高粱，播种期可稍迟些，以便利用高温和夏季雨水，生产出更多柔嫩饲料。可以分期播种，以延长利用期。中国北方各省份多在4月中旬至5月上旬播种。高粱种植密度，一般高秆品种和多穗高粱为60 000～90 000株/hm²，中秆品种75 000～105 000株/hm²，矮秆品种90 000～120 000株/hm²。饲用高粱和糖用高粱的种植密度较籽用高粱密度大。一般糖用高粱90 000～120 000株/hm²，饲用高粱150 000～225 000株/hm²。在上述密度基础上，可据水肥条件，适当增减。播种量旱地7.5～15.0kg/hm²，水浇地22.5kg/hm²。播种量太低，一方面影响前期产量，另一方面会使茎秆加粗，饲用品质下降。

高粱为中耕作物，多实行条播，行距为45～60cm。也有宽窄行条播，行距分别为50cm和15cm，相间播种。行距为15～30cm时能很好地控制杂草，但在干旱地区种植行距可加大到70～100cm。播种方法有平播和垄播2种。华北、西北多为平播，东北用垄播较多。

播种深度，黏土的播深为2～3cm，沙性土播深为5cm。高粱对播种深度要求较严，不同类型高粱的适宜播种深度有很大差异。红高粱根茎长，芽鞘顶土力强，播种深度以4～5cm为宜；而根茎短、芽鞘软、顶土力差的白粒品种、杂交品种或多穗高粱，播种深度为2～3cm。播种后适当镇压，促使种子与土壤紧密接触，加强提墒作用，促使种子发芽，并能减少土壤大孔隙，防止透风跑墒。

为预防为害高粱的地下害虫如蝼蛄、蛴螬、针钟虫、地老虎，播前应进行药剂拌种或播后施用毒土。拌种常用药剂有氯丹和乐果。播前用1kg 50%氯丹乳剂稀释40倍液或40%乐果剂乳剂稀释40倍液，可分别拌高粱种子500～600kg。拌后堆闷4h，晾干后即可播种。

3. 施肥 高粱是高产作物，在生长发育过程需要吸收大量氮、磷、钾肥。据分析，每生产100kg高粱籽粒，需从土壤中吸收氮素（纯N）3.70kg，磷（P_2O_5）1.36kg，钾（K_2O）3.03kg，其氮、磷、钾比例约为1∶0.5∶0.2。只有增施肥料，才能满足高粱对养分的需要。种植高粱时，氮肥施用量常较磷、钾肥多。施肥以基肥为主，配合适量追肥。基肥占总施肥量的80%，追肥以氮肥为主，如1次追肥，可在拔节期进行，若2次追肥，可分别在拔节和抽穗期进行。

4. 田间管理 高粱有3～4片真叶时间苗，苗高10cm左右时定苗，结合间苗和定苗进行除草。生长期间中耕2～3次，一般结合第二次中耕进行培土。

高粱抗旱性虽强，但充足水分是丰产的必要条件。通常在土壤水分较多情况下，苗期不灌水，以便蹲苗。但为了促进多穗高粱分蘖和饲用高粱迅速生长，定苗后结合追肥灌水1次。从拔节至抽穗开花期，高粱生长迅速，需水多，可根据降水情况灌水2～3次，以保持土壤水分达到最大持水量的60%～70%。灌水方法可采用沟灌或畦灌，为节约用水也可滴灌。

高粱虽能耐涝，但当地块积水时，不利根系生长，应排水。特别是高粱生育后期，根系活力减弱，在秋雨过多，田间积水时，土壤通气不良，影响高粱成熟，应排水防涝。

饲用高粱虽然能适应多种土壤而且很耐瘠薄，但只有在土层较深厚和水肥充足时才能获得最高产量。饲用高粱对肥料需求量与玉米类似，氮肥施用量为98～120kg/hm^2，并结合施磷、钾肥作基肥，磷、钾肥用量根据土壤磷、钾含量确定。每次刈割后追施氮肥53kg/hm^2，以促进饲用高粱再生。

籽用高粱分蘖发育期晚，无生产价值，应予以摘除或以深培土控制。饲用高粱或多穗高粱分蘖力强又能与主茎同时成穗，故应保留分蘖。

多数杂交高粱成熟时叶片仍保持绿色，山东、河南和河北等省在高粱生长期，对贪青晚熟地块，有打叶习惯。打叶可作饲草，又有增强通风透光促进早熟作用。但打叶时间不宜过早，打叶数量不宜过多，否则会影响高粱产量和品质。据山东省农业科学院试验，打叶应在蜡熟中后期进行，并以留6片叶为宜。

5. 收获 高粱的适宜收获期因栽种目的而异。青饲高粱应在株高60～70cm至抽穗期间，根据饲用需要刈割。杂交高粱生长速度快，使其产量和质量变化很快，在快速生长的幼嫩期，其粗蛋白质含量可达16%左右，青饲料多汁爽口，成熟期粗蛋白质含量降低至7%或更低，饲草纤维含量增高，饲料品质粗糙而低质。为避免饲草质量降低，应在其高度达1.0～1.2m时及时刈割，在干旱季节，应在植株高度达1.5m以上再收获，以免家畜氢氰酸中毒。留茬高度应为15～20cm，以利于植株再生。多穗高粱后熟期短，注意收获期遇雨而发生穗上籽发芽现象。

（五）经济价值

高粱植株高大，茎叶繁茂，富含糖分，成熟前茎叶可青饲、青贮或调制干草，是马、牛、羊、猪的好饲料，尤以青贮为最佳。甜高粱青贮后茎叶柔软，适口性好，消化率高。粉碎后饲喂仔猪增重快，还可以喂鸡。高粱籽粒含有丰富的营养物质，是重要精饲料（表11-3）。其每千克饲料中含消化能（猪）13.17MJ，代谢能（鸡）12.29MJ，奶牛产奶净能6.60MJ，肉牛增重净能4.64MJ，羊消化能13.04MJ，此外维生素B_1达1.4g，维生素B_2达0.7g，是肉畜和幼畜的好饲料。高粱适口性较差，特别是赖氨酸（0.18%）和色氨酸（0.08%）含量偏低，饲喂时应和富含这2种氨基酸的饲料搭配。甜高粱适口性好，青贮后消化率有所提高，是家畜冬春优良的贮备饲料。饲用高粱饲用价值一般比青贮玉米低，但在干旱和土壤瘠薄地区，种植效益要明显高于青贮玉米。高粱是C_4作物，光合效率高，杂种优势强。中国杂交高粱在水肥条件较好地块的单产已达到 15 000kg/hm²。

表 11-3 高粱的营养成分

（引自王栋原著，任继周等修订，1989）

样品	水分（%）	占干物质（%）				
		粗蛋白质	粗脂肪	粗纤维	无氮浸出物	粗灰分
普通高粱籽粒	13.0	8.5	3.6	1.5	71.2	2.2
多穗高粱籽粒	9.0	8.8	2.5	1.9	75.6	2.2
绝干高粱叶	0	10.2	5.2	25.1	45.2	14.3

高粱成熟前籽粒和茎叶中含有氢氰酸（HCN），家畜采食过多会引起中毒。在干旱条件下，植株幼嫩部分、再生草、分蘖含氢氰酸较多，故要与其他饲料混喂，并以制成青贮饲料或晒制成干草饲喂为好。

高粱籽粒的种皮内含有单宁，具涩味，含量多，品质差，妨碍消化，影响营养价值。通常新鲜籽粒含单宁多，白粒或浅色品种含单宁少，深色种子含单宁多。如黑高粱含单宁 0.67%，红高粱含单宁 0.61%，黄高粱为 0.58%，白高粱则更少。中国东北高粱单宁含量为 0.01%～0.40%，但单宁具防腐能力，可增加高粱种子的耐贮性，延长寿命。此外单宁有防腐、耐盐碱、耐贮藏作用。

第四节 黑 麦

（一）概述

学名：*Secale cereale* L.。别名：粗麦、莜麦。

原产于中东及地中海地区，世界栽培最多的地区是俄罗斯及其周边诸国，美国和加拿大也有栽培。中国于 20 世纪 40 年代引自俄罗斯和德国，主要在内蒙古、新疆、青海、甘肃、黑龙江及北京、天津、江苏、四川等地栽培。目前国内栽培品种以冬牧 70 黑麦为主，冬牧 70 为江苏省太湖地区农业科学研究所于 1988 年审定登记的引进品种，成为中国温带地区主要的冬闲田饲料作物。奥克隆为中国农科院作物研究所登记的引进品种，育成品种有中饲 507。

（二）植物学特征

黑麦为禾本科黑麦属（*Secale* L.）一年生草本植物。须根发达，入土深 100～150cm。茎直立粗壮，高 110～130cm；分蘖力中等，达 5～15 个分蘖，稀植时常簇生成丛。叶扁平细小，长 5～30cm，宽 5～8mm。穗状花序顶生，紧密，长 5～12cm；小穗互生，长 15mm，含 2～3 朵小花，下部小花结实，顶部小花不育。颖果细长呈卵形，腹沟浅，红褐色或暗褐色，种子千粒重 25～35g。

（三）生物学特性

黑麦性喜冷凉气候，有春性和冬性两类，在高寒地区只能种春黑麦，温暖地区均可种植。黑麦耐寒性较强，可忍受－25℃低温，有积雪能在－35℃低温下越冬，种子发芽最低温度 6~8℃，但最适发芽温度为 22~25℃，此时 4~5d 即可发芽出苗，幼苗可耐 5~6℃ 低温，但不耐高温，全生育期要求≥10℃ 积温 2 100~2 500℃。黑麦抗旱，不耐涝，不耐盐碱。对土壤要求不严，但以沙质壤土生长为宜。在北京地区于9月下旬播种，10月初分蘖，翌年3月上旬返青，4月上旬拔节，中旬孕穗，5月初抽穗，5月中旬开花，6月下旬种子成熟。

（四）栽培技术

黑麦较耐连作，可进行 2~3 茬连作，前作以大豆、玉米、瓜类及甘薯、马铃薯为宜，其后作可安排种植块根块茎类、瓜类和高产青刈作物，青刈黑麦可与毛苕子、草木樨等牧草混作和套作。黑麦对水肥条件要求不严格，前茬作物收割后应先施足基肥，厩肥施用量 22~30t/hm²，随后再深耕细整。

黑麦在黄淮海、华北及西北地区多为秋播，适宜播期为9月下旬至10月中旬，应及早播种，一般不晚于9月下旬。播种量为 135~300kg/hm²，晚播时，播量应适当加大。种子生产田有效穗数应控制在每公顷 450 万~525 万穗，干草生产田每公顷枝条数可控制在 600 万~750 万个枝条。青藏高原、东北和内蒙古等高寒地区，一般在5月上、中旬播种。条播行距 20cm，播量 225~300kg/hm²，覆土 2~3cm，播后镇压 1~2 次。

在水肥管理上，饲草生产田以施氮肥为主，制种田需氮、磷、钾肥配合施用，北方需浇冬水和返青水，种子生产田可晚浇返青水或早春压麦控制第一节间长度，防止倒伏。多次刈割青饲的生产田应在每次刈割后，立即浇水施肥以促进生长。

黑麦为密播作物，可抑制杂草生长，一般不中耕。秋播黑麦，在寒冬到来之际，用滚子压青 2 次可促进分蘖、提高越冬力；徒长的黑麦可在越冬前 20~30d 轻刈或放牧 1 次。地冻后于 11 月下旬进行冬灌，12 月下旬再施以镇压，对幼苗越冬和翌年返青生长均有利。翌年3月中旬返青时进行施肥灌溉，4月中旬拔节时施肥灌溉，5月上旬孕穗初期、株高 40~60cm 时即可刈割利用，留茬 5cm 左右，第二次刈割不必留茬，2 次刈割分别占总产量的 60% 和 40%，一般可产青饲料 30 000~37 500kg/hm²。种子生产田在蜡熟中期至末期收获，然后晒干脱粒，种子产量 3 300~3 750kg/hm²，最高可达 4 500kg/hm²。黑麦较抗锈病和白粉病，虫害发生较轻。

（五）经济价值

黑麦茎秆柔软，叶量丰富，适口性好，营养价值高，是牛、羊、马的优质饲草。据北京长阳农场对冬牧 70 黑麦抽穗期全株营养成分分析，在干物质中，各成分含量分别为粗蛋白质 12.95%、粗脂肪 3.29%、粗纤维 31.36%、无氮浸出物 44.94%、粗灰分 7.46%、钙 0.51%、磷 0.31%。

第五节 小 黑 麦

（一）概述

小黑麦（*Triticale hexaploide* Wittmack）是小麦属（*Triticum* L.）和黑麦属（*Secale* L.）中的物种经属间有性杂交及杂种染色体加倍而人工育种得到的新物种，其英文名称由小麦属名的字头和黑麦属名的字尾组合而成，1935年起已成为国际上的通用名称。小黑麦产生至今有100多年历史，推广试种40多年，遍布欧洲、亚洲、非洲、美国及大洋洲。小黑麦可作食品、饲料、啤酒、保健品和生物能源，特别是在发展中国家，由于小黑麦高产优质、抗病性、抗逆性强、耐酸碱与适应性广，是较好的绿色食品及家畜饲料。中国在20世纪70年代育成的八倍体小黑麦，表现出小麦的丰产性和种子的优良品质，又保持了黑麦抗逆性强和赖氨酸含量高的特点，且能适应不同的气候和环境条件。小黑麦在我国黑龙江、河北、新疆、甘肃、安徽、四川、江苏等地均有种植，能有效减缓我国北方地区冬春季饲料缺乏等问题。小黑麦有粮用、饲用和粮饲兼用3种类型，目前中国作为饲草利用的主要是饲用型小黑麦，育成品种有石大1号小黑麦、甘农1号小黑麦及中饲237、中饲828、中饲1048、中饲1877小黑麦等。

（二）植物学特征

小黑麦为一年生草本植物，中熟晚。须根发达，入土较浅。茎秆粗壮直立，株高100～200cm，下部节间短，分蘖力强，达5～30个分蘖，稀植时往往簇生成丛。穗状花序顶生，紧密，长11～15cm，成熟时稍弯。小穗数20～35个，互生，相互排成两列，构成四棱形，每小穗含3～5朵小花。穗粒数64～100，穗粒重2.5～4.0g，千粒重35～45g。护颖狭长，外颖脊上有纤毛，先端有芒。颖果细长呈卵形，基部钝，先端尖，腹沟浅，红褐色。

（三）生物学特性

小黑麦喜冷凉气候，具有很强的抗寒性。青刈小黑麦可在$-20℃$安全越冬，并在$-10℃$时保持青绿状态，可在青藏高原及周边高寒地区安全越冬，并具有高产优质特点。陕西商洛高寒山区不适宜种植小麦等作物的地区，近年来已逐渐被小黑麦替代。小黑麦对白粉病免疫，对锈病（叶锈、条锈、秆锈）和病毒病表现为高抗，且虫害少，绿叶期长，在整个生育期内不需要或很少喷洒农药。小黑麦对黄矮病、叶枯病也具有一定抗性，但小黑麦不抗赤霉病。小黑麦抗倒伏性强，在年降水量600～1 200mm的青藏高原及云贵高原不存在倒伏现象。小黑麦在干旱条件下，株高、茎粗的降幅较小，节间及穗长的稳定性好，乳熟期可保持一定绿叶面积。小黑麦在干旱条件下的灌浆时间比小麦长，持水力强，叶片束缚水含量较高，对干旱胁迫有较好的适应力。

（四）栽培技术

小黑麦较耐连作，但其前作以各种豆类、玉米、高粱、马铃薯等作物为宜，后作应种植豆类作物，与豆类作物间作或混作也可。西北、东北地区多在旱坡地，或者在青藏高原退化草地和人工草地种植，但肥沃沙质壤土、精细整地和施足基肥仍是获得高产的关键。在瘠薄地块，播种前应施足底肥，以农家肥为主，厩肥施用量$45t/hm^2$；化肥为辅，作种肥为宜，施用量氮肥（N）$50kg/hm^2$，磷肥（P_2O_5）$180kg/hm^2$。小黑麦抗寒性强，春秋季均可播种，秋播10月上旬，春播3月上旬。春季适期早播是小黑麦获得高产的关键，原则上以土表刚解冻为宜。青藏高原高寒牧区9月中旬或4月下旬播种，但秋播的草产量高于春播。条播，播种行距30cm，播种量$300kg/hm^2$，播种深度5～6cm。降水量大的地区也可撒播，适当增大播量。

正常情况下，播后 7d 左右发芽。出苗后如果有缺苗，应及时补种。合理密植可有效增产，水肥条件好时种子生产田以 500 万株/hm² 为宜，干草生产田的密度 600 万～750 万株/hm²。出苗、拔节和抽穗阶段应结合灌溉进行施肥，旱作地则借降水进行施肥。

青刈以抽穗期刈割为宜，不仅草产量高，而且品质好。除青饲外，还可调制成干草或作青贮原料，调制青干草时开花期刈割经济效益最佳，调制青贮饲料时以灌浆期刈割为宜。收种田在种子完熟期收获。

（五）经济价值

小黑麦草产量高。在青藏高原高寒牧区，其干草产量为 12～15t/hm²，比该区大面积种植燕麦品种的草产量高 30%～40%，开花期粗蛋白质含量高达 12%～15%，是燕麦的 2～3 倍，可以解决高寒牧区蛋白质饲料极其亏缺的问题。在甘肃省定西地区有灌溉条件的地块，其草产量接近于西北地区紫花苜蓿的草产量，饲草营养品质好，尤其是青干草和秸秆的粗蛋白质含量较高（表 11-4）。籽粒中赖氨酸含量高，可作为提取赖氨酸的原料。

表 11-4　小黑麦的营养成分
（引自赵方媛，2017）

样品	水分（%）	占干物质（%）					
		粗蛋白质	NDF	ADF	赖氨酸	粗脂肪	粗淀粉
青干草（开花期）	7.95	13.42	49.84	32.97	—	—	—
秸秆（成熟期）	6.98	6.22	75.69	52.31	—	—	—
籽粒（成熟期）	8.65	13.06	—	—	0.56	2.65	63.93

小黑麦草产品加工利用形式多样。在冬春枯草季节可多次刈割青饲，直接饲喂或加工成优质草粉，在灌浆期收割可制作优质青贮饲料，也可晒制优质青干草，成熟期收获籽粒用作精饲料。小黑麦作为冬闲田饲料作物，既可以充分利用大面积冬闲田，又可以改善冬春季农田生态环境，减少冬春风沙，还可以为草食家畜提供优质的青饲料，获得较高经济效益。

第六节　大　麦

（一）概述

学名：*Hordeum vulgare* L.。英文名：barley。别名：草麦、元麦、青稞、米麦。

大麦为带壳大麦和裸大麦的总称。习惯上所称大麦指带壳大麦，裸大麦一般称为青稞、元麦、米麦。

大麦是世界上最古老的作物之一，自北纬 65° 的阿拉斯加寒冷地带，至地中海及埃及西北部年降水量 200mm 的干旱地区均能种植，栽培面积居全世界谷类作物的第六位，主要产于中国、苏联、美国等国家。苏联栽培最多，中国产量最高。中国栽培大麦已有数千年历史，目前中国各省份均有栽培。因栽培地区不同，有冬大麦与春大麦之分，冬大麦主要产区分布在长江流域各省份和河南等地，春大麦则分布在东北、内蒙古、青藏高原、山西、陕西、河北及甘肃等省份。

大麦属（*Hordeum* L.）内包括近 30 个种，其中仅大麦具经济价值。根据小穗发育程度和着生形式，大麦可分为六棱大麦、四棱大麦和二棱大麦 3 个亚种。中间型大麦分布少，经济价值低。六棱大麦中的裸大麦，蛋白质含量高达 15%，宜于食用。四棱大麦中裸粒的多作粮食，带壳的籽粒大小不匀，壳厚，多作饲料。二棱大麦秆高，少落粒，适于机械收割，籽粒大，均匀，蛋白质含量少，适于酿造啤酒。

（二）植物学特征

大麦为一年生草本植物。须根系，入土达 1m，主要分布在 30～50cm 土层中。茎秆粗壮，直立，由 5～8 节组成，株高 1～2m，节具潜伏腋芽，梢部损伤后残部尚能重新萌发。叶片为线形或披针形，宽厚，幼时具白粉。叶耳、叶舌较大。穗状花序，长 3～8cm，每节着生 3 枚完全发育的小穗，每小穗仅有 1 朵小花；颖片线状或线状披针形；多数品种外稃具发达芒，芒粗壮。一般皮大麦的果皮和内外稃紧密贴合，脱粒时不易分开，而裸大麦的籽粒可以与内外稃分离。

（三）生物学特性

大麦喜冷凉气候，较耐低温，大麦生育期短，对温度要求不严格。凡夏季平均气温在 16℃ 左右的地区均可种植，因此在纬度高和高寒山区也能成熟。对温度要求因品种和生育期而不同。春大麦幼苗耐低温能力强，能忍耐 −9～−6℃ 的低温，有些品种还能忍耐 −12～−10℃ 低温。冬大麦比春大麦耐寒能力强，冬季气温在 5～10℃ 的地区，适于种植冬大麦。

大麦种子播种后在 0～3℃ 温度下即可开始发芽，发芽最高温度为 30～35℃，最适温度为 18～25℃。吸收水分后，5～8 条初生根突破根鞘而出，紧接在胚芽鞘及其内的胚芽露出地面，当第一片真叶从叶鞘中伸出时，即为出苗。

大麦幼苗出现 3～4 个叶片时开始分蘖。分蘖数因品种和环境条件而异，冬大麦比春大麦分蘖能力强，早播比晚播分蘖能力强。冬大麦有冬季和春季 2 个分蘖高峰。冬季形成的分蘖中有效分蘖率高。在完成光照阶段后位于分蘖节上茎的最下节间伸长，接着第二、三节间依次伸长。

大麦的开花顺序是，主茎先开，以后按分蘖先后开放。一个花序上，中部偏上花先开，然后向上向下开放。3 个小穗中中间小穗的花较两侧花先开。一天之内有 2 次开花盛期，即上午 6:00～8:00 及下午 15:00～17:00。大麦在雨天或特别干旱的天气下，未抽穗就开花，但在温暖晴朗天气，抽穗后才开花。大麦的花粉和柱头同时成熟，故为自花授粉。受精后 7d 籽实达到应有的大小，一个月左右种子成熟。

不论是冬大麦还是春大麦，其生育期均比小麦短 7～15d，冬大麦还能适当迟播，这在增加作物复种指数上具有不可忽视的作用。

大麦生长初期需水较少，种子发芽时吸收的水分为种子质量的 48%～68%，自分蘖期需水量增加，到抽穗期需水量最多，抽穗以后又逐渐减少。生长期间，如雨水过多，日照不足，则茎叶徒长，易于倒伏和致病。抽穗后雨水过多时影响受精与成熟，造成种子产量下降。

大麦适于在土质疏松、排水良好的中性黏壤土栽培。耐酸性弱，幼苗期对酸性反应很敏感，当 pH 为 3.35 时即死亡。大麦对盐碱土有一定的抵抗力，在华东盐碱地区土壤含盐量在 0.1%～0.2% 的条件下能良好生长。

（四）栽培技术

1. 轮作与复种 大麦生育期短，成熟快，产量较高，要求有良好前作。良好前作是大豆、小麦、棉花、马铃薯和甘薯等，其次为玉米、高粱和谷子。如果土壤肥沃，管理水平高，也可以连作1年。大麦耗地力少，植株密集，杂草较少，又是多种作物的良好前作。大麦之后种植玉米、大豆、马铃薯等，都可获得较高产量。

大麦在稻麦三熟制地区，收后可栽插双季早稻；在棉、麦套作地区，由于大麦生育期短，成熟早，大麦套种棉花对棉花生长无不良影响；在二年三熟制地区，大麦可比小麦提早10~15d复种夏玉米、夏大豆和夏高粱等，能获得更高产量。在一年一熟制地区，大麦之后可复种青刈玉米、秣食豆、草木樨、紫花苜蓿、胡萝卜、甜菜等饲用作物。大麦之后复种的青刈饲料，如能播种及时，管理良好，其产量可达单种的2/3或更高。

2. 整地 大麦根系较柔软，需精细整地。秋耕后，施足基肥，整平土地，早春耙磨保墒。南方在前作收后立即播种，由于雨水多，整地时应做高畦，以利排水。

3. 播种 大麦高产的重要条件之一是选用优良品种。中国大麦品种多，各地方品种和国外引入的品种有数百种。大麦种子中常混有瘪壳、芒秆、沙石等杂质，更易混入野燕麦等杂草种子，播种前需风选、筛选或水选，达到播种品质要求时才能播种。播种期因地区而不同，冬大麦区早播易徒长受冻，太迟温度低，发芽不整齐，一般为9~12月。越北越早，越南越迟。春大麦抗寒性比小麦强，应比小麦早播，一般在3月中、下旬土壤解冻后即播种。复种的青刈大麦，应尽量早播，早播者抽穗植株多，青饲料产量高。播种量150~225kg/hm^2，保苗300万~450万株/hm^2，棉麦套种的为225万株/hm^2。撒播比条播播量大，春大麦比裸大麦播量大，作青饲料用的比作精饲料播量大。种子生产田行距为20~30cm，干草生产田为15cm。播深3~5cm。

4. 田间管理 大麦为速生密播作物，无需间苗，也少有中耕除草措施，但为了提高产量，冬大麦可在越冬前、返青时和拔节前各进行1次中耕，种子生产田可在分蘖期和拔节期各中耕1次。同时，根据土壤肥力和大麦生长情况，及时追肥和灌水。中国大麦种子生产主张"三看三定"，即看长势定肥水情况，看小穗小花数定产量，看籽粒饱满度定品质。如果生长缓慢，分蘖减少，茎叶黄淡，就是缺肥缺水，就要在分蘖期和拔节期及时追肥和灌水，以促小穗小花分化。孕穗至开花期间再追肥和灌水1次，可促进籽粒饱满，提高产量和品质。青刈大麦增施氮肥和磷肥，不仅可增加产量，还可提高蛋白质含量，增进饲料品质。

在南方秋播大麦，应进行以查苗补种移栽和杂草防除为主要内容的冬前管理。补种时将大麦种用45℃温水浸种3~4h，捞出后装入塑料袋4~6h进行催芽，待露芽尖时可开沟补种，补种后覆土3~5cm。如移栽可在缺苗断垄行挖穴、覆土移栽。杂草防除可以采用化学除草剂进行喷雾除草。同时，看苗追肥，进行中耕壮苗越冬。

大麦易感染黑穗病和遭受黏虫等为害。除用药剂拌种防除病害外，还要经常检查，早期发现，及时拔除病株。发生黏虫为害时，及时喷洒敌杀死、辛硫磷等进行防治。病虫害防治时，每公顷用75~100mL 20%粉锈宁乳剂+100mL 40%氧化乐果乳剂混合后稀释150~200倍液，均匀喷雾防治锈病、白粉病、叶枯病，兼治蚜虫、红蜘蛛、黏虫等。后期管理可以每公顷用75~100g 70%甲基托布津结晶和50~75mL快杀灵乳剂混合后稀释200~300倍液，均匀喷洒，可防治大麦锈病、叶枯病、赤霉病，兼治蚜虫、黏虫等。

5. 适时收获 大麦种子成熟后易掉穗落粒，晚收则遭受损失，蜡熟期收获较为适宜。在大麦蜡熟后期，当籽粒含水量为 30%～35% 时收获，不仅产量高，而且品质好。所以生产中最好在蜡熟后期至末期茎秆不易折断、又不掉头落粒时收获，损失最小。大麦适合机械作业，可打成草捆或压成草块。

青刈大麦在孕穗期刈割较为合适，这时草产量高，草质柔嫩，适口性好。春末青饲料不足时，还可提早至拔节期，留茬 4～5cm；第二次齐地面刈割。大麦还可与豆类作物，如豌豆、箭筈豌豆、山黧豆等混作，既可提高产草量，还可提高饲料品质。大麦青刈后也可调制青干草和青贮饲料，亦可放牧利用。放牧时间以拔节前后为宜，过早利用，草产量低，影响再生。大麦具潜伏腋芽，顶部被家畜啃食后残部能重新萌发。放牧后，应结合灌水，追施氮肥。

（五）经济价值

大麦具有广泛用途，裸大麦是中国青海、西藏牧区人民不可缺少的口粮之一，因其适应性强，草产量高，质量好，生育期短，又是良好饲料作物，籽粒是良好精饲料。开花前刈割茎叶繁茂，柔软多汁，适口性好，营养丰富。据测定，孕穗期鲜草中含风干物质 17.86%，风干物质中含有粗蛋白质 4.45%、粗纤维 3.39%，并富含维生素，为各种家畜所喜食。大麦再生能力强，及时刈割还可收获再生草，因此，它是一种很好的青刈作物，可利用冬闲田、打谷场、田边隙地栽培大麦，以满足 4～6 月所需青饲料。大麦草产量高，如黑龙江中南部地区，春播大麦鲜草产量为 22 500～30 000kg/hm²，小麦或亚麻收获后复种大麦鲜草产量为 15 000～19 500kg/hm²，特别是大麦能提供早春和晚秋青饲料，所以在青饲料轮供中占重要地位。扬州大学农学院育成的"扬饲1号"大麦种子产量为 501.3kg/hm²。大麦在饲用上的另一个重要用途，就是在早春青饲料缺乏期间，用其作发芽饲料。发芽饲料是畜禽重要的氨基酸和维生素来源，其赖氨酸含量为 1.06%，色氨酸 0.35%，蛋氨酸 0.30%，胡萝卜素 25.6mg/kg，硫胺素 0.3mg/kg，核黄素 0.2mg/kg，烟酸 2.5mg/kg。冬春季给家畜饲喂大麦芽和青绿大麦，不仅能够大大节省精饲料，促进畜体健康发育，还能提高繁殖能力。除籽粒外，秸秆和谷糠也可以用作饲料。

第七节 谷 子

（一）概述

学名：*Setaria italica* (L.) Beauv.。英文名：foxtail millet。别名：粟、小米等。

谷子原产中国，在中国栽培历史悠久，六七千年前的新石器时代即已种植。谷子属杂粮，中国是世界上的杂粮大国，谷子的栽培面积及产量均居世界第一位。杂粮在中国的种植分布非常广泛，谷子历年种植面积在 20 万 hm² 左右，最高年代达到 86.7 万 hm²，是中国重要的粮食作物和饲料作物。现主要产于淮河以北地区，华北和东北的种植面积占全国总面积的 60%。另外，印度、巴基斯坦、俄罗斯及中亚诸国和非洲中部等国家也有种植。

（二）植物学特征

谷子为禾本科狗尾草属（*Setaria* Beauv.）一年生草本植物，株高 100～150cm，丛生，全株呈绿色或绿紫色。须根系发达，根数量多且入土深，有的可达200cm，次生根轮生，每轮有3~5条根，地面的1~2节产生气生根。茎圆形，叶生于节处，叶鞘圆筒形，有茸毛。4~5片叶时开始分蘖。穗状圆锥花序，长20~30cm，成熟时下垂，其中食用谷子穗粗大而长。饲用谷子穗粗短，小穗对生，聚生于第三级枝梗上形成小穗群。每个小穗有2个颖片，2个颖片间有2个小花。上位花为完全花，下位花为不完全花（不结实）。颖果圆形、细小，千粒重1.7~4.5g。

（三）生物学特性

谷子喜温不耐寒，生育期间要求气温平均20℃左右，≥10℃积温为1 900~3 000℃，发芽最低温度至少5℃以上，幼苗可耐-2~-1℃低温，成株怕霜冻，遇-4~-3℃低温则全株死亡。耐旱性很强，素有"旱谷子"之称，在年降水量400~600mm的地方能旱作，蒸腾系数仅为142~271，低于高粱和玉米。当耕层土壤含水量为15%、气温达到15~25℃时，幼苗出土较快，生长也旺盛。

谷子为喜光短日照植物，耐阴性差，尤在穗期更敏感；能否抽穗，取决于拔节前光照时数，短于12h则提早抽穗，长于15h则停留在营养生长阶段，春播品种较夏播品种敏感。为此，低纬度地区的品种向高纬度地区引种生育期延长，而高纬度地区的品种向低纬度地区引种则会缩短生育期，这也就是青刈谷子南引北种的科学依据。

谷子对土壤要求不严，但以土层深厚、有机质丰富的壤土或沙壤土为宜。适宜土壤pH为5~8，超过8.5或土壤含盐量为0.2%~0.3%时则需改良后才能种植。

谷子生育期因品种而异，早熟品种60~100d，中熟品种100~120d，晚熟品种120d以上。早熟品种多用于华北南部地区冬小麦收获后的夏播，也可用于东北北部无霜期较短地方；中熟品种或晚熟品种多用于东北、西北、华北北部地区，一般为春播。栽培用于青刈调制干草的谷子，可选中熟品种或中晚熟品种；复种谷子因生长期短，仅能选用早熟品种。谷子有一定再生性，水肥充足和栽培条件良好时，可刈割或放牧2~3次。

（四）栽培技术

谷子最忌连作，其前作以各种豆类、麦类、玉米、高粱、马铃薯等作物为宜，后作应种植密播中耕作物或麦类作物，与豆类作物间作或混作也可。内蒙古地区多在旱坡地或沙土地上种植谷子，或者是在退化草地和退耕还牧地种植，但选择肥沃沙质壤土、精细整地和施足基肥仍是获得高产的关键。在瘠薄地块，至少施基肥40t/hm²以上，翻地前施入效果最好。适期早播对谷子全苗和壮苗非常重要，原则上以10cm土层温度达到8~10℃时播种为宜。播量一般为7.5kg/hm²，土壤黏重、整地质量差、春旱严重的地可增至11~15kg/hm²。平播后起垄地块，一般为宽行条播，行距为40~50cm；退化草地或退耕还牧地，则以窄行条播为宜，行距为30cm，播后不起垄。覆土厚度3~4cm，覆土后立即镇压1~2次，风沙地更要注意镇压。

正常情况下，播后7d左右发芽。出苗后若有缺苗，应及时催芽补种，或从苗密处挖苗补栽。合理密植可有效增产，水肥条件好时种子生产田以60万~75万株/hm²为宜，旱地、沙地和瘠薄地一般控制在30万株/hm²以内；干草生产田的密度可比当地种子生产田播种量增加20%~25%。利用苗期控水和中耕除草进行蹲苗，对谷子壮苗和成株后防止倒伏非常重要。孕穗期是谷子一生中需要氮、磷最多的时期,此时氮吸收量占到整个生育期间的 1/2~2/3,磷吸收量占到 1/2 以上;拔节到孕穗是谷子需要钾最多的时期,约为钾总需要量 60%。为此,拔节和抽穗阶段应结合灌溉进行施肥,旱作地则借降水进行施肥。

青刈以抽穗至开花初期进行为宜,不仅草产量高,而且品质好,除青饲外,还可调制成干草或作青贮原料。

(五) 经济价值

谷子籽实磨制成小米,营养价值高,容易消化,不仅是人类的重要食品,还是幼畜、幼禽的极好精饲料,其蛋白质含量为 9.2%~14.3%,脂肪含量为 3.0%~4.6%,氨基酸组成中富含赖氨酸、色氨酸和蛋氨酸等必需氨基酸分别为 0.19%~0.23%、0.20%~0.22%、0.20%~0.30%。谷子秸秆是饲喂大家畜的优良粗饲料,质地细软,营养丰富,营养成分为粗蛋白质 4.5%~5.2%,粗脂肪 1.1%~1.9%,无氮浸出物 8.6%~41.6%,粗纤维 37.4%~41.5%,粗灰分 4.5%~8.4%,消化率高于麦秸和稻草。抽穗期至开花期刈割,可调制成优质干草,粗蛋白质含量较秸秆高出 1 倍,干草产量为 2 250kg/hm^2,马、牛、羊均喜食。

第八节 荞 麦

(一) 概述

学名:*Fagopyrum sagittatum* Gilib.。英文名:buckwheat。别名:三角麦、乌麦。

荞麦为蓼科荞麦属(*Fagopyrum* Mill.)作物。该属约 15 种,我国有 8 种,有价值的包括普通荞麦、鞑靼荞麦和宿根荞麦 3 种,前 2 种分别称为甜荞和苦荞,后 1 种为野生种。荞麦起源于中国和亚洲北部,是中国古老的粮食作物之一。世界上荞麦主要生产国有苏联、中国、日本、波兰、法国、加拿大和美国等国家。中国是荞麦的生产大国,总产量居世界第二,出口量居第一。中国荞麦分布较广,但生产相对集中,华北、西北、东北地区以种植甜荞为主,西南地区的四川、云南、贵州等省以种植苦荞为主。

(二) 植物学特征

荞麦为一年生草本植物,直根系,根系浅,有发达侧根、支持根和根毛。植株高 100~150cm。由节间长出分枝,具棱,节间中空,节具被毛,茎淡绿带红。叶三角状心脏形,基叶具叶柄,顶部叶片几乎无叶柄。叶全缘,脉掌网状,托叶膜质,鞘状包茎,称托叶鞘。两性花,萼片花冠状,白色或浅玫瑰色。雄蕊 8 枚,雌蕊 3 枚,3 个花柱,子房单室。有 8 个蜜腺,能分泌出有强烈蜜味的花蜜。花柱异长,雌蕊比雄蕊短者为短柱花,反之为长柱花。只有长柱花植株与短柱花植株相互异花传粉才能正常结实。每一植株是其中一类花型,两种类型花的植株数量在田间大致相等。果实为三棱形瘦果,棕褐色。

(三) 生物学特性

荞麦是一种耐瘠薄环境的短季作物,是粮食作物中比较理想的填闲补种作物,具有生长期短(60~80d 就能成熟)、适应性较强的特点。荞麦喜温凉环境,怕霜冻,适宜生长在欧亚大陆温带地区。荞麦是一种耐旱、耐瘠薄的禾谷类作物，适应性广。荞麦生育期短，产量较低。荞麦的花序为无限花序，成熟期不一致，一般从植株的中下部向上逐渐成熟，成熟后种子易脱落，所以往往在收割时，植株顶部仍在开花，全生育期 80d 左右，种子产量 600~900kg/hm²。较适宜于中、高海拔地区种植。在中国西北旱地耕作中，由于荞麦生育期较短，农民都把它作为缓茬作物来种植，按播期有春播与秋播之分，故有春荞、秋荞之称。

（四）栽培技术

荞麦忌连作，前茬为豆类最好，其次为谷类作物，忌重茬，也忌在向日葵茬和甜菜茬后种植。应实行轮作倒茬制度。在旱地耕作中，可以充分利用作物间茬口种植荞麦，从而增加复种指数，提高单位耕地面积产量。中国荞麦多熟制间、套作模式有：小麦—绿肥—玉米—甘薯—荞麦、玉米（谷子）—豆类（薯类）—荞麦和油葵—莜麦—荞麦等。

土壤疏松有利荞麦根系生长。种植荞麦地块应选择耕层土壤疏松深厚的沙壤土，不宜选择较黏重土壤和重盐碱地种植。春荞麦播时要注意墒情，墒差时，要进行灌水。夏荞麦应重视早春顶凌耙耱，种前浅耕耙耱保墒。夏荞麦适宜播期以能在霜前结籽为原则，合理安排。

播种前进行种子处理。种子经风选、筛选去除青头、黄秕粒及杂质，精选的种子晾晒 2d，再用 0.4% 磷酸二氢钾溶液浸种 4~6h，捞出晾干表皮即可播种。也可以采用温汤浸种的方法进行选种。用 40℃ 温水浸种 10~15min，除去漂浮秕粒，将沉在下面的饱满粒捞出晾干即可。在病虫害严重时，可进行药剂拌种。为了缩短播种到出苗时间，可以在温汤浸种后闷种 1~2d，待种子萌动时立即播种。精细整地。荞麦幼苗顶土能力差，根系发育弱，对整地的要求比较高，应该尽可能抓好耕作整地这一环节，创造有利于幼苗生长发育的环境，保证全苗壮苗。

一般不施氮肥，可以施用适量磷、钾肥作种肥。一般在播种时施用磷酸二铵 45~75kg/hm²。施肥应坚持"有机肥为主，无机肥为辅"原则，通常采用播前一次底肥施足的方式。

播种方法主要有撒播、点播、条播 3 种。撒播播种量 75kg/hm²；条播行距 30~40cm，播量 37.5~45.0kg/hm²；点播株距 2.0~2.5cm，一般 75 000~90 000 穴/hm²，每穴 10~15 粒种子。播种深度一般为 3~4cm。播后要及时镇压，破碎土块，压实土壤，使土壤耕作层上虚下实，以利于种子的发芽出苗。

要及时进行中耕除草。中耕在荞麦第一片真叶出现后进行，主要是清除田间杂草和间苗，去掉弱苗、多余苗。第一次中耕后隔 10~15d，视气候、土壤和杂草情况再进行第二次中耕。当植株长到 5~6 叶和 10~11 叶时，可用 25g 15% 多效唑乳剂稀释 1 600 倍液喷雾，可有效控制植株生长，提高种子产量。

荞麦是异花授粉作物，结实率低。在荞麦盛花期每隔 2~3d 要进行人工辅助授粉，从而提高结实率和产量。始花期按每公顷放置 2~3 箱蜜蜂比例放养蜜蜂进行辅助授粉，可极大地提高产量。

荞麦主要病害有立枯病和轮纹病，虫害主要有蝼蛄、蛴螬等地下害虫及荞麦钩刺蛾。主要防治方法是：苗期用 65% 代森锌可湿性粉剂 500~600 倍液进行喷雾防治立枯病和轮纹病；地下害虫主要用 50% 辛硫磷乳油 1 500 倍兑水泼浇于荞麦田内；荞麦钩刺蛾主要为害荞麦花序及幼嫩种子，用 2.5% 溴氰菊酯稀释 4 000 倍液等菊酯类杀虫剂进行喷雾。

适时收获。一般全株 70% 籽粒成熟即籽粒变色时为适宜收获期。荞麦遇霜后，会造成籽粒严重脱落。收获时扎捆或扎把，竖放在室内，使荞麦充分后熟。

（五）经济价值

荞麦具有丰富的营养价值，研究表明，荞麦是一种医食同源食物，具有很高的营养、药用及保健价值。荞麦的蛋白质含量较高，其面粉的蛋白质含量为10%~15%，高于大米、小麦、玉米和高粱。其蛋白质组成不同于一般粮食，主要成分为谷蛋白、水溶性清蛋白和盐溶性球蛋白。苦荞中的水溶性清蛋白和盐溶性球蛋白占蛋白质总量的50%以上。根据沉淀常数和亚基组成盐溶性球蛋白，类似于豆类的贮存蛋白。荞麦粉蛋白质还具有良好的消化性。

荞麦氨基酸组成比较合理，含有20种氨基酸，其中8种必需氨基酸含量丰富，尤其是精氨酸、赖氨酸、色氨酸和组氨酸含量较高，所以荞麦与其他谷类粮食有很好的互补性。

荞麦粗脂肪含量约为3%，与其他粮食作物相当。苦荞脂肪性质与禾谷类粮食作物差别较大，在常温下表现为固态、黄绿色、无异味。荞麦脂肪的组成较好，含9种脂肪酸，不饱和脂肪酸含量丰富，其中油酸和亚油酸含量占总脂肪酸80%左右。荞麦的矿物质含量十分丰富，钾、镁、铜、铬、锌、钙、锰、铁等含量都高于禾谷类作物，还含有硼、碘、钴、硒等微量元素（表11-5）。荞麦镁含量特别高，远远大于其他谷物。

表11-5 荞麦和其他粮食作物的矿物质含量

作物	K (%)	Ca (%)	Mg (%)	Fe (%)	Cu (mg/kg)	Mn (mg/kg)	Zn (mg/kg)
甜荞	0.29	0.038	0.14	0.014	4.0	10.3	17
苦荞	0.40	0.033	0.22	0.086	4.59	11.70	18.50
小麦粉	0.195	0.038	0.051	0.004 2	4.0	—	22.8
大米	1.72	0.009	0.063	0.024	2.2	—	17.2
玉米	0.270	0.022	0.60	0.001 6	—	—	—

注：—表示未检出

第九节 其他禾谷类饲料作物

一、黍稷

（一）概述

黍稷（*Panicum miliaceum* L.）为禾本科黍属（*Panicum* L.）一年生草本，是中国古老的粮食作物，米粒有粳、糯两类，糯者为黍，粳者为稷（糜）。黍稷籽粒脱皮后称为黄米或糜米，其中糯性黄米又称软黄米或大黄米。加工黄米脱下的皮壳称为糜糠，茎秆叶穗称为糜草，作为畜禽饲草饲料。黍、稷、糜作为作物在中国不同地区含义不同。据《中国黍稷（糜）品种资源目录》统计，来源于全国的黍稷资源6 071份，其中以糜为名称的品种3 537份，以黍为名称的品种1 630份，以稷为名称的品种148份，其他名称的品种756份。禾本科黍属中的饲料作物还有大黍草和着色稷等。

（二）植物学特征

黍稷根系为须根系，初生胚根1条。在种子根与次生根之间有一段根状茎，称为地中茎。地中茎能够长出不定根。株高100~150cm，有效分蘖1~3个。茎直圆柱形，单生或丛生，节间中空。根与茎的输导组织发达。黍稷既能分蘖又能分枝。叶片7~16片，条状披针形，没有叶耳，叶绿色或带紫红色，茎叶被茸毛。圆锥花序，花序绿色或紫色，15~60cm，穗型有多种，分为侧穗型、散穗型和密穗型。籽粒形状有球形、卵圆形和长圆形，千粒重一般3~10g。

（三）生物学特性

黍稷为喜温、喜光、耐旱、短日照作物。生育前期可耐42℃高温，生育后期遇-2℃低温易受冻害。出苗至成熟需50~130d，所需活动积温为1 200~2 600℃。对光照反应敏感。苗期阴雨生长不良，能适应多种土壤，对肥力较差的沙土有较强适应能力。耐盐碱能力也较强，如耕层内全盐量小于0.3%，一般都能正常生长。对磷灰岩中磷的吸收力较弱。

（四）栽培技术

黍稷忌连作，否则易遭黑穗病和野糜为害。黍稷的播种时间因栽培地区而异，有晚春播、夏初播和麦茬播之分。播种是否及时对生长发育和产量有很大影响。可以作为中耕作物进行宽行距播种，也可窄行密植栽培。中晚熟品种由于分蘖力强，一般宽行距（45cm以上）播种，定苗60万株/hm²，窄行距（20~30cm）定苗120万株/hm²。晚播或复种的早熟品种由于生育期短，靠主茎成穗，故密度宜大，一般210万株/hm²左右。

田间管理须重视耕作保墒。苗期地上部生长缓慢，防治杂草尤为重要。在水、肥充足条件下，为防徒长、倒伏，常适当稀植、蹲苗、控制株高。多数穗基部籽粒蜡熟时即可收获，但易落粒品种收获时间则须适当提前。病虫害较少，主要有糜子黑穗病、吸浆虫和地下害虫等。

（五）经济价值

黍稷耐瘠薄，抗旱，生育期短，生长迅速，是理想的复种作物和救灾备荒作物。在北方干旱、半干旱地区，黍稷具有明显的地区优势和生产优势，在国民经济中具有重要作用。

黍稷营养丰富，籽粒蛋白质含量8.6%~15.5%，脂肪2.6%~6.9%，淀粉67.6%~75.1%，膳食纤维3.5%~4.4%，灰分1.3%~4.3%。黍稷蛋白质含量明显高于大米、小麦、玉米、小米、高粱和大麦等作物，所含氨基酸种类丰富、含量高，易被人体吸收和利用，营养价值高。脂肪含量高于大米、小麦，与玉米、高粱、小米相近。淀粉含量与小米、大米相当，粳性籽粒直链淀粉含量在4.5%~12.7%，糯性籽粒直链淀粉含量一般在3.7%以下。

黍稷含有钾、镁、钙、磷等大量元素及铁、铜、锌、硒等微量元素，其中磷、铁等含量高于大米和小麦。黍稷还含有丰富的维生素，其中维生素B_1、维生素B_2和维生素E的含量都高于大米和小麦。

二、湖南稷子

湖南稷子［*Echinochloa crusgalli* (L.) Beauv.］为禾本科稗属（*Echinochloa* Beauv.）一年生植物，又称栽培稗、食用稗、稷子、稗子、稗草、家稗、穇子等。稗属植物有50余种，分布极广，种子繁殖能力强，适应各种土壤，常被当作田间恶性杂草。湖南稷子原产于印度西北部，在中国有不少变种、品系和生态型，鲜草适口性好，各种家畜喜食。湖南稷子具有较高营养价值，很早就有种植，可在稻米无法生长的贫瘠地种植。湖南稷子矿物质含量较高，不含氰糖苷，对牲畜无毒害作用，常作为一年生饲料作物种植。湖南稷子壳厚，粗纤维含量高，使用前应略加粉碎，常供鸟食，也可作鸡饲料。稗属中的饲料作物还有光头稗、旱稗等。

湖南稷子为喜温湿中生性短日照作物，适应性强，旱地、水地和盐碱地均可种植。播前耙糖镇压保墒，以利出苗。播前要选种，以提高种子净度。收种可春播，青刈可春播或夏播。播种量青刈为 15kg/hm²，收种为 7.5kg/hm²。播种行距青刈为 15~20cm，种子田为 30~35cm。播深 2~3cm。苗期应中耕除草 1 次，在分蘖、拔节时，要结合灌水各追施氮肥 1 次，每次施尿素 150~225kg/hm²。分蘖能力较强，一般分蘖 1~4 个。在水肥条件好的栽培条件下，分蘖数可达 10~20 个。在拔节期至孕穗期生长速度最快，平均日增长 7.96cm。鲜草产量 150 000kg/hm² 以上，种子产量 265kg/hm² 左右。湖南稷子再生能力较弱，每年可刈割 2~3 次。在抽穗期刈割产草量高。收种时，应于 2/3 以上穗变黄时收获为宜。灌浆后要注意防止鸟害。

三、无芒稗

无芒稗 [*Echinochloa crusgalli* (L.) var. *mitis* (Pursh.) Peterm.] 被认为是稗的一个变种，由野生种经长期栽培驯化而成。在宁夏黄河灌溉区普遍分布，产量高，抗性强，农艺性状稳定，草质柔软，饲草和籽实营养丰富，适口性好，是优质饲草饲料资源，在当地被称为"宁夏无芒稗"。据测定，无芒稗籽实粗脂肪含量达 5.73%，因此无芒稗籽实饲喂畜禽易上膘，增重快。无芒稗鲜草在营养期刈割切碎饲喂鱼类、畜禽，适口性很好。籽实收获后秸秆晒制成干草或青贮营养价值较高。

四、龙爪稷

龙爪稷 [*Eleusina coracana* (L.) Gaertn.] 为禾本科穇属或称蟋蟀草属 (*Eleusina* Gaertn.) 一年生草本，又称穇子、碱谷。原产于非洲、亚洲的热带地区，栽培历史悠久，中国各地均有栽培。

? 思考题

1. 简述玉米的资源现状及其经济用途和价值。
2. 简述饲用玉米的应用方式及各方式的栽培技术和利用技术的差异。
3. 简述燕麦的饲用价值及其栽培技术和利用技术。
4. 简述高丹草与高粱的关系及二者在栽培技术和利用技术上的差异。
5. 简述小黑麦和黑麦的关系及二者在栽培技术和利用技术上的差异。
6. 简述谷子和荞麦的栽培区域及其经济价值。
7. 简述黍稷、湖南稷子、无芒稗、龙爪稷的应用区域及各自的经济价值。

第十二章 豆类饲料作物

学习提要

1. 了解豆类饲料作物全球资源状况及其独有的植物学特征和经济价值。
2. 熟悉中国栽培的主要豆类饲料作物生物学特性、应用区域及其饲用价值。
3. 依据读者自己当地生产实际,有选择地学习掌握重要豆类饲料作物的栽培技术及其利用技术。

第一节 饲用大豆

(一) 概述

学名:*Glycine max* (L.) Merr.。英文名:soybean。别名:秣食豆、料豆、黑豆。

饲用大豆包括东北秣食豆、内蒙古黑豆、陕北小黑豆以及通常食用的大豆等。现有很多地方品种和育成品种。饲用大豆是大豆的一种原始类型,原产于中国,栽培历史悠久,可考证的历史已有3 000多年。公元前后传至东亚各邻国,18世纪中后期引入欧洲、美国,而后又扩展到中美洲和拉丁美洲地区,非洲只是在20世纪后期开始种植。目前,全世界已有30个国家和地区大面积栽培大豆,其中最主要的生产国是美国、巴西、中国和阿根廷,占世界总产量的80%以上。

中国大豆分布极广泛,北起黑龙江、南至海南岛、东起山东胶东半岛、西至新疆伊犁均有分布,但主要分布地区为东北、华北、西北等地,以黑龙江、吉林、辽宁和内蒙古四省份栽培最多,占全国总产量的38%,饲用大豆的栽培区域也主要集中在上述四省份。

(二) 植物学特征

饲用大豆属于豆科大豆属(*Glycine* Willd.) 一年生草本植物(图12-1)。圆锥根系,主根不发达,侧根繁茂。根颈近地面7~8cm处。主根和侧根上多生根瘤,主要分布于耕层20cm以内的根上。主茎明显,株高1.5~2.0m,直立或上部缠绕。茎秆较强韧,茎上有节,下部节间短,上部节间长。主茎下部能直立生长,其节上生有分枝。复叶由托叶、叶柄和小叶3部分组成。小叶片卵圆形、披针形或心脏形等,大而质薄,具茸毛。豆荚成熟时,叶枯变黄褐色,脱落,但有少数品

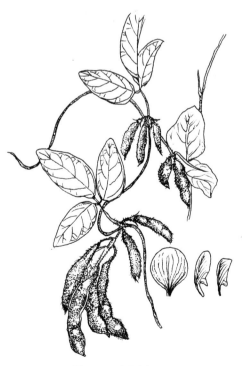

图12-1 饲用大豆

种成熟时少脱落或不脱落，可作饲用。总状花序，着生于叶腋间或茎顶端。花序上的花朵通常为簇生。每朵花由苞片、花萼、花冠、雄蕊和雌蕊组成。花为蝶形花，花小，分白、紫二色，但多为紫色。果实为荚果，荚果长3～7cm，宽0.5～1.5cm，内含种子1～4粒。无限结荚习性。荚分为黑、深褐、灰褐、浅褐、草黄等色，豆荚表面被茸毛。籽粒长椭圆形或圆形，白色、黄褐色、深褐色或黑色，有时呈杂色，千粒重为100～130g。

（三）生物学特性

饲用大豆为喜温作物，生育期间所需的≥10℃活动积温为1 600～3 200℃，在正常情况下，自播种至出苗期间的活动积温为110～130℃。发芽的最低温度为6～7℃，适宜温度为18～22℃。在茂盛生长期间，适宜的日均温在15～25℃，最适温度为18～22℃。大豆幼苗的抗寒性较强，能忍受-3～-1℃低温，-5℃时，幼苗全部受害。当真叶出现后，抗寒能力减弱，遇0℃低温即受害，-4～-3℃时很快枯死。大豆开花期间抗寒能力最弱，短时间温度降至-0.5℃时，花朵开始受害，-2℃时植株死亡。成熟期植株死亡的临界温度为-3℃。夏播的青刈大豆能顺利生长，获得较高产量。若播种太晚，温度降低到14℃以下时停止生长，10～12℃时，籽粒不易成熟，遇霜冻即产生冻害枯死。

饲用大豆是需水较多的作物，蒸腾系数为580～744。发芽时需吸收种子质量120%～130%的水分，播种的适宜土壤含水量为20%～24%。幼苗期地上部分生长缓慢，叶面积小，而根系生长迅速，所以苗期较耐干旱，如果水分过多，反而使根系发育不良，容易造成徒长和倒伏。饲用大豆在开花结荚期对水分的反应特别敏感，此时大豆营养生长和生殖生长都在旺盛进行，需要充足水分。如遇干旱，则植株矮小，造成落花落荚，产量锐减。但在排水良好的低平地，能获得较高产量。

饲用大豆是短日照作物，缩短光照可促使提早开花结实；延长日照，表现贪青晚熟，却能获得较多青刈饲料。因此在饲用大豆引种工作中，要注意选择适合当地光照条件的品种。同时可利用大豆对日照反应特性，将低纬度地区短日照品种引种到长日照高纬度地区种植，作为青饲大豆栽培。饲用大豆耐阴性强，适与高秆作物混播或间作，与玉米、谷子、燕麦、稗子等混播，既能提高青饲料的单位面积产量，又能提高青饲料品质。

饲用大豆对土壤要求不严，一般土层深厚，土壤酸碱度为中性，排水良好的土壤均可种植。pH大于9.6的碱性土壤或小于3.5的酸性土壤都不宜种植。

饲用大豆耐刈、耐践踏性差，早期高刈割尚能再生。

（四）栽培技术

东北地区通常4月下旬或5月上旬播种。青饲时，应当合理密植，多采用分期播种法，于4月下旬及6月中、下旬和小麦收后进行，可以均衡供应高产优质青饲料。

饲用大豆是中耕作物，是其他作物的良好前作。栽培饲用大豆后的土壤，结构疏松，杂草少，特别是根瘤菌能够固定土壤中的氮素。饲用大豆不宜连作，也不宜作为其他豆科作物的后作，连作会使土壤中磷、钾不足，也会引起病虫害大量发生。一般认为麦类、马铃薯、玉米是饲用大豆的良好前作，而其后作，宜种消耗地力较强的苏丹草、千穗谷及麦类等作物。

1. 整地和施基肥　在饲用大豆栽培中，由于有春播、夏播和秋播，还有间混套作和单作等方式,因而整地方法也不同。但无论哪种栽培方式,深耕和精细整地是提高产量的重要环节。耕地深度应达到20~25cm,给根系生长创造良好条件。采用春播方式时应于前一年进行秋耕,以免春耕跑墒而造成春旱。

生产实践证明,结合深耕增施有机肥料做基肥,可以满足饲用大豆整个生长发育期间的营养需要,同时又能起到保水保肥作用,对增产有显著效果。在有机肥料中混施磷肥,其增产效果更好,一般施有机肥30~40t/hm²。

2. 播种 应根据本地区气候、土壤条件和耕作制度,选用优良品种。目前东北推广种植的秣食豆、内蒙古的黑豆、陕北的小黑豆以及南方的泥豆中均选育出了许多优良品种,可根据其性状和生产目的进行选用。播前还需要清选种子,要用新鲜、粒大饱满、整齐一致、发芽率高的种子。

根据其利用方式和目的,饲用大豆的播种可采用如下几种方式和方法。

(1) 单播 用作生产种子、早期刈割或青贮的饲用大豆适于单播。春播时在早春5cm土层的地温稳定在10℃以上即可播种。行距50~70cm,覆土深度3~4cm。种子生产田的播种量为52.5~67.5kg/hm²,青刈和青贮田的播种量为67.5kg/hm²。青饲料生产田还可以进行分期播种,采取4月下旬、6月中下旬和7月中旬3期播种法,以保证生长季节均衡供应产量高、质量好的青饲料。

(2) 间作 青刈饲用大豆与玉米间作时,对玉米生长有利,能显著提高产量。在饲料轮作中,饲用大豆与甜菜、胡萝卜、瓜类等作物间作,增产效果显著。

(3) 混播 饲用大豆与玉米混播或在复种中与燕麦、大麦混播,不但能提高青饲料产量,而且能改进青饲料品质。以饲用大豆为主,可适当搭配玉米、燕麦和大麦进行混作。如青刈大豆和玉米混播,鲜草产量36.65t/hm²,比单播青刈大豆产量提高1倍左右。玉米混播大豆的播种量为127.5kg/hm²,混播比例可按家畜需要采用2:1或1:2,行距为30cm或15cm。

(4) 复种 北方地区小麦和油菜等作物收获后,尚有60~90d生长期,复种1茬饲用大豆,产鲜草15 000~22 500kg/hm²。复种的饲用大豆茎细叶多,品质优良,可以供青饲或调制干草。行距30~50cm,播种量75~105kg/hm²。复种时,在前茬收获后,应立即灭茬,结合灌水进行耕翻,耕深18~20cm,并细致整地后再播种。

3. 中耕、除草和培土 饲用大豆苗期生长缓慢,后期生长迅速,中耕除草和培土是饲用大豆田间管理中一项非常重要的工作。中耕除草可以疏松表土、提高地温和消灭杂草。雨后中耕可以消除地表板结,保蓄土壤水分。出苗前和出苗后耙地,可以耙松表土、增温保墒、耙死杂草芽,并有利于饲用大豆顶土出苗。结合中耕进行培土,可以防止倒伏,便于灌水,并有排涝作用。中耕除草的次数和深度,应视生长状况、土壤水分和杂草多少而定。苗刚出现时即可进行第一次中耕,三出叶刚出土时可进行第二次中耕,深度10~12cm。

4. 追肥和灌溉 大豆苗期需肥不多,如果土壤肥沃,幼苗生长健壮,苗期不必施肥。如果幼苗表现叶小色暗,生长过慢,未施基肥或种肥的瘠薄地在苗期应追施一定数量的速效肥,特别是追施磷、钾肥,效果明显。种子生产田在开花结荚期需要及时供给充足肥料以满足开花后对养分的需要,这时也要注意氮、磷、钾肥的配合施用。

饲用大豆苗期需水较少,有一定耐旱能力,在底墒良好的情况下,幼苗一般不宜进行灌溉,以控制土壤水分,促进根系发育,幼苗粗壮。饲用大豆花芽分化期对水分要求日益增多，只有保持一定土壤水分，才能促进分枝迅速生长和花芽分化。此时应保持土壤含水量在田间持水量的65%~70%为宜，如有干旱现象，应及时灌溉。开花至结荚期需水最多，这时需要充足水分，应根据降水及墒情灌水1~2次。结荚后期水分太多，易贪青晚熟，如收获籽实，此时则不宜灌水，以控制土壤湿度。

5. 病虫害防治 饲用大豆主要病害为炭疽病，严重时叶片大量枯死。最根本的防治办法是轮作倒茬。如果已经发病，应及早拔除病株，或用甲基硫菌灵（甲基托布津）、苯并咪唑44号（多菌灵）、二甲氨基磺酸铁（福美铁）等杀菌剂防治。霜霉病发生时，防治方法同紫花苜蓿。

6. 收获和贮藏 饲用大豆的收获期因栽培目的不同而异。青刈或青饲田可在株高50~60cm时利用，调制干草或青贮饲料在开花到结荚期刈割。混播的饲用大豆要根据主作物生长情况，达到一定产量时，分期分批刈割或一次性刈割；复种的饲用大豆要在霜冻来临前刈割，以防止霜冻。

饲用大豆茎秆枯黄，种子与荚壁分离，已达半干硬状态并呈现固有色泽，摇晃植株有响声时则为收获种子的最佳期。

青刈留茬要低。如果晒制干草，应就地摊成薄层晾晒，待茎枝全干，折断发出响声时，在早晚受潮发软时捆起来，运回上垛保管。

饲用大豆蛋白质含量丰富，种皮疏松，吸湿性强，贮藏种子时应充分干燥，种子含水量应低于13.5%。

（五）经济价值

大豆富含蛋白质，是典型蛋白饲料，其营养成分见表12-1。

表12-1 饲用大豆营养成分

样品	水分（%）	占干物质（%）				
		粗蛋白质	粗脂肪	粗纤维	无氮浸出物	粗灰分
籽粒	13.70	36.20	16.10	3.80	26.20	4.00
青刈饲料	76.40	4.10	1.00	6.30	9.80	2.40
青干草	13.50	13.77	2.35	28.75	34.02	7.61
麦茬复种青干草	9.21	19.33	1.71	29.17	41.79	7.98

注：吉林省农业科学院分析

大豆富含钙、磷、铁等矿物质和重要维生素，特别是含有家畜所必需的氨基酸，属于完全蛋白质，是家畜营养价值最完全的精饲料，适于饲喂幼畜、弱畜和高产畜。

青刈饲用大豆在开花结荚期刈割，鲜草产量可达30 000kg/hm²左右，鲜草蛋白质含量一般在4%左右。干草生产率较高，在一般条件下，干草产量可达10 000~15 000kg/hm²，干草中蛋白质含量与谷类作物的籽粒相似。饲用大豆的干草或青草，适口性好，各种家畜均喜食。用大豆干草粉喂猪，1kg草粉的营养价值高于1kg麦麸。用青刈大豆调制的青贮饲料，蛋白质损失较少，营养完全，酸度适中，口味好，长期保存不腐烂变质，是各种家畜优良贮备饲料。大豆的豆叶、豆秸、豆壳等是富有蛋白质的粗饲料。

第二节 豌 豆

(一) 概述

学名：*Pisum sativum* L.（白花豌豆）、*Pisum arvunse* L.（紫花豌豆）。英文名：pea 或 garden pea。别名：麦豌豆、寒豆、麦豆。

豌豆起源于亚洲西南部、非洲东北部、地中海地区、小亚细亚西部、外高加索等区，广泛分布于温带和亚热带各地。俄罗斯、美国栽培面积较大，世界种植面积约为 0.07 亿 hm^2。中国豌豆的栽培历史悠久，也是世界豌豆栽培面积较大的国家之一，四川、河南、湖北、江苏、云南、甘肃、陕西、山西、青海等省份均普遍种植。

(二) 植物学特征

豌豆为豆科豌豆属（*Pisum* L.）一年生或越年生草本植物，直根系发达，入土深度为 1.5m，根瘤多着生侧根上。茎圆形中空，细长，达 100～200cm，多为蔓生，少数品种直立，高约 60cm。叶互生，偶数羽状复叶，每复叶有小叶 1～3 对，小叶卵圆或椭圆形，顶端的 3 片小叶退化成卷须。茎叶光滑无毛，多被白色蜡粉；托叶大，包围茎。总状花序腋生，每梗着生 1～3 朵花，少数 4～6 朵。花冠紫色或白色，自花授粉。软荚种荚果扁平，柔软，成熟后不裂荚，可作蔬菜用；硬荚种荚果圆筒形，成熟后易裂荚落粒。荚果内含 4～8 粒球形种子，种子平滑，种皮有乳白、浅绿、绿、黄褐等色。种子大小与品种有关，千粒重 85～300g。种子寿命 5～6 年，贮存好的可达 10 年。

(三) 生物学特性

豌豆喜冷凉湿润气候，抗旱能力强。种子发芽最低温度为 1～2℃，最适温度为 6～12℃。苗期较耐寒，可忍耐 -8～-4℃ 低温，个别品种可耐 -12℃。紫花豌豆耐寒性较白花豌豆强。豌豆生育期内，以气温 15℃ 为宜，生殖器官形成至开花期以 16～20℃ 为宜。如果在生育期内气温在 10～20℃ 的持续时间长，则分枝多，开花多，产量高。温度超过 20℃ 时，分枝少，产量低。开花期遇 26℃ 以上高温干燥条件时，落花落荚多，品质差，易得病。因此，春末初夏温度较高的地方应提早播种，使结荚期避开高温夏季。豌豆从出苗经开花授粉到种子成熟需要 ≥5℃ 有效积温 1 400～2 800℃。

豌豆需水较多，蒸腾系数一般在 800 以上。种子发芽吸水量因品种而异，光滑圆粒品种需吸收种子本身质量 100%～120% 的水分，皱粒品种为 150%～155%。豌豆发芽的临界含水量为干种子质量的 50%～52%，低于 50% 时，种子不能萌发。豌豆幼苗较耐干旱，这时地上部分生长缓慢，根系生长较快，如果土壤水分偏多，根系入土深度不够时，其抗旱吸水能力受影响。豌豆自现蕾到开花结荚期，蛋白质和干物质积累速度较快，此时需要较多水分与养分。开花期最适宜湿度为 60%～90%，高温低温都不利于花的发育，干旱常使大量花蕾脱落。豌豆耐涝性较差，在排水不良土地上，根早衰腐烂，地上部分也过早枯死。

豌豆对土壤要求不严格，各种土壤都可栽培。但最适宜土壤为有机质多、排水良好，并富含磷、钾及钙的土壤。土壤过于黏重，通气不良，影响豌豆根瘤的活动，不易于豌豆生长。豌豆较耐酸性土壤，适宜 pH 为 5.5～6.7。

豌豆是长日照作物,大多数品种在延长光照时可以提前开花,所以南种北移会加快成熟。豌豆结荚期需要充足光照,如果光照不足荚果容易脱落。不过对日照长短的要求并不十分严格,如早春(2月下旬)温室栽培的豌豆,4月上旬就能开花结荚。西北一些地区夏播豌豆,秋季也能开花结荚。

(四)栽培技术

1. 轮作 豌豆忌连作,连作时产量锐减,品质下降,病虫害加剧。有学者认为,豌豆根部分泌有机酸多,影响次年根瘤菌发育;也有人认为,豌豆连作时,其种子和幼苗易感染土壤中积累的果胶分解菌和线虫而影响生长。所以豌豆与禾谷类或中耕作物轮作,应为4~5年。采用3年或4年1轮,豌豆籽粒产量2 200kg/hm², 青海、甘肃省不少地区可达3 000kg/hm²以上。

2. 间混套作 豌豆茎秆柔软,容易倒伏。生产实践中,豌豆与麦类作物(大麦、小麦、燕麦等)进行间混套作,以提高产量与品质,并防治倒伏。豌豆与麦类混种,在一定比例范围内,由于两者对养分的要求不同,麦类需氮较多,豌豆需磷、钾较多,豌豆能靠根瘤菌培肥地力,利于麦类生长,所以混种对麦类的分蘖数、单穗粒数和千粒重并无不良影响;而豌豆有麦类作为支撑物,攀缘生长,改善了通风透光条件,比单作豌豆生长更佳,单株分枝数、结荚数、每荚粒数及千粒重一般都有所提高。同时豆禾混种,可增加饲料的蛋白质,改善饲料品质。

间作、套作优于混作,有利于充分利用地力,调节作物对光、温、水、肥的需要,管理、收获、脱粒等更方便,可提高单位面积产量和产值。在新疆、甘肃、青海等省份,历来就有豌豆与春小麦、油菜间作的种植模式。为了克服前后作之间生育期的矛盾,豌豆与夏季作物实行套种更为普遍。主要有豌豆-玉米、豌豆-马铃薯、豌豆-向日葵等。东南沿海,如江苏、上海、浙江等省份,以及河南、安徽等内陆省份的棉区,麦-棉套种曾是其主要栽培方式,现在开始向立体农业的新模式发展,向着早-晚、高-矮、豆-禾作物综合配置种植的间、套、轮作方式过渡。豌豆成了该模式中很有发展前途的一种作物。在河南、湖南等省的棉区采用麦-豌-棉一年三套三收模式,每公顷土地可收获小麦3 000~3 375kg、豌豆1 350~2 100kg、皮棉900~1 065kg,经济效益和粮食产量均高于麦-棉套种。近年来,在山西、甘肃等省探索豌豆-玉米套种模式,初步结果表明,玉米不减产,而且每公顷多收豌豆2 200~3 000kg。在某些一年一熟地区发展起来的豌豆-玉米套种方式中,还加进平菇成为豌豆-玉米-平菇一年三种三收栽培模式,获得了显著经济效益。

3. 播种 为使豌豆种子完成后熟作用,提高种子内酶的活性,提高发芽率和发芽势,应在播种前晒种2~3d,或利用干燥器在30~35℃条件下,进行温热处理。经温热处理的种子,水分从20.4%降低到15.0%,发芽势从28.5%升高到96.0%,发芽率从71.5%提高到97.0%。

豌豆北方多春播,播期3~4月,南方多秋播,播期在10~11月。豌豆可条播、点播和撒播。播种量因地区、种植方式和品种而异,一般播种量为75~225kg/hm²。春播区播种量宜大,秋播区宜小;矮生早熟品种播种量稍多,高秆晚熟品种稍少,条播和撒播量较多,点播时播种量较少。豌豆条播行距一般25~40cm,点播穴距一般15~30cm,每穴2~4粒种子。国外资料报道,豌豆种子生产田的行距为20~30cm,株距为10cm左右。豌豆播种密度对产量有较大影响,对于大粒软荚豌豆类型,最佳田间密度为60株/m²左右;对于小白粒和小褐粒硬荚类型则为 90 株/m² 左右；对于青豌豆生产而言，最佳田间密度介于 80~100 株/m²。因土壤湿度、土质不同，豌豆播种深度宜为 5~7cm，最多不宜超过 8cm。覆土厚度 3~7cm。

4. 施肥 豌豆籽粒蛋白质含量较高，生长期间需供应较多氮素。每生产 1 000kg 豌豆籽粒，需吸收氮 3.1kg，磷 2.8kg，钾 2.9kg。所需氮、磷、钾比例大约为 1.00∶0.90∶0.94。豌豆通过土壤吸收的氮素通常较少，所需的大部分氮素由根瘤菌共生固氮获得。据测定，每个生长季节豌豆一般可固氮 75kg/hm² 左右，可基本满足生长中后期对氮的需求，不足部分靠根系从土壤中吸收。为达到壮苗，以及诱发根瘤菌生长和繁殖的目的，苗期施用少量速效氮肥是必要的。在贫瘠地块上结合灌水施用速效氮增产效果明显，氮肥用量为 45kg/hm²。处于营养生长期的豌豆，对磷有着较强吸收能力。在开花结荚期，根系对磷的吸收能力降低，此时采用根外追施磷肥，有较好增产效果。磷肥通常作基肥，施用量为 50~60kg/hm²。钾全部靠豌豆根系从土壤中吸收，也可在苗期田间撒施草木灰，既可增加养分又能抑制豌豆虫害，还可增加土壤温度，有利于根系生长发育。开花结荚期根外追施硼、锰、锌、镁等微量元素，有明显增产效果。

5. 病虫害防治 豌豆主要病害为白粉病、褐斑病。白粉病防治：一般在发病初期用 50%甲基硫菌灵可湿粉剂稀释 800~1 000 倍液喷雾，每隔 7~10d 喷 1 次。褐斑病防治：选用无病菌种子，多施钾肥。

豌豆主要虫害为潜叶蝇和豌豆象。潜叶蝇防治：用 40%乐果乳剂稀释 2 000 倍液喷雾。豌豆象防治：种子收获后，及时用磷化铝或氯化铝进行熏蒸。

6. 收获 根据豌豆营养物质（主要是蛋白质）积累动态，开花到结荚初期，其蛋白质积累达到最高。在低层豆荚开始变黄时，含氮化合物的合成实际上已经停止，因此青刈豌豆应在结荚期进行收割。由于茎叶干燥不一致，宜采用草架晒草，防止霉烂或落叶。

麦类与豌豆混种，以收籽实为目的时，应在两者成熟时混收、混合脱粒；以青刈为目的时，应在豌豆开花至结荚期、麦类开花期收割，此时二者的干物质和蛋白质产量均较高。

单播豌豆种子的收获，应在绝大多数荚果变黄但尚未开裂时收获，且为减少炸荚落粒现象宜在清晨收获。植株收获后，接近成熟的荚果会继续成熟。联合收割机收获时，种子含水量为 21%~25%时最为合适。豌豆脱粒后应及时干燥，籽粒水分含量降到 13%以下时才有利于安全贮藏。贮藏期间，要注意防止昆虫、微生物和鼠类为害，避免贮存期造成籽粒损失。

（五）经济价值

豌豆是重要的粮、料兼用作物，是欧美国家主要豆类食品及饲料原料。豌豆富含蛋白质（表 12-2），质地柔软易于消化，是家畜优良的粗饲料。

表 12-2 豌豆的营养成分

样品	水分（%）	钙（%）	磷（%）	占干物质（%）				
				粗蛋白质	粗脂肪	粗纤维	无氮浸出物	粗灰分
籽粒	10.09	0.22	0.39	21.2	0.81	6.42	59	2.48
秸秆	10.88	—	—	11.48	3.74	31.35	32.33	10.04
秕壳	7.31	1.82	0.73	6.63	2.15	36.7	28.18	19.03
青刈豌豆	79.2	0.2	0.04	1.4	0.5	5.8	11.6	1.5

注：内蒙古农业大学、青海畜牧兽医科学院分析

豌豆的新鲜茎叶为各种家畜所喜食，适于青饲、青贮、晒制干草和调制干草粉等。嫩荚和鲜豆中，含有较多糖分和多种维生素（维生素 A、维生素 B_1、维生素 B_2、维生素 C 等），发芽的种子含有维生素 E。

豌豆在轮作制中占有重要地位，是很好的养地作物。种植豌豆的土地，一般能增加氮素 $75kg/hm^2$ 左右。同时豌豆生育期短，是多种作物的优良前作。豌豆适应性广，耐寒性强，南方多利用冬闲地种植或与冬作物进行间作，在早春提供优质青饲料。河北、山西等省，在谷子、玉米、高粱等作物播种前，抢种 1 茬春豌豆，经 40～50d 生长，刈割作青饲料，既不影响正茬作物播种，又增收 1 季青刈豌豆。青海省乐都县利用麦茬地复种早熟豌豆，7 月 22 日播种，8 月 26 日达盛花期，10 月 10 日基本成熟，产量约 $2\,250kg/hm^2$。

白花豌豆植株柔弱，成熟后种皮皱缩，糖分含量较高，宜作蔬菜罐头用。也是一种优质饲料，在长江流域及华南各地广泛种植。

第三节 蚕 豆

（一）概述

学名：*Vicia faba* L.。英文名：broad bean, faba bean。别名：胡豆、佛豆、罗汉豆、川豆、大豌豆。

蚕豆是世界上最古老的栽培豆类作物之一，原产于亚洲西部、中部和北非地区，早在新石器时代就已成为人类的栽培作物。相传在汉朝张骞出使西域时引入中国，有 2 100 多年的栽培历史。蚕豆在世界各大洲均有分布，其中以中国为世界第一蚕豆生产大国。全国除东北三省和海南省外，其余地区均能生产蚕豆，其中以四川、云南、湖北和江苏省的生产面积较大。

中国 20 世纪 60 年代初从国外引进饲用蚕豆，在海拔 3 400m 的青海省英德尔种植，鲜草产量 $42\,750kg/hm^2$，西宁试种子产量可达 $3\,472.5kg/hm^2$。近年来各地重视选用饲用蚕豆品种并取得一定成效，例如四川省农业科学院选育出的"新都小胡豆"，广东选育出成熟时茎秆青绿的饲用绿肥兼用品种"广莆 2 号"，可在南方各地种植。

（二）植物学特征

蚕豆为豆科蝶形花亚科蚕豆属（*Vicia* L.）越年生或一年生草本植物，直根系，主根粗壮强大，入土深度 90～120cm，侧根伸长达 50～80cm，以后转向下，深度可达 80～100cm。在近地面 15～20cm 处的主根和侧根上丛生根瘤。茎直立，四棱中空，光滑无毛，茎秆坚硬，不易倒伏，株高 70～100cm。蚕豆幼茎有淡绿色、紫红色和紫色等，一般幼茎绿色的开白花，紫红色的开红花或淡红花。蚕豆成熟后茎变成黑褐色。蚕豆分枝习性强，茎基部分枝 3～12 个，每个分枝有 15～35 茎节。主茎上的分枝称为 1 级分枝，1 级分枝上长出的分枝称为 2 级分枝，以此类推。叶互生偶数羽状复叶，小叶 2～6 个。小叶椭圆形或倒卵形，全缘无毛，肥厚多肉质。托叶小，三角形，贴于茎与叶柄交界的两侧，其上生有一似紫色小斑点的蜜腺。花短，总状花序，着生于 5～6 节以上叶腋间的花梗上。花朵集生成花簇，每个花簇有 2～6 朵小花，能结荚的只有 1～2 朵。蝶形花，雌蕊 1 枚，雄蕊 10 枚，呈 9 合 1 离。开花顺序是自下而上，中午至傍晚开花，日落后大部分花朵闭合。荚果由 1 个心皮组成，荚扁平桶形，未成熟豆荚为绿色，荚壳肥厚而多汁，荚内有丝绒状茸毛。荚内含种子2~7粒，每株可结荚10~30个。种子扁平，椭圆形，微有凹凸。籽粒色泽因品种而异，有青绿色、灰白色、肉红色、褐色、紫色、绿色、乳白色等。种子生活能力较强，能保存7~8年。

蚕豆按种子大小可分为大粒型、中粒型和小粒型3种，适应区域和利用价值各不同。

1. 大粒型（*Vicia faba* var. *majar*） 种子宽扁平，粒型多为阔薄型，长1.9~3.5cm，千粒重1 250~2 500g。种皮颜色多为乳白和绿色，植株高大。叶片大，开花成熟早，多作蔬菜用，茎叶可作饲料。

2. 中粒型（*Vicia faba* var. *equina*） 种子扁椭圆形，粒型多为中薄型和中厚型，长1.25~1.65cm，千粒重650~800g，种皮颜色以绿色和乳白色为主。成熟适中，宜作蔬菜和粮食。

3. 小粒型（*Vicia faba* var. *minor*） 种子椭圆形，粒型多为窄厚型，长0.65~1.25cm，千粒重400~650g，种皮颜色有乳白色和绿色2种。籽粒和茎叶产量高，宜作饲料和绿肥。

（三）生物学特性

蚕豆为亚热带和温带一年生作物，喜温暖、湿润气候，生长温度18~27℃。蚕豆不耐暑热，能忍受0~4℃低温，−7~−5℃时，地上部分即可冻死，但靠近子叶的茎节以下部分没有受害，仍能从根际发生芽蘖。蚕豆发芽的最低温度为3~4℃，最适温度为16~25℃，最高为30~35℃。出苗适温为9~12℃，温度在14℃左右开始形成营养器官。开花期最适温度16~20℃，平均温度在10℃以下时花朵开放很少，13℃以上时开花增多，超过27℃时授粉不良。结荚期最适温度16~22℃，温度过低，不能正常授粉，结荚少。

蚕豆需水量较多，由于种子大，种皮厚，种子内蛋白质含量高。膨胀性大，需吸收相当于本身质量110%~120%的水分才能发芽。整个生育期都要求土壤湿润，特别是开花期。但蚕豆不适于在低洼积水地栽培，易发生烂种、立枯病和锈病。

蚕豆为喜光长日照植物，整个生育期间都需要充足阳光，尤其是结荚期，如果植株密度过大，株间相互遮光严重，荚果就会大量脱落。按对日照强度要求，属中间型植物。其光合生产率有两个高峰，即花序形成期和乳熟期。

蚕豆喜中性稍黏重而湿润土壤，以黏土、粉沙土或重壤土为最好，适宜pH为6~7，能忍受的pH范围为4.5~8.3。对盐碱土适应性很强，吸收磷肥的能力较强，即使栽种在含磷较少的土壤，也可获得良好经济效益。蚕豆对硼极为敏感，缺乏时，根瘤少，植株发育不良。

（四）栽培技术

1. 轮作 蚕豆忌连作。在南方各地的广大水稻种植区，蚕豆主要与冬季作物大麦、小麦、油菜、绿豆进行轮作。在西部高寒地区如青海、宁夏、甘肃等地，蚕豆与小麦或青稞等轮作。在北方地区，蚕豆是麦类作物和马铃薯的优良前作。蚕豆还可以与油菜、豌豆、小麦、紫云英、毛苕子等间作。在生长季较长的地区，可以复种蚕豆作为家畜青饲料。据原四川省农业科学研究院报道，水稻收获后种植小粒蚕豆，生长48d后可收鲜草11 835kg/hm²。在陕西汉中地区，一般水稻收获后播种，霜冻来临前刈割1次，第2年春季又能重新生长，

4月初刈割1次,鲜草产量可达48 000kg/hm²。

2. 整地 蚕豆根系发达,入土较深,深耕是获得丰产的重要措施。因此,前作作物收割后应立即浅耕灭茬,并进行深秋耕,深度在25cm左右。秋耕时最好结合施肥,春播前进行浅耕。

3. 播种 为提高蚕豆种子发芽势及发芽率,需进行种子播前处理。处理方法有如下三种。

①晒种。播种前将种子晒于阳光下1~2d,以增加种子吸水膨胀力,促进种子内物质转化。

②温热处理。把种子放于40℃以下的恒温箱中干燥处理24h。

③浸种催芽。将种子放于清水中浸泡2~3昼夜,取出放于温室催芽2~3d。此外,播种前可进行根瘤菌接种,尤其新种植蚕豆的地块进行根瘤菌拌种,增产效果明显。

为了预防蚕豆象,可将晒干后的种子浸入开水中35s,然后立即放入冷水中略加浸泡立即取出晒干备用,杀虫率达100%。

蚕豆可以春播和秋播。一般点播,行距35~45cm,株距30cm。机械穴播,行距50cm,株距10cm。作饲料栽培时宜选用小粒种,播种量为225kg/hm²;种子生产田可选用中粒或大粒种,播种量225~300kg/hm²。密植是获得茎叶高产的主要方法,因此作为青饲栽培时可适当增加播种量。播种深度4~6cm。

4. 施肥 蚕豆耐瘠薄性较强,但为了获得高产仍需施足肥料,以堆肥、厩肥、磷肥及灰粪为主。生长初期,根瘤菌尚未发育成熟,需施氮肥;生长后期施氮肥过多会引起徒长,影响籽粒产量。磷肥能刺激根瘤菌活动和根群发育,促进根瘤形成,增强其固氮作用,因此蚕豆生长期间宜多施过磷酸钙。

根据蚕豆需肥要求决定追肥时期。现蕾前进行第一次追肥,以氮、钾肥为主,配合少量磷肥,可增加花芽数,有利分枝发生;开花期实施第二次追肥,多施磷肥、钾肥,以减少落花落荚,提高结实率,增加营养物质的积累;结荚期第三次追肥,主要为磷肥,使籽粒饱满。此外,在酸性土壤中施用石灰(钙)能有效提高蚕豆产量。

蚕豆生长期间需要少量微量元素,特别是钼和硼。浙江省绍兴市农业科学研究所用0.1%钼酸铵浸种,平均产量3 787.5kg/hm²,比对照增产9.3%,叶面喷施0.05%钼酸铵溶液也有明显增产效果。硼对蚕豆产量和品质有较大影响,据云南绥江县农业科学研究所试验,用0.3%硼砂粉溶液于蚕豆开花初期喷施1次,增产12.5%~22.6%。

5. 灌溉 蚕豆需水多,出苗到盛花期最多,此时缺水花芽分化受阻,开花期延迟,影响籽粒形成。分别于现蕾期、始花期、结荚期、灌浆期各灌1次水。但多雨地区栽种蚕豆要注意排水防涝,蚕豆一般水渍3d就开始黄叶,5d霉根,7d失去活力。尤其在开花期遇涝,茎部变黑霉烂,因而蚕豆在多雨季节要及时清沟放渍水。

6. 中耕除草 蚕豆在封垄前应中耕除草,当株高10~20cm时结合培土进行第二次中耕除草。为控制徒长,使养分集中于籽实,应提早成熟以增加产量,可在开花中、后期进行打顶。同时对植株过密的田块,每隔13cm左右进行人工分行,以增加株间光照,改善通风透气条件,减少落花落荚,促进籽实饱满。

7. 收获利用 蚕豆荚果成熟不一致,成熟豆荚落粒性较强,所以适时收获可丰产丰收。北方地区一般在植株中下部荚果变成黑褐色而呈干燥状态时即可收获。适当提前收获时,将植株齐地面割下，植株成捆堆放，使种子完成后熟作用。

蚕豆籽粒是优质青饲料，其秸秆粉碎后可作为粗饲料。生产青饲料时，应在盛花期至荚果形成期刈割，此时茎叶繁茂，干物质产量高。

蚕豆青饲利用的方法主要有2种：打浆及青贮。前者是用打浆机将新鲜整株打成菜泥，混合少量精饲料喂猪；后者是将新鲜整株收割后用铡草机切碎，与燕麦、玉米等一起混合青贮。

（五）经济价值

蚕豆各饲用部位营养丰富（表12-3）。

表12-3 蚕豆的营养成分

（引自陈宝书，2001）

样品	水分（%）	钙（%）	磷（%）	占干物质（%）				
				粗蛋白质	粗脂肪	粗纤维	无氮浸出物	粗灰分
蚕豆干样	13.0	0.07	0.34	28.2	0.8	6.7	48.6	2.7
蚕豆鲜样	77.1	0.02	0.22	9.0	0.7	0.3	11.7	1.2
蚕豆鲜叶	84.4	0.29	0.03	3.6	0.8	2.1	6.8	2.3
蚕豆壳	18.2	0.61	0.09	6.6	0.4	34.8	34.0	6.0

籽粒含赖氨酸1.78%，青蚕豆富含维生素A、维生素B_1、维生素B_2及维生素C。籽粒中含核黄素1.5mg/kg、烟酸28mg/kg、铁52mg/kg。一般不含抗胰蛋白酶等有害物质，因此国外广泛用作育肥猪和繁殖母猪的蛋白质补充饲料，育肥猪日粮中蚕豆粉用量可达30%左右，妊娠母猪日粮中达到10%时，对仔猪无消化不良等影响。小粒饲用蚕豆是家畜很好的饲料，常作为耕牛越冬或春耕期主要的补充饲料。蚕豆茎叶质地柔软，含有较多蛋白质和脂肪，是猪和牛等家畜的优质青饲料，豆秸可喂羊或粉碎后喂猪。青豆收获后可将茎叶翻入土壤作为绿肥使用。蚕豆花香，开花早，是良好的蜜源作物。蚕豆幼苗的速生性极强，因此在四川盆地可作为优良短期速生填闲作物。蚕豆籽粒产量3 375～3 750kg/hm^2，鲜草产量45 000～75 000kg/hm^2。在甘肃河西地区蚕豆春播夏收，收获时留茬6cm，2个月后可收再生草18 750kg/hm^2，作为家畜优质青饲料。

第四节 鹰 嘴 豆

（一）概述

学名：*Cicer arietinum* L.。英文名：chickpea。别名：羊脑豆、鸡头豆、桃豆。

鹰嘴豆起源于亚洲西部和近东地区，是世界上栽培面积较大的饲用豆类作物，在中东地区有7 500年栽培历史。现分布于世界各大洲，其中亚洲栽培面积最大，其次是非洲。中国于20世纪50年代由苏联引进，在青海、新疆、甘肃、宁夏和云南等省份种植。广东、广西也有种植。

（二）植物学特征

鹰嘴豆属豆科野豌豆族鹰嘴豆属（*Cicer* L.）的栽培种，系一年生草本植物，株高20～

70cm，根系发达，主根入土可达 1m 左右。茎圆形直立，自基部分枝。奇数羽状复叶，具小叶 9~15 枚，小叶卵形、椭圆形，长 5~15cm，宽 3~8cm，先端尖锐或钝圆，基部圆形或宽楔形，两侧边缘 2/3 以上有锯齿。托叶大，为斜三角形。总状花序腋生，花梗长，花白色、玫瑰色或紫红色；花冠蝶形。荚果呈扁菱形至椭圆形，膨胀，顶端有弯曲的短喙，密被腺毛，内含种子 1~2 粒，种子卵形，侧面扁平有 1 条中沟，在种脐附近有突起，形如鹰嘴，种皮光滑或有皱纹，白色、米黄色、棕色、黑色或绿色。

（三）生物学特性

鹰嘴豆播后 10~12d 出苗，子叶不出土，出现 7 片复叶时植株开始分枝，1 级分枝一般有 4 个，还可形成 2 级分枝，主茎和其基部分枝从第五节开始的叶腋处有芽但无分枝。自花授粉，上午 7:00~11:00 开花，夜间凋萎。

鹰嘴豆适应性强，最适宜在温带干旱气候条件下生长。较耐寒，种子在 2℃ 时开始发芽，幼苗能忍受 −4℃ 低温，甚至在 −6~−5℃ 时都不致遭受冻害，成株能耐 −8℃ 严寒。生长期最适宜温度，白天为 21~29℃，夜间为 18~26℃。年均温 6.3~7.5℃ 的地方均可种植。鹰嘴豆抗旱能力强，能忍受较长时间的土壤干旱和气候干旱，年降水量 280~1 500mm 的地区均可种植，但不耐涝，水分过多反而生长不良。在生育后期如果遭遇连阴雨天气，会延迟开花授粉，影响成熟。开花结实期受淹则严重减产。

鹰嘴豆为长日照植物，缩短日照使开花时间推迟，长日照可促进提前开花成熟。但多数品种对光周期反应不敏感。

鹰嘴豆对土壤要求不严，以肥沃、疏松而排水良好的轻壤土为宜，pH 在 5.5~8.6。

（四）栽培技术

鹰嘴豆适宜干旱季节或干旱地区。秋季深耕以熟化土壤，加深耕层，增强保水能力。秋耕最好结合施基肥，对贮墒保墒有良好作用。翌年顶凌耙地，切断土壤表皮毛细管，耙碎土块，防止水分蒸发。但雨水过多地区，则要耕翻散墒，以提高地温。

鹰嘴豆不耐连作，多与麦类、玉米轮作，与大麦、小麦、高粱、豌豆等作物间作混种。鹰嘴豆籽粒大小变化很大，一般千粒重为 60~600g。西北地区栽培的为小粒种，千粒重为 250~300g，种子有白色、黄色等。播种期分春播和秋播 2 种。北方地区常采用春播，一般 4 月上旬到 5 月初播种，且以早播为好，太迟则种子不易成熟。南方春播和秋播皆可。播种时用根瘤菌接种，有明显增产作用。条播行距 25~40cm，也可采用 30cm×30cm 穴播。播种量 75~90kg/hm^2，干旱地区可酌情减少。覆土深度 4~6cm，根据土壤墒情可稍作调整。播后镇压是一项重要的保苗措施。

鹰嘴豆苗期长达 40~50d，易受杂草侵害，因而除草应在苗期进行。苗期除草兼有松土和除草的双重作用，在高寒地区可起到增温防寒作用。第一次中耕可结合间苗同时进行。

磷肥或氮肥配合施用，能显著提高鹰嘴豆种子产量，并加快种子成熟。鹰嘴豆不易裂荚，当大多数豆荚变为黄色，叶片开始脱落时即可收获。通常种子产量为 1 500~2 250kg/hm^2，最高达 3 000kg/hm^2 以上。

（五）经济价值

鹰嘴豆营养丰富，其籽粒是最有价值的精饲料之一，整粒或粉碎饲喂均可，各种畜禽均喜食。鹰嘴豆枝叶上有茸毛和疣腺毛，能分泌含苹果酸和草酸的汁液，故青饲时家畜不喜食，但晒制成干草后适口性大大提高。整粒籽实饲喂家畜时，最好饲喂前浸泡12h左右。其营养成分见表12-4。

表12-4 鹰嘴豆的营养成分表

（引自靳晓丽等，2013）

样品	水分（%）	钙（%）	磷（%）	占干物质（%）				
				粗蛋白质	粗脂肪	粗纤维	无氮浸出物	粗灰分
青干草	7.15	1.13	0.75	21.23	2.23	35.07	27.62	13.85
籽粒	—	—	—	20.95	5.91	10.11	49.36	13.67

鹰嘴豆也可与小麦一起磨成混合粉作为主食。鹰嘴豆粉和奶粉制成豆乳粉容易消化吸收，是老年人和婴儿的食用佳品。鹰嘴豆籽粒也可以制作豆沙、煮豆、炒豆、油炸豆或罐头食品。

思考题

1. 简述大豆的资源现状及其经济用途和价值。
2. 简述转基因大豆的争议原因及其对未来饲用蛋白市场的影响。
3. 简述豌豆、蚕豆、鹰嘴豆的生物学特性及其栽培技术和利用技术。

第十三章 根茎瓜类饲料作物

学习提要

1. 了解根茎瓜类饲料作物全球资源状况及其独有的植物学特征和经济价值。
2. 熟悉中国栽培的主要根茎瓜类饲料作物生物学特性、应用区域及其饲用价值。
3. 依据读者自己当地生产实际,有选择地学习掌握重要根茎瓜类饲料作物的栽培技术及其利用技术。

第一节 甜 菜

(一) 概述

学名:*Beta vulgaris* L.。英文名:beet。别名:饲料萝卜、糖萝卜、糖菜等。

甜菜类属于藜科甜菜属(*Beta* L.),原产于欧洲西部和南部沿海,野生种滨海甜菜是栽培甜菜的祖先,大约在4 000年前被人类驯化栽培,公元前4世纪至公元前5世纪在西亚一些地区有零星种植,因适应性很强被引入世界各地广泛栽培,大约在公元1500年从阿拉伯国家传入中国。甜菜主要生产国有俄罗斯、美国、德国、波兰、法国、中国和英国,甜菜的栽培种有糖用甜菜、饲用甜菜、叶用甜菜、根用甜菜4个亚种。糖用甜菜起源于地中海沿岸,1906年引进中国,长期以来在我国得到大面积种植。饲用甜菜种植时间较短,主要在我国北方种植,近些年在南方地区也开始推广种植,是一种营养价值和利用价值较高的新型多汁饲料作物,在欧洲国家的畜牧业生产中普遍使用,本节主要介绍饲用甜菜。

(二) 植物学特征

饲用甜菜为二年生草本植物。根系发达,主根上部膨大肥厚形成肉质块根,呈圆柱形、椭圆形和球形,由根冠、根颈、根体和根尾4部分构成;根皮有白、绿、黄、橙、红和玫瑰色等,根肉除白色外,还有黄色或红色,从主根两侧的腹沟中形成侧根。单叶,有盾形、心形、矩形、柳叶形、团扇形和犁铧形等多种形状,每株有丛生叶40~70个。花茎自叶腋抽出,穗状花序松散,花单生或丛生在主薹或侧枝上,为不完全花,缺少花瓣,花小、绿色,萼5片,雄蕊3枚,雌蕊由2~3个心皮组成。由1~5个果实组成复合体,习惯上称为种球,含2~5粒种子的种球千粒重25~30g,含1粒种子的种球千粒重10~15g。国产饲用甜菜每个种球结3~4个果实,每果实含1粒种子,种子肾形,种皮深红色,胚弯曲。

(三) 生物学特性

1. 生长发育特性 饲用甜菜的整个生长周期,可分为营养生长和生殖生长2个阶段,第1年主要是营养生长,生长叶和块根;第2年主要为生殖生长,抽薹、开花和结实,并完成整个生命周期。

饲用甜菜在播种当年以营养生长为主，地上生长出繁茂叶丛，地表以下形成肥大块根作为营养物质的贮藏器官。出苗后60d叶片增重速度比根快，90d后根增重速度超过叶片，生长后期根膨大加快。出苗后约30d，可形成4~6片真叶，器官和组织逐渐形成并分化。出苗后30~60d，叶片生长旺盛，叶片数量迅速增多，叶丛生长速度和日均增长的质量达到最高峰，块根的伸长速度也达到最快。此后的40d左右，甜菜的生长中心就开始从地上部转移到地下部，叶丛生长逐渐减弱，光合产物开始大量从叶片中向地下输送，块根则迅速膨大，根肉和根中糖分同步增长，块根的增长量达全生育期50%以上，是丰产关键期。8月下旬以后，营养体基本停止生长，绿叶显著减少，枯叶大量增加，块根的根体很少增长，根肉几乎停止增加，光合产物几乎全部都以蔗糖形式被贮藏在块根中，根中含糖率显著提高。中国北方饲用甜菜的营养生长期为130~180d。

饲用甜菜生长第2年主要进行生殖生长。北方地区生殖阶段可分为4个时期。从定植的母根长出叶片到开始抽薹前为止是叶丛期；从开始抽薹一直到开花前为抽薹期；从抽薹末期开始到全部开花，每株的花朵有2/3开放时为开花期，花着生在第一或第二分枝上，由下向上开放；从个别单株形成种子到1/3种球变为黄褐色，果皮坚硬，种皮粉红色，种子胚乳呈粉状时为结实期。生育期约110d。

2. 对环境条件的要求 饲用甜菜是长日照植物，喜冷凉半湿润气候，在北方干旱地区种植需要有灌溉条件。不耐涝，遇涝害根极易烂和感染病虫害。

（1）温度 饲用甜菜较耐寒，生长期内日平均温度15℃以上，积温为3 000℃左右适于甜菜生长。种子在4~8℃可以萌发，在15℃下出苗只需6~10d。生产上常在地表下10cm土层温度达到5~6℃、日均气温6~7℃时播种甜菜，10~15d后出苗。幼苗在萌芽期不耐冻，形成2~3片真叶后抗寒力逐渐增强，可忍耐-6~-4℃短暂低温。生长最适温度为15~23℃，秋季气温降至5~6℃时即停止生长。营养生长期需要有效积温为1 900~3 500℃，最适积温为3 000℃。气温日温差大、晴朗少雨的气候条件，有利于块根中糖分积累。25~30℃高温对生长不利，超过35℃时影响生长。

（2）水分 甜菜在生长组织中平均含水分90%左右，成熟块根中也含有80%左右的水分。蒸腾系数为300~600。生育期内耗水量为4 300~6 000m^3/hm^2。在旺盛生长期内蒸腾作用强烈，平均每株达400g/d，耗水量最多，占生育期的50%~70%。当土壤含水量达到田间持水量的60%左右时，块根和含糖量的增长速度最快。由于甜菜根系发达，可吸收土壤深层水分，故抗旱能力较强。甜菜块根在积水中根体和根尾将发生腐烂，因而耐涝性差。

（3）土壤 在地下水位1m以下、地势平坦、排水良好、耕层在20cm以上、富含腐殖质的中性和微碱性沙壤土上生长良好。对土壤肥力反应敏感，施肥增产效果显著，在团粒结构良好、保水保肥力强、质地疏松、土质肥沃的土壤上种植甜菜效果最佳。其他类型土壤上只要增施有机肥，进行深耕，使土肥相融也可获得高产。在含盐量为0.3%~0.6%盐碱地上通过采用育苗移栽等防盐碱措施后能够种植。透气性差、排水不良、有机质分解慢、地温低、板结和黏重的土壤影响甜菜正常生长。地下水位高、沙石过多的砾石质土壤不宜种植甜菜。酸性土壤通过施入石灰、草木灰等碱性肥料中和改良土壤中的游离酸后方可种植甜菜。饲用甜菜是长日照植物，生殖生长期要求日照14h以上，低于14h影响正常抽薹开花。

（四）栽培技术

1. 选地与整地　饲用甜菜根深叶茂，需水肥多，不耐涝，适宜在土层深厚、富含有机质、排水良好并有灌溉条件的地块种植。喜中性和微碱性土壤，pH 以 7.0~8.5 为宜。

饲用甜菜不耐连作，重茬对土壤养分消耗大，使土壤营养失调，病虫害增多，导致减产。生产上多采用轮作，周期最少 3 年，通常为 4~6 年。前作最好选择麦类、麻类、油菜等作物，也可选择豆类、马铃薯等，玉米、高粱、棉花和烟草等中耕作物。甜菜的后茬应安排种植麦类为好，也可选择玉米和谷子。

甜菜种子小，萌发时种球吸收水分较多，深翻后要及时耙糖保墒，播前要细致整地，达到地面平整、表土细碎、土墒适宜。结合耕地，施入农家肥 30~45t/hm^2。

2. 种球处理与播种　播前应对播种材料进行严格选择和处理。种子的发芽率不低于 75%，净度不低于 97%，种球千粒重达到 20g 以上。甜菜种球的木质花萼粗糙，播前可用碾米机或石磙碾压，以便于播种。为预防病虫害发生，播种前还应用药剂拌种，每 100kg 甜菜种子，可使用 0.8~1.0kg 的 95% 敌磺钠可溶性粉剂稀释 10 倍液拌种，防治效果很好。

中国三北地区主要采用春播，一般在 4 月上旬至 5 月上旬，要求地表 5cm 内的低温稳定在 5℃ 左右，可在春小麦播种之后进行。中部地区以夏播为主，一般在 6 月下旬到 7 月中旬。长江流域及其以南地区多采用秋播。

甜菜的播种方法有条播和点播 2 种，播种量为 20~30kg/hm^2，点播节省种子 50% 左右，行距 45~60cm，株距 35~50cm，播种深度 2~3cm，播后镇压。

3. 定苗与中耕除草　出苗后，及时间苗、定苗和补苗，幼苗长出 1 对真叶时，开始进行间苗，分 2~3 次完成，长出 3~4 对真叶时定苗，株距 20~25cm。田间保苗率应达到 60 000~75 000 株/hm^2，并加强杂草防除和病虫害防治。结合间苗、定苗进行中耕除草，间苗时进行第一次中耕，深度 3~4cm，主要目的是消灭杂草、疏松地表、提高地温和减少蒸发，促使幼苗苗壮生长。第二次中耕一般在定苗前后进行，深度可达 5~10cm，以加快幼苗后期的生长速度。甜菜封垄前一般要中耕 2~4 次，每次中耕要结合培土。甜菜生长后期进行中耕和培土可进一步改善块根的生长环境，有助于提高产量。

4. 施肥　饲用甜菜需肥量大，且需要较全面的营养，生育期内对营养持续吸收时间较长。播种时施种肥磷酸二铵 75~100kg/hm^2，对抓早苗和壮苗有重要作用。生长期间追施农家肥 10~30t/hm^2。在整个生长季，约需氮 180kg/hm^2、磷 40.5kg/hm^2、钾 199.5kg/hm^2。由于种植饲用甜菜的地块往往偏碱性，可能引起锰和硼等各类元素亏缺，要根据田间状况每年向土壤中增补缺乏的种类和数量，以满足甜菜从幼苗生长到块根成熟对各种养分的需要。用 0.03% 硼酸或硫酸锰及钼酸锌（硫酸锌）等微量元素溶液喷洒甜菜叶面有较好增产效果。甜菜进入叶丛繁茂期和块根糖分增长期时，地上营养器官和地下部贮藏器官生长最旺盛，光合产物积累量最多，对氮、磷、钾等元素的吸收量达到高峰，分别占全生育期的 71.9%、49.5% 和 53.3%。此时要结合定苗追施一定比例氮、磷、钾等肥料，以速效氮肥为主，磷、钾肥为辅。在甜菜封垄前，要追施充足磷、钾肥和适量氮肥，为块根迅速生长、膨大和品质提高创造条件。

5. 灌溉　水分对甜菜生育和优质高产具有重要作用。甜菜在生育期内总耗水量由土壤蒸发和叶面蒸腾两部分构成。土壤蒸发主要由环境因素决定,一般占甜菜耗水总量的30%~40%。可通过中耕松土等措施来调节土壤水分蒸发量。据报道,甜菜苗期耗水占全生育期的11.8%~19.0%,叶丛繁茂期和块根增长期占51.9%~58.0%,糖分积累期占27.1%~36.2%。甜菜在幼苗期要求土壤含水量为田间持水量的60%左右,叶丛繁茂期和块根增长期需水多,以60%~70%为宜,糖分积累期以50%为宜。

甜菜幼苗期不宜浇水,应适当蹲苗,以促进根系生长发育。在春旱严重、风沙大的地区,苗期可适当轻灌,灌后及时中耕、保墒和提温。进入叶丛繁茂期以后,叶片增多,叶面积增大,气温高,蒸腾量大,需水量最多。一般在定苗后结合追肥灌头水,第二水可根据土壤含水量来确定。灌水次数与灌水量因各地气候条件不同有较大差异。在新疆甜菜高产地块,生育期内要灌水5~7次,从定苗水以后每隔15~20d灌水1次,总灌水量为3 000~4 500m³/hm²。内蒙古、山西、宁夏、甘肃等地在甜菜生育期内,一般灌4~5次水,总灌水量为2 300~3 800m³/hm²。苗期每次为300~700m³/hm²,叶丛繁茂期后每次为600~800m³/hm²。每次灌水应尽量和追肥相结合,在干旱地区可采用喷灌等节水灌溉技术。

此外,北方地区苗期常遇干旱、低温和风沙危害。根据当地气候调整播种方向可减轻风害和冻害。调整播期以避开霜冻严重期,适时早播,增强幼苗的抗冻力可有效预防冻害。依据天气预报及时在田间采取熏烟等措施也可减轻冻害。

6. 收获与贮藏 饲用甜菜进入叶丛繁茂期后可有计划地分批分期采收下部叶片作青饲料饲喂家畜。播种当年秋季,当多数叶片变黄,生长趋于停止,根中水分减少,株丛疏松,叶片多斜立或匍匐,块根质地变脆,质量和含糖率达到最高值时是饲用甜菜的最佳采收期。北方地区通常在9月下旬至10月中旬根据饲料轮供计划分期分批收获。甜菜块根的收获方法:在大面积种植区主要用机械在甜菜行间深松土壤,犁铲入土20~22cm,切断尾根,犁起植株。采收过程中应避免损伤块根,收获后的块根可在田间临时贮藏一段时间,也可以直接入窖。在田间临时贮藏可以使块根散失一部分水分,增加了窖藏的耐藏性,并缩短窖藏时间。临时贮藏应将甜菜堆成圆堆,上面覆盖秸秆或农田土,土壤结冻前适时运回进行窖藏或沟藏。

(五)经济价值

饲用甜菜的根和茎叶是奶牛、育肥牛、羊、猪等家畜和家禽的良好多汁饲料,营养丰富,根和茎叶中均含有丰富的粗蛋白质、粗脂肪、粗纤维、维生素、矿物质等动物必需的营养物质,消化率高,具有很高的饲用价值。据丹麦国家实验室分析,在饲用甜菜块根干物质中,代谢能可达11.5~13.5MJ/kg,消化率达80%以上,用饲用甜菜加精饲料3kg饲喂奶牛,可使一头成年奶牛产奶20kg/d,其中乳脂率提高41%。另据内蒙古农业科学院研究,在不增加任何投入的情况下,与其他多汁饲料相比,奶牛日补饲10kg饲用甜菜,产奶量可提高10%~33%,平均提高15%左右;肉牛育肥,每头牛每天饲喂青干草8kg,饲用甜菜10kg,精饲料2kg,并加适当盐和添加剂,育肥期80d,日增重0.87kg。根肉细嫩多汁,茎叶颜色鲜艳,适口性好,易引起家畜、家禽的食欲,猪、牛、鸡、鱼等畜禽更喜食茎叶,可明显增加家畜采食量。根和茎叶中粗纤维含量较低,易消化,根在羊瘤胃内的消化率为88%左右,茎叶在藏羊瘤胃内的消化率为90%左右。

据中国农业科学院北京畜牧兽医研究所和内蒙古农业科学院等多家单位测定，饲用甜菜块根中干物质含量 6.0%～16.5%，干物质中含有粗蛋白质 7.0%～14.8%，粗脂肪 0.4%～1.1%，粗纤维 7.1%～15.8%，无氮浸出物 60.2%～68.5%，灰分 8.4%～16.4%；鲜叶中干物质含量 5.5%～7.9%，干物质中含有粗蛋白质 14.0%～22.3%，粗脂肪 2.5%～3.1%，粗纤维 7.8%～13.2%，无氮浸出物 55.2%～62.5%，灰分 5.0%～13.2%。

饲用甜菜产量较高，国内饲用甜菜品种块根的鲜产量平均可达 60t/hm^2，进口品种的产量则远高于国内品种，高者可达 180～210t/hm^2。由于饲用甜菜水分含量高，无氮浸出物含量较低，每 100kg 块根中含 11.5 个饲料单位，可消化蛋白质量 0.3kg。甜菜茎叶中含有草酸，家畜采食过量会产生腹胀、腹泻等有害症状。最好与其他饲草、饲料混合后饲喂家畜，也可青贮后再利用。甜菜腐烂茎叶含有亚硝酸盐，禁止饲用，以防止畜禽中毒。

第二节 胡萝卜

（一）概述

学名：*Daucus caroata* L.。英文名：carrot。别名：红萝卜、黄萝卜、丁香萝卜、金笋等。

胡萝卜原产于中亚细亚一带，在欧洲已有 2 000 多年栽培历史。由于胡萝卜产量高，品质好，易于栽培，管理较粗放，病虫少，耐贮藏和运输，在中国各地极受欢迎。尤其随着畜牧业发展，奶牛、奶羊、鹿、鹅、兔饲养量逐年增加，饲用胡萝卜种植面积也在逐年扩大。

（二）植物学特征

胡萝卜是伞形科胡萝卜属（*Daucus* L.）二年生草本植物。根系发达，主根肥大，形成肉质块根，呈圆锥形、圆柱形或纺锤形；颜色有紫、红、橙黄、黄等；根外形可分为根头、根颈和根体三部分。叶片为 3～4 回羽状复叶，叶色浓绿，具叶柄，表面密被茸毛。早熟品种叶片较小，叶柄短而细，晚熟品种叶片较大，叶柄短而粗。胡萝卜抽薹后，株高可达 1m 左右。复伞形花序，一株上的小花数有时可达千朵。整枝开花期约一个月，花小，白色，5 瓣。瘦果，种子较小，种皮革质，透水性差，胚小，千粒重 1.0～1.5g。

（三）生物学特性

1. 生长发育特性 胡萝卜播种当年为营养生长期，主要为叶和肉质根生长期，翌年进入生殖生长期。南方可在露地越冬，返青后抽薹、开花和结实。北方则需人工贮藏越冬，春季定植后进入生殖生长期，完成整个生命周期。

胡萝卜播种后需 10～15d，子叶展开，真叶露心，进入出苗期；再经过约 25d，形成 4～5 片叶，进入幼苗期，此期光合作用和根系吸收能力减弱，生长缓慢，3～5d 才生长出 1 片新叶，抗杂草能力差，对生长条件反应敏感。在 23～25℃ 温度条件下生长较快，低温则生长较慢。4～5 叶后进入叶生长盛期，称莲座期，是叶面积扩大、直根开始缓慢生长时期，所以又称肉质根生长前期。此期对光照度反应较敏感，光照不足，下部叶片提早枯黄和脱落，影响肉质根增大。这时同化产物仍以地上部为主，要注意合理调节地上部和地下部平衡生长，防止水肥过大引起地上部徒长。从肉质根生长前期约需 30d 来看，这个时期经历的时间较长，占整个营养生长期的1/3以上。随着新叶生长，下部老叶不断死亡，使植株保持一定叶片数目和叶面积。此期合理施肥和灌溉，有利于维持植株较大的叶面积，促进光合作用，使大量营养物质向肉质根运输贮藏。

胡萝卜为长日照作物。由营养生长过渡到生殖生长，需通过低温春化阶段，在1~3℃条件下经过60~80d可通过春化；2~6℃条件下需40~100d才能完成春化阶段。胡萝卜幼苗一般要达到一定苗龄时才能在低温条件下通过春化阶段。南方少数品种或部分植株，可以在种子萌动后，在较高温度条件下通过春化阶段，造成未成熟抽薹现象。一般品种在光照阶段要求每日12~14h或更多日照。

2. 对外界条件的要求 胡萝卜种子萌发的最低温度为2~4℃，适宜温度为18~25℃。种子发芽较慢，8℃时需25~41d发芽，15℃时8~17d，25℃时6~11d。

幼苗耐热力和耐寒力均较强，植株能忍受-5~-3℃低温，苗期遇27℃以上高温和干燥对生长无较大影响。叶部生长的最适温度为23~25℃，块根生长则需要相对较低温度，生长最适温度为13~18℃，超过25℃可明显降低产量。环境温度对块根品质也有较大影响，高温下形成的肉质根颜色较淡，末端尖锐，品质差。而在较低温度下，形成的肉质根颜色深，末端圆钝，品质佳。胡萝卜进入生殖生长阶段，特别是开花和种子灌浆期，要求较高温度，最适温度为25℃。

胡萝卜根系发达，叶片具抗旱性状，具有一定耐旱性能。但在播种、幼苗和肉质根生长等关键时期需要足够水分。一般土壤水分保持田间持水量的60%~80%，最适宜胡萝卜生长。

胡萝卜在土层深厚、质地疏松、富含有机质、排水良好的沙壤土上生长良好。在黏重土壤和排水不良土壤上生长不良，肉质根外皮粗糙，常有裂痕，须根增多，主根易腐烂，根的色泽和品质都很差。也不适于在沙土、盐渍化土壤和强酸性土壤上生长，适宜在中性或弱酸性土壤生长。幼苗期要求土壤溶液浓度不超过0.5%，成株不得超过1%。胡萝卜苗期吸收氮素较少，吸收磷、钾相对较多。据内蒙古、河南等地研究，胡萝卜对氮、磷、钾吸收的比例苗期为1∶0.47∶1.94，收获期为1∶0.43∶1.98。在氮肥充足条件下，增施磷、钾肥可显著增加胡萝卜产量和可溶性固形物含量。钾肥的效果更为明显，因为钾能促进形成层的分生作用，加速糖分积累，对增加块根产量和品质均有良好效果。氮、磷、钾肥合理配施效果更好。

（四）栽培技术

1. 选地与整地 胡萝卜栽培方式很多，可作为草田轮作、蔬菜轮作和饲料轮作成分，选择麦类等谷类作物、蔬菜及青刈豆类，青刈玉米，各种瓜类和青刈麦类等饲料作物作为前作，前作最好为施用大量厩肥的土地，这样可以避免新鲜厩肥对胡萝卜肉质根的危害。胡萝卜苗期生长缓慢，易受杂草抑制，宜选杂草较少的土地来栽培。胡萝卜土壤传染病虫害少，也可连作2~3年，短期连作的胡萝卜根形整齐，表面光滑，品质好，但不宜长时间连作。也可利用田边等空闲地块种植或与果树及其他幼龄林地间作。

播前深耕20~25cm，并施入充分腐熟而细碎的厩肥，每公顷施肥30~60t，过磷酸钙450kg，硫酸钾150kg。然后平整地面，耙碎表土。一般采用平作栽培，有些地区采用垄作。垄高20~30cm，垄顶宽30cm，垄沟宽20cm。

2. 播前种子处理 由于胡萝卜种子有刺毛，透性差，既影响种子吸收水分，又不便于播种。播前应将种子刺毛搓去，并进行浸种催芽。胡萝卜种子含有挥发油，阻碍种子吸水，播前浸种有利于出苗。一般方法是先去掉表面刺毛，用30～35℃温水浸种3～4h，捞出后用湿布包好，置于25～30℃下催芽3～4d，待大部分种子的胚根露出种皮时，即可播种。也可将去掉刺毛的种子在温水中浸泡一夜后捞出，晾干种子表面水分后进行播种。

3. 播种 多采用春播和夏播。较温暖地区可在3月中旬至4月上旬，当10cm地温稳定在10℃左右时播种，东北及高寒地区在5月下旬至6月中旬播种，西北和华北地区多在7月上旬至下旬播种。播种方法有撒播和条播2种。条播行距30cm，覆土2～3cm，播种量4.5～7.5kg/hm^2，北方干旱、半干旱地区播后及时镇压保墒。撒播时，播后用铁耙轻轻耙平，然后镇压。通常在播前充分灌水，播后一般不灌溉，以免土壤板结，影响出苗。

4. 田间管理

（1）定苗与中耕除草　苗齐后及时间苗1～2次，第一次间苗在2片真叶时进行，株距3～5cm，第二次在4～5片真叶时进行。6～7片真叶时按株距10cm左右定苗，田间密度达到45万株/hm^{2}以上。

结合定苗进行中耕除草和化学除草。每公顷用1.5kg 50%除草剂1号（又名南开1号）可湿性粉剂稀释750倍液喷洒地表；或用1.5kg 50%除草净可湿性粉剂750倍液淋洒土壤，均可取得良好效果。

（2）追肥　胡萝卜喜肥，由于需肥量大，生长后期田间密度较大，不便于追肥，故施肥原则是以基肥为主，生长前期追肥。追肥时，氮肥不宜过多。一般分3次追肥，定苗后追施粪水11.5t/hm^{2}左右，或施硫酸铵、过磷酸钙和钾肥各45kg/hm^2；8～9叶期再追施1次等量清粪水，或施硫酸铵112.5kg/hm^2、过磷酸钙和钾肥各45kg/hm^2；植株封行后，根部迅速膨大时，追施尿素150kg/hm^2，并适当增施磷、钾肥。

（3）灌溉与排水　胡萝卜耐旱能力较强，但为了提高产量和品质，必须合理调控水分。幼苗期不浇或少浇水，以促进根向下生长，夏播胡萝卜苗期正逢雨季，要注意排水；肉质根生长前期，可适当浇水，但不可过多，以免徒长；肉质根生长后期是生长最快的时期，应结合施肥，充分灌溉。

5. 采收 胡萝卜耐寒性较强，早霜后午间仍能恢复生长，根中糖分继续积累，各地可根据气候条件适时采收。一般春播胡萝卜播后90～100d收获，北方地区夏秋播种的胡萝卜9月中、下旬至10月下旬采收。过早收获，不仅产量低，而且糖分积累也少。过晚采收，品质下降，甚至遭受冻害。

6. 良种繁殖 选择中等大小、根形整齐一致、品种性状突出的块根做种根，去掉叶，保留顶芽，贮藏越冬。贮藏窖温度为1～4℃，相对湿度为85%～95%，每隔30～50d检查1次，及时去除腐烂和感病种根。翌年春季，当土壤表层地温达到8～10℃时，选择无腐烂、无病虫害、顶芽生长苗壮的种根在田间定植。行株距45cm×30cm，定植时将种根倾斜，以便接近温暖表土层，提早生根。栽植深度以埋没全部肉质根为宜，覆土压紧，仅露叶柄，上部覆马粪防寒。胡萝卜为异花授粉作物，不同品种之间容易杂交，繁种田需设2km以上宽度的隔离带。

苗齐后加强田间管理，特别是水肥管理。抽薹后，花茎较高，须及时培土和设置支柱，以防倒伏。胡萝卜开花不整齐，种子成熟期不一致，为便于种子采收和获得品质良好的种子，保留主茎和3～4个侧枝，摘除其他侧枝，以便集中养分，促进种子发育和成熟。一般从定植至种子成熟经过120～140d，根据种子成熟状况，及时、分批采收。

(五) 经济价值

胡萝卜富含胡萝卜素、碳水化合物、维生素C和B族维生素，以及钾、钙、磷、铁等，尤其是胡萝卜素含量超过其他作物（胡萝卜块根含胡萝卜素40～250mg/kg），是具有很高营养价值及保健功能的蔬菜和多汁饲料作物。适口性好，各种家畜都喜食。饲喂奶牛和哺乳母猪时，能提高泌乳量，饲喂幼畜和种畜能促进生长和发育，饲喂家禽能提高受卵率及卵的孵化率。胡萝卜产量很高，块根产量达3 000～4 000kg/hm²，鲜叶产量1 600～2 000kg/hm²。饲喂方法简便，煮熟、生食、青贮或晒干均可。其块根和茎叶的营养成分见表13-1。

表13-1 胡萝卜的营养成分
(引自中国饲用植物志编辑委员会，1989)

样　品	水分（%）	占干物质（%）				
		粗蛋白质	粗脂肪	粗纤维	无氮浸出物	粗灰分
食用胡萝卜	88.69	1.27	0.68	0.25	9.22	0.89
饲用胡萝卜	81.34	0.88	0.24	0.32	15.68	1.24
胡萝卜叶片	81.94	3.87	0.09	3.34	7.59	3.17
青贮胡萝卜	84.32	1.17	0.53	2.65	6.07	4.67

第三节　芜　菁

(一) 概述

学名：*Brassica rapa* L.。别名：莛根、圆根、灰萝卜、蔓菁、卜留克等。

芜菁是古老栽培作物之一，在欧美等地广泛种植，除用于补饲外，还在春末夏初种植，用来放牧以延长秋冬放牧时间。美国学者认为，芜菁将成为绵羊的新饲料。中国芜菁栽培历史悠久，种植地域广阔，目前在全国许多省份都有种植，是一种适于高寒地区栽培的块根类饲料作物。在长期栽培实践中，形成了许多栽培类型，也培育出了较多地方品种。芜菁栽培类型很多，按块根形状可分为扁圆、圆和圆锥形等类型；按块根皮色可分为白色、紫红色和淡黄色等类型。品种类型也有早熟品种和晚熟品种。北方地区目前栽培的芜菁主要有2个类型，一种是多头（茎）块根，扁圆形，叶片多；另一种是单头块根，近圆形，叶片较少。

(二) 植物学特征

芜菁是十字花科芸薹属（*Brassica* L.）二年生草本植物。主根明显，膨大形成扁圆形或近圆形肉质块根，直径10～30cm，肉质根一半生长于地上，另一半生长于地下，下部呈圆锥状，根肉白色。基生叶10片，具腋芽，叶长达20～40cm，宽达7～15cm，倒披针形，下部羽状深裂，直达中肋，叶面具茸毛或短刺毛，有腺凸，叶缘波浪状，不整齐；生长第2年茎生叶稍小，叶面常被白粉层，叶耳半包茎，茎下部叶与基生叶相似，上部叶长矩形，无裂片。茎直立，圆形，高40~100cm，自叶腋生出侧枝。总状花序顶生，花紫色或乳白色，花冠十字形。长角果圆柱状，稍扁，长3~6cm，先端具喙，喙长0.8~1.5cm，成熟后常裂开。种子于长角内呈念珠状排列，20~30粒，种子小，暗紫色或枣红色，千粒重1.7~2.0g。

（三）生物学特性

芜菁播种当年仅进行营养生长，第2年抽薹、开花、结实，完成生活史并死亡。温暖地区秋播时，冬季通过春化阶段，翌年在长日照条件下通过光照阶段，然后抽薹、开花、结实；寒冷地区春播，块根在冬季贮藏期间通过春化阶段，翌年栽植后抽薹开花并结实。播种当年生长期为130~140d；种根栽植至种子成熟的生育期为110~120d。

芜菁喜冷凉湿润气候条件，抗寒性较强。地温在3~5℃时种子便可萌发。幼苗能忍受-5~-3℃低温。成株遇-4~-3℃低温可以免遭冻害，并能忍受-8~-7℃短时间寒冷。开花期种株不抗寒，-3~-2℃低温即受冻害。播种当年最适温度为15~18℃。在气温较低，空气湿润条件下，块根和叶生长较快，根中糖分增加，叶质变厚。如果温度过高，气候较为干燥时，则生长不良，产量降低，叶变小而质薄，块根变得干硬而苦辣，饲料品质大为下降。

芜菁生长较快，块根肥大，叶片繁茂，不抗旱，耗水量较多。在整个生育过程中，高温低湿的气候条件往往导致芜菁营养品质降低。要求土壤经常保持湿润状态，但幼苗形成后抗旱能力增强。芜菁对水分的要求是，前期较少，中期较多，块根形成、叶开始干枯时较少，如果生育后期多雨，空气过湿时，则块根变小，糖分减少，产量和品质均降低。

芜菁要求土层深厚、疏松、通气良好的肥沃土壤，以沙壤土为最宜，也能成功地栽种在排水良好的黏土上，切忌土壤板结。芜菁较耐酸性土壤，最适宜土壤pH为6.0~6.5，黏重而沼泽化的酸性土壤则不适宜。芜菁对土壤的紧实度不敏感，甚至在未经耕翻土地上的产量高于耕翻土壤。

芜菁属长日照植物。在生育过程中，随着植株生长，块根中干物质和糖分含量逐渐增高，蛋白质和维生素C含量有所下降。同时随着植株生长，叶内干物质和含糖量亦渐增高。块根在贮藏期间发生一系列物质转化过程，需要消耗淀粉、糖及其他营养物质进行呼吸作用。块根贮藏期间要求最适温度为0~1℃，相对湿度80%~90%。

（四）栽培技术

1. 选地与整地 芜菁虽然对土壤要求不严格，但其种子小，根系入土深，深耕细作，保证土地平整，表土疏松，有利于根系发育和保墒。为了提高芜菁产量，有条件地区最好进行秋耕冬灌。因其肉质根入土较深，秋耕时应适当加深，以达20cm为宜。如无冬灌条件，也应早春灌溉，然后及时浅耕和耙糖保墒，以利适时播种。华北多用平畦栽培，东北多垄作。结合整地施足基肥，一般施人粪尿或厩肥37t/hm²左右。同时配合施入适量草木灰，在酸性土壤上还应施石灰。

芜菁不耐连作，需间隔2~3年轮作1次。前茬以施用过大量有机肥料的作物为好，如瓜类、豆类、甘蓝、马铃薯、粟、黍等，也可用麦茬地。后作以小麦、大麦、豌豆、蚕豆等较为适宜。

2. 播种 为防止病虫害，播种前要进行种子消毒。可用40%甲醛溶液稀释300倍液浸种5min，然后用清水洗净，阴干后播种。播种时间因地区、品种不同而有所差异，北方地区多春播，一般可与春谷类作物同时播种。适时播种对芜菁产量影响很大，为了获得高产，要求适时早播。根据原西北畜牧兽医研究所1962年在青海河卡的试验，以早播为好，时间在4月中旬，播种愈迟产量愈低，从单株生长情况来看，早种的单株重，根大，迟种的单株轻，根小叶重。采用直播或育苗移栽均可。播种方法一般为条播，也可点播。株行距因品种及土壤肥力状况而不同，多采用条播，行距45cm，播种量3～4kg/hm²，保苗45 000～75 000株/hm²。点播时行距35～40cm，播种量2.0～2.5kg/hm²。覆土深度1.5～2.5cm。土壤墒情好时也可撒播。播种时用磷、钾肥做种肥，也可显著提高产量。

高寒牧区种植芜菁时，因春季干旱多风，不利于出苗和幼苗生长，可采用育苗移栽的方法。育苗有冷床育苗和温床育苗2种。冷床（露地）育苗时，应选择背风向阳地块，并设置风障防寒，播前深耕，施足基肥，底层铺马粪。然后松土，做畦，畦宽1.5m，长5～10m。播量1.5～2.0kg/hm²，覆土2～3cm，稍加镇压。为了保持土壤湿度，应加覆盖物和适时浇水。幼苗出现3～4片真叶时带土移栽，移植后保持土壤湿润，以提高成活率。

芜菁不同栽培方法的产量差异较大。河北地区育苗移栽时，鲜草产量为73 926kg/hm²，直播时鲜草产量为38 310kg/hm²；青海省刚察地区育苗移栽时平均产量158 835kg/hm²，直播时鲜草产量为122 940kg/hm²。由此可见，育苗移栽的产量较直播高，但成本也较高。

3. 田间管理

（1）间苗与除草培土 芜菁种子播后4～5d即可出苗。大田直播要及时间苗。一般在1片真叶、3～4片真叶时间苗，4～5片真叶时定苗。间苗时，去除弱苗、病苗、畸形苗，保留健康和品种特征突出的苗。芜菁苗期生长缓慢，应结合间苗进行中耕除草。为防止块根外露，提高品质，生长期间还应进行2～3次中耕培土。

（2）追肥 在芜菁生长期间，需根据田间状况追肥。追肥可施腐熟厩肥、人粪尿和化肥，前期以氮为主，后期以磷、钾肥为主。在三要素中，以氮为主，钾次之，磷最少。肥力中等土壤，施氮150kg/hm²、磷105～120kg/hm²、钾150kg/hm²即可满足高产要求。第一次追肥在间苗或定苗时进行，第二次在封垄之前施入。追施较高比例氮肥（150kg/hm²和160kg/hm²）时，芜菁叶面积和单株干重明显增加。施氮可以提高芜菁总干重，但对块根比例影响不明显。增加氮肥比例能够提高芜菁块根产量，追施氮肥量与芜菁产量呈正相关。追施氮、磷肥均可增加芜菁产量，当氮、磷以较高比例（氮132kg/hm²和磷60kg/hm²）施用时，可以使芜菁产量增加3倍。施用不同比例磷、钾肥对芜菁产量增加幅度很小。为了降低潜在硝酸盐对家畜危害，氮肥施用量应限制在45～50kg/hm²。总之，氮、磷、钾肥混合施用增产较为显著。

（3）灌溉 芜菁喜湿润，水分充足，叶繁茂，块根产量高，但不宜过湿。通常土壤水分以田间持水量的60%～80%为宜。苗期少浇或不浇水，促使块根向下伸长和防止淹埋幼苗，干旱严重时可浇水，以保持田间湿润。生长中期可适当浇水，但不宜过多，防止叶簇徒长，影响块根营养物质积累。生长后期需水量较大，需充分灌溉，但块根长成后需水量减少。灌溉后必须中耕培土，以防土壤板结。

芜菁病害主要有白锈病、霜霉病等，可用波尔多液等防治。害虫主要有蚜虫和菜青虫等，可用乐果、辛硫磷等及时防治。

（4）收获　当块根长成，植株外部叶片出现黄叶时，可分期采收叶饲用。每次每株采收边缘叶2～4片，每10d左右采叶1次，收块根时采完。留种植株不能采收叶子。块根收获时期应根据各地气候条件而定，在高寒牧区一般9月中、下旬收获，收获过早影响块根产量，但必须在霜冻前完成收获。温暖地区在小雪前几天收获较为适宜。无论是叶片还是块根，都应在晴天进行收获。

（5）贮藏与利用　南方冬季气候适宜，块根收获后切去叶片堆在室内即可安全贮藏和随时利用。北方地区气候寒冷，必须妥善保藏，生产上主要采用沟贮和堆贮。

①沟贮法：选择平坦、干燥地方挖沟，沟宽1.5～2.0m，深2.0～2.5m，长度随块根数量而定。在挖好的沟内放1层块根加1层土，直到离沟口50cm左右为止，以后随天气转寒逐渐加土，加土厚度以芜菁不受冻为原则。内部温度保持在0～2℃，相对湿度保持在85%～90%。

②地上堆贮法：在冬季比较温暖地区，可选择高燥避风地方，把芜菁块根堆放，上层盖草帘或杂草。保存时，对不留种的肉质根须削去顶芽，以防发芽。剔除有病虫及损伤块根，以防止腐烂和病虫害传播。

两种保藏方法在利用技术上并无差异，芜菁鲜叶稍带苦味，饲喂量应由少到多逐渐增加，或掺其他饲料饲喂，若饲喂量过多，家畜厌食，大量饲喂奶牛会使牛奶产生苦味，芜菁叶制成青贮饲料后苦味消失，直接饲喂或打浆后拌精饲料喂猪均可。芜菁不能饲喂妊娠母畜，以防引起流产。

芜菁肉质根收获或从沟内取出后，洗净泥土，剔除病烂块根，如已结冻，应在室内解冻后再饲喂。

（6）留种　芜菁块根采收后，选择个体完整、大小适中、具有品种特征的块根作为留种母根，去叶，不要损伤顶芽及根系，保藏越冬。第2年春季取出，按40cm×40cm株行距栽种，也可将种根切块繁殖。植株抽薹开花时，及时灌水和施磷、钾肥，并进行中耕除草和培土。当植株1/3角果变黄时即可收割。种子产量2 250kg/hm^2。

（五）经济价值

芜菁具有较高蛋白质含量和消化率，粗纤维含量低，对许多家畜有较高营养价值。芜菁叶柔软，块根肉质味美，多汁，青嫩，适口性好，根、叶均含有丰富粗蛋白质、碳水化合物、维生素和矿物质元素，对促进家畜生长发育、饲料营养平衡和提高产奶量等具有重要饲用价值，为马、牛、羊、猪所喜食。尤其在冬春淡季，能保证供家畜所需要的营养物质。其营养成分见表13-2。

表13-2　芜菁的营养成分

组织	样品	水分（%）	钙（%）	磷（%）	占干物质（%）				
					粗蛋白质	粗脂肪	粗纤维	无氮浸出物	粗灰分
块根	新鲜	87.75	0.025	0.002	1.39	1.46	0.16	6.44	1.23
	风干	12.65	0.205	0.017	11.39	11.93	1.30	52.61	10.12
	绝干		0.265	0.0195	13.04	13.66	1.49	60.23	11.56

(续)

组织	样品	水分(%)	钙(%)	磷(%)	占干物质(%)				
					粗蛋白质	粗脂肪	粗纤维	无氮浸出物	粗灰分
叶	新鲜	85.70	0.051	0.002 5	2.16	1.71	0.39	6.85	1.76
	风干	10.03	0.345	0.018 0	15.11	11.99	2.72	47.87	12.28
	绝干		0.393	0.010 0	16.79	13.33	3.02	53.21	13.65

注：甘肃省畜牧兽医研究所分析

芜菁含有丰富维生素和有利于家畜健康生长的生物活性物质。据分析，每500g芜菁块根中含维生素C 105～185mg，维生素B_1 0.4～1.2mg，维生素B_2 0.8mg，维生素PP 19.4mg，泛酸28mg。芜菁汁液中还含有乙酰胆碱、组胺和腺苷，能降低家畜血压。

芜菁产量高，新鲜块根叶产量为37.5～67.5t/hm^2，在精细管理下可达75.0t/hm^2以上。青海玉树的栽培试验表明，水肥供应充足时，块根产量为60.0t/hm^2，最高达101.0t/hm^2。在海拔3 200m的青海河卡地区，块根产量达116.0t/hm^2。

第四节 甘 蓝

（一）概述

学名：*Brassica oleracea* L.。英文名：cabbage。别名：结球甘蓝、洋白菜、圆白菜、卷心菜、大头菜等。

甘蓝原产于地中海至北海沿岸，由不结球野生甘蓝演化而来。公元前2500至公元前2 000年在西班牙最早开始栽培，后传入希腊、埃及、罗马等地。大约在公元9世纪在欧洲广泛栽培，并经过人工选择于13世纪开始在欧洲出现结球甘蓝类型，16～17世纪传入北美，17～18世纪传到亚洲，栽培甘蓝在17世纪从东南亚和俄罗斯传入中国，19世纪40年代已在中国许多地区广泛栽培。

（二）植物学特征

甘蓝为十字花科芸薹属（*Brassica* L.）二年生草本植物。主根不发达，多须根，易产生不定根，根系主要分布在0～30cm土层，最深60cm，横向伸展能力强，横向延伸半径可达80～100cm。茎短缩，分为外茎和内茎，外茎上着生莲座叶，长16～20cm；球叶着生的部位为内茎，内茎越短小，球叶包心越紧实。甘蓝抽薹后形成花茎，主花茎上分生侧枝。基生叶和幼叶具明显叶柄，莲座叶和球叶较短，无明显叶柄；有黄绿、灰绿、深绿、蓝绿等多种颜色；叶表面光滑，叶肉厚，被灰白色蜡粉。一般早熟品种具叶14～16片，晚熟品种约24片。叶球有尖头、圆头和平头3种类型。总状花序，花淡黄色，长角果，表面光滑，种子圆球状，黑褐色，无光泽，千粒重3.3～4.5g。

（三）生物学特性

甘蓝播种当年只进行营养生长，形成较大叶球。第2年在长日照条件下抽薹、开花、结实。播种后10d左右出苗，从出苗到形成1个叶环为幼苗期，温度适宜时需30d左右。从第二叶环开始到第三叶环的叶片充分展开为莲座期，需 30d 左右，此期早熟品种约形成 15 片叶，晚熟品种约形成 24 片叶，根系生长较快，需加强水肥管理，以提高叶球产量，该期结束时中心叶片开始向内抱合。从开始包心到收获为结球期，需 25~45d，此期田间管理是获得高产的关键。第 2 年从种株定植到抽薹并现蕾为抽薹期，需 25~35d。从初花到全株花落为开花期，需 30~40d。从花落到角果黄熟为结荚期，需 30~40d。

甘蓝适应性较强，耐寒耐热，发芽适宜温度为 18~20℃，生长温度为 7~25℃，结球适宜温度为 15~20℃，昼夜温差大，有利于养分积累和结球紧实。可忍耐 −15℃ 低温，幼苗期和莲座期能适应 25~30℃ 高温，但超过 25℃ 时结球松散，品质和产量下降。

甘蓝属于长日照植物，苗期和莲座期要求较强光照，光照不足导致产量下降，在没有通过春化阶段之前，长日照条件有利于营养生长，结球期要求日照较短，光照较弱。因此，春甘蓝和秋甘蓝较夏甘蓝产量高。

甘蓝适宜在比较湿润环境中栽培，不耐干旱，土壤相对含水量为 70%~80%、空气相对湿度为 80%~90% 条件下生长良好，若土壤水分不足和空气相对湿度较低，易引起基部叶脱落，叶球小而松散，严重时甚至不能结球。

甘蓝对土壤要求不严格，在含盐量达 0.8%~1.2% 盐渍化土壤上能正常生长和结球。但最适宜在中性或微酸性土壤上生长，喜肥，耐肥，对矿质营养吸收量较多，苗期和莲座期需氮肥较多，结球期需增施磷、钾肥。

（四）栽培技术

1. 育苗移栽　春甘蓝一般采用阳畦育苗，苗龄 50~70d 定植。夏甘蓝 3~4 月育苗，5~6 月定植。秋甘蓝 7 月上、中旬育苗，苗龄 40d 左右时定植。

播前在床面上撒施腐熟有机肥 100~150t/hm^2，有条件可对床面进行土壤消毒。然后将肥土混匀，耙平畦面，浇足底水后适时播种，播种量约 3g/m^2，播后覆盖细土 1.0~1.5cm。温度较低时需要用塑料薄膜覆盖苗床，夏播育苗时需要遮阳网覆盖遮阳。苗齐后适时分批间苗和定苗，并加强田间管理。

定植前结合施有机肥深耕，露地栽培多采用垄作，垄距 65~70cm，垄高 10~15cm。当地表 10cm 地温稳定在 5℃ 以上、气温稳定在 8℃ 以上时定植。田间适宜密度为早熟品种 1.5 万~9.0 万株/hm^2，中熟品种 3.8 万~4.5 万株/hm^2，晚熟品种 2.7 万~3.3 万株/hm^2。最好带土移植，并随即浇水。

2. 田间管理　定植并缓苗后应控制灌溉，适当增加中耕次数以提高地温。莲座期末应控制灌水，进行 1~2 次中耕，并注意施肥管理。结球期最好每周灌水 1 次，并进行施肥，雨后注意排水，防止根部和叶球腐烂。叶球基本紧实后应及时采收。

3. 病虫害防治　甘蓝病害较少，主要有黑腐病、根腐病和黑斑病等，虫害主要有菜青虫、菜蛾、甘蓝夜蛾等，其中菜青虫为害严重，应及时采取综合方法进行防治。

（五）经济价值

甘蓝营养丰富，含有多种维生素，尤其是维生素 C 含量较高，每 100g 含 6~39mg，此外还含有大量糖、蛋白质及钾、钙和磷等矿物质，每 100g 叶球可产生 83.7kJ 热量，是重要的蔬菜和饲料作物。

第五节 菊 芋

（一）概述

学名：*Helianthus tuberosus* L.。英文名：jerusalem artichoke。别名：洋姜、地姜、姜不辣、鬼子姜等。

菊芋原产于北美洲温带较冷凉地区。17世纪被引入法国，以后又传播到意大利、比利时、荷兰、英国等国家，并由此传入伊朗、印度、马来西亚、日本和中国。20世纪30年代前，在法国种植面积较大，与马铃薯种植面积相近。后来，苏联也将其列为重要的有价值作物之一，在农业区被广泛种植利用。菊芋经欧洲传入中国，在全国各地均有零星种植，北方地区种植相对较多，为半野生状态，主要用作蔬菜。长期以来，由于缺乏对菊芋经济价值与应用前景的了解和认识，缺乏科学栽培技术，种植面积受到很大限制，饲用价值也没有得到充分利用。近年来，随着国外对菊芋研究和利用的不断深入，以及国外菊芋品种引入，国内开展了许多菊芋开发利用研究，使菊芋食用价值、饲用价值、生态价值和社会经济价值逐步被人们认识和了解，目前北方地区正日益推广菊芋种植和利用。

（二）植物学特征

菊芋为菊科向日葵属（*Helianthus* L.）多年生草本植物。直根系，具地下根茎，其末端或节间多处膨大形成肉质块茎，每株有块茎15～30个，多者达50～60个；茎直立，扁圆形，有不规则突起，高2～3m；基部叶对生，上部叶互生，卵形、长卵形或卵状椭圆形，先端尖，叶柄上部具狭翅；头状花序生于枝端，直径5～9cm，总苞片披针形，开展；花的边缘为舌状单性花，浅黄色，中央为管状两性花，黄色。瘦果楔形，有毛，上端常有2～4个具毛的短芒，千粒重7～9g。

（三）生物学特性

菊芋属短日照植物，在北方多数地区种子不能成熟，通常用块茎繁殖。甘肃4月20日播种块茎，6月中旬出苗，7月中旬分枝，8月下旬孕蕾，10月中旬开花。8月地上茎叶生长最快，平均每天生长3.12cm，地下块茎7月中旬开始生长、膨大，9月块茎迅速生长，10月生长减慢，糖分积累加快。

菊芋喜温暖湿润气候条件，但适应性极强。耐寒、耐旱、耐瘠薄，块茎在6～7℃即可发芽，8～12℃发芽最好。春季幼苗可忍受0℃以上冷害，秋季植株上部和叶片能忍受－5～－4℃暂时低温侵袭。在冬季－30～－25℃低温中，地表有积雪可安全越冬。有报道显示，在黑龙江气温达到－47℃仍能正常越冬。块茎形成的最适温度为18～22℃，光对块茎形成有强烈抑制作用。块茎主要在开花以后形成，此时具有块茎生长的适宜温度条件，植株营养生长缓慢，大部分光合产物向下运输而贮存于块茎中，有利于块茎生长发育。

菊芋的耐旱性较强，内蒙古研究表明，在播种后50d连续干旱后，遇到降水仍能快速生长。尽管菊芋有较强抗旱性，但块茎形成期需水较多，要求土壤含水量达到田间持水量的50%～60%，生产上为了提高产量应该进行合理灌溉。

菊芋耐瘠薄，对土壤要求不严，除酸性过高土壤、沼泽化土壤、盐渍化土壤外，其他类型土壤均能良好生长。最适宜生长在土壤pH 6～8的轻质沙壤土地和下湿沙地，在废墟地、宅边、路旁、撂荒地也可生长。在科尔沁沙地的丘间低地，64d 生长期内最高植株达1.98m，松嫩沙地80d 的生长期株高为 2.50m。

（四）栽培技术

菊芋是高产饲料作物，播前必须深耕土壤和施足基肥。北方多于4月上、中旬土壤解冻后播种，南方大部分时间均可随时播种。用块茎繁殖，选用30～40g健康块茎播种，条播行距60～70cm，株距40～50cm，穴播行株距为60cm×60cm，覆土5～10cm，一般播量为1 125kg/hm²。

菊芋从播种至出苗需30～40d，幼苗期及现蕾前应中耕除草2次。第二次中耕的同时进行培土，多枝株丛需疏去弱枝，只有1个主枝的植株要摘心，促生分枝，以防茎秆粗硬。为提高块茎产量，现蕾时及时摘蕾摘花，以减少养分消耗，促进块茎发育。在苗期、现蕾期和盛花期分别灌溉1次。灌溉前追肥，幼苗期追施1次氮肥，可使植株多长枝叶，现蕾前追施1次钾肥，对块茎增产有显著作用。

菊芋收获期依栽培目的和气候条件而异。以青绿枝叶喂猪、羊时，宜在幼嫩期刈割，开花后茎秆粗硬，只能割取幼嫩部分饲用。株高80～100cm时割取上部喂猪，残茬尚能继续生长。作青贮利用时，北方应在早霜前刈割，南方则在下部叶片枯黄时刈割，留茬10～15cm。用茎叶调制干草，要在现蕾至始花期刈割，割后就地晒干，趁早晚吸潮软化时运回贮藏。干草可制粉喂猪，发酵或生湿饲喂。生产种用块茎时，可延迟到初霜时刈割茎叶，在秋季或早春萌发前收获块茎。据报道，早春收获块茎较秋季收获产量高12%。

（五）经济价值

菊芋的茎叶和块茎都是优良饲料，其味甜、脆嫩、适口性好。新鲜块茎中菊糖含量很高，并含有较多无氮浸出物和蛋白质，营养价值超过马铃薯，无论新鲜或贮藏过的菊芋，牛、马、羊、骡、驴、猪、兔、鸡、鸭等均喜食。其营养成分含量见表13-3。产量也较高，一般块茎产量18 750～75 000kg/hm²，新鲜茎叶产量15 000～30 000kg/hm²。

表13-3 菊芋开花期的营养成分

（引自陈宝书，2001）

样品	水分（%）	钙（%）	磷（%）	占干物质（%）				
				粗蛋白质	粗脂肪	粗纤维	无氮浸出物	粗灰分
叶片	7.8	3.21	0.139	15.55	3.29	13.78	42.21	17.08
块茎	8.02	0.17	0.20	7.96	0.37	4.06	4.91	4.91
茎秆	6.70	0.55	0.073	6.11	0.4	35.06	5.93	5.93

据苏联学者报道，100kg菊芋中含16.4个淀粉当量，地下块茎中14%～20%的无氮浸出物可转变成菊糖，进而转变成果糖。日本学者将菊芋的复合果糖干粉添加到猪饲料中，使猪的腹泻发生率降低，增长加快，饲料转化率有所改善。此外，菊芋复合果糖有利于猪肠道

里某些微生物的生长繁殖，因而猪粪的不良气味减少。菊芋的块茎可用来制作饲料酵母，20 000kg 块茎可生产酵母蛋白 13 000kg。

近年来国内外大量研究表明，菊芋在防风固沙、水土保持、食品加工和医药卫生等领域具有广阔应用前景。

第六节 饲用南瓜

（一）概述

学名：*Cucurbita moschata*（Duch.）Poir.。英文名：pumpkins, cushaw。别名：中国南瓜、倭瓜、窝瓜、番瓜、北瓜、玉瓜等。

南瓜在全世界有 27 个种，起源于美洲大陆的 2 个中心地带。在栽培南瓜中，美洲南瓜、中国南瓜（饲用南瓜）、墨西哥南瓜和黑籽南瓜起源于墨西哥和中南美洲；印度南瓜起源于南美洲。南瓜在 7 世纪传入北美洲，16 世纪传入欧洲和亚洲，在明、清时期进入中国，在我国栽培应用的南瓜有饲用南瓜、美洲南瓜、印度南瓜 3 种。南瓜是较古老的栽培作物之一，其栽培历史可追溯到公元前 4050 年。由于南瓜具有良好的栽培特性，对环境条件适应性强，在世界范围内广泛栽培。据联合国粮农组织（FAO）统计资料，2002 年全世界南瓜种植面积为 137 万 hm^2，总产量约 1 691 万 t，在全世界各类蔬菜作物产值中，南瓜居第九位，年销售产值达 40 亿美元。中国北方大部分地区都有栽培，2002 年中国南瓜栽培面积约为 25 万 hm^2，占世界总面积的 19%，总产量达 410 万 t，占世界当年总产量的 24.3%。中国和印度是世界上 2 个南瓜主产国，中国的栽培面积居世界第二，总产量居世界第一位。本节主要介绍饲用南瓜。

（二）植物学特征

饲用南瓜为葫芦科南瓜属（*Cucurbita* L.）一年生草本植物，根系发达，主根入土深达 2m，根系主要分布在 10~30cm 耕层内。茎蔓生，粗壮，圆形中空，具不明显棱，上生白色茸毛，多分枝，蔓生茎长 3~5m，长者达 7~10m。叶片宽大肥厚，心形，表面粗糙，互生，叶柄中空，无托叶。单性花生于叶腋，黄色，雌雄同株，雌花柱头三裂，雄花数量是雌花的 3~5 倍。果实形状、大小和颜色因种类、品种不同而变化甚大，以扁圆和筒状者居多，内含种子 150~500 粒。种子大而扁平，淡黄、白色或黄褐色，千粒重 200~300g，高者达 500g 左右。

（三）生物学特性

饲用南瓜喜高温，发芽最适温度为 12~14℃，最高温度为 30~32℃，低于 10℃和超过 40℃不发芽。生长期要求温度不低于 12~15℃，开花结实期要求温度达到 15℃以上，果实发育期最适温度为 22~23℃。

饲用南瓜叶大而多，蒸腾系数为 748~834，根系强大，吸收力强，抗旱性亦强。生育期间需水相对较多，但开花期水分不宜过多，以免影响授粉和引起落花落果。生长后期水分过多，使糖分减少，适口性降低，果实不耐贮藏。

饲用南瓜是短日照植物，在凌晨 4:00 以后开花，4:00~4:30 完全开放。自然授粉多发生在早晨 6:00～8:00，中午 13:00～14:00 闭花。雌花从开花前 2d 到开花后次日都具有受精能力，但开花前 1d 受精力差，结实率纸。凌晨 4:00～5:00 花朵完全开放后受精力和结果率最高，此后受精力急剧下降，人工授精必须及时。南瓜喜光，雌花受精坐果后，较强自然光照对其生长发育有利。

饲用南瓜适应性强，对土壤要求不严，耐瘠薄，在平原、丘陵、山地、高原都能栽培，在疏松肥沃的沙质壤土和壤土生长最好，土壤 pH 以 5.5～6.0 为宜。

（四）栽培技术

1. 选地与整地　饲用南瓜不耐连作，需进行 3 年以上轮作。选择土壤肥沃、排水良好并具有灌溉条件的沙壤土或壤土种植较好。前茬宜选择麦类、玉米、大豆或马铃薯等茬口。选好地块后进行秋深翻，耕深 20～23cm，使土壤熟化、积蓄水分、杀灭部分害虫和虫卵。结合耕地，施入腐熟农家肥 20～30t/hm^2，翌年春天顶凌进行耙、糖、起垄和镇压等耕作。

2. 催芽　播前 2～3d，将种子放入 50℃ 热水中浸泡并不断搅拌，当水温降至 30℃ 左右时，停止搅拌，浸泡 6～8h 后捞出，用布包好，置于 25℃ 左右条件下催芽，发芽率达 80%、芽长至 1～2mm 即可播种。

3. 播种　直播或育苗移栽。北方在 5 月上、中旬播种，平地挖穴直播或起垄点播，行距 140～200cm，穴距 60～80cm，每穴播种 2～3 粒，覆土 2cm 左右，播种量 15kg/hm^2 左右。育苗可在 3 月下旬开始，在温室或大棚中播催芽种子育苗，当幼苗长出 2～3 片真叶时在大田定植。

4. 田间管理与采收　幼苗出现 2 片真叶后间苗，并按每穴 1 株定苗。及时进行人工或化学除草，促进植株生长发育。当幼苗长出 3～4 片真叶时，每公顷用 7.5kg 0.2% 磷酸二氢钾高效磷钾复合肥可湿性粉剂稀释 100 倍液进行 1 次叶面喷施。苗期施少量氮肥，结实后需施 1 次肥，以促果实肥大。饲用南瓜分枝性强，为集中养分提高南瓜产量和品质，需进行植株调整，除去侧枝，每株只留 2 个蔓，其余蔓全部打掉。主蔓结实较晚，而侧枝结实早的品种，可在主蔓 5～7 片叶时摘心，而后选留 2～3 个侧蔓，使各蔓结实 1～2 个，嫩果供饲用。保留的主蔓或侧蔓具有 8～9 个节时应进行压蔓，以促使不定根生长。一般每增长 2～3 个节压 1 次蔓，共压 3～4 次。保留的茎蔓生出 5～6 片叶时摘心，以控制营养面积，防止徒长。瓜成熟时即可采摘，产量 1 500～6 000kg/hm^2。

（五）经济价值

饲用南瓜营养丰富，品质好（表 13-4）。除含有大量碳水化合物外，还富含脂肪、蛋白质、南瓜多糖、果胶、胡卢巴碱、瓜氨酸、纤维素、胡萝卜素、维生素以及人体需要的多种矿物质。这些营养成分的含量也随种类（品种）不同而有较大差异。饲用南瓜中还有多种生物活性蛋白和氨基酸及环丙基结构的降糖因子（如 CTY 降糖因子），对治疗糖尿病有显著功效。10kg 饲用南瓜相当于 1kg 粮食的营养价值，1kg 饲用南瓜含有 0.14 个饲料单位（feed-unit，简称 FU，是衡量饲料有用能量价值尺度的单位，如北欧采用大麦饲料单位，苏联使用燕麦饲料单位）和 6g 可消化蛋白质，其干物质中含硫胺素 0.3mg/kg、核黄素 0.2mg/kg、烟酸 5.0mg/kg，100g 干物质中含热量 25kJ、钙 11mg、磷 9mg、糖 1.3mg、胡萝卜素 2.4～4.0mg、维生素 C 4.0mg。

表 13-4 饲用南瓜的营养成分

(引自缪应庭，1993)

样品	水分（%）	占干物质（%）				
		粗蛋白质	粗脂肪	粗纤维	无氮浸出物	粗灰分
南瓜	94.72	0.40	0.30	2.90	1.33	0.35
藤叶	90.90	1.10	0.50	4.60	2.00	0.90

饲用南瓜肉质细密多汁，适口性好，各种畜禽都喜食，是牛、马、猪、鸡、鸭等多种家畜、家禽和草食鱼类的优良饲料，尤其适于饲喂繁殖家畜、育肥猪和泌乳母畜，可提高繁殖率、日增长率、产奶率等。南瓜含水量高，不宜单喂，可切碎或打浆后拌精饲料混喂，也可与秸秆等混合调制成青贮饲料饲喂。藤叶也是优质多汁饲料，藤叶与豆科牧草、玉米秸切碎后混合青贮，适口性好，也可制成干草备枯草季节饲喂。

饲用南瓜生长快，产量高，一般鲜瓜产量 18~20t/hm²。1988 年美国曾生产出世界上最重南瓜，单瓜重达 439kg，堪称世界南瓜产量最高纪录。

第七节 马 铃 薯

（一）概述

学名：*Solanum tuberosum* L.。英文名：potato。别名：土豆、山药、地蛋、洋芋、番薯、荷兰薯等。

马铃薯原产于南美洲安第斯山中部西麓的秘鲁-玻利维亚地区，是最古老的栽培植物之一。大约在 1565 年马铃薯被引进西班牙栽种，后经西班牙传到意大利。1586 年英国人从加勒比海地区把马铃薯带回英国。此后由于英国海上贸易船只来往于欧洲大陆，马铃薯随之传遍整个欧洲。目前已发展成为全球第五大作物，栽培范围遍及世界 140 余个国家，栽培总面积近 2 000 万 hm²，总产量约 3 亿 t。马铃薯在 17 世纪 20~50 年代由荷兰传入中国台湾，之后传入福建沿海地区并传遍中国，现已在全国各地广泛种植，到 2003 年，栽培面积达到 450 多万 hm²。总产量达到 6 681.3 万 t，跃居世界第一位。

（二）植物学特征

马铃薯为茄科茄属（*Solanum* L.）一年生草本植物。马铃薯用块茎繁殖产生的根系是须根系。用种子繁殖形成的根系是直根系。根系主要分布在土壤表层 30cm 左右，一般不超过 70cm。马铃薯地上茎由从块茎芽眼抽出地面的枝条形成，茎上常有分枝。地上茎直立、半直立或匍匐型，生育后期易倒伏。地上茎高 45~100cm，绿色，但有的品种因含花青素较多呈紫色和红色。地下茎节上的腋芽发育形成匍匐茎，马铃薯在进入孕蕾期以后开始形成白色匍匐茎。随着植株发育，匍匐茎髓部的韧皮部和皮层薄壁细胞由于养分不断沉淀和积累，顶端逐渐膨大形成块茎——短缩而又膨大的变态茎。一般来说，匍匐茎愈多，形成的块茎也愈多。马铃薯初生叶为单叶，以后随着植物生长逐渐形成奇数羽状复叶，复叶互生，呈螺旋状排列，叶面上有茸毛和腺毛。聚伞形或拟伞形花序，浆果，果内多为 2 心室，在中轴胎座上着生 100~300 粒种子。

（三）生物学特性

1. 生长生育　马铃薯播种后，由种薯芽眼的幼芽开始萌发形成初生芽，随后在初生芽基部生长出幼根。幼芽出苗前可形成相当数量根系和一些胚叶，出苗后5~6d有4~6枚叶片展开，根系开始从土壤中吸收水分和无机营养供幼苗生长。同时，在出苗后30d内，幼苗还可继续从种薯中吸收碳水化合物和其他营养物质。随着气温不断上升，当主茎上出现7~13枚复叶时，生长点上开始孕育花蕾，侧枝开始形成。

马铃薯出苗后15~25d，匍匐茎停止伸长，顶端开始膨大。此时，植株生长转向地上部茎叶生长和地下部块茎形成，这是决定结薯数量的关键时期，同一植株块茎大多在这个时期形成。地下主茎中部偏下节位的块茎形成略早，生长最迅速并形成较大块茎，最上部和最下部节位的块茎生长慢且形成的块茎较小。进入块茎增长期，马铃薯块茎体积和质量均快速增长。在适宜条件下，每穴马铃薯块茎平均日增量可达20~50g，为块茎形成期的5~9倍。马铃薯干物质在该期形成，这是决定马铃薯块茎产量和品质的关键时期。这一时期茎叶生长也较旺盛，叶长可增加2~3cm/d，同时茎秆的分枝、总叶面积和茎叶鲜重等的增长速度均达到生长最高峰。

马铃薯开花结实即将完成时，茎叶生长渐趋缓慢或停止。植株下部叶片开始衰老变黄逐渐枯萎，进入淀粉积累期。这时马铃薯地上茎叶贮存的养分仍继续向块茎转移，块茎体积基本不再增大，主要是不断积累淀粉，质量继续增加。周皮的细胞木栓组织日益加厚，薯皮愈加牢固，块茎内外气体交换更加困难。当茎叶完全枯萎时，块茎已充分成熟并转入休眠状态。

2. 对环境条件的要求

（1）**温度**　马铃薯适宜在冷凉气候条件下生长，既不耐高温又怕寒冷。薯块播种后，地表5cm内的温度在7~8℃时开始萌芽。当土壤温度上升到10~20℃时出苗速度加快，苗期最适土壤温度为18℃，地上茎叶生长的适宜气温为21℃。气温降到7℃时，茎叶停止生长，降到-1℃时发生冻害。块茎形成期的最适土壤温度为16~18℃。土温上升到25℃时，块茎生长缓慢，土温达到30℃时，植株呼吸强度增大，有机物会被大量消耗，使茎叶缩小，植株生育受阻，块茎停止生长。气温超过40℃时，植株会严重被灼伤而死亡。马铃薯从播种到出苗需要有效积温200~300℃，整个生育期内需要有效积温1 400~2 400℃。

（2）**水分**　马铃薯从块茎播种到出苗主要依靠母薯中贮存的水分，只要土壤保持适度持水量，通常不需要灌溉。苗期主茎和叶片生长迅速，但总茎叶量仅占全生育期的20%~25%，干物质积累量仅占全生育期的3%~4%，对水分的需要量也只有全生育期15%左右。马铃薯在苗高达到15cm之前，尽量少灌水或不灌水，要适当进行蹲苗锻炼，以促进根系生长。当苗高达到15cm时，应适时灌水，使土壤含水量达到田间持水量的60%~70%。进入块茎形成和增长期后，马铃薯地上部茎叶生长和地下部块茎形成都逐渐进入高峰期，是需水量最大时期。如果这个时期土壤缺水会造成块茎表皮细胞木栓化，使薯皮老化，此后再供给水分，块茎可在其他部位恢复生长形成次生块茎，但薯块多出现畸形。从块茎增长后期直到淀粉积累期对水分的需求减少，这期间要适当控制土壤湿度，土壤湿度为田间最大持水量50%~60%时，有利于块茎增长。水分过多会使块茎感染各种病害，造成在田间腐烂或增加贮藏难度。

(3) 土壤　马铃薯最适合在土层较厚、土壤通透性良好、疏松肥沃的土地中生长。但对土壤条件要求不甚严格，在通气性良好，保水、透水力适中，微酸或微碱性土地上都适合种植马铃薯，不适合在地下水位过高和盐碱过强的土壤上栽培。马铃薯是高产喜肥作物，施肥对增产效果显著。据内蒙古农业科学院报道，每生产1t马铃薯块茎需施氮5.5kg、磷2.2kg、钾10.2kg。马铃薯对钾的需要量最高，氮次之，磷最少，对氮、磷、钾的需求比约为2.5∶1.0∶4.5。

（四）栽培技术

1. 轮作与间、套作　马铃薯忌连作，适宜轮作，但不能与茄科作物进行轮作，否则易传染病害。马铃薯理想的前作有谷子、麦类、玉米等，其次是高粱和豆类作物，胡麻、荞麦等茬口较差。后茬可安排豆类、瓜类和绿肥作物，也可种植玉米、油菜和谷类作物。

为了充分利用光、热、水和土壤等资源，提高复种指数，增加单位面积耕地的经济效益，许多地区常将马铃薯和粮、棉、油等作物进行间作和套作。马铃薯与小麦、玉米、棉花和瓜菜等作物实行间、套作，可提高土地利用率，显著增加经济效益，特别是在一年一熟地区效果更为明显。

2. 整地　马铃薯是块茎类作物，深耕是保证马铃薯高产的基础。一般耕深25～30cm，耕层越深，增产效果越显著。结合深耕施足基肥，一般施有机肥15～30t/hm²，过磷酸钙750kg/hm²，硫酸钾600kg/hm²，尿素150kg/hm²。耕后将地表整平、耙细。华南和西南等地区常采用高畦种植，畦宽2～5m，长15～30m。东北、华北等多数地区采用垄作，垄宽30～50cm，垄距60～80cm。内蒙古、山西北部、河北北部及青海和甘肃等地多采用平作。

3. 选种　播前选择种薯是马铃薯高产栽培的重要环节。选择品种特征特性突出，薯块完整，形状整齐规则，无病虫害和冻伤，芽眼深浅适中，表皮细嫩光滑，个体大小中等的块茎作种薯。芽眼凸起、表皮粗糙老化和龟裂、畸形或染病的薯块不能作种薯。

4. 播前催芽　催芽的作用是使薯温提高，促使尽快渡过休眠期，供给块茎足够氧气，为幼芽萌发创造条件；使块茎表面水分散失，块茎干燥，抑制病菌发生，促使出苗整齐；使一些带病块茎充分表现出来，如晚疫病、干腐病、湿腐病等，催芽期间便于淘汰烂薯，从而降低田间发病率；使幼芽提前发育，提早成熟，减轻田间晚疫病的危害。因此，马铃薯播前催芽可有效提高种薯的播种质量，有利于提高产量和品质。全国各地气候条件和栽培制度差异较大，马铃薯播前催芽方法很多，但基本原理和主要环节类似。黑龙江一些地区的催芽方法是：在播种前将种薯提前30～40d出窖，将种薯放在10～15℃地方，平铺2～3层，经常翻动，使均匀见光，当幼芽长到1cm左右，在幼芽浓绿或紫绿、粗壮、根点突出时，即可按芽切块播种。或种薯15～20d出窖，放在室内近光处进行散射光催芽，温度保持10～20℃，厚度为10cm左右，经常翻动，使其均匀见光，当幼芽长达1.0～1.5cm时，芽色浓绿或紫绿，根点突出即可切块。切块时切刀要用酒精消毒，每个薯块最少携带1～2个芽眼，纵切薯块尽量多带薯肉，切块不宜过小也不能过大，薯块质量在30g左右为宜，待薯块切口风干后，用ABT生根粉溶液（15mg/kg）拌种，然后用湿麻袋覆盖12h后即可播种。

利用30～50g重的小块茎直接播种，可降低发病率，节省劳力，提高幼苗抗逆性，也便于机械播种。

5. 播种　南方各省主要在秋、冬播种，北方地区主要在春季播种。马铃薯春播应适时早播，当土壤表层10cm内温度稳定在7～8℃时播种。东北和内蒙古地区马铃薯春播时间为4月中旬至5月中旬，西北地区为4月上旬至5月下旬，华北地区3月上旬前后进行。播种方法主要有平作和垄作2种。

平作是在整好的土地上用机械或畜力牵引开沟，沟深10～15cm，随后人工在沟内按25～30cm的株距点播薯块，播后将沟覆土填平，整块地播完后进行纵横向交叉耱地，使地面平整，表土细碎，并起到镇压作用。这种方法有利于抗旱保墒，提高出苗和保苗率，在降水量少、气温较高、灌溉条件不足的干旱、半干旱地区多采用。

垄作可根据地形和土壤等状况采用平地播种和垄下播种2种方法。平地播种起垄法是在上年秋季深松、浅翻、整平耙细的土地上，用机械牵引开沟播肥机，开10cm左右浅沟，并同时施肥，随后人工按株距点播，然后用覆土机覆土合垄、镇压。覆土厚度根据播种时土壤墒情确定，一般镇压后的厚度达到7～8cm即可。垄下播种合垄法是在前茬原垄沟，先开浅沟并施肥，后把种薯播在湿土上，再用犁在原垄上开沟向两侧覆土、镇压。垄作可提高土温、抗旱保墒、抗涝，便于中耕培土及灌水和田间管理，有促进马铃薯幼苗发育和块根早熟的作用。在春季寒冷而干旱、土壤黏重、地势低洼和短期降水集中的地区普遍采用。

近年来，在东北等地出现一种新的播种方法——机械播种法。采用双行式或四行式播种机在深松浅翻的平整土地上，一次完成开沟、施肥、播种、覆土合垄、镇压等作业程序。与传统方法相比，这种方法具有工作效率高，播种质量高，出苗率高，节省人力，并可减少机械在田间重复作业造成的土壤板结等优点。

马铃薯的播种量因切块和播种密度不同而有较大差异。春播密度以9万株/hm^2计，播种量为1 500～1 900kg/hm^2。秋播马铃薯当密度增加到12万株/hm^2时，播种量需要1 900～2 300kg/hm^2。

6. 田间管理

（1）中耕除草与培土　马铃薯在临近出苗前应及时用耢子进行1次浅中耕。目的是疏松土壤、提高土温、促进出苗，此时杂草幼小，地下部分只有1条主根，须根很小或还没完全形成，通过浅中耕可有效消灭杂草。苗齐后要及时补苗，保证合理的田间种植密度，并进行1次除草和1次中耕培土。苗高10～15cm时，进行第二次除草和中耕培土，现蕾期进行第三次中耕培土，要求深耕高培土，增加垄的高度和宽度。

马铃薯对许多除草剂非常敏感，大部分除草剂适宜在播后出苗前使用，生产上通常不提倡使用除草剂，如果必须使用应注意选择好种类和使用时期。

（2）灌溉与排水　马铃薯既不耐旱也不耐涝。据测定，每形成1kg马铃薯干物质需消耗水分300～500kg。但马铃薯生长期的需水量因气候、土壤、栽培季节和耕作措施有较大差异。苗期地温和气温偏低，植株小，蒸腾量小，需水量较少，不需要灌溉。当苗高15cm后，需水量逐渐增多，现蕾和开花期后达到高峰，此时土壤出现干旱必须适时灌水，否则将严重减产。马铃薯苗期土壤含水量应保持在田间持水量的65%左右，块茎形成期为75%～80%，块茎增长期为65%～70%，淀粉积累期为60%左右。水分过多不利于马铃薯块茎膨大，且易使块茎腐烂和感染病虫害，土壤含水量过高时，特别是生长后期要注意排水。

（3）追肥　马铃薯是高产作物，需肥量大。据测定，每生产500kg马铃薯，需要从土壤中吸收氮2.5～3.0kg，磷0.5～1.5kg，钾6.0～6.5kg，氮、磷、钾施用的比例约为5∶2∶11。马铃薯栽培过程中可根据实际产量目标和土壤肥力状况进行测土施肥，以达到高产稳产目标。根据马铃薯对肥料的需求规律,生长发育期间应及时追肥。第一次追肥在苗齐后结合第一次中耕进行,以施氮为主,磷、钾为辅,可施入氮、磷、钾复合肥 150kg/hm²。第二次追肥应安排在现蕾至初花期,结合中耕培土和灌水进行,以磷、钾为主,氮为辅。追肥次数、种类和数量要根据种肥、土壤肥力和田间生长状况安排。

此外,要加强病虫害防治,特别是马铃薯晚疫病、黑胫病、病毒病及环腐病等常见病虫害的防治。

7. 收获 当马铃薯植株停止生长、茎叶逐渐枯黄、匍匐茎干缩易与块茎脱离、块茎表皮形成较厚木栓层、增重停止时应及时收获。饲料用马铃薯可根据家畜需要提前安排,分期、分批收获,直接或加工后饲喂各类家畜。北方马铃薯种植区多在9~10月收获。收获前,可将较青绿的马铃薯茎叶提前收割作青贮,并清除已枯黄茎叶,以便于机械化作业。

马铃薯块茎的收获方法有人工、半人工和机械收获3种。目前最普遍的收获方法是用悬挂抛送式收薯机和马铃薯挖掘机进行机械化采收,速度快,收获率高,一般收获率达90%~98%,损伤率1%~2%。

马铃薯收获后,稍待晾干后应及时装袋运回贮藏地点,不要雨淋或受冻害,避免日光曝晒,以免块茎腐烂或变绿,影响贮运和饲用。若需要在田间暂放过夜,应将块茎集中成堆后用土盖好。

(五)经济价值

马铃薯营养丰富,可用作粮食、蔬菜、饲料和工业原料。全世界生产的马铃薯约45%用作粮食和副食品,25%用作饲料,20%用作轻工业原料,其余10%在运输和贮藏过程中被损失。

马铃薯块茎和茎叶均可饲用,块茎及其副产品作为高产多汁饲料和淀粉能量饲料被广泛利用。马铃薯干物质含量为20%~50%,除脂肪含量较低外,干物质中粗蛋白质、碳水化合物、铁和维生素含量均显著高于玉米和小麦(表13-5)。

表13-5 马铃薯的营养成分

(引自缪应庭,1993)

样 品	水分(%)	钙(%)	磷(%)	占干物质(%)				
				粗蛋白质	粗脂肪	粗纤维	无氮浸出物	粗灰分
茎叶鲜样	87.90	0.23	0.02	2.27	0.60	2.53	4.43	1.82
茎叶风干样	11.03	1.72	0.46	20.00	4.39	18.57	32.50	13.41
块茎鲜样	79.27	0.21	0.04	1.52	0.30	0.60	17.35	0.96
块茎风干样	9.71	—	—	6.60	1.29	2.72	75.02	4.66

马铃薯块茎洗净后可直接作为多汁饲料饲喂肉牛、奶牛、猪、羊等家畜,切成块或蒸煮后饲喂猪和各种家禽,利用效果更好。切成薯片晾干或加工成薯粉,与其他饲料配合后饲养单胃动物可替代能量饲料,作为精饲料来利用,将大大提高马铃薯块茎的饲用价值。

马铃薯茎叶和块茎中含有一种被称为龙葵素的生物碱,对家畜具有毒害作用,采食过多会引起家畜不适,严重者甚至会发生中毒造成死亡。因此,用新鲜马铃薯茎叶和块茎饲喂家畜时应严格控制用量,每头(只)家畜1次不宜供给过多。块茎发芽变绿或腐烂时,龙葵素含量急剧增加，不能用于饲喂牲畜。据测定，嫩芽中龙葵素含量高达5mg/g，100g外皮中龙葵素含量达30~64mg，100g块茎中龙葵素含量为7.5~10mg。

第八节 甘 薯

(一) 概述

学名：*Ipomoea batatas*（L.）Lam.。英文名：sweet potato。别名：红薯、白薯、山芋、红芋、番薯、红苕、地瓜等。

甘薯起源于美洲的秘鲁、厄瓜多尔、墨西哥，传入中国栽培约有400年历史。全世界甘薯栽培面积和总产量仅次于水稻、小麦和玉米，居第四位。甘薯是高产而用途广泛的作物，可食用、饲用和作为工业原料，是一种良好的间作、套种和轮作作物。中国栽培面积达667万hm^2，产量约1亿t，居世界首位，其中40%以上用作饲料。

(二) 植物学特征

甘薯为旋花科甘薯属（*Ipomoea* L.）多年生植物。根系入土深度约40cm，深耕条件下可达100~130cm，须根多，呈辐射状向外扩展；块根有纺锤形、圆筒形、椭圆形、球形、块状等形状；块茎皮有紫色、红色、淡红色、黄褐色、淡黄色、白色等多种颜色。成年茎蔓生，粗4~8mm，有匍匐、半直立和丛生3种类型；幼嫩茎有茸毛，老化后茸毛脱落。单叶互生，无托叶，呈心脏形、三角形或掌状，叶片全缘或呈齿状。花单生或形成聚伞花序，腋生，花冠漏斗状，多为紫红色，也有蓝色、淡红色褐白色等，萼片5个，长圆形或椭圆形，先端急尖呈芒尖状，雄蕊5，雌蕊1。蒴果球形或扁球形，直径5~7mm，成熟时呈褐黄色，内含种子1~4粒。种子近球形，千粒重20g左右，种皮褐色，较坚硬，表面有角质层，透水性差。

(三) 生物学特性

甘薯喜温暖，不耐低温，生长最适温度为25℃，超过35℃生长缓慢，低于15℃停止生长，10℃以下就会导致植株受冻死亡。甘薯适宜生长在土层深厚、质地疏松、通透性良好、排水良好的沙质壤土上。甘薯根系发达，吸水力强，并且体内束缚水含量高，水分亏缺时，束缚水仍能维持原生质化学性质的稳定性；当土壤水分不足时，其生长减缓或暂停，水分条件改善后可继续生长。因此，甘薯在一般情况下对干旱的忍受性较强，但生长期对土壤水分要求较严格，适宜的土壤含水量为田间持水量的60%~80%。甘薯具有生理需水少、用水较经济等特点，蒸腾系数略低于其他作物，一般每生产1kg干物质，只需要300~500kg水。甘薯整个生长期需要充足光照。

(四) 栽培技术

甘薯栽培传统上主要是育苗移栽。中国在20世纪90年代初开始推广切块直播技术，与传统育苗移栽相比，切块直播技术使甘薯生长期延长30~40d；整个生长期增加≥15℃积温350~400℃；切块种薯中营养和水分充足，出苗早，幼苗健壮；采用专用保护剂能防治甘薯主要病害，促进切块切面伤口愈合，有利于幼苗快速生长。因此，切块直播甘薯产量可提高

50%以上。

1. 选地与整地　冬前选择土层深厚、疏松透气、蓄水保肥能力强、排灌良好的壤土，每公顷施入有机肥60～90t，草木灰1 500kg，复合肥750kg，深耕25～30cm，并及时耙细。采用垄作，垄距70～80cm，垄高20cm。甘薯忌重茬，可与高粱、玉米或花生实行3年制轮作，也可与马铃薯、蔬菜实行3年制轮作，以减轻各种病害繁殖。在干旱多风地区适宜秋季翻地。

2. 选种与切块　选取适宜种植的优良品种，种薯要求大小均匀，无冻害和病虫害。由于种薯顶端芽多而密度大，切块可小一些，尾部芽少而稀疏，切块可大一些，约在种薯上部1/3处十字纵切4块，再横切1刀，得到8块薯块，首尾分开放置，避免上下颠倒。将母薯保护剂100mL兑水40～50kg，加入种薯切块40～50kg，拌匀，浸种10～15min，捞出晾干表面水分后立即播种。切块刀具和浸种容器要经过消毒处理，种薯需保存在10℃以上地方，出窖后尽快播种。

3. 播种与管理　春播于3月底至4月中旬播种，在垄脊上开沟或开穴，将处理后的薯块直立插入穴中，芽眼向阳，株距25～30cm，覆土5～7cm，然后覆膜并将膜四周用土封压。播种量600～750kg/hm^2，约42 000个薯块。

栽后约30d苗齐，当苗高达2cm时应及时破膜放苗，以免灼伤幼苗。苗高10～15cm时，将母薯周围的土扒开，露出1/2～2/3，避免母薯块根下延生长，自身膨大。6月初及时揭膜、除草，在甘薯生长期禁止翻蔓。

（五）经济价值

甘薯块根营养丰富，碳水化合物含量占块根干重的90.2%，维生素和矿物质含量也比较丰富，其中，胡萝卜素、维生素B_1、维生素B_2、维生素C和钙等明显较其他作物高，淀粉含量平均为22.4%，可用作高能量饲料。同时，也可用作多汁饲料，适口性好，可促进育肥增重和增加产奶量。甘薯副产品的营养成分相当于豆科牧草，经适宜加工处理后，可作为畜禽优质饲料。据报道，用甘薯饲喂肉用仔鸡和猪，可提高屠宰率，改善肉品风味。此外，甘薯可用于制造可降解塑料、燃料、电池等，还可生产保健食品、饮料和药品等。值得注意的是甘薯块根蛋白质含量低，尤其含硫氨基酸和赖氨酸严重不足，饲用时需要加以补充，并且不宜大量用鲜薯块直接饲喂家畜。

思考题

1. 饲用甜菜对土壤和肥料有哪些要求？怎样进行合理施肥？
2. 根据胡萝卜的生物学特性，谈谈饲用胡萝卜栽培的关键技术。
3. 要获得高产优质芜菁，需要哪些自然和人为环境条件？
4. 影响甘蓝结球紧实和养分积累的因素有哪些？
5. 菊芋有哪些经济价值？
6. 简述饲用南瓜栽培管理的关键技术。
7. 马铃薯对水分的需求有何特点？生产中怎样做好田间水分管理？
8. 马铃薯播前为何要催芽？
9. 为什么甘薯切块直播比传统育苗移栽方法能显著提高产量？其关键技术是什么？

第十四章 水生类饲料作物

学习提要

1. 了解水生类饲料作物全球资源状况及其独有的植物学特征和经济价值。
2. 熟悉中国栽培的主要水生类饲料作物生物学特性、应用区域及其饲用价值。
3. 依据读者自己当地生产实际,有选择地学习掌握重要水生类饲料作物的栽培技术及其利用技术。

第一节 水 浮 莲

(一) 概述

学名:*Pistia stratiotes* L.。英文名:water lettuce。别名:大漂、大浮漂、大叶莲、水莲花。

水浮莲原产于热带和亚热带的淡水湖泊、河塘或溪流中,在南亚、东南亚、南美洲及非洲都有分布。中国广东、广西、云南、福建、台湾等地的池沼里有水浮莲野生种分布,经人工驯化养殖后,现已北引到长江、黄河流域,华北地区也有栽培。

(二) 植物学特征

水浮莲属天南星科大漂属(*Pistia* L.)多年生浮生无茎草本植物。须根发达,悬垂于水中。主茎短缩,节间不明显;叶腋间能抽出匍匐茎,其先端可长出分枝。叶簇呈莲座状;单株有6~12叶片,叶波状,长楔形,全缘,两面密生白色短茸毛;叶肉疏松,具发达通气组织,故有较强浮力。肉穗花序,具佛焰苞;花单性,很小,淡黄或白色,腋生;雌雄同株,雄蕊在上,雌蕊在下;异花授粉,结实率低。浆果,内含种子10~15粒,种子黄色,腰鼓形,千粒重1.5~1.6g;成熟时果膜破裂,种子自落在须根上或水中。

(三) 生物学特性

水浮莲喜高温高湿气候,不耐寒。温度在15~45℃都能生长,10℃以下常烂根掉叶,低于5℃时则枯萎死亡,23~35℃时生长繁殖最快。空气湿度较大时生长最快,一月内每株可繁殖50~60株,叶片肥厚;炎热干燥天气生长受到抑制。喜光不耐阴,光照度11 000~33 000lx范围内,光照越强,产量越高。喜氮肥,在肥沃水中生长发育快,分株多,产量高,瘠薄流水中,叶发黄,根变长,产量也低。水浮莲能在中性或微碱性水中生长,而以pH 6.5~7.5为好。流动水对其生长不利,因此不宜在河流中放养。

(四) 栽培技术

1. 有性繁殖 种子繁殖时,用温床或温室育苗。先将种子浸在4~6cm深的清水中,保持温度30~35℃。在充足阳光下,3~5d即可发芽,并从水中自动浮到水面。叶片和根系出现后,生长加快,要及时给予一定养分。5~6片叶时开始分蘖,即为成苗,可移出放养。从发芽到成苗需40~50d。种子繁殖省工省时,方法简便,成本低,分蘖多,所获种苗数多。但苗小,生长缓慢,须提前育苗,才能保证提前放养利用。

2. 无性繁殖 在气温不低于10℃地方,可以全年放养,而在冬季有霜的地方需要保护越冬,并在气温升到15℃以上时,到露天处进行水面放养。

水浮莲在放养前要先春繁越冬苗,扩大种苗数。选背风向阳的浅静水做好畦,盛10cm厚肥泥,灌入7cm深的水后将种苗移入,加盖,保持畦温25℃左右,注意通气透光和湿度,经常换水,晴天叶面可喷施稀粪水,4~5d种苗可增加1倍。20℃时,也可直接利用浅水田繁殖扩苗。

放养时,选叶片肥厚、浓绿种苗,放苗1 500kg/hm²。大面积放养时,开始应设框围,防止种苗飘散,长满水面后可除去框围,并注意施肥。叶片发黄时,可撒施稀粪尿或猪粪。因水浮莲最大的害虫是蚜虫,可用40%乐果乳剂兑水200倍喷雾。黄萎病出现后可用石灰等量式波尔多液乳剂稀释160倍液喷雾或用代森锌乳剂稀释800倍液喷施。喷药后要间隔1周左右才能饲喂,以免引起牲畜中毒。水浮莲长满水面即可采收,随用随捞,但每次捞取不宜过半,留在水面的植株要均匀拔开,以利继续生长。

水浮莲在冬季13~15℃及以上地区可以自然越冬。在冬季气候较低或有霜冻地区,须采取保温措施才能使种苗安全越冬。一般用温床、温室、半地下窖或塑料棚等,使床温保持在15℃以上,就能安全越冬。越冬期间,要选用健壮种苗,掌握适宜温度,阳光充分,水质清洁,并保持一定肥力,及时防治病虫害,就能使越冬良好。春暖后移入露天放养。

(五)经济价值

水浮莲含水量高,纤维素含量低,根、茎、叶柔嫩,为速生优良饲料作物。常打浆或切碎混以麸糠喂猪,也可饲喂家禽和鱼。多为生喂或切碎后与米糠、酒曲混合发酵后饲喂,也可调制成青贮饲料饲喂。但其适口性较差,营养价值见表14-1。

表14-1 水浮莲的营养成分

采样地点	水分(%)	占干物质(%)					分析单位
		粗蛋白质	粗脂肪	粗纤维	无氮浸出物	粗灰分	
鲜样(北京)	94.4	14.00	4.46	20.00	53.86	7.68	北京市畜牧所
鲜样(武汉)	89.5	20.95	9.52	17.14	36.20	16.19	华中农业大学
鲜样(广州)	94.1	11.86	3.39	22.03	40.69	22.03	华南农业大学

水浮莲为高产水生饲料,鲜草产量为375~750t/hm²,高者可达1 125t/hm²。水浮莲肥效成分全,易腐烂,是良好绿肥。鲜草含氮0.22%,磷酸0.06%,氧化钾0.11%,既可作基肥,也可作追肥,并可净化水质。与微生态制剂配合,其净化水质效果更好。

第二节 水 葫 芦

(一)概述

学名:*Eichhornia crassipes*(Mart.)Solms。英文名:common water hyacinth。别名:

凤眼蓝、凤眼莲、水绣花、洋水仙、布袋莲等。

水葫芦因其叶柄基部膨大、中空，似葫芦而得名。原产南美洲的委内瑞拉，现广泛分布于美洲、非洲和亚洲50多个国家。20世纪50年代引入中国南方地区，现东北、华北、西南等地广泛应用。

（二）植物学特征

水葫芦为雨久花科凤眼蓝属（*Eichhornia* Kunth.）多年生浮生草本植物，多须根，悬垂于水中；茎极短，具长匍匐枝。单叶基生，肥厚，肾形，大小不一，宽4~12cm，光滑，单株有叶6~14片；叶柄基部膨大呈葫芦状，内为海绵组织并充满空气，因此可漂浮在水面上；每簇只有1株开花，穗状花序，每穗有花4~14朵；花序蓝紫色，花被6裂，最上面花瓣中央有1黄斑似凤眼，外面的基部有腺毛，雄蕊3长3短，长的伸出花外，花丝不规则结合于花被内；子房长圆形；蒴果，卵圆形，含种子30~150粒。种子黄褐色，枣核状，千粒重0.38g。

（三）生物学特性

水葫芦喜温暖、多湿气候条件，13℃时开始生长，25~35℃时生长和分枝加速，30~35℃时生长最盛，35℃以上时生长受到抑制。水温上升到43℃时，水葫芦大量死亡。秋冬季节，气温下降到15℃时停止生长，维持在7℃以上则能在室外越冬，但气温低于0℃叶子变黄枯萎，而根茎和腋芽仍保持生活力。

水葫芦适于在水深30~100cm的肥沃静水或缓流水塘、沟渠生长，对酸、碱不敏感，但以中性或微酸微碱性水质为好。为获高产，应供给充足氮、磷、钾等营养元素。

水葫芦以无性繁殖为主，由腋芽形成匍匐枝，匍匐枝先端芽产生新植株，匍匐枝较长，嫩脆易断，断离后形成独立新株。新枝7~8d后又可再分出新株，在适宜条件下，一个母株在30d内能增殖40~80株。水葫芦还可用种子繁殖，但在自然条件下结实率低于10%，经人工授粉后可提高到80%~90%。

但应注意，水葫芦繁殖速度快，条件适宜时能在短时间内覆满水面，造成下层水体水质变差，甚至阻塞河道，影响航道交通。因此在大型水面、航道应该圈养。

（四）栽培技术

每年终霜后，气温升到13℃时，先将自然越冬或保护越冬的种苗，用草绳、竹木框架等围起来，让其自然繁殖，待种苗增长后，取出框架将周围逐渐放大，直到水葫芦长大成片，便可大范围水面放养。放养时根部向下，叶部向上，水面放苗7.5~15.0t/hm²。种苗放养后应加强管理，如水质贫瘠、植株瘦小、叶片发黄时应立即追施腐熟有机肥或用1%~3%硫酸铵溶液喷施，促进生长。同时经常清除杂草和防治病虫害。1~2个月后，植株生长茂密即可采收。先采株丛密集高大、发育老的植株。每次采集量占水面1/3左右，夏季每隔7d采收1次，秋后每隔5d采收1次。秋分、寒露时停止采收，留种越冬。

水葫芦能在南方大部分地区自然越冬。冬季气温较低地区需将种苗放在背风向阳的塘边，加盖塑料薄膜保护越冬；也可放入泉水及流水中，利用水温保护心芽生机，安全越冬。北方地区可于霜降后将健壮植株移入室内，用薄膜覆盖，或采用温室、温床、深水等措施保种保苗。要求保持室温10~20℃，注意经常换水，加强通风透光，经常洒水，保持叶面湿润,剔除枯枝烂叶。早春气温升高时,可逐渐揭盖通风、透气,并炼苗。

(五) 经济价值

水葫芦柔嫩多汁,鲜嫩可口,营养丰富,容易消化,饲用价值较高(表14-2)。水葫芦是猪、禽、鱼和牛、羊的好饲料。不仅可全草打浆、发酵、青贮,也可冻贮、水藏。一般鲜草产量可达 $375\sim600t/hm^2$,华南地区 $750\sim1\,125t/hm^2$。

表14-2 水葫芦的营养成分

(引自中国饲料成分及营养价值表,2002)

生育时期	干物质(%)	钙(%)	磷(%)	占干物质(%)				
				粗蛋白质	粗脂肪	粗纤维	无氮浸出物	粗灰分
营养期(全株)	5.0	0.7	0.2	1.0	1.9	1.9	0.09	0.02
营养期(去根)	5.4	1.2	0.2	1.0	2.4	0.7	0.07	0.01

水葫芦也是一种绿肥作物,每100kg鲜草相当于1.14kg硫酸铵,0.44kg过磷酸钙,0.14kg硫酸钾,肥效较高。水葫芦可净化水质,在适宜条件下每公顷水葫芦能将800人排放的氮、磷元素当天吸收;水葫芦还能从污水中除去镉、铅、汞、铊、银、钴、锶等重金属元素,即水葫芦对重金属有较强吸收富集能力,只要不是采自重工业区或污染严重水域周围生长的水葫芦,动物一般不会有重金属中毒危险。此外,水葫芦还能作沼气原料及观赏植物使用。

第三节 水 花 生

(一) 概述

学名:*Alternanthera philoxeroides* (Mart.) Griseb.。英文名:slligator alternenthera。别名:喜旱莲子草、水苋菜、水蕹菜、革命草、空心莲子草、济命菜。

水花生原产于南美巴拉圭、巴西、阿根廷等地,现已遍布美洲、大洋洲、欧洲、非洲和东南亚30多个国家和地区。水花生最早于20世纪20年代传入中国,先后在长江流域、福建、四川、上海、浙江、江西等地种植;70年代引入长江以北的河北、北京、山东、辽宁等地。现广泛分布于四川、重庆、湖南、湖北、贵州、云南、广东、广西、安徽、江西、江苏、浙江、福建等23个省份,其中以江苏、四川、重庆等地分布最多。

(二) 植物学特征

水花生属苋科虾钳菜属(*Alternanthera* Forsk.)多年生水陆两栖草本植物。因其叶与花生相似而得名。不定根系,茎有节,节上生不定根和分枝,长1~3m。根白色稍带红色。茎圆形,中空,基部匍匐,上部茎直立水面,长达1.5~2.5m。单叶,对生,长卵形,全缘绿色,叶柄不明显,叶腋内着生叶芽。圆形头状花序,腋生,花白色,两性。花被、苞片各5枚,内生雄蕊10枚,雌蕊1枚。蒴果卵圆形,种子细小扁平。

(三) 生物学特性

水花生喜温暖潮湿气候条件,适应性极强,水陆都能生长。抗寒能力比水浮莲、水葫芦等水生植物强，能自然越冬，气温上升到10℃时即可萌芽生长，最适气温为22～32℃，低于20℃、高于33℃都生长不良，5℃以下时水上部分枯萎，但水下茎仍然能保留在水下不萎缩，只要不结冰，就能越冬，次年春季再生。不耐阴，活水中生长最好。较其他水生作物耐旱、耐瘠。

长江流域一般4～5月萌发生长，20℃以下生长慢，日增长量为1～2cm，6～9月气温高，雨量多，生长旺盛，日增长量达2～3cm。从叶腋不断抽出新枝，并再分枝，分枝数达几十个，茎蔓最长达15m以上。9～11月气温降到15℃以下时停止生长。

（四）栽培技术

选择植株整齐、粗壮、没有病虫害的茎枝作种苗，于清明后谷雨前放养或栽植。一般小河、小塘种茎用量不少于3.75t/hm²，大河、水库不少于7.5t/hm²。繁殖方式主要有以下几种。

1. 水岸栽植法 将水花生茎段或种苗栽植于河塘水库岸边，使其茎蔓自然向水面延伸生长。

2. 水面条播法 将种苗分别编织在草辫内，置于水面繁殖。该法须在河塘水库两岸相对打桩牵绳或沿岸单向打桩牵绳。

3. 水面块播法 将种苗用草绳缠扎后，置于水面，绳索系于岸边自然物或小桩上；或将一堆种苗置于水面，中间用木棍插于河底。水花生在水面呈块状分布，并以木桩为圆心向四周辐射生长。

4. 水面撒播法 在面积小的池塘将种苗撒在水面即可。

5. 水底栽植法 在干水季节，按条播或穴播方式将种苗或种茎深埋于水底泥土中，留一部分茎枝于土外，让其向水面繁殖延伸；或将种苗的根埋于浅水边，茎枝露在水面上，自然繁殖。

草辫可用稻草或麦秸搓成，直径0.5～3.0cm，种苗编织镶嵌在内。每公顷水面需水花生种茎大约750kg。

放养期间要加强管理，经常检查，加围，查苗补缺，防治虫害，及时施肥。生长茂密部分，采取收割移植法，搬至其他尚可利用的空白水面放养。

水花生生长快，当长出水面50～60cm时即可收割，水面留5～10cm，每年可收4～6次，鲜草产量450～750t/hm²。

（五）经济价值

水花生茎叶幼嫩，含水量较其他水生饲料高，其营养成分见表14-3。

表14-3　水花生的营养成分

（引自中国饲料成分及营养价值表，2002）

生育时期	干物质（%）	钙（%）	磷（%）	占干物质（%）				
				粗蛋白质	粗脂肪	粗纤维	无氮浸出物	粗灰分
开花	6.0	0.6	微	0.8	2.1	0.9	0.11	0.05
初花	9.2	2.8	0.3	1.5	2.2	0.9	0.08	0.03

水花生可以喂猪、羊、牛，还可喂鱼。喂猪时多切碎或打浆后拌精饲料和少许食盐饲喂，也可制成青贮饲料饲用。水花生与精饲料按 4∶1 搭配喂猪较好，喂牛羊时一般整枝鲜喂。因含皂素，喂鱼时须在草浆中加入 0.2% 食盐，降低皂苷，才不致中毒。池底种植水花生较水面放养成活率更高，培育管理更简便，能为蟹种营造良好生态环境，水产养殖纯利润提高 29.44%。

水花生鲜茎叶中含氮 0.15%～0.2%，磷酸 0.09%，氧化钾 0.57%，因此是优质绿肥作物。此外，水花生还可净化水质，生产沼气。

第四节 绿　　萍

（一）概述

学名：*Azolla imbricata*（Roxb.）Nakai。英文名：imbricate mosgnito fern。别名：满江红、红萍、三角藻、红飘。

绿萍原产美国、智利等，是热带、亚热带水生饲用植物，世界各大洲均有分布。绿萍在中国已有 500 多年种植历史，各地均有分布。

（二）植物学特征

绿萍属满江红科满江红属（*Azolla* L.）一年生小形漂浮植物。须根单生或丛生，悬垂于水中；茎纤细横走，平卧水面，有 8～20 个羽状分枝。叶小，二裂互生，犁形、斜方形或卵形圆状或截头，全缘，长约 1mm。通常分裂为上下 2 片，上片肉质，半月形，绿色，浮水，上面有乳头状突起，下面有黏质空腔，与满江红鱼腥藻（*Anabaena azolla* Strasb）共生；下片沉于水中，膜质透明。雌雄孢子果（荚）成对生于分枝基部的下裂片上，雌（大）孢子果小，长卵形，果内含 1 个大孢子囊及 1 个孢子；雄（小）孢子果大，球形，内有多数小孢子囊，各含 64 个小孢子。染色体 $2n=48$。

（三）生物学特性

绿萍是蕨藻的共生体，除去共生腔内蓝藻后，绿萍就失去其固氮能力。绿萍的繁殖方式有 2 种：一是无性繁殖，即直接从萍体基部不断生出侧枝，侧枝断离后发育成新个体；二是有性繁殖，即雌雄孢子结合后发育成新萍体。

绿萍生长的适宜温度为 20～30℃。水温在 5℃ 以下则停止增殖，35℃ 以上生长繁殖显著减弱，43℃ 时停止生长。绿萍栽培中，北方注意越冬，南方注意越夏。光照度在 20 000～50 000lx，绿萍增殖快，固氮能力强，光照弱时生长差，不结孢子果，易染病。强光照时萍体变红，生长受阻。绿萍在 pH 3.5～10.0 环境下即可生长，但以 pH 6.5～7.5 生长最好。在含盐量 0.5% 水中也能正常繁殖。

（四）栽培技术

1. 萍种繁殖　选择背风向阳、水源便利、阳光充足、土壤肥沃地块作萍母田。萍母田要精耕细耙，田面平滑，施足基肥，分格下种。萍苗用量 6 000～7 500kg/hm²，要求密放密养，不空水面。放种苗后要及时追肥，加强水面管理。萍母田以经常保持水层 8～12cm

为宜。此外，要加强治虫、治螺、治藻，以利加速繁殖。

2. 水面放养 每公顷水面施有机肥 3 500～6 000kg，过磷酸钙 150～225kg 作底肥。冬萍放苗 7 000kg/hm²，春萍放苗 4 500～6 000kg/hm²，先做格放养，然后逐步扩大，先浅水后深水，先死水后活水，先无鱼塘后有鱼塘，进行大范围水面放养。

3. 萍田管理 萍体瘦弱，气温低，氮、磷、钾肥均缺时需少施勤施厩肥、草木灰等。也可用化肥，用过磷酸钙 22.5～35.5kg/hm²，硫酸铵 7.5～15.0kg/hm²，加水 1 125kg，过滤后喷施。当萍体增大、密度加厚时，要经常用竹、柳条轻轻拍打萍面，打碎萍体，促使其断离繁殖，并能增加萍面湿度，有利于加速绿萍生长繁殖。当萍面过密起皱褶时，则应分批采收，采收时可局部收捞，亦可全部收捞，重新放入萍种，如此产量高，但较费工。

崔国文等（2011）登记的细绿萍与普通绿萍同为满江红科满江红属蕨类水生植物。但细绿萍具有较强耐低温能力，其最适宜生长繁殖温度为 20℃左右，在相同条件下，细绿萍在单位面积的平均总产量和繁殖系数均极显著高于绿萍。

（五）经济价值

绿萍鲜嫩多汁，纤维素含量少，营养丰富（表14-4），味甜适口，是猪、禽、鱼的优质饲料。用绿萍喂猪，生喂、熟喂、发酵喂猪均喜食。因有鱼腥味，初次饲喂时猪不太喜食，习惯后则大量采食，母猪日喂量 10～15kg，肥猪在吊架子阶段大量饲喂绿萍能代替 60% 糠麸。晒干粉碎后与其他精饲料混合制成颗粒饲料，是猪、鸡的上等饲料，耐贮存。其干萍的饲用价值与麦麸相当。

表 14-4 绿萍的营养成分

（引自崔国文等，2011）

样品	干物质（%）	占干物质（%）				
		粗蛋白质	粗脂肪	粗纤维	无氮浸出物	粗灰分
普通绿萍	6～10	17～21	1.33～1.99	10.90	—	12.94～18.00
细绿萍	7～11	18～24	2.19～2.57	14.60	—	15.00～23.93

绿萍繁殖快，产量高，产鲜萍 300～750t/hm²。绿萍还是水田优质绿肥，并可药用。

第五节 蕹 菜

（一）概述

学名：*Ipomoea aquatic*（L.）Forsk.。英文名：water spinach。别名：空心菜、竹叶菜、通菜、通心菜、蓊菜、空筒菜、竹叶菜、藤菜、藤藤菜等。

蕹菜原产于中国和印度热带多雨地区，分布于亚洲、非洲、大洋洲热带天然湿地。中国长江流域以及长江以南均有栽培。特别是在广东、福建、四川、云南等省，4～11 月均能生长、收获。一般作蔬菜食用，也作饲料用。根据是否结种子，蕹菜有子蕹和藤蕹 2 个类型；根据其对水分的适应性和栽培方法则有旱蕹和水蕹 2 类。

（二）植物学特征

蕹菜属旋花科甘薯属（*Ipomoea* L.）一年生或多年生蔓生草本植物。须根系，根浅，再生力强。旱生类型茎节短，茎扁圆或近圆，中空，浓绿至浅绿。水生类型节间长，节上易生不定根，适于扦插繁殖。叶对生，马蹄形，全缘，表面光滑，浓绿，具叶柄。聚伞形花序腋生，具1至数花；苞片2；萼片5，宽卵形；花冠漏斗状，完全花，白或浅紫色。子房二室；蒴果，含2～4粒种子；种子近圆形，皮厚，坚硬，黑褐色，千粒重32～37g。

（三）生物学特性

蕹菜喜温怕寒。种子萌发最适温度为20～35℃，茎叶生长适温为25～30℃，15℃以下生长缓慢，10℃以下停止生长。不耐霜冻，遇霜冻茎叶枯死。可耐35～40℃高温。在无霜期长、温度高的地区，春夏秋均可种植。蕹菜对土壤要求不严，适应性广，无论旱地水田，还是沟边地角都可栽植，但以保水、保肥性能好的黏土为宜。喜高湿环境，遇干旱藤蔓生长缓慢，纤维较多，产量和品质下降。蕹菜为短日照植物，在短日照条件下才能开花。旱蕹（子蕹）不仅开花结籽很晚，而且种子不易成熟，留种困难。水蕹（藤蕹）往往不能开花结籽，多采用无性繁殖。

（四）栽培技术

分水田栽培和浮水栽培2种。

1. 水田栽培 选择排灌方便、肥沃、背风向阳、烂泥层较浅田块种植。施足底肥，翻耕平整地面，然后按株行距均为24～26cm，将秧苗斜插于土壤中，要求入土2～3节，叶和梢尖露出水面。

2. 浮水栽培 将秧苗头尾相间或呈羽状排列，按15～20cm间距编织在草绳上，选择水深肥沃的烂泥塘，在塘两边打桩，将草绳按宽行100cm、窄行33cm拴在木桩上，并留有余地，使草绳能随水位涨落而漂浮水面。该法田间管理难度大，产量较低。

（五）经济价值

蕹菜是夏秋良好蔬菜，富含各种维生素和矿物质。蕹菜也是高产多汁青饲料，其营养成分占鲜草分别为干物质9.9%，粗蛋白质2.3%，粗脂肪0.3%，粗纤维1.0%，无氮浸出物4.4%，粗灰分1.8%。以其老茎作饲料，或者专门栽培作养猪的青饲料。

由于其生长期长，且可多次收获，青绿期长达7～8个月，栽培非常广泛。直播采收幼苗，产量为15.0～22.5t/hm²，高者达25t/hm²。

第六节　水　竹　叶

（一）概述

学名：*Murdannia triguetra* (Wall.) Bruckn。英文名：triguetrous murdannia。别名：肉草、水霸根、虾子草、节节绊、竹箕菜、鹅儿菜等。

水竹叶产于中国华南等地的水边、田埂和湖沼等低洼地区，日本、朝鲜也有。广东、广西、湖南、湖北、福建、江苏等省份有种植，是一种值得推广的水生饲料作物。

（二）植物学特征

水竹叶是鸭跖草科水竹叶属（*Murdannia* Royle）一年生草本植物。须根系，茎圆形中实，长达 60~100cm。茎基部匍匐地面，节节生根。分枝茎自节生出，直立；幼茎淡绿色，老茎红褐色。叶绿，单叶互生，披针形，先端尖，基部成鞘状，互生，叶脉平行，形似竹叶，有毛。圆锥花序，花小，顶生或腋生，白色或淡紫色。蒴果，椭圆形，含种子 6~9 粒。种子小，黑色，有微凹凸不规则短纹，成熟时落粒性强。

（三）生物学特性

水竹叶喜温暖湿润气候，适生在水湿地或浅水中。当气温上升到 15℃时，种子萌发，生长适宜温度为 18~25℃，不耐高温，又不抗寒冷，当温度高于 30℃或低于 15℃时，生长减慢，甚至停止。不耐霜冻，遇霜冻则很快死亡。耐旱力较差，不宜在干旱环境中生长。耐阴，密度很高时，茎叶仍保持青绿。南方地区全年生长期约 9 个月。

水竹叶要求肥沃、疏松土壤。在肥力较高的水湿地或浅水中生长，异常繁茂，可形成茂密茎叶，多次刈割不衰。病虫害少。

（四）栽培技术

水竹叶因种子产量低，生产上多为育苗移栽。

1. 育苗 春季气候温暖后选背风向阳、土壤肥沃地段作苗床。床宽 1m，长 10~15m。撒播，或按 8~10cm 行距条播，覆土 1.5~2.0cm，播后保持床面湿润。如有温室或塑料大棚则可提早播种。当苗高 15~20cm 时即可移栽。

2. 栽植 水竹叶宜选择土壤肥沃，排灌方便，靠近厩舍的浅水阴湿地、水田沼泽地种植。如利用池塘等地种植，水不宜过深，水深则叶片变黄，生长受到抑制。整地时先犁耙 1 遍，然后灌以浅水。同时要施厩肥 15.0~22.5t/hm²，沤田 10~15d，即可种植。栽植时间一般在春夏，华南地区一年四季均可种植。株行距 15cm×20cm，每穴 5~6 苗，入土 2~3 节。为节省种苗和人力，可将种苗切成 15~20cm 长的小段，均匀撒到田面上，用竹扫帚拍打种苗，粘上泥浆使茎节生根发芽，或犁耙 2~3 次即可栽种。通常种茎用量 4 500~7 500kg/hm²。

3. 管理 种茎栽植后，田面要保持 2~3cm 深水层。成活后适时追施速效氮肥。封行前要中耕除草，结合追肥 1 次。封行后，每隔 10d 追肥 1 次，每次泼洒粪尿 15.0~22.5t/hm²，或施氮肥 75kg/hm²。追肥前，应先排水，以提高肥效。施肥 2~3d 后，再灌水入田。冬季注意防霜，晚上灌水淹没草层，白天再排水曝晒，可提高土温，增强抗寒能力。夏季过于炎热时，也可采用"流水法"降低田间温度，提高其越夏能力。水竹叶常见虫害有黏虫、芫菁虫等，但其对病虫害抵抗能力很强，一般不必施用农药。如发生虫害，可用 50% 乐果乳剂稀释 1 500 倍液或用 90% 敌百虫晶体稀释 600~800 倍液喷杀。

4. 刈割 草层高 40~50cm 时即可刈割，以后每隔 30~40d 刈割 1 次。全年可刈割 4~6 次：第一、二次刈割的草产量占总产量的 10%~20%，第三、四次刈割占 40%~50%，第五、六次刈割由于气温下降，雨水减少，产量仅为总产量的 20%~30%。留茬 5~10cm。

(五) 经济价值

水竹叶生长快,产量高,鲜草产量为 225～450t/hm²,茎叶脆嫩多汁,稍带甜味,猪、牛、羊、鹅、兔等特别喜食。既可整喂,也可切碎、打浆生喂。既可鲜喂,也可青贮或调制干草,还可熟喂。喂家禽时切碎后拌精饲料效果更好。喂猪时粉碎或打浆饲喂最好。幼鱼粉碎喂,成鱼整喂。据广西壮族自治区畜牧研究所分析,其营养成分列于表14-5。

表14-5 水竹叶的营养成分

样品	干物质(%)	占干物质(%)				
		粗蛋白质	粗脂肪	粗纤维	无氮浸出物	粗灰分
鲜草	4.64	0.64	0.12	0.91	1.88	1.11
绝干草	100	17.7	2.70	19.60	40.30	23.70

水竹叶营养丰富,易于消化吸收,喂猪的增重效果较甘薯藤好。水竹叶可在零星闲散的湿地种植,不占或少占农田,且1年可刈割多次,利用期长,饲用方便,是一种值得推广的优质饲料作物。

第七节 水 芹 菜

(一) 概述

学名:*Oenanthe javanica* (Bl.) DC.。英文名:javan waterdropwort。别名:芹菜、河芹、刀芹、细本山芹菜、小叶芹、野水芹、野芹菜、水芹、蜀芹、牛草等。

水芹菜原产于中国和印度,主要野生于水田、溪沟及其他阴湿地。南亚、东南亚、大洋洲、日本、中国有栽培。在中国,水芹菜广泛分布于黑龙江、辽宁、吉林、江苏、安徽、河南、浙江、山西、四川、贵州、云南等省份。

(二) 植物学特征

水芹菜为伞形花科水芹属 (*Oenanthe* L.) 多年生宿根性草本植物。在热带和亚热带地区,一般可四季常绿。在北亚热带和温带地区一般3～4月返青,并很快抽出匍匐枝和直立茎,6～7月边开花边结实。在亚热带地区,秋后水芹菜能第二次开花结实。在北方一般4月下旬返青,7月中、下旬开花,9～10月上旬种子成熟,10月中旬地上部开始枯死。

(三) 生物学特性

水芹菜喜凉爽,喜光不耐阴,多生长在池塘、沟渠、溪流和水田及低湿地,可形成单优种群。以富含腐殖质的弱酸至中性沙壤土最为适宜。夏季气温25℃以下时,母茎开始萌芽生长,秋分后气温下降至15～20℃时生长最快,至5℃以下停止生长。水芹菜耐寒性较强,能耐−10℃低温。长日照有利于匍匐茎生长和开花结实,短日照有利于根出叶生长。

(四) 栽培技术

水芹菜可种子直播、育苗移栽,也可营养繁殖。栽植田要求地势低洼、土层深厚、土壤肥沃、保水保肥、排灌方便。种子直播，播种量为 22.5～37.5kg/hm²。

饲用水芹菜一般采用营养繁殖。于栽植前 10～15d，收取茎秆粗壮、腋芽充实种株，用稻草捆成小捆，然后头尾交叉堆高约 60cm，上盖浸湿的干草催芽。阴天或夜间将堆散开，用清水淋浇，当新芽长达 3cm 时，即可分株种植。栽植方法有条播和撒播 2 种。条播，种株不切断，按 6cm 行距排于田中即可。撒播，将种苗切成小段，均匀撒于田中。种苗用量 12～15t/hm²。

田间管理过程中，要时常保持土壤湿润。腋芽生根长叶后，短期晾田，以便根系往深处生长。天气转凉后，加深水层，保护越冬。幼苗抽叶 2 片时，开始追肥。旺盛期一般每隔半个月追肥 1 次。肥料以复合肥为佳，用量 750kg/hm²。每次追肥前应放浅水，使土壤充分吸肥。株高 13～16cm 时，结合除草进行间苗，移密补稀，使全田整齐一致。

水芹菜的虫害主要是蚜虫，采用灌水漫淹法防除。病害主要是锈病和斑枯病，锈病可用 64％杀毒矾可湿性粉剂稀释 500～600 倍液，或用 70％代森锰锌可湿性粉剂稀释 1 000 倍液，另加 15％三唑酮可湿性粉剂稀释 3 000 倍液进行喷雾，斑枯病可用 58％甲霜·锰锌可湿性粉剂稀释 500 倍液喷雾或用 75％百菌清可湿性粉剂稀释 600 倍液喷雾防除。发病时，每隔 5～7d 喷 1 次，连喷 2～3 次即可防除。

（五）经济价值

水芹菜茎叶柔嫩多汁，富含蛋白质、碳水化合物、钙、磷、铁、氨基酸和多种维生素，粗纤维含量很低（表 14-6），具芹菜香味，有活血降压、清热利水、化痰下气、祛瘀止带、解毒消肿等功效。栽培容易，是一种营养丰富的青饲料，也是一种人们非常喜欢的野生蔬菜。

表 14-6　水芹菜的营养成分

（引自中国饲料成分及营养价值表，2002）

样品	水分（%）	钙（%）	磷（%）	占干物质（%）				
				粗蛋白质	粗脂肪	粗纤维	无氮浸出物	粗灰分
鲜样（贵州）	86.7	0.26	0.03	15.40	11.28	21.50	30.83	21.80
鲜样（湖南）	15.0	1.00	0.40	10.82	1.18	14.59	63.06	10.35
鲜样（山西）	88.8	0.18	0.07	12.50	2.68	18.75	50.00	16.07

第八节　菰

（一）概述

学名：*Zizania caduciflora*（Turcz.）Hand ex Mazz.。英文名：wild rice。别名：茭白、茭笋、茭草、茭儿菜、菰白、折浆草等。

菰在中国南北各地的湖泊、河边、浅沼、沟渠、水田旁多有分布。除天然生长外，中国有悠久栽培历史，以南方水稻区栽植最多。

（二）植物学特征

菰为禾本科菰属（*Zizania* Gronov. ex L.）多年生宿根水生草本植物。雌雄同株。成年植株高达 3m 左右，有白色根状茎，须根粗壮，直立茎基部茎节上有不定根。叶片扁平，带状披针形，长 30~100cm，宽 3cm，先端渐尖，基部渐窄。顶生大圆锥花序，长 30~60cm。花单性，紫红色，雌花生于上部。雄性小穗位于花序下面的分枝上；第一颖缺，第二颖膜质，线形，先端渐尖，具芒状短尖，脉 5 条。外稃与颖等长，3 脉，内稃缺，雄蕊 6 枚。颖果狭圆柱形，长约 10mm，两端稍尖，黑色，易脱落。

（三）生物学特性

菰为喜温耐寒植物，中国从南到北都能种植。既耐热又抗寒，日间最高温度超过 36℃ 时能正常生长，生长中的植株可忍受 -2~-1℃ 短期霜冻。在南方，其生长期长。3 月初至 4 月下旬，当日均气温回升到 5℃ 以上时，植株分蘖芽开始萌动生长。5 月，当气温升高到 15~28℃ 时，当年分蘖形成的首批枝条又能分蘖长成新的枝条。进入旺盛生长期后，可连续分蘖。水分条件充足时，可连续分蘖 3~4 次，分蘖量高达 60 个或更多。7 月中旬至 8 月中旬开花结实。自霜降开始，叶片逐渐枯黄，11 月上旬地上部分逐渐枯死，根茎和直立茎基部接近地表的分蘖芽留在土壤中休眠、越冬。在东北，4 月中、下旬当最高气温达到 20~25℃、5cm 地温为 8~10℃ 时返青。随着温度升高，6 月下旬、7 月上旬生长最快。

菰是典型的多年生根茎水生植物，可在 15~20cm 水深条件下形成大面积密集草丛。抗旱力极弱，生境失水后植株低矮。菰为喜光 C_4 植物，光照越强，生长越好。喜肥，适生在多腐殖质浅沼和坑池中。大面积偏碱性沼泽中也能生长。

（四）栽培技术

菰宜栽植于积水 200d 以上、水深不超过 50cm 的浅沼、沟渠、岸边等地。忌连作，与藕、慈菇、莲、蒲草等轮作为好。地势较高的水田，宜与水稻轮作。旱田只要保水性强，灌溉方便，也可与蔬菜轮作。菰需肥较多，栽培前施猪粪、羊粪等厩肥 $45t/hm^2$，施肥后翻耕、耙碎、耱平。

菰虽可行有性繁殖，但因种子少，落粒性强，故生产中主要是采用无性繁殖，即用根苗扦插。菰的栽植期有春栽和秋栽之分。春栽在谷雨至立夏间进行，在苗高 45cm、具 3~4 枚叶片时，将老菰蔸连泥土拔起，分成 10 丛左右，每丛带 2~3 苗，随挖随栽。秋栽在立秋前后，先去除株丛老叶，再进行分株栽植。行距 40~45cm，株距 25~30cm。每公顷栽植 6 000 穴左右。栽后应适时灌水，萌发至分蘖前宜保持 5~6cm 水层，以便提高地温，促进分蘖和发根。分蘖后期水层逐渐加深到 10cm，大暑时再加深到 12~15cm，以降低地温，促进旺盛生长。降大雨以及刈割时，要适时排水，保持浅水层。如生长缓慢，茎叶黄淡时要及时追肥，每公顷施粪尿 20~30t 或尿素 120~150kg。

栽植当年及次年春季禁止在菰荡内捕鱼和行船。栽植初期要适时清除杂草 1~2 次。发现叶跳蝉和蚜虫为害时，用 50% 乐果乳剂稀释 2 000~3 000 倍液进行喷雾。

（五）经济价值

菰具有多种利用价值。古有"五谷""六谷"之称，"六谷"比"五谷"多的一种即是菰米——菰的果实。菰幼嫩茎基部经黑穗病菌寄生后膨大，称"茭白"，俗称"茭瓜"，是传统水生蔬菜。菰营养丰富，是家畜优质饲草，日本称其为奶牛"面包"。菰每年可刈割 3 茬，

第四篇 饲料作物各论

鲜草产量 30~45t/hm²。其中，第二茬产量最高，约 15t/hm²，高者可达 22.5t/hm²。种植第 3、4 年产量最高。菰适口性好，各种家畜都喜食，是牛、马、羊、猪和鱼的上乘饲料，但以牛最为喜食，尤其是奶牛。用菰饲喂奶牛，不但产奶量增加，而且还可提高乳脂率和奶中蛋白质含量。其营养成分见表 14-7。

表 14-7 菰的营养成分
（引自刘秀丽等，2015）

部位	干物质（%）	钙（%）	磷（%）	占干物质（%）				
				粗蛋白质	粗脂肪	粗纤维	无氮浸出物	粗灰分
地上部	7.66			9.10	1.33	31.44	43.86	9.85
地下部	6.10	4.41	0.20	7.94	1.68	35.72	38.30	12.92

菰除青饲外，还可调制干草或青贮。其嫩草可整株饲喂牛、羊，老化后切短或粉碎饲喂。饲喂猪、兔和鱼时，均需粉碎饲喂。据胡理明（2015）报道，青贮后菰茎叶的营养价值和适口性有效提高，品质优于普通饲草，其蛋白质含量与全株青绿玉米价值相当。湖羊更喜欢采食菰鞘叶青贮饲料，春、秋分别增重 7.7% 和 11.2%。

思考题

1. 江河湖泊和大型水库放养水生饲料作物有哪些负面影响？如何预防和治疗？
2. 饲用水生饲料作物时应注意哪些问题？
3. 结合自己当地情况，除本章介绍的水生饲料作物外，还有哪些水生植物可以作为饲料作物？

附录

植物拉汉英名称对照表

A

Achnatherum splendens（Trin.）Nevski　芨芨草

Aeschynomene indica L.　合萌

Agriophyllum arenarium　沙米

Agropyron cristatum（L.）Gaertn.　冰草　crested wheatgrass

Agropyron desertorum（Fisch. ex Link）Schult.　沙生冰草　desert wheatgrass

Agropyron michnoi Roshev　根茎冰草

Agropyron mongolicum Keng　蒙古冰草　Mongolian wheatgrass

Agrpyron repen（L.）Beauv.　速生草

Agropyron sibiricum（Willd.）Beauv.　西伯利亚冰草　Siberia wheatgrass

Agrostis alba L.　小糠草，红顶草　Redtop

Agrostis matsumurae Hack.　翦股颖，糠穗草　bentgrasses

Agrostis stolonifera L.　匍匐翦股颖，匍匐小糠草　creeping bentgrass

Agrostis vulgaris With.　细弱翦股颖，欧翦股颖　colonial bentgrass

Allium vineale L.　鸦蒜

Alopecurus aegualis Sobol　看麦娘

Alopecurus arundinaceus Poir.　苇状看麦娘

Alopecurus pratensis L.　大看麦娘，草原看麦娘，狐尾草　meadow foxtail

Alternanthera philoxeroides（Mart.）Griseb.　水花生，水苋菜，水蕹菜　slligator alternenthera

Amaranthus caudatus L.　尾穗谷，老枪谷

Amaranthus hypochondriacus L.　千穗谷

Amaranthus paniculatus L.　苋菜，籽粒苋，饲用苋

Amaranthus retroflexus L.　反枝苋，野苋菜

Amaranthu stricolor L.　苋，雁来红

Ambrosia artemisiifolia L.　豚草

Murdannia triguetra（Wall.）Bruckn　水竹叶　triguetrous murdannia

Arrhenatherum elatius（L.）Presl　高燕麦草　tall oat grass

Artemisia halodendron　差巴嘎蒿

Artemisia wudanica　乌丹蒿

Astragalus huangheensis H. C. Fu　沙打旺　erect milkvetch

Astragalus melilotoides Pall.　草木樨状黄芪

Astragalus sinicus L.　紫云英　Chinese milkvetch

Astragalu scicer L.　鹰嘴紫云英

Astragalus physodes L.　沧果紫云英

Astragalus huchtarmensis L.　中亚紫云英

附 录

Atraphaxis manshurica   东北木蓼
Avena byzaniina C. Koch.   地中海燕麦
Avena fatua L.   野燕麦，普通燕麦
Avena ludoviciana Dur.   南方野燕麦
Avena nuda L.   莜麦，裸粒燕麦
Avena sativa L.   燕麦，皮燕麦   oat
Avena strigosa Schreb.   粗燕麦
Azolla filiculoides Lamk   细绿萍
Azolla imbricata（Roxb.）Nakai   绿萍，满江红，红萍，三角藻，红飘   imbricate mosgnito fern

B

Bchinochloa crusgalli（L.）Beauv.   饲用稗草
Beta vulgaris L.   甜菜   beet
Beta vulgaris L. var. *cicla* L.   叶用甜菜
Beta vulgaris L. var. *cruenta* Alef.   根用甜菜
Beta vulgaris L. var. *lutea* Dc.   饲用甜菜
Beta vulgaris L. var. *saccharifera* Alef.   糖用甜菜
Bothriochloa ischaemum（L.）Keng   白羊草（白草）   digitate Goldenbeard
Brassica oleracea L.   甘蓝，结球甘蓝，洋白菜，圆白菜，卷心菜，大头菜   cabbage
Brassica rapa L.   芜菁，莞根，圆根，灰萝卜，蔓菁，卜留克
Bromus catharticus Vahl.   扁穗雀麦   rescuegrass
Bromus inermis Leyss.   无芒雀麦   smooth brome
Bromus japonicus Thunb.   日本雀麦，雀麦，野雀麦

C

Caragana intermedia Kuang et H. C. Fu   中间锦鸡儿   middle peashrub
Caragana korshinskii Kom.   柠条   korshinsk peashrub
Caragana microphylla Lam.   小叶锦鸡儿   little-leaf peashrub
Cassia tora L.   决明
Centrosema pubescens Benth.   距瓣豆
Ceratoides laten（J. F. Gmel）Rereal et Holmgren   驼绒藜   common ceratoides
Chloris virgata Swartz   虎尾草
Cicer arietinum L.   鹰嘴豆，羊脑豆，鸡头豆，桃豆   chickpea
Cichorium intybus L.   菊苣，欧洲菊苣，咖啡草，咖啡萝卜   common chicory
Corispermum hyssopifolium L.   虫实
Coronilla varia L.   小冠花   crownvetch 或 purple crownvetch
Cynodon dactylon（L.）Pers   狗牙根
Cynodon dactylon（L.）Pers var.   岸杂1号狗牙根   coastcross-1 bermudagrass
Cucurbita ficifolia   黑籽南瓜
Cucurbita maxima Duch   印度南瓜
Cucurbita mixta   墨西哥南瓜

Cucurbita moschata（Duch.）Poir. 饲用南瓜，中国南瓜 pumpkins, cushaw
Cucurbita pepo L. 美洲南瓜

D

Dactylis glomerata L. 鸭茅，鸡脚草 common orchardgrass
Daucus caroata L. 胡萝卜，红萝卜，黄萝卜，丁香萝卜，金笋 carrot
Deschampsia caespitosa（L.）Beauv. 发草
Desmodium intortum（Mill.）Urb 绿叶山蚂蝗 greenleaf desmodium
Desmodium uncinatum（Jacg.）DC. 银叶山蚂蝗 silverleaf desmodium

E

Echinochloa crusgalli（L.）Beauv. 湖南稷子
Echinochloa crusgalli（L.）var. *mitis*（Pursh.）Peterm. 无芒稗
Eichhornia crassipes（Mart.）Solms 水葫芦，凤眼蓝，凤眼莲，水绣花，洋水仙 common water hyacinth
Eleusina coracana（L.）Gaertn. 龙爪稷
Elymus. atratus 黑紫披碱草
Elymus breviaristatus Keng 短芒披碱草
Elymus cylindricus 圆柱披碱草
Elymus dahuricus Turcz. 披碱草，直穗大麦草 dahurian wildryegrass
Elymus dahuricus Turz. var. *violeus* C. P. Wang et H. L. Yang 青紫披碱草
Elymus excelsus Turcz. 肥披碱草，高滨草
Elymus nutans Griseb. 垂穗披碱草，弯穗草
Elymus purpuraristatus 紫芒披碱草
Elymus sibiricus L. 老芒麦，西伯利亚披碱草，垂穗大麦草 Siberian wildryegrass
Elymus sibiricus L. 多叶老芒麦
Elymus submuticus 无芒披碱草
Elymus tangutorum（Nevski）Hand-Mazz. 麦宾草
Elymus villifer 绢毛披碱草
Elytrigia elongate（Host）Nevski 长穗偃麦草
Elytrigia intermedia（Host）Nevski 中间偃麦草 median elytrigia
Elytrigia repens（L.）Desv. ex Nevski 偃麦草，速生草 quack grass
Elytrigia smithii（Rydb.）Keng 硬叶偃麦草，史氏偃麦草
Elytrigia trichophora（Link）Nevski 毛偃麦草 piliferous Elytrigia
Eleusine coraccana（L.）Gaertn 穄子
Eremochloa ophiuroides（Munro）Hack. 假俭草

F

Fagopyrum. esculentum 普通荞麦
Fagopyrum sagittatum Gilib. 荞麦，三角麦，乌麦 buckwheat

附 录

Fagopyrum symosum 宿根荞麦
Fagopyrum tataricum 鞑靼荞麦
Festuca arundinacea Schreb. 苇状羊茅，苇状狐茅，高羊茅 tall fescue
Festuca ovina L. 羊茅，狐茅 Sheep fescue
Festuca pratensis Huds. 草地羊茅，草地狐茅 meadow fescue
Festuca rubra L. 紫羊茅 red fescue

G

Glyceria acutiflora (Torr.) Kuntze 甜茅
Glycine max (L.) Merr. 饲用大豆，大豆，秣食豆，黑豆 soybean

H

Hedysarum fruticosum Pall. 山竹子
Hedysarum laeve Maxim. 羊柴
Hedysarum mongolicum Turcz. 蒙古岩黄芪
Hedysarum scoparium Fisch. et Mey. 花棒，细枝岩黄芪 slender branch sweetvetch
Helianthus tuberosus L. 菊芋，洋姜，地姜，姜不辣，鬼子姜 jerusalem artichoke
Hemarthria altissima (Poir.) Stapf et C. E. Hubb. 高牛鞭草，脱节草，肉霸根草，牛崽草
Hemarthria compressa (L. F.) R. Br. 扁穗牛鞭草 compressed hemarthria
Hemarthria sibirica (Gand.) Ohwi 牛鞭草
Hordeum bogdanii Wilensky 布顿大麦草
Hordeum brevisubulatum (Trin.) Link 短芒大麦草，野大麦，野黑麦
Hordeum vulgare L. 大麦 barley
Hordeum vulgare L. sub. *hexastichum* 六棱大麦
Hordeum vulgare L. sub. *tetrastichum* 四棱大麦
Hordeum vulgare L. sub. *distichum* 二棱大麦
Hordeum vulgare var. *nudum* Hook. 裸大麦，青稞

I

Indigofera amblyantha Craib 多花木蓝
Ipomoea aquatic (L.) Forsk. 蕹菜，空心菜，竹叶菜，通心菜，竹叶菜，藤菜 water spinach
Ipomoea batatas (L.) Lam. 甘薯，红薯，白薯，山芋，红芋，番薯，红苕，地瓜 sweet potato

K

Kochia prostrata (L.) Schrab. 木地肤，伏地肤 prostrata summercypress
Kummerowia striata (Thunb.) Schindl. 鸡眼草

L

Lathyrus davidii Hance 茳茫山黧豆

Lathyrus martimus（L.）Bigel.　海滨山黧豆
Lathyrus palustris L.　沼生山黧豆
Lathyrus pratensis L.　草原山黧豆　meadow peavine
Lathyrus quinquenervius（Miq.）Litv　五脉山黧豆
Lathyrus sativus L.　山黧豆　grass peavine
Lespedeza bicolor Turcz.　二色胡枝子　shrub lespedeza
Lespedeza cuneata（Dum.）G. Don.　截叶胡枝子　sericea lespedeza 或 Chinese lespedeza
Lespedeza davurica（Laxm.）Schindl　达乌里胡枝子，牛枝子　dahurian bushclover
Lespedeza floribunda Bunge　多花胡枝子
Lespedeza formosa Koehne　美丽胡枝子
Lespedeza hedysaroides（Pall.）Kitag.　细叶胡枝子　rush lespedeza
Lespedeza stipulacea Maxim.　朝鲜胡枝子
Lespedeza tomentosa Sieb.　白花胡枝子
Leucaena leucocephala（Lam.）de Wit　银合欢　leucaena
Leymus chinensis（Trin.）Tzvel.　羊草，碱草　Chinese wildrye
Leymus secalinus（Georgi）Tzvel.　赖草　common aneurolepidium
Lolium multiflorum Lam.　一年生黑麦草，多花黑麦草　annual ryegrass
Lolium perenne L.　多年生黑麦草　perennial ryegrass
Lolium temulentum L.　毒麦
Lotononis bainesii Baker　罗顿豆
Lotus tenuifolius Waldest et. Kit. ex Willd　细叶百脉根
Lotus corniculatus L.　百脉根　birdsfoot trefoil
Luctuca indica L.　苦荬菜，苦麻菜，凉麻，鹅菜，山莴苣
Lupinus albus L.　白花羽扇豆
Lupinus angustifolium L.　窄叶扇豆，兰花羽扇豆
Lupinus luteus L.　黄花羽扇豆　yellow lupine

M

Macroptilium atropurpureum Urban　黧豆样大翼豆
Macrotyloma axillaris（E. Mey）Verdc　大结豆
Manihot esculenta Crantz　木薯，树薯，木番薯　cassava
Medicago Arabica（L.）All　褐斑苜蓿
Medicago archiducis Nicolai G. Sirjaev　矩镰荚苜蓿
Medicago falcata L.　黄花苜蓿　sickle alfalfa
Medicago hispida Gaertn.　金花菜　California burclover
Medicago laciniata Mill.　条裂苜蓿
Medicago lupulina L.　天蓝苜蓿
Medicago minima Lamk.　小苜蓿
Medicago sativa L.　紫花苜蓿　alfalfa 或 lucerne
Medicago varia Martin.　杂花苜蓿
Melilotus albus Desr.　白花草木樨　white sweetclover
Melilotus altissimus Thuill　意大利草木樨

附 录

Melilotus elegans Salzm 雅致草木樨
Melilotus officinalis Lam. 黄花草木樨 yellow sweetclover
Melilotus dentatus Pers. 细齿草木樨，无味草木樨 toothed sweetclover
Melilotus indicus (L.) All 印度草木樨
Melilotus suareolens Ledeb 香甜草木樨，野草木樨
Melilotus wolgicus Poir 伏尔加草木樨
Murdannia triguetra (Wall.) Bruckn 水竹叶，肉草，水霸根，虾子草，节节绊 triguetrous murdannia

O

Oenanthe javanica (Bl.) DC. 水芹菜，芹菜，小叶芹，野水芹，野芹菜 javan waterdropwort
Onobrychis arenaria DC. 沙地红豆草
Onobrychis transcausica Grossh. 外高加索红豆草
Onobrychis viciaefolia Scop. 红豆草 sainfoin
Onobrychis tanaitica Spreng 顿河红豆草

P

Panicum maximum 大黍草
Panicum miliaceum L. 黍稷
Paspalum dilatatum Poir. 毛花雀稗 dallis grass
Paspalum distichum L. 双穗雀稗
Paspalum notatum Flugge 巴哈雀稗（百喜草） bahiagrass
Paspalum orbiculare G. Forst 圆果雀稗
Paspalum thunbergii Kunth 雀稗
Paspalum wettsteinii Hackel 宽叶雀稗
Pennisetum alopecuroides (L.) Spreng 或 *Pennisetum clandestinum* 狼尾草
Pennisetum americanum (L.) Leeke. 或 *Pennisetum typhoideum* Rich. 御谷 pearl millet
P. americanum × *P. purpureum* 杂交狼尾草
Pennisetum clandestinum Hochst. 东非狼尾草
Pennisetum purpureum Schumach. 象草 elephant grass
Pennisetum purpureum × *P. americanum* 皇草，王草
Phalaris arundinacea L. 虉草，草芦 reed canary grass
Phalaris arundinacea L. 圆草芦
Phalaris canariensis L. 金丝雀虉草
Phalaris tuberosa L. 球茎虉草
Phaseolus atropurpureum Urban 大翼豆，紫花大翼豆，紫菜豆
Phaseolus multiflorus L. 多花菜豆
Phragmites australis 芦苇
Phleum alpinum L. 高山猫尾草
Phleum paniculatum Huds. 鬼蜡烛
Phleum phleoides (L.) Karst. 假猫尾草
Phleum pratense L. 猫尾草 timothy catstail 或 herd grass

Piaseolus vulgaris L.　菜豆

Pistia stratiotes L.　水浮莲，大漂，大浮漂，大叶莲，水莲花　water lettuce

Pisum arvunse L.　紫花豌豆　pea 或 garden pea

Pisum sativum L.　白花豌豆　pea 或 garden pea

Poa compressa L.　加拿大早熟禾　Canada bluegrass

Poa crymophila Keng　冷地早熟禾

Poa pratensis L.　草地早熟禾　kentucky bluegrass

Poa pratensis var. *anceps* Gaud　扁秆早熟禾

Poa pratensis L. Var. *Anceps* Gaud.　扁茎早熟禾

Poa trivialis L.　普通早熟禾　roughstalked meadowgrass

Polygonum divarcatum　叉分蓼

Puccinellia chinampoensis Ohwi　朝鲜碱茅　Korean alkaligrass

Puccinellia tenuiflora（Griseb.）Scribn. et Merr.　碱茅　alkaligrass

Psathyrostachys juncca（Fisch.）Nevski　新麦草

R

Roegneria canina（L.）Nevski　青穗鹅观草

Roegneria ciliaris（Trin.）Nevski　纤毛鹅观草，缘毛鹅观草　ciliate roegheria

Roegneria hirsuta Keng　糙毛鹅观草

Roegneria kamoji Ohwi　鹅观草

Roegneria kokorica Keng　青海鹅观草

Roegneria semicostata Kitagawa　弯穗鹅观草，垂穗大麦草　drooping wheatgrass

Rumex patientia L.　巴天酸模

Rumex patientia×*Rtinschanicus* cv. Rumex K-1　杂交酸模，鲁梅克斯

Rumex tianschanicas A. Los　天山酸模

S

Salis flavida　黄柳

Secale cereale L.　黑麦

Setaria anceps Stapf　非洲狗尾草

Setaria faberii　大狗尾草

Setaria glauca　金色狗尾草

Setaria italica（L.）Beauv.　谷子，粟　foxtail millet

Setaria sphacelata Stapf cv. Narok　纳罗克非洲狗尾草

Setaria viridis（L.）Beauv.　狗尾草，棕叶狗尾草

Setaria verticillata　皱叶狗尾草

Setaria yunnanensis　云南狗尾草

Silphium perfoliatum L.　串叶松香草　cup plant

Solanum tuberosum L.　马铃薯，土豆，山药，地蛋，洋芋　potato

Sonchus arvensis L.　苣荬菜

Sonchus olereceus L.　苦苣菜

Sorghum bicolor（L.）Moench. 高粱 sorghum
Sorghum bicolor×*S. sudanense* 高丹草
Sorghum propinquum（Kunth.）Hitchc. 拟高粱
Sorghum sudanense（Piper）Stapf 苏丹草 Sudan grass
Spartina anglica C. E. Hubb. 大米草 common cordgrass
Stylosanthes hamata（L.）Taub. 有钩柱花草
Stylosanthes humilis H. B. K. 矮柱花草
Stylosanthes gracilis H. B. K. 柱花草，巴西苜蓿，热带苜蓿
Stylosanthes guianensis（Aubl.）Sw. 圭亚那柱花草，笔花豆
Stylosanthes scabra Vog. 西卡柱花草
Stylosanthes seabrana B. L. Maass & Mannetje 木柱花草，也称灌木状柱花草
Symphytum pezegrinum L. 聚合草 common comfrey

T

Tamarix chinensis Lour. 柽柳
Themeda triandra Forsk. var. *Japonia*（Willd.）Makino 黄背草
Trifolium alexandrinum L. 埃及三叶草
Trifolium fragiferum L. 草莓三叶草
Trifolium hybridum L. 杂三叶 alsike clover 或 swedish clover
Trifolium incarnatum L. 绛三叶 crimson clover
Trifolium lupinaster L. 野火球 mild clover
Trifolium pratense L. 红三叶 red clover
Trifolium repens L. 白三叶 white clover
Trifolium subterraneum L. 地三叶
Trifolium resupinatum L. 波斯三叶
Trigonella foenum-graecum L. 胡卢巴 fenugreek
Trigonella ruthenica L. 扁蓿豆，扁蓄豆，花苜蓿，野苜蓿 ruthenian medic
Triticale hexaploide Wittmack 小黑麦

V

Vicia amoena Fisch. 山野豌豆，毛野豌豆 broadleaf vetch
Vicia cracca L. 广布野豌豆
Vicia faba L. 蚕豆 broad bean，faba bean
Vicia sativa L. 箭筈豌豆 common vetch
Vicia sepium L. 野豌豆
Vicia pseudorobus Ficsh. et C. A. Mey. 假香野豌豆
Vicia pseudorobus Fisch. et C. A. Mey. 大叶野豌豆
Vicia unijuga R. Br. 歪头菜
Vicia villosa Roth. 毛苕子 hairy vetch 或 Russina vetch, villose vetch

Z

Zea mays L.　玉米　maize
Zizania caduciflora（Turcz.）Hand ex Mazz.　菰，茭白，茭笋，茭草，茭儿菜，菰白　wild rice
Zoysia japonica Steud.　结缕草，虎皮草，拌根草，爬根草　Japanese lawngrass
Zoysia macrostachya Frach. et Sav.　长穗结缕草，大穗结缕草，江茅草　long fringy lawngrass
Zoysia matrella（L.）Merr.　马尼拉结缕草，马尼拉草，沟叶结缕草，半细叶结缕草　manilagrass
Zoysia sinica Hance　中华结缕草，盘根草，护坡草，老虎皮草　Chinese lawngrass
Zoysia tenuifolia L.　细叶结缕草，天鹅绒草，朝鲜芝草，台湾草　mascarenegrass

主要参考文献

阿拉塔，赵书元，李敬忠，1997. 三种锦鸡儿生物学特性及栽培利用的研究 [J]. 内蒙古畜牧科学 (4)：8-11.

白昌军，刘国道，王东劲，等，2004. 高产抗病圭亚那柱花草综合性状评价 [J]. 热带作物学报，25 (2)：87-94.

包金刚，张众，云锦凤，等，2006. 蒙古冰草新品系品比试验总结报告 [J]. 内蒙古草业，18 (1)：13-16.

北京农业大学，1981. 耕作学 [M]. 北京：农业出版社.

蔡联炳，2002. 鹅观草属的地理分布 [J]. 西北植物学报，22 (4)：913-923.

曹国军，文亦芾，周微，2006. 多花木兰应用价值及丰产栽培技术研究 [J]. 草食家畜 (4)：57-59.

曹致中，2003. 我国猫尾草引种栽培与猫尾草产业之梗概 [J]. 中国草地，25 (6)：72-74.

陈宝书，2001. 牧草饲料作物栽培学 [M]. 北京：中国农业出版社.

陈宝书，2015. 红豆草 [M]. 南京：江苏凤凰科学技术出版社.

陈成斌，杨示英，梁世春，1999. 木豆的经济价值与广西开发利用前景 [J]. 广西农业科学 (3)：159-161.

陈积山，朱瑞芬，高超，等，2013. 苜蓿和无芒雀麦混播草地种间竞争研究 [J]. 草地学报，21 (6)：1 157-1 161.

陈锦忠，2015. 宽叶雀稗的山地种植技术 [J]. 科学种养 (6)：49.

陈默君，贾慎修，2002. 中国饲料成分及营养价值表 [M]. 北京：中国农业出版社.

陈默君，贾慎修，2002. 中国饲用植物 [M]. 北京：中国农业出版社.

陈世璜，齐智鑫，2005. 冰草属植物生态地理分布和根系类型的研究 [J]. 内蒙古草业，17 (4)：1-5.

陈淑芬，刘晓花，汪海，2012. 白龙江河谷不同品种木豆生长比较 [J]. 甘肃林业科技，37 (1)：37-39.

陈源泉，隋鹏，高旺盛，等，2012. 中国主要农业区保护性耕作模式技术特征量化分析 [J]. 农业工程学报，28 (18)：1-7.

崔国文，陈雅君，王明君，等，2011. 细绿萍引种试验报告 [J]. 东北农业大学学报，42 (3)：81-85.

大久保隆弘，1980. 作物轮作技术与理论 [M]. 巴恒修，张清沔，译. 北京：中国农业出版社.

德科加，徐成体，1998. 扁蓿豆在高寒地区适应性试验 [J]. 青海草业，7 (3)：7-9.

邓菊芬，马兴跃，尹俊，等，2008. 混合选择对纳罗克非洲狗尾草种性复壮的影响 [J]. 草业科学，25 (1)：43-46.

丁明军，陈倩，辛良杰，等，2015. 1999—2013 年中国耕地复种指数的时空演变格局 [J]. 地理学报，70 (7)：1 080-1 090.

丁宁，孙洪仁，刘志波，等，2011. 坝上地区紫花苜蓿的需水量、需水强度和作物系数（Ⅳ）[J]. 草地学报，19 (6)：933-938.

董宽虎，沈益新，2003. 饲草生产学 [M]. 北京：中国农业出版社.

杜文华，2003. 猫尾草营养价值及栽培利用研究进展 [J]. 草原与草坪 (4)：7-10.

杜心田，2003. 作物群落栽培学 [M]. 郑州：郑州大学出版社.

额尔敦嘎日迪，中田昇，2006. 扁蓿豆生长发育规律研究 [J]. 中国草地学报，28 (6)：103-105.

高洪文，1990. 新型优良牧草——菊苣 [J]. 山西农业科学（5）：28-29.

高焕文，李洪文，李问盈，2008. 保护性耕作的发展 [J]. 农业机械学报，39（9）：43-48.

高旺盛，2007. 论保护性耕作技术的基本原理与发展趋势 [J]. 中国农业科学，40（12）：2 702-2 708.

耿华珠，1993. 饲料作物高产栽培 [M]. 北京：金盾出版社.

龚德勇，左松江，曾祥鹏，等，2003. 木豆优质高产配套栽培技术 [J]. 耕作与栽培（5）：51-53.

龚振平，马春梅，2013. 耕作学 [M]. 北京：中国水利水电出版社.

谷茂，马慧英，薛世明，1999. 中国马铃薯栽培史考略 [J]. 西北农业大学学报，27（1）：77-81.

郭翠英，刘福平，陈方顺，等，2002. 银合欢叶作氮源栽培食用菌研究 [J]. 亚热带植物科学，31（2）：40-43.

朱新开，孙建勇，郭文善，等，2010. 不同类型小黑麦饲草产量和品质特性研究 [J]. 大麦与谷类科学（3）：1-7.

郭选政，赵德云，李学森，2010. 新疆阿勒泰草地野生禾草资源及饲用评价 [J]. 草业科学，17（3）：1-6.

海棠，云锦凤，贾鲜艳，等，2001. 干旱地区优良牧草引种种植试验的研究 [J]. 内蒙古农业大学学报，22（2）：41-43.

韩建国，2000. 牧草种子学 [M]. 北京：中国农业大学出版社.

洪汝兴，郭晓霞，朱学谦，等，1996. 香豆子——有应用前景的绿肥饲草资源 [J]. 土壤肥料（6）：45-46.

洪绂曾，1989. 中国多年生栽培草种区划 [M]. 北京：中国农业科技出版社.

洪绂曾，2001. 中国草业史 [M]. 北京：中国农业出版社.

洪绂曾，2009. 苜蓿科学 [M]. 北京：中国农业出版社.

侯喜禄，曹清玉，1990. 黄土丘陵区幼林和草地水保及经济效益研究 [J]. 水土保持通报，10（4）：53-60.

胡立峰，李洪文，高焕文，2009. 保护性耕作对温室效应的影响 [J]. 农业工程学报，25（5）：308-312.

胡自治，1995. 世界人工草地及其分类现状 [J]. 国外畜牧学——草原与牧草，15（2）：1-8.

黄恒，王庆福，李志宁，2003. 饲用甜菜育肥肉牛增重试验 [J]. 当代畜牧（3）：3.

黄建华，曾勋，2007. 银合欢的开发利用价值与栽培技术 [J]. 林业科技（4）：40-42.

黄文惠，1982. 国内外人工草地的现状及我国人工草地的发展趋势 [J]. 中国草原，4（1）：24-27.

金黎平，屈冬玉，谢开云，等，2003. 我国马铃薯种质资源和育种技术研究进展 [J]. 种子（5）：98-100.

金增辉，2016. 菰米的营养化学与开发利用 [J]. 粮食加工，41（1）：58-61.

靳晓丽，田新会，赵丹，等，2013. 鹰嘴豆材料的主要农艺性状和饲草营养价值研究 [J]. 中国草地学报，35（6）：46-52.

匡崇义，薛世明，奎嘉祥，等，2005. 不同气候带的多年生黑麦草品比试验研究 [J]. 青海草业（1）：6-9，12.

奎嘉祥，钟声，匡崇义，2003. 云南牧草品种与资源 [M]. 昆明：云南科技出版社.

赖志强，2001. 广西饲用植物志：一卷 [M]. 南宁：广西科学技术出版社.

兰保祥，李立会，王辉，2005. 蒙古冰草居群遗传多样性研究 [J]. 中国农业科学，38（3）：468-473.

乐天宇，花慎良，于系民，1982. 小气候的改善与管理 [M]. 北京：中国农业出版社.

李安宁，范学民，吴传云，等，2006. 保护性耕作现状及发展趋势 [J]. 农业机械学报，37（10）：177-180，111.

李昂谦，2012. 优良牧草与饲料作物 [J]. 现代农业（5）：179.

李朝凤，赵小社，王玉萍，等，2007. 多花木蓝种子硬实与萌发特性研究 [J]. 草业与畜牧（6）：8-10.

李鸿祥，韩建国，武宝成，等，1999. 收获期调制方法对草木樨干草产量和质量的影响 [J]. 草地学报，7

(4)：271-276.

李慧，张璐，彭立新，等，2008. NaCl 胁迫对胡卢巴种子萌发及幼苗生长的影响［J］. 天津农学院学报，2：24-26.

李景欣，云锦凤，鲁洪艳，等，2005. 冰草种质资源与育种研究进展［J］. 畜牧与饲料科学（5）：33-34，39.

李莉萍，应东山，王琴飞，等，2014. 银合欢种子研究进展［J］. 热带农业科学，34（2）：21-26.

李茂，字学娟，周汉林，等，2012. 不同添加剂对柱花草青贮品质的影响［J］. 热带作物学报，33（4）：726-729.

李青云，陆家宝，马玉涛，等，1995. 草木樨人工草地的建植与利用技术［J］. 青海畜牧兽医杂志，26（3）：33-35.

李式镜，2015. 水土流失地撒播马尾松、宽叶雀稗成效调查［J］. 亚热带水土保持，27（1）：23-26.

李维俊，李昌桂，洪齐，2000. 多花木蓝的驯化栽培及应用技术［J］. 湖北畜牧兽医（6）：31-32.

李学坚，2005. 银合欢叶的化学成分及药理活性研究［D］. 南宁：广西中医学院.

李月芬，汤洁，林年丰，等，2004. 黄花草木樨改良盐碱土的试验研究［J］. 水土保持通报，24（1）：8-11.

联合国粮食及农业组织，1988. 多作栽培制度中肥料的施用［M］. 中国农业科学院科技文献信息中心，译. 北京：中国农业科技出版社.

梁书民，2011. 中国宜农荒地旱灾风险综合评价与开发战略研究［J］. 干旱区资源与环境，25（1）：115-120.

林新坚，曹卫东，吴一群，等，2001. 紫云英研究进展［J］. 草业科学，28（1）：135-140.

刘超，吴颖，张前军，2013. 山蚂蝗属植物化学成分与生物活性研究进展［J］. 中国中药杂志，38（23）：4 006-4 014.

刘根红，许强，白永平，2005. 饲用甜菜栽培、饲喂及深加工中存在的主要问题和解决途径［J］. 农业科学研究，26（4）：75-77.

刘敏，龚吉蕊，王忆慧，等，2016. 豆禾混播建立人工草地对牧草产量和草质的影响［J］. 干旱区研究，33（1）：179-185.

刘晓勤，2005. 多年生黑麦草在三峡库区栽培效果的测定试验［J］. 畜禽业（7）：1.

刘秀丽，高幸福，刘召乾，2015. 优质水生牧草——菰［J］. 中国畜禽种业（5）：48-49.

刘玉华，2006. 紫花苜蓿生长发育及产量形成与气象条件关系的研究［D］. 陕西杨凌：西北农林科技大学.

刘巽浩，2008. 泛论我国保护性耕作的现状与前景［J］. 农业现代化研究，29（2）：208-212.

龙会英，张德，2015. 22 个柱花草材料幼苗期抗旱鉴定初步结果［J］. 热带农业科学，35（4）：26-30.

卢翠华，石瑛，陈伊礼，2003. 马铃薯生产实用技术［M］. 哈尔滨：黑龙江科学技术出版社.

鲁鸿佩，孙爱华，2003. 草田轮作对粮食作物的增产效应［J］. 草业科学，20（4）：10-13.

陆小静，黄洁，李开绵，等，2006. 葛藤的综合开发与利用［J］. 热带农业科学，26（1）：60-63.

罗富成，2015. 纳罗克非洲狗尾草种子的活力形成及休眠的机理研究［D］. 昆明：云南农业大学.

罗万纯，2005. 中国薯类生产、消费和贸易［J］. 世界农业（1）：25-28.

马鸣，2008. 4 种禾本科牧草生产性能及营养价值研究［D］. 兰州：甘肃农业大学.

马瑞昌，宋书娟，玛尔米拉，1998. 冰草品种旱作栽培比较试验［J］. 中国草地（5）：31-34.

马向丽，邵辰光，毕玉芬，等，2012. 刈割处理对纳罗克非洲狗尾草产草量和品质的影响［J］. 中国农学通报，28（2）：23-26.

马宗仁，刘荣堂，1993. 牧草抗旱生理学［M］. 兰州：兰州大学出版社.

缪应庭，1993. 饲料生产学（北方版）［M］. 北京：中国农业科技出版社.

穆怀彬,陈世璜,2005. 三种冰草分蘖特性的研究 [J]. 内蒙古草业,17 (1): 12-13.
南京农学院,1980. 饲料生产学 [M]. 北京: 农业出版社.
南丽丽,负旭疆,李晓芳,等,2010. 牧草种质资源中心库存资源的多样性及其利用 [J]. 中国野生植物资源,29 (6): 23-28.
内蒙古农牧学院,1981. 牧草及饲料作物栽培学 [M]. 北京: 农业出版社.
内蒙古农牧学院,1990. 牧草及饲料作物栽培学 [M]. 2版. 北京: 农业出版社.
内蒙古植物志编辑委员会,1994. 内蒙古植物志: 第五卷 [M]. 2版. 呼和浩特: 内蒙古人民出版社.
牛西午,1999. 中国锦鸡儿属植物资源研究——分布及分种描述 [J]. 西北植物学报,19 (5): 107-133.
帕明秀,黄志伟,2014. 广西38种牧草的化学成分分析及营养价值评定 [J]. 广西畜牧兽医,30 (6): 287-289.
潘全山,2002. 高产优质饲用作物——饲用甜菜 [J]. 草业科学,19 (2): 74-76.
彭启乾,1984. 牧草种子生产及良种繁育 [M]. 北京: 农业出版社.
祁军,郑伟,张鲜花,等,2016. 不同豆禾混播模式的草地生产性能 [J]. 草业科学,33 (1): 116-128.
任海龙,魏臻武,陈祥,2014. 金花菜应用研究进展 [J]. 中国野生植物资源,33 (5): 33-36.
山仑,陈国良,1993. 黄土高原旱地农业的理论与实践 [M]. 北京: 科学出版社.
沈海华,朱言坤,赵霞,等,2016. 中国草地资源的现状分析 [J]. 科学通报,61 (2): 139-154.
沈林洪,陈晶萍,黄炎和,2001. 宽叶雀稗的性状研究 [J]. 福建热作科技,26 (2): 1-8.
石凤翎,王明玖,王建光,2003. 豆科牧草栽培 [M]. 北京: 中国林业出版社.
史万光,王照兰,杜建材,等,2008. 扁蓿豆不同品系种子发芽期耐盐性鉴定 [J]. 中国草地学报,30 (1): 40-44.
宋谦,田新会,杜文华,2016. 甘肃省高寒牧区小黑麦新品系的生产性能 [J]. 草业科学,33 (7): 1 367-1 374.
苏本营,陈圣宾,李永庚,等,2013. 间套作种植提升农田生态系统服务功能 [J]. 生态学报,33 (14): 4 505-4 514.
苏加楷,耿华珠,马鹤林,等,2004. 野生牧草的引种驯化 [M]. 北京: 化学工业出版社.
宿庆瑞,迟凤琴,谭继先,等,1997. 草木樨及其根茬对土壤养分释放规律的影响 [J]. 黑龙江农业科学 (2): 1-2.
孙洪仁,张英俊,历卫宏,等,2007. 北京地区紫花苜蓿建植当年的耗水系数和水分利用效率 [J]. 草业学报,16 (1): 41-46.
孙启忠,王宗礼,徐丽君,2014. 旱区苜蓿 [M]. 北京: 科学出版社.
孙仕仙,陶瑞,杨思林,等,2012. 紫花苜蓿范氏纤维素含量与体外消化率的相关性研究 [J]. 西南农业学报,25 (6): 2 356-2 359.
唐燕琼,吴紫云,刘国道,等,2009. 柱花草种质资源研究进展 [J]. 植物学报,44 (6): 752-762.
滕少花,赖志强,2013. 优良豆科牧草大翼豆高产栽培与利用 [J]. 上海畜牧兽医通讯 (5): 52-53.
田慧梅,季尚宁,1997. 玉米草木樨间作效应分析 [J]. 东北农业大学学报,28 (1): 15-22.
万素梅,2008. 黄土高原地区不同生长年限苜蓿生产性能及对土壤环境效应研究 [D]. 陕西杨凌: 西北农林科技大学.
王丹,王俊杰,李凌浩,等,2014. 旱作条件下苜蓿与冰草不同混播方式的产草量及种间竞争关系 [J]. 中国草地学报,36 (5): 27-31.
王栋,1989. 牧草学各论(新一版) [M]. 任继周,等修订. 南京: 江苏科技出版社.
王盾,张红燕,朱华,等,2001. 国内外胡卢巴研究开发现状 [J]. 宁夏农林科技 (6): 42-44.
王建光,2012. 农牧交错区苜蓿—禾草混播模式研究 [D]. 北京: 中国农业科学院研究生院.
王俊,李凤民,贾宇,等,2005. 半干旱黄土区苜蓿草地轮作农田土壤氮、磷和有机质变化 [J]. 应用生态学报，16（3）：439-444.

王丽莉，2013. 柠条栽培的功能效应及关键技术［J］. 现代农业科技，7：86-187.

王明利，等，2010. 中国牧草产业经济 2010［M］. 北京：中国农业出版社.

王明利，等，2013.2012 中国牧草产业经济［M］. 北京：中国农业出版社.

王胜利，刘景辉，周宇，等，2007. 豆科牧草紫花苜蓿与禾本科牧草生长发育特性比较研究［J］. 华北农学报，22（专辑）：32-36.

王贤，2005. 牧草栽培学［M］. 北京：中国环境科学出版社.

王燕飞，刘华君，张立明，等，2004. 栽培甜菜的种类及利用价值［J］. 中国糖料（4）：43-46.

王颖，于达夫，蔺吉祥，等，2015. 扁蓿豆种子生产适宜收获时间的确定［J］. 黑龙江畜牧兽医（3）：113-115.

王幼奇，2008. 水蚀风蚀交错带典型植被蒸散特征研究［D］. 咸阳：西北农林科技大学.

王占哲，韩秉进，1997. 松嫩平原黑土区用养结合高产高效轮作制研究［J］. 东北农业大学学报，28（1）：9-14.

王治国，张云龙，刘徐师，等，2000. 林业生态工程学——林草植被建设的理论与实践［M］. 北京：中国林业出版社.

韦公远，2005. 美国的持续农业［J］. 北京农业（12）：38-39.

韦锦益，滕少花，姚娜，等，2013. 优良豆科牧草大翼豆 06-2 选育研究. 广西科学，20（3）：210-214，225.

文稀，2013. 圭亚那拉花草品质、耐铝特性评价及耐铝差异生理机理研究［D］. 海口：海南大学.

翁笃鸣，陈万隆，沈觉成，等，1981. 小气候和农田小气候［M］. 北京：农业出版社.

吴滴峰，周汉林，荣光，等，2012. 柱花草粉对蛋鸡生产性能及蛋品质的影响［J］. 家畜生态学报，33（3）：33-36.

吴国林，2005. 黑龙江省马铃薯高产栽培技术［J］. 黑龙江农业科学（4）：51-54.

吴宏亮，周续莲，许强，等，2003. 胡卢巴研究进展［J］. 宁夏农学院学报（4）：72-76.

吴焕章，郭赵娟，2005. 我国马铃薯主要良种及其高产栽培技术［J］. 当代蔬菜（12）：16-18.

吴忠海，杨曌，李红，2014. 猫尾草栽培与利用［J］. 养殖技术顾问（1）：199-200.

武保国，2002. 牧草品种介绍——多花黑麦草［J］. 农村养殖技术（16）：27.

邬玉明，2001. 柠条锦鸡儿平茬复壮技术［J］. 内蒙古林业科技，增刊：60，64.

解新明，云锦凤，卢小良，等，2003. 蒙古冰草表型数量性状的变异与生境间的相关性［J］. 生态学杂志，22（4）：31-36.

谢钦铭，孔江红，2015. 水生植物在渔业生态养殖中的开发应用［J］. 亚热带植物科学，44（2）：175-180.

谢瑞芝，李少昆，金亚征，等，2008. 中国保护性耕作试验研究的产量效应分析［J］. 中国农业科学，41（2）：397-404.

新疆植物志编辑委员会，1996. 新疆植物志：六卷［M］. 新疆：新疆科技卫生出版社.

熊光武，2005. 非洲狗尾草的高产栽培技术［J］. 云南农业（6）：8-9.

肖文一，陈德新，吴渠来，1991. 饲用植物栽培与利用［M］. 北京：农业出版社.

辛晓平，2014. 中国主要栽培牧草适宜性区划［M］. 北京：科学出版社.

徐冠达，周晓红，王一明，2014. 蟹池种植水草技术初探［J］. 科学养鱼（10）：30-31.

徐广平，张德楠，黄玉清，等，2012. 桂林会仙岩溶湿地入侵植物水葫芦营养成分及微量元素分析［J］. 广东微量元素科学，19（5）：45-50.

徐柱，2004. 中国牧草手册［M］. 北京：化学工业出版社.

薛建福，赵鑫，等，2013. 保护性耕作对农田碳、氮效应的影响研究进展［J］. 生态学报，33（19）：

6 006-6 013.

薛玉霞，2014. 黑麦草的营养价值与有效利用［J］. 农业知识（科学养殖）（3）：49.

闫龙，关建平，宗绪晓，2007. 木豆种质资源AFLP标记遗传多样性分析［J］. 作物学报，33（5）：790-798.

燕永军，高耀兵，2012. 柠条栽培技术［J］. 现代农业科技（14）：155，157.

杨发，2001. 旱地胡卢巴播种期试验［J］. 宁夏农林科技（2）.

杨青川，2012. 苜蓿种植区划及品种指南［M］. 北京：中国农业大学出版社.

杨守仁，郑丕尧，1989. 作物栽培学概论［M］. 北京：农业出版社.

杨武，曹玉凤，李运起，等，2011. 国内外发展草地畜牧业的现状与发展趋势［J］. 中国草食动物，31（1）：65-68.

杨欣，熊中平，佟友贵，等，2014. 银合欢豆象在云南省的潜在分布区预测［J］. 热带作物学报，35（8）：1 653-1 657.

殷国梅，刘德福，2004. 沙生冰草分蘖特性的初探［J］. 中国草地，26（3）：75-77.

字淑慧，吴伯志，段青松，等，2006. 非洲狗尾草防治坡耕地水土流失效应的研究［J］. 水土保持研究，13（5）：183-185.

鱼小军，师尚礼，龙瑞军，等，2006. 生态条件对种子萌发影响研究进展［J］. 草业科学（10）：44-49.

云锦凤，张众，于卓，等，2005. 蒙古冰草新品系的选育［J］. 中国草地，27（6）：7-12.

云南省草地学会，2001. 南方牧草及饲料作物栽培学［M］. 昆明：云南科技出版社.

曾琨，张新全，2007. 黑麦草属种质资源遗传多样性研究［J］. 安徽农业科学（11）：3 252-3 254.

张宝林，高聚林，等，2003. 马铃薯氮素的吸收、积累和分配规律［J］. 中国马铃薯，17（4）：193-198.

张广伦，张卫明，2011. 胡卢巴及其综合利用［J］. 中国林副特产（4）：96-98.

张海林，高旺盛，陈阜，等，2005. 保护性耕作研究现状、发展趋势及对策［J］. 中国农业大学学报，10（1）：16-20.

张海林，孙国峰，陈继康，等，2009. 保护性耕作对农田碳效应影响研究进展［J］. 中国农业科学，42（12）：4 275-4 281.

章力建，侯向阳，2010. 草原大文章略论［M］. 北京：中国农业出版社.

张瑜，白昌军，2011. 几种影响木豆种子发芽率的因素比较［J］. 热带农业科学，31（5）：16-19.

张学洲，李学森，兰吉勇，等，2012. 豆科与禾本科牧草混播组合筛选试验研究［J］. 草食家畜，38（2）：41-45.

张学洲，李学森，兰吉勇，等，2014. 氮磷钾施肥量对混播草地产量、品质和经济效益的影响［J］. 草原与草坪，34（4）：56-60.

赵秉强，李凤超，李增嘉，1996. 我国轮作换茬发展的阶段划分［J］. 作物与耕作（2）：4-6.

赵方媛，2017. 饲料型小黑麦新品系的籽粒产量及营养价值研究［D］. 兰州：甘肃农业大学.

赵钢，陈嘉辉，余晓华，等，2012. 不同品种柱花草营养价值的动态变化［J］. 仲恺农业工程学院学报，25（3）：15-18.

赵淑芬，孙启忠，韩建国，2005. 科尔沁沙地扁蓿豆生物量研究［J］. 中国草地，27（1）：26-30.

赵文青，薛世明，匡崇义，2013. 不同发芽率非洲狗尾草建植人工草地的效果研究［J］. 畜牧与饲料科学（2）：30-33.

郑开斌，许明，李爱萍，等，2012. 木豆山地栽培技术［J］. 福建农业科技（Z1）：59-60.

郑伟，加娜尔古丽，唐高溶，等，2015. 混播种类与混播比例对豆禾混播草地浅层土壤养分的影响［J］. 草业科学，32（3）：329-339.

郑毅，刘新凤，赵国臣，等，2013. 野生水芹菜的营养价值及高产栽培技术［J］. 北方园艺（15）：62-63.

中国农业科学院草原研究所，1990. 中国饲用植物化学成分及营养价值表［M］. 北京：农业出版社.

主要参考文献

中国饲用植物志编辑委员会，1987. 中国饲用植物志：一卷［M］. 北京：农业出版社.
中国饲用植物志编辑委员会，1989. 中国饲用植物志：二卷［M］. 北京：农业出版社.
中国饲用植物志编辑委员会，1991. 中国饲用植物志：三卷［M］. 北京：农业出版社.
中国饲用植物志编辑委员会，1992. 中国饲用植物志：四卷［M］. 北京：农业出版社.
钟声，2007. 纳罗克非洲狗尾草结实性及适宜收种时间的研究［J］. 种子，26（4）：32-35.
周淑荣，董昕瑜，包秀芳，等，2014. 蕹菜（空心菜）的栽培管理与食疗价值［J］. 特种经济动植物（10）：39-42.
周旺才，陈寅初，孙伟，等，2004. 草木樨生长特性及栽培技术［J］. 新疆农垦科技（3）：13-14.
周旭英，2008. 中国草地资源综合生产能力研究［M］. 北京：中国农业科学技术出版社.
朱家柟，2001. 拉汉英种子植物名录［M］. 北京：科学出版社.
朱相云，2004. 中国豆科植物分类系统概览［J］. 植物研究，24（1）：20-27.
朱相云，杜玉芬，2002. 中国豆科植物外来种之研究［J］. 植物研究（2）：139-150.
谷安琳，云锦凤，Larry Holzworth 等. 1998. 冰草属牧草在旱作条件下的产量分析［J］. 中国草地（3）：22-26.
J. L. 蒙特思，1985. 植被与大气-原理［M］. 卢其尧，江广恒，高亮之，译. 北京：农业出版社.
M. E. 希斯，R. F. 巴恩斯，D. S. 梅特卡夫，1992. 牧草-草地农业科学［M］. 黄文惠，苏加楷，张玉发，译. 北京：农业出版社.
R. O. 怀特，T. R. G. 莫伊尔，J. P. 库珀，1988. 禾本科牧草［M］. 中国农业科学院科技文献信息中心，译. 北京：中国农业科技出版社.
W. 拉夏埃尔（德），1980. 植物生理生态学［M］. 李博，张陆德，岳绍先，孙鸿良，译. 北京：科学出版社.
Barnes，Robert F，C Jerry Nelson，et al.，2003. Moore. Forage：An Introduction to Grassland Agriculture［M］. 6th ed. Volume，Ⅰ：Blackwell Publishing.
Duke J A，1981. Handbook of Legumes of world Economic Importance［M］. Plenum Press.
Kahlon M S，Lal R，Ann-Varughese M，2013. Twenty two years of tillage and mulching impacts on soil physical characteristics and carbon sequestration in Central Ohio［J］. Soil and Tillage Research，126：151-158.
Lewis G，B Schrire，B Mackinder，et al.，2005. Legumes of the World［M］. Kew Publishing.
Sharma H R，Chauhan G S，2000. Physico-chemical and rheological quality characteristics of fenugreek (*Trigonella foenum graecum* L.) supplemented wheat flour［J］. Journal of Food Science and Technology，37（1）：87-90.
Singh R，Prasad R，Pal M，2001. Studies on intercropping potato with fenugreek［J］. Acta Agronomica Hungarica，49（2）：189-191.
Tiwari R S，Agarwal A，Sengar S C，2002. Effect of intercropping on yield and economics of fennel (*Foeniculum vulgare* Mill.)［J］. Crop research，23（2）：369-374.
Б. И. 列格钦柯，Ч. А. 罗曼诺夫斯基，1987. 小气候与收成［M］. 鹿洁忠，陈端生，译. 北京：北京农业大学出版社.

图书在版编目（CIP）数据

牧草饲料作物栽培学/王建光主编．—2版．—北京：中国农业出版社，2018.12（2023.1重印）
普通高等教育农业农村部"十三五"规划教材，全国高等农林院校"十三五"规划教材
ISBN 978-7-109-24819-9

Ⅰ.①牧… Ⅱ.①王… Ⅲ.①牧草－栽培技术－高等学校－教材②饲料作物－栽培技术－高等学校－教材 Ⅳ.①S54

中国版本图书馆CIP数据核字（2018）第252189号

中国农业出版社出版
（北京市朝阳区麦子店街18号楼）
（邮政编码100125）
责任编辑 何 微
文字编辑 冯英华

中农印务有限公司印刷 新华书店北京发行所发行
2001年5月第1版 2018年12月第2版
2023年1月第2版北京第3次印刷

开本：787mm×1092mm 1/16 印张：31.5
字数：755千字
定价：69.50元

（凡本版图书出现印刷、装订错误，请向出版社发行部调换）